土木工程施工工法汇编

2005—2006 年度

中国建筑工程总公司　编

中国建筑工业出版社

图书在版编目（CIP）数据

土木工程施工工法汇编，2005—2006年度/中国建筑工程总公司编．—北京：中国建筑工业出版社，2008
ISBN 978-7-112-10192-4

Ⅰ.土… Ⅱ.中… Ⅲ.土木工程-工程施工-建筑规范-汇编-中国 Ⅳ.TU711

中国版本图书馆CIP数据核字（2008）第095306号

本书是中国建筑工程总公司编制的土木工程类国家级一、二级施工工法汇编，共41篇。工法包括高、大、精、尖工程的施工组织、施工工艺和技术措施。书中收编的工法篇篇有创新，内容丰富，实用性强。采用所列工法施工，均已取得了较好的经济效益和社会效益。每个工法的编写程序，按前言、工法特点、适用范围、工艺流程和做法、机具材料、质量安全控制、工程实例等逐项叙述，条理清楚，简繁适宜。

本书可供土木施工类企业参考，可作为技术工作资料及编制工法参考书，也可供大中专院校师生参考。

* * *

责任编辑：郭 栋
责任设计：张政纲
责任校对：汤小平

土木工程施工工法汇编
2005—2006年度
中国建筑工程总公司 编

*

中国建筑工业出版社出版、发行（北京西郊百万庄）
各地新华书店、建筑书店经销
北京嘉泰利德公司制版
北京建筑工业印刷厂印刷

*

开本：787×1092毫米 1/16 印张：34½ 字数：840千字
2008年9月第一版 2008年9月第一次印刷
印数：1—3,000册 定价：**70.00**元
ISBN 978-7-112-10192-4
（16995）

编辑委员会

目　录

国家级一级工法

国家级二级工法

国家级

一级工法

后切式背栓连接干挂石材幕墙施工工法

编 制 单 位：中国建筑第七工程局
批 准 单 位：国家建设部
工 法 编 号：YJGF004—2006
主要执笔人：沈亚波　吴景华　黄晓红

后切式背栓连接，是通过双切面抗震型后切锚栓、连接件将石材与骨架连接的一种石材幕墙固定方法。通过工程实践，总结形成本工法。

1 特 点

1.1　板材之间独立受力，独立安装，独立更换，节点做法灵活。

1.2　连接可靠，对石板的削弱较小，减少连接部位石材局部破坏，使石材面板有较高的抗震能力。

1.3　可准确控制石材与锥形孔底的间距，确保幕墙的表面平整度。

1.4　工厂化施工程度高，板材上墙后调整工作量少。

2 适用范围

适用于建筑高度不大于 80m、非抗震设计或抗震设防烈度不大于 7 度的民用建筑石材幕墙工程施工。

3 工艺原理

通过双切面专用磨头在石材背部距板边 100～180mm 处磨出倒锥孔，倒锥孔与后切式锚栓采用尼龙体柔性结合，并将板面荷载通过骨架传递到主体结构。

4 工艺流程

施工工艺流程见图 4。

5 操作要点

5.1　施工前准备

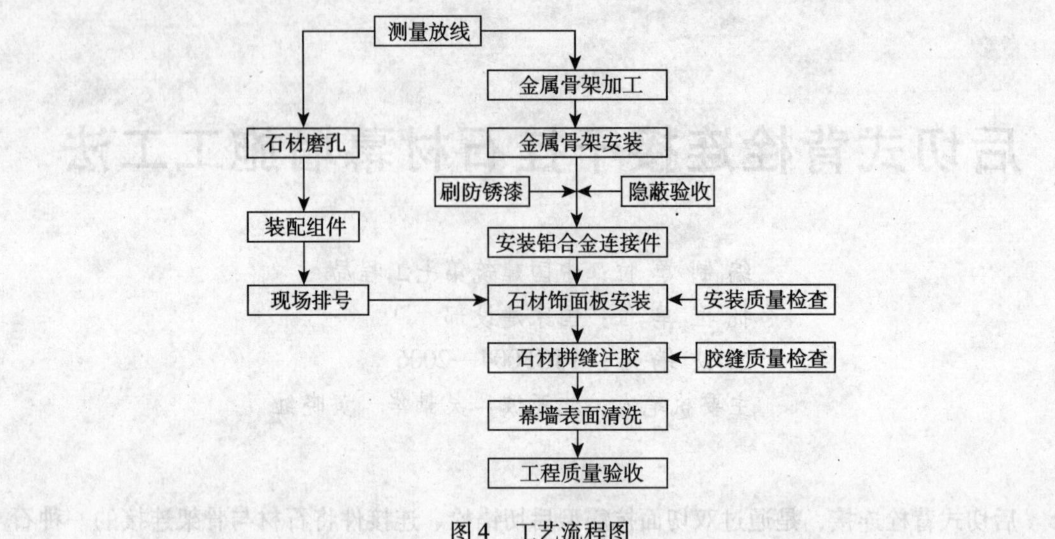

图4　工艺流程图

5.1.1　主体结构混凝土强度不宜低于C25；

5.1.2　后置固件按照设计和规范要求进行现场抗拉拔试验，骨架安装前进行石材幕墙的“四性”试验。

5.2　测量放线

通过主体结构的基准轴线和水准点进行准确定位。

5.3　金属骨架加工、安装

5.3.1　根据施工放样图检查放线准确与否，按照现场尺寸加工下料。

5.3.2　安装完同立面两端的立柱后，拉通线按顺序安装中间立柱。

5.3.3　将各施工水平控制线引至立柱上，用水平尺校核。

5.3.4　按设计图纸要求安装横梁。若有焊接时，应对下方和相邻的已完工作面进行保护。焊接时，应采用对焊，减少焊接产生变形；检查焊缝合格后，刷防锈漆。

5.4　石材加工、磨孔

5.4.1　检查石材色差、尺寸偏差以及破损等情况，若有明显色差、缺棱、掉角等应进行更换，合格后将石材板块按图纸编号。

5.4.2　石材与骨架通过子母连接件连接，在面板上下两边进行磨孔，孔位距边100～180mm；横向间距不宜大于600mm；连接件应选用锚栓生产厂家的配套产品；连接件与金属骨架的连接应严格按照现行规范要求采取防锈、防腐蚀措施。石材与锚栓的选择关系见表5－1。

石材与锚栓的选择关系　　表5－1

单块石材的重量（kg）	石材厚度（mm）	锚栓规格（mm）	锚栓数量
<100	20	M6×12	4
<100	25	M6×15	4
<100	30	M6×18	4

续表

单块石材的重量（kg）	石材厚度（mm）	锚栓规格（mm）	锚栓数量
>100，<300	20	M8×12	4
>100，<300	25	M8×15	4

注：表中为常用规格，超规格的应通过具体计算定。

5.4.3 用专用双切面磨孔设备进行石材磨孔和锚栓植入。磨孔设备的切削速度应达到12000r/min，保证高速无损拓孔。拓孔完成后，安装锚栓和连接件。

（1）磨孔工艺：采用专用设备磨削柱状孔→底切锥体位拓孔→清理石材孔。

双切面钻孔见图5-1，钻孔尺寸见表5-2。

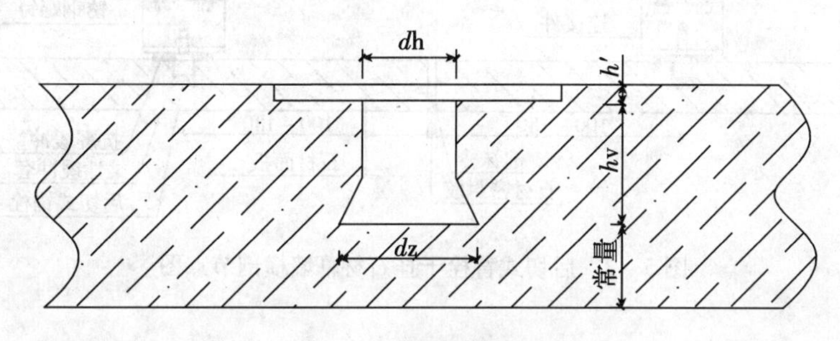

图5-1 双切面钻孔图

钻孔尺寸要求（mm） 表5-2

锚栓规格	M6	M8	M10~M12
dz（允差+0.4~-0.2）	ϕ11	ϕ13	ϕ15
dh（允差±0.3）	ϕ13.5±0.3	ϕ15.5±0.3	ϕ18.5±0.3
Hv（允差+0.4~-0.1）	10、12、15、18、21	15、18、21、25	15、18、21、25

注：h'的厚度由石材厚度允许公差决定。

（2）锚栓植入工艺：完成磨孔的石材置于专用工作台上→复检孔径、孔深、拓底孔径、锚栓位置→将装有弹性不锈钢套筒的锚栓装入孔中→将锚栓紧固完成（可采用击胀式、旋入式、拉锚式）→组件抗拉拔试验。

注：①击胀式是用专用打入工具推进间隔套管，在推进期间迫使扩张片张开，与孔底石材形成接触点，并正好填满拓孔体积，和石材形成凸形结合，使应力均布，从而完成了无应力的锚固。此法适用于石材厚度大于等于25mm较厚、质韧石材。

②旋入式是用扭力扳手，通过拧入力迫使扩张片张开，完成无应力锚固。此法适用于石材厚度大于等于25mm较厚石材。

③拉锚式是采用专用的拉锚器，通过抽拉作用，完成无应力锚固。此法适用于厚度大于等于25mm和质脆、易破损的石材。

5.5 石材饰面板安装

组装完成的石板材按照从下到上、从左到右的原则，依次卡入连接件安装即可。安装节点图如图5－2、图5－3所示。

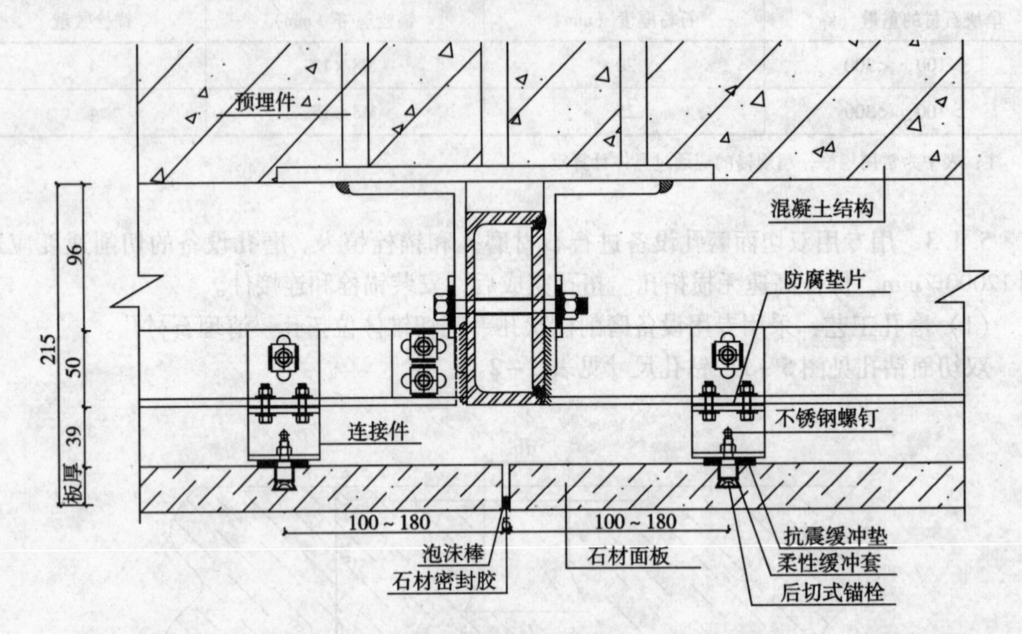

图5－2　后切式背栓干挂石材幕墙横剖节点图

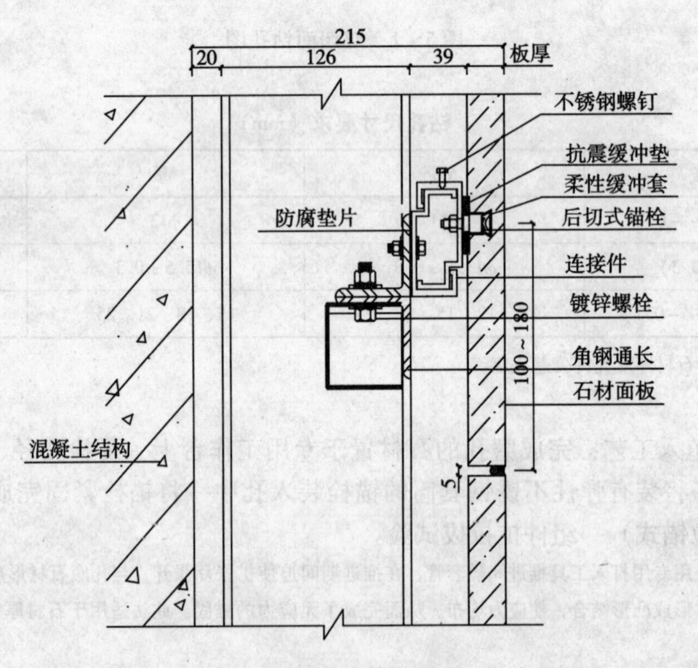

图5－3　后切式背栓干挂石材幕墙纵剖节点图

5.6　石材拼缝密封处理

石材拼缝密封处理分为开敞式和密封式。

5.6.1　开敞式密封处理是采用在石材胶缝内侧增加挡水片，既保持石材内外等压，又可防止雨水溅入，能较好地解决挡雨的问题，且外观质量好（图5－4）。

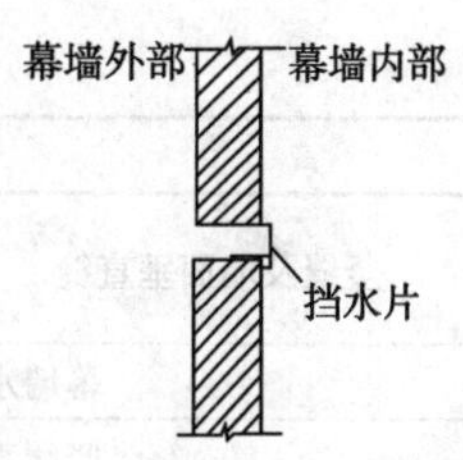

图5－4　挡水片示意图

5.6.2　密封式处理是通过在胶缝外侧注密封胶处理。

（1）注胶前，用带有凸头的刮板填装泡沫棒，保证胶缝的厚度和均匀性。选用的泡沫棒直径应略大于胶缝宽度。

（2）在胶缝两侧石材面粘贴纸面胶带作保护，用专用清洁剂或草酸擦洗缝隙处石材面，再用清水冲洗干净。

（3）注胶应均匀，无流淌现象，边打胶边用专用工具勾缝，使胶缝成型，呈微弧凹面。

（4）在大风和下雨时不允许注胶，不得有漏胶污染墙面。若墙面沾有胶液，应立即擦去，并用清洁剂及时清洗。

（5）胶缝施工厚度应不大于3.5mm，宽度不宜小于厚度的2倍，胶缝应顺直，表面平整。打胶完成后除去胶带纸。

5.7　施工完后，用清水及专用清洁剂将石材墙面擦洗干净，并按照要求进行保护剂施工。

6　质量控制要求

石材质量控制要求见表6－1～表6～5。

石材表面质量要求（m^2）　　表6－1

项　目	质量要求
0.1～0.3mm划伤	长度小于100mm不多于2条
擦　伤	不大于500mm^2

注：石材花纹出现损坏的为划伤。石材花纹出现模糊现象的为擦伤。

石材幕墙立柱、横梁的安装质量要求　　表6－2

项　目		允许偏差	检查方法
石材幕墙立柱、横梁安装偏差	宽度、高度≤30m	≤10mm	经纬仪
	30m＜宽度、高度≤60m	≤15mm	
	60m＜宽度、高度≤80m	≤20mm	
	80m＜宽度	≤25mm	

石材拓孔质量要求　　表6－3

项　目	允许偏差	检查方法
直孔孔径	－0.2～＋0.4mm	塞规检测仪、游标规
锥形孔的口径	±0.3mm	塞规检测仪
孔轴线的垂直度	≤0.5mm	主轴承直角度测试仪
孔的同轴度	≤0.5mm	圆度仪

石板安装质量要求 **表 6-4**

项目		允许偏差	检查方法
竖缝及墙面垂直缝	幕墙层高≤3m	≤2mm	经纬仪
	幕墙层高>3m	≤3mm	
幕墙水平度（层高）		≤2mm	2m 靠尺、钢板尺
竖线直线度（层高）		≤2mm	2m 靠尺、钢板尺
横缝直线度（层高）		≤2mm	2m 靠尺、钢板尺
拼缝宽度（与设计值比）		≤1mm	卡　尺

石材幕墙安装质量要求 **表 6-5**

项目		允许偏差	检查方法
幕墙垂直度	幕墙高度≤30m	≤10mm	经纬仪
	30m<幕墙高度≤60m	≤15mm	
	60m<幕墙高度≤80m	≤20mm	
竖向板材直线度		≤3mm	2m 靠尺、塞尺
横向板材水平度≤2000mm		≤2mm	水平仪
同高度相邻两根横向构件高度差		≤1mm	钢板尺、塞尺
幕墙横向水平度	层高≤3m	≤3mm	水平仪
	层高>3m	≤5mm	
分格框对角线差	对角线长度≤2000mm	≤3mm	3m 钢卷尺
	对角线长度>2000mm	≤3.5mm	

7　材料要求和施工机具

7.1　花岗石应材质密，弯曲强度大于等于 8MPa，厚度大于等于 25mm；石材、石材专用密封胶、金属骨架及其他配件的选用应符合现行行业标准《金属与石材幕墙工程技术规范》JGJ133—2001 的规定。

7.2　锚栓应采用不低于 304 的不锈钢制品，锚栓的质量必须经过有资质的检测机构进行检测，锚栓应具有合格证、产品质量保证书，提供其规格和各项力学性能指标。

7.3　连接件选用铝合金制品，厚度大于等于 3mm，根据计算，选用 T5 或 T6 材质，应具有合格证、产品质量保证书。

7.4　缓冲套应采用不低于 304 的不锈钢制品。

7.5　施工机具：后切背栓石材拓孔机、电焊机、台钻、经纬仪、水平尺、靠尺、注胶枪、手提电钻、扳手、螺丝刀等。

8　劳 动 组 织

劳动组织可根据工程规模、进度要求及工程的技术复杂程度确定，按工艺流程主要由骨架制作、安装班组和石材开孔、锚栓植入班组进行施工作业。如：每 $1000m^2$ 幕墙工程，劳动力组织为骨架制作 10 人，石材加工、钻孔及连接件安装 8 人，现场安装、调平 10 人，拼缝注胶 2 人。

9 安全及环保措施

9.1 严格执行各项安全法规、安全技术规程的各项规定组织施工，做到安全文明施工。

9.2 应对操作人员进行安全教育，掌握和了解安全操作规定，做好安全技术交底工作，严禁违章作业。进入施工现场必须戴好安全帽，高空作业时必须系安全带，不得违反脚手架或吊篮的使用规定。禁穿“三鞋”，禁止赤脚、光背。

9.3 钢架的切割、焊接时，应有安全防护措施；石材开孔时，采取必要的防尘、降噪措施；锚栓植入石材孔时，应在铺有厚度大于5mm弹性硬橡胶垫的专用台面上施工，对破碎石材集中堆放处理。

9.4 在高层建筑幕墙安装与上部结构施工交叉作业时，结构施工层下方须架设挑出3m以上的防护装置。建筑在距地面3m左右，应搭设宽6m的水平安全网。

9.5 施工现场临时用电采用TN－S系统，严格要求使用五芯电缆配电，系统采用“三级配电两级保护”，实行“一机、一闸、一漏、一箱”制度，配电箱进出线设在配电箱下端。

9.6 施工现场材料应堆放整齐，剩料严禁随意丢弃，做到工完料清。易燃品应隔离堆放，确保施工安全。

9.7 应符合环保要求。

10 效益分析

10.1 石材安装后可立即承受荷载，实现上下板块的连续作业，提高了施工效率。

10.2 幕墙抗震性好，能有效减少挂件位置石材局部破裂，节约维修成本。

10.3 石材拓孔采用专用机具成批加工，精度好、效率高，大大加快了施工进度。

10.4 由于效率提高，该技术综合经济性能高，每1000m^2幕墙比传统骨架幕墙节约成本约14300元。

11 工程实例

11.1 福建省交通厅大楼采用后切式背栓干挂石材幕墙，经历了五年考验，经台风后无任何损伤。

11.2 福州市东街口邮电所采用了后切式背栓干挂石材幕墙，实现了快速施工，且施工质量得到好评。

11.3 我公司施工的厦门鑫城大厦项目6230m^2后切式背栓连接干挂石材幕墙，石材板块最大分格为800mm×1100mm，幕墙最高点为82.7m。按照规范要求，对该项目幕墙进行了“平面内变形性能、抗风压变形性能、空气渗透性能、雨水渗漏性能”四项物理性能检测，结果均达到设计要求，且平面内变形性能达到Ⅱ级标准。该工程石材面板安装速度快，幕墙整体外观质量好，得到了业主的好评。

预制混凝土装饰挂板施工工法

编 制 单 位：中国建筑第一工程局
批 准 单 位：国家建设部
工 法 编 号：YJGF005—2006
主要执笔人：付雪松　马雄刚　高俊峰　赵　静　孔祥忠

1 前　言

近年来，预制混凝土装饰挂板，越来越多的被应用于现代建筑外墙饰面。1991 年引进我国后，先后在我公司施工的燕莎中心工程和大连森茂大厦工程应用。其中，大连森茂大厦工程获得 1998 年度“鲁班奖”，根据该工程编制的《带花岗石饰面层的预制混凝土外墙板生产与安装工法》获得 1998 年度国家级工法（编号：YJGF—38—98)。2005 年，在北京市人民检察院新建办公业务用房工程安装的“预制混凝土装饰挂板”，无论从板的大小、厚度、饰面种类都与前两种板有所不同表 1。尤其是板的安装方法，随着技术的进步也得到了改进，工程外墙实景见图 1。通过此工程实践，中建一局建设发展公司进一步总结此工法。

三项工程外挂板安装的特点　　表 1

板的种类	最大规格尺寸	挂件及安装方式	应用工程
预制混凝土外挂板	1500mm×1500mm×50mm	不锈钢挂件，焊接，连接方式唯一	燕莎中心工程
带花岗石饰面层预制混凝土外挂板	由许多小块花岗石组成一个大开间整板，每块花岗石最大规格为 1000mm×1000mm×30mm	预埋镀锌铁件，栓接，连接方式唯一	大连森茂大厦工程
预制混凝土外挂板（清水混凝土）	4600mm×1300mm×50mm	预埋镀锌铁件或采用不锈钢挂件，既有栓接又有焊接，根据不同位置可以采用 5 种不同形式的连接：吊挂式连接、牛脚式连接、拉杆式连接、支座式连接、弹性式连接	北京市人民检察院新建办公业务用房工程

为此，中建一局建设发展公司还与北京市建委科教处联合编制《预制混凝土挂板制作及安装施工工艺规程》（备案号：JQB—45—2005）。

2 特 点

2.1 由于采用工业化生产，所以预制清水混凝土板块尺寸大，装饰整体效果好，拼缝少。

2.2 连接节点可靠、形式富于变化。

2.3 节约天然石材，辐射少，更加环保。

2.4 场外加工，不占用现场施工场地。

2.5 板块尺寸大，安装工艺简单，施工效率高。

3 适用范围

本工法适用于建筑高度不大于100m、抗震设防烈度不大于8度的建筑外墙预制混凝土挂板的安装施工。通过采取适当措施并经设计单位严格核算、确认，也可适用于150m以内高度的建筑。

4 工艺原理

预制清水混凝土挂板安装施工是通过各种连接件、预埋件将挂板与主体结构结合，采用特定调节构件调整水平度、垂直度、挂板间距、挂板平整度，并固定挂板，最终达到设计要求的施工方法。

预制清水混凝土挂板基本构造图见图4。

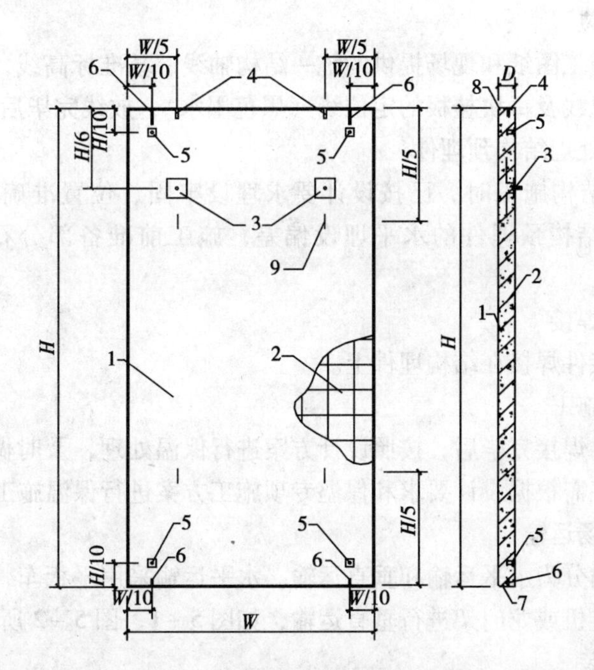

图4 基本构造图

1—板体；2—钢筋网；3—主要受力埋件；4—垂直起吊件；5—调平件；6—上下板连接销孔；7—滴水线/槽；8—倒角边；9—出模吊环位置

5 施工工艺流程及操作要点

5.1 工艺流程

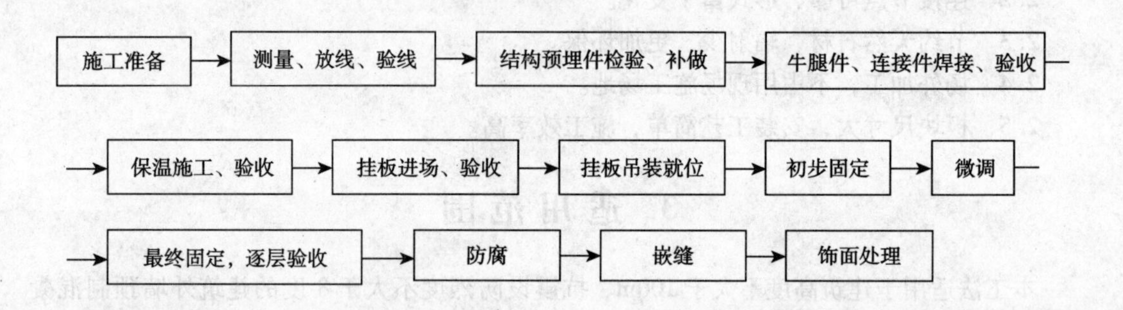

5.2 操作要点

5.2.1 施工准备

（1）安装挂板的主体结构（钢结构、钢筋混凝土结构工程等）已经完成，并通过验收；

（2）安装挂板的结构预埋件已全部安装到位；

（3）挂板安装所需的临边安全防护措施已到位；

（4）安装施工前，挂板安装的施工方案已经落实，并对现场安装作业人员进行培训和安全技术交底。

5.2.2 放线定位

由测量员根据施工图纸和现场提供的统一结构轴线、基准标高线，放出结构埋件定位线、牛腿工作面定位线及每块挂板的定位线（黑色墨水），放线完毕后组织验线。

5.2.3 检查并处理结构预埋件

预埋件在主体结构施工时，已按设计要求埋设牢固、位置准确，在结构埋件上焊接连接件。为调节结构预埋件的水平埋设偏差，施工前准备部分石子 2～12mm 纠偏垫铁。

5.2.4 连接件焊接

按定位线将连接件焊接在结构埋件上。

5.2.5 外保温施工

应在结构连接件焊接完毕后，按照设计方案进行保温处理，及时做好隐蔽验收。挂板与结构间的保温施工需根据设计要求和保温专项施工方案进行保温施工。

5.2.6 挂板现场运输

挂板的现场运输分为水平运输和垂直运输。水平运输采用平板车，垂直运输采用塔式起重机、汽车式起重机或龙门架进行垂直运输，如图 5－1、图 5－2 所示。

5.2.7 挂板安装

挂板吊装至安装位置后，首先用手动葫芦对挂板进行微调，采用调节螺杆进行配合控制，保证挂板水平度和标高准确，随后使用顶杠调整挂板的平整度和垂直度，使挂板满足

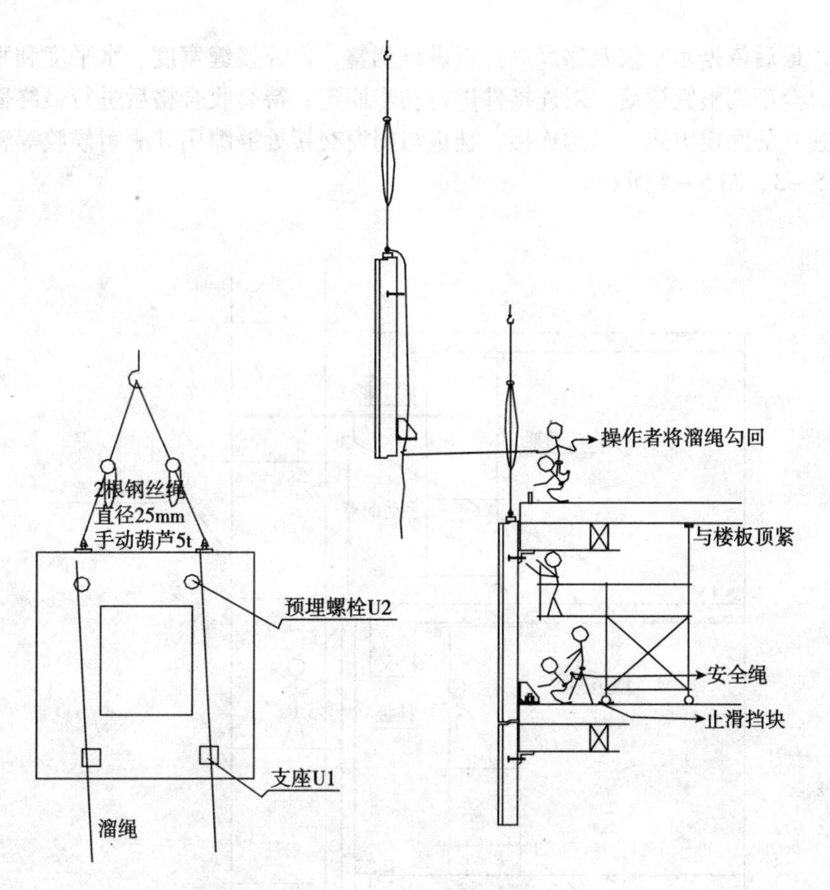

图 5－1　垂直运输示意

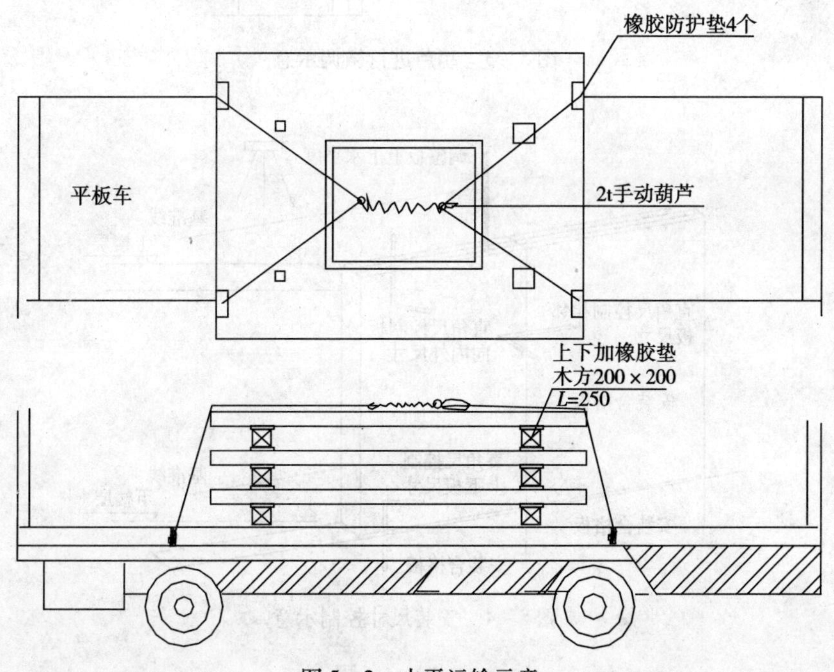

图 5－2　水平运输示意

设计要求，最后依据水平仪及靠尺对挂板进行调整，保证接缝宽度、水平度和垂直度满足设计要求。全部调整完毕后，对连接件进行初步固定，待验收合格后进行最终固定。门窗一般采用独立的固定方式与结构连接，挂板与门窗交接处缝隙用硅酮耐候胶等密封材料填补。如图 5-3、图 5-4 所示。

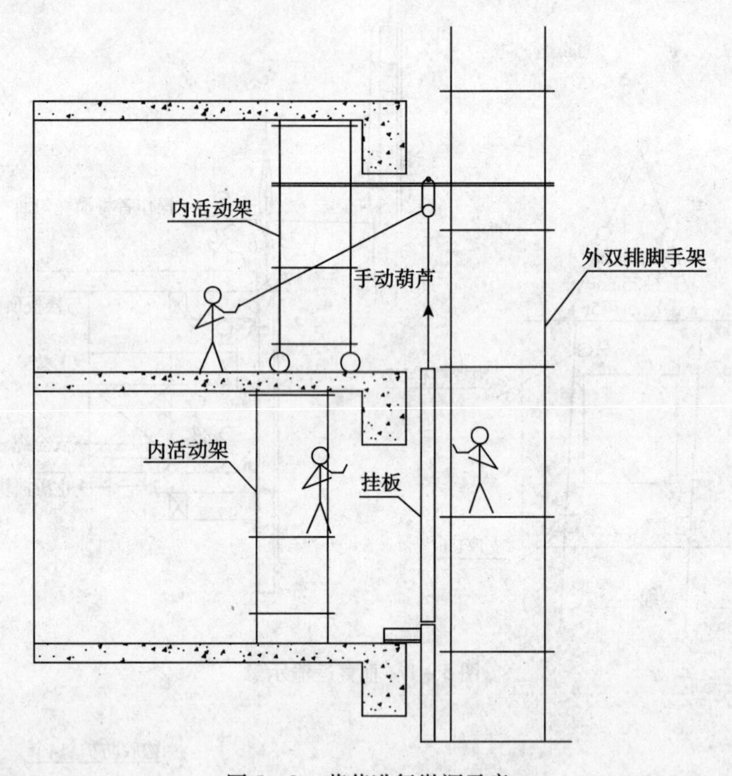

图 5-3　葫芦进行微调示意

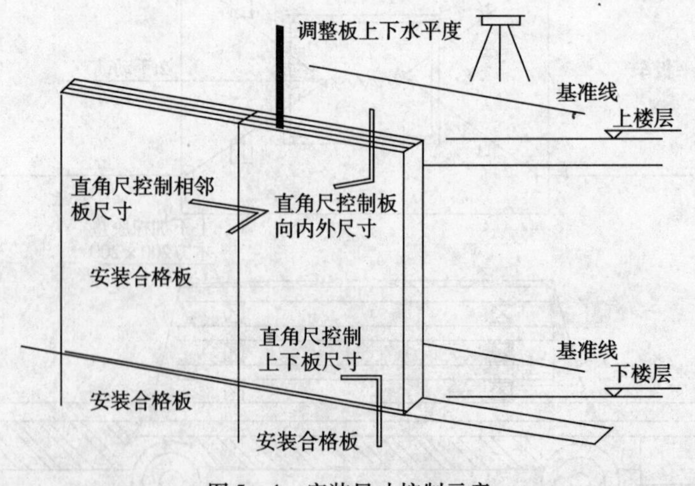

图 5-4　安装尺寸控制示意

5.2.8　防腐处理

挂板安装后，所有焊缝位置必须进行防腐处理，防腐措施可以采用涂刷防锈漆等方式，并必须符合设计要求。防腐涂刷前需将焊缝表面的焊渣及其他杂物清理干净。

5.2.9　嵌缝施工

选用的嵌缝密封胶必须结合工程实际情况并满足设计要求，以确保建筑防水要求。正式施工前，须作密封胶相容性实验，合格后方可使用。

（1）嵌缝施工工艺流程：

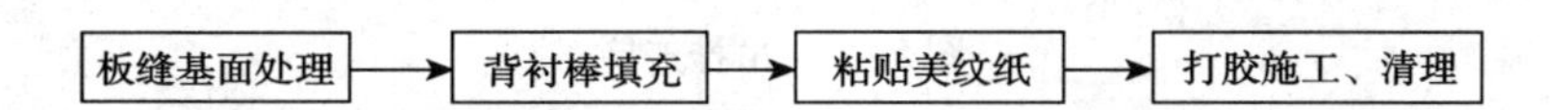

（2）施工工艺：

①板缝基面处理：首先，清除板缝中的杂质、灰尘等附着物；然后，在板缝中涂刷与挂板颜色一致的保护底漆和面漆各一道。

②背衬棒填充：背衬棒起控制接口深度的作用，背衬棒应按设计要求安装。

③粘贴美纹纸：板缝两边用美纹纸加以遮盖，以确保密封胶的工作线条整齐、完美，并确保不污染挂板表面。

④打胶施工：使用注胶枪注胶，确保缝隙密实、均匀、干净、颜色一致、接头处光滑。

⑤嵌缝构造：如图5－5所示。

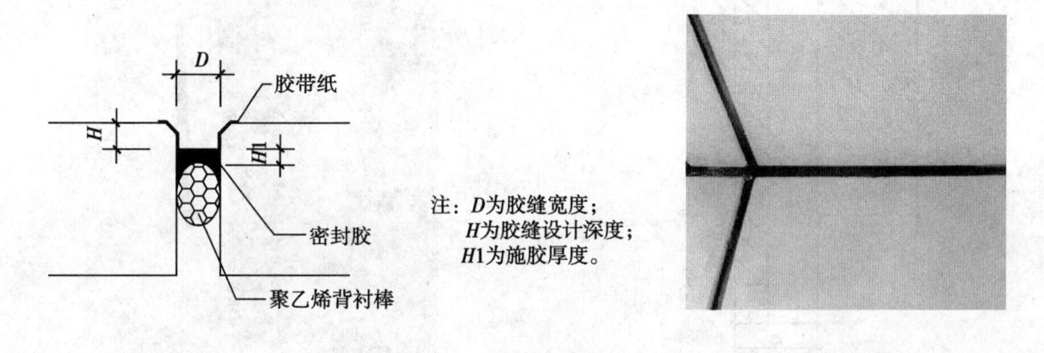

图5－5　嵌缝构造

5.2.10　挂板保护剂涂刷

若设计采用清水混凝土饰面效果，则挂板表面须依据设计要求进行保护剂面层处理，保护剂涂刷既可在板安装前进行，也可在板安装后进行。本工程既有安装前涂刷，也有部分在安装后涂刷。

5.3　常用细部节点

5.3.1　吊挂式连接——适用于装饰混凝土挂板与结构板/（梁）下底面的连接形式，连接节点如图5－6所示。

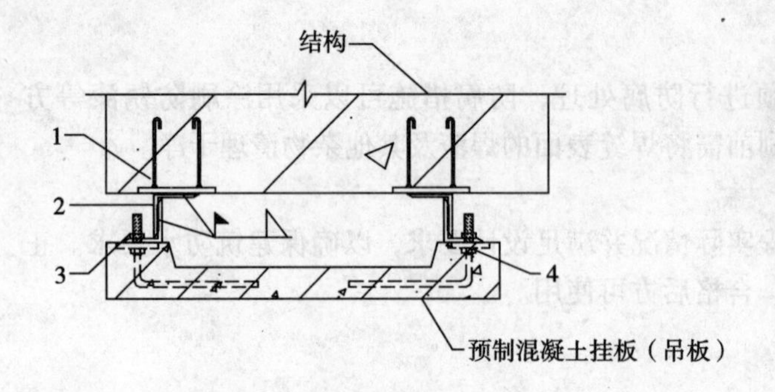

图5-6　吊挂连接

1—结构埋件；2—连接件；3—紧固件；4—预制混凝土挂板埋件

5.3.2　牛脚式连接——适用于装饰混凝土挂板与结构梁外表面的连接形式，其中件4的作用是通过调整自身露出板的长度来调整板的平整度，连接节点如图5-7所示。

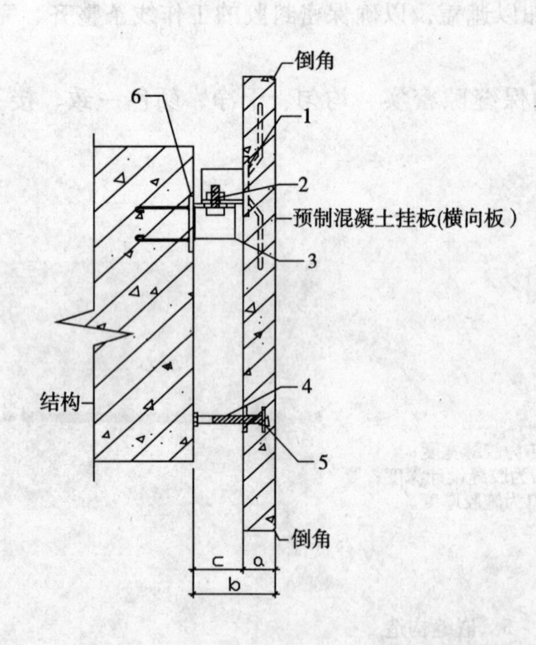

图5-7　牛脚连接

1—预制混凝土挂板牛脚埋件；2—紧固件；3—牛脚连接件；

4—顶丝连接件；5—预制混凝土挂板顶丝埋件；6—结构埋件

5.3.3　拉杆式连接——适用于装饰混凝土挂板与结构墙、柱外立面的连接形式，其中件4舌板和件2销钉的作用为向内拉结固定，连接节点如图5-8所示。

5.3.4　支座式连接——分为两种形式。

（1）层间板——支座式连接：本方式适用于结构层间板和装饰兼围护性挂板的连接，连接节点如图5-9所示。

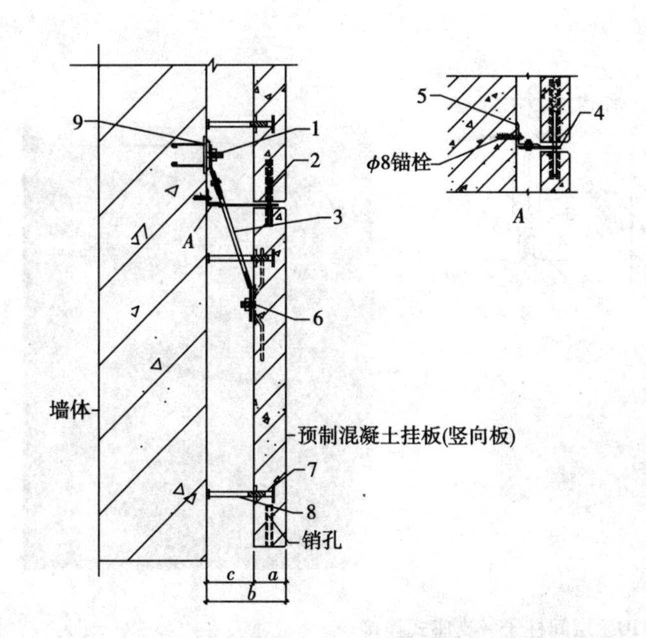

图5-8　拉杆式连接

1—螺丝杆连接件；2—销钉；3—吊杆连接件；4—舌板连接件；5—角钢连接件；6—预制混凝土挂板埋件；7—预制混凝土挂板顶丝埋件；8—顶丝件；9—结构埋件

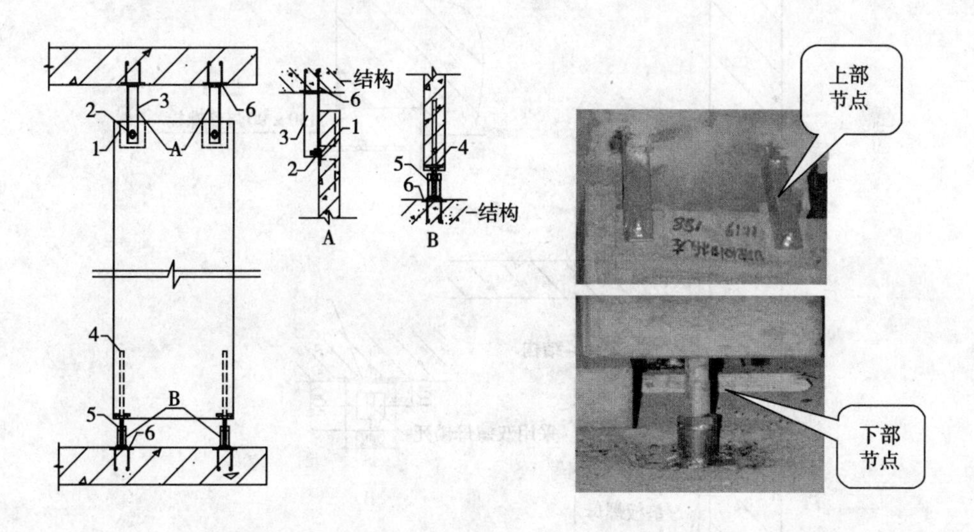

图5-9　层间板——支座式连接

1—挂板预埋件；2—紧固件；3—角钢连接件；4—预制混凝土挂板支撑埋件；5—调节支座连接件；6—结构埋件

（2）层间柱子——支座式连接：本方式适用于结构层间柱子侧面装饰兼围护性挂板的连接，连接节点如图5-10所示。

5.3.5　弹性连接——适用于带门窗的整间板与结构连接，连接节点如图5-11所示。

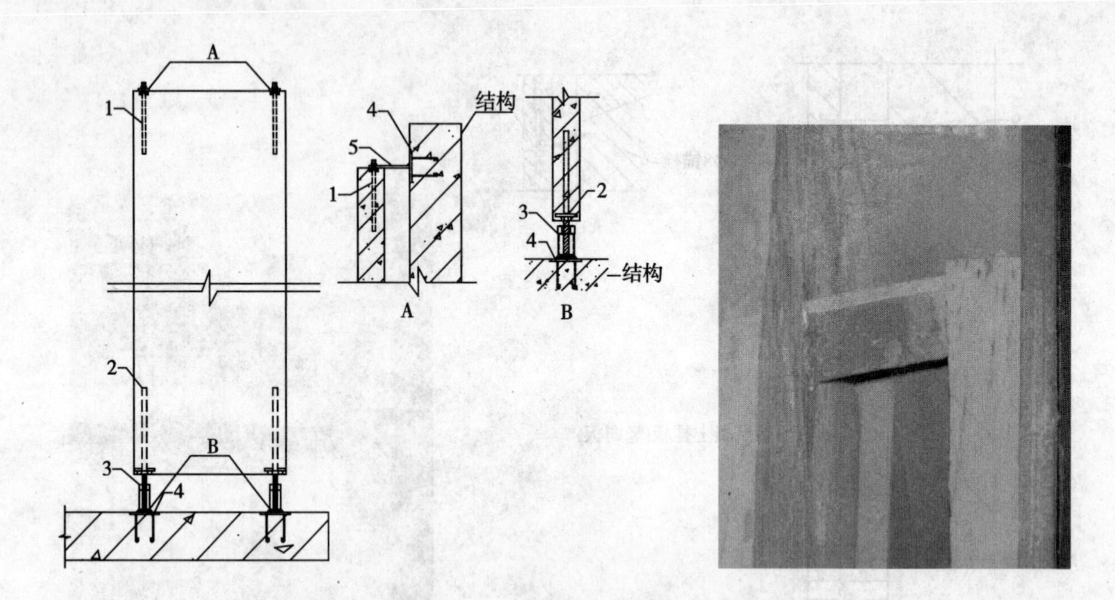

图 5-10　层间柱子-支座式连接

1—预制混凝土挂板埋件；2—预制混凝土挂板支撑埋件；3—调节支座连接件；
4—结构埋件；5—舌板连接件

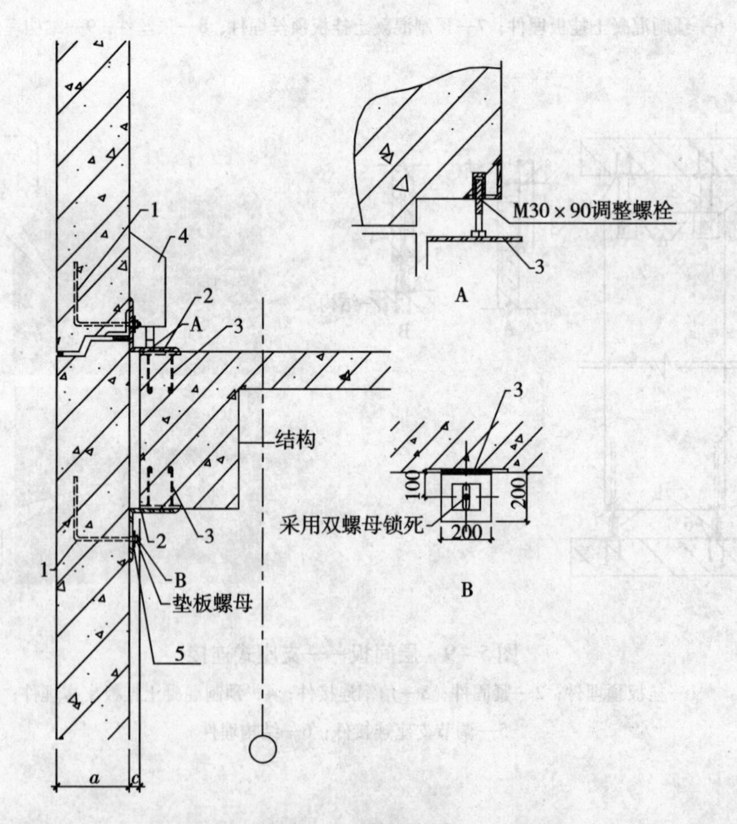

图 5-11　弹性连接

1—预制混凝土挂板埋件；2—角钢连接件；3—结构埋件；
4—挂板牛腿预埋件；5—滑移件（聚四氟乙烯）

6 材料与设备

6.1　材料

6.1.1　成品预制混凝土挂板单方重量2005kg/m³，常见规格约为2000mm×1500mm×50mm（长×宽×厚），最大规格尺寸4600mm×1300mm×50mm，具体尺寸依据建筑外立面设计图以及挂板深化设计图。

6.1.2　成品预制混凝土挂板：

（1）主控项目：

①预制混凝土挂板所采用材料的品种、规格、性能和等级应符合设计要求及国家产品标准和工程技术规范的规定。混凝土强度等级不低于设计要求。钢筋、钢板及型钢应采用Q235或Q345级钢材，连接件及外露部位均作热镀锌处理或采用不锈钢件。

②预制混凝土挂板应在明显部位标明生产单位、型号、生产日期和质量验收标志。挂板上的预埋件、预留孔洞的规格、位置和数量应符合设计要求。

③预制混凝土挂板的造型、立面分格、颜色、花纹图案、外观效果应符合设计要求。

④预制混凝土挂板不应有大于0.15mm宽度裂缝，纵向面裂总长不大于$L/3$（L为板纵向长度）、横向面裂允许有一条但不延伸到侧面，严禁出现通透裂缝。

（2）一般项目：

①预制混凝土挂板表面应平整、洁净、无污染，颜色和花纹图案协调一致，无明显色差，缺损处无明显修痕；

②预制混凝土挂板的外观质量应符合设计要求；

③预制混凝土挂板的几何尺寸应符合表6要求；

挂板制作几何尺寸允许偏差和检验方法　　**表6**

序号	检验项目	标准（mm）	检验方法
1	高	±3	钢尺检查
2	宽	±3	钢尺检查
3	厚	±2	钢尺检查
4	对角线偏差	4	钢尺量两个对角
5	翘　曲	$L/1000$	调平尺在两端量测
6	侧向弯曲	3	拉线、钢尺量最大侧向弯曲部位
7	表面平整	3	2m靠尺和塞尺配合检查
8	预埋件中心偏移	3	钢尺检查
9	预埋件与混凝土平面高差	3	水平尺和钢尺配合检查
10	预留孔洞	±3	钢尺检查
11	螺栓（孔）中心偏移	3	钢尺检查
12	螺栓外露长度	0、+3	钢尺检查
13	螺栓（孔）深度	0、+3	钢尺检查
14	饰　面	样板标准	目　测

④挂板制作检验批数量：全数检查。

6.1.3　钢材：挂板安装所使用钢材应符合现行国家和行业标准的规定要求，连接件及埋件外露部位均作热镀锌处理或采用不锈钢材料。

6.1.4　保温材料：根据建筑设计师节能和阻燃要求选用材料。

6.1.5　建筑密封胶：根据工程实际情况选用适宜的密封胶，以确保建筑防水要求。在正式使用前先作相容性试验，合格后方可使用。

6.1.6　防水材料背衬棒：为避免三面粘结，应选用发泡聚乙烯圆棒，直径一般按缝宽的1.3倍选用。

6.1.7　紧固件：挂板安装所选用的各类紧固件，如螺栓、螺母等紧固件机械性能应符合现行国家标准规定要求。

6.2　所需机具设备

6.2.1　测量工具：铅垂仪、墨斗、经纬仪、水平仪、钢卷尺、靠尺、角尺等。

6.2.2　安装设备：垂直与水平运输机具（含脚手架、吊篮、水平运输车）、塔吊、汽车吊、卷扬机、手动葫芦、冲击钻、移动电箱、切割机、螺旋千斤顶、焊机专用箱、气割设备、电焊机、冲孔机、专用平板车、液压推车、活动扳手等。

7　质量控制

7.1　主控项目

7.1.1　预制混凝土挂板所用材料的品种、规格、性能等级，应符合设计要求及国家产品标准和工程技术规范的规定。

7.1.2　预制混凝土挂板不应有影响结构性能和使用功能的尺寸偏差。对超过尺寸允许偏差且影响结构性能和使用功能的部位，应采取技术措施处理，并重新检查验收。

7.1.3　预制混凝土挂板的造型、立面分格、颜色、花纹应符合设计要求。

7.1.4　预制混凝土挂板受力埋件规格、位置应符合设计要求。

7.1.5　主体结构上的预埋件和后置埋件的拉拔力必须符合设计要求。

7.1.6　预制混凝土挂板和主体间连接件的防腐处理应符合设计要求。

7.1.7　各种连接节点应符合设计要求和技术标准的规定。

7.2　一般项目

7.2.1　预制混凝土挂板表面应平整、洁净，无污染、缺损和裂痕，颜色和花纹协调一致，无明显色差，无明显修痕。

7.2.2　预制混凝土挂板接缝应横平竖直、宽窄均匀，板边合缝应顺直，上下口应平直，装饰混凝土挂板饰面上洞口、槽边应套割吻合，边缘应整齐。

7.2.3　预制混凝土挂板的密封胶缝应横平竖直，深浅一致，宽窄均匀，光滑顺直。

7.2.4　预制混凝土挂板表面和板缝的处理应符合设计要求。

7.2.5　预制混凝土挂板的板缝注胶应饱满、密实、连续、均匀、无气泡，板缝宽度应符合设计要求和技术标准的规定。预制挂板施工质量控制做法见图7－1～图7－4。

7.2.6　预制混凝土挂板安装验收标准见表7。

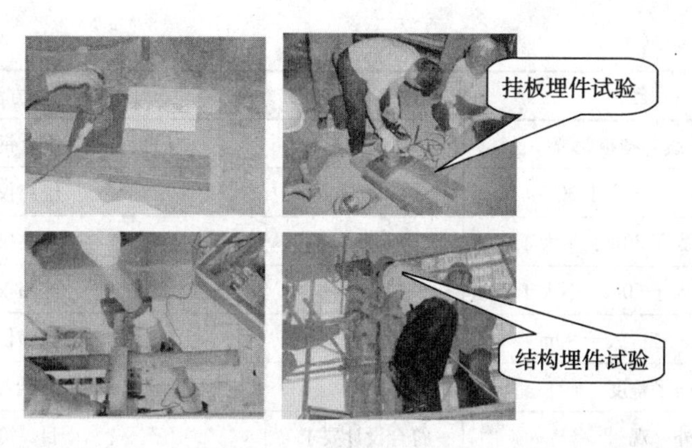

图7－1　挂板及结构埋件试验

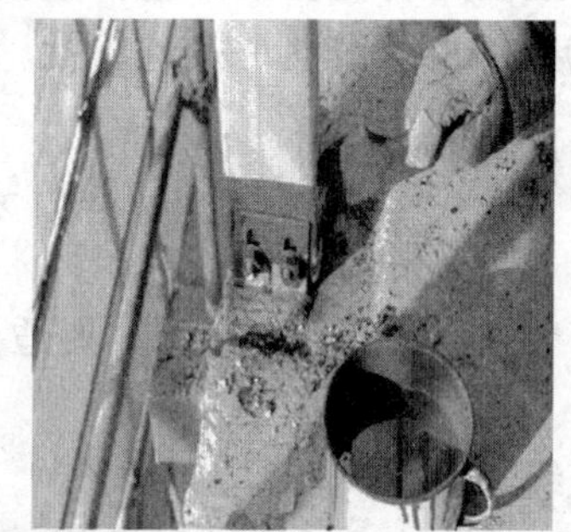

图7－2　埋件防腐处理

图7－3　节点拉拔力试验

图7－4　整体挂板承载力试验

挂板安装尺寸允许偏差及外观验收标准　　表7

	项　目	允许偏差（mm）	检验方法
1	板缝宽度	±4	钢尺检查
2	通长缝直线度	4	拉5m线检查，不足5m拉通线
3	接缝高差	3	2m靠尺配合塞尺检查

续表

	项　目		允许偏差（mm）	检验方法
4	各层基准线与挂板距离		±5	拉通线配合钢尺检查
5	总高垂直度	小于 30m	10	经纬仪
		大于 30m、不大于 60m	15	经纬仪
		大于 60m、不大于 90m	20	经纬仪
		大于 90m	25	经纬仪
6	墙面平整度		4	2m 靠尺配合塞尺检查
7	外　观		符合设计要求	目　测

7.2.7　挂板安装检验批数量：立面面积不足 $500m^2$ 按一个检验批，立面面积大于 $500m^2$ 按 $500 \sim 1000m^2$ 作为一个检验批。

8　安全措施

8.1　安装人员根据作业分工，要适当配备随身工作袋，以防工具和挂件、螺栓等坠落伤人。

8.2　五级以上大风及雨、雪天气影响挂板施工安全时，不得进行吊装作业。

8.3　由于装饰性混凝土挂板通常体量巨大：长达数米、重及上吨，所以在用起吊机具装卸车和现场调运时，应采取可靠的措施防止刮蹭、碰撞，以免坠落。在调运时，如果出于保护其面层需要采用非金属软质绳带捆绑时，应采取可靠措施，防止滑落（图 8－1）。

图 8－1　吊装专用吊索

8.4　对于在其上设置吊运用的预埋件（环）等部件的装饰性混凝土挂板，吊运前应当严格检查其有无锈蚀、松动、变形或者破损；如果有，则应采取更为可靠的吊运连接方式。

8.5　楼层内挂板水平运输所采用的叉车应配备足够数量和有足够经验的操作人员进行操作，防止叉车连同其上面的挂板与其他部位撞击，甚至冲出结构楼层（图 8－2）。

图 8－2　防止挂板或小车滑出

9 环保措施

9.1 挂板浇筑、打磨加工场地应采取可靠围挡防护措施，防止扬尘和噪声污染。

9.2 挂板搬运、安装施工时，对于挂件和钢管、铁件等辅材应轻拿轻放，防止产生过大噪声。

10 效益分析

本工程清水混凝土挂板的施工造价为550元/m^2，与中高档石材相当，经济效益不是很明显。但是，由于其生产原料为钢筋混凝土，节约了天然石材这一有限的自然资源，并且没有放射性，加之热阻系数与传统外装饰做法相比可提高15%，达到1.97（m^2·K）/W（通过本工程建筑设计师计算，常见的外挂板装饰做法“240砌块+25挤塑板+100空隙+50挂板”的热阻系数为1.75（m^2·K）/W，传统的外装饰做法“240砌块+25挤塑板+涂料”的热阻系数为1.52（m^2·K）/W），保温隔热特性更佳。所以，具有很高的环保效益。又由于采用技术成熟的钢筋混凝土结构形式进行板材加工和安装连接，比石材更加安全可靠，能够做出更大规格、更多形状的板块，丰富已有的建筑表现形式，达到独特表现效果，所以具有很高的社会效益，该装饰做法值得推广。

11 应用实例

北京市人民检察院新建办公业务用房工程为2004年北京市66项重点工程之一，也是国家和北京市政法系统重点建设项目。建筑面积57748m^2。地上12层，地下2层，建筑高度63.3m。为从建筑效果上体现检察事业的威严和庄重，建筑设计采用大面积的铝合金格构和大分格的清水混凝土外挂板作为外饰面。其中混凝土挂板最大板尺寸达到4.6m，最小板尺寸达到1m，最大板面面积5.46m^2，普通板面面积2.84m^2。如果采用大理石等普通石材，规范要求单块石材板面积不宜大于1.5m^2，此类规格尺寸无法满足设计思想。为充分展现检察院风格，清水混凝土挂板安装部位为四至十层，顶层挂板上口相对标高为+44.9m，总面积为12800m^2，总块数为4955块，型号约285种。混凝土挂板施工时间为2004年12月中到2005年3月底。

图11 外墙部分实景

超薄石材与玻璃复合发光墙施工工法

编 制 单 位：中国建筑第二工程局
批 准 部 门：国家建设部
工 法 编 号：YJGF007—2006
主要执笔人：倪金华　陈小茹　杨发兵　谭中心　纪兴宏

超薄石材与玻璃复合发光墙为面板、龙骨和内部发光系统组成的盒式空间框架，其中室内面板由3mm厚透光性较好的超薄大理石与8mm厚超白平板玻璃，通过专用胶粘剂粘贴复合而成；室外面板由6mm厚透光性较好的超薄大理石与8mm厚超白平板玻璃，通过专用胶粘剂粘贴复合而成，墙内灯光透过复合面板射出，石材纹理自然如画、气势恢宏。该技术通过国内查新检索，在检索范围内未见报道，属国内首次应用。2005年4月21日通过了中建总公司对鑫茂大厦科技推广示范工程验收，工程整体应用新技术水平被鉴定为达到国内领先水平。超薄石材与玻璃复合发光墙技术于2007年5月通过中国建筑工程总公司科技成果鉴定，新技术水平达到国内领先水平；2007年评为中建总公司级（省、部级）工法，社会效益显著。

1 工法特点

1.1　灯光穿过石材透出，石材纹理自然流畅、晶莹通透、绚丽如画，根据装饰效果需要可变换不同石材、灯光，变换出不同的色彩，具有创新的装饰效果。

1.2　通过石材与玻璃的复合，用玻璃作为石材面板的受力构件，解决了超薄石材易碎、厚石材透光效果不佳的问题。

1.3　墙体采用10mm不锈钢立板作为主龙骨，铝合金横龙骨为次龙骨，结构构架整齐、匀称，受力和传力合理，建筑物负荷轻。

1.4　墙体龙骨、面板安装采用现场装配式施工，避免了焊接变形，保证了墙体整体平整度。

1.5　发光墙光源采用"冷阴极辉光放电荧光灯"，这是21世纪新光源技术，其特点是寿命长、可靠性高、节能、低温冷启动特性好、无频闪、光谱连续性好且显色系数高，灯管寿命可达35000～50000h。

1.6　以室内发光墙为例，其构造做法如图1。

2 适用范围

本工法适用于体育场馆、展览馆、大型商场、写字楼等公共场馆的外幕墙、门厅墙及室内背景墙的装饰。

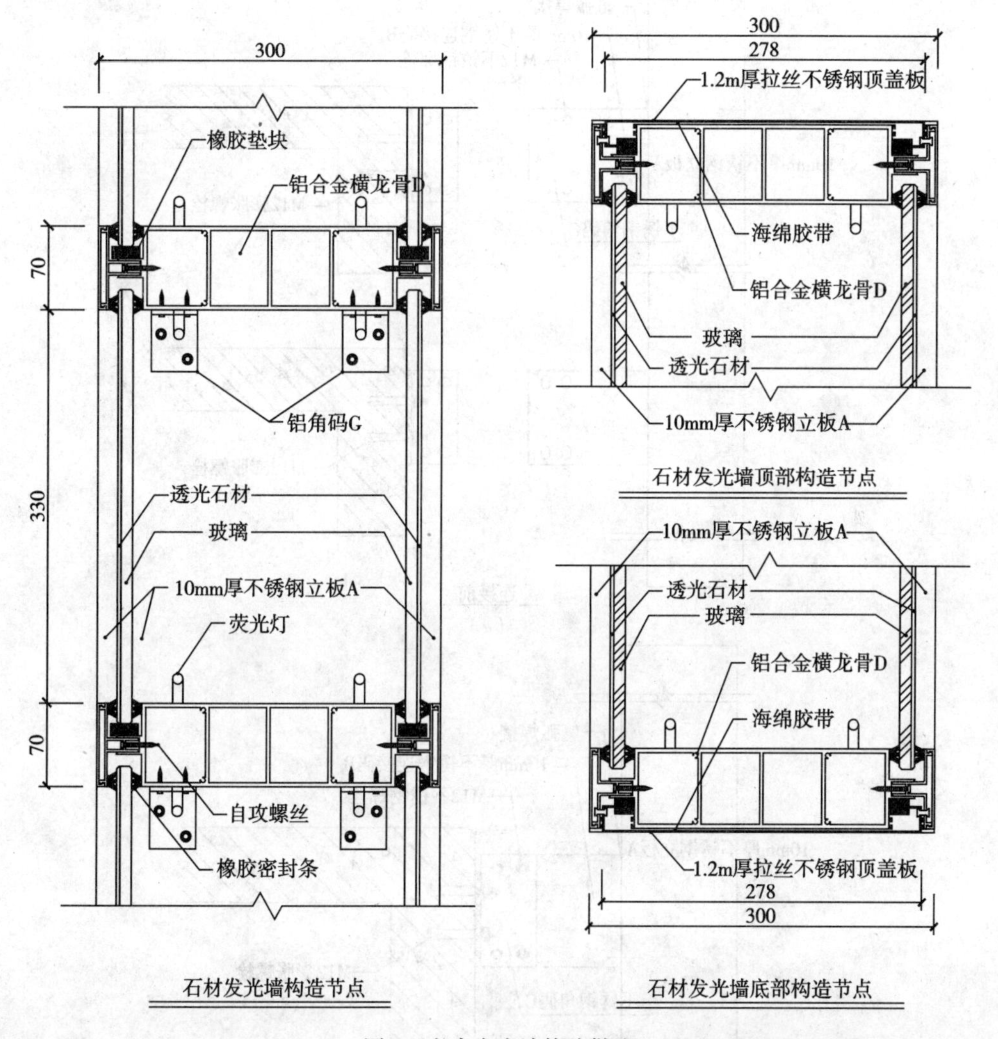

图1　室内发光墙构造做法

3　工艺原理

3.1　发光墙材料采用3mm（或6mm）超薄石材+8mm厚超白玻璃，加工工艺采用新工艺灌注胶做法，避免石材与玻璃采用传统夹胶干夹法，出现将石材压酥、压裂、变形等情况。

3.2　立板为拉杆，采用悬挂式结构，上侧立板通过不锈钢强力膨胀螺栓M12×130mm与混凝土楼板、不锈钢连接码（400mm×200mm×10mm）连接，不锈钢连接码通过四个不锈钢螺栓与不锈钢立板连接，下端采用不锈钢角码（150mm×150mm×10mm，L=300mm）开长圆孔与不锈钢立板连接，可以±20mm滑动，以免伸缩变形情况下破坏主体结构（图3-1）。

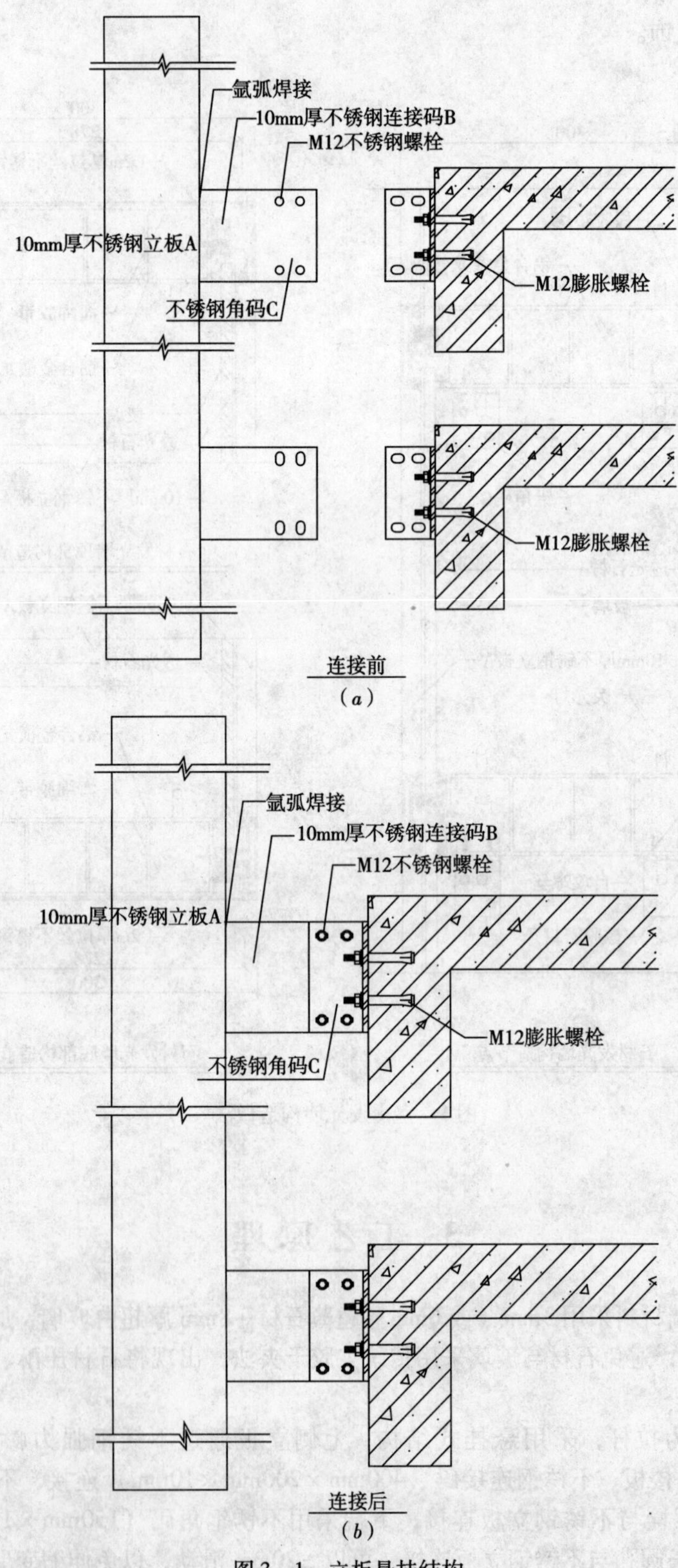
氩弧焊接
10mm厚不锈钢连接码B
M12不锈钢螺栓
10mm厚不锈钢立板A
不锈钢角码C
M12膨胀螺栓
M12膨胀螺栓
连接前
(a)
氩弧焊接
10mm厚不锈钢连接码B
M12不锈钢螺栓
10mm厚不锈钢立板A
M12膨胀螺栓
不锈钢角码C
连接后
(b)

图 3-1　立板悬挂结构

3.3　在立板与铝合金横龙骨间采用铝合金角码连接，铝合金角码与不锈钢立板间垫PVC垫片，防止发生电化学腐蚀（图3－2）。

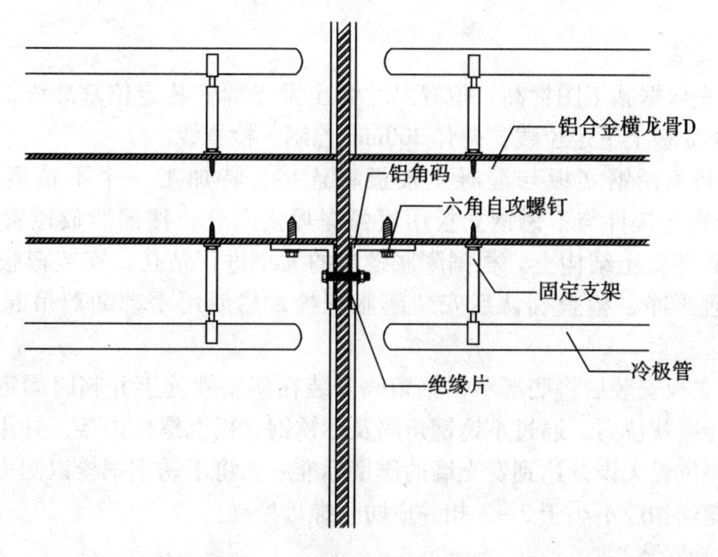

图3－2　铝合金角码连接

4 工艺流程

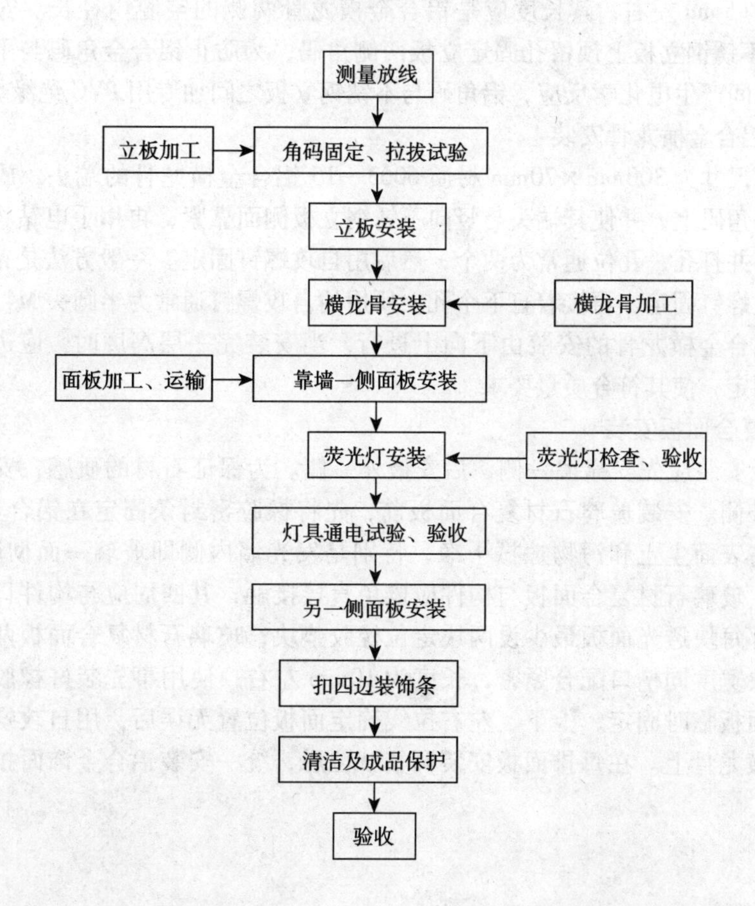

5 施工要点

5.1 立板安装

5.1.1 首先依据施工图标高、位置尺寸弹出发光墙安装定位基准线，然后根据发光墙立板间距弹出立板上下定位线，并弹300mm控制、检查线。

5.1.2 为将不锈钢立板与混凝土楼板相连接，特加工一个不锈钢连接件，板厚10mm，将不锈钢连接件与不锈钢立板用氩弧焊焊接组合；按照所放位置线将不锈钢角码上安装孔引到混凝土结构上，根据膨胀螺栓的大小进行钻孔，安装膨胀螺栓前用气管将孔内灰尘清理干净，检查确认后安装膨胀螺栓，然后用手动葫芦吊起立板进行安装固定。

5.1.3 在立板安装后将底部不锈钢角码安装在膨胀螺栓上并临时固定，待所有不锈钢立板与角码连接就位后，通过不锈钢角码及不锈钢立板上螺栓连接，并用长圆孔进行位置调节，经检测位置无误并达到发光墙的质量标准后，将不锈钢螺栓以测力扳手旋紧。螺栓拧紧后，外露丝扣应不小于2~3扣并应防止螺母松动。

5.2 横龙骨安装

5.2.1 横龙骨固定角码安装

横龙骨与竖向不锈钢立板的连接采用铝合金挤压等边结构角码，其断面为50mm×50mm，厚度为5mm左右，其长度应是铝合金横龙骨两侧的空腔内径长。安装时，利用M6螺栓通过不锈钢立板上预留孔固定立板两侧角码，为防止铝合金角码与不锈钢立板两种不同材质之间产生电化学反应，铝角码与不锈钢立板之间加专用PVC绝缘垫片。

5.2.2 铝合金横龙骨安装

先将断面尺寸为300mm×70mm材质6063—T5铝合金横龙骨的端头，放到竖向不锈钢立板上的铝角码上，并使其端头与竖向不锈钢立板侧面靠紧，再用手电钻将铝合金横龙骨与铝角码一并打孔，孔位通常为两个，然后用自攻螺钉固定。一般方法是钻好一个孔位后马上用自攻螺钉固定，再接着打下个孔。所用的自攻螺钉通常为半圆头M4×20或M5×20。同一层铝合金横龙骨的安装由下向上进行，当安装完一层高度时，应进行检查、调整、校正并固定，使其符合质量要求。

5.2.3 复合面板安装

复合面板安装应先安靠墙一侧，后安最外一侧。为保证石材的质感，安装时将石材一侧安装在外侧。安装玻璃石材复合面板前，先将橡胶密封条固定在铝合金横龙骨上。安装时，先将表面尘土和污物擦拭干净，特别是发光墙内侧即玻璃一面彻底清理干净，然后再安装。玻璃石材复合面板与构件应避免直接接触，其四周应与构件口槽底保持一定空隙，下部每块透光面板最少设两块定位橡胶垫块；玻璃石材复合面板两边空隙保持一致，其垫块宽度同槽口配合紧密，长度为10mm左右；使用事先装好橡胶密封条的铝合金压条将面板临时固定，上下、左右拉线确定面板位置无误后，用自攻螺钉将铝合金压条固定在横龙骨上。在每排面板安装调整就位后，统一安装铝合金饰面扣板（表面拉丝处理）。

5.2.4　发光墙光源安装

发光墙光源采用的是冷阴极辉光放电荧光灯。安装时，先采用自攻螺钉固定荧光灯专用固定支架，然后安装荧光灯并连接线路，荧光灯应上下对齐，线路利用线卡按序固定在横龙骨上。荧光灯全部安装完毕后，需进行通电试验，试验检查合格后，方可安装另一面面板。

5.2.5　上下端拉丝不锈钢装饰扣板安装

为保证装饰效果，石材发光墙的顶部和底部采用拉丝不锈钢装饰扣板作装饰处理。此扣板为定制的1.2mm厚拉丝不锈钢板，经剪板、刨槽、折板处理而成。使用自攻螺钉将其固定在铝合金压条上，为保证其平整，采用中性玻璃胶及双面海绵胶带将其粘在铝合金横龙骨上。

5.2.6　清理及打胶处理

石材部分用抹布配合专业石材清洗保养剂进行擦拭；拉丝不锈钢板则用抹布配合无磨擦性的洗涤剂顺着拉丝的纹路方向轻轻擦拭。完成清洁工作之后，用中性密封胶将石材与不锈钢立板之间预留空隙作打胶处理。

6　主要施工机具

主要施工机具见表6。

主要施工机具　　表6

序号	机械或设备名称	规格	数量	单位	施工部位
1	激光经纬仪	J2－JD	1	台	定位测量
2	水准仪	DS3	1	台	高程测量
3	切割机		1	台	铝合金下料
4	1t手拉葫芦	PHSE	1	个	立板吊装
5	手动液压托盘车	CBr	1	辆	面板运输
6	手电钻	2X705	2	把	自攻螺钉安装
7	手持气动胶枪		2	把	缝隙打胶
8	电焊机	BXL－300	1	台	构件焊接
9	冲击钻	DX1－250A	2	把	结构打孔
10	水平尺		1	把	水平度测量
11	配电箱		1	个	
12	灭火器		5	个	

7　劳动力组织

合理而科学地组织劳动力，是保证工程顺利进行的重要因素之一。必须周密计划，合理调度，实行动态管理，使劳动力始终处于动态控制中。劳动力组织见表7。

劳动力组织表　　表7

序号	工　种	人数	工作地点	工作职责
1	加工负责人	1	车间	负责各类构件配料、组装的生产组织
2	下料工	2	车间	负责各类铝合金、不锈钢构件下料
3	焊　工	2	车间	负责不锈钢构件焊接
4	安装负责人	1	现场	负责现场施工指挥、协调各工种
5	测量放线工	1	现场	负责施工过程的测量放线、框架偏差检查
6	安装技工	4	现场	负责面板、龙骨安装
7	打胶工	2	现场	负责现场密封胶的打胶工作
8	电　工	2	现场	负责现场动力、照明、荧光灯安装调试
9	架子工	5	现场	负责现场操作架搭设、材料搬运和现场清理
10	质检员	1	现场	负责检查材料、施工过程质量，并组织验收
11	安全员	1	现场	负责检查安全、防火设施，进行安全教育

8　质量要求

8.1　发光墙采用3mm大理石板+8mm厚超白玻璃。3mm厚大理石板光度不低于85°，玻璃原片采用8mm超白玻原片，四周精磨边倒角1mm×45°；UV胶为美国产紫外光固化胶粘剂，为航天环保胶。工艺采用新工艺灌注胶做法，避免石材与玻璃采用传统夹胶干夹法出现将石材压酥、压裂、变形等情况。

8.2　不锈钢立板的技术性能，应符合相关标准规范要求，材料质量证明书应有钢号、规格、状态、炉批号、化学成分和力学性能等。不锈钢不得有分层，表面不允许有裂纹、结疤。接长采用氩弧焊对接，用数控水刀机床对不锈钢板进行切割，大型刨床刨平，大型铣床对其表面铣平，再用大型磨床进行磨光，最后进行拉丝处理。

8.3　横龙骨采用材质6063—T5铝合金，用特制异形模具，通过大吨位铝合金型材挤压机挤压而成，考虑到其刚度及自身重量，其内部设置四个空腔。

8.4　铝合金压条，其尺寸应与铝合金横龙骨正好配套，材质为6063－T5。

8.5　质量标准：发光墙安装的允许偏差和检验方法见表8。

发光墙安装的允许偏差和检验方法表　　表8

项次	项目		允许偏差（mm）	检验方法
1	墙垂直度	墙高度≤30m	10	用经纬仪检查
2	墙水平度	墙幅宽≤35m	5	用水平仪检查
3	构件直线度		2	用2m靠尺和塞尺检查
4	构件水平度	构件长度≤2m	2	用水平仪检查
		构件长度>2m	3	
5	相邻构件错位		1	用钢直尺检查
6	分格框对角线长度差	对角线长度≤2m	3	用钢尺检查
		对角线长度>2m	4	

注：本标准参照明框玻璃幕墙质量标准及发光墙设计要求制定。

8.6　质量控制：

8.6.1　设计控制：采用先进的技术标准，通过设计方案的反复推敲，设计图纸的严格审核，达到设计的目的。

8.6.2　工艺控制：严格执行工艺标准，通过对现场施工工序的能力分析，使施工工艺满足设计及规范要求。

8.6.3　生产制作：焊接在加工厂内进行，所有焊缝经抛光处理后，再作拉丝处理。加强现场的成品管理，对现场加工的产品落实质量指标，防止人为因素影响质量。

8.6.4　现场安装：在安装过程中严格按图施工，并且坚持三检制、质量奖罚制，做到高质量地完成施工。

8.6.5　材料采购：加强材料管理，对材料订货、进场验收、现场安装实行全过程控制。

8.6.6　技术培训：对现场施工工人上岗前进行质量、安全知识教育和业务知识技术培训，提高工人素质、能力。

9　成品保护

9.1　型材、玻璃到工地后放在规定部位，用木板等起保护作用的材料盖起来，避免重物坠落损伤。

9.2　玻璃吸盘在进行吸附重量和吸附持续时间检测后，方能投入使用。

9.3　施工过程中，防止物体撞击及酸碱盐类溶液对发光墙的破坏。

10　安全措施

10.1　加强安全教育，认真学习并严格执行各项安全操作规程。

10.2　高处作业人员需通过体检，各种特殊工种人员持证上岗。

10.3　脚手架搭设必须符合相关安全构造要求，操作面应满铺脚手板并设置挡脚板，护身栏杆上不得放置物品或工具，防止坠物伤人。

10.4　安装用的施工工具使用前应进行严格检验。

11　经济效益

用原设计不锈钢龙骨与铝合金龙骨进行经济效益比较：

除保留不锈钢立板外，其他主要构件均改为铝合金型材，从而减轻了构架自重 $7kg/m^2$，发光墙面积 $206m^2$，则节约成本 7×100（单价）×206＝14.4 万元。

不锈钢改为铝合金，减轻了构架自重，从而降低了混凝土楼板的加固面积 $50m^2$，则节约成本 2000（单价）×50＝10 万元。两项合计：24.4 万元。

12　工程实例

鑫茂大厦工程共设置了五片超薄石材与玻璃复合发光墙，室内设置了两片，共计

218m^2，分别位于北楼北大堂（61m^2，5.8m × 10.4m）、会议楼大堂南侧（157m^2，17.4m ×9m）；外幕墙共设置了三片发光墙，分别位于大厦的西面北端（106.1m^2，18.85m × 5.626m）、南配楼的南面（340.8m^2，36.25m × 9.4m）、北面（177.2m^2，18.85m ×9.4m），共计624.1m^2。见图12。

（*a*）（*b*）

图12 超薄石材与玻璃复合发光墙

超长预应力系梁施工工法

编制单位：中国建筑第八工程局
批准部门：国家建设部
工法编号：YJGF019—2006
主要执笔人：杨中源　程建军　沈兴东　李　龙　汪仲琦

1 前　言

在大型拱结构中，为了平衡拱的巨大水平推力，通常采用预应力系梁。在南京奥体中心主体育场工程中，有两道372m跨巨型斜钢拱横跨主体育场南北，钢拱下设有预应力混凝土系梁（由于埋在地面以下，俗称地梁）。地梁长396m，断面尺寸为1450mm×1050mm（宽×高），每道地梁内埋设8ϕ180×6钢管，在每根钢管内穿过24根ϕ^s15.2高强度低松弛预应力钢绞线，两端锚固于钢拱脚承台上。为了保证本地梁穿束孔预埋顺直通畅、预应力筋穿束以及张拉成功，为此，中国建筑第八工程局第三建筑公司和南京东大现代预应力工程有限责任公司合作成立科技攻关小组，经过不断地试验、总结，形成一套396m预应力地梁施工技术。根据国内外查新的结果显示，长度达396m的预应力地梁施工技术，目前国内外未见报道，为首次应用。该技术于2005年12月27日通过江苏省建设厅组织的科学技术成果鉴定，达到国际领先水平。在此基础上，经过进一步提炼，最终形成本工法。本工法在广州大学城华南理工大学体育馆工程的长度达150m的预应力地梁和扬州市体育馆长度达89m的预应力地梁的施工中也成功应用。

2 工法特点

2.1　本工法通过采用定型支架固定预应力预埋管及观察段套管连接技术，确保了孔道平直顺畅和穿束顺利。

2.2　本工法通过采用特制的牵引头和每根钢绞线芯的墩头技术，以及采用三级穿束并进行分次牵引的方法，解决了超长预应力系梁穿束困难的问题。

2.3　本工法通过采用对称张拉的方法，解决了超长预应力系梁大吨位张拉的施工难点。

2.4　在预应力施工中，预应力系梁端部设置穿心式压力传感器对张拉和使用阶段系梁的应力、应变进行监控，同时在施工阶段采用全站仪和百分表双控措施对系梁拱脚基础水平位移进行监控。

3 适用范围

本工法适用于采用预应力梁平衡拱的推力的拱形结构工程中超长预应力系梁的施工，且预应力筋采用的是多束（每束多根、每根为1×7）结构钢绞线。本工法也可为其他超长预应力结构的施工提供参考。

4 工艺原理

4.1 利用编束架对钢绞线进行编束，通过采用特制穿束器、特制牵引头等器具，以及采用三级穿束和卷扬机分次牵引的方法实现钢绞线整束穿束。

4.2 根据上部拱形结构合拢、卸载及安装附属结构的各个过程的状况，选择合适的张拉时机和张拉顺序，使用穿心式千斤顶，并采用群锚对称张拉的方法实现预应力筋的张拉。

4.3 对孔道超长、管壁对钢绞线的摩擦情况不明确，对预应力钢绞线的张拉伸长值无明确要求，而且拱脚推力过大或预应力系梁拉力过大，都将使拱脚处承台及其承台下部桩发生水平位移。为防止引起结构破坏，故在张拉过程中采用以拱脚承台水平位移控制为主，结合控制张拉力的双控方案。

5 施工工艺流程及操作要点

5.1 工艺流程

施工准备→土方开挖→垫层混凝土→系梁底部钢筋绑扎→预应力孔道留设→观察段预埋管安置→系梁上部钢筋绑扎→隐蔽工程验收→系梁侧模施工→系梁混凝土浇筑（观察段位置暂不浇筑混凝土）→其他段系梁混凝土施工→穿ϕ6.5mm钢筋→穿牵引用钢绞线→预应力钢绞线芯墩头处理→预应力筋穿束→观察段套管安装→观察段位置系梁混凝土浇筑→养护→预应力筋分批张拉→锚固→切割端部钢绞线、端部封裹。

5.2 操作要点

5.2.1 施工准备

根据现场实际情况和整个施工进度的安排，将预应力系梁分不同部位，组织分区段施工，并做好技术交底工作。

5.2.2 土方开挖、垫层混凝土施工

系梁基槽开挖后，尽快施工垫层混凝土。

5.2.3 预应力孔道留设

根据设计要求留设预应力孔道。若预应力孔道采用钢管留孔，可采用型钢焊成支架支撑预埋管，施工中用全站仪定位、水准仪抄平。在支架安装完毕，并经复核标高、位置无误后，用膨胀螺栓将支架和混凝土垫层固定牢固。对于采用塑料波纹管等轻型材料留孔，可采用焊接钢筋支架支撑预埋管。预埋管标高上下误差控制在±7mm之内，水平位置和两套管中心距误差也不得大于±5mm，套管整体直线顺畅。

5.2.4　钢筋绑扎

（1）钢筋绑扎时应留有预应力布管穿筋的位置和用于预应力分项施工的时间间隔。

（2）先绑扎系梁底部钢筋和箍筋，箍筋应开口设置。待预埋管埋设完毕后再绑扎系梁上部钢筋，并进行箍筋封闭。

（3）绑扎钢筋时，应保证预应力孔道坐标位置的正确；若有矛盾时，应在规范允许或满足使用要求的前提下调整普通钢筋的位置，必要时应与设计人员商量后确定。

（4）钢筋工程施工结束时应全面检查预埋管，如发现问题应及时处理并做好记录。

5.2.5　系梁侧模施工

预应力系梁侧模板应在钢管固定好以及钢筋隐蔽验收合格后，方可进行封模安装。

5.2.6　混凝土分段浇筑施工

（1）为了防止混凝土系梁由于超长而产生收缩裂缝，应分段浇筑混凝土系梁，分段长度不大于60m，并在混凝土中掺适量的微膨胀剂。

（2）非预应力筋、预应力孔道预埋及支架位置、标高经检查验收符合要求后，进行系梁混凝土的浇筑。在浇筑时，应认真做好预埋管下及其两侧混凝土的振捣。

5.2.7　预应力筋下料与墩头处理

预应力筋按照单根使用长度在厂家下料，单根成捆运至现场。根据每束预应力筋的多少、钢绞线中心钢丝的直径以及预应力筋孔道的大小，制作特制牵引头，特制牵引头如图5－1所示。将钢绞线外围6根钢丝剪短50～100mm左右，留出中间1根钢丝穿过特制牵引头钢板小孔后，进行墩头处理，从而将整束钢绞线和特制牵引头连接在一起。

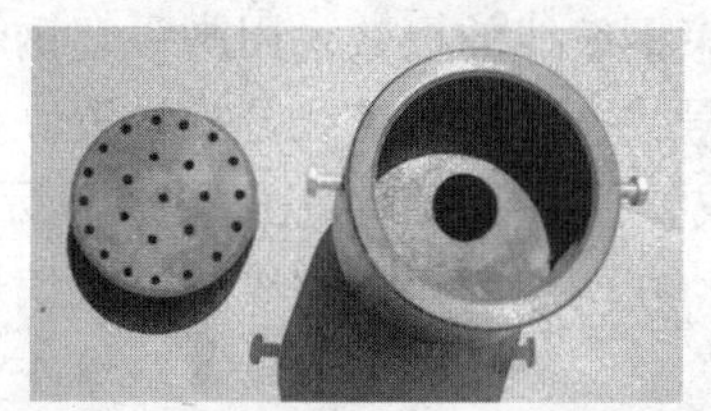

图5－1　特制牵引头

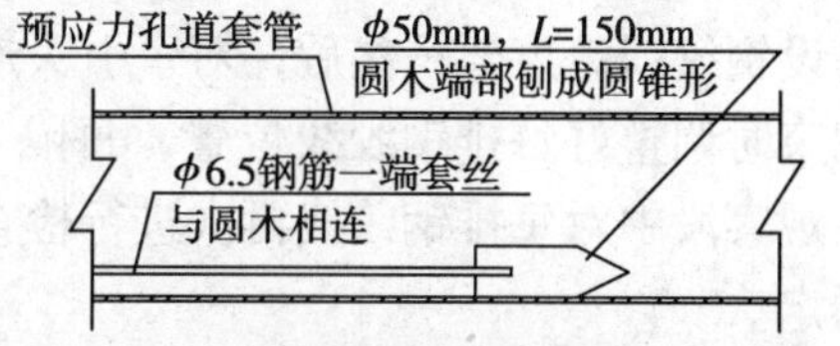

预应力孔道套管

ϕ50mm，L=150mm

圆木端部刨成圆锥形

ϕ6.5钢筋一端套丝

与圆木相连

图5－2　穿钢筋示意图

5.2.8　穿束

（1）穿束时，先人工穿入一根直径ϕ6.5mm的钢筋（图5－2）。通过钢筋连接穿入一根高强预应力钢绞线，在钢绞线端部安装特制牵引头，用牵引头固定经墩头固定好的钢绞线，利用卷扬机，整束一次性穿管。钢绞线墩头及牵引头的连接示意如图5－3所示。

（2）通过牵引头和所有预应力钢绞线连接固定，用作牵引的钢绞线另一端与卷扬机钢丝绳连接固定，然后进行钢绞线的牵引工作。

（3）每束预应力钢绞线编组后采用卷扬机进行牵引。卷扬机钢丝绳的另一端与牵引单根钢绞线连接线固定后，通过牵引头拉结预应力钢绞线进行牵引。由于预应力筋较长，而现场条件有限，卷扬机钢丝绳不能一次牵引到位，因此分次进行牵引。即牵引一次后，重新转换钢丝绳与连接的牵引点进行牵引，直到全部牵引到位。每次牵引的距离可根据现场条件确定。分次牵引方法如图 5-4 所示。

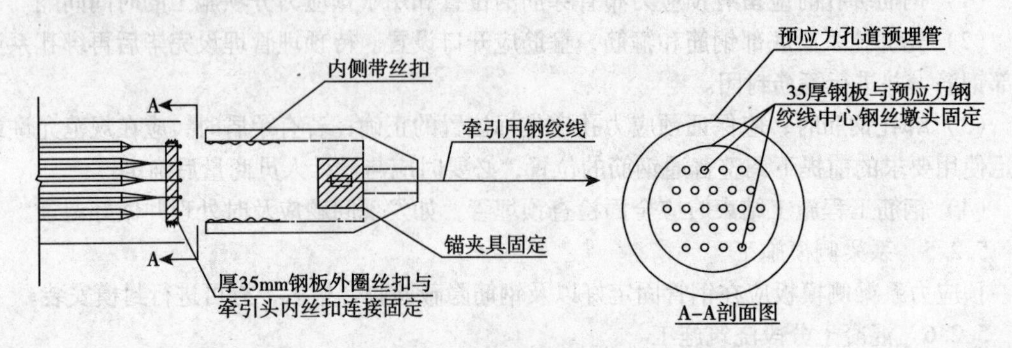

图 5-3　预应力芯筋墩头安装后牵引示意图

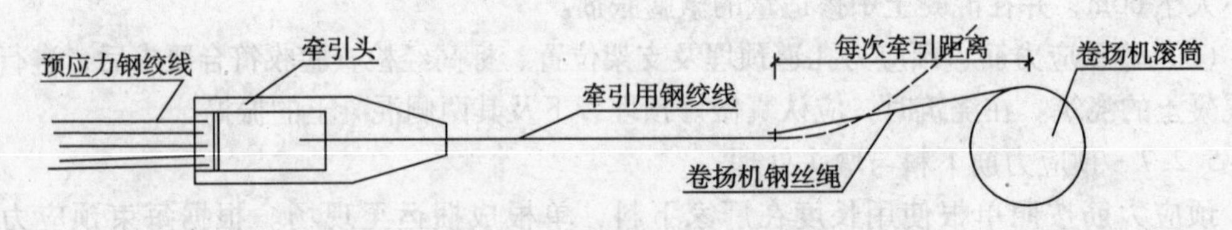

图 5-4　分次牵引钢绞线示意图

(4) 每束钢绞线牵引到位后，将钢绞线的墩头芯线剪断，待张拉时通过防松夹片锚具固定。

(5) 特别需要强调的是，在钢绞线牵引过程中，预应力钢绞线的相对位置要保持不变，并不能出现扭转。首先，根据现场的实际环境以及每束钢绞线的根数，用脚手架钢管搭设钢绞线编束架；然后，对牵引头连接的每根钢绞线编号，并针对钢绞线分排设置。在编束时调整好每排钢绞线位置，每隔 4m 用 12 号钢丝捆成整体，编束架如图 5-5 所示。在观察段中对每排钢绞线再次进行检查。每束穿筋完成后，在两端对每根钢绞线进行编号固定。

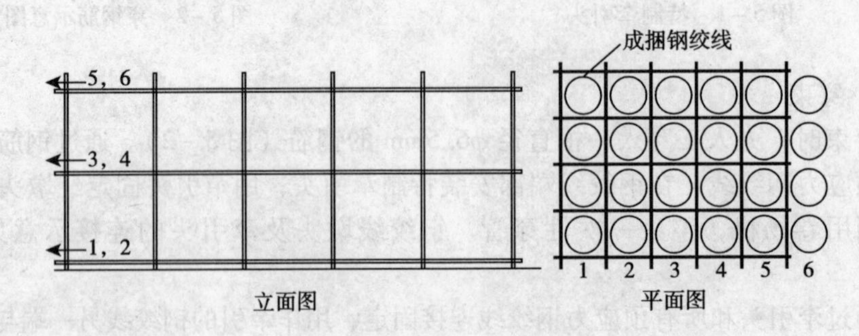

图 5-5　编束架示意图

5.2.9　观察段套管安装及混凝土浇筑

在超长预应力系梁施工中，为了在穿束时发生异常现象能够进行二次处理，并保证预应力筋穿束更顺畅，可在一定范围内适当设置后浇段（后浇段长度一般为 8.5m），并在后浇段的套管上各留出观察段（长度一般为4m），预先放置观察段套管，并套在预应力筋孔道预埋管上。在穿过预应力钢绞线时，观察钢绞线在穿束过程中有无故障，待顺利穿完后，将后浇段中套管就位封闭，绑扎好非预应力筋，经隐蔽工程验收合格后进行预应力系梁后浇段混凝土浇筑。后浇段和观察段套管安装就位如图5-6所示。

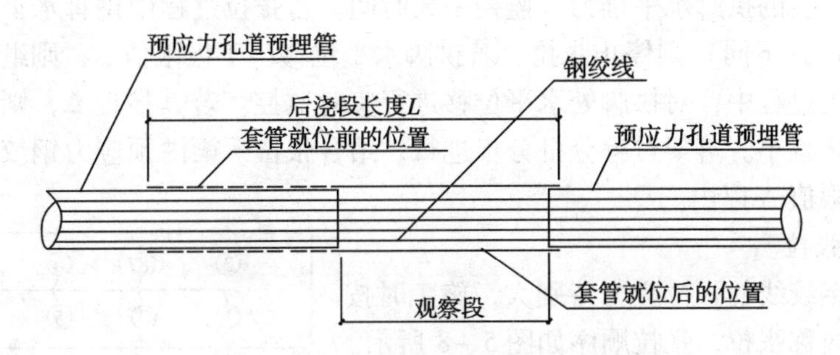

图5-6　观察段套管安装示意

5.2.10　张拉端端部处理

预应力锚具采用防松夹片锚具，端部采用专用配套铸铁锚垫板和螺旋筋，将其可靠地固定在钢筋支架上，并凹进基础侧面600mm。

5.2.11　预应力张拉

由于拱结构自身的特性，屋面结构成型后拱在自重及上部荷载作用下将产生沿拱轴线的水平推力，该水平推力由预应力混凝土系梁承担。为平衡拱体和屋面部分荷载对拱脚产生的水平推力，预应力筋分两批进行张拉，每批进行对称张拉。第一批张拉完后停止20h，观察拱脚位移和预应力松弛情况后，继续张拉另一批预应力筋。

（1）采用群锚进行张拉。

张拉前，先加工直径$\phi260\times130$mm厚钢板，并在钢板上预先钻孔（其中中心孔为排气孔），使每束钢绞线穿过钢板，通过群锚夹片固定在$\phi260\times130$mm厚的锚垫板上。采用千斤顶（千斤顶型号根据计算确定）进行张拉，张拉时通过锚垫板将张拉应力均匀传递到拱脚基础钢承垫板上。群锚张拉如图5-7所示。

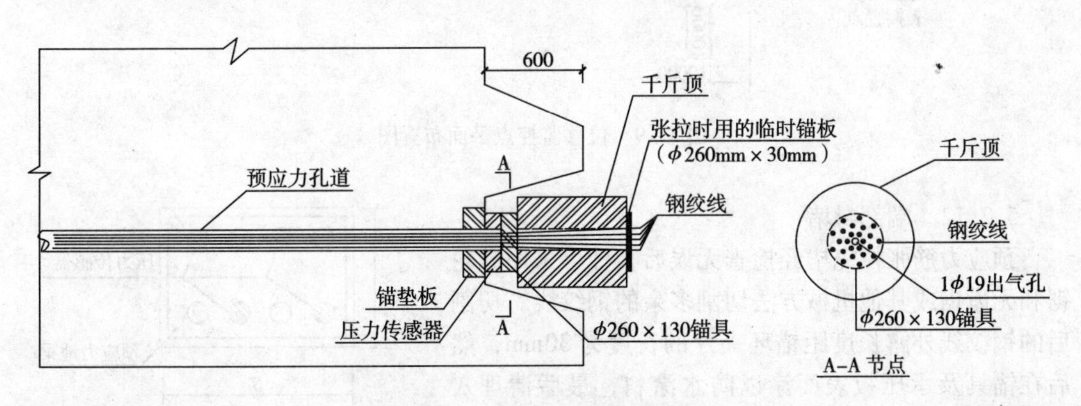

图5-7　群锚张拉端示意图

（2）张拉顺序：

①预应力初步张拉：预应力筋穿入孔道后，在正式张拉前进行初步张拉，调整预应力筋，使各预应力筋松紧一致。

②上部拱结构合拢后、屋面结构胎架落架前，张拉系梁预应力，用以平衡结构正常使用状态下恒载产生的拱脚水平推力，监控一天时间。若张拉过程中拱脚水平位移大于极限值Δ（Δ为6mm，下同）则停止张拉，若拱脚水平位移小于极限值Δ，则继续张拉。

③胎架下落过程中，对拱脚处水平位移进行实时监控。若其接近Δ，则对系梁继续施加预应力，使之减小。落架过程分批分步进行，结合张拉系梁内预应力钢绞线，使拱脚水平位移控制在限值Δ以内。

（3）对称张拉。

由于每束钢绞线的张拉应力特别大，施工时按以下顺序进行对称张拉，张拉顺序如图5-8所示。

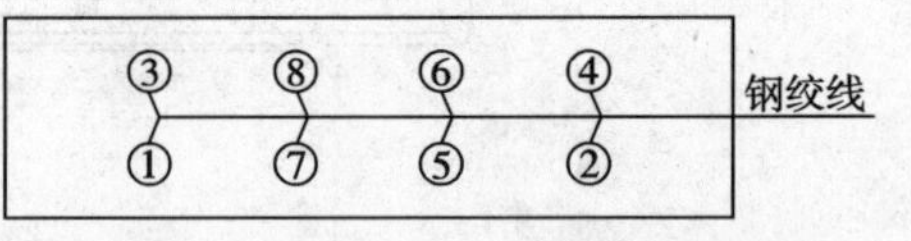

图5-8　预应力对称张拉示意图

（4）采用双控进行张拉。

在张拉过程中，以控制拱脚承台水平位移为主，同时对张拉应力值进行控制。张拉施工前，在每个拱脚承台上设置2个位移观测点，采用全站仪对拱脚水平位移进行监测，利用百分表进行辅助监控，如图5-9所示；根据预应力系梁中无粘结预应力钢绞线束的配置情况，在每道系梁的两端埋设穿心式压力传感器，分别埋设在两根梁的对角张拉端，进行钢绞线预应力值的监控测试。压力传感器的布置如图5-10所示。

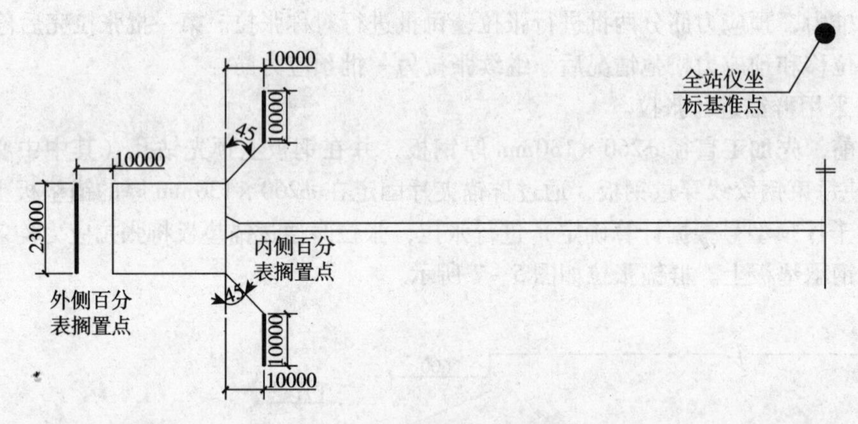

图5-9　位移监控点平面布置图

5.2.12　端部封堵

预应力筋张拉完毕经检查无误后，即可采用砂轮锯和无齿锯或其他机械方法切割多余的钢绞线。切割后的钢绞线外露长度距锚环夹片的长度为30mm，然后在锚具及承压板表面涂以防水涂料，最后清理穴口，用C30细石混凝土进行封堵。

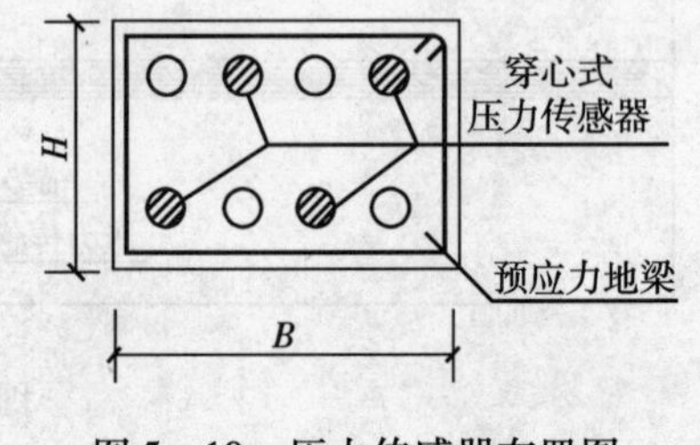

图5-10　压力传感器布置图

6 材料与设备

6.1 材料要求

6.1.1 进场的预应力钢绞线性能应符合《预应力混凝土用钢绞线》(GB/T5224)的规定。

6.1.2 锚具进场质量必须满足《预应力筋用锚具、夹具和连接器应用技术规程》(JGJ85)中的I类锚具要求，锚具进场应检验合格证书、出厂检验报告、出厂证明文件，应核对其锚固性能类别、型号、规格、数量及硬度。进场后应按要求进行外观检查并取样，进行硬度检验和静载锚固试验。

6.1.3 混凝土的强度等级不宜低于C40。

6.2 机具设备

本工法所需的机具设备见表6。

机具设备表 表6

序号	设备名称	设备型号	数量	用途
1	电 锯	MJ105	1台	模板制作
2	平压刨	MQ442	1台	模板制作
3	钢筋切断机	GJ40	1台	钢筋加工
4	钢筋弯曲机	GM40	1台	钢筋加工
5	电焊机	BX-300	4台	钢筋加工、支架制作安装
6	混凝土输送泵	$30m^3/h$	1台	混凝土浇筑
7	卷扬机		1台	预应力筋牵引
8	穿心式千斤顶		2台	预应力筋张拉
9	油压泵		2台	预应力筋张拉
10	百分表		4个	监控水平位移
11	穿心式压力传感器			预应力值的监控测试
12	振弦检测仪	JMZX300	1个	预应力值的监控测试
13	全站仪	SET2010	2台	测量放线和水平位移监控
14	水准仪	DSZ2/FS1	2台	测量放线
15	手提式砂轮切割机	GWS18-180	2个	钢绞线的切割

注：1. 穿心式千斤顶、油压泵应配套，型号可根据设计要求选用。

2. 穿心式压力传感器型号和数量根据设计要求选用。

3. 卷扬机的型号可根据预应力筋的长度和每束根数选择合适型号。

7 质量控制

7.1 质量标准

本工法除满足设计图纸外，还必须遵守国家标准《混凝土结构工程施工质量验收规范》GB50204—2002、《无粘结预应力混凝土结构技术规程》JGJ92—2004的有关规定。

7.2 质量保证措施

7.2.1 各类工程物资应在确定合格的分供方厂家中进行采购。所采购的材料、设备必须有出厂合格证、材质证明和使用说明书。材料进货要对材料质量、规格、性能及服务进行多方面的考察或试验后确定。

7.2.2　物资应根据国家、地方政府主管部门的规定、标准、规范及合同规定要求进行抽样和试验，并做好标记。

7.2.3　应配备足够的施工机具及设备。所有的机具设备均应有专人负责维护和保养，使之始终处于良好状态。张拉设备在使用前进行标定，并在施工中定期校正。

7.2.4　在布设预应力筋期间，应加强定位点的保护，以确保预应力筋的位置准确；同时，还应注意保护钢管及预应力筋端部的孔洞，以确保预应力筋的顺利张拉。

7.2.5　穿束时，为了减少摩擦并防止钢绞线外皮损坏，应在观察段设置辅助滚轴。

7.2.6　张拉施工时，预应力结构混凝土强度应符合设计要求；如设计无要求时，不应低于设计的混凝土立方体抗压强度标准值的75%。

7.2.7　无粘结预应力筋铺放、安装完毕后，应进行隐蔽工程验收。当确认合格后方可浇筑混凝土；混凝土浇筑时，严禁踏压撞碰无粘结预应力筋、支撑架以及端部预埋部件，跟踪检查预埋套管和支撑架是否松动和位移；张拉端混凝土必须振捣密实。

7.2.8　锚固区后浇筑的混凝土不得含有氯化物，以防氯化物对预应力筋和锚具的腐蚀。

8　安全措施

8.1　施工前先要做好班前安全教育和安全交底，未经三级教育的新工人不准上岗。

8.2　所有用电设备及配电柜应安装漏电保护装置，并张贴安全用电标识；严禁无电工操作证人员进行电工作业，定期进行安全用电检查，不符合要求的立即整改。

8.3　定期对各种设备进行调试、保养和维修，保证施工设备安全可靠，各种设备必须严格按安全操作规程进行操作，严禁违章作业。

8.4　油管接头处、张拉油缸端头严禁站人，操作人员必须站在油缸两侧。测量伸长值时，严禁用手抚摸缸体，以免油缸崩裂伤人。张拉用工具及夹片应经常检查，避免张拉中滑脱飞出伤人。

8.5　油泵操作时应精力集中，给油、回油平稳，以防超张拉力过大拉断钢筋，造成事故。

9　环保措施

9.1　在施工过程中，自觉地形成环保意识，最大限度地减少施工中产生的噪声和环境污染。

9.2　机械操作人员应经过培训，掌握相应机械设备的操作要求、机械设备的养护知识、机械设备的环保要求、紧急状态下的应急响应知识后，方可进行机械操作。其他人员操作前应进行环境交底，掌握操作要领，在混凝土浇筑、穿预应力筋、预应力张拉、预应力锚固过程中减少对环境影响。

9.3　张拉设备应定期保养、维护。作业时，油泵、千斤顶等设备应放置在隔油布上，避免由于油的泄漏而污染环境。

9.4　混凝土和预应力施工时的废弃物应及时分类清运，保持工完场清。

9.5　严格按照当地有关环保规定执行。

10　效益分析

10.1　本工法的成功应用解决了超大拱形结构系梁的施工难题，为预应力结构更广泛的应用提供了依据，使建筑平面布局更灵活。超长预应力结构的应用成功，不仅节约了钢材，减少了维修费用，也提高了结构的耐久性，延长了建筑物的使用寿命，为降低工程结构总造价提供了依据，并降低了建筑物的全寿命周期成本。

10.2　本工法满足国家关于建筑节能工程的有关要求，节约了资源，缩短了工期，而且对改善结构的性能，提高结构的安全性有着更重要的意义。

10.3　本工法在南京奥体中心主体育场工程、广州大学城华南理工大学体育馆和扬州市体育馆工程中的成功应用也取得了很好的经济效益，共取得经济效益 102.5 万元。

11　应用实例

11.1　南京奥体中心主体育场工程位于南京河西新城区江东中路 222 号，该工程于 2003 年 1 月 1 日开工，2005 年 4 月 20 日竣工。该主体育场四个拱脚基础分别位于体育场的南北两端、东西两侧，每个拱脚基础南北方向长 30m、东西方向宽 18m。南北拱脚基础通过 396m 长预应力地梁连接，预应力地梁平面位置如图 11－1 所示。

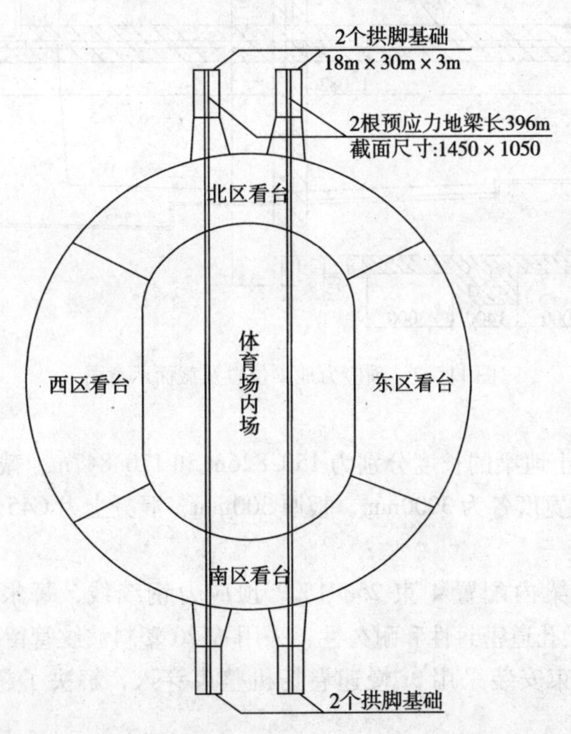

图 11－1　预应力地梁平面位置示意图

预应力地梁的断面为1450mm×1050mm（宽×高），每道地梁内埋设8ϕ180×6钢管，在每根钢管内穿过24Uϕ^{s}15.2高强度低松弛预应力钢绞线，预应力筋每束长度达410m。396m长预应力地梁张拉完成14d内，钢拱架落架结束，对拱脚基础的观察和预应力值监测结果如下：拱脚基础产生的水平位移分别为1.1mm和1.37mm，均小于设计控制值6mm；张拉后建立的控制应力分别为19896kN和20096kN，与设计要求的20000kN相比，误差值均在±6%以内。在拱架落架后约7d，通过传感器测定有一束预应力值为2491kN，原测定值2514kN，比张拉测定值小23kN；另一束建立的预应力值为2486kN，落架7d后，测定值为2435kN，比张拉时建立的应力小1%～2%。经分析研究，认为属于预应力筋的松弛和温度升高6～7℃而产生的应力损失，属正常现象。

11.2　广州大学城华南理工大学体育馆的平面呈四边形，每边中部稍向外斜，长边为97.5m，短边为67.7m。其屋盖结构采用混凝土大斜柱与扭壳相结合的新型结构体系。每两根大斜柱组成人字架，柱脚采用预应力混凝土地梁，以承受水平推力。两组人字架相互正交，将屋盖划分为四片预应力扭壳（图11－2）。

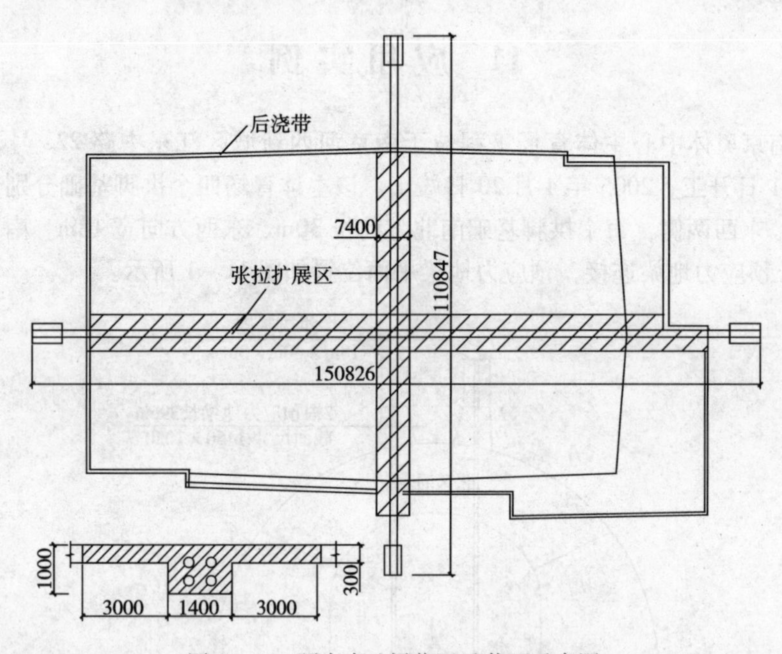

图11－2　预应力地梁位置及截面示意图

两根预应力混凝土地梁的长度分别为150.826m和110.847m，截面尺寸为1400mm×1000mm，两侧扩展区宽度各为3000mm，板厚300mm，混凝土为C45。地梁混凝土浇筑后恰遇雨天养护良好。

预应力混凝土地梁内配置4束25ϕ^{s}15.2预应力钢绞线，每根钢绞线的张拉力为182kN。为了提高地梁孔道密封性和耐久性，采用ϕ120塑料波纹管留孔和真空辅助压浆新技术。预应力钢绞线束安装采用3t慢速卷扬机整束穿入，解决了超长预应力筋的穿束难题。

真空辅助压浆用的水泥浆采用42.5R优质硅酸盐水泥，掺入JM－HF灌浆专用外加剂

(江苏省建筑科学研究院研制)，经试配结果，配合比为水泥: 外加剂: 水 =86: 14: 35 (kg)。水泥浆制备采用高速搅浆机，流动度为12s（用流锥仪测定），泌水率为零。压浆时真空度为 -0.06 ~ -0.08MPa，灌浆压力为0.5 ~0.6MPa。该工程预应力混凝土地梁已于2006年4月20日顺利完成。

11.3 扬州市体育馆工程位于新城西区，双博工程西侧、文昌西路北侧。本工程主馆一层，看台下头夹一层，训练馆一层，辅助用房一层至二层，为一幢最多6926座位的大型体育馆，其中固定座位4928座，活动座位根据不同的赛事可由1402座至1498座，体育馆东西向总长约155m，南北向总长约166m。该工程于2004年9月28日开工，2005年4月28日竣工。扬州体育馆屋架跨度89m，两支座处设预应力地梁用以平衡三角拱的水平推力，三角拱为空间管桁架结构，预应力地梁采用31根钢绞线构成的地梁。钢绞线采用1860级低松弛涂蜡无粘结钢绞线，端部采用防松夹片锚具，并注油封端保护；地梁外设钢管护套，护套采用 $\phi203\times8$ 钢管。89m长预应力地梁张拉完成14d内，对拱脚基础的观察和预应力值监测结果如下：拱脚处产生的水平位移分别为0.68mm，小于设计控制值6mm，张拉后建立的控制力为4021kN，与设计要求的4000kN相比，误差值在 ±6% 以内。

冷却塔爬模施工工法

编 制 单 位：中国建筑第三工程局
批 准 单 位：国家建设部
工 法 编 号：YJGF029—2006
主要执笔人：汤丽娜　李再伦　许　洪

前　言

随着火力发电机组单机容量增大，双曲线冷却塔的淋水面积逐渐增大，塔高及半径也相应增大，再者因人们的安全防护意识的提高，传统的悬挂式三角架翻模施工工艺在安全和速度方面均已不能满足当前施工要求。

中建三局第二建筑工程有限责任公司在冷却塔的施工中，根据公司多年施工高耸构筑物的经验，并在引进国际上先进的爬模施工工艺基础上，根据冷却塔工程的特点，对爬模的爬升系统、电动液压传动系统、操作平台及模板系统和配套的施工机械等方面进行了改进，经过改进的爬模施工技术经过湖北省建设厅组织的专家委员会进行鉴定，结论达到了国内领先水平。

本冷却塔爬模施工工法先后成功应用于湖北蒲圻电厂 1 号、2 号冷却塔，四川成都金堂电厂 1 号、2 号冷却塔和安徽淮南洛河电厂 5 号、6 号冷却塔等工程的施工。通过爬模施工工艺，成功解决了大型双曲线冷却塔混凝土筒壁施工的难题，降低工人劳动强度，加快工程施工进度，保证工程施工质量和安全。

冷却塔爬模施工工法先后获得了 2007 年度湖北省省级工法，2004 ~ 2005 年度中建三局局级工法和 2002 ~ 2003 年度中建三局局级科技进步奖。

1　工 法 特 点

电厂冷却塔爬模施工工法在施工方法上有显著的特点，其与传统的悬挂式三角架翻模施工工艺和普通的爬模施工工艺相比，在工期、质量、安全、造价、节能、环保等方面具有明显的先进性和新颖性。

1.1　操作方便、施工工期短

电动爬模系统依靠筒体混凝土结构，通过固定在筒体上的导轨，利用电动机和蜗杆的正反转动来提升爬模系统。操作过程中，爬升架体可以单独提升也可以同步提升。爬升架提升完毕，就可以提供出工作面进行下一道工序的施工，与传统的三脚架翻模施工工艺相比较，操作方便，劳动强度低，大大提高了施工速度。

同时，本爬模工法将以往通常使用的1.3m×0.5m筒壁模板改进为2.6m×1.7m专用大模板。通过此项改进，减少了模板拼装的次数，节约了模板安装的时间。

通过电动爬模的使用，我们在施工过程中创造了一天爬升一层（即1.5m/d）的施工速度，与传统的施工速度相比，施工工期有了大幅度的缩短。

1.2 施工质量可靠

爬模系统的导轨在施工过程中对筒壁起着控制定位的作用，通过控制导轨的倾斜度、子午向曲线的位置、半径和水平方向度，可准确控制筒体结构的半径、斜率和外观线条，从而保证通过爬模施工的冷却塔筒壁的质量。

电动爬模系统内外各有三层的操作平台（宽1300mm），可保证在钢筋绑扎、模板支设、混凝土浇筑和养护等各个施工环节有良好的工作面来保障施工人员做好各工序施工，从而保证施工质量。

另外，通过采用2.6m×1.7m专用大模板，与采用普通的小尺寸模板相比，减少了模板的拼缝，提高了混凝土筒壁的外观质量。

1.3 施工安全

电动爬模体系全部的施工荷载和自重借助导轨传递给筒体结构，爬模体系构造合理，爬升架装置设限位开关和螺杆保险销双重安全装置。爬升架刚度大，爬升时平稳、无晃动。爬模体系设置三层操作平台，操作平台上均按照规范要求设置了安全防护栏杆。与普通的三角架翻模施工工艺相比较，极大地保证了施工的安全。

1.4 经济效益显著

通过采用爬模施工工艺，组建专业施工队伍，提高管理协调能力，可以减少劳动力投入，提高施工速度，保证施工的质量和安全，因此具有明显的经济效益。

爬模系统一次投入可多次周转使用，施工中只需配备一套模板周转，施工用材的节约非常明显，且工程适用范围很宽，设备闲置时间短，有很好的节能和环保效益。

2 适用范围

经过改进的电动爬模工艺适合大型双曲线冷却塔、烟囱筒壁、水泥造粒塔筒壁、料库、高墩、高耸建（构）筑物等的施工。

3 工艺原理

冷却塔电动爬模的主要工艺原理是爬模的导轨附着在冷却塔混凝土筒壁上，爬升架承重在导轨上，通过爬升架上所安装的电动机和蜗杆的正反转动来提升爬模。在每节1500mm高的筒体结构施工过程中，爬升架分两次提升，每次提升750mm。同时，爬模采用2.6m×1.7m专用大模板，通过模板的收分来保证曲线变化筒壁的外形尺寸。电动爬模构造如图3-1所示。

3.1 导轨承力工艺原理

导轨通过对拉螺杆与筒壁另一侧的模板补偿器相连接，以控制筒壁子午向曲线位置的正确，并夹紧混凝土筒壁，将整个爬升模架的自重和施工荷载传递到筒壁混凝土上（图

3-2、图3-3）。

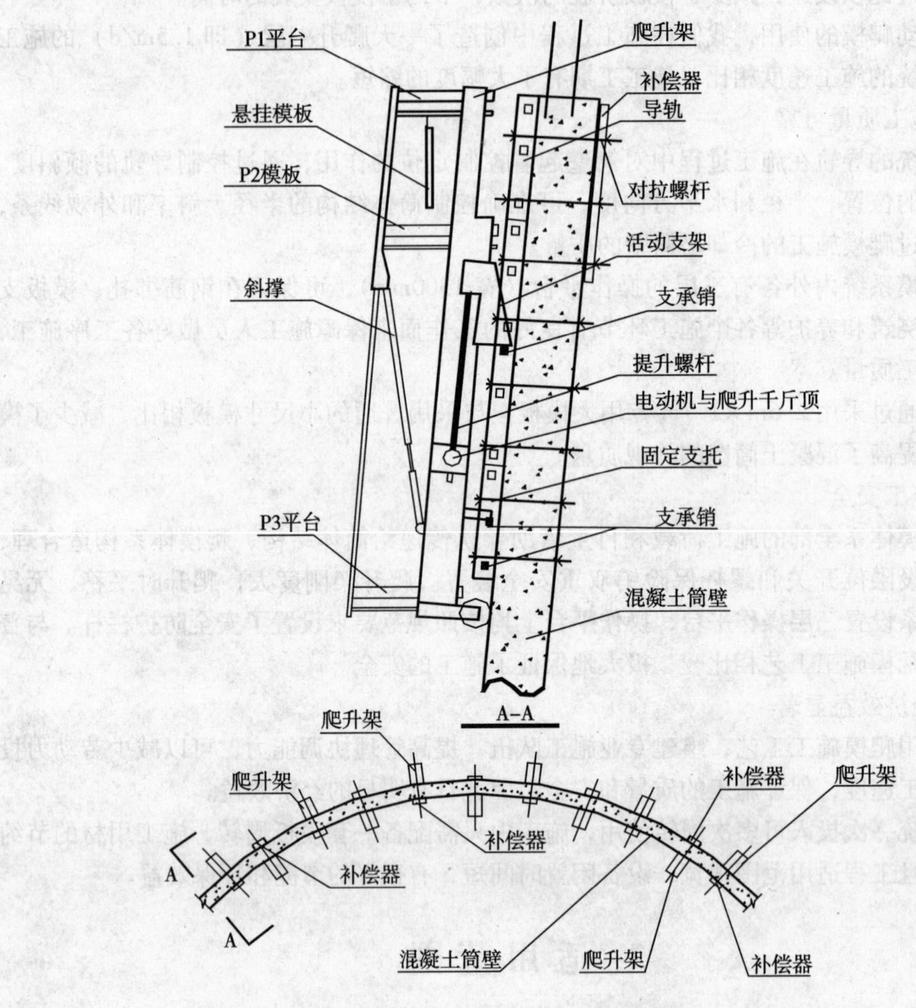

图3-1　电动爬模构造示意图

图3-2　导轨

图3-3　模板与导轨的连接

3.2　爬架爬升工艺原理

当混凝土强度达到规定强度后，即可进行提升架爬升。整个爬模系统爬升时按顺时针方向进行，并控制相邻两提升架的高差在750mm以内。

爬升时，首先将爬架的上支撑点固定在导轨上，同时松开下支撑点，启动电动机将整个爬架爬升750mm；然后，将爬架的下支撑点固定在导轨上，同时松开上支撑点，启动电动机将爬架中的内套架顶升750mm；重复上述过程，实现下一个750mm的爬升。

3.3　相邻架体分段爬升工艺原理

本爬模经过改进，将相邻架体之间的操作平台通过活动可调节的方式进行连接（图3－4）。通过这种改进，一方面，可以保证架体在向上爬升过程中方便调节相邻架体之间的尺寸；另一方面，由于操作平台与架体为活动方式连接，可以实现架体的分片提升，提高工作效率。

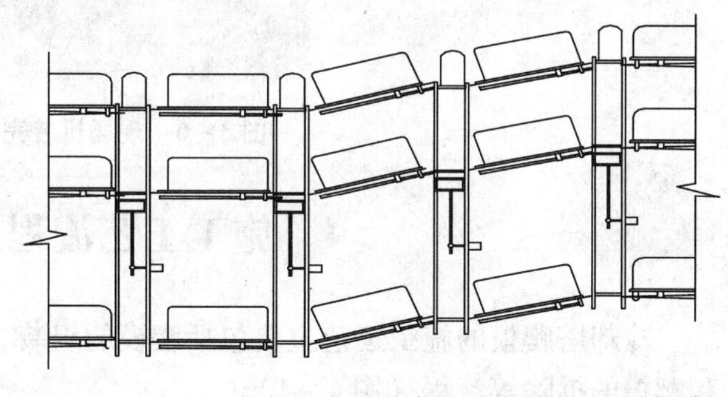

图3－4　相邻架体分段爬升示意图

3.4　模板安装工艺原理

本爬模工法将以往通常使用的1.3m×0.5m筒壁模板改进为2.6m×1.7m专用大模板。通过此项改进，实现了每节1.5m高的筒壁只需进行一次的模板支设，极大地提高了施工速度。

同时，通过在两块模板之间设置补偿器，通过模板的收分来实现筒壁双曲线尺寸的要求（图3－5、图3－6）。

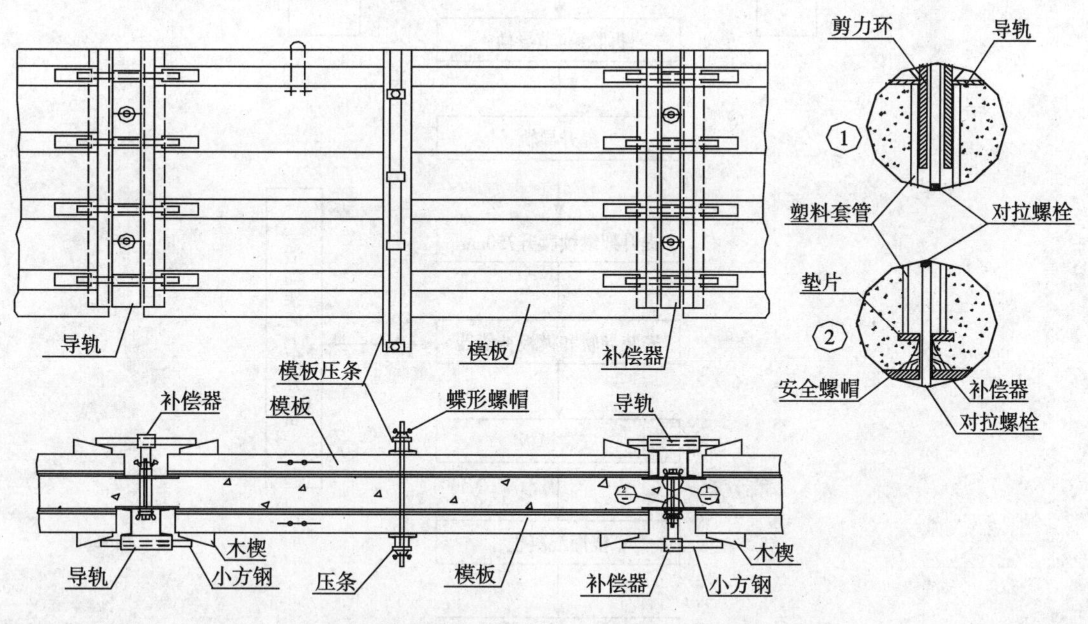

图3－5　冷却塔爬模施工模板系统组装图

图3-6　现场拼装完成的大模板

4　施工工艺流程及操作要点

冷却塔爬模的施工工艺主要包括爬模的组装、爬模现场安装、爬模施工过程中的爬升和爬模的拆除等流程（图4-1）。

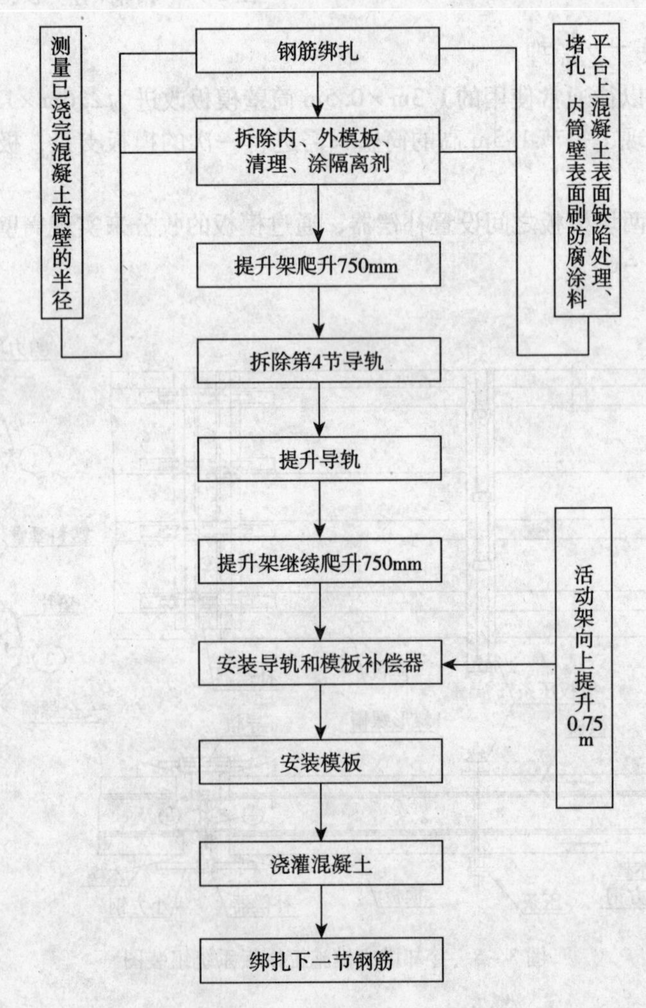

图4-1　爬模施工工艺流程

4.1　爬模的地面组装

爬模在正式安装前，应在地面将架体进行组装。

先将主架平放在地面，将活动小平台安装到主架上，然后安装活动套架及电动机和顶升丝杆（图4-2～图4-4）。

图4-2　主架平放在地面

图4-3　安装活动小平台

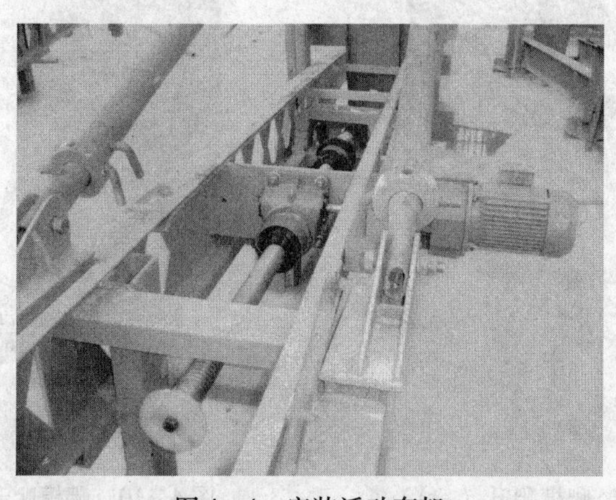

图4-4　安装活动套架

4.2 爬模的现场安装

爬模的现场安装包括导轨的安装、爬模架体的安装和爬模操作平台的安装（图4－5～图4－8）。

图4－5 导轨安装

图4－6 爬模架体安装

图4－7 爬模操作平台安装

图4－8 爬模安装完毕

4.3 爬模施工过程中的爬升

当混凝土强度达到规定的强度后，即可进行提升架爬升。整个爬模系统爬升时按顺时针方向进行，并控制相邻两提升架的高差在750mm以内。每节筒体分两次进行爬升（图4－9、图4－10）。

图4－9 爬模爬升（一）

图4－10 爬模爬升（二）

4.4　爬模的拆除

爬模拆除时，先拆除上面两层操作平台，然后设置临时挂架，将对拉螺杆拆除，使爬架脱离筒体，然后依次拆除最下层操作平台和架体（图4－11～图4－14）。

图4－11　上面两层操作平台拆除

图4－12　设置临时挂架

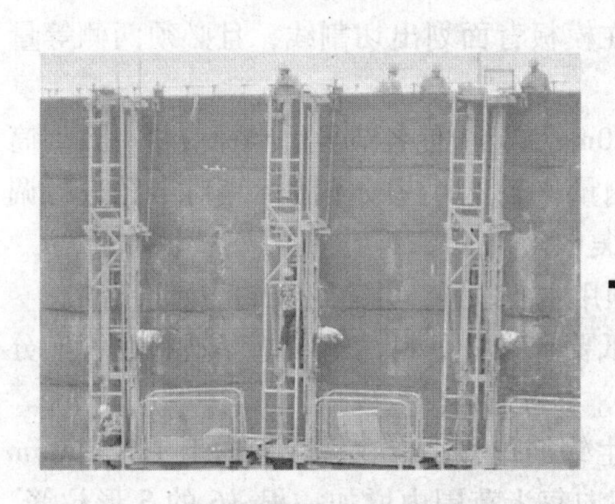

图4－13　拆除对拉螺杆使爬架脱离筒体

图4－14　拆除最下层操作平台和架体

5　材料与设备

爬升架由导轨、操作平台、爬升装置、模板系统等四部分组成。

5.1　导轨：它是一种比较精密的部件，每根长1.5m，每组爬架配4根导轨。导轨的作用一是定位，控制筒壁子午曲线位置的正确；二是将爬升模架的施工荷载传递到筒壁上。

5.2　操作脚手架：它由提升架部分和三层（P1、P2、P3）平台组成。在上层（P1）平台上可从事绑扎钢筋、浇混凝土、安装导轨和处理水平缝等施工操作。中层（P2）平台上可从事拆除模板及清理等操作。下层（P3）平台可从事拆除导轨及提升架的操作。每层平台由左右两块平台板叠合组成，中间以滑块相连，以便在爬升过程中随着筒壳直径改变，平台长度可以伸缩调整，平台两端搁在提升架上。

5.3　爬升装置：该装置由电动机、减速器、提升螺杆及活动支架组成，安设在提升架主要杆件的中部。

5.4　模板系统：该系统由补偿器、模板和竖挡等部件组成，设在两个相邻导轨的中间。在筒壁的内外侧，导轨与补偿器是交叉布置的。

6　质量控制

6.1　爬模施工应执行的标准规范和检验方法

采用电动爬模工艺施工冷却塔筒体，能保证钢筋、模板、混凝土、筒体防水质量，施工质量标准依据为《火电施工质量检验评定标准》，主要采用目测、钢尺检验、取试件、仪器检验等检验方法。

钢筋工程的检验具体依据钢筋质量检验评定表（验表Ⅱ-3-43）。

模板工程的检验具体依据模板质量检验评定表（验表Ⅱ-3-42）。

混凝土工程的检验具体依据混凝土质量检验表（验表Ⅱ-3-44）。

防水工程的检验具体依据防水质量检验评定表、堵孔记录、防腐记录、施工缝处理记录、混凝土浇筑记录、混凝土养护记录等。

6.2　爬模施工时质量保证技术措施和管理方法

6.2.1　筒壁模板的收缩应经过计算，事先在模板背面划出切割线，且必须两侧等量对称切割，以保证对穿螺栓孔位置的正确性。

6.2.2　筒壁半径误差调整值每节不得大于20mm，且应使各节导轨半径值相一致。筒壁施工过程中，每隔8~10节应进行一次标高测量，必要时应按实测标高对半径进行调整。测量人员必须核对原始记录，发现错误重新复核。

6.2.3　筒壁模板与导轨、补偿器之间，必须用木楔塞紧，并有可靠的防漏浆措施。

6.2.4　筒壁对穿螺栓塑料套管应严格按图纸要求尺寸下料，不同壁厚塑料套管应分别堆放，防止错用。对穿螺栓孔用塑料粘胶堵塞，不得遗漏。

6.2.5　为防止筒壁在浇筑混凝土过程中发生钢筋位移，应在模板面向上1.3~1.5m处绑扎一圈环向钢筋，同时在内外层钢筋间沿环向每米范围内增加一根$\phi6$的S形拉筋，以保持其位置和保护层厚度正确。

6.2.6　混凝土浇筑前，技术负责人应会同质检员进行以下项目检查，合格后方可施工：

（1）半径、截面和标高等偏差符合规范规定；

（2）施工缝已按要求处理完毕；

（3）模板内已清理干净，接缝密合，支撑牢固；

（4）预埋件、预留孔位置正确，钢筋绑扎符合要求。

6.2.7　导轨安装要有专人负责，严格按要求尺寸调整导轨斜率。

6.2.8　爬梯、电梯、缆风绳等埋件要求位置正确，安装牢固。

6.2.9 施工缝应严格按设计图纸要求处理，并保证不渗漏。

6.2.10 筒壁施工时，每节均需做不少于三组混凝土强度试块，第一组测1d强度（应大于3MPa），以作为可否拆模的依据；第二组测3d强度（应大于等于12MPa），以确定爬升架是否可以爬升；第三组测定28d强度，作为混凝土评定依据。

6.2.11 混凝土养护应及时，浇水次数以能使筒壁内外两侧混凝土保持湿润状态为准，养护期不少于14d。

6.2.12 筒壁混凝土拆模后，如发现偏差超过允许值时，应在其上各节的施工中逐渐纠正，每节纠正量不宜超过20mm。

7 安全措施

7.1 冷却塔施工设专职安全员一人，各施工班组均设兼职安全员，建立健全项目安全管理网。

7.2 认真贯彻国家及公司有关安全施工规程和规章制度，落实各级责任制。

7.3 坚持连续开展百日安全无事故活动，坚持安全施工与经济责任制挂钩。

7.4 凡参加现场施工人员，每年接受一次统一安全教育和安全基本知识考试，并坚持每年所招临时工必须进行三级安全教育后才能上岗。

7.5 凡参加现场施工人员，应定期进行一次身体检查，凡患有精神病、高血压、心脏病等人员，均不得参加高处作业。

7.6 按规定在冷却塔周围画出施工危险区30m，并设临时围栏和警戒标志，非施工人员及车辆禁止进入。因冷却塔施工后场地狭窄，部分公路、人行通道、加工车间及混凝土集中搅拌站均在危险区内，需搭设安全隔离棚。

7.7 警戒线内搭设进塔专用通道、曲线电梯通道，通道上设安全隔离棚。

7.8 进入施工现场的人员要戴好安全帽，高处作业人员应系安全带（不包括在爬升架平台上的工作人员），登高人员不准穿塑料底鞋和硬底鞋。

7.9 操作平台应经常进行清扫检查，防止高空落物。

7.10 中心塔吊、曲线电梯等在使用前均应做负荷试验，合格后方可使用，并设专人操作维护。非操作人员严禁乱动。

7.11 所有高处设备均设避雷装置。

7.12 夜间施工有足够照明设施。所有临时性电源开关、配电盘等电器设备均设防雷设施，并有可靠接地和绝缘保护。

7.13 现场应设防火消防设施。施工需要在现场生火时，应先编制安全防火措施，并申请办理现场生火许可证后，方可生火。

7.14 遇有5级以上大风、暴雨、打雷及大雾等恶劣气候时，停止高处作业。

7.15 拆内模板时，要求混凝土强度不小于3MPa；拆提升架时，要求混凝土强度不小于12MPa，并严格按照提升顺序操作。

7.16 提升爬升架时，P1平台上不准放重物，并应在P1、P2平台上设专人进行巡视。

7.17 导轨对穿螺栓螺母要拧紧，保险螺母切不可忘记安装。

7.18　剪力环不可忘记安装，拆下后放在导轨内，不准放在平台上，以免遗失或落下伤人。

7.19　爬升架提升完毕后，固定块、活动块的位置必须正确，安全插销不得漏插。

7.20　操作平台要保持一定水平度，倾斜角不大于10°。

7.21　爬升架爬升时，相邻两爬升架高度差不得大于250mm。

7.22　如果爬升架发生左右偏差，不准用另一个爬升架来纠正歪斜爬升架。

7.23　停电或电动机发生故障时，要插好安全销。

7.24　爬升架蜗杆弹簧片要经常清扫，每星期加一次油，轴承箱一个月加一次油。

7.25　曲线电梯要有专人负责操作，严禁超载。

7.26　塔机操作人员要经培训后方可持证上岗，并严格按塔机操作规程进行操作。

7.27　吊运钢筋时每吊重量不得超过1t，并分散堆放，超过3t的重物不准堆放在平台上。

7.28　塔吊工作时，上、下均应有人指挥，操作人员必须按指挥人员的信号进行操作。

7.29　吊物范围下方严禁站人，运输车辆的货物起吊后尽快离开。严禁吊物碰撞爬升架和筒壁。

7.30　塔吊缆风绳的初拉力必须按设计要求，缆风绳拉完后，需用经纬仪检查塔吊垂直度。

7.31　所有电缆、电线和金属接触处用套管保护，整体爬升架系统必须有良好的接地。

8　环保措施

8.1　应根据工程施工进度，制定爬模的电动机及顶杆的定期检查制度，定期检查相应部位是否有漏油现象发生，并及时采取措施。

8.2　爬架和模板上定期清理的垃圾应按照有关规定集中堆放、集中外运和处理。

8.3　施工过程中周转损坏的木模板应集中堆放和处理。

8.4　混凝土浇筑过程中应采用低噪声环保型振捣器，以降低噪声污染。

9　效益分析

采用电动爬模工艺施工，相比翻模工艺，效益主要集中于以下因素：设备投入、模板投入、工期、安全、质量、社会效益、环保效益，两者分析对比见表9。

效益分析对比表　　**表9**

序号	比较因素	电动爬模工艺	翻模工艺
1	设备投入 （分六次摊销）	320万元/6次	70万元

续表

序号	比较因素	电动爬模工艺	翻模工艺
2	模板投入	一套	四　套
3	工　期	1～1.5d/节	1.5～2.5d/节
4	安　全	安全有保障，二次安全投入费用低	安全保障性低
5	质　量	可控性，墙外观效果好	较难控制 外观质量差
6	社会效益	良好的外观效果是电厂的标志，带来的是未来的效益，受业主、监理及社会各界认可	外观差
7	环保效益	模板投入少，爬模系统基本上为可重复利用材料，资源消耗少	模板投入大 资源消耗大

10　应用实例

电厂冷却塔电动爬模施工工艺先后被我公司成功应用到湖北蒲圻电厂1号、2号冷却塔，成都金堂电厂1号、2号冷却塔和安徽淮南洛河电厂5号、6号冷却塔工程等，取得了良好的效果。

10.1　湖北蒲圻电厂1号和2号冷却塔应用实例（图10－1）

工程名称：湖北蒲圻电厂1号和2号冷却塔

工程地点：湖北省赤壁市

实物工作量：5000m²

开竣工日期：2003.2～2004.8

应用效果：良好

图10－1　湖北蒲圻电厂冷却塔施工实景图

10.2　四川成都金堂电厂1号和2号冷却塔（图10－2）

工程名称：四川成都金堂电厂1号和2号冷却塔

工程地点：四川省成都市
实物工作量：9500m²
开竣工日期：2004.11～2006.12
应用效果：良好

图10－2　四川成都金堂电厂冷却塔施工实景图

10.3　安徽淮南洛河电厂5号和6号冷却塔（图10－3）
工程名称：安徽淮南洛河电厂5号和6号冷却塔
工程地点：安徽省淮南市
实物工作量：9000m²
开竣工日期：2006.3～2007.4
应用效果：良好

图10－3　安徽淮南洛河电厂冷却塔施工实景图

外围结构花格框架后浇节点施工工法

编制单位：中国建筑第一工程局
批准部门：国家建设部
工法编号：YJGF036—2006
主要执笔人：房静波　刘为民　任志永　徐　浩　王静梅

1 前　言

随着建筑行业的发展，美观且个性的超高层建筑越来越多，而前提是必须保证结构的安全性。结构中不同的部位根据其自身的承载能力进行不同的受力分工，可大大提高结构的承载能力。在结构体系中设置后浇节点正是解决不同构件受力分工的办法。

中建一局五公司金地国际花园工程外围结构设置了花格框架，自下而上最高处达到139.08m。外围结构花格框架由主框架梁、主框架柱、次框架梁、次框架柱与楼面拉梁组成，通过次框架柱与主框架梁的连接，楼面拉梁与楼板的连接，使得主、次框架形成一个整体。如按普通方法自下而上施工，该建筑达到了一定的高度后，在竖向荷载作用下，由于次框架竖向不连续，主框架梁既支撑在下部次框架柱上，又承担上部次框架柱的内力，下部几层主框架梁的内力将很大，其截面满足不了建筑要求，结构受力没有保障。为了保证结构的承载能力，在结构中设置了后浇节点。施工阶段，次框架与主框架暂时断开，待主框架沉降变形完后，将断开的钢筋连接上再浇筑混凝土。使得主框架主要承受竖向荷载，主、次框架共同构成抗侧力结构体系，结构的安全性得到了保障。

建设部科技信息研究所对“外围结构花格框架后浇节点施工技术”提供的《科技查新报告》（报告编号：2007－059D）表明，通过对国内“中国建设科技文献数据库”等15个权威数据库、论文库、国家科技成果网的检索证明，在上列检索范围中未见在花格框架中设置后浇节点施工的文献报道。

“外围结构花格框架后浇节点施工技术”通过了中国建筑工程总公司召开的科技成果鉴定会。鉴定委员一致认为：“本课题综合技术整体达到国内领先水平，经济效益和社会效益显著。建议总结经验，形成工法。”

外围结构花格框架后浇节点施工方法在中建一局五公司金地国际花园项目得到了成功应用，达到了缩短施工工期，提高施工质量的效果。工程主体结构获得北京市“结构长城杯”金奖。“外围结构花格框架后浇节点施工技术”被评为“北京市经济技术创新工程优秀成果”。在总结施工经验的基础上，最终形成本工法。

2 特　点

2.1　后浇节点处钢筋接头连接方式采用加长套丝直螺纹机械连接接头，可以使钢筋在断开且主体结构得到充分沉降后，钢筋可以再次连接。见图2。

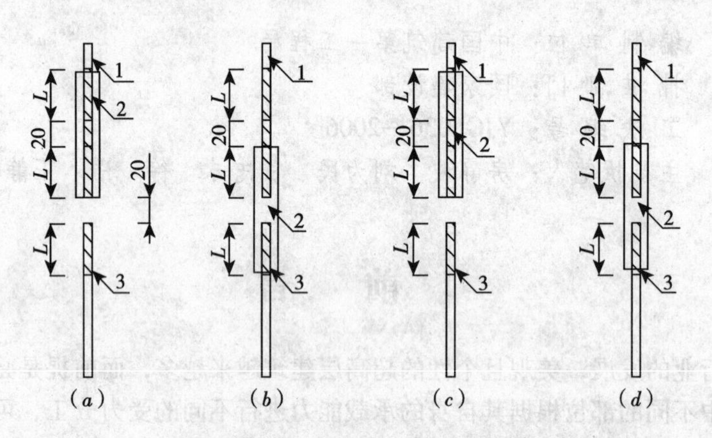

图2　直螺纹钢筋断开－连接示意图

1—加长套丝钢筋；2—加长套筒；3—正常套丝钢筋

2.2　后浇节点处采用CGM高强无收缩灌浆料灌注。十三层以下要求混凝土强度等级为C60，十四层以上为C50。CGM高强无收缩灌浆料的最终强度可以达到C60以上，且灌浆料具有高强度、免振捣、微膨胀、自流性好、与原混凝土结合紧密的特点，可以满足结构混凝土强度等级的要求，增强柱子的承载能力。

2.3　后浇部位四周封闭粘贴钢板兼作模板并永久保留。次柱后浇节点设置于受力相对较小的柱子高度中间部位，后浇筑CGM灌浆料时，钢板作模板使用。但在灌浆料固化后，钢板实际上对后浇节点有约束作用，且钢板跨越后浇和原混凝土部位，对柱子新旧混凝土连接及柱子承载力有提高作用。使得预留部位尽可能减小，利于结构封顶后的施工，且结构整体效果好，外形美观。

2.4　施工方法简便。由于后浇节点施工在主体结构施工完，垂直运输设备基本拆除，采用此工法施工，方法简便，耗材少，节省人工及缩短工期。

附录为运用此工法施工与以前施工方法的对比。

3 适用范围

将结构中不同的部位根据其自身的承载能力进行分工，可大大提高结构的受力性能及安全性。在结构中设置后浇节点是解决结构构件受力分工的好办法。本工法适用于对承载能力要求较高且建筑的形状尺寸要求比较严格的超高结构体系。

4 工艺原理

为尽可能不使花格框架中的次框架结构承受竖向荷载作用，主框架与次框架的连接采用“特殊后浇节点”做法，即主、次框架同时进行结构施工。但在次柱与主框架梁交接处设置后浇节点，在楼面拉梁与楼板连接处也设置后浇节点，使得主、次结构完全断开。在此过程中全部竖向荷载施加在主框架结构上，使其能够充分沉降，而次框架不受力，待主体结构封顶后再进行封闭工作，使得主框架承担了大部分的竖向荷载。而主、次框架共同构成抗侧力的主要结构构件，花格框架受力分工明确。花格框架后浇节点位置示意详见图4。

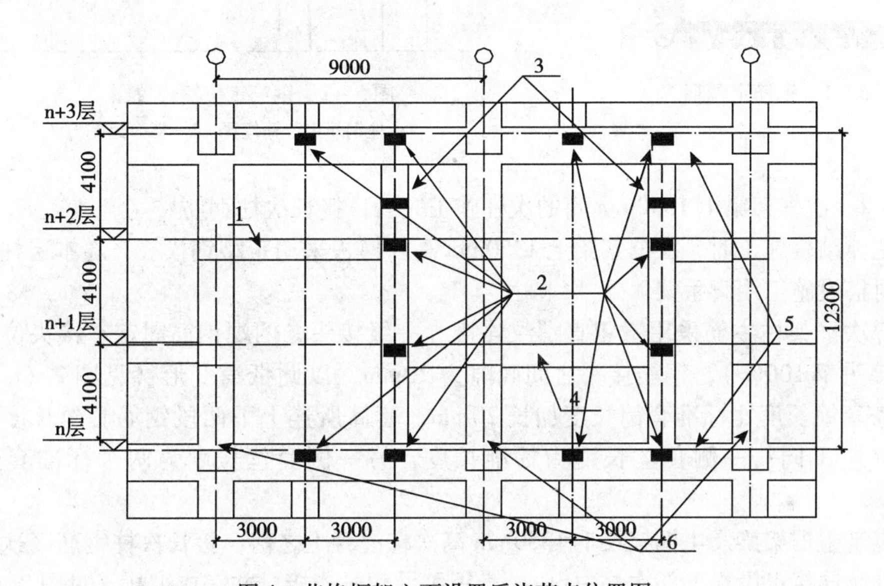

图4 花格框架立面设置后浇节点位置图

1—上部次框架梁；2—楼面拉梁后浇节点；3—次框架柱后浇节点；4—下部次框架梁；5—主框架梁（分别为上部主框架梁和下部主框架梁）；6—主框架柱

5 工艺流程及操作要点

5.1 工艺流程

上部次框架梁施工时，次柱定位箍的安装与拆除 → 次框架梁上1350mm高次柱的施工完后，次柱钢筋的接长 → 主框架梁与梁下1350mm高次柱施工完后，次柱钢筋断开 → 搭设施工用脚手架 → 主体结构施工完后，次柱钢筋再次连接，柱子后浇筑节点部位清理 → 后浇节点处钢板的安装 → 后浇节点处CGM高强无收缩灌浆料的灌注

5.2 操作要点

5.2.1 上部次框架梁施工时，次柱定位箍的安装与拆除

绑扎上部次框架梁钢筋，安装次柱柱筋定位箍（定位箍平面图见图5-1，安装位置

见图5－2)，浇筑次框架梁混凝土后，拆除次柱柱筋定位箍，绑扎次框架梁上1350mm高次柱箍筋，浇筑次框架柱混凝土。

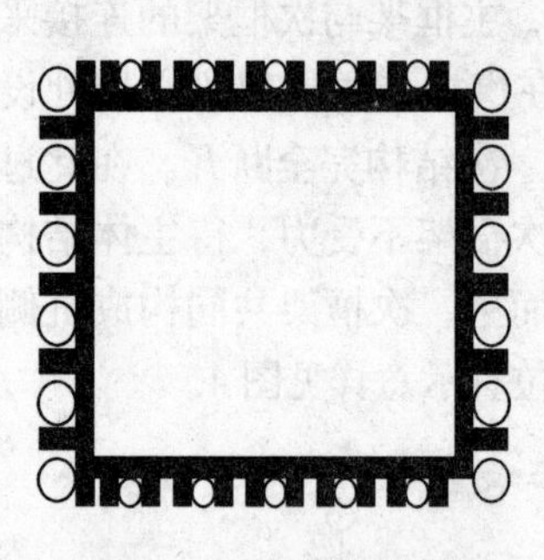

图5－1　钢筋定位箍

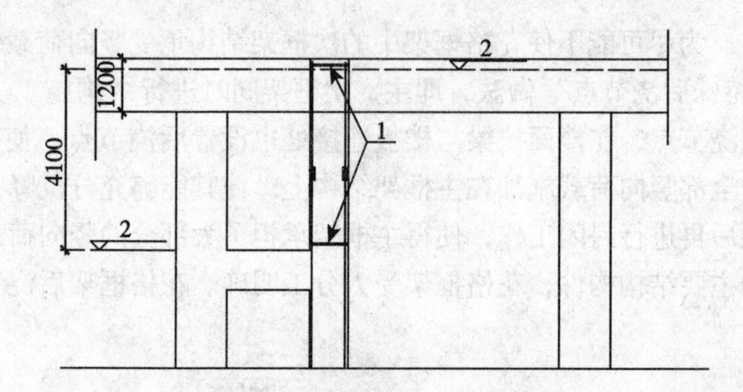

图5－2　钢筋定位箍位置图

1—柱钢筋定位箍位置；2—楼面标高

5.2.2　次框架梁上1350mm高的次柱施工完后，接长次柱钢筋

在主体结构施工时，次框架梁上1350mm高柱模板采用定型钢模板，随本层柱同时支设，同时搭设施工用脚手架。

上部次框架柱主筋采用镦粗直螺纹连接（一级接头，两端钢筋固定，接头位置在柱中部，接头率100%），钢筋接头之间间隙为20mm，以此抵消变形（见图2（*a*））。本工法所需套筒长度比标准套筒长度加长20mm，套筒所连上下两段钢筋套丝长度也比正常情况有所不同：一侧套丝长度为标准长度，另一侧套丝长度为两个标准套丝长度加20mm。

在浇筑主框架梁及主框架梁下1350mm高次柱混凝土之前，接长次柱钢筋（次柱钢筋镦粗直螺纹连接点设在上部次柱中点），直螺纹做暂时连接，并完成绑扎（见图2（*b*））。

5.2.3　主框架梁与梁下1350mm高次柱施工的同时，安装次柱定位箍

（1）主框架梁模板的支设：

①主框架梁底模。

梁底模板采用15mm厚多层板，在有次框架柱的位置设置独立的模板，在有钢筋穿过的地方穿孔，注意防止漏浆。见图5－3。

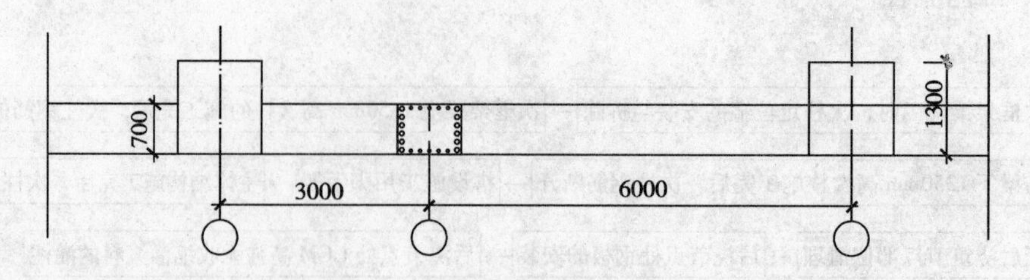

图5－3　上部主框架梁底模穿孔图

②主框架梁底模龙骨设计。

上部主框架梁底模次龙骨采用50mm×100mm木方，次龙骨净距不大于150mm，但不

少于5根通长木方，在上部次框架柱位置底模次龙骨采用50mm×100mm木方，木方之间净距不大于100mm。见图5-4。

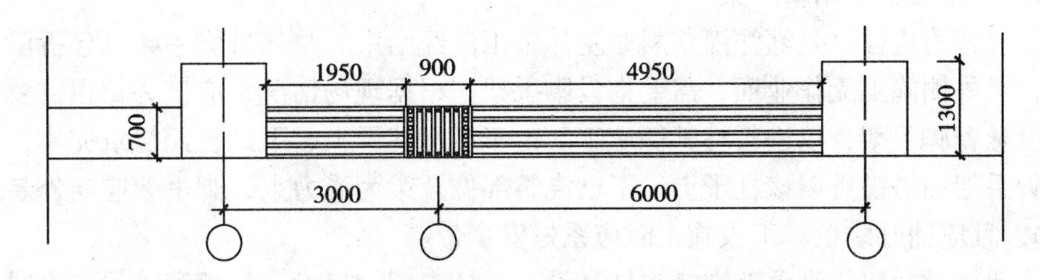

图5-4 上部主框架梁底模龙骨示意图

③主龙骨设计。

主龙骨采用2ϕ48×3.5钢管，间距为600mm。见图5-5。

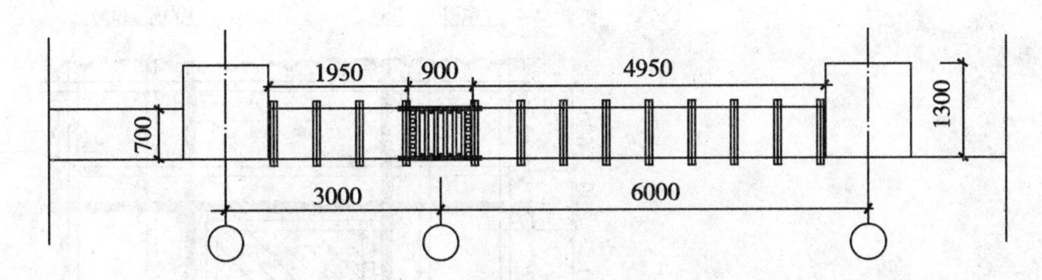

图5-5 上部主框架梁主龙骨布置图

（2）主框架梁下1350mm高模板采用定型钢模板，随本层主框架梁同时支设。用钢板网等材料将次框架柱下部封堵严密，防止漏浆。

主框架梁与梁下1350mm高次柱同时浇筑混凝土。见图5-6。

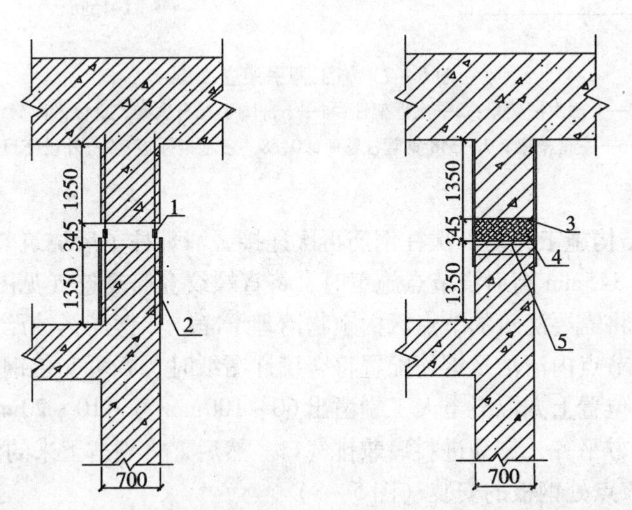

图5-6 主框架梁与梁下1350mm高次柱施工做法图

1—中部空腔采用100%接头率，用黄油涂抹后再用塑料布裹上；2—定型钢模板；3—钢板网；4—填充物为聚苯板和木条，待上部次柱浇筑完毕后，再将填充物清除掉；5—两道柱箍

（3）斜主框架梁及主框架梁下1350mm高次柱混凝土终凝后，将套筒拧开并保持断开（见图2（c））。

5.2.4　搭设施工用脚手架

后浇柱皆为边柱，且灌注灌浆料时主体施工已经结束，整体外脚手架已经拆除。边柱施工时，靠外侧施工无作业面，需要搭设脚手架。根据现场情况，应该为每根需要浇筑的柱子搭设悬臂脚手架，以进行柱外侧施工。由于后浇柱子上、下部已经浇筑完毕，且与梁相连，脚手架的搭设可以该柱子上、下已浇筑部位及梁为受力点，脚手架应向外悬挑不小于1.5m，且应铺好跳板，工人施工时应系好安全带。

操作架搭设：双排脚手架围绕次柱搭设，立杆支撑拉接设在楼板和主梁、次梁上，操作层满铺50mm厚木跳板，悬挑部位用斜杆设置，外立面设剪刀撑，外围满挂安全立网及水平网。

脚手架搭设方法如图5－7所示。

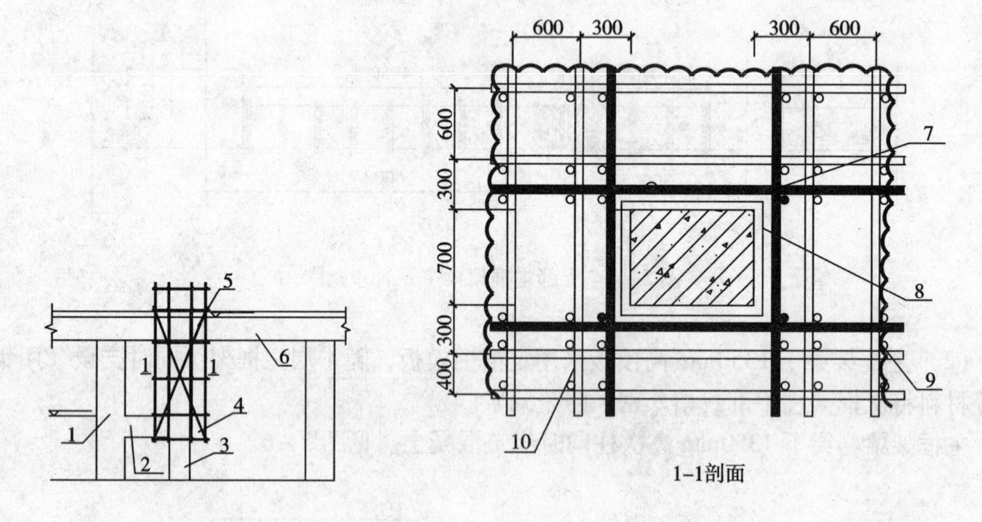

图5－7　施工脚手架立面图

1—主框架柱；2—上部次框架梁；3—次框架柱；4—下部脚手架与次梁、次柱做抱箍；5—上部脚手架与主梁做抱箍；6—主框架梁；7—ϕ48钢管柱箍@600；8—定型钢模板；9—外设密目网；10—操作架

5.2.5　主体结构施工完后，次柱钢筋再次连接，清理柱子后浇筑节点部位

在次框架柱到345mm高后浇节点施工时，将直螺纹套筒复拧（见图2（d））。

钢板安装前应将需要浇筑的节点区内杂物清理干净。如钢筋锈蚀严重，需要对钢筋作除锈处理。在确保节点内清洁及钢筋配置符合设计图纸时，方可安装钢板。后浇节点部位清理前，需将钢板位置上方混凝土人工剔凿出60～100mm宽、10～20mm深的喇叭口，喇叭口上方与钢板上方平齐，作为进料口兼排气口。然后，将剔凿下来的渣子清理干净。

5.2.6　后浇节点处钢板的安装（图5－8）

（1）钢板下料加工：按加固平面图在现场或工厂进行钢板下料、裁剪、钻孔。

（2）按图并结合现场情况在钢板上钻孔，并利用钢板孔位定位。在混凝土构件上钻出膨胀螺栓孔，以备安装膨胀螺栓。

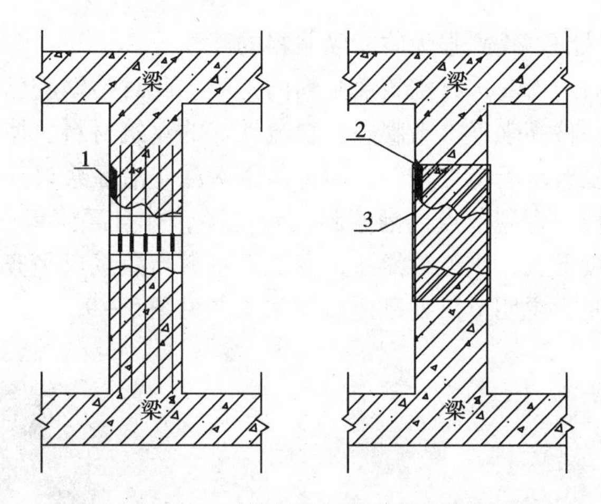

图5－8　后浇节点钢板安装示意图

1—剔凿出进料口；2—灌浆料由此灌入；3—外贴钢板兼作模板

①利用钢板孔位定位出膨胀螺栓孔的位置，并标出记号。在定位钢板孔时应该依据图纸并根据现场实际情况进行调整，使膨胀螺栓孔位错开柱子的主筋和箍筋；钢筋或螺栓的钻孔直径参照相关的性能指标。使用冲击钻钻孔，初钻时速度要慢，待钻头定位稳定后，再全速钻进；成孔应确保垂直于结构平面，钻孔中若遇到钢筋，必须改变孔的位置。

②把膨胀螺栓头击入孔内。

③钢板粘贴以后，迅速拧紧膨胀螺栓螺杆，固定钢板。

（3）混凝土和钢板粘合面的处理：

①混凝土粘合面表面处理：

用斩斧在粘合面上依次轻斩混凝土表面，斩斧纹路应与受力方向垂直，除去表层0.2～0.3cm，以露出砂石新面，用无油压缩空气吹除或用毛刷扫除表面粉粒。

②钢板表面处理：

钢板粘合面必须进行除锈和粗糙处理；钢板粘合面可用喷砂或平砂轮打磨除锈，直至出现金属光泽，钢板粘合面应有一定粗糙度，打磨纹路应与钢板受力方向垂直；用无油棉丝蘸丙酮擦拭钢板粘合面，直到用新棉丝蘸丙酮擦拭后不见污垢为止。

（4）建筑结构胶的配置：

选择金草田JCT—2B型建筑结构胶，该结构胶由甲、乙两组分组合而成，甲组分为结构胶基料，乙组分为固化剂。两组材料配合后，必须在30min内使用完。

（5）建筑结构胶的涂敷和钢板的粘合：

涂敷建筑结构胶，粘贴钢板并用膨胀螺栓固定。待建筑结构胶常温固化后，用小锤轻轻敲击钢板，以判断粘结效果。粘结面积应不少于90%；否则，此粘结件不合格，应剥下重新粘贴或采取有效措施补粘或补强。

（6）钢板表面防锈处理：

①钢板外露部分在涂锈前必须除锈，用丙酮擦去油污，并保持干燥。

②防锈涂料可采用涂刷金属防锈漆。使用丙酮除去油污，进行严格清洁处理后，才可进行涂刷，后涂必须在前涂固化后才能进行。

5.2.7 后浇节点处CGM高强无收缩灌浆料的灌注

在钢板安装结束后约12h进行浇筑灌浆料的工序。此时粘钢胶已经基本固化，可以浇筑灌浆料。灌浆料是一种高强度、微膨胀、自流性好的建筑材料。使用时，应按照说明书要求的用水量，将灌浆料现场搅拌均匀，通过薄钢板漏斗沿灌浆口注入柱子节点内。一边灌注一边轻轻敲打钢板，直到节点内灌浆料已经注满，并且灌浆料已经达到灌浆口高度。如灌浆口内灌浆料继续下沉，则继续灌注，保证灌浆料与灌浆口平齐。一般经过4~5h以后，灌浆料不再下沉时，说明节点处已经灌注密实。见图5-9。

图5-9 浇筑灌浆料现场施工照片

楼面拉梁处后浇节点也采用镦粗直螺纹钢筋连接，具体操作方法与次柱及主梁处连接相同。拉梁模板在结构封顶后后浇节点施工时支设，梁底模采用15mm厚多层板，梁侧模采用12mm厚竹胶板。拉梁均在结构封顶后，由上往下依次浇筑无收缩混凝土。

6 材料与设备

6.1 机具

钢筋连接加工机械，冲击钻。

6.2 材料

墩粗直螺纹钢筋，加长直螺纹套筒；钢板；CGM-Ⅰ型高强无收缩灌浆料等。CGM-Ⅰ型高强无收缩灌浆料的验收标准及检测结果见表6-1。

CGM-Ⅰ型高强无收缩灌浆料的验收标准及检测结果　　表6-1

试验项目 \ 试验数据		性能指标（Ⅰ级品）
流动度（mm）不小于		270
30min后流动度（mm）		—
1d竖向膨胀率（%）不小于		0.02
抗折强度（MPa）	1d	—
	3d	—
	28d	—

续表

试验项目＼试验数据		性能指标（Ⅰ级品）
抗压强度（MPa）不小于	1d	30
	3d	40
	28d	65

钻孔或预留孔，螺栓直径应符合表6-2要求。

直径与孔壁距离　　表6-2

螺栓直径（mm）	螺栓直径与孔壁的距离（mm）
12~14	≥8
16~22	≥15
24~42	≥20
48~64	≥30
76~100	≥40
>100	≥50

本工法所用施工机具简单，仅需4台$\phi10$、功率为1.5kW的冲击钻。

7 质量控制

7.1　质量验收与控制按照以下规范或标准进行：

7.1.1 《混凝土结构工程施工工艺标准》;

7.1.2 《混凝土结构工程施工质量验收规范》GB50204—2002;

7.1.3 《混凝土结构加固设计规范》GB50367—2006;

7.1.4 《钢结构设计规范》50017—2003;

7.1.5 《钢结构工程施工质量验收规范》GB50205—2001;

7.1.6 《建筑钢结构焊接技术规程》JGJ81—2002。

7.2　主要质量要求及控制措施

7.2.1　浇筑前，为防止在浇筑上部主框架梁的混凝土时，上部次框架柱钢筋及其连接接头被污染，在上部次框架柱范围内的上部主框架梁底模上铺设一层塑料布。且钢筋连接螺纹应该缠绕塑料布进行保护。

7.2.2　浇筑时注意保护套筒的位置不被移动，上部次框架柱钢筋不被扰动。

7.2.3　上部主框架梁浇筑前，将波纹套筒临时封堵。

7.2.4　上部次框架柱合模前，将次框架柱底部作施工缝处理，做好凿毛、浇水湿润、清理等工作。

7.2.5　由于粘钢所用的建筑结构胶拌合后的最佳操作时间仅30min，因此粘合前必须事先做好各项准备工作，然后再配胶，这样才能保证在使用期内完成粘合操作。

7.2.6 空腔灌浆时轻敲钢板，以确保灌浆料密实。

8 安全措施

8.1 在施工过程中，认真执行《建筑安装工程安全技术规程》，并严格遵守现场各项规章制度，服从现场总包单位的安全管理，加强内部安全管理。

8.2 临空一侧需搭设悬挑脚手架，为施工提供作业面，同时也作为工程防护设施。对现场搭设的架子不得随意拆改。

8.3 工人进场工作前要进行入场安全教育和文明施工教育。

8.4 进入施工现场必须戴好安全帽，高处作业要系好安全带，安全带上的零部件不得随意拆卸。

8.5 夜间施工要有足够照明设施，临时用电、暂设用电必须按“安全用电”有关条例执行，用电设备设两级保护并及时检查更换，结束作业要关闭开关，并拆除不用线路。

9 环保措施

9.1 严格按照图纸要求，使用具有环保认证的材料。

9.2 合理安排施工工序及操作流程，对于有刺激性气味（如用于钢板清洁的丙酮溶剂）的材料，应做到密封保存，并做好通风处理。施工后的剩余材料密封处理，做到废料不遗洒，整理归类统一处理。

9.3 施工材料严格按指定地点堆放，易燃易爆、有毒材料应专库存放，并建立保管制度。

9.4 施工管理人员一律挂牌上岗。消防器材按规定配置，齐全有效，并满足施工区域消防要求，设置明显的标志。

10 效益分析

10.1 经济效益

本工法所述花格框架后浇节点施工方法简便易行，大大节约了工期和人工。如果按照常规方法进行施工，即在后浇构造柱的中间部位预留一直径100mm的钢管，作为后浇构造柱混凝土灌入和机械振捣的插入点，待浇筑后浇构造柱时，再将此预留钢管灌实至梁上口平，则施工过程繁琐，施工工期较长。采用本工法，节约工期28d，工地现场经费为15000元/d，共计节约经费42万元。使得主体结构封顶后的装修工程可以尽快进行。

10.2 环保效益

按照此工法的基本原理结合流水施工，实现了交叉作业，钢板兼作模板且永久保留无需拆除，CGM高强无收缩灌浆料浇筑完毕后24h即可达到设计要求强度。临时脚手架的搭设与拆除也很简便，节约了场地，有利于文明施工；施工完毕后现场易清理，建筑垃圾少，对环境污染少。

该工程被评为北京市“文明安全样板工地”。

10.3　质量效益

本施工工法满足了设计的要求，用本工法施工使得预留部位尽可能减小，利于结构封顶后的施工，且结构整体效果好，外形美观。利用本工法施工的花格框架与通常的花格框架相比，受力分工明确，结构承载力高，质量容易保证。

该工程主体结构获得北京市“结构长城杯”金奖。

10.4　社会效益

随着建筑行业的迅速发展，超高结构体系是一种趋势。对于结构的受力也就有了更多的要求，结构中不同的部位根据其自身的承载能力，也就有了不同的分工。在结构体系中设置后浇节点正是解决结构受力分工的办法，所以应用前景广泛。本工法所述花格框架后浇节点施工方法不仅简便易行，缩短了工期，节约了人工费用，而且外形美观大方，竣工后的主体结构已经成为长安街沿线一道美丽的风景。工法技术的先进性为将来超高结构体系的施工及其结构受力安全性提供了有力的依据和保障，社会效益显著。

“外围结构花格框架后浇节点施工技术”被评为“北京市经济技术创新工程优秀成果”。

“外围结构花格框架后浇节点施工工法”通过了中建总公司施工工法评审。

11　应用实例

中建一局五公司金地国际花园项目经理部在北京金地国际花园 A 区工程的花格框架施工中采用了本工法施工。该工程地处北京市朝阳区建国路朗家园 15 号，分为 A、B 两栋写字楼，通过三层商业裙房 C 座及三层地下室连为一体，建筑面积为 151351m^2。开工日期为 2005 年 5 月 20 日，竣工日期为 2007 年 4 月 30 日，历时 711 个工作日。花格框架位于 A、B 塔的西北立面，A 塔花格框架顶标高为 139.08m，B 塔花格框架顶标高为 95.710m，属于超高结构体系。施工中既要满足结构美观的要求，又要满足结构受力的要求。故本工程花格框架后浇节点部位采用此工法施工，主框架得到充分的沉降变形之后，再将主框架与次框架连接，主、次框架共同成为抗侧力的主要结构构件，结构的稳定性与承载能力都得到了保障。工程质量得到了建设单位和监理单位的好评，实施效果良好。拆模后的主体结构外立面见图 11。

图 11　花格框架整体效果图

附录　关于外围结构花格框架后浇节点施工工法的说明

在框架结构中经常遇到后浇构造柱，即在构造柱中设置后浇节点。通常有以下两种解决方案。方案一是先预留钢筋，待梁模板拆除后，支设构造柱模板，因浇筑构造柱时有梁封口，为方便混凝土振捣，常在构造柱顶部留置浇筑孔，将混凝土灌入。这个方案的缺点是无法用机械振捣混凝土，常常造成混凝土振捣不密实。方案二是在后浇构造柱的中间部位预留一直径 ϕ100mm 的钢管，作为后浇构造柱混凝土灌入和机械振捣的插入点，待浇筑后浇构造柱时，再将此预留钢管灌实至梁上口平。这个方案的缺点是虽然解决了混凝土可以用机械振捣的问题，但留设直径 100mm 的钢管，主体结构施工时易被堵塞且混凝土灌注困难，不仅施工质量难以保证且延误工期。

本工法所述花格框架后浇节点施工方法的特点是：在施工阶段，次框架与主框架暂时断开，待主框架沉降变形完后，再将断开的钢筋连接上浇筑混凝土。相当于次框架只承受1/5 左右的竖向荷载，即活荷载；次框架主要承受水平荷载。在使用阶段，次框架和主框架梁是抗侧力的主要结构构件，只承受很少的竖向荷载。

用本工法施工，要求后浇部位四周封闭粘贴钢板，此钢板兼作模板并永久保留，对柱子新旧混凝土连接及柱子承载力有提高作用。使得预留部位尽可能减小，利于结构封顶后的施工，且结构整体效果好，外形美观。后浇节点处使用 CGM 高强无收缩灌浆料进行灌浆。CGM 高强无收缩灌浆料是一种高强度、微膨胀、自流性好的材料，浇筑结束后只需轻敲钢板即可判断是否已经达到灌浆口高度。

运用本工法施工与常规方法的施工对比见下表。

本方法与常规方法施工对比表

分项项目	本工法施工	常规方法施工	本工法施工优点
钢筋的连接	加长直螺纹机械连接	普通直螺纹连接	满足结构的充分沉降
模　板	钢板兼作模板并永久保留	木模板的搭设、拆除	对于新旧混凝土的连接存在有利的约束作用，柱子抗剪强度增加且操作简便
混凝土的浇筑	CGM 高强无收缩灌浆料	普通混凝土的灌注	CGM 灌浆料为自流态，易控制灌注高度，自密实效果好
脚手架的搭设	简单支设，便于施工	安全防护措施搭设齐全	不仅搭设简单，节约工期且安全系数高

本工法所用施工方法“综合技术整体达到了国内领先水平，经济效益和社会效益显著”。

大流态高保塑混凝土施工工法

编 制 单 位：中国建筑工程第三工程局
批 准 部 门：国家建设部
工 法 编 号：YJGF037—2006
主要完成人：王　军　胡国付　高育欣　姜龙华　彭友元

1 前　言

近年来，随着国民经济的迅速发展，建筑物的结构形式、高度等屡创新高，在混凝土的生产、运输和施工过程中对混凝土的强度、坍落度、保塑性等提出了更高的要求，也为混凝土行业的发展带来很大的机遇与挑战。在通常的大流态混凝土施工工艺中，一般可保持混凝土坍落度90min不损失，而流动性能的另一关键指标扩展度不能得到很好的保持，施工过程中某一环节出现差错就无法满足大流态混凝土施工工艺要求，混凝土施工质量无法保证。本工法通过对混凝土原材料、外加剂及生产施工工艺的研究，不仅能较好地解决混凝土强度与高流态的矛盾，节约能源与劳动力，同时为混凝土的自密实、可泵性、顶升和喷射性能等提供了可靠技术支持，可有效提高企业的市场竞争力。

大流态高保塑混凝土施工工艺通过在武汉汉正街品牌服饰批发市场、荷花池商住楼、盛世华庭、世贸锦绣长江1号楼、武汉商场改造工程等5个项目的成功运用，经济社会效益明显。自主研发的减水保塑剂除了提高混凝土的流动性能和保塑性能外，与基准混凝土相比，还能提高混凝土强度10%左右。该工法的核心技术“减水保塑剂研制开发与工程应用”于2006年12月通过湖北省建设厅组织的科技成果鉴定，专家评定该项技术达到国内领先水平，对今后特殊结构和部位的混凝土施工提供了重要的参考和推广价值。

2 工法特点

2.1　本工法在混凝土中运用自行研制的减水保塑剂，通过减水保塑剂生产、减水保塑剂产品质量控制、高保塑大流态混凝土配合比设计、高保塑大流态混凝土生产施工质量控制，形成大流态高保塑混凝土施工工艺。

该施工工艺技术便利，生产施工过程易于控制，能够有效提高混凝土施工过程质量控制水平，能加快混凝土施工速度、提高效率、节约资源和劳动力。

2.2　专有名词

根据本工法的具体特点提出，其中大流态混凝土参照冯乃谦《流态混凝土》一书，其余均自行定义。

2.2.1　大流态混凝土

坍落度达到200±20mm，扩展度达到500~600mm，和易性能良好的混凝土。

2.2.2　高保塑混凝土

坍落度、扩展度可保持2.5h不损失的混凝土。

2.2.3　大流态高保塑混凝土

坍落度达到200±20mm，扩展度达到500~600mm，且2.5h流动性能还能满足大流态要求的混凝土。

2.2.4　减水保塑剂

以矿物超细粉为载体，物理吸附高效减水剂制备而成，具有抑制流态混凝土坍落度损失作用的外加剂。

3　适用范围

3.1　适用于采用硅酸盐水泥、普通硅酸盐水泥、火山灰质硅酸盐水泥、粉煤灰硅酸盐水泥和复合硅酸盐水泥生产C20~C50强度等级的素混凝土、钢筋混凝土、预应力混凝土、高性能混凝土结构施工。

3.2　对混凝土保塑性能要求特别高的工业与民用建筑工程混凝土施工，特别是使用预拌混凝土时，运距远、施工时间长、现场对混凝土流动性能要求高的混凝土结构工程和特殊异形部位。

3.3　适用于钢管混凝土、大坝混凝土等特殊混凝土施工。

3.4　宜用于日最低气温－5℃以上的大流态混凝土施工。

4　工艺原理

本工法应用“减水保塑剂研制开发与工程应用”科技成果，通过向混凝土添加自行研制的减水保塑剂，开发出大流态高保塑混凝土。其主要是利用一种矿物超细粉对减水剂的吸附与解吸作用，在混凝土体系中不断释放减水剂，维持混凝土液相中减水剂的浓度，也就是维持水泥粒子表面吸附减水剂的量，从而维持水泥粒子表面的Zeta电位，达到维持水泥分散的目的。从而保持混凝土的工作性能，有效地解决了普通混凝土施工工艺中存在的流动度小和工作性能损失问题，提高了混凝土施工性能和工作效率，为提高结构质量提供了可靠的保证。

5　工艺流程及操作方法

5.1　大流态高保塑混凝土施工工艺流程

大流态高保塑混凝土施工工法的关键技术是混凝土的保塑技术。因此，减水保塑剂的制备、混凝土配合比设计是本工法的关键点，而由于混凝土具有了大流态，其施工操作也相应变得方便而简易。

大流态高保塑混凝土施工工法的主要工艺流程见图5－1。

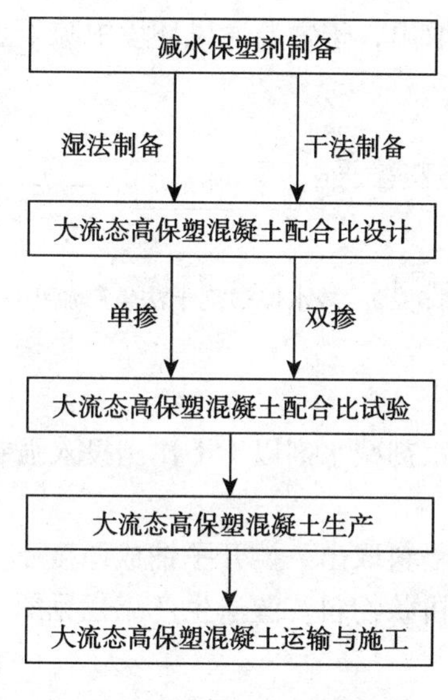

图5－1　工艺流程图

5.2　减水保塑剂的制备

5.2.1　减水保塑剂制备原理

通过某种矿物超细粉对减水剂的吸附与解吸作用，在混凝土体系中不断释放减水剂，维持混凝土液相中减水剂的浓度，也就是维持水泥粒子表面吸附减水剂的量，从而维持水泥粒子表面的Zeta电位，达到维持水泥分散的目的，从而保持混凝土的工作性能。

5.2.2　原材料质量要求

（1）矿物超细粉技术要求应满足表5－1的规定。

矿物超细粉技术要求　　**表5－1**

技术指标	数　值
吸铵值	≥120mmol/100g
勃氏比表面积	≥400m²/kg

（2）高效减水剂减水率大于等于18%，其他技术要求应满足《混凝土外加剂》GB8076—1997的相关规定。

（3）水剂减水剂的固含量大于等于45%，Na_2SO_4含量小于等于10%。

（4）粉剂减水剂的Na_2SO_4含量小于等于10%。

（5）氯离子含量不大于减水剂中固体含量的0.5%。

（6）水应满足《混凝土用水标准》JGJ63—2006规定。

5.2.3　减水保塑剂制备

（1）干法制备：

①混合。将矿物超细粉和粉状减水剂以2:1比例投入强制式搅拌机，混合均匀；混合过程中，持续不断地向混合物料均匀喷洒雾状水，直至物料呈半干半湿的粉状颗粒状态。

②晾干。将混合好的物料取出，于常温通风环境中晾干。干法生产流程见图5－2。

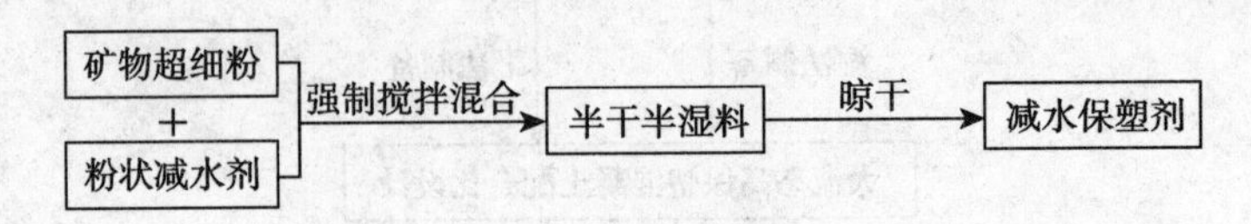

图5－2　减水保塑剂干法生产流程图

（2）湿法制备：

①混合。将矿物超细粉和水剂减水剂以1∶1比例投入强制式搅拌机，搅拌混合20min，直至物料呈均匀糊状。

②晾干。将混合好的糊状物料取出，摊开平铺成厚度不大于15mm的薄层，于太阳下或通风环境中常温晾干成棕色饼状物料。湿法生产流程见图5－3。

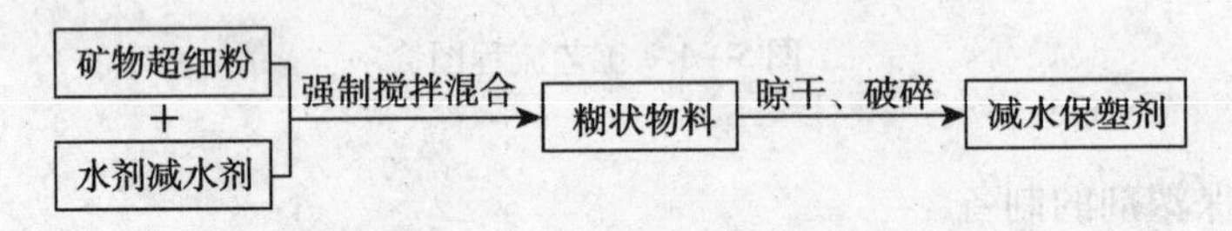

图5－3　减水保塑剂湿法生产流程图

③破碎。使用颚式破碎机将晾干的棕色饼状物料破碎成粒径小于等于4.75mm的粉状物料。

5.2.4　减水保塑剂品质检验方法

（1）匀质性。

减水保塑剂的匀质性试验按《混凝土外加剂匀质性试验方法》GB/T8077—2000规定进行。

（2）水泥净浆流动度及其损失检验。

按照《混凝土外加剂》GB8076—1997规定检验。

（3）受检混凝土的性能检验。

受检混凝土的凝结时间、减水率、抗压强度比等性能按《混凝土外加剂》GB8076—1997规定进行；坍落度和扩展度按《普通混凝土拌合物性能试验方法标准》GB/T50080—2002规定进行；耐久性按《普通混凝土长期性能与耐久性能试验方法》GB50082规定进行。

5.2.5　减水保塑剂质量要求

减水保塑剂应符合以下质量要求：

（1）减水保塑剂中有效减水剂的含量大于等于25%。

（2）减水保塑剂为粉状固体，粒径小于等于4.75mm。

（3）减水保塑剂掺量为3.0%时，初始水泥净浆流动度大于等于160mm，3h水泥净浆流动度无损失，受检水泥净浆无泌水现象。

（4）减水率大于等于12%。

（5）水灰比0.38条件下，相关试验方法按照《普通混凝土拌合物性能试验方法标准》GB/T50080—2002进行，按照3.0%掺量配制的大流动性受检混凝土性能应满足

表5－2要求。

按照3.0%掺量配制的受检混凝土性能　　表5－2

150min后 混凝土坍落度	150min后 混凝土扩展度	凝结时间	抗压强度比	混凝土 匀质性要求
≥180mm	≥500mm	≤基准混凝土	≥100%	不离析、不泌水

5.2.6　储存

减水保塑剂应储存在干燥的环境中，防止受潮结块；如有结块，应粉碎至全部通过4.75mm方孔筛，并经性能检验合格后方可使用。

5.3　混凝土配合比设计

5.3.1　基本规定

（1）配合比设计按《普通混凝土配合比设计规程》JGJ55—2000执行；

（2）混凝土单方用水量宜小于等于185kg/m^3；

（3）混凝土水灰比宜小于等于0.45；

（4）配合比设计时，应根据混凝土施工要求确定大流态混凝土需要的保塑时间，作为确定减水保塑剂掺量和生产工艺的基本依据之一。这主要是因为减水保塑剂的掺量对保塑时间有明显的影响。

5.3.2　混凝土原材料质量要求

混凝土原材料应符合《混凝土结构工程施工质量验收规范》GB50204—2002的相关条文要求，且在同一工程中使用的原材料应为同一厂家或产地。

5.3.3　混凝土配合比设计关键指标检测方法

（1）新拌混凝土性能按《普通混凝土拌合物性能试验方法标准》GB/T50080—2002规定进行检测；

（2）力学性能按《普通混凝土力学性能试验方法》GB/T50081—2002规定进行检测；

（3）耐久性能按《普通混凝土长期性能和耐久性能试验方法》GB50082规定进行检测。

5.3.4　配合比设计

（1）双掺外加剂法配合比设计

双掺外加剂法配合比设计指在混凝土中同时掺加高效减水剂和减水保塑剂，以此来设计满足施工要求大流态高保塑混凝土配合比，其中直接掺入混凝土中的高效减水剂必须与减水保塑剂制造过程中使用的高效减水剂性能相匹配。

①使用高效减水剂，按照《普通混凝土配合比设计规程》JGJ55—2000配制达到大流动性能要求的基准混凝土，得高效减水剂基准掺量A；

②将高效减水剂掺量降低至掺量A的60%～70%，使基准混凝土坍落度降低到140±20mm，然后按照胶凝材料总量的1%～2%向基准混凝土中掺入减水保塑剂，略加搅拌，即可配制出大流态高保塑混凝土；

③大流态高保塑混凝土的保塑时间要求越长，减水保塑剂宜选用较高掺量；合适掺量

应通过试验确认。

（2）单掺减水保塑剂配合比设计

指单独使用自行制作的减水保塑剂配制混凝土，使其满足大流态高保塑混凝土要求。

使用减水保塑剂，按照《普通混凝土配合比设计规程》JGJ55—2000 配制混凝土达到大流动性能要求的基准混凝土，减水保塑剂掺量宜为总胶凝材料的 2.5% ~4.8%。不同水灰比推荐掺量见表 5－3，具体掺量应根据保塑时间需要通过试验确定，保塑时间要求比较长的混凝土宜选用较高掺量。

不同水灰比混凝土减水保塑剂推荐掺量表　　表 5－3

水灰比	0.47	0.42	0.38	0.32
减水保塑剂掺量	2.5% ~3.5%	3.0% ~4.0%	3.5% ~4.5%	3.8% ~4.8%

5.3.5　配合比确定

根据以上配合比设计试验结果，选择符合要求的配合比进行复验，检测其工作性能损失情况以及相关力学性能，确定最后的生产配合比。

5.4　大流动性高保塑混凝土生产及运输过程控制

5.4.1　一般规定

（1）减水保塑剂应按照同一品种、同一天生产以不超过 120t 为一个检验批取样检验，合格后方可使用。检验指标包括水泥净浆及其流动度损失、减水率、150min 流态混凝土坍落度损失值、凝结时间；

（2）减水保塑剂按质量计量，宜采用电脑自动称量控制系统，配料控制系统标识应清楚、计量应准确，计量误差不应大于减水保塑剂用量的 2%；

（3）运输掺用大流态高保塑混凝土的车辆应具备搅拌功能，到达现场后宜快速搅拌 30s 再反转出料；

（4）大流态高保塑混凝土必须使用强制式搅拌机生产。

5.4.2　双掺外加剂法配合比生产过程控制

（1）与高效减水剂复合使用时，高效减水剂按同掺法掺加，减水保塑剂粉料宜采取后掺加方法加入水泥混凝土体系；

（2）混凝土生产时，同掺高效减水剂拌制，控制混凝土出机坍落度在 140 ±20mm，然后采用后掺加方法，将减水保塑剂投入搅拌车中，略加搅拌（搅拌时间不可过长）即可出机。

5.4.3　单掺减水保塑剂配合比生产过程控制

单独掺加减水保塑剂时，宜与胶凝材料同时投料，也可与砂石一起投料。混凝土拌合均匀即可出料。搅拌时间应通过生产试验确定，宜比同强度等级普通混凝土稍短。

5.4.4　大流态高保塑混凝土运输

运输大流态高保塑混凝土的罐车在运输过程中，旋转速度不宜过快，宜控制在 1r/min 以内。

5.5　大流动性高保塑混凝土浇筑施工

5.5.1　混凝土浇筑前，按照《混凝土结构工程施工质量验收规范》GB50204—2002 进行相关准备工作。

5.5.2　混凝土浇筑宜逐车监测工作性能，在坍落度以及扩展度满足要求的情况下，应该对混凝土均匀性进行目测，确保混凝土不发生离析泌水。

5.5.3　混凝土浇筑宜在设计保塑时间的90min内进行。超过设计保塑时间的混凝土，每隔15min应对混凝土的流动性能进行复验，合格后方可继续浇筑。

5.5.4　由于大流态高保塑混凝土本身具有很好的流动性能，施工振捣时间宜比普通混凝土短，以混凝土表面呈水平并出现均匀的水泥浆为基准，不得漏振、欠振，同时应避免过振，使混凝土发生离析。

5.5.5　混凝土宜进行二次收光。

5.5.6　模板工程、钢筋工程、现浇结构分项工程、结构实体检验等其他相关过程均按照《混凝土结构工程施工质量验收规范》GB50204—2002相关条文执行。

5.5.7　大流动性高保塑混凝土养护。按照《混凝土结构工程施工质量验收规范》GB50204—2002相关条文执行。

6　机具设备

6.1　减水保塑剂生产：电子秤、强制式搅拌机、颚式破碎机、抹子。

6.2　大流态高保塑混凝土生产：电脑自动计量强制式搅拌楼。

6.3　混凝土浇筑施工：混凝土搅拌运输车、混凝土输送泵、布料杆、铁锹、标尺杆、振捣棒、抹子。

7　质量控制

7.1　减水保塑剂的质量要求

减水保塑剂是本施工工法的核心技术，减水保塑剂质量必须符合以下相关要求：

（1）减水保塑剂中有效减水剂的含量大于等于25%。

（2）减水保塑剂为粉状固体，粒径小于等于4.75mm。

（3）减水保塑剂掺量为3.0%时，初始水泥净浆流动度大于等于160mm，3h后水泥净浆流动度无损失，受检水泥净浆无泌水现象。

（4）减水率小于等于12%。

（5）水灰比0.38条件下，相关试验方法按照《普通混凝土拌合物性能试验方法标准》GB/T50080—2002进行，按照3.0%掺量配制的大流动性受检混凝土性能应满足表7要求。

按照3.0%掺量配制的受检混凝土性能　　表7

150min后混凝土坍落度	150min后混凝土扩展度	凝结时间	抗压强度比	混凝土匀质性要求
≥180mm	≥500mm	≤基准混凝土	≥100%	不离析、不泌水

7.2　其他相关原材料质量要求

应严格按照《混凝土结构工程施工质量验收规范》GB50204—2002 相关条文执行。

7.3 混凝土质量要求

坍落度达到 200±20mm，扩展度达到 500~600mm，和易性能良好；坍落度、扩展度可保持 2.5h 以上不损失。

8 安全以及环保措施

8.1 减水保塑剂生产过程中会产生大量粉尘，尤其是干法制造，应制定防尘措施，为操作人员配备口罩等必须的防护用品，以确保其人身安全。

8.2 减水保塑剂制造过程宜尽量选择封闭设备。

8.3 大流态高保塑混凝土施工应遵守《建筑安装工程安全技术规程》等国家和地方有关施工现场安全生产管理规定。

8.4 根据施工特点编制安全操作的注意事项及具体施工安全措施，并做好对操作人员的交底工作。

9 技术经济效益分析

和传统的混凝土施工工艺相比，本施工工法主要具有以下几个特点：

9.1 利用混凝土常用原材料之间的简单物理作用解决了大流态高保塑技术问题

本工法的核心技术为减水保塑剂的研制，其使用的原材料是矿物超细粉以及高效减水剂这两种目前混凝土中大量运用的原材料，通过这两种原材料之间的物理吸附和排放作用，实现了向混凝土中“持续不断地添加减水剂”，维持了混凝土体系的减水剂浓度，达到了抑制混凝土坍落度损失的目的，实现了大流态高保塑混凝土的施工。

9.2 提升了混凝土的其他性能，具有一定的“附加值”

利用本工法施工的混凝土结构，同水灰比条件下，混凝土的力学性能、耐久性能均有一定的提高，强度提高了10%左右。同时，利用本工法生产施工的混凝土具有不受温度影响、不影响混凝土的正常凝结硬化等优点。这些“附加值”在强调混凝土结构综合性能，特别是耐久性能的今天显得尤其珍贵。

9.3 技术便利，成本低廉，具有良好的技术经济效益以及推广应用价值

目前，常规混凝土施工工艺中能够解决混凝土保塑问题的方法，一般效果好的则技术复杂、成本昂贵，无法实现大面积推广应用。本工法技术则有效地平衡了这两个方面的问题，具有良好的技术经济效益和推广应用价值。

10 工程实例

通过试验和检测证实大流态高保塑混凝土施工工艺及核心技术的可行性后，我们于2006年8月至12月在汉正街品牌服饰批发市场、荷花池商住楼、盛世华庭、世贸锦绣长江1号楼、武汉商场改造工程等5个项目中推广应用该工艺，先后生产 C30~C45 不同强度等级大流态高保塑混凝土 200m^3，使用自行研发的保塑剂约 1.8t，经济和社会效益显著。

激光整平机铺筑钢纤维混凝土耐磨地坪施工工法

编制单位：中国建筑第一工程局
批准部门：国家建设部
工法编号：YJGF038—2006
主要执笔人：刘吉诚　王红媛　刘　宇　王铁铮　白日昕

1 前　　言

随着现代工业的发展，工业厂房对地坪的平整度、抗裂性、抗冲击性以及耐磨性等质量要求也越来越高，尤其对于大面积的工业厂房地面，如何在较短的施工工期内，达到高水平的质量要求，还需在地面施工工艺上进行创新和改进。

奔驰轿车主厂房地面面积为4.4万m^2，建设方对地面的质量标准要求高，其中表面平整度的允许偏差为3mm，严于5mm国家标准，而且对地面的抗裂性和耐磨性要求也比较高。

中建一局联合设计单位、国内地面施工专业人士以及德国施工专家进行了技术攻关和科技创新，形成了激光整平机铺筑钢纤维混凝土耐磨地面施工技术。2007年5月17日，中建总公司对该成果进行了评估，认为该成果施工工艺先进，整体达到国内领先水平。并在此基础上，形成了工法。

该工法将传力杆体系应用于地面施工缝处，有效解决了施工缝处地面平整度的问题；地面采用钢纤维混凝土，充分发挥钢纤维抗拉强度高、抗裂、抗疲劳、耐磨、抗冲击性好的特点，取代钢筋，减薄地面厚度。由于该技术工艺先进，在提高地面质量、缩短施工周期方面效果显著，故具有明显的社会效益和经济效益。

2 工法特点

2.1　采用高强度钢纤维，防止地面微裂缝产生。

2.2　施工缝处设置传力杆体系，保证接缝处的传荷能力和地面的平整度，防止接缝处出现错台。

2.3　地面钢纤维混凝土浇筑采用精密激光整平机，有效保证整个地面混凝土的平整度。

2.4　采用高性能地面硬化剂，保证地面的耐磨、防尘、防油，色泽饱和，颜色均一。

2.5　采用与耐磨地面同颜色的单组分聚氨酯嵌缝密封胶，保证切缝处有良好的抗撕裂性能、粘结性能、抗老化性能和自洁美观性。

2.6　采用与耐磨材料相配套的地面养护剂，通过形成高密度的结晶膜，有效保证耐磨混凝土的养护和保护。

3　适用范围

本工法适用于具有以下特征的工业厂房整体浇筑耐磨混凝土地面：

（1）地面面积大，整体性要求高；

（2）平整度要求高；

（3）有较高的抗裂和抗冲击要求；

（4）具有耐磨、抗油渗、美观等要求。

4　工艺原理

对于大面积的混凝土地面，要满足地面的使用功能，除了根据地面的设计荷载达到足够的承载能力和抗冲击能力，还有两个很关键的方面：一是消除和抵制由于混凝土材料自身特性而在基体内产生的微观裂缝，以及由于温度应力造成的混凝土早期开裂；二是如何在较大面积内达到较高的平整度，完成一个高质量水准的地面。本工法通过以下几个方面，有效地解决了上述问题。

4.1　掺加钢纤维提高混凝土的抗裂和抗冲击性，分散在混凝土内的钢纤维通过与混凝土的粘结性，限制混凝土微裂缝的产生，从而提高混凝土的抗拉、抗剪和抗裂等性能。

4.2　在施工缝处增加传力杆体系，如图4－1、图4－2所示。传力杆一端锚固，一端自由滑动，一方面允许板块内混凝土的自由收缩，同时在施工缝处能协同两个板块的混凝土共同受力，防止由于两个板块受力不均匀，使施工缝处产生错台等质量问题。

4.3　采用精密激光整平机进行钢纤维混凝土的浇筑和摊铺，地面标高由激光及电脑自动控制，并实时调整，实现精确找平。

4.3.1　激光整平机的标高控制原理：

地面的标高由激光发射器、激光接收器和水准标尺杆组成的激光系统进行控制。首先，安装独立的激光发射器，激光发射器以10次/s的频率发射激光，形成一个激光束控制平面；然后，在地面设计标高的水准控制点上立水准标尺杆，通过其上的水准定位头接收激光束，锁定水准定位头；最后，调整激光整平机上的激光接收器，通过激光整平机内部的电脑系统，控制整平头的作业标高。

由于激光发射器为独立设置，一旦激光系统初始化完毕，只要激光发射器不受扰动，无论激光整平机移动到哪里，地面标高始终以激光发射器发射的旋转激光束构成的平面为控制面，保证了大面积整体铺筑的地面标高以及地面的水平度和平整度。如图4－1所示。

4.3.2　激光整平机的振捣整平工作原理：

激光整平机的振捣整平由刮板刀、布料螺旋、振动器和整平梁组成整平头完成，如图

4－2 所示。

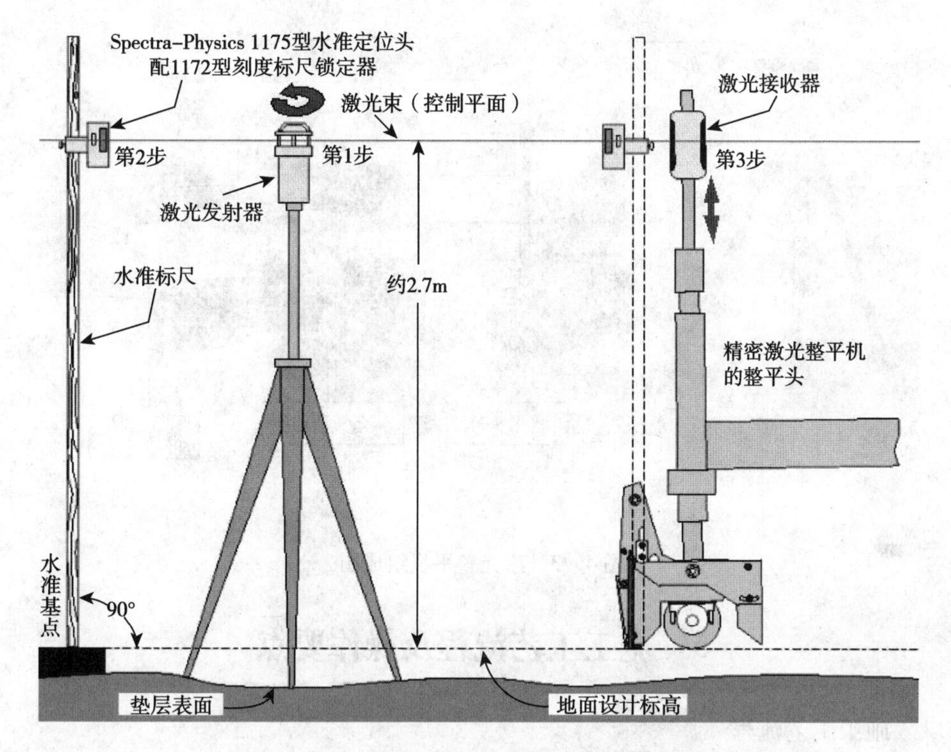

图 4－1　激光整平机标高控制原理图

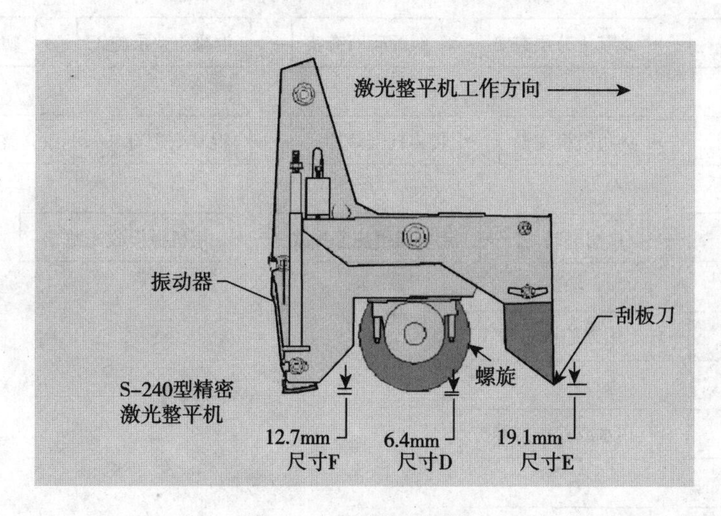

图 4－2　整平头构造图

首先，刮板刀将高出的混凝土料刮走，剩下 19.1mm 高的料由布料螺旋通过单方向旋转的螺旋自左至右将混凝土料分布到设计要求的标高；同时，由偏心块产生的频率为 3000 次/min 的振动，带动整个整平梁一起对混凝土进行振捣和压实，整平梁底部的斜坡起到镘刀的作用。在振动行进过程中，将混凝土表面刮平，使混凝土表面光亮、平整。激光整平机组成如图 4－3 所示。

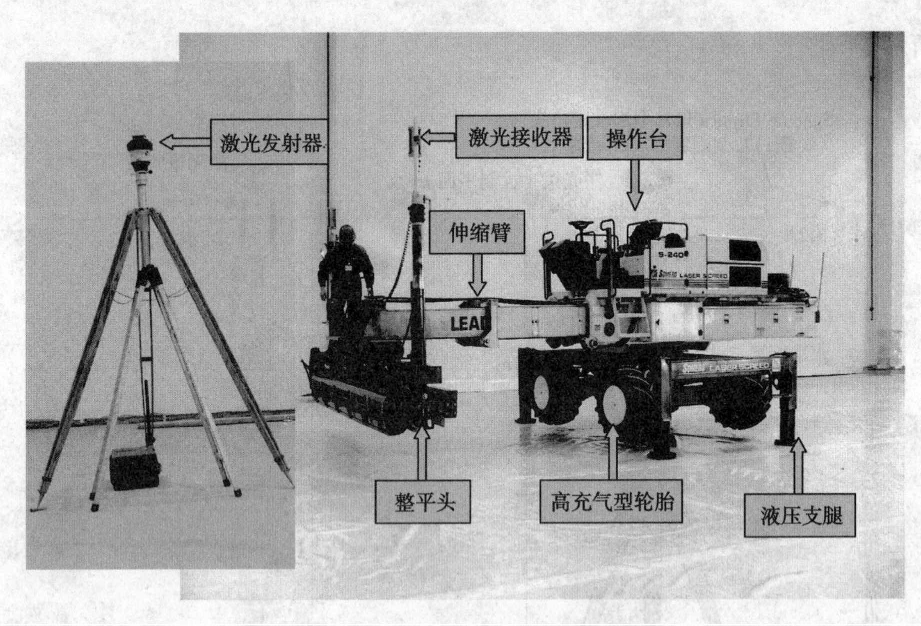

图4－3　激光整平机组成图

5　施工工艺流程及操作要点

5.1　施工工艺流程

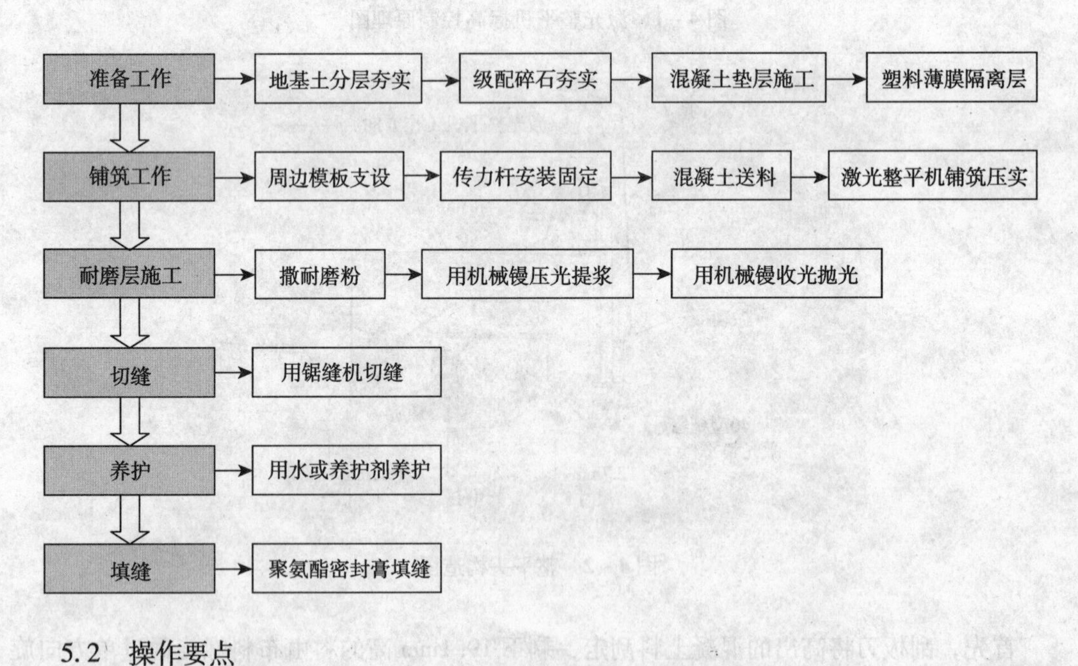

5.2　操作要点

5.2.1　施工准备

（1）地基土和碎石要分层夯实，达到设计要求的压实系数；

（2）混凝土垫层要充分养护至混凝土的设计强度；

（3）铺设好塑料薄膜滑动隔离层，薄膜接缝的位置应重叠200～400mm的宽度，接缝处用胶带粘接好；

（4）做好钢纤维混凝土的试配，调整确定混凝土的配合比；

（5）地面周边应完成维护结构的施工，保证地面施工时没有对流的风和阳光直晒。

5.2.2　模板及传力杆安装固定

（1）模板可采用钢模板或木模板，应保证足够的刚度；

（2）模板用钢钎固定在混凝土垫层上，确保位置准确、牢固；

（3）模板内侧涂刷隔离剂；

（4）传力杆穿过模板中部与模板面保持垂直，并在模板外侧固定牢固（图5-1）。

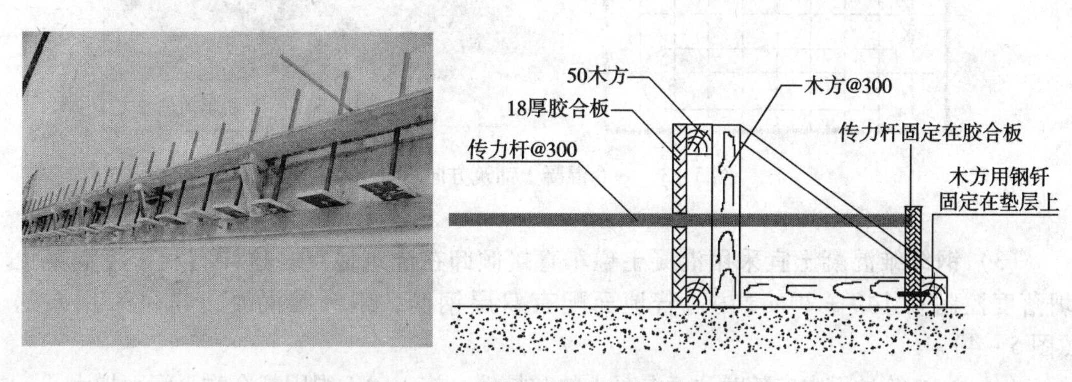

图5-1　模板及传力杆安装图

5.2.3　角隅构造钢筋加工安装

在所有柱角、墙角以及地坑阴角等部位，应垂直45°方向增加构造钢筋。如图5-2所示。

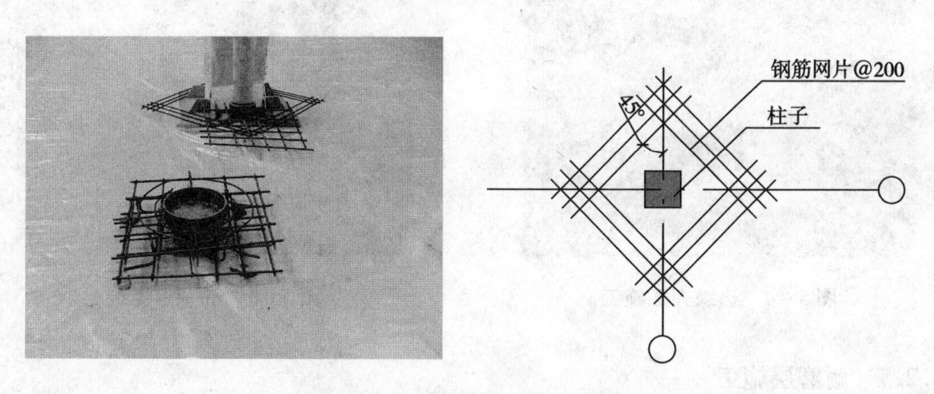

图5-2　角隅构造钢筋安装图

5.2.4　钢纤维混凝土浇筑

（1）钢纤维混凝土浇筑前应根据地面形状和面积进行分仓，一仓面积不宜超过2000m²。钢纤维混凝土应跳仓浇筑，在无法跳仓的情况下，相临两仓钢纤维混凝土浇筑宜间隔36h以上。

（2）钢纤维混凝土在一个分仓区格内应连续浇筑，间歇时间不得超过2h。激光整平机的工作方向和铺筑方向如图 5-3 所示。

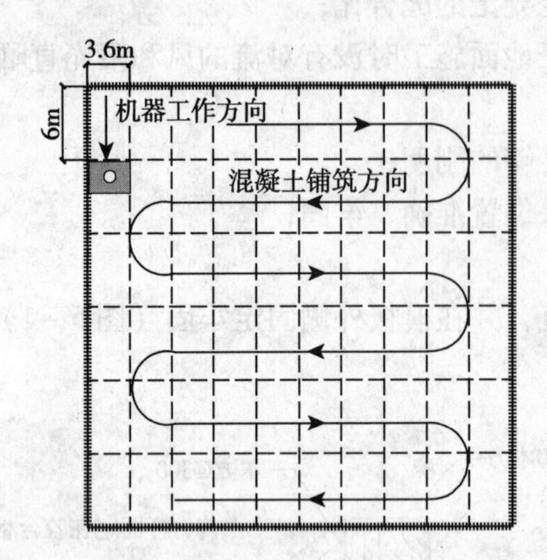

图 5-3　一仓混凝土铺筑方向示意图

(3) 钢纤维混凝土宜采用混凝土罐车直接倾卸在浇筑地点，这样有利于将混凝土坍落度控制在 140 ± 20mm 内。若地面配有双层钢筋，钢纤维混凝土也可采用泵送(图 5-4)。

(4) 在浇筑过程中应随时注意混凝土的和易性，施工时不得因拌合物干涩而加水。

(5) 浇筑过程中发现成团的钢纤维，应及时撕开抖散，予以剔除。

(6) 模板边缘、墙边机械无法施工处采用人工找平（图 5-5)。

图 5-4　边缘人工施工

图 5-5　混凝土浇筑

5.2.5　耐磨层施工

(1) 打磨提浆：在混凝土初凝时，进行初次加装圆盘的机械镘作业，除去浮浆、提浆，增强混凝土与硬化剂的亲和力。

(2) 第一次撒布硬化剂、机械打磨：按规定用量 60% 硬化剂均匀撒布在混凝土表面，待材料浸透后，用加装圆盘的机械镘打磨，一般要纵横各一遍。

(3) 第二遍撒布硬化剂、机械打磨：第一次撒布的硬化剂打磨完成后，进行第二次撒布作业，其用量为规定用量 40%。待材料浸透后，进行第二次打磨，纵横各一遍（图 5-6)。

（4）机器收光：两遍撒布硬化剂并用机械打磨后，进行除去圆盘的机械镘收光，视其程度一般收光次数为 3 ~4 遍（图 5 –7）。

图 5 –6　人工布料

图 5 –7　机器收光

（5）涂敷地面养护剂：地面完成后，约 4 ~6h（根据季节和天气）进行表面涂敷养护剂（图 5 –8）。防止地面表面水分的快速蒸发，保障耐磨材料强度的稳定增长，并起防止轻微污染的作用。

（*a*）　　（*b*）

图 5 –8　地面养护

（*a*）刷养护剂；（*b*）磨光后效果

（6）保护地面完成后，重点保护期为 3d，严禁人行、车辆及其他施工人员在上施工，造成人为的地面损坏。

5.2.6　切缝、填缝

（1）钢纤维混凝土地面应在纵横方向设置切缝，切缝间距宜为 6 ~12m，切缝深度为地面厚度的 1/3，切缝内应嵌填粘结性能良好的聚氨酯密封胶。如图 5 –9 所示。

（2）当钢纤维混凝土强度达到 10 ~15MPa 时，可进行切缝。切缝应尽量在混凝土浇筑 72h 之内完成。

（3）填缝前应将缝内清洁、湿润，填缝应密实、饱满。

5.2.7　试块留置

（1）钢纤维混凝土应按技术规程要求留置立方体抗压强度、弯拉强度和弯曲韧度的试块（图 5 –10）。

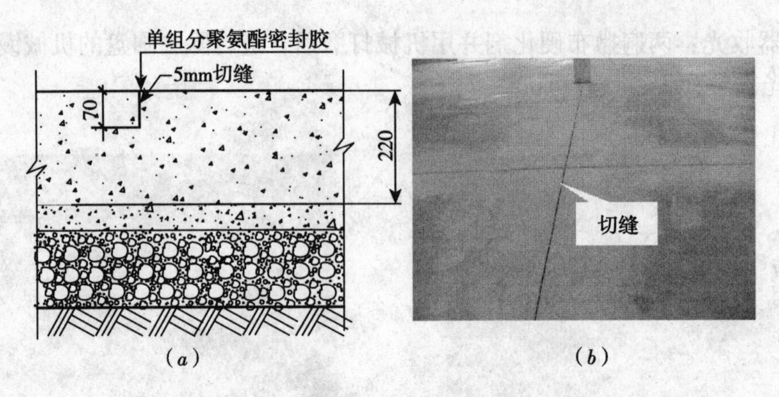

图 5-9　地面切缝

图 5-10　试块留置

(2) 每一地面工程，每种试块分别不应小于一组。当地面面积大于 $1000m^2$ 时，每增加 $1000m^2$ 分别各增加一组试块。

6　材料与设备

6.1　钢纤维

6.1.1　采用高强度冷拔钢丝型钢纤维，其抗拉强度大于等于 1000MPa，长度 60mm，直径 0.9mm，径比 0.65，钢纤维应承受一次弯折 90°不断裂。

6.1.2　钢纤维表面不应沾有油污等有害物质，表面不得有锈蚀。

6.1.3　钢纤维的掺量要根据地面设计荷载及抗冲击要求，进行设计计算后确定，同时应满足《纤维混凝土结构技术规程》CECS 38：2004 中的相应规定。

6.2　钢纤维混凝土

6.2.1　钢纤维混凝土配合比设计

(1) 钢纤维混凝土配合比设计应通过试验-计算法满足设计要求的抗压强度、抗拉强度及和易性的要求；

(2) 钢纤维混凝土的水灰比不宜大于 0.5，每立方米钢纤维混凝土的水泥用量不宜小于 360kg；

(3) 钢纤维混凝土碱含量不得大于 $3kg/m^3$，混凝土中氯离子含量不得大于水泥重量的 0.2%；

（4）粗骨料的粒径不宜大于钢纤维长度的2/3，且不应大于20mm；

（5）钢纤维混凝土坍落度宜为140±20mm。

6.2.2 搅拌

（1）钢纤维混凝土宜采用机械搅拌；

（2）将称量好的水泥、粗细骨料和钢纤维投入搅拌机干拌均匀，干拌时间不宜小于1.5min，然后加水搅拌，搅拌时间应比普通混凝土延长2min；

（3）搅拌过程中应保证混凝土中的钢纤维应分布均匀，不结团。

6.3 传力杆

采用光圆钢筋，尺寸及间距可参照表6－1。

传力杆尺寸及间距选用表 **表6－1**

板厚（mm）	直径（mm）	最小长度（mm）	最大间距（mm）
≤200	16	400	300
＞200	20	500	300

6.4 地面硬化剂

可采用金属地面硬化剂。地面硬化剂应具有高度耐磨性、抗冲击性、防油性，颜色均匀，饱和度高。

6.5 嵌缝胶

宜采用具有良好耐候性和耐久性、粘结性能良好的单组分聚氨酯密封胶，主要技术参数见表6－2。

单组分聚氨酯密封胶主要技术参数表 **表6－2**

序号	项 目	标准要求
1	外 观	细腻、均匀膏状物，不应有气泡、结皮或凝胶
2	固 化	潮湿固化
3	肖氏硬度	30（23℃，相对湿度50%条件下，28d后）
4	伸长率	＞400%
5	拉伸模量	≤0.4MPa
6	恢复率	＞80%

6.6 激光整平机

（1）精密激光整平机由美国神龙公司生产，香港百莱玛工程有限公司为中国代理租赁商。

（2）激光整平机有四个型号：S－240型、S－160型、S－100型和S－9210轻便型。

6.7 地面施工机具

主要机具设备见表6－3。

施工主要机具设备表　　表6-3

序号	设备名称	规格型号	数　量
1	激光整平机	S-240	1台
2	混凝土罐车		根据需要
3	振捣棒		5个
4	磨光机		15台
5	圆　盘		15个
6	机用镘刀		15个
7	锯缝机		1台

7　质量控制

7.1　工程质量要求应符合《建筑地面工程施工质量验收规范》GB50209—2002、《纤维混凝土结构技术规程》CECS38：2004等相关标准、规范的规定。

7.2　模板安装质量要求

（1）模板安装应位置准确、牢固，不得倾斜、跑模；

（2）模板表面应光滑、平整，模板隔离剂涂刷均匀、一致；

（3）模板的拼接缝处应严密、不漏浆；

（4）传力杆应固定牢固，并垂直于模板平面；

（5）地面模板安装的允许偏差应符合表7-1的规定。

模板安装的允许偏差和检验方法　　表7-1

项　目		允许偏差（mm）	检验方法
轴线位置		5	钢尺检查
模板上表面标高		±5	水准仪或拉线、钢尺检查
相邻两板表面高低差		2	钢尺检查
直顺度		≤5	2m靠尺和塞尺检查
传力杆位置	水平	±10	钢尺检查，取最大值
	上下	±5	钢尺检查，取最大值
传力杆水平度		±5	钢尺和塞尺检查
传力杆外露尺寸		±10	钢尺检查

7.3　地面质量要求

（1）地面钢纤维混凝土的抗压强度、抗拉强度（弯拉强度和弯曲韧度比）应符合设计要求；

（2）地面厚度应符合设计要求；

（3）地面表面不应有裂缝、脱皮、外露石子、钢纤维、麻面、积水等现象；

（4）切缝宽、深、长应符合设计要求，切缝直顺，不得有瞎缝、跑锯；

（5）嵌缝胶应饱满、密实，缝面整齐；

（6）地面面层允许偏差应符合表7－2的规定。

地面面层允许偏差和检验方法 **表7－2**

项　目	允许偏差（mm）（国家标准）	允许偏差（mm）（本工法标准）	检验方法
表面平整度	5	3	用2m靠尺和塞尺检查
缝格平直	3	2	拉5m线和钢尺检查

8 安全措施

8.1 严格遵守国家有关安全的法律法规、标准规范、技术规程和地方有关安全的规定。

8.2 机械操作及临电线路敷设必须由专业人员进行，激光整平机在操作过程中要遵守该设备的安全操作要求。

8.3 施工机具必须符合《建筑机械使用安全技术规程》JGJ33的有关规定，施工中应定期对其进行检查、维修，保证机械使用安全。

8.4 施工现场临时用电应符合《施工现场临时用电安全技术规范》JGJ46的有关规定，临时用电采用三相五线制接零保护系统。施工用电保证三级供电，逐级设置漏电保护装置，实行分级保护。现场固定用电设备按设计布置，做到“一机、一闸、一漏、一箱”。

8.5 混凝土工在钢纤维混凝土浇筑过程中应穿高筒雨靴并戴好手套。

9 环保措施

9.1 严格遵守国家有关环境保护的法律法规、标准规范、技术规程和地方有关环保的规定。

9.2 现场设置洗车池和沉淀池、污水井，罐车在出场前均要用水冲洗，以保证市政交通道路的清洁，减少粉尘的污染。沉淀后的清水重复使用。

9.3 废弃垃圾应分类存于垃圾站，并及时运至指定地点消纳。可回收物料尽量重复使用。

9.4 混凝土在运输过程中应防止遗撒，并对遗漏的混凝土及时回收处理。

9.5 运输、施工所用车辆和机械的废气和噪声等应符合环保要求。

9.6 地面硬化剂应统一堆放，并有防尘措施。在搬运和布撒过程中要防止粉尘污染，操作人员应佩戴口罩，戴好手套。

9.7 施工场界应做好围挡和封闭，防止噪声对周边的影响。

10 效益分析

激光整平机为进口设备，租赁费用较高，但由于它施工速度快、施工质量高，因此具有比较好的综合经济效益和社会效益。

10.1 由于机械施工的作业工效是人工的3倍以上，因此激光整平机施工可采用大面积的分仓，每仓面积可达到2000m^2，而人工刮平在保证质量的前提下，每仓面积宜为400m^2。采用大面积分仓可以减少施工缝，保证地面的整体性，同时减少了施工缝处的传力杆、模板支设的费用以及大量的人工费用。4.4万m^{2}的地面对比分析如图10－1、图10－2和表10。

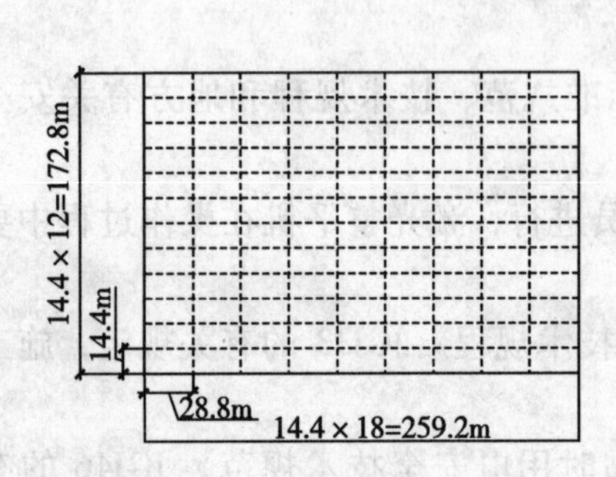

图10－1 人工找平分仓示意图

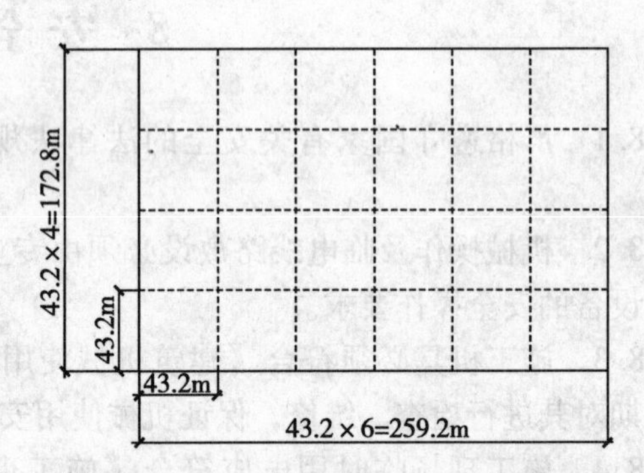

图10－2 机械找平分仓示意图

两种分仓对比表 表10

项 目	采用激光整平仪	人工整平	比较
分仓面积（m^2）	1866	414	
施工缝长度（m）	1814	4233	减少2719m，节省150%
传力杆数量（t）	5.7	13.4	减少7.7t，节省135%
支拆模板数量（m^2）	453.5	1058	节省133%
振捣刮平人工（工日）	5人×33日=165	40人×100日=4000	节省1700%
工期（d）	33	100	缩短350%

10.2 施工质量稳定，质量水平高。地面混凝土湿磨平整度可达到1～2mm，耐磨层施工后的地面平整度可达到±3mm，比人工采用刮杠施工，质量更稳定。由于整个地面采用激光控制标高，地面水平度的控制更为精确，能达到业主高质量的要求，具有良好的社会效益。

11 应用实例

北京吉普汽车有限公司增资生产奔驰轿车工程，主厂房地面为220mm厚整体浇筑的金属耐磨钢纤维地面，面积为4.4万m^2。业主要求的技术质量标准高于我国国家标准，其中表面平整度为2m靠尺检查，允许偏差3mm。根据该工程工期紧、质量标准高的特点，我们采用了激光整平机铺筑、带传力杆体系的整套地面施工工艺，实际施工工期为33d（原来按照人工铺筑的计划工期为100d）。地面的平整度、颜色均匀饱和度等各项指标均满足业主技术标准的要求，受到了各方一致好评，取得了比较好的社会效益和经济效益。

高强人工砂混凝土施工工法

编 制 单 位：中国建筑第四工程局
批 准 部 门：国家建设部
工 法 编 号：YJGF040—2006
主要执笔人：虢明跃　林力勋　王林枫　钟安鑫
　　　　　　许小伟　丁志贤　李重文

为解决天然砂资源匮乏的问题，并遵循国家的防洪、环保等政策，采用机械化方式生产的人工砂替代天然砂使用已经成为一种趋势。随着混凝土向着高强、高性能化方向的发展，推广和应用高强人工砂混凝土施工技术，有利于国内混凝土技术水平的提高，并有利于混凝土原材料的扩展。

我国的混凝土设计规范一直是以天然砂为标准来制定的。我局下属贵州中建建筑科研设计院早在20世纪60年代就开始了人工砂替代天然砂的应用研究，并制定了贵州省地方标准《山砂*混凝土技术规程》，研究成果获得了“一九七八年全国科学大会奖”。现国家标准《建筑用砂》已引入人工砂，建设部行业标准《普通混凝土用砂、石质量及检验方法标准》也增加了人工砂的内容。高强人工砂混凝土于1996年在中建四局职工培训中心工程中得到成功应用，取得了明显的技术经济效果，并获得了中建总公司科学技术奖和贵州省科技进步奖，为今后采用高强人工砂混凝土工程的施工和推广应用提供了宝贵经验。近年来，中国建筑第四工程局在高强人工砂混凝土施工方面不断总结经验，推陈出新。通过在中建四局职工培训中心工程、贵阳市山林路商住楼工程和贵阳市小关特大桥工程等项目的成功应用，并结合重庆、云南等地在混合砂（由人工砂和天然砂按一定比例混合而成的砂）应用方面的经验，总结了一整套关于高强人工砂混凝土施工的思路和方法，形成本工法。

（*山砂：贵州地区对人工砂的习惯称谓）

1　特　　点

通过对人工砂石粉含量的控制，并掺加高效减水剂和矿物掺合料，较好地解决了低水灰比人工砂混凝土拌合料干稠的难题。

2　适用范围

本工法适用于一切采用高强人工砂混凝土施工的工业与民用建筑和一般构筑物，有特殊要求的建筑物或构筑物采用高强人工砂混凝土的，也可参照本工法。

3 工艺原理

3.1　施工前，根据设计要求和现场实际情况制定施工工艺，按照施工工艺所需的混凝土性能要求，优选原材料进行试配，以确定混凝土配合比。

3.2　采用低水灰比的技术路线，内掺磨细矿物掺合料，同时利用滞水工艺外掺高效减水剂，以增强拌合物流动性能，降低混凝土坍落度损失。

3.3　混凝土拌合物在拌合均匀后、浇筑前，进行坍落度检测，检查混凝土坍落度是否满足工艺要求；混凝土浇筑完成并经振捣密实后，立即进行保湿养护。

3.4　混凝土拌合均匀后立即取样，采用“促凝压蒸法”进行混凝土强度的早期推定检验混凝土强度。28d 龄期采用“回弹法”检验混凝土实体强度。

4 工艺流程

工艺流程如图 4 所示。

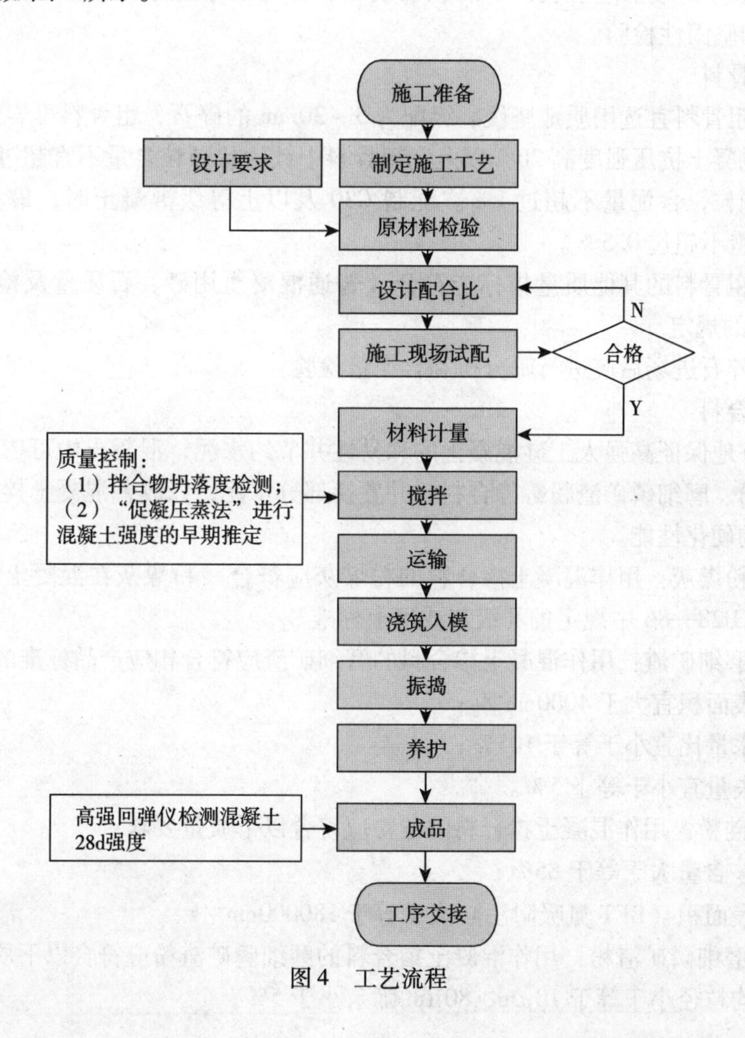

图 4　工艺流程

5 材　料

5.1　水泥

5.1.1　应选用强度等级不低于42.5级的硅酸盐水泥、普通硅酸盐水泥，不得使用立窑水泥。

5.1.2　水泥进场后应立即检测其实际强度等级、安定性、凝结时间、碱含量等技术指标，必须符合《通用硅酸盐水泥》GB175—2007的规定；

5.1.3　水泥应妥善保管，注意防潮。存放时间超过1个月应再作检测，以确定其能否继续使用。

5.2　细骨料

5.2.1　宜选用质地坚硬、级配良好的人工砂，其细度为中等粒度，细度模数为2.3~3.0，石粉含量不超过7.0%。

5.2.2　人工砂的其他质量指标应符合《山砂混凝土技术规程》DBJ22—016—95的规定。

5.2.3　砂子进场后应检验砂子的颗粒级配、含泥量等指标，必要时还需进行人工砂的压碎指标和坚固性检验。

5.3　粗骨料

5.3.1　粗骨料宜选用质地坚硬、级配为5~30mm的碎石，粗骨料母岩的抗压强度应比所配制的混凝土抗压强度高20%以上。粗骨料中针片状颗粒含量不宜超过5%，且不得混入已风化颗粒，含泥量不超过1%。配制C80及以上等级混凝土时，最大粒径不超过20mm，含泥量不超过0.5%。

5.3.2　粗骨料的其他质量指标应符合《普通混凝土用砂、石质量及检验方法标准》JGJ52—2006的规定。

5.3.3　碎石进场后应进行筛分析和含泥量检验。

5.4　掺合料

为了更好地保证高强人工砂混凝土的和易性并节约水泥，混凝土中可掺入粉煤灰、磨细矿渣、硅粉、磨细磷矿渣粉等掺合料，并置换部分水泥，以改善混凝土拌合物的工作性能和混凝土的硬化性能。

5.4.1　粉煤灰：用作混凝土掺合料的粉煤灰应符合《粉煤灰在混凝土和砂浆中应用技术规程》JGJ28—86中规定的Ⅱ级灰或以上标准。

5.4.2　磨细矿渣：用作混凝土掺合料的磨细矿渣应符合相应产品标准的要求：

（1）比表面积宜大于4000cm^2/g；

（2）需水量比宜小于等于105%；

（3）烧失量宜小于等于5%。

5.4.3　硅粉：用作混凝土掺合料的硅粉应符合以下质量要求：

（1）SiO_2含量大于等于85%；

（2）比表面积（BET氮吸附法）大于等于180000cm^2/g。

5.4.4　磨细磷矿渣粉：用作混凝土掺合料的磨细磷矿渣粉应符合以下质量要求：

（1）平均粒径小于等于10μm，80μm筛余小于5%；

（2）流动度比不小于95%。

5.5 外加剂

5.5.1 高强人工砂混凝土必须使用高效减水剂，其质量应符合《混凝土外加剂》GB8076—1997的规定。高效减水剂的品种和掺量应通过与水泥的相容性试验和混凝土试配后选定。

5.5.2 高效减水剂进场后应检验其减水率、对混凝土凝结时间的影响及坍落度经时损失等。

5.5.3 水：高强人工砂混凝土拌合用水应符合《混凝土用水标准》JGJ63—2006的规定。

5.6 其他规定

5.6.1 宜选用非碱活性骨料。当结构处于潮湿环境时，如受资源限制不能选用非碱活性骨料时，可使用低碱活性骨料（砂浆棒法测定膨胀量不大于0.06%），但混凝土中的含碱量必须小于3kg/m³。严禁使用碱活性骨料。

5.6.2 为防止钢筋锈蚀，钢筋混凝土中的氯盐含量（以 Cl^- 重量计）不得超过水泥重量的0.2%；当结构处于潮湿或有盐、碱腐蚀物质作用的环境下，氯盐含量应低于水泥重量的0.1%；对于预应力混凝土，氯盐含量应低于水泥重量的0.06%。

5.6.3 混凝土各种原材料的运输、储存、保管和发放均应有严格的管理制度，防止误装、互混和变质。

6 机具设备

6.1 搅拌机：为了使混凝土各物料充分搅拌均匀，制备高强人工砂混凝土应使用强制式搅拌机。

6.2 混凝土运输设备：为保证混凝土在运输过程中浆体无外漏，混凝土运输设备如运输车、混凝土吊罐、滑槽等的接缝处均应严密不漏浆。

6.3 泵送设备：为保证泵送作业的顺利进行，应保证混凝土泵设置场地平整坚实、道路畅通、供料方便，距离浇筑地点近，便于配管，并应接近排水设施和供水、供电方便。混凝土泵作业范围内不得有高压线等障碍物。

6.4 振动器：为使混凝土充分密实，达到振捣效果，应选用高频振动器。

7 混凝土配合比

7.1 高强人工砂混凝土的配合比应根据结构设计所要求的强度和耐久性能，施工工艺所要求的拌合物性能、凝结时间，并充分考虑施工运输和环境温度等条件，通过试验并经现场试配确认合格后，方可正式使用。

7.2 配合比设计参数：

7.2.1 配制强度：$f \geqslant f_{cu,k} + 1.645\sigma$

式中 $f_{cu,k}$——标准强度（MPa）；

σ——标准差，通过可靠的强度统计数据获取。

在无统计资料时，C50 和 C60 高强人工砂混凝土的配制强度应不低于设计强度等级值的 1.15 倍，C70 和 C80 高强人工砂混凝土的配制强度应不低于设计强度等级值的 1.12 倍。

7.2.2 水灰比（或水胶比）宜控制在 0.24 ~ 0.42 之间，强度等级越高，水灰比（或水胶比）应越低。

7.2.3 配制 C50 和 C60 高强人工砂混凝土的水泥用量为：每 $1m^3$ 混凝土中不宜超过 450kg，水泥与掺合料的胶凝材料总量每 $1m^3$ 混凝土中不宜超过 550kg；配制 C70 和 C80 高强人工砂混凝土的水泥用量为：每 $1m^3$ 混凝土中不宜超过 500kg，水泥与掺合料的胶凝材料总量每 $1m^3$ 混凝土中不宜超过 600kg。

7.2.4 粉煤灰掺量一般不超过胶结料的 30%，硅粉则不宜超过 10%，磨细矿渣、磨细磷矿渣粉不宜超过 40%。

7.2.5 混凝土的砂率一般宜控制在 30% ~ 37% 之间。当采用泵送工艺时，混凝土砂率可适当增大，并通过试验确定。

7.2.6 高效减水剂的掺量经试验确定，如属萘系高效减水剂，一般为水泥用量的 1.0% 左右。

7.3 所设计的混凝土配合比必须经试验调整后方可确定，配合比的试验工作必须委托有资质的试验单位进行。

8 混凝土施工工艺

8.1 计量控制

混凝土各原材料的用量均按重量计，称量前应先校准计量装置。称量的允许偏差不应超过下列限量值：

（1）水泥、掺合料、水和外加剂为 ±1.0%；

（2）粗、细骨料为 ±2.0%。

8.2 搅拌制度

8.2.1 使用搅拌机前必须检查并校准其量水装置，以准确控制用水量，砂石中的含水量应经仔细测定后从水量中扣除，并按测定值调整砂、石用量。

8.2.2 高效减水剂宜采用后掺法，加入后混凝土的搅拌时间不得少于 2.0min。当采用减水剂时，应在混凝土用水量中扣除外加剂溶液用水量。

8.2.3 投料顺序：砂、石、水泥和掺合料先后进入料斗，一次入机干拌 15s，加水后拌合 1.0min，再徐徐加入外加剂继续搅拌 2.0min，拌合应均匀。

8.3 注意事项

（1）高效减水剂的选择和使用，应由专业人员进行指导；

（2）中途更换混凝土原材料必须经过试验确定，并经技术负责人批准后方可进行；

（3）砂、石淋雨后要重新测定其含水率，并及时对混凝土配合比进行调整。

8.4 混凝土坍落度测定及取样

试验人员要做好混凝土拌合物坍落度的检测和试块取样工作，根据前台要求来调整混凝土拌合物坍落度的大小。取样的方法及要求，按《混凝土结构工程施工质量验收规范》

GB50204—2002 或根据工程的实际具体要求进行，每次取样至少三组（共 9 个试件）。三组试件应随机从连续三机料中取得，一组作为早期强度以控制脱模时间，一组作为标准养护用于 28d 质量验收，一组作为后期强度（或预备试件）。取样前对混凝土进行一次坍落度检测，试件成型后应写编号、成型日期，并记人工作日记。

8.5 混凝土运输及浇筑

8.5.1 混凝土的长距离运输（如预拌混凝土）应使用混凝土搅拌运输车，短距离运输（如现场拌制）则可利用现场一般运输设备。但混凝土运输、浇筑及间歇的全部时间不宜超过 60min。此外，所有装载设备的接缝必须严密，以防止漏浆，装料前应清除运输设备内积水。

8.5.2 混凝土自高处倾落的自由高度一般不宜超过 2m。当拌合物的水灰比（或水胶比）较低且外加掺合料有较好的稠度时，倾落的自由度在不出现分层泌水离析的条件下允许增加，但以 4m 为限。

8.5.3 浇筑高强人工砂混凝土必须采用高频振捣器振实，注意控制振捣间距并加密振点，操作时要做到“快插慢拔”且垂直点振，不得平拉。

8.5.4 按不同强度等级混凝土设计的现浇构件相连接时，两种混凝土的接缝应设置在低强度等级的构件中，并离开高强度等级构件一段距离。图 8 所示的梁柱混凝土施工接缝，其中柱子的强度等级高于梁的混凝土强度等级。

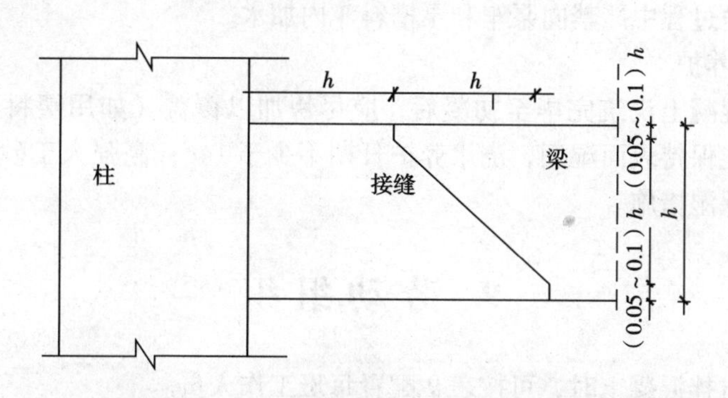

图 8 不同强度等级混凝土的梁柱施工接缝

8.5.5 当接缝两侧的混凝土强度等级不同且分先后施工时，可沿预定的接缝位置设定固定的筛网（孔径 5mm×5mm），先浇筑高强度等级混凝土，后浇筑低强度等级混凝土。

8.5.6 当接缝两侧的混凝土强度等级不同且同时浇筑时，可沿接缝位置设置隔板，随着两侧混凝土浇筑逐渐提升隔板并同时将混凝土振捣密实，也可沿预定的接缝位置设置胶囊，充气后在其两侧同时浇筑混凝土。待混凝土浇筑完毕后排气并取出胶囊，同时将混凝土振捣密实。

8.6 混凝土泵送施工

8.6.1 混凝土泵送设备的选型和最大水平输送距离见《混凝土泵送施工技术规程》JGJ/T10—95。

8.6.2 泵送混凝土时，输送管路的水平管段长度不宜小于垂直管段长度的 1/4，且不应小于 15m；除出口处用软管外，输送管路的其他部位不宜采用锥形管；输送管路须用支架、台垫、吊具等加以固定，不应与模板或钢筋直接接触；在高温和低温环境下，输送管路分别用湿草帘和保温材料覆盖。

8.6.3　泵送混凝土拌合物前，首先应全面检查泵送设备，符合要求后应泵送适量水湿润料斗、活塞及输送管内壁；确认混凝土泵和输送管中无异物后，输送与混凝土内除粗骨料外的相同配比的水泥砂浆，润滑混凝土泵和输送管道，润滑用的水泥砂浆应分散布料，不得集中浇筑在同一处。

8.6.4　混凝土搅拌运输车到达泵送现场后应高速旋转20~30s再卸料入泵；料斗应设网格，防止大粒径石子或其他异物入泵；泵送过程中料斗内的混凝土不得排空，料斗内储存的混凝土面应高于出料口20cm。

8.6.5　混凝土开始泵送时应保持慢速、匀速运转，并观察泵压（一般不超过200Pa）及各部分运转情况，待确认工作正常后再逐步加速，以常速泵送。

8.6.6　混凝土应保持连续泵送，必要时可降低泵送的速度以维持泵送的连续性，如停泵超过15min，应每隔4~5min开泵一次，正转和反转两过程同时开动料斗搅拌器，防止料斗中混凝土离析。如停泵超过45min，应将管中混凝土清除，清洗泵机。

8.6.7　混凝土拌合料应在搅拌后的60min内泵送完毕，预拌混凝土应在1/2初凝时间内入泵，并在初凝前浇筑完毕。

8.6.8　混凝土的坍落度与压力泌水总量分别控制在120~200mm和50~120mL的范围内，在整个泵送过程中严禁向泵车和泵槽料斗内加水。

8.7　混凝土养护

高强人工砂混凝土浇筑完毕至初凝后，应尽快加以覆盖（如用塑料薄膜）并浇水养护，浇水次数应能保持表面湿润，浇水养护日期不少于14d；高强人工砂混凝土的冬期养护应采取保温、保湿措施。

9　劳动组织

当采用现场自拌混凝土时，可按表9配置每班工作人员。

每班工作人员配置及职责　　表9

分　工	人　员	职责范围
搅拌机后台总值班	1人	负责前后台协调，及时处理技术事宜，了解各种材料准备情况
搅拌机操作人员	1人/台	搅拌机操作，控制好混凝土搅拌质量
上料工人	10人/台	2人负责水泥、掺合料及外加剂，4人负责砂子，4人负责碎石
机修工	1人	负责机修
电　工	1人	负责电器维修及照明

10　混凝土质量检查

10.1　高强人工砂混凝土的配制与施工必须有严格的质量控制和质量保证体系，针对具体的工程对象，事先必须由设计、生产和施工各方共同制定书面文件，提出质量控制和质量保证的细则，规定各种报表记载的内容，并明确专业负责监督和施行；初次从事高强人工砂混凝土施工的单位，必须在专业技术人员的指导下进行施工。

10.2　高强人工砂混凝土正式施工前，施工单位必须对混凝土原材料及所配制的混凝土性能提出报告和试验数据，待设计单位和监理单位认可后方可施工。

10.3　高强混凝土质量检查及验收可参照《混凝土结构工程施工质量验收规范》GB50204—2002 中的有关规定，检查内容应包括施工过程中的坍落度变化、凝结时间。

10.4　高强人工砂混凝土配合比确定后，应在施工前建立“促凝压蒸法”早期推定混凝土 28d 强度曲线，并利用该曲线控制混凝土质量。

10.5　测定混凝土抗压强度的试件宜采用边长为 15cm 的标准试模。当必须采用边长为 10cm 的试模时，其抗压强度 $f_{cu,10}$ 应乘表 10 中的换算系数 K，再换算为标准试件的抗压强度。

强度换算系数 K　　　　**表 10**

$f_{cu,10}$（MPa）	≤55	56～65	66～75	76～85	86～95	>95
K	0.95	0.94	0.93	0.92	0.91	0.90

10.6　对于大体积和大尺寸的高强度混凝土，应监测水化热造成的温度变化，并采取相应措施，防止水化热的有害影响。

10.7　高强人工砂混凝土强度检验标准可参照《混凝土强度检验评定标准》的有关规定执行，同时按实际需求留置同条件养护试件。

10.8　高强人工砂混凝土构件的实体检验可参照《回弹法检测高强山砂混凝土抗压强度技术规程》的有关规定执行。

11　工程实例

11.1　中建四局职工培训中心为框架筒体结构，层数为地下 1 层、地上 18 层，建筑面积约 1.4 万 m^2。该工程地下室、地上一至六层的所有柱及剪力墙均采用 C60 高强人工砂混凝土，六至十二层采用 C50 高强人工砂混凝土。该工程于 1994 年 10 月开工，1995 年 8 月主体完成。该工程施工的混凝土强度高，和易性好，外观质量优良，完工后质量达到验收要求，主体被评为优良工程。与原设计采用 C30 混凝土相比，共取得效益约 51 万元，其技术经济效益显著。

11.2　重庆嘉陵江渝澳大桥主桥为三跨（96m＋160m＋96m）预应力连续钢构桥，混凝土设计强度等级 C50，入泵坍落度 160±30mm，2h 坍落度损失不大于 20mm，初凝时间 15～30h，从混凝土拌合到入泵（时间约 2h）需满足距离 150～200m 和高度 50～60m 的一级泵送要求。该工程细骨料采用了人工砂和渠河特细砂按一定比例复合的混合砂，其中人工砂的粉末含量控制在 5% 以下，并掺用泵送剂、粒化高炉矿渣粉。全桥混凝土工程量为 33000m^3，C50 混凝土为 11060m^3。采用混合砂，避免了远距运输天然中砂，仅 C50 混凝土节省投资逾 53 万元，全部混凝土节约投资约 160 万元。该工程混凝土强度评定均合格，工程质量等级均为优良，取得了明显的技术经济效益。

11.3　贵阳市小关特大桥为五跨（69m＋125m＋2×160m＋112m）三向预应力连续钢构桥，混凝土设计强度C50，入模坍落度130～150mm，初凝时间大于16h，从混凝土拌合到入模需满足距离195m和高度113m的一级泵送要求。该工程细骨料全部采用人工砂，其中人工砂的粉末含量控制在5%以下，并掺用泵送剂、Ⅱ级粉煤灰。该工程C50混凝土用量约20000m^3，仅采用人工砂，避免了远距离运输天然中砂，净节省投资约248万元。该工程混凝土强度评定均合格，工程质量等级均为优良，取得了明显的技术经济效益。

透水性沥青路面施工工法

编 制 单 位：中国建筑第八工程局
批 准 单 位：国家建设部
工 法 编 号：YJGF058—2006
主要完成人：肖绪文　吕艳萍　谢刚奎　李正岚　韦永斌

摘要：透水性沥青路面的施工工法不需要特殊机械，与普通沥青路面施工具有相似的施工工艺，施工人员易于掌握。本工法提倡生产配合比时尽量采用坚硬耐磨、棱角性好的石料，马歇尔试验击实次数以65次为最佳；在满足工程所在地区的使用条件下，优先选用黏性较好的改性沥青结合料或者高黏沥青结合料。工法所涉及的透水性沥青混合料都需要添加纤维，施工生产时通常采用纤维和集料干拌5~10s的做法，同时适当延长总的拌合时间。施工过程中加强温度控制，不提倡采用轮胎压路机和振动压路机的振动碾压。

前　言

透水性沥青路面是近十年由国外引进的一种新型沥青路面，在国内还没有大规模推广应用，但有不少研究机构及院校结合我国国情对这种路面的混合料、路用性能等方面展开了研究，也有少量的试验路段铺筑，但还没有形成系统的成套技术及施工工法。

透水性沥青混凝土路面具有不积水、抗滑、防水漂、降噪、减少热岛效应等优点，同时因为其较大的空隙，还具有空隙易堵塞、耐久性比较弱等特点。大部分透水性沥青路面采用开放路肩的结构形式。对于城市透水性沥青路面，道路两边设有协助排水的水泥混凝土结构的透水平石和排水盲沟，雨水汇集至透水平石，再由路缘石侧向透水管导入雨水口，从而完成路面排水。据国外的资料调查，透水性沥青道路行车安全性大大高于普通沥青道路。透水性沥青路面为大小粒径骨料，采用断级配设计的孔隙结构，其空隙率高达18%~25%。与普通的密级配热拌沥青路面相比，降噪效果明显，可降低2~4dB(A)。

中国建筑第八工程局于2005年7月承接了“透水性沥青路面工程成套技术研究”的科研任务，经过自主研发，完成了材料研究、结构设计和试验路段的铺筑等工作，在国内外现有的透水性沥青路面研究成果的基础上进行了7项创新，申请了三项专利。2006年12月5日通过了中建总公司组织的鉴定，鉴定结论为：“该科研成果为自主研发，具有一定的创新性，研究成果总体上达到国际先进水平。”

在科研成果及应用经验的基础上总结提炼了本施工工法。

1 工法特点

1.1 该工法针对透水性沥青混合料空隙大的特点，在现有普通沥青混合料配合比设计的基础上，有针对性地研究编制了透水性沥青混合料配合比设计流程和方法。

1.2 原材料选择较普通沥青路面要求高，粗集料特点是坚硬耐磨、棱角好，沥青胶结料要求为高温热稳定性好、粘结性强的改性沥青，必须添加纤维稳定剂（采用特殊进口高黏度改性沥青可不添加纤维）。

1.3 下卧层不透水要求较高，推行防水粘层油的洒布和透水性沥青层的摊铺同步进行。

1.4 粗集料、细集料、沥青及沥青混合料从拌合到摊铺成型均需在较高的温度范围内完成。

1.5 沥青拌合站应优先选用间歇式，连续式必须有自动添加纤维的装置。

1.6 碾压施工机械特点为轻吨位钢轮压路机，遵循“静压、紧跟、连续、匀速”原则施工，作业长度不宜过长。

1.7 该工法涉及自主研发的室内、外检测大空隙混合料渗水率的仪器操作方法。

1.8 与普通沥青路面施工相比不需要特殊机械，具有相似的施工工艺，便于施工人员掌握。

2 适用范围

2.1 透水性沥青路面适合于洁净、交通流速度比较快的城市干道、高速公路，尤其适合于多雨、人口居住比较密集，需要提高交通安全性和降低噪声污染的区域，不适合于道路转弯和交叉路口。

2.2 该工法适用于表面一到二层面层材料采用空隙率较大、排水迅速的开级配沥青混合料的沥青路面。

2.3 本工法可以应用到新建道路的面层，也可以应用到道路改建工程的面层。

2.4 该工法适合于空隙率为19% ~24%的透水性沥青混合料的铺筑施工。

3 工艺原理

3.1 配合比设计原理

3.1.1 一般的沥青混合料的配合比设计是以稳定度和流值为主要控制指标，透水性沥青混合料的配合比设计采用马歇尔试件的体积设计方法，并以空隙率作为配合比设计主要指标。沥青用量的设计，必须考虑达到空隙率目标值，能使粗集料间保证连通孔隙，达到迅速排水的功效；并且在确保混合料耐久性前提条件下，包裹于粗集料表面的沥青膜能达到规范内的最大值。

3.1.2 混合料配合比设计后，必须对设计沥青用量进行析漏试验及肯特堡试验，并应对混合料进行高温稳定性、水稳定性、老化后飞散试验、渗水试验等专项检验。

3.2　透水性沥青路面施工铺筑原理

3.2.1　透水性沥青骨料级配为间断级配，铺筑过程中不能进行强烈夯压；否则，容易压碎形成骨架的骨料，影响孔隙率和施工效果，压路机不能振动施工。

3.2.2　透水性沥青混凝土的结合料黏性较高，施工温度变化快，碾压过程要连续、紧跟。

4　工艺流程及操作要点

4.1　施工工艺流程（图4-1）

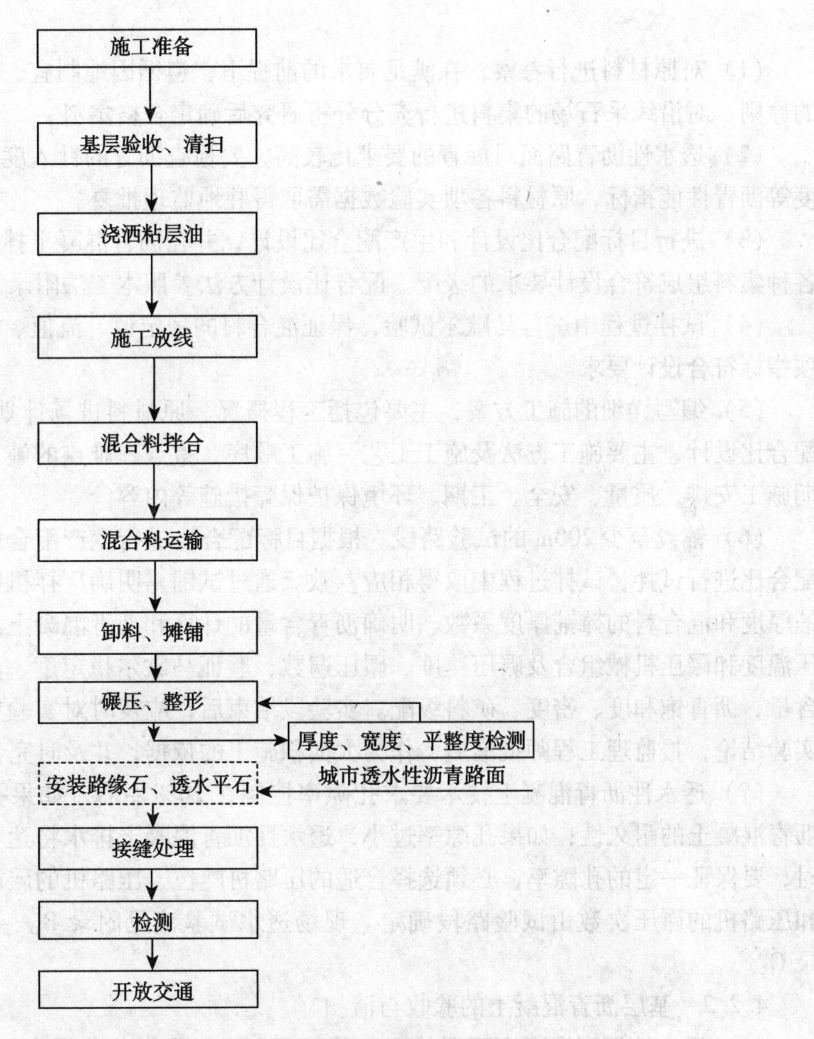

图4-1　透水性沥青混凝土路面施工工艺流程图

4.2　施工工艺

4.2.1　施工准备

施工准备工艺流程见图4-2。

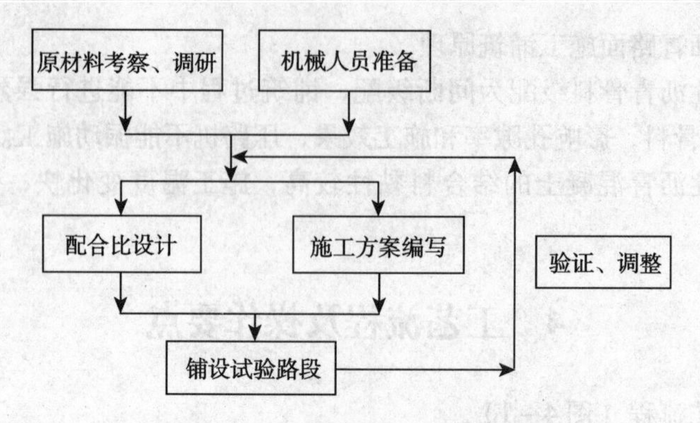

图 4－2　透水性沥青路面施工准备流程图

（1）对原材料进行考察，在满足要求的前提下，遵循因地制宜、合理取材、节约投资的原则，对沿线采石场的集料进行充分分析研究后确定合格集料。

（2）透水性沥青路面对沥青的要求比较高，要检查沥青的针入度、延度、软化点、黏度等沥青性能指标，原材料各项实验数据需取得驻地监理批复。

（3）进行目标配合比设计和生产配合比设计，并在沥青混凝土拌合楼上调试完成，使各种集料组成符合设计要求的级配。配合比设计方法参照本工法附录 A。

（4）试拌过程中进行马歇尔试验，保证混合料的稳定值、流值、空隙率、饱和度等各项指标符合设计要求。

（5）编写详细的施工方案，主要包括工程概况、原材料进场计划、人员及机械配置、配合比设计、主要施工方法及施工工艺、施工顺序、重点、难点的施工方法及措施，冬雨期施工安排，质量、安全、工期、环境保护保障措施等内容。

（6）铺设至少 200m 的试验路段。根据目标配合比进行生产配合比设计，然后用生产配合比进行试拌，试拌过程中取得相应参数。通过试铺，明确厂拌机铺施工工艺、明确摊铺厚度和混合料的摊铺厚度系数、明确沥青含量的计算和沥青混凝土温度的控制、明确碾压温度和碾压机械组合及碾压速度、碾压遍数，验证马歇尔稳定度、流值、空隙率、沥青含量、沥青饱和度、密度、矿料级配。实验段结束后，应及时对实验数据进行处理，得出实验结论，报监理工程师批准后，作为大面积施工的依据，并及时完善施工方案。

（7）透水性沥青混凝土技术要求孔隙率控制在 20% 左右。如果孔隙率过大，会影响沥青混凝土的耐久性；如果孔隙率过小，透水性沥青混凝土排水将达不到预期效果。施工时，要保证一定的孔隙率，必须选择合适的压路机吨位、压路机的碾压次数，压路机吨位和压路机的碾压次数由试验路段确定。现场透水试验法见附录 B。室内透水试验法见附录 C。

4.2.2　基层沥青混凝土的验收与清扫

（1）透水性沥青混凝土面层的压实厚度不宜小于集料公称最大粒径的 2～2.5 倍，以减少离析，便于压实。为了保证排水顺利，必须保证基层沥青混凝土的横坡、平整度，透水性沥青混凝土对基层沥青混凝土平整度、横坡等项目验收标准按国家验收规范进行。

（2）基层要进行清扫，干净程度符合规范要求。

4.2.3　粘层油施工

（1）透水性沥青层下为非透水的沥青混凝土层，两层之间铺设隔水粘结层，使透水性混合料和下层的非透水层很好地粘结，又能阻隔水浸入下层沥青混凝土层中。

（2）一般的粘层油，根据规范要求，可以选用快裂或中裂乳化沥青、改性乳化沥青，也可采用快、中凝液体石油沥青，施工时采用沥青洒布车或采用机动或手摇的手工沥青洒布机喷洒。

（3）为保证施工质量，有条件的施工单位尽量采用防水粘层油的洒布和透水性沥青层的摊铺同步进行。

同步进行防水粘层油的洒布和沥青层的摊铺（图4－3），具有的最显著优点是粘层不受污染，能最大发挥其粘结作用。对乳化沥青粘层油的另一个好处是同步施工时混合料的高温使得乳化沥青急剧气化，不需要花费时间等待乳化沥青的破乳。

图4－3　防水粘层油的洒布和沥青层的摊铺同步进行

（4）粘结层施工注意要点：

①喷洒根据试洒确定的车排档，沿道路纵向均匀喷洒沥青，由内而外一车道接着一车道喷洒，每次喷油前喷油嘴应保持干净，管道应畅通，喷油嘴的角度应一致，并与油管成15°～25°的夹角。

②洒布车道之间不宜重叠，但也不能露白，露处要人工补洒。

③喷洒完毕后尽量保持干净，不要在表面行走。

④喷洒区附近的结构物和平侧石表面应用油毡或纸板等覆盖，以免污染。

4.2.4　施工放线

在下承层上恢复道路中线及边线，采用非接触式自动找平装置控制高程、厚度和平整度。

4.2.5　透水性沥青混合料拌合

（1）透水性沥青混合料大都需要添加纤维，纤维必须在混合料中充分分散，拌合均匀。拌合机应配备同步添加投料装置，松散的絮状纤维可在喷入沥青的同时或稍后采用风送设备喷入拌合锅，拌合时间宜延长5s以上。颗粒纤维可在粗集料投入的同时自动加入，经5~10s的干拌后，再投入矿粉。工程量很小时，也可分装成塑料小包或由人工量取直接投入拌合锅。

（2）沥青胶结料相应的施工温度应当由供应商根据其沥青的技术性质提供，或根据供应商提供的改性沥青的黏度与温度关系曲线确定，透水改性沥青混合料一般施工温度见表4-1。

透水改性沥青混合料正常施工温度（℃）　　表4-1

工　序	温　度（℃）
沥青加热	165~175
集料加热	170~190
混合料出厂	170~185（超过200废弃）
初压开始	≥165
复压温度	≥140
碾压终了表面温度	不低于120
储存保温降低不超过	10（超过者废）
开放交通时的路表温度	<50

（3）沥青混合料拌合后，由试验室取样对各种指标进行检测。取样检测的同时，由质检员对大量拌合料进行外观检查，拌合好的沥青混合料均匀，无花白料、无离析、无结团块、无沥青过热发焦等现象。

（4）在生产过程中，操作人员根据计量、溢料等情况，及时、适当地调整配料皮带的转速，不得擅自调整微机内输入的数值。

（5）拌合机配备打印设备。当天混合料生产结束后，打印出当天材料用量和熟料生产情况，和配比进行对照。

（6）沥青混合料出厂，经过试验室目测并检测温度（170~185℃），合格后由磅房填写发料单出厂。一切过热或温度不足的混合料，或混合料发生泡沫现象或显示含有水分时，均应立即抛弃，不得使用。

4.2.6　透水性沥青混合料运输

（1）拌制好的透水性沥青混合料应用自动倾卸式货车运到工地铺筑。运输车辆的数量应与铺筑机的数量、铺筑能力、运输距离相配合，在铺筑机前不间断地供料。

（2）运料车每次使用前后必须清扫干净，所用车的车箱内应清洁、紧密、光滑，并应先在车箱板上涂一薄层防止沥青粘结的隔离剂或防粘剂，但不得有余液积聚在车箱底部，所用隔离剂严禁使用纯石油制品。

（3）透水性沥青混合物因为孔隙率高，比通常的加热沥青混合物更容易冷却。当在夏季运输，短于0.5h时，一般不必采取保温措施；否则，应用篷布等覆盖。

（4）运料车进入摊铺现场时，轮胎上不得沾有泥土等可能污染路面的脏物；否则，宜设水池洗净轮胎后进入工程现场。

（5）运料车在装载拌好的透水性沥青混合料时，应先将料卸于车箱前部，然后移动运料车，将料卸放于车箱后部，最后再移动运料车，使余下的料卸于车箱中部均匀分装，减少粗细粒料离析现象。

（6）摊铺过程中运料车应在摊铺机前100～300mm处停住，空挡等候，由摊铺机推动前进开始缓缓卸料，避免撞击摊铺机。有条件时，运料车可将混合料卸入转运车，经二次拌合后向摊铺机连续、均匀地供料。运料车每次卸料必须倒净，如有剩余应及时清除，防止硬结。

（7）在运输、等候过程中，如发现有沥青结合料沿车箱板滴漏时，应采取避免措施。

（8）混合料运输时间宜尽可能缩短，运输过程中应采取保温措施，确保混合料摊铺温度不低于165℃；当温度低于160℃时，混合料应废弃。

（9）透水性沥青混合料如在运输途中遇雨淋湿时，应立即抛弃，不得再行使用。

（10）料车到工地后，由专人指挥倒料，验收料单；并设专人检测温度，合格后进入铺筑段。

4.2.7 摊铺

（1）摊铺机铺筑过程中，应选择熨平板的振捣或夯锤压实装置具有适宜的振动频率和振幅，以提高路面的初始压实度。熨平板加宽连接应仔细调节至摊铺的混合料没有明显的离析痕迹。

（2）调整摊铺机熨平板。熨平板对机身应左右对称，熨平板成顺直，并根据摊铺厚度适时选择熨平板的初始工作角。在开始铺筑前，熨平板高度为层厚乘以松铺系数，透水性沥青面层的松铺系数一般为1.2左右，熨平板与路面横坡一致，然后在全宽度范围内垫5块垫块，使熨平板放稳。

（3）摊铺机开工前应提前0.5～1h预热熨平板不低于100℃。

（4）摊铺机必须缓慢、均匀、连续不间断地摊铺，不得随意变换速度或中途停顿，以提高平整度，减少混合料的离析。摊铺速度应控制在约3m/min，改性沥青混合料到施工现场摊铺的温度为170±5℃。当发现混合料出现明显的离析、波浪、裂缝、拖痕时，应分析原因，予以消除。

（5）透水性沥青混凝土混合料倒入摊铺机进料斗时的温度不得低于165℃。

（6）摊铺前根据摊铺厚度调整螺旋布料器与熨平板前缘的距离，使混合料有较好的通过性。调试螺旋布料器两端的自动料位器，并使料门开度、链板送料器的速度和螺旋布料器的转速相匹配。螺旋布料器的料量略高于布料器中心，料面高度基本在同一平面上，并与铺面横坡一致，熨平板的挡料板前混合料在全宽范围内均匀分布。在铺筑过程中螺旋分料器应慢速、均匀，不断地向两侧供料，使送料器中的料始终保持在螺旋叶片以上。

（7）铺筑时，摊铺机料斗中的沥青混合料保持一定数量，料斗的侧挡板进行有规律的拢料。

（8）摊铺工作应尽可能保持连续、均匀、不间断地铺筑。在摊铺机的后面，应配有足够的铲子及耙子等。熟练工人在铺筑中发现问题时，能在压实前予以适当的修正，所使用工具均必须充分预热，摊铺时应扣锹布料，不得扬锹远甩。特别严重的缺陷应整层铲除。

（9）在路面狭窄部分、平曲线半径过小的匝道或加宽部分，以及小规模工程不能采用摊铺机铺筑时，可用人工摊铺混合料，应先将排水性沥青混合料堆放于钢板上，然后由熟练工人用热工具铲入耙平，均匀铺筑，使之有适当的松铺厚度。沥青混合料如结成团状，须先捣碎后，方能使用。所用工具的加热温度，不得高于沥青混合料的铺装温度，仅使透水性沥青材料不黏着即可。

（10）由于透水性沥青混合料的粗集料较多，应调整好摊铺机振捣和振动级数，确保足够的初始密实度和不振碎集料。一般调整摊铺机振捣和振动级数为5级。

（11）半幅施工时，路中一侧宜事先设置挡板。

（12）摊铺不得中途停顿，并加快碾压。如因故不能及时碾压时，应立即停止摊铺，并对已卸下的沥青混合料覆盖毡布保温。

（13）工作人员进入铺面上工作时，应穿干净的鞋子，以免将泥土及其他杂物带入沥青混合料中。施工中闲杂人等，应严禁入内。

（14）铺筑时应有专人检查厚度及横坡度，发现偏差及时进行纠正。

4.2.8 碾压、整形

（1）碾压施工要点：

①碾压时遵循“少量喷水，保持高温，梯形重叠，分段碾压；直线段由外向内方向碾压，超高地段由低到高方向碾压；每个碾道与相邻碾道重叠10~20cm轮宽；压路机不得在未压完或刚压完的路面上急刹车、急转弯、调头、转向，严禁在未压完的沥青层上停机”的原则。

②透水沥青混合料的碾压工艺应通过试验路确定。一般采用轻吨位的钢轮压路机静压、紧跟、碾压，压路机的速度不宜过快，作业长度不宜过长，保证碾压效果。

③碾压顺序由标高低的位置向标高高的位置碾压。

④沥青路面施工应配备足够数量的压路机，选择合理的压路机组合方式及初压、复压、终压（包括成型）的碾压步骤，以达到最佳碾压效果。压路机组合方式见表4-2。

压路机组合方式表　　表4-2

沥青路面层次	压路机类型	初压	复压	终压
		碾压遍数	碾压遍数	碾压遍数
上面层	7~10t双驱双振双钢轮压路机	1~2	—	1~2
	11~13t双驱双振双钢轮压路机	—	4~6	—

⑤压路机应以缓慢而均匀的速度碾压，压路机的碾压速度应符合表4-3的规定。

压路机碾压速度（km/h）　　表4-3

压路机类型	初压		复压		终压	
	适宜	最大	适宜	最大	适宜	最大
钢筒式压路机	2~3	4	3~5	6	3~6	6
振动压路机	2~3 （静压）	3 （静压）	3~3.5 （静压）	5 （静压）	3~6 （静压）	6 （静压）

注：振动压路机的静压系指关闭振动装置以静压方式执行。

⑥压路机的碾压温度应符合表4－1的要求。在不产生严重推移和裂缝的前提下，初压、复压、终压都应在尽可能高的温度下进行。同时，不得在低温状况下作反复碾压，使石料棱角磨损、压碎，破坏集料嵌挤。压路机的组合和碾压方式宜铺设试验段加以确认。

⑦碾压轮在碾压过程中应保持清洁，有混合料沾轮应立即清除。对钢轮可涂刷隔离剂或防粘结剂，但严禁刷柴油。当采用碾压轮喷水（可添加少量表面活性剂）的方式时，必须严格控制喷水量且成雾状，不得漫流。

⑧压路机不得在未碾压成型路段上转向、调头、加水或停留。在当天成型的路面上，不得停放各种机械设备或车辆，不得散落矿料、油料等杂物。

⑨混合料摊铺后无明显质量缺陷时，应随即用通过试验段确定的压实设备和工艺进行碾压，防止因降温而影响压实密度。高黏沥青混合料一般应在温度降至120℃前结束碾压作业。

（2）初压：

①初压应在透水性沥青混合料铺筑后，当其能承受压路机而不至发生推移或产生裂纹时，即可开始进行。压实温度应根据沥青稠度、压路机类型、气温、铺筑层厚或经试铺路段而确定，一般建议初压的温度以不低于165℃为宜。

②初压应在紧跟摊铺机后碾压，并保持较短的初压区长度，以尽快使表面压实，减少热量散失。

③通常宜采用轻型钢轮压路机（小于12t）静压1～2遍。碾压时，应将压路机的驱动轮面向摊铺机，从外侧向中心碾压，在超高路段则由低向高碾压，在坡道上应将驱动轮从低处向高处碾压。

④碾压应自车道外侧边缘开始，然后逐渐移向路中心，碾压方向应与路中心线平行，每次重叠1/3～1/2轮宽，且不应小于20cm，最后碾压路中心部分；在曲线超高处，碾压应自低侧开始，逐渐压向高侧；在纵坡度部分，则自坡底辗压至坡顶，而压完全幅一遍。碾压时，压路机的驱动轮须朝向铺筑机，并与摊铺机同方向进行，然后顺原路退回至坚固的铺面处。始可移动碾压位置，再向铺筑机方向进行碾压。每次碾压长度应略有参差。压路机应经常保持良好情况，以免碾压工作中断。

⑤当路面边缘设有模板缘石、路肩等支撑时，应紧靠支撑碾压。当边缘无模板支撑时，在碾压之前用人工用加热的铁夯夯打边缘，使其略为隆起。

⑥压路机不能到达的地方，应用热铁夯充分夯实，铁夯的重量不得少于11kg，夯面不得大于320cm^2。

⑦初压后应检查路面厚度、平整度、路拱、纵坡及表面平整度，有严重缺陷时进行修整乃至返工。

（3）复压：

①复压应紧跟在初压后开始，且不得随意停顿。压路机碾压段的总长度应尽量缩短，通常不超过60～80m。采用不同型号的压路机组合碾压时，宜安排每一台压路机作全幅碾压，防止不同部位的压实度不均匀。

②一般以钢轮压路机（小于13t）在温度130～165℃依初压方法静压4～6遍。必要时，可采用轻振碾压。碾压时，应将压路机的驱动轮面向摊铺机，从外侧向中心碾压，在超高路段则由低向高碾压，在坡道上应将驱动轮从低处向高处碾压。一定要使透水性沥青

混凝土混合料达到规定压实度，无显著轮迹为止。

③对路面边缘、加宽及港湾式停车带等大型压路机难于碾压的部位，宜采用小型振动压路机或振动夯板作补充碾压。

（4）终压：

①终压应紧接在复压后进行，如经复压后已无明显轮迹时可免去终压。终压可选用双轮钢筒式压路机或关闭振动的振动压路机，碾压1~2遍，至无明显轮迹为止。

②在初压和复压过程中，宜采用同型号压路机并列呈梯队碾压，不宜采用首尾相接的纵列方式。终压温度不低于120℃。

4.2.9 接缝处理

（1）与普通沥青混凝土接缝的处理。由于透水性沥青混凝土内含水，普通沥青混凝土要避免水浸，所以在两者接缝的地方必须进行处理。具体做法是，将接缝处用防水粘层油涂刷2~3遍，保证在接缝处不积水；其次，在接缝处切割整齐，接缝位置按边沟方式处理。

（2）透水性沥青混凝土施工缝采用平接缝施工，施工缝必须垂直，接缝应紧密、平顺。在摊铺段施工将要结束时，由现场工人将两至三块模板固定在将要结束的部位，摊铺机在接近端部前约lm处将熨平板稍稍抬起驶离现场，用人工将端部混合料修整与模板齐平再碾压密实，然后用3m直尺检查平整度，使下次施工时成直角。

（3）连接上下两层的纵向接缝不宜重合，须间隔lm以上。铺筑接缝时，把熨平板放置于已压实部分上面并加热，再开始摊铺。横向接缝的碾压先用双钢轮压路机进行横向碾压，碾压带的外侧放置供压路机行驶的垫木，碾压时压路机重心位于已压实的混合料层，伸入新铺层的宽度宜为15cm。然后，每压一遍向新铺混合料移动15~20cm，直至全部在新铺层上为止，再改为纵向碾压。

（4）施工接缝应注意：

①要设置路缘石和透水平石的道路，施工前要事先在铺设的范围设置模板，并用水泥钉固定；

②透水性沥青面层边线的摊铺施工中不得人工反复进行修整，只需对边线轻轻推平即可，以防造成孔隙率过小，排水功能丧失。

4.2.10 透水平石、路缘石施工

（1）透水平石的安装，为防止路缘石的施工对沥青路面的污染，以及防止先安装路缘石和平石后进行铺筑过程中造成压路机损坏透水平石，通常在沥青路面施工前进行路缘石的铺设。

（2）首先对沥青路面的边缘进行切割，使其平整，见图4-4。

（3）待截面干燥后，涂刷防水沥青层，见图4-5。

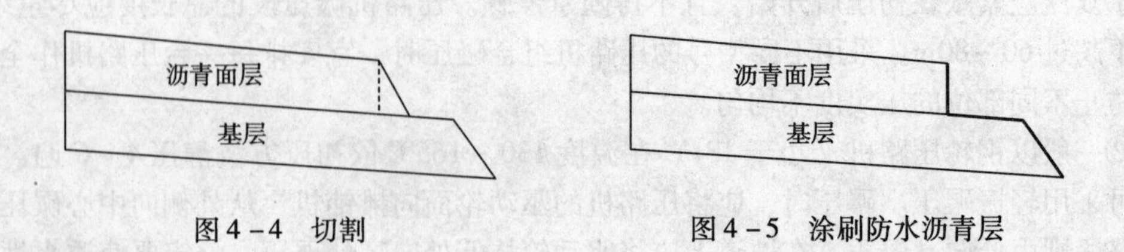

图4-4 切割　　图4-5 涂刷防水沥青层

（4）与路缘石底部相接触的基层顶面也需要涂刷防水沥青层，见图4－6。

（5）待沥青固结后即可安装侧石和透水平石，见图4－7。

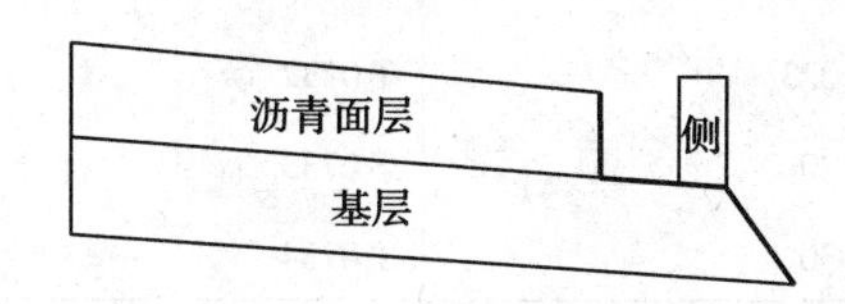

图4－6　在路缘石底部基层上涂防水沥青

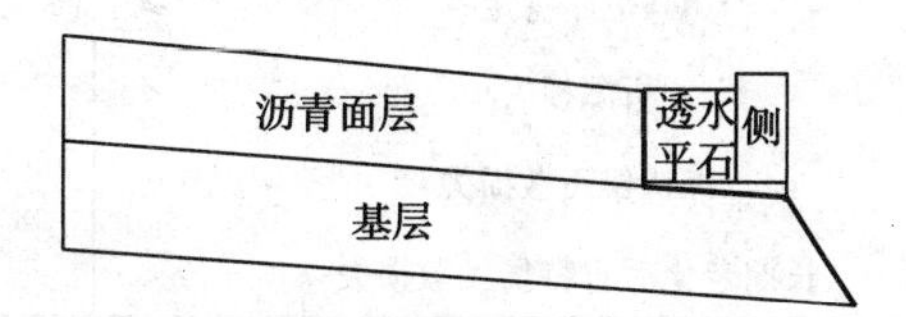

图4－7　安装侧石、透水平石

4.2.11　检测

（1）混合料拌合出料时，试验人员对每车沥青混合料的温度进行测定，并做沥青抽提试验，根据要求制作试件。

（2）马歇尔稳定度、流值、孔隙率、沥青含量、沥青饱和度、密度、矿料级配测定及计算。

（3）试件充分冷却后，进行马歇尔稳定度、流值、孔隙率、密度测定及计算，并对抽提后的烘干矿料进行筛分，计算矿料级配、沥青含量、油石比、沥青饱和度。得出的各种数据与生产配合比中的各项数据进行对比，并与设计和规范要求的各项数据进行对比。

（4）碾压完且待混合料冷却后，用取芯机对试验段进行取芯，并计算压实度。压实度不小于96%，厚度控制在设计厚度±3mm。

（5）碾压完后，用水准仪检测纵断高程及横坡，并用八轮平整度仪测量平整度。纵断面高程误差为±10mm，横坡控制在±0.2%，平整度小于等于0.8mm。

（6）碾压完毕需按照本工法第7章方法检验如下项目：粗集料磨损率检验、细集料砂当量检验、改性沥青检验、集料级配和改性沥青含量检验、压实度检验、平整度检验、铺筑厚度检验、透水性检验。

4.2.12　开放交通

透水性沥青混合料路面应待摊铺层完全自然冷却，混合料表面温度低于50℃后，方可开放交通。尽量避免提早开放交通。

5　材　　料

5.1　混合料

透水性沥青混合料应符合表5－1的技术要求。

透水性沥青混合料技术要求　　表5－1

试验项目	单位	技术要求	试验方法
马歇尔试件尺寸	mm	ϕ101.6×63.5	T 0702
马歇尔试件击实次数		两面击实65次	T 0702
孔隙率	%	19～24	T 0708

续表

试验项目		单位	技术要求	试验方法
马歇尔稳定	≥	kN	3.5	T 0709
析漏损失	<	%	0.3	T 0732
肯特堡飞散损失	<	%	20	T 0733
长期老化后肯特堡飞散损失	<	%	30	T 0734
渗透系数	≥	cm/s	10^{-2}	本工法附录 C
现场透水试验	≥	mL/15s	900	本工法附录 B
动态稳定度（次/mm）：				T 0719
一般交通	≥		1500	
重交通	≥		3000	

5.2 沥青胶结料

5.2.1 沥青胶结料相应的施工温度应当由供应商根据其沥青的技术性质提供，或根据供应商提供的改性沥青的黏度与温度关系曲线确定。

5.2.2 沥青的选用，应根据工程所在地的气候、交通量以及公路等级加以确定。

5.2.3 透水性沥青路面对沥青的要求比较高，要检查沥青的针入度、延度、软化点等沥青性能指标，确定满足国家规范和表 5-2、表 5-3 的要求。原材料各项实验数据需取得驻地监理批复。

普通改性沥青试验方法 **表 5-2**

试验项目	试验方法
针入度（100g，5s，25℃）（0.1mm）	T 0604—2000
PI	T 0604—2000
软化点（环球法）（℃）	T 0606—2000
延度（5cm/min，5℃）/cm	T 0605—1993
布鲁克菲尔德黏度（135℃）（Pa·s）	T 0605—2000
闪点(℃)	T 0611—1993
离析试验（软化点差）（℃）	T 0661—2000
弹性恢复（25℃）（%）	T 0662—2000
动力黏度（60℃）（Pa·s）	T 0605—2000
相对密度（25℃水）	T 0603—1993
旋转薄膜烘箱后残留物	T 0610—1993
动态剪切流变(kPa)	AASHTO MPI
质量损失(%)	T 0610—1993

高黏度改性沥青的技术要求　　　　表5-3

试验项目	单位	技术要求
针入度（25℃，100g，5s）	0.1mm	不小于40
软化点（TR&B）	℃	不小于80
延度（15℃）	cm	不小于50
闪点	℃	不小于260
薄膜加热试验（TFOT）后的质量变化	%	不大于0.6
黏韧性（25℃）	N·m	不小于20
韧性（25℃）	N·m	不小于15
60℃黏度*	Pa·s	不小于20000

5.2.4　实践证明采用普通改性沥青或者掺加纤维稳定剂后能符合当地的条件时，也可以采用。普通改性沥青结合料至少要满足国家规范相应的指标要求，各个地区也可根据实践经验加以改进。

5.2.5　对于道路等级要求比较高的，沥青宜采用具有高温热稳定性较好、粘结性较强的高黏度改性沥青。沥青应具有较小的针入度和较高的软化点和黏度，应有较好的抗裂性，避免沥青面层低温开裂。高黏度沥青技术指标见表5-3。

5.3　集料

5.3.1　根据当地石料情况，尽可能就近选材。面层集料应挑选质地坚硬的片石，如玄武岩、辉绿岩、砂岩等，对针片状含量要求比较高。

5.3.2　粗集料主要为碎石料，洁净、干燥、无塑性，具有足够的强度、耐磨耗性，并具有良好的颗粒形状与表面纹理，与沥青应有良好的粘结力。不得含有易于风化的颗粒及泥土、黏土、有机物及其他有碍本工程质量和功能的有害物质，其表面干表观密度不得小于2.45t/m³，吸水率应小于2%。

5.3.3　表面层粗集料宜采用硬质的耐磨玄武岩或者辉绿岩或者砂岩等。

5.3.4　粗集料要通过试验，确定其强度、磨光值、磨耗值、粘附性等各项指标符合国家规范和表5-4的要求。

透水性沥青混合料用粗集料质量技术要求　　　　表5-4

指标		高速、一级公路面层
石料压碎值	不大于（%）	26
洛杉矶磨耗损失（500转）	不大于（%）	28
表观密度	不小于（t/m³）	2.6
吸水率	不大于（%）	2.0
坚固性	不大于（%）	12
针片状颗粒含量（混合料）	不大于（%）	10
其中粒径大于9.5mm	不大于（%）	8
其中粒径小于9.5mm	不大于（%）	12
水洗法<0.075mm颗粒含量	不大于（%）	1
软石含量	不大于（%）	3

5.3.5　细集料应采用机制砂或石屑，要求坚硬、洁净、干燥、无风化料、无杂质，细集料每200t检验一次。其质量应符合表5－5的规定。不允许采用天然砂。

细集料技术指标　　　　**表5－5**

指标		高速公路、一级公路	其他公路	试验方法
表观密度	不小于（t/m^3）	2.50	2.45	T 0328
坚固性（>0.3mm部分）	不小于（%）	12	—	T 0340
含泥量（<0.075mm的含量）	不大于（%）	3	5	T 0333
砂当量	不小于（%）	60	50	T 0334
亚甲蓝值	不大于（g/kg）	25	—	
棱角性（流动时间）	不小于（s）	30	—	T 0345

5.3.6　沥青混合料的矿粉必须采用石灰岩或岩浆岩中的强基性岩石等憎水性石料经磨细得到的矿粉，原石料中的泥土杂质应除净。矿粉应干燥、洁净，能自由地从矿粉仓流出。

5.3.7　为了提高沥青混合料的抗水损害能力，矿粉在生产过程中应加入混合料总量为1.3%±0.3%的生石灰粉。生石灰粉占矿粉的重量比约为15%。

5.3.8　矿粉每50t应检验一次，其质量应符合表5－6要求。不得将拌合机回收的粉尘作为矿粉使用。

透水性沥青混合料用矿粉质量要求　　　　**表5－6**

项目		单位	高速公路、一级公路	其他等级公路	试验方法
表观密度	不小于	t/m^3	2.50	2.45	T 0352
含水量	不大于	%	1	1	T 0103　烘干法
粒度范围	<0.6mm	%	100	100	T 0351
	<0.15mm	%	90～100	90～100	
	<0.075mm	%	75～100	70～100	
外　观			无团粒结块		
亲水系数			<1		T 0353
塑性指数			<4		T 0354
加热安定性			实测记录		T 0355

5.4　外加剂

5.4.1　为了增加透水性沥青混凝土混合料的骨料表面沥青膜厚度，抑制改性沥青混凝土在运送、铺筑过程中产生沥青流失，应添加纤维稳定剂。各种纤维的技术质量要求见表5－7和表5－8。

聚酯纤维、木质素纤维质量技术要求　　表5－7

项　目	单位	指　标	试验方法
纤维长度　不大于	mm	6	水溶液用显微镜观测
灰分含量	%	18±5	取2～3g纤维样品，置于坩埚内精密秤重后，加热到590～600℃至少2h，在干燥器内冷却后，精密秤重
pH值		7.5±1.0	水溶液用pH试纸或pH计测定
吸油率　不小于		纤维质量的5倍	吸油率是取5g具代表性的纤维浸入矿物油类（如煤油等）中至少5min后，取出放入孔径为0.5mm的筛网上滤干，在摇筛10min后，经振敲后称留筛重，计算纤维吸油的最大质量，以纤维自身质量的倍数表示
含水率（以质量计）　不大于	%	5	105℃烘箱烘2h后冷却称量

矿物纤维质量技术要求　　表5－8

项　目	规范值
纤维长度（mm）	6以下
纤维厚度（mm）	0.005以下
散粒含量：通过0.25mm（#60）筛（%）	90±5
通过0.063mm（#230）筛（%）	70±10

5.4.2　橡胶粉宜用湿法添加，制成橡胶改性沥青结合料后使用。

5.4.3　透水性沥青混凝土中如须掺加抗剥落剂时，施工单位应先将抗剥落剂的样品、厂商的使用说明书及使用量送请工程相关单位认可后，方可使用。

6　机具设备

6.1　透水性沥青路面施工常用机具设备（表6－1、表6－2）

透水性沥青路面常用施工机具设备表　　表6－1

序　号	机械名称	型　号	单　位
1	沥青拌合站	2000型以上	台
2	沥青摊铺机	据情况选择	台
3	路面吹风机	据情况选择	台
4	双驱双振钢轮压路机	10～13t	台
5	小型压路机	1t	台
6	洒水车	5～8t	台

续表

序　号	机械名称	型　号	单位
7	路面切割机	据情况选择	台
8	装载机	据情况选择	台
9	自卸汽车	据情况选择	辆
10	沥青混凝土转运车	据情况选择	台
11	铣刨机	据情况选择	台
12	加油车	据情况选择	台

现场常用试验、检测设备表　　**表6－2**

序　号	机械名称	型号/精度	单　位
1	全站仪	据情况选择	台
2	水准仪	据情况选择	台
3	路面弯沉仪	据情况选择	台
4	路面平整度仪	据情况选择	台
5	路面强度实验仪	据情况选择	台
6	沥青针入度仪	据情况选择	台
7	自动沥青延度仪	据情况选择	台
8	沥青软化点仪	据情况选择	台
9	沥青黏度仪	据情况选择	台
10	沥青闪点仪	据情况选择	台
11	沥青旋转薄膜烘箱	据情况选择	台
12	自动车辙试验仪	据情况选择	台
13	液压车辙试验成型机	据情况选择	台
14	沥青混凝土拌合机	据情况选择	台
15	马歇尔电动击实仪	据情况选择	台
16	旋转压实机	据情况选择	台
17	马歇尔稳定度仪	据情况选择	台
18	沥青离心式抽提议	据情况选择	台
19	离心沉淀机	LXT－Ⅱ	台
20	旋片式真空泵	2XZ－2	台
21	最大理论密度测定仪	据情况选择	台
22	沥青混合料测温仪	据情况选择	台
23	路面取芯机	据情况选择	台
24	路面渗水仪	据情况选择	台
25	路面摆式仪	据情况选择	台

续表

序　号	机械名称	型号/精度	单　位
26	压碎值试验仪	据情况选择	台
27	针片状仪	据情况选择	套
28	容积升	1～50	套
29	李氏比重瓶	50ml	套
30	分析天平	1/10000	台
31	静水天平	1/1000	台
32	电子天平	1/1000	台
33	砂标准筛	10～0.08	套
34	石子标准筛	0.075～60	套
35	压碎值筛	3、12、16	套
36	组合型渗水仪	专用于测试大孔隙沥青混合料	套

6.2　沥青拌合厂

6.2.1　拌合厂的设置必须符合国家有关环境保护、消防、安全等规定。

6.2.2　拌合厂与工地现场距离应充分考虑交通堵塞等条件，确保混合料的温度下降不超过要求，且不致因颠簸造成混合料离析。

6.2.3　拌合厂应具有完备的排水设施。各种集料必须分隔储存，细集料应设防雨顶棚，料场及场内道路应作硬化处理，严禁泥土污染集料。

6.2.4　沥青混合料应采用间歇式拌合机拌制。

6.2.5　拌合厂应在其设计、协调配合和操作方面，都能使生产的沥青混合料符合工地配合比设计要求。拌合厂必须配备足够试验设备的试验室，能及时提供试验资料。

6.2.6　拌合设备应是能按用量（以质量计）分批配料的间歇式拌合机，其产量应不小于120t/h，并装有温度检测系统及保温的成品贮料仓和二次除尘设施。拌合设备的产量应和生产进度相匹配，冷料仓不小于5个，在安装完成后应按批准的配合比进行试拌调试，直到符合要求。

6.2.7　拌合场地布置应保证热料运送距离合理，进出方便，电、水供应好，且远离居民区，并应符合《公路环境保护设计规范》JTJ/T006—98的有关要求。

6.2.8　施工前，必须对拌合机的计量系统进行校准，保证计量的准确；对机械传动和传送部分进行检修和润滑，保证生产的稳定和连续；对除尘设备进行检修及对需要更换的损耗件进行更换；根据石料筛分结果及生产的混合料类型，对热料仓上的筛网进行调整或更换。

6.3　运料设备

应采用干净有金属底板的自卸槽斗车辆运送混合料，车槽内不得沾有杂物。运输车辆应备有覆盖设备，车槽四角应密封坚固。

6.4　摊铺机械

6.4.1　沥青混合料摊铺设备应是自动式的，安装有可调的活动熨平板或整平组件。

6.4.2　熨平板在需要时可以加热，能按照规定的典型横断面和图纸所示的厚度在车道宽度内摊铺，摊铺机应有振动夯板或可调整振幅的振动熨平板的组合装置，夯板与振动熨平板的频率，应能各自单独地调整（摊铺机熨平板振动和振捣的振幅和频率必须与摊铺厚度相对应，提高初始压实度）。

6.4.3　摊铺沥青混合料时，摊铺机的摊铺速度应根据拌合机产量、施工机械配套情况及摊铺层厚度、宽度（环境温度、混合料类型）确定。

6.4.4　摊铺机应配备整平板自控装置，传感器可通过基准线自动发出信号来操纵熨平板，使摊铺机能铺筑出理想的纵横坡度和平整度（根据摊铺机自动找平方式、灵敏度设定区间）。

6.5　压实机械

压实设备应配有钢轮式压路机，能按合理的压实工艺进行组合压实。还应备有监理认可的小型振动压（夯）实机具，以用于压路机不便压实的地方。

6.6　现场检测设备

按照国家规范规定配备现场检测设备，便于施工现场的质量控制。

7　质量要求

7.1　质量控制

7.1.1　严把材料关。只有经过试验合格的材料才准许进场。

7.1.2　经常检查搅拌站各种设备，尤其是计量设备，保证各种原材料按配合比精确计量。

7.1.3　经常检查混合料沥青含量、矿料级配，保证混合料质量。

7.1.4　测量放线一定要按设计要求，在允许误差范围内进行精确施工放样，保证摊铺厚度和顶面高程。

7.1.5　在沥青混凝土供料过程中应进行抽查，以确定沥青用量、稳定度、流值、空隙率、密度、级配等指标以及波动情况，搅拌站及时调整，使沥青混凝土的质量保持相对稳定。

7.1.6　质检人员随时注意沥青混合料的外观检查。当发现混合料拌合不均，有花白、粗细分离、结块现象或沥青出厂温度过高，混合料冒棕色的“烟”或有燃油混入等情况，该料不得使用。

7.1.7　施工中进行整幅摊铺时，摊铺机、压路机应严格按施工规范进行操作，保证压实度达到设计要求。

7.1.8　其余指标控制参考国家规范。

7.1.9　面层表面应平整、密实，不应有松散、脱落、掉渣、轮迹等现象。

7.1.10　接缝处应紧密、平顺。

7.1.11　面层应与路缘石等构筑物接顺。

7.1.12　允许偏差项目应符合表7-1的规定。

透水性沥青混凝土面层允许偏差 表7－1

项次	检查项目	规定值或允许偏差（mm）	检查频率			
			范围	点数		
1	△ 压实度	96%	2000m^2	1		
2	△ 厚度	+10（5），－3	2000m^2	1		
3	平整度	3	20m	路宽	<9	1
					9～15	2
					>15	3
4	宽度	±20	40m	1		
5	中线高程	±10	20m	1		
6	横坡	±10 且不大于±0.3%	20m	路宽	<9	2
					9～15	4
					>15	6
7	井框与路面高差	4	每座	1		
8	＊ 空隙率	不小于设计规定				
9	＊ 透水率	不小于设计规定				

注：①△为主要检查项目。

②＊为区别于普通沥青混凝土面层质量要求的检查项目。

7.2 原材料质量检验

7.2.1 透水性沥青混合料生产过程中，必须按《公路工程集料试验规程》JTGE42—2005 表 12 规定的检查项目与频度，对各种原材料进行抽样试验，其质量应符合规范规定以及本工法的技术要求。

7.2.2 每个检查项目的平行试验次数或一次试验的试样数必须按相关试验规程的规定执行，并以平均值评价是否合格。未列入表中的材料的检查项目和频度按材料质量要求确定。

7.3 集料级配和改性沥青含量检验

7.3.1 透水性沥青混凝土铺于路面后，在碾压前，应依《沥青混合料取样法》T 0701—2000，《粗集料及其集料混合料筛分试验》T 0302—2005 及《沥青路面混合料沥青含量试验法》T 0723—1993 抽样检验设计所规定筛号的集料级配和改性沥青含量。

7.3.2 每批材料数量定为同一拌合厂同一天供应本工程的同一种类透水改性沥青混合料数量。每批抽验两次，每批试验结果的平均值与规范规定的配合比设计公式相差不得大于表 7－2 的规定。

透水性沥青混合料每一试样的各项许可差 表7－2

筛分析通过试验筛（mm）	许可差百分率（%）
12.5 及 12.5 以上的试验筛	±6
9 及 4.75	±6

续表

筛分析通过试验筛（mm）	许可差百分率（%）
2.36 及 1.18	±5
0.60 及 0.30	±5
0.075	±2
改性沥青含量（以沥青混合料的总重量计算）	±0.3

7.4　压实度质量检验

7.4.1　透水性沥青混凝土应碾压达到设计压实度，每200m测一处，采取现场钻芯取样后，用水中称重法检验压实度。

7.4.2　压实度大于96%。

7.4.3　压实度的评定

检验评定段的压实代表值 K 为：

$$K=\bar{k}\frac{t_\alpha S}{\sqrt{n}}\geqslant k_0$$

式中　$\bar{k}$——检验评定段内各测点压实度的平均值；

t_α——分布表中随测点和保证率（或置信度）而变的系数：高速、一级路面层为95%；其他公路面层为90%。

S——检测值的均方差；

n——检测点数；

k_0——压实度标准值。

当 $K\geqslant k_0$ 且全部测点大于规定值减1个百分点时，评定路段的压实度可得规定的满分；当 $K\geqslant k_0$ 时，对于测定值低于规定值减1个百分点的测点，按其占总检查点数的百分率计算扣分值；当 $K<k_0$ 时，评定路段的压实度为不合格，评为零分。

7.5　平整度质量检验

7.5.1　平整度检验，施工中常用3m直尺法和连续式平整度仪法。3m直尺法有单尺测定最大间隙及等距离（1.5m）连续测定两种。前者常用于施工质量控制与检查验收，单尺测定时要计算出测定段的合格率；等距离连续测试也可用于施工质量检查验收，要算出标准差来表示平整程度。连续式平整度仪法用于测定路面表面的平整度，用全线每车道连续检测每100m计算 σ 和 IRI。高速公路和一级公路的面层必须用连续式平整度仪法检测其平整度。

7.5.2　单杆检测路面的平整度计算，以3m直尺与路面的最大间隙 h（mm）为测定结果。连续10尺时，判定每个测定值是否合格，根据要求计算合格百分率，并计算10尺最大间隙的平均值。最大间隙 h 不得超过5mm。

合格率 =（合格尺数/总测尺数）×100%

7.5.3　连续式平整度测定仪测定后，可按每项10cm间距采集的位移自动计算100m计算区间的平整度标准差，还可记录测试长度、曲线振幅大于某一定值（3mm、5mm、8mm、10mm等）的次数、曲线振幅的单向累计值及以3m机架为基准的中点路面偏差曲线图，并打印输出。当为人工计算时，在记录曲线上任意设一基准线，每隔一定距离（宜为1.5m）读取曲线偏离基准线的偏离位移值 d_i。每一计算区间的路面平整度以该区间测定结果的标准差表示。高速公路、一级公路 $\sigma \geqslant 1.2$mm，$IRI \geqslant 2.0$m/km；其他公路 $\sigma \geqslant 2.5$mm，$IRI \geqslant 4.2$m/km。标准差 σ 按下式计算：

$$\sigma_i = \sqrt{\sum (\bar{d} - d_i) / 2(n-1)}$$

式中 σ_i——各计算区间的平整度计算值，mm；

d_i——以100m为一个计算区间，每隔一定距离采集的路面凸凹偏差位移值，mm；

n——计算区间用于计算标准差的测试数据个数。

7.6 铺筑厚度质量检验

7.6.1 铺面完成后，用现场钻孔取芯法检测厚度，每1000m² 取样一次。用取芯厚度计算厚度代表值 X_1 来检测路面的厚度，高速公路、一级公路 $X_1 \geqslant 95\%$；其他公路，$X_1 \geqslant 90\%$。所留洞于取样后，用同种材料回填并进行夯压。

7.6.2 计算一个评定路段检测的厚度的平均值、标准差、变异系数，并计算代表厚度。厚度代表值按下式计算：

$$X_1 = \bar{x} - \frac{t_\alpha S}{\sqrt{n}}$$

式中 X_1——厚度代表值；

$\bar{x}$——厚度平均值；

S——标准差；

n——检测数量；

t_α——分布在表中随测点数和保证率（或置信度 α）而变的系数，采用保证率。

当厚度代表值大于等于设计厚度减代表值允许偏差时，则按单个检查值的偏差是否超过极值来评定合格率和计算应得分数；当厚度代表值小于等于设计厚度减代表值允许偏差时，则厚度指标评为零分。

7.7 透水性检验

7.7.1 铺面完成后，依现场透水试验法评估透水性能，每200m应配合厚度检验附近检测透水性一次，检测的位置由随机方式产生，或由质量检测部门与施工方共同决定。

7.7.2 渗水系数以平均值评定，计算的合格率不得小于90%。

8 劳动组织及安全措施

8.1 安全措施

8.1.1 建立现场安全保证体系，实行三级安全保卫负责制，做到责任明确，层层把关。

8.1.2 定期对施工机械和运输车辆进行安检，保证施工机械正常运转，杜绝机械带病工作。

8.1.3 操作手严格按操作规程进行操作。

8.1.4 施工现场临时用电严格执行《施工现场临时用电安全技术规范》JGJ46 的有

关规定。

8.1.5 夜间施工要有充足的照明，并配备电工值班。

8.1.6 车辆交通设专人指挥，避免发生交通事故。

8.1.7 在主要交通口设专人进行监控，保证运输车辆的交通安全。施工过程中有检查、有总结，认真做好各项安全施工记录。

8.1.8 如果采用人工添加纤维等，操作人员要戴口罩。

8.1.9 现场施工人员必须穿公路施工专用反光背心及施工鞋。

8.2 人员组织（表8）

人员配备及岗位职责一览表 表8

机 构	人员组成	职 责
测量组	测量员2人	定位放线、摊铺厚度、标高控制
生产拌合组	机械操作工5人，司机3人，杂工10人	料斗上料、混合料拌合、纤维添加
试验组	试验员4人	配合比设计、测定，测定马歇尔稳定度、流值、空隙率、沥青含量、沥青饱和度、密度、矿料级配，压实度检测等
筑路组	机械操作工8人，司机10人，杂工30人	清扫、运料、卸料、摊铺、碾压、整平
机修组	电工2人、机修工2人	电器设备、机械设备工器具、机动车辆的管理与维修，对安全用电、机械设备检修和安全使用负责
安全管理	安全员1人	专职进行生产安全管理，开展安全活动，实施标准化作业，对安全生产负责

9 环保措施

9.1 开工前，对全体职工进行环保知识教育和环境保护措施技术交底，加强环保意识和明确环保工作的重大意义，积极主动地参与地方环保工作，自觉遵守国家和地方环保的规章制度。

9.2 搅拌站选址尽可能地远离居民区，对于占用的耕地要尽量避免沥青、油等污染耕地，减少拌合过程中的粉尘污染。

9.3 项目经理部建立环保管理工作小组，制定环保工作计划和措施，自觉接受地方环保部门、地方政府对工地环保工作的监督、检查。

9.4 设置专项环保资金，交环保小组使用，保证环保资金专款专用。

9.5 对在施工过程产生的废弃物，及时地堆放在临时指定的区域内，并尽快组织运输到指定地点。车辆在运输途中，严禁沿途撒落，对厨房、生活区的垃圾废弃物准备合适的容器收集，再弃到业主指定地点。

9.6 工程竣工后，应对临时用地进行处理，对占用农田的临时用地必须进行复耕还田处理，其余山地及坡地进行绿化，保持原来的自然景观。

10 效益分析

10.1 经济效益分析

普通改性沥青作为沥青胶结料的透水性沥青混合料，工程成本比国产高黏度沥青作为胶结料的透水性沥青路面降低约10.2%，比采用进口高黏度沥青作为沥青胶结料的透水性沥青路面工程成本降低约30.8%；同样厚度和同样石料的透水性沥青路面，在满足国家规范要求的各项路用性能的条件下，采用普通改性沥青比采用国产高黏度改性沥青每平方米的造价降低约9%，比采用进口高黏度沥青的透水性沥青路面每平方米造价降低约31%。

如果做一个粗略的估计，假设透水性沥青路面的使用寿命为10年，在这10年的使用期间，与普通沥青路面相比，透水性沥青路面增加的养护措施和费用主要是其透水性能的维护工作。假设每年都作透水维护，按照2500元/台班的高压清洗车费用计算，则每平方米的透水性沥青路面（透水层4cm厚）约增加0.625元，10年增加的费用约6.25元/m^2。1km长、7m宽、透水层4cm厚的透水性沥青路面每年增加的养护费用约4375元。

10.2 社会效益

与铺筑费用增加相比，透水性沥青路面的社会效益则非常巨大。例如，车辆雨天行驶时的安全性提高使得雨天交通事故率下降等，根据日本道路工团的统计，使用排水沥青铺设后，高速公路每年交通事故从2981件减少为488件，交通安全性增加了80%。

与普通的密级配沥青混合料面层相比，这种透水性沥青面层结构，在行车速度为105km/h时候的降噪效果为2~5dB(A)。较大的空隙还具有吸尘效果，这对于城市居民居住环境的改善非常重要。该种沥青路面大空隙可以实现竖向渗水，减短了排水的路径，加快排水速度，可以大大减轻城市路面排水的压力。

11 应用实例

透水性沥青路面成套技术经过了一系列室内原材料物理性能、配合比设计、混合料路用性能、外加剂影响分析、结构设计等研究，取得了初步的研究成效，为了进一步研究施工工艺和验证室内结果，我们于2006年9月5日在220国道梁山段改建工程项目进行了试验路段的铺筑，铺筑路段的桩号为K324+318~K324+628，全长300m，路幅宽10m透水性沥青面层铺筑在新建细粒式沥青混凝土层上，厚度5cm。试验路的路面结构示意图见图11-1。

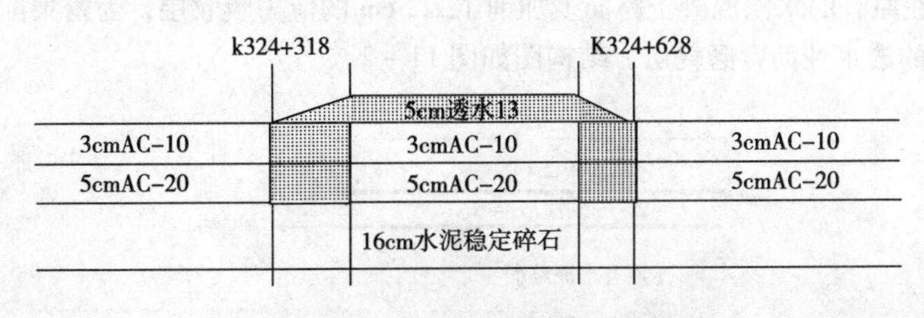

图11-1 试验路路面结构示意图

试验路采用梁山附近的玄武岩集料，所用矿粉为当地石灰石矿粉，矿粉中已经添加了30%的消石灰粉。根据室内研究成果，透水性沥青混合料外掺0.3%的聚酯纤维，沥青混合料采用山东华瑞道路材料有限公司提供的SBS改性沥青，此次试验路所用透水性沥青混合料的级配为PA13（表11－1）。

试验路段透水性沥青混合料的级配要求　　表11－1

方孔筛尺寸mm	16	13.2	9.5	4.75	2.36	1.18	0.6	0.3	0.15	0.075
PA13	100	90～100	60～80	12～22	6～12	—	—	—	—	0～6

确定目标配合比级配的最佳沥青用量为4.3%。从动稳定度检验结果来看，试验路透水性沥青混合料材料具有较好的高温稳定性。其动稳定度平均值在3943次/mm，能够满足重交通路面指标要求。长期老化后的飞散性能检验比较理想，说明同时使用改性沥青结合料和纤维稳定剂，切实保证了集料表面裹覆足够的沥青膜，使得空隙率较大的透水性沥青混合料具有较好的耐久性。

试验路段的摊铺过程中，控制拌合楼的拌合温度为170℃，摊铺温度在165℃以上。碾压组合见表11－2。

试验路段碾压组合　　表11－2

沥青路面层次	压路机类型	初压		复压		终压	
		速度（km/h）	遍数	速度（km/h）	遍数	速度（km/h）	遍数
面层	12t钢筒式压路机	3	2	3		3	
	10t钢筒式压路机	3	1	3		3	

2006年10月16日，在济南港西立交桥的桥面铺装工程中，在桩号K1＋230～K1＋1230之间铺筑了10m×1000m的透水性沥青路面。该段透水性沥青路面采用设有透水平石的断面结构形式，厚度为5cm，最大粒径尺寸为13.2mm，采用科氏高黏度改性沥青，粗集料采用山东章丘玄武岩，细集料按照课题组的设计要求采用石灰石，纤维外加剂采用国产木质素纤维，路面造价为52元/m²。

2007年4月23日，在95958部队营区道路改建工程中，铺筑了6000多m²的透水性沥青路面，在原有的水泥混凝土路面上加铺了2.5cm的应力吸收层，为密集配沥青层，上面层为5cm的透水性沥青磨耗层。结构图如图11－2。

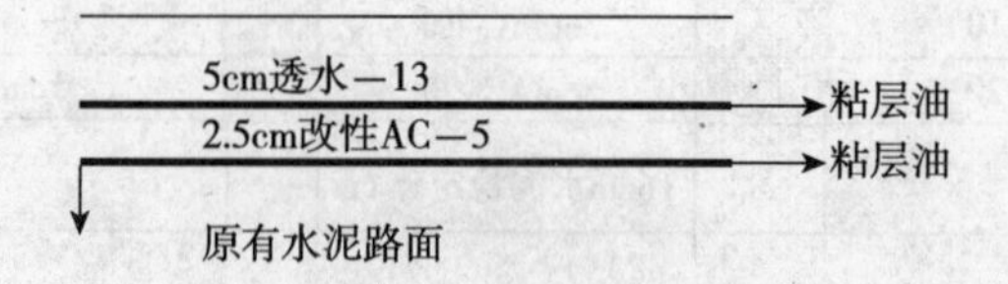

图11－2　某部营区路面改建透水性沥青路面结构图

附录A 透水性沥青混凝土混合料配合比设计

1. 适用范围

透水性沥青混合料的配合比设计采用马歇尔试件的体积设计方法进行，并以空隙率作为配合比设计主要指标。本法适用于以普通改性沥青或者高黏度改性沥青为胶结料的透水性沥青混合料配合比设计。其所含集料最大粒径等于或小于25mm。本法适用于试验室内配合比设计及现场施工质量控制。

2. 设计原理

透水性沥青混合料不同于传统密级配沥青混合料，由于透水性沥青混合料中粗集料占有相当高的比例，为一种空隙率大的沥青混合物，单以马歇尔配合比设计法确定沥青用量不合实际。沥青用量的设计必须使得粗集料间的连通空隙足够多，达到迅速排水的功效；同时，包裹于粗集料表面的沥青膜尽量地高，以确保混合料的耐久性。由于将透水性沥青混合料用作路面的表面层，因此要求该种材料还要具备一般沥青混合料的高温稳定性、水稳定性等路用性能要求。

3. 配合比设计步骤

透水性沥青混合料的配合比设计不宜采用传统的马歇尔设计方法，应根据混合料生产、运输中的析漏要求、抗磨耗飞散要求及目标空隙率确定配合比。透水性沥青混合料配合比设计后必须对设计沥青用量进行析漏试验及肯特堡试验，并对混合料进行高温稳定性、水稳定性等进行检验。配合比设计检验应符合本工法表5－1技术要求。本法设计流程如图A－1所示。

3.1 选定空隙率目标值

透水性沥青混凝土路面是将雨水渗流于连续性高空隙率的沥青混凝土内部的水排至外面路面。为了能充分发挥排水功能及降低噪声效果，应尽量合理采用较大空隙率。一般选用的空隙率为19%～24%，建议采用20%为空隙率目标值。

3.2 选定透水性沥青混合料集料级配

依据当地交通情况、集料种类以及尺寸供给条件、降雨量条件等，由表A－1选定。集料物理力学性能指标应符合防滑面层的相关规定。

透水性沥青混合料的矿料级配 **表A－1**

筛孔（方孔筛，mm）	通过质量百分率（%）		
	1	2	3
16	100	100	100
13.2	92～100	90～100	90～100
9.5	50～80	62～81	60～80
4.75	9～21	11～35	12～22

续表

筛孔（方孔筛，mm）	通过质量百分率（%）		
	1	2	3
2.36	9~13	8~25	6~12
1.18	—	—	
0.6	4~17	5~17	
0.3	3~12	4~14	
0.15	3~8	3~10	
0.075	2~7	3~7	0~6

注：1. 表中1、2、3分别对应三种不同的材料矿料级配范围，其最大公称粒径 D 均为13.2mm。

2. 具体操作过程中对粗集料、细集料及填料级配进行配比，以本表级配范围作为工程设计级配范围，在充分参考同类工程的成功经验的基础上，适配3组不同2.36mm通过率的矿料级配作为试验级配。

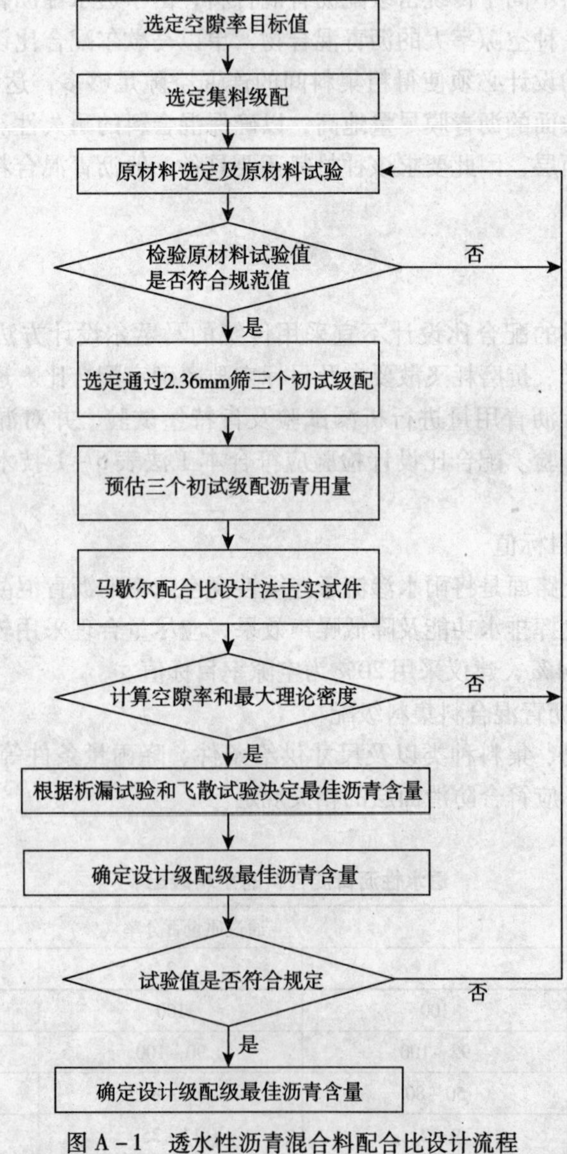

图A-1　透水性沥青混合料配合比设计流程

3.3 原材料比选及原材料检测

3.3.1 沥青材料

沥青材料一般多采用改性沥青或高黏度沥青，宜依当地气候及交通条件参照规范和本工法表5-2和表5-3选定。通常一般改性沥青和国产高黏度沥青在高温情况下可能产生垂流现象，必须添加纤维稳定剂；特殊高黏度沥青由于稠度高，在不致发生垂流现象下，可免加纤维稳定剂。

3.3.2 粗集料

粗集料（指粒径大于2.36mm者）在透水性沥青混凝土中发挥紧密互锁而产生嵌挤作用的骨架。粗集料应满足本工法表5-4要求。

3.3.3 细集料

细集料（指粒径在2.36mm至0.075mm范围内的细粒料）帮助粗集料形成空间骨架结构。其技术指标应符合本工法表5-5要求。

3.3.4 填料

填料与沥青结合料、纤维稳定剂材料共同组成沥青胶浆裹覆于粗、细集料颗粒表面，使粗集料骨架保有目标空隙率。填料应满足本工法表5-6要求。

3.3.5 纤维稳定剂材料

纤维稳定剂在透水性沥青混合料中的作用是抑制集料颗粒表面的厚沥青膜在高温情况下所产生的析漏现象。纤维稳定剂可采用木质纤维、矿物纤维及聚合物纤维中的一种，而其用量需依试验决定。若所选用的沥青材料在高温不至产生析漏，也可不添加纤维稳定剂材料。其技术指标应符合本工法表5-7和表5-8要求。

3.4 初选级配

由拌合厂冷料仓筛分的粗粒料、细粒料及填料级配进行配比，以本工法表A-1级配范围作为工程设计级配范围，在充分参考同类工程的成功经验的基础上，在级配范围内试配3组不同2.36mm通过率的矿料级配作为初选级配。日本道路建设业协会认为"其中一种级配以通过中间值为宜，另两种分别约等距±3%落于中间值与上、下限范围内。三种级配设定填料0.075mm筛通过率在5%左右。"

3.5 预估初选级配沥青用量

3.5.1 设定沥青膜厚度（h）

对每一组初选的矿料级配，按式（A-1）计算集料的表面积。根据希望的沥青膜厚度，按式（A-2）计算每一组混合料的初试沥青用量P_b。日本道路建设业协会认为，透水性沥青混合料的沥青膜厚度一般应控制在8~10μm；而欧美国家认为透水性沥青混合料的沥青膜厚度应控制在12~16μm。通常情况下，透水性沥青混合料沥青膜厚度h宜为14μm。

3.5.2 计算集料的总表面积（A）

$$A=(2+0.02a+0.04b+0.08c+0.14d+0.3e+0.6f+1.6g)/48.74 \quad (A-1)$$

式中：其中A为集料的总的表面积，a、b、c、d、e、f、g分别代表4.75mm、2.36mm、1.18mm、0.6mm、0.3mm、0.15mm、0.075mm筛孔的通过百分率，%。其关系如表A-2所列。

集料通过某筛号与累积百分率的关系　　表 A-2

筛孔（mm）	4.75	2.36	1.18	0.6	0.3	0.15	0.075
累积通过（%）	*a*	*b*	*c*	*d*	*e*	*f*	*g*
	0.02	0.04	0.08	0.14	0.3	0.6	1.6

注：若筛分时，缺某一号筛时，可从级配分析曲线上查得通过百分率。

3.5.3　由式（A-2）预估沥青用量

$$\text{预估沥青用量}\ P_b = h \times A \qquad (A-2)$$

式中　h——沥青膜厚度（例如取 0.014mm）；

A——集料的总表面积。

3.6　制作马歇尔试件

按照估算的沥青用量 P_b、$P_b+0.4\%$、$P_b+0.8\%$ 三个沥青用量制作马歇尔试件，每种沥青用量至少成型 4 个 101.6mm×63.5mm 试件。马歇尔试件的击实次数为双面 65 次。

3.7　计算试件空隙率和最大理论密度

用体积法测定试件的空隙率，绘制 2.36mm 通过率与空隙率的关系曲线。根据期望的空隙率确定混合料的矿料级配，并再次按式（A-1）、式（A-2）的方法计算初始沥青用量。试件的空隙率用体积法测定，最大理论相对密度采用计算法。最大理论密度的计算公式如下：

$$\gamma_t = \frac{100 + P_a + P_x}{\frac{100}{\gamma_{se}} + \frac{P_a}{\gamma_a} + \frac{P_x}{\gamma_x}} \qquad (A-3)$$

式中　γ_{se}——矿料的相对密度，$\gamma_{se} = \dfrac{100}{\dfrac{P_1}{\gamma_1} + \dfrac{P_2}{\gamma_2} + \cdots\cdots + \dfrac{P_n}{\gamma_n}}$；

P_a——沥青混合料的油石比，%；

r_a——沥青结合料的表观密度；

P_x——纤维用量，以沥青混合料总量的百分数代替，%；

r_x——纤维稳定剂的密度，由供货商提供或由比重瓶实测得到。

3.8　确定最佳沥青用量

根据飞散结果（肯塔堡飞散不超过 20%）和析漏结果（允许的最大滴落度不超过 0.3%），结合估计的沥青用量，确定最佳沥青用量。一般最佳沥青用量比估计沥青用量高 0.2%～0.4%。

3.9　检验混合料性能

对采用最佳沥青用量的透水性沥青混合料进行每面夯打 65 次的马歇尔试件制作。进行各项性能试验，包括马歇尔稳定度试验、残留稳定度试验、高温稳定性、劈裂试验、老化试验、车辙试验及透水试验。各项性能试验技术指标应符合表 5-1 的规定；若指标达不到要求，则需调整级配或改变结合料类型或增加纤维用量。

3.10　检验长期老化抗飞散能力

按照确定的最佳沥青用量，检验透水性沥青混合料的长期老化后的抗飞散能力，要求长期老化后的肯特堡飞散损失不大于30%。如果长期老化后的飞散结果和未老化前的相比增加幅度较大，例如大于80%，则实际生产时建议略微上调最佳沥青用量。

3.11 出具配合比设计报告

如各项指标均符合要求，即配合比设计已完成，出具配合比设计报告。

附录B 透水性沥青混凝土透水试验（现场透水试验法）

1. 目的

用以测定透水性沥青混凝土路面及级配沥青混凝土层现场的透水量，评估透水性能。

2. 适用范围

（1）透水性沥青混凝土及开级配沥青混凝土新铺设的路面渗透量测定，用以评估新铺面层透水性能，供现场施工质量控制。

（2）开放交通后，评估路面透水功能减退的程度，为路面养护恢复透水性能提供必要参数。

3. 仪器

（1）改进后现场透水试验仪：如图B-1所示。

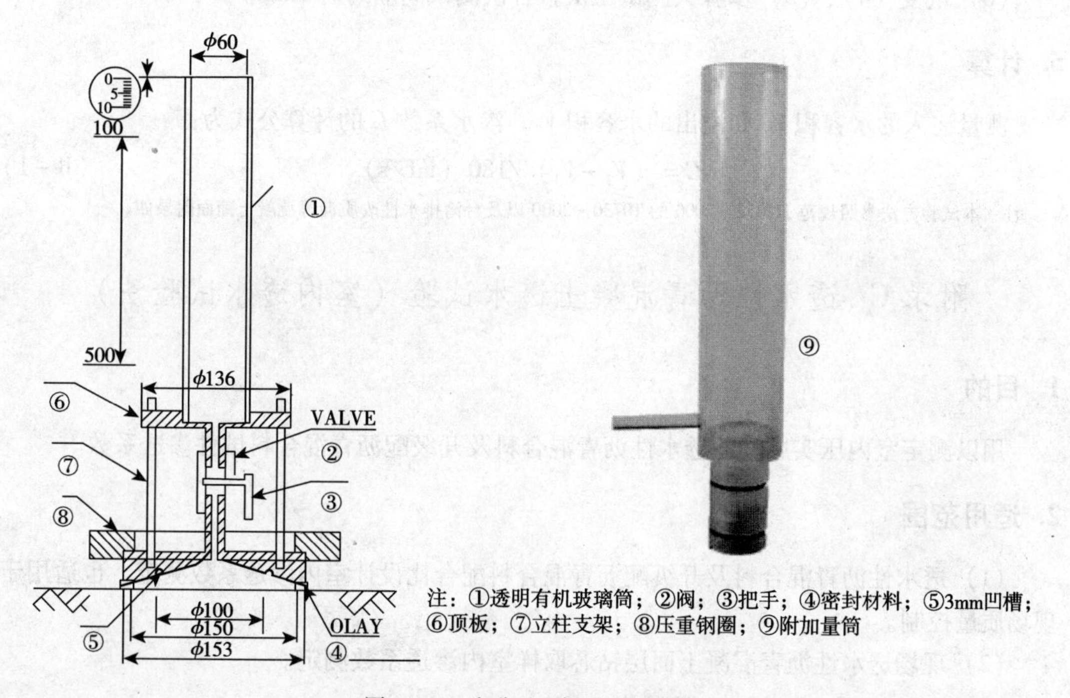

注：①透明有机玻璃筒；②阀；③把手；④密封材料；⑤3mm凹槽；⑥顶板；⑦立柱支架；⑧压重钢圈；⑨附加量筒

图B-1 改进后现场透水试验仪

（2）玻璃腻子、黄油、油灰或者橡皮泥等。

（3）秒表：精度 0.1s。

（4）洁净水。

（5）盛水容器。

（6）水管。

4. 试验方法与步骤（图 B－2）

（1）将路面测试点表面清除干净。

（2）密封材料搓成直径约 1cm，长度约 50cm，将其围绕在现场透水试验仪底座内周缘，并压紧在试验点，防止流水渗出底座外周缘。围绕的油性黏土不可过量，避免因过量而减少透水面积。

（3）将附加量筒的末端套上橡皮圈，涂上适量的润滑油，稳妥地安放在渗水仪上。溢水孔处接橡胶软管，软管末端用铁夹夹住，置于接水槽内。

（4）关闭水阀，储水圆筒注满水。

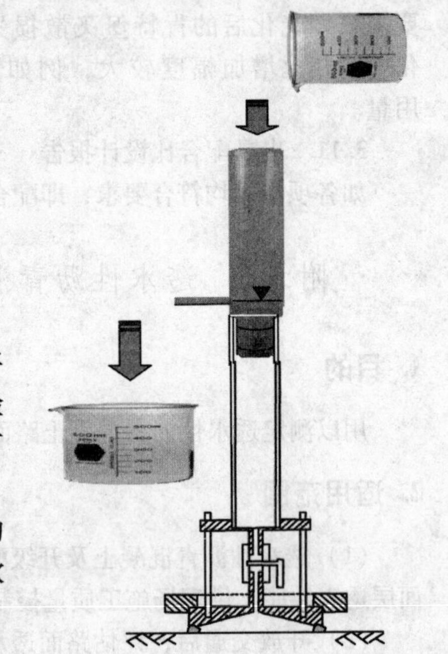

图 B－2　现场透水试验仪测试示意图

（5）打开渗水仪开关，待水面快下降至溢水孔位置处时，取掉铁夹，允许水从溢水孔处溢出。开动秒表，同时往量筒内注水（注水速度不小于 10mL/s），保证水面不变，3min 后关闭开关，停止注水。

（6）重复（4）、（5）步骤共测试三次，各次测试间隔约需 1min。

5. 计算

测量注入的水容积 V_1 和溢出的水容积 V_2，渗水系数 C 的计算公式为：

$$C = (V_2 - V_1) / 180 \ (\mathrm{mL/s}) \quad (B-1)$$

注：本试验方法参照规范 JTJ052—2000 的 T0730—2000 以及台湾排水性改质沥青混凝土铺面附录四。

附录 C　透水性沥青混凝土透水试验（室内透水试验法）

1. 目的

用以测定室内压实成型的透水性沥青混合料及开级配沥青混合料试件渗透系数。

2. 适用范围

（1）透水性沥青混合料及开级配沥青混合料配合比设计室内渗透系数测定，也适用于现场质量控制。

（2）现场透水性沥青混凝土面层钻芯取样室内渗透系数测定。

3. 仪器

（1）如图 C 所示的透水试验仪示意图，包括：

①改进的渗水仪。

上部盛水量筒由透明有机玻璃制成，容积 600mL，上有刻度，在 100mL 和 500mL 处有粗标线，下方通过 ϕ10 的细管与底座相接，中间有一开关。量筒通过支架连接，底座下放开口内径 ϕ150，外径 ϕ165，仪器附铁圈压重两个，每个重量约 5kg，内径 ϕ160。渗水仪底座开设对应的凹槽（直径 2mm），便于放置测量试件，保证四周不透水。

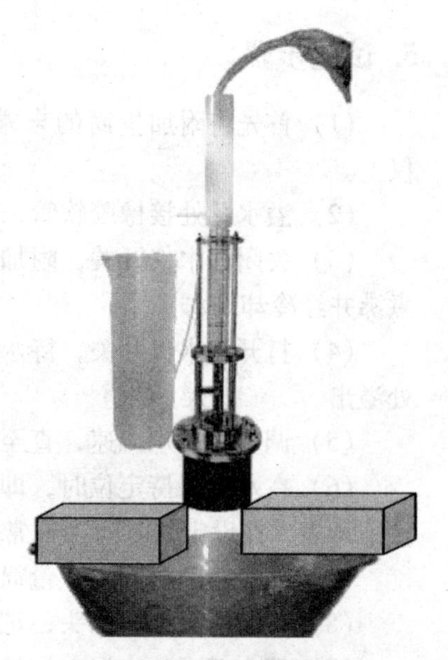

图 C　透水性试验仪示意图

②附加量筒。

附加量筒在底部开设 ϕ12 的溢水孔，量筒内径为 60mm，底部为便于与原渗水仪相连接，设有两圈橡胶圈，量筒容积为 300mL。

③铁模具或者不脱模的马歇尔试件。

使用不脱模的马歇尔方法成型的试件。如果是钻芯取样的试件，用中空圆铁模及其套圈，铁模及套圈内径为 10.2cm，高约 9.0cm。圆铁模可采用一体成形或由直径端侧面分裂两半再予以套合。分裂式铁模组合时，侧向结合处需垫橡胶条，防止水由结合处流出。

④接水槽。

能容纳透水圆筒及其底座的适当大小的容器，水槽具有排水口槽。

（2）游标卡尺。

（3）磅秤。秤量 5kg 以上，精度 0.5g 以下的磅秤。

（4）量筒或者量杯。容量不小于 1000mL，刻画 10mL 的量筒或者量杯。

（5）秒表。

（6）温度计。50℃或 100℃温度计。

（7）玻璃腻子或者黄油等密封材料。

4. 试验准备

（1）室内配合比试验：依沥青混凝土马歇尔配合比设计，在所选用的集料级配及最佳沥青含量，拌合温度下拌合均匀，置入试件铁模内，上下面夯打设计次数的不脱模沥青混凝土试件。

（2）实际生产过程中试验：沥青拌合厂依设计的级配、沥青含量及拌合温度所拌制的沥青混合料，放入试件铁模内，上下面夯打设计次数的不脱模沥青混凝土试件。

（3）透水性沥青混凝土：混合料新铺面层或因开放交通后，评估渗透系数逐渐衰退的程度，钻芯取样的试件。

（4）采用钻芯取样的试件：如果是分裂式试体铁模，应先在铁模内壁面抹密封材料；所抹密封材料不可过厚，以防阻碍试件侧面空隙的流水；若用一体成形的试件铁模，在置入试件后，应在铁模内壁与试件侧面所留的空隙内用加热 90℃的沥青灌注，并等加热的沥青冷却后备用。

5. 试验步骤

（1）首先将附加量筒的末端套上橡皮圈，涂上适量的润滑油，稳妥地安放在渗水仪上。

（2）溢水孔处接橡胶软管，软管末端用铁夹夹住，置于接水槽内。

（3）关闭渗水仪开关，附加量筒内注满试验用水（试验用水指不含气泡的蒸馏水或煮沸并经冷却的水）。

（4）打开渗水仪开关，待水面快下降至溢水孔位置处时，取掉铁夹，允许水从溢水孔处溢出。

（5）调整注入水流速，直至水位保持在溢流口，而多余的水由溢水口流出。

（6）在水位保持定位时，即可在溢流口下置入带刻度的量筒或者量杯承接流水的同时按下秒表，在设定的时间（通常为3min）再按下秒表的同时移出量筒或者量杯。

（7）在设定的时间内，量筒或者量杯所承接的水量，记录下来。

（8）用游标尺量测水头，记录下来。

（9）接水槽内的水温，记录下来。

6. 计算

（1）计算在试验温度 T℃时的渗透系数 K_T（cm/s），如式（C－1）：

$$K_T = \frac{L}{h} \cdot \frac{Q}{A(t_2 - t_1)} \tag{C-1}$$

式中 K_T——渗透性系数，cm/s；

L——试体厚，cm；

h——水头，cm；

t_1——试验开始时间，s；

t_2——试验终止时间，s；

Q——t_2 至 t_1 时间内之渗流量，cm^3。

（2）渗透性系数与水温的关系：

温度与水的黏滞度系数关系，以及修正为水温20℃的标准渗透性系数 $K_{20℃}$ 应乘于试验时水温与20℃水温的水黏滞性系数比值 $\mu_T/\mu_{20℃}$ 的关系式如式（C－2）、式（C－3）及表C－1、表C－2。

$$K_t = K_T \frac{\mu_T}{\mu_t} \tag{C-2}$$

$$K_{20℃} = K_T \frac{\mu_T}{\mu_t} \tag{C-3}$$

式中 K_t、K_T、$K_{20℃}$——水温为 t、T、20℃时的渗透性系数，cm/s；

μ_t、μ_T、$\mu_{20℃}$——水温为 t、T、20℃时的黏滞性系数，Poise。

试验水温 T℃与15℃水温的 $\mu_T/\mu_{15℃}$ 的渗透系数修正值　　表 C－1

T℃	0	1	2	3	4	5	6	7	8	9
0	1.567	1.513	1.460	1.414	1.369	1.327	1.286	1.248	1.211	1.177
10	1.144	1.113	1.082	1.053	1.026	1.000	0.975	0.950	0.626	0.903
20	0.881	0.859	0.839	0.819	0.800	0.782	0.764	0.747	0.730	0.714
30	0.699	0.684	0.670	0.656	0.643	0.630	0.617	0.604	0.593	0.582
40	0.571	0.561	0.550	0.540	0.531	0.521	0.513	0.504	0.496	0.487

试验水温 T℃与20℃水温的 $\mu_T/\mu_{20℃}$ 的渗透系数修正值　　表 C－2

T℃	0	1	2	3	4	5	6	7	8	9
0	1.783	1.723	1.665	1.611	1.560	1.511	1.466	1.421	1.379	1.340
10	1.301	1.265	1.230	1.197	1.165	1.135	1.106	1.077	1.051	1.025
20	1.000	0.976	0.953	0.931	0.909	0.889	0.869	0.850	0.832	0.814
30	0.797	0.780	0.764	0.749	0.733	0.719	0.705	0.691	0.678	0.665
40	0.653	0.641	0.629	0.618						

注：本试验法依据日本道路协会规范及自主研发的仪器特性规定。

高强异型节点厚钢板现场超长斜立焊施工工法

编 制 单 位：中国建筑工程第三工程局
批 准 部 门：国家建设部
工 法 编 号：YJGF115—2006
主要完成人：张 琨 王 宏 欧阳超 陈 韬 熊 杰
彭明祥 戴立先 曹辉发 方 军 王显旺

1 前 言

1.1 随着各类特大型复杂钢结构工程的涌现，国产 Q390D、Q420D 等低合金钢超厚板也开始大量使用，各种高强度材质、异形复杂截面构件的现场焊接也越来越多，焊接难度越来越大，特别是多杆件汇交形成的复杂节点构件，为满足节点构造和现场安装要求，一些超长、超厚焊缝在施工现场进行焊接也就在所难免，而这类焊缝的高强钢材可焊性程度、焊接参数、焊接应力和变形控制等受现场条件、焊接位置与焊接环境影响，存在较多的不确定因素，尚无成熟的规范及焊接工艺参数作参照。

1.2 总用钢量达 12 万多吨的中央电视台新台址 CCTV 主楼就是目前众多复杂钢结构中最具代表性的钢结构工程之一，其主塔楼外框钢柱具有双向倾斜、截面大、板厚、材质高、节点十分复杂的特点。由于结构受力要求，部分外框钢柱分节后的单节重量达 120t，超出现场吊装设备的起重能力。为满足设计和吊装要求，需要将钢柱部分箱体或牛腿与主体分离加工、现场高空组拼焊接安装。此部分钢柱分离后，现场焊接的单条焊缝最大长度为 14.88m，钢板厚度为 100mm，焊缝填充量约 0.55t，焊接位置全部为倾斜 6°~8.45°的斜立向位置，如图 1 所示。在施焊过程中容易产生巨大的焊接应力，造成柱体变形和焊缝冷裂纹及母材层状撕裂等质量问题。

图 1 分体钢柱示意图

1.3 施工单位根据工程特点与实际工况，依托传统技术，开展科技创新、大胆探索，进行施工工艺革新。在中央电视台新台址工程 CCTV 主楼钢结构安装中，通过 10 根超大型复杂蝶形节点的多箱形分体钢柱为代表的超厚板超长斜立焊缝的成功焊接，研发了一套关于高强异形节点厚钢板现场超长斜立焊缝的现场焊接方法和工艺。经查新、鉴定，该施工技术和工艺填补了国内外空白，达到了国际先进水平，本工法就是以其为蓝本编制的。

2 工艺特点

2.1 采用半自动 CO_2 气体保护焊机和药芯焊丝等先进设备和新型焊接材料，模拟实际工况进行焊接工艺试验，获取最佳的焊接参数。

2.2 用电脑控制的电加热设备进行密集式焊前预热、焊中层间温度控制以及焊后后热消氢处理，不但能确保母材快速均匀升温与焊后同步降温，能有效减少焊缝冷裂纹及母材层状撕裂的发生，保障连续施焊。而且工效高、安全，避免了大量火焰烘烤工的集中作业，节约了焊接时间和焊接成本。

2.3 采取分段退焊方法和防变形分散约束加固措施，并在焊前、焊中与焊后用智能全站仪进行实时位形变化监测，及时调整加热能量，能有效防止较大的焊接变形产生，确保构件位形精度。

2.4 焊后48h焊接探伤和15d后延迟裂纹探伤检验，进一步保障了焊接质量。

3 适用范围

本工法适用于厚板、超长焊缝的焊接，最适用于钢结构安装工程中复杂节点、超（大）重型构件的Q390D、Q420D、Q460E等低合金钢的厚板超长斜立焊的半自动药芯焊丝 CO_2 气体保护焊接；对于其他板厚在100mm以上的现场焊缝焊接，同样具有很大的参考价值。

4 工艺原理

4.1 对于高强钢超厚板超长斜立焊缝的现场安装焊接，运用半自动 CO_2 气体保护焊和具有气渣联合保护作用的药芯焊丝，以增强焊接中抗风挺度，提高焊接质量。

4.2 采用密集电加热方式和电脑温控仪进行预热、层温控制和后热处理，并根据焊缝超长、焊接集中的特点，采用多人同步分段对称退焊方法，以及防变形加固与实时位形监测等技术措施，以减少大量焊接热量集中输入产生的巨大应力和变形，防止层状撕裂和冷裂纹的产生，确保焊接质量和构件安装精度。

5 施工工艺流程及操作要点

5.1 施工工艺流程

超长焊缝的焊接工艺流程图见图5-1。

5.2 焊接材料选择

5.2.1 焊丝选择

根据钢结构母材和焊接方法选用匹配的焊接材料，母材、焊丝的化学成分和力学性能分别见表5－1～表5－4。

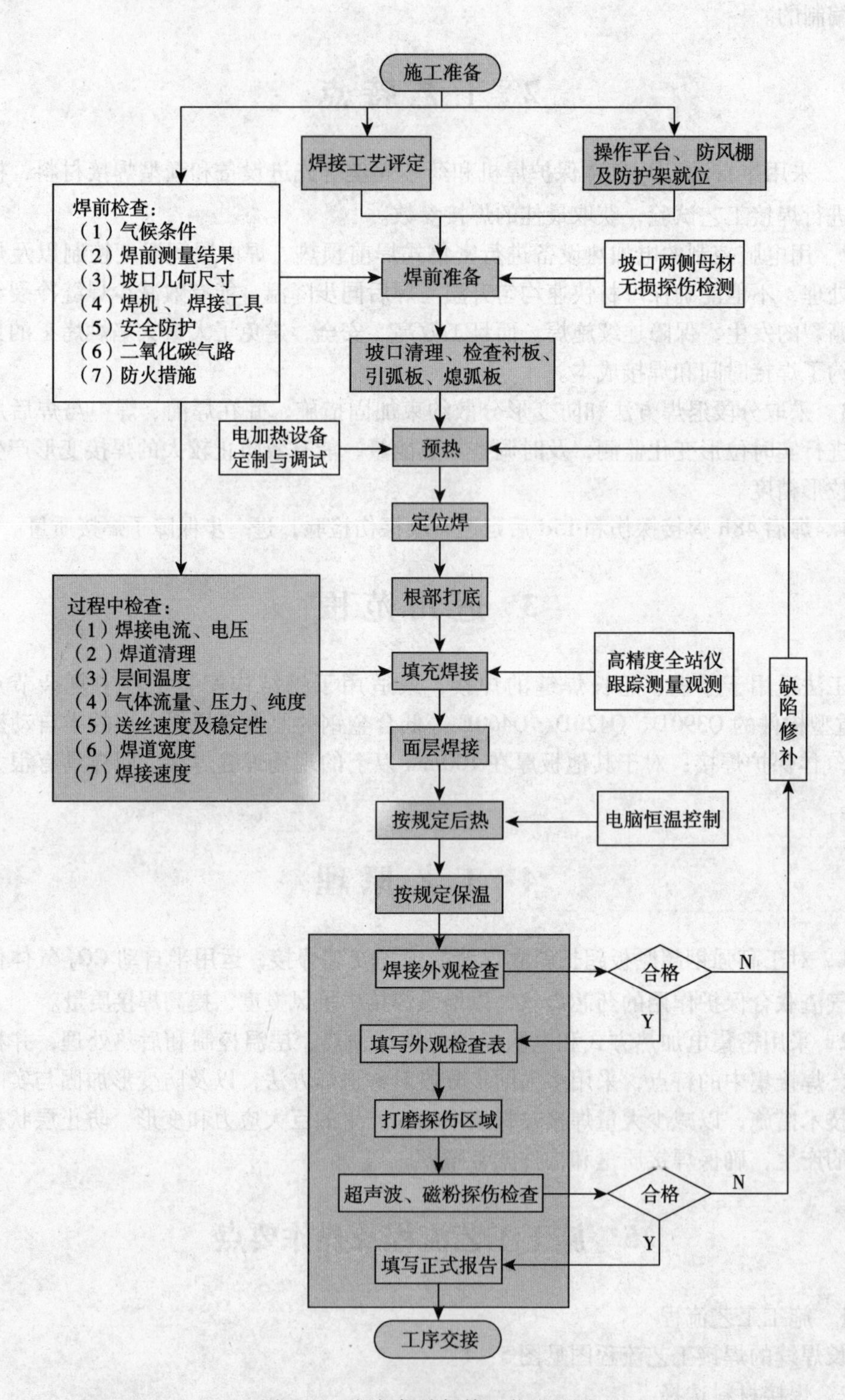

图5－1　超长焊缝焊接工艺流程图

母材化学成分表 **表 5－1**

材料名称	化学成分（%）										
	C≤	Mn	Si≤	P≤	S≤	V	Nb	Ti	Al≥	Cr≤	Ni≤
Q420D	0.2	1.0～1.7	0.55	0.03	0.03	0.02～0.2	0.015～0.06	0.02～0.2	0.015	0.4	0.7
Q390D	0.2	1.0～1.6	0.55	0.03	0.03	0.02～0.2	0.015～0.06	0.02～0.2	0.015	0.3	0.7

母材力学性能表 **表 5－2**

材料名称	屈服点 σ_s(MPa) ≥ 厚度（mm）80～100 不小于	抗拉强度 σ_b(MPa)	伸长率 δ_5（%）≥	纵向冲击吸收功 A_{kv}(J)（－20℃）≥	180°弯曲试验：d－弯曲直径；	屈强比≥	C_{eq}≤	P_{cm}≤
Q420D	360	520～680	20	34	$d=3a$	1.2	0.5	0.29
Q390D	330	490～650	20	34	$d=3a$	1.2	0.5	0.29

药芯焊丝化学成分表 **表 5－3**

焊丝型号	化学成分（%）					
	C	Mn	P	S	Si	Cu
E501T－1	≤0.10	≤1.75	≤0.03	≤0.03	≤0.75	≤0.50

药芯焊丝力学性能表 **表 5－4**

焊丝型号	机械性能				
	抗拉强度 σ_b（N/mm²）	屈服强度 σ_s（N/mm²）	伸长率 δ_5（%）	冲击试验 冲击功 A_{kv}（J）	冲击试验 试验温度
E501T－1	≥480	≥400	≥22	≥27	－20℃

5.2.2　焊接辅材要求

（1）焊接气体。

二氧化碳气体纯度大于99.9%，水蒸气与乙醇总含量（m/m）不得高于0.005%，并不得检出液态水。

（2）焊缝钢衬板。

材质Q345，厚度为8mm，宽度为30mm，长度根据需要下料。

5.3　焊接工艺参数

焊接预热、层间温度、后热温度参考和焊接参数分别见表5－5、表5－6。

焊前预热、层间温度、后热温度参考表 **表 5－5**

材料	预热温度（℃）	层间温度（℃）	后热温度（℃）	恒温时间（h）	保温时间（h）
Q390D	120～150	120～150	250～300	2	5
Q420D	120～150	120～150	250～300	2	5

半自动药芯焊丝 CO_2 气体保护焊的焊接参数（立焊）　表 5-6

层位	焊接方法	焊丝		保护气体	气体流量 (L/min)	电流（A）	电压（V）	焊接速度 (mm/min)
		型号	规格（mm）					
打底层	FCAW-G	E501T-1	φ1.2	CO_2	30~50	160~180	20~22	200~300
填充层	FCAW-G	E501T-1	φ1.2	CO_2	30~50	180~200	22~25	300~350
盖面层	FCAW-G	E501T-1	φ1.2	CO_2	30~50	180~200	22~25	300~350

5.4　焊接工艺评定

制定焊接工艺评定指导书，严格模拟实际工况，按照预定工艺参数进行焊接试件的制作，冷至常温48h后，进行超声波探伤、力学性能试验和铁研裂纹试验检测，确定最佳的焊接工艺参数和焊接方法。

5.5　焊前接头检查与处理

5.5.1　焊接前先对焊接坡口两侧的母材进行超声波无损探伤检测，检查母材内部有无缺陷，同时用焊缝量规对焊缝坡口间隙大小、角度以及安装组对情况进行检查。若坡口间隙超过设计要求，应在坡口表面用小热输入、多层、多道堆焊方法减小间隙，使坡口角度和间隙达到标准后方可正常施焊。

5.5.2　检查接头边缘是否光滑，确保无影响焊接的割痕缺口，质量应符合GB50205—2001规范规定的要求；若发现问题应用砂轮磨光机认真打磨处理，合格后方可进行焊接。

5.6　焊接预热、层温控制和后热保温

5.6.1　预热

由于超长焊缝需要安排大量的焊工分段同时连续施焊，为保证焊接质量，减小焊接应力，焊前预热非常重要。为达到所需要的温度，焊前预热主要采用电加热方式，预热温度不低于120℃。测温点离焊缝坡口边缘50mm处，预热时间4~5h。加热范围见图5-2。

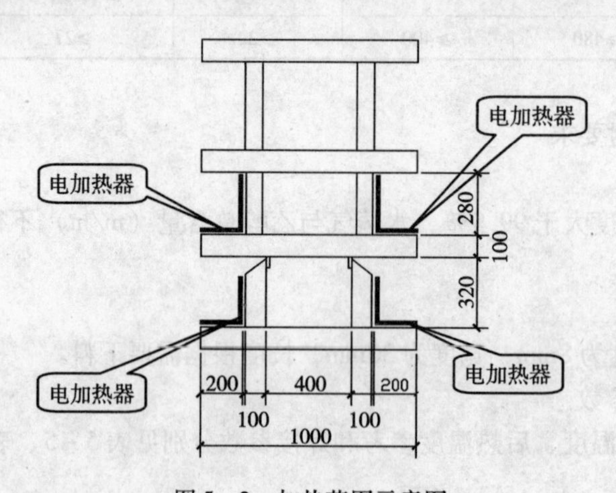

图5-2　加热范围示意图

5.6.2　层温控制

焊接时，焊缝分段焊接的长度应控制在1m左右，需随时对焊缝进行测温监控，层间温度应控制在不低于预热时的温度（即层间温度应不低于120℃）。发现层温过低时，必须立即进行火焰加热补偿，待达到要求后再进行焊接。

5.6.3　后热及保温

（1）分体钢柱与主体的斜立向焊缝，由于是分段焊接完成，先焊接完成段的焊缝温度需保持在接近后一段焊接部位焊缝的温度。因此，应及时放置电加热器进行后热处理。

（2）在放置电加热设备的过程中，为了防止焊缝温度降低，应先用火焰对焊缝进行补偿加热，保证整个焊缝的温度不低于焊接过程中的最高层间温度（即150℃）。当电加热器的温度升高到150℃时，停止火焰加热，从而保证焊缝的均匀收缩，减少焊缝分段焊接产生的收缩应力。

（3）后热温度应控制在不低于250℃，加热到所需温度后恒温2h再进行保温覆盖，缓慢冷却至常温。

5.7　焊接顺序和焊接方法

5.7.1　安装及焊接顺序

（1）整体顺序：

母体与下节柱焊接→母体与子体立焊缝的焊接→子体和母体部分与下节柱焊接。

（2）母体与子体的焊接顺序：

母体与子体的总体焊接顺序为：多人同步、分层分段、对称焊接；

分段焊接顺序为：每个分段再分成2～3小段，每小段从底部开始向上分层焊接。母体与子体焊接分段与焊接顺序分别见图5－3和图5－4。

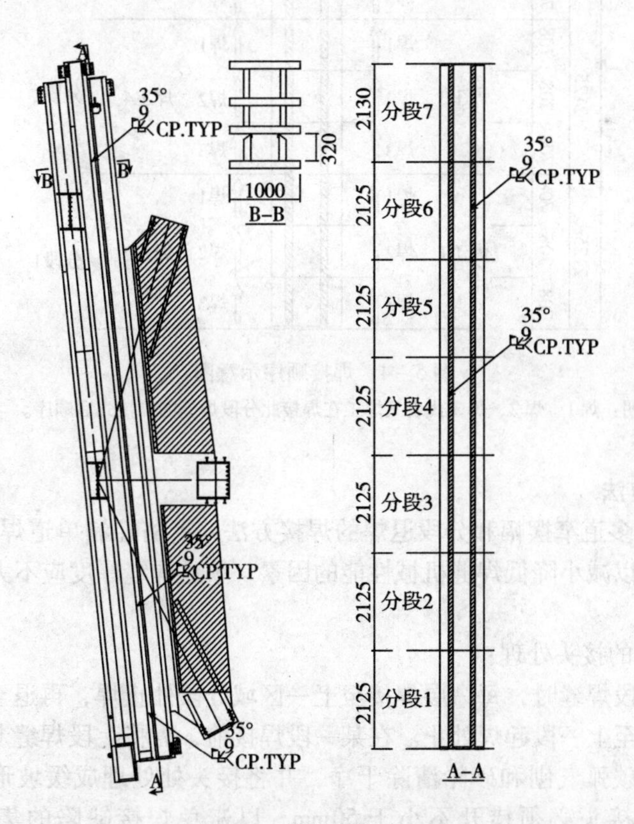

图5－3　焊接分段示意图

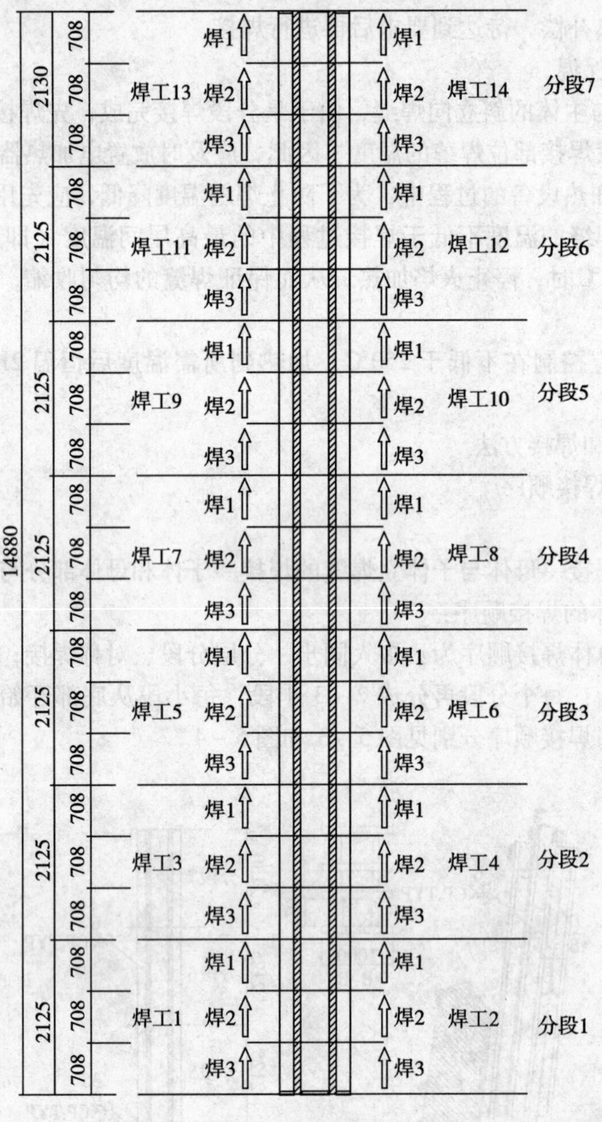

图 5－4　焊接顺序示意图

说明：焊 1、焊 2、焊 3 代表某焊工在焊接此分段焊缝的焊接先后顺序。

5.7.2　焊接方法

(1) 采用薄层多道窄摆幅和分段退焊的焊接方法，严格控制单道焊缝的厚度和宽度，减少焊接热输入，以减小降低焊缝机械性能的因素，单道焊缝厚度应不大于5mm，摆动宽度不大于20mm。

(2) 分段焊缝的接头处理：

在分段退焊上段焊缝时，每一层焊接至上一区域分段处止焊，再退至下段与下一区域分段处起焊，焊接至上一段起焊处止。在某一段焊接前，需将上段焊缝起焊处和下区域止焊处的焊接缺陷用碳弧气刨和砂轮清除干净，并将接头处处理成缓坡形状，达到焊接要求。每一层的焊缝接头必须错开不小于 50mm，以避免焊接缺陷的集中。接头处理见图5－5。

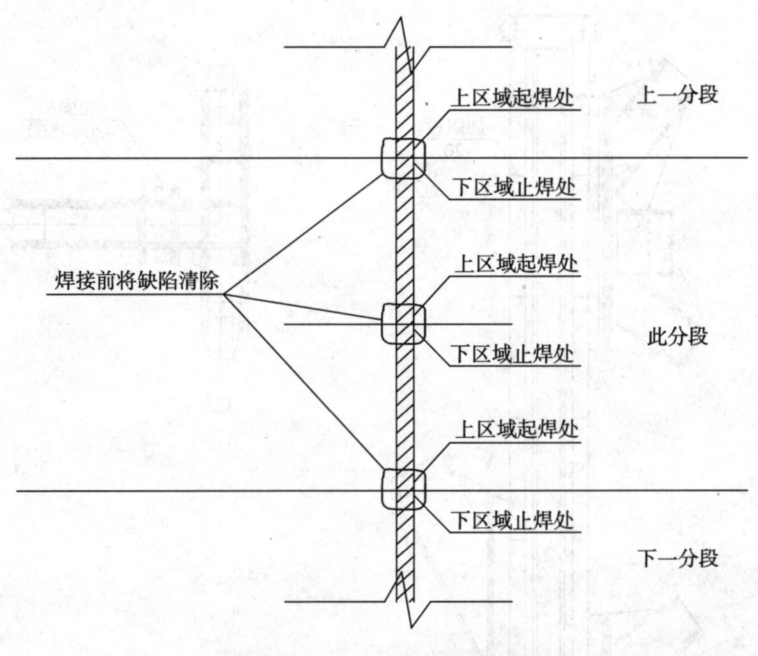

图5－5　焊缝接头处理示意图

5.8　焊接加固与位形实时监测

5.8.1　在焊缝两侧，沿焊缝长度方向，每隔1.5m设置刚性约束板，减少焊接变形，同时在焊前预热、焊中和焊后后热过程中用全站仪对钢柱的柱顶三维坐标变化进行实时跟踪测量，避免焊接变形过大，引起柱顶位形的偏移，影响下一节柱的安装定位。

5.8.2　焊接中构件位形出现偏差过大，应及时调整电加热位置和加热温度，并合理控制升温与恒温时间。焊接加固见图5－6。

5.9　焊接的其他注意事项

5.9.1　在开始施焊前，应对参焊人员进行详细的焊接工艺和安全技术交底，并对焊接人员进行定岗定位。

5.9.2　在焊接过程中应准备至少两台备用焊机，以防止某台焊机出现故障后立即有焊机投入使用，而不至于某一焊接部位停焊。

5.9.3　在焊接过程中，每一个班组应多配备至少一名焊工，以防止某位焊工发生不可预见的紧急情况后，立即有人投入焊接，而不至于某一焊接部位停焊。

5.9.4　在整个焊接过程中，安排专人全程进行监护，一是对焊接质量进行监督，二是对焊接工人进行防护，以免发生意外。同时，监护人员还要认真、详细地做好焊接过程中各项参数的记录。

5.9.5　若在夏季焊接，由于天气炎热，焊接时焊工都在封闭的环境中施焊，在焊接过程中应对焊接工人做好防暑降温的后勤保障。

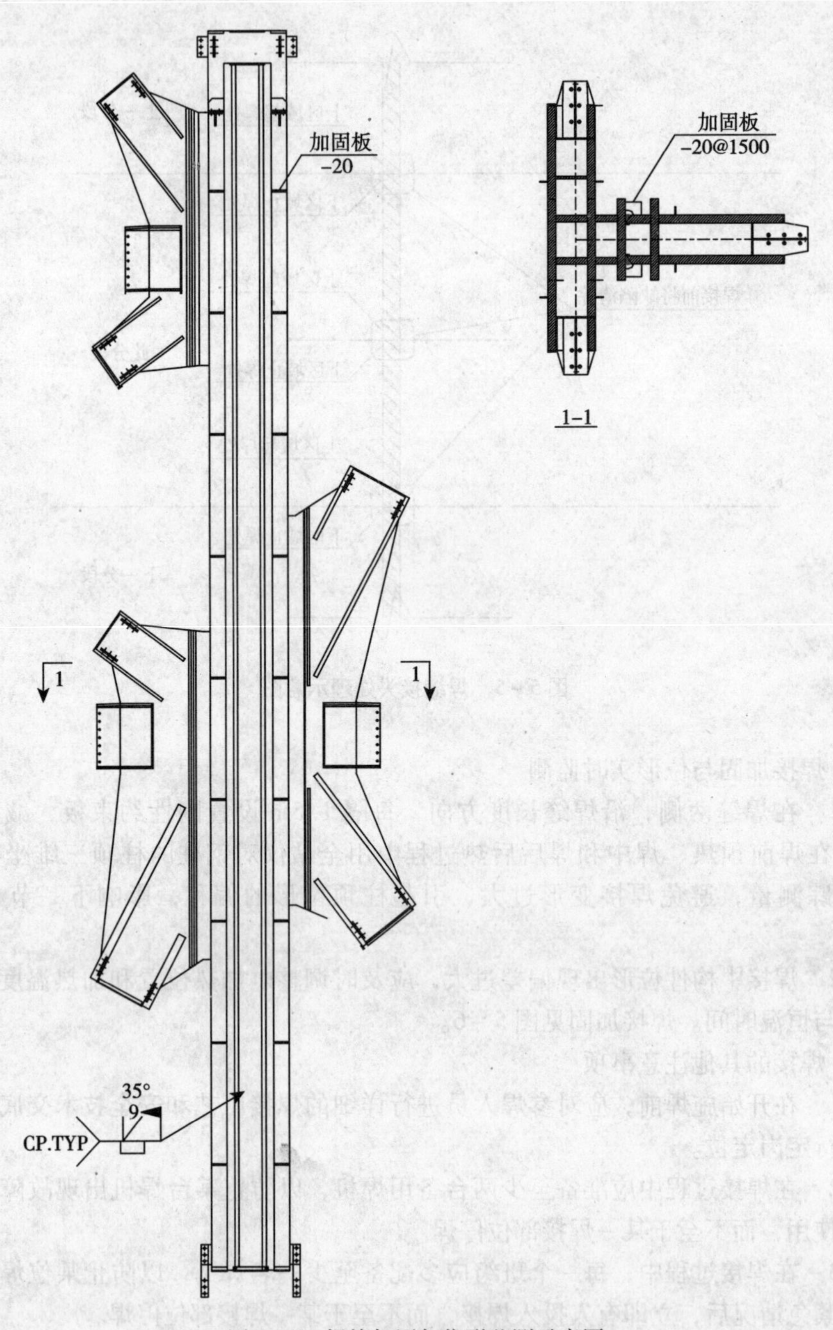

图 5-6　焊接加固与位形监测示意图

6　主要机具、设备

6.1　焊接机具

（1）OTC-XD600G 型半自动 CO_2 气体保护焊焊机：16 台

（2）XF200 型空气压缩机：4 台

（3）TH-10 型碳弧气刨：10 把

（4）气割设备：10 套

（5）磁铁式陶瓷电加热器：若干

6.2　焊接检测设备

（1）超声波探伤仪：1 套

（2）焊缝量规：2 把

（3）电子测温议：16 把

（4）DWK－360kW 电脑温控仪：1 台

7　劳动力配备

劳动力配备需根据所焊接焊缝长度、焊接填充量和允许展开的作业面确定，焊缝长度为 14m 左右，板厚为 100mm，两条焊缝同时对称焊接时的劳动力需求见表 7。

超长焊缝焊接劳动力配备表　　表 7

序　号	类　别	单　位	数　量
1	管理人员	人	4
2	铆　工	人	2
3	电焊工	人	45
4	架子工	人	2
5	电　工	人	2
6	测量工	人	4
7	探　伤	人	1
8	起重工	人	1
9	普　工	人	12
10	电加热专业人员	人	9
	合　计	人	82

8　质 量 控 制

8.1　质量标准

8.1.1　严格遵守《钢结构工程施工质量验收规范》GB50205—2001 和《建筑钢结构焊接技术规程》JGJ81—2002。

8.1.2　严格遵守《中央电视台新台址 CCTV 主楼钢结构施工质量验收标准》ZJQ00—SG—001—2006。

8.2　防止焊接变形与应力的主要措施

8.2.1　分层、分道退焊的方法进行施焊。

8.2.2　分区域多机对称焊接。在焊接过程中首先选用技能优秀的焊工，在对称位置的两名焊工，应尽量保持同时、同速施焊，并选择相同的焊接电流参数及每层的焊接厚度，保证相同的焊接热输入，使收缩趋于同步。

8.2.3　使用电脑温控仪自动控制加热温度，保证钢柱焊接预热和后热处理中，焊缝区域的整体温度同步均匀升温和焊后降温。

8.2.4 在焊接过程中应严格控制层间温度，同一区域在焊接过程中，焊接操作人员及监护人员应随时对施焊区域的温度进行检测。当层间温度低于120℃时，应及时用火焰加热法（使用大号烤枪）进行补热。当层间温度高于200℃时，应立即停焊，待温度自然降至规定层间温度时，再进行焊接。

8.2.5 在整个焊接过程中，采用高精度全站仪对钢柱的关键部位进行跟踪测量，如钢柱的轴线有偏移，则及时通过调整焊接顺序、电加热的热输入量对钢柱进行校正。

8.3 防止冷裂纹与层状撕裂的主要措施

8.3.1 针对长焊缝特点，采取两条长焊缝完全对称、多人同步分段分层退焊焊接，保持同热输入量，匀速焊接，分段连续施焊，使焊接应力间隔、分散出现，减少焊接冷裂纹及层状撕裂的产生倾向。

8.3.2 使用优秀焊工，尽量减少焊接返修；若有焊接返修，应使用碳弧气刨刨掉缺陷，并用角向磨光机磨去刨削部位表面附着的高碳晶粒，避免焊缝裂纹的产生。

8.3.3 控制坡口尺寸和焊缝截面积，防止过量熔敷金属导致收缩和应力增大；并控制焊缝表面的余高，使其平缓过渡，以减少焊趾部位的应力集中。

8.3.4 焊前预热和层间温度的控制。预热主要采用电加热器进行加热，加热区域为被焊接头中较厚板的1.5倍板厚范围，但不得小于100mm区域。加热温度应不低于120℃，由于柱截面特点而不可能在厚板的反面加热，为了使全板厚预热温度达到均衡，在母体侧扩大加热一块腹板。焊接前应认真检测焊接区的加热温度，确保加热温度满足要求。

8.3.5 焊后热处理及后热保温是防止层状撕裂的关键所在。焊接完毕确认外观检查合格后，立即进行消氢后热和长时间保温处理，有效地消除焊接应力及扩散氢的及时逸出，从根本上解决由于焊接应力集中及扩散氢积累含量过高而发生层状撕裂的难题。

8.3.6 采用50级焊丝，使焊缝与母材达到强匹配，避免超强匹配。并且药芯焊丝开盘后应连续用完，避免受潮，这是防止母材产生层状撕裂的重要措施之一。

8.4 焊后质量检测

8.4.1 整条焊缝焊接完毕并经后热保温处理，待冷却48h后，按设计要求对焊缝进行100%的超声波探伤和磁粉探伤检测。

8.4.2 为保证焊接质量，防止冷裂纹的发生，在焊接15d后对焊缝进行再次超声波探伤检测。

9 安全措施

9.1 由于焊接工作量巨大、焊接时间长，且上下十多名焊工同时进行焊接，所以焊接前需搭设安全、稳固、封闭的安全操作平台，以保证焊接过程中所有焊工能够安全地操作。

9.2 焊接安全操作平台使用钢脚手管搭设，并设置多层隔断封闭式平台。在焊接过程中，上部区域的焊接作业不得影响下部区域的焊接操作，以达到稳固、安全的要求。

9.3 由于焊缝超长，需要由下到上分成多个焊接区域，逐区分层分段退焊完成。应在各区域增加相应高度的活动操作平台，可供焊接人员随时上下移动位置。

9.4 在每个焊接段设置防火器材，并设2~4名看火人专门进行防火看护。

焊接安全操作平台的搭设见图9。

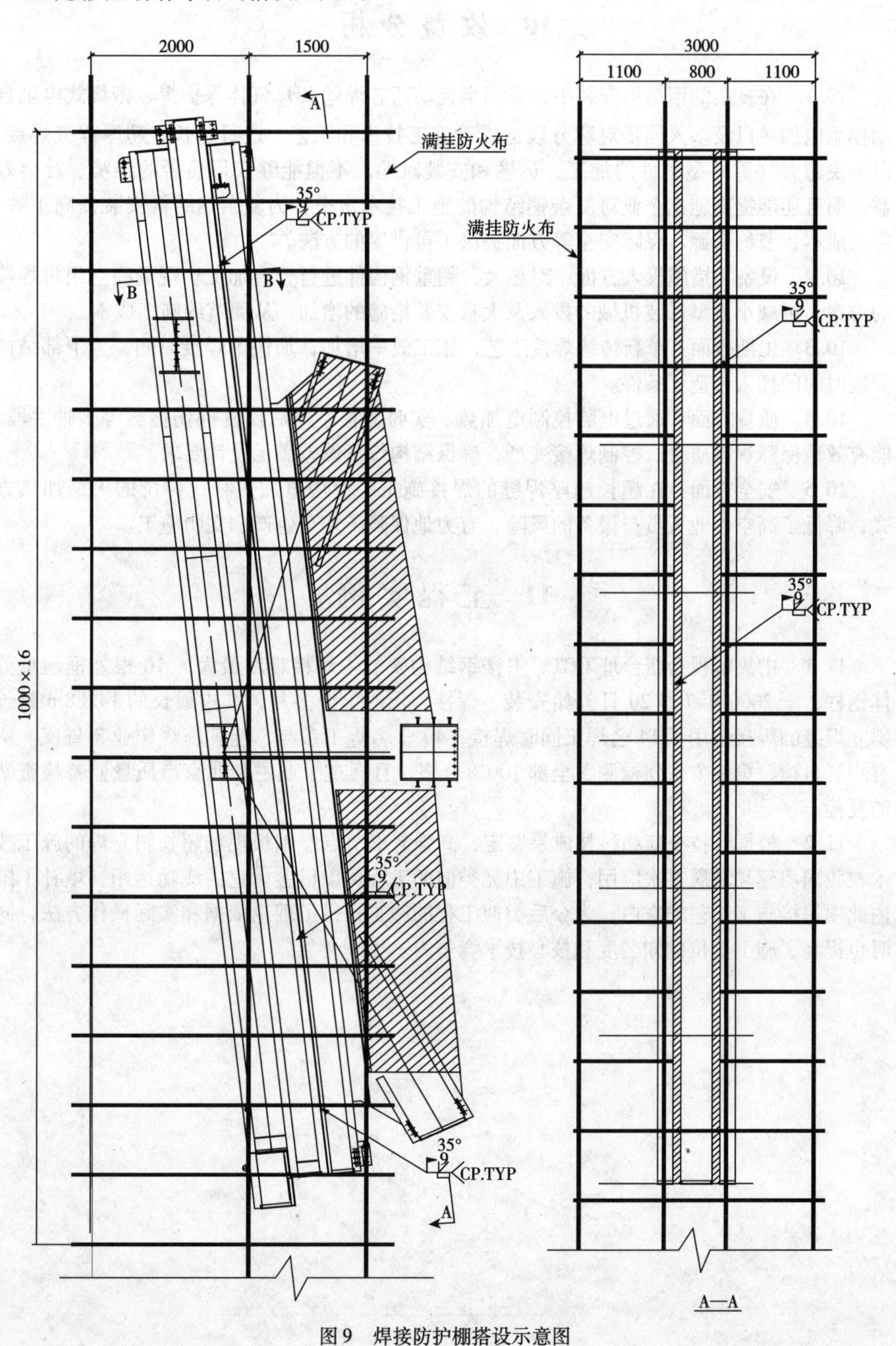

图9　焊接防护棚搭设示意图

10 效益分析

10.1 在复杂的钢结构安装中，采用半自动药芯焊丝 CO_2 气体保护焊、密集式电脑自动控温电加热以及多人同步对称分段退焊等施工技术和工艺，进行超长、超厚焊缝焊接，以解决超大（重）型构件的加工、运输和安装难题。不但能够获得显著的经济、社会效益，而且还能提高施工企业对复杂钢结构的施工技术水平，为复杂钢结构安装提高工效、降低成本、节约资源、保障安全等方面提供了可借鉴的方法。

10.2 设备、措施投入方面：对超大、超重钢构件进行分离加工、现场高空组拼焊接的方案，可减小大型吊装机械的投入及大量安装措施的增加，从而节约施工成本。

10.3 工期方面：革新传统焊接工艺，施工效率增加，加快了焊接时间，为下部结构安装时间的插入创造了条件。

10.4 质量方面：通过电脑控制电加热、实时监控、焊后反复探伤检测等多种手段，能有效地保障焊接质量，控制焊接变形，确保结构位形偏差满足设计要求。

10.5 安全方面：在超长超厚焊缝的焊接施工中使用电加热替代传统的火焰加热方式，降低了高空作业人员与设备的风险，有力地保障了安全生产、文明施工。

11 工程实例

11.1 中央电视台新台址 CCTV 主楼钢结构安装中焊接难度最大的 10 根外框超重分体钢柱，于2006 年 7 月 20 日开始安装、焊接，历时 1 个多月，其中最长的 14.88m 超长斜立焊缝的焊接使用了 14 名焊工同时焊接，40 多名焊工参与，连续施焊作业 3 昼夜。所有焊缝自检、第三方探伤检测，全部 100% 合格，且通过了业主和北京市质量监督检查站的复检。

11.2 根据科技查新和科技成果鉴定，高强异形节点厚钢板现场超长斜立焊的施工技术在我国房建领域属首次应用，施工中无类似的工程可以借鉴。它的成功运用，填补了国内此项焊接施工工艺的空白，为今后类似工程的施工提供了理论依据和实际操作方法，同时也提高了施工单位的知名度和核心技术竞争力。

SQD 型液压牵引设备整体连续平移石化装置施工工法

编 制 单 位：中国建筑一局（集团）有限公司
批 准 部 门：国家建设部
工 法 编 号：YJGF120—2006
主要执笔人：徐祥兴　徐磊铭　费慧慧　薛　刚　张　军

1 前　　言

SQD 型松卡式千斤顶系中国建筑一局（集团）有限公司北京中建建筑科学技术研究院研制的国家级科技成果重点推广项目，该设备已广泛地应用到全国各地相关行业中的大型储罐、钢桅杆、通信塔等的倒装法液压提升施工中。近年，为适应石化行业改扩建工程中设备平移和建筑物平移的需要，新研制成了“SQD 型液压平移牵引设备”，创造性地应用到石化装置（巨型塔器、原油钢框架等）的液压连续平移施工中。采用“SQD 型液压平移牵引设备连续平移石化装置施工工法”已成功地平移了 4 台巨型塔器和 1 座重型钢框架以及 10 余台储油罐，并取得很好的社会效益和经济效益。在原有工法的基础上，以洛阳石化钢框架平移施工为例修编了本工法。

图 1－1　900t 原油钢框架

在洛阳石化总厂常减压改扩建工程中，新建的原油钢框架即换热器框架（含 43 台设备）（图 1－1）为改扩建工程的关键装置。原来的施工方法需在停产后，拆除原有混凝土框架，再进行新桩基基础施工和安装钢结构框架及所有设备、管道、电器、仪表等。传统方法一方面工期长，并且整个施工期必须停产，不能满足改扩建工期的需要；另一方面，施工现场狭窄，造成施工困难。采用本施工工法只需要在改造的装置附近，先建起新的钢结构框架，并安装好所有新的换热设备、容器和机泵设备、工艺管线等，然后再拆除原有的混凝土框架和所有的设备管道等，再打好新的正式基础，最后将新建钢结构框架及所有已安装好设备的整体，采用 SQD 型液压牵引设备，连续平移精确就位（图 1－2）。

2 工 法 特 点

2.1　SQD 型液压牵引设备在石化装置的平移工程中使用，其操作简便、工效高、配置灵活、造价合理、经济效益明显。在平移施工中能做到连续、平稳、安全、可靠。

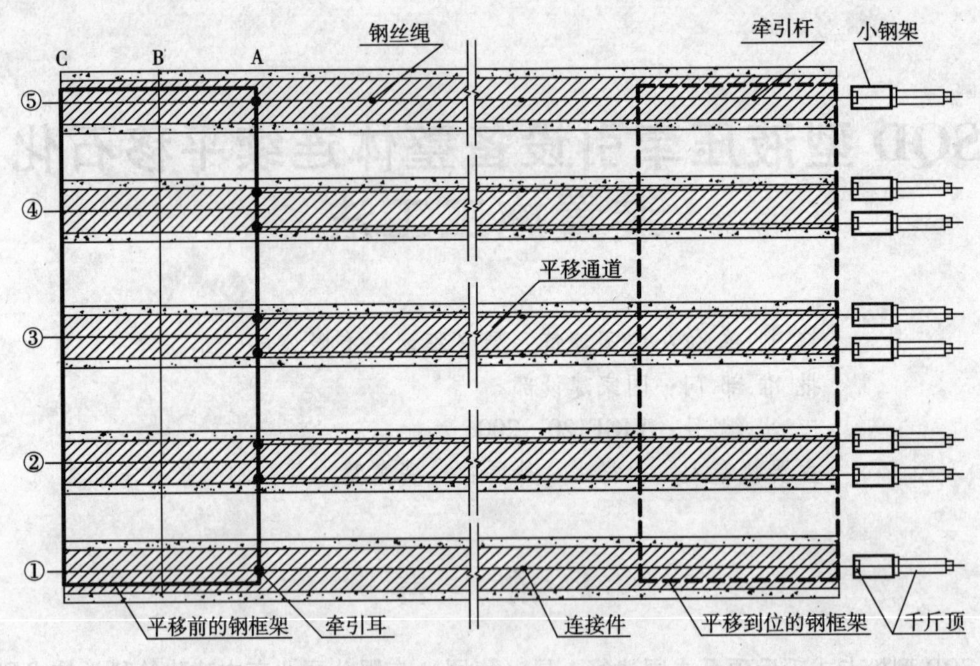

图1-2 原油钢框架液压平移示意图

2.2 采用本工法进行改扩建工程施工，与先拆后建的传统方法相比，可缩短1/2~2/3的停产期，极大地增加了业主的投资效益；并缩短了工期，加快了施工进度，降低了施工成本，施工方也可取得良好的经济效益。

3 适用范围

3.1 本工法适用于石化行业改扩建工程中的新建装置（特别用于高宽比大的高耸巨型塔器）和钢结构厂房（或钢框架等）的整体平移安装施工。

3.2 多层楼房或建筑物的平移施工可参照本工法。

4 工艺原理

4.1 被平移的装置应是一个整体

被平移的装置必须是一个整体，原油钢框架的钢立柱柱脚相对独立，互不相连，平移前必须对钢框架进行加固和将柱脚部位连接成一个能整体移动的刚性结构物。

4.2 液压平移工作原理

液压牵引系统主要由多台SQD型松卡式千斤顶、牵引杆和钢丝绳及液压泵站组成。使用时，牵引杆插入SQD型松卡式千斤顶后，使上、下卡头处于工作状态。当油泵供油时，液压油从下油嘴进入缸体内，由于上卡头自动锁紧牵引杆，此时下卡头自动松开，在液压力作用下，活塞杆向前移动的同时由上卡头带着牵引杆向前移动，当活塞杆移动一个行程后油泵停止供油，牵引杆也停止移动。回油时，液压油从上油嘴进入，此时下卡头锁紧牵引杆静止不动。在液压力作用下，活塞杆回程，此时上卡头自动松开，液压油从下油嘴排出。至此，完成一个行程的平移工作。如此往复循环，松卡式千斤顶将牵引杆带着被平移装置不断地连续向前移动，直至就位，全部平移工作结束。

5 平移施工工艺流程及操作要点

5.1 平移施工工艺流程

平移施工工艺流程见图5-1。

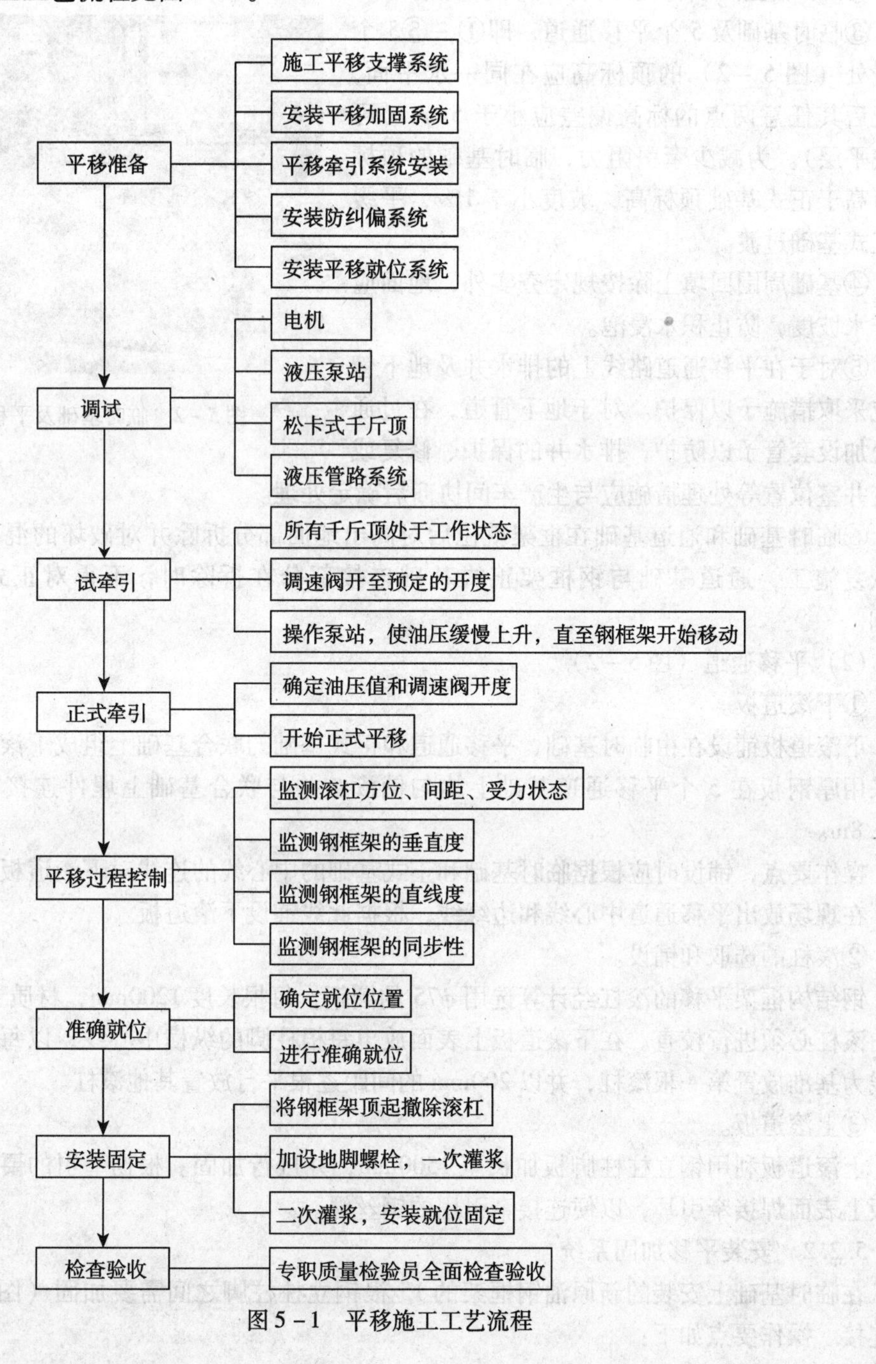

图5-1 平移施工工艺流程

5.2 平移准备

5.2.1 平移支撑系统施工

平移支撑系统由基础和平移通道组成。

(1) 临时基础和平移通道基础的施工

临时基础和平移通道基础的施工应与正式基础施工要求相同，操作要点如下：

①地槽无回填土层时用蛙式夯夯实两遍以上。

②2:8 灰土回填时应夯实，夯实系数为0.95。

③临时基础及5个平移通道，即①~⑤5个轴线处（图5-2）的顶标高应在同一水平面，施工后其任意两点的标高偏差应小于5mm（可设找平层）。为减少牵引阻力，临时基础的顶标高可高于正式基础顶标高，坡度小于1‰，平缓向正式基础过渡。

④基础周围回填土除按规定夯实外，地面应有排水坡度，防止积水浸泡。

⑤对于在平移通道路线上的排水井及地下管线应采取措施予以保护。对于地下管道，在过通道处加设套管予以防护，排水井的保护、修复或改变井室位置等处理措施应与生产车间协商后确定处理。

图5-2 临时基础及平移通道

⑥临时基础和通道基础在框架就位后对高出地面部分拆除并对破坏的混凝土地面进行恢复施工，通道基础与钢框架正式基础连接部分在拆除时，不得对正式基础造成影响。

(2) 平移通道（图5-2）

①下滚道板。

下滚道板铺设在由临时基础、平移通道和正式基础的联合基础上组成下滚道。下滚道板采用厚钢板在5个平移通道基础上均匀铺满，并与联合基础上埋件连接固定，每条宽0.8m。

操作要点，铺设时应根据临时基础和正式基础的中心线的连线对下滚道板进行精确定位，在现场放出平移通道中心线和边缘线，根据此线铺设下滚道板。

②滚杠的选取和铺设。

钢结构框架平移的滚杠经计算选用ϕ75的圆钢，每根长度1200mm，材质45号钢，铺设前滚杠必须进行校直。在下滚道板上表面放出每根柱脚的纵横中心线，以每根柱脚的横轴线为基准放置第一根滚杠，并以200mm的间距逐根平行放置其他滚杠。

③上滚道板。

上滚道板利用钢立柱柱脚板加长至1500mm，并进行加固。根据牵引的要求，在上滚道板上表面焊接牵引耳，以便连接牵引用的钢丝绳。

5.2.2 安装平移加固系统

在临时基础上安装的新原油钢框架的15根钢立柱柱脚之间需要加固（图5-3），互相连接。操作要点如下：

（1）框架的15根钢立柱柱脚的下部1.5m处，经计算采用$\phi219\times10$无缝钢管连接（焊接），并在横轴线的两立柱之间采用20号工字钢加设斜撑，形成一个整体。

（2）整体加固：原框架上已有斜撑的，不再加固。需加固的部位，如上滚道板采用20号工字钢加设了斜撑，并用焊接连接。

（3）对于垂直于牵引方向的加固件或连接管的标高设置，以平移时不影响设备基础为宜。

图5－3　支撑系统及加固系统

5.2.3　平移牵引系统的安装（图5－4）

在正式基础施工的同时，平移通道连通正式基础，并在其外侧大于2m处设置5个固定牵引设备的基础。根据不同的牵引荷载，设置相应的松卡式千斤顶及牵引装置。操作要点如下：

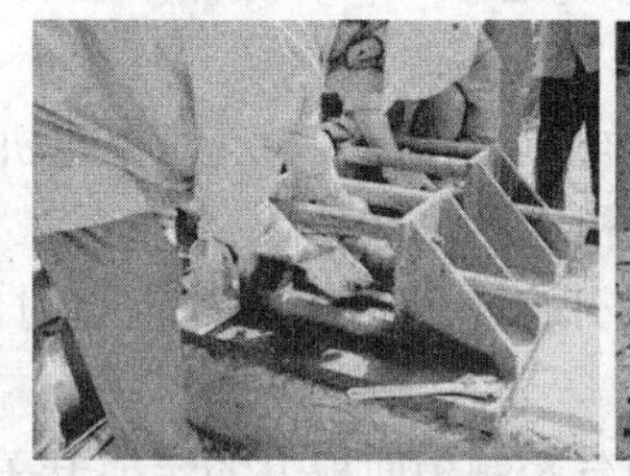

图5－4　安装千斤顶及牵引装置

（1）安装松卡式千斤顶及牵引装置：

①千斤顶分别在5个基础的专用小钢架上按设计要求安装就位；

②千斤顶的上下卡头均处于松卡状态；

③牵引杆穿过千斤顶中心孔，并保持平直；

④牵引杆头部与钢丝绳连接，钢丝绳再与焊接在上滚道板的牵引耳连接，并与千斤顶中心标高必须一致，且平行于平移轴线。

图5－5　液压泵站与千斤顶

（2）液压油路连接：

①按照液压油路示意图连接（图5－5）；

②在高压胶管总成连接前，油管必须清洁。安装正确后，再检查进、出油路连接无误。

（3）液压泵站的准备：

①按照液压泵站原理图检查系统中各种液压元件、附件和管路安装正确、可靠；

②用滤油机向油箱内注入N32抗磨液压油或相同品质的液压油至液位计上限；

③打开压力表开关，转动溢流阀的手轮，逆时针调至放松位置，压力表在非工作状态下油压指示为0；

④检查电控箱中各电器连接处，拧紧后接好电源。

5.2.4　安装平移防纠偏系统

（1）在每个柱脚滚杠的两侧，安装一套平移防偏装置（见图5－7）。

（2）在平移方向的合适位置安装经纬仪。

5.2.5　安装平移就位系统（图5－6）

平移施工前，按设计要求先行进行新桩基和正式基础的施工，并预留钢框架的基础地脚螺栓孔。本工法采用$\phi150$钢管预先埋入基础。

图5-6　预留钢框架的基础地脚螺栓孔

图5-7　防偏监测

5.3　平移施工

5.3.1　牵引设备调试

(1) 点动电机启、停开关，观察电机转动是否与箭头指示方向一致。不一致时，需改变电源接线的相位及时纠正。

(2) 电机开启正确后，持续运行时间不少于5min。然后，将调速阀开度调至最大(300以上)。

(3) 将电气控制柜面板上的转换开关旋转到“升”位置，再转动溢流阀手轮，使油压缓慢平稳上升至2MPa，并注意排净空气，观察油泵工作是否正常。

(4) 转动溢流阀手轮，使压力继续上升至根据实际需要设定的油压值（最高不得超过千斤顶的试验油压值)，持续观察时间不少于5min。经试压正常后，将油压调节到设定的油压值，并锁紧溢流阀的锁紧螺母。

(5) 整个试压过程中，应观察泵站、千斤顶和油管各个接口或连接处是否漏油或异常，发现问题及时处理、调整，确定调速阀的开度。

(6) 操作转换开关至“升”、“停”和“降”反复3~5次，确定系统正常后，即可将转换开关至“停”的位置，将系统压力调至0。

5.3.2　试牵引

(1) 试压正常后，使千斤顶的活塞杆全部回程，处于工作准备状态，调速阀开至预定的开度。

(2) 在泵站运行正常状态下，将转换开关由“停”旋至“升”的位置，缓慢地向右旋转溢流阀手轮，同时观察压力表的油压大小和千斤顶活塞杆是否正常运行；油压值每升1MPa，需停顿1min，每次升压不超过1MPa，直至钢框架开始缓慢移动。

5.3.3　正式牵引

(1) 根据试牵引的油压值和调速阀的开度，确定正式的牵引油压值（一般可比试牵引值提高0.5MPa）和调速阀的开度值（可根据实际平移状况而适当调节，但必须确保运行平稳)。

(2) 按照“SQD型松卡式液压平移设备的操作要点”进行正式牵引的操作。

(3) 在正式牵引过程中，应密切注意整个系统运行的情况。一旦发现异常，必须立即采取必要的措施予以纠正，以便达到整个牵引工作的正常进行。

（4）当连续工作时间较长，导致油温过高（超过55℃），应当启动压缩机制冷或水冷却器。当采用水冷却器时，必须事先做好充分准备。一般情况下，温度最高时指针调节在55℃，温度最低时指针调节在45℃。当油温达到55℃时，制冷工作进行；当低于45℃时，制冷工作停止，以此保证牵引工作连续、顺利地进行。

（5）一般将旋转开关转至“停”的位置即可停止牵引工作，此时电机、油泵处于工作状态；必要时，按动“停止”按钮即可停止泵站运行；在紧急时，可迅速按动橘红色“急停”按钮停止工作（图5-8）。

图5-8　平移中

5.3.4　平移过程中的控制

在钢结构框架整体平移过程中，为防止框架前进时的侧向偏移，应设置防偏措施和监控系统。为保证平移顺利，应对以下部分进行全过程的严密监测：

（1）平移过程中随时监测每根滚杠的方位、间距和受力状态（图5-7）。

（2）采用经纬仪对钢结构框架的垂直度进行监测，垂直度要求小于等于20mm，超出此要求应停止作业，查找原因并采取相应对策。

（3）对钢结构框架行走的直线度采用经纬仪进行全程监测，分别在下滚道板上画出中心线，行走时观察框架轴线中心是否偏离下滚道板上中心线，横向偏离量不得大于15mm，超出时立即采取措施纠正。

（4）在钢框架轴线方向外侧设置水平钢丝，以检测5条轴线平移速度的同步性，各柱与钢丝间原始距离的变化值小于等于5mm。

（5）框架最终就位偏差：立柱中心线与基础中心线偏差小于等于10mm。

5.3.5　平移就位固定

当钢框架平移至正式基础上就位后，用垫铁将钢立柱顶起，撤除滚杠加设地脚螺栓，预留地脚螺栓孔一次灌浆后对框架进行找正，然后将柱脚板下部二次灌浆，使钢框架安装就位固定（图5-9）。

图5-9　平移就位

6 材料与设备

6.1 主要材料（表6－1）。

主要材料表　　　　表6－1

序号	名　称	规格型号	单位	数量	备注
1	钢　板	8000×1600×35（mm）	张	12	下滚道板
2	钢　板	δ30	m^2	5	吊耳及牵引设备底座
3	钢　板	δ20	m^2	5	吊耳及牵引设备底座
4	圆　钢	φ75　45号	m	150	滚杠
5	圆　钢	φ32　45号	m	140	千斤顶牵引拉杆
6	钢　管	φ219×10	m	150	框架加固
7	工字钢	20号	m	100	上滚道加固
8	钢丝绳	φ12.5mm	m	1000	框架组对时缆风绳
9	钢丝绳	φ32.5mm	m	320	牵引用
10	钢丝绳	φ43mm	m	100	牵引用
11	卸　扣	20t	个	8	连接用
12	卸　扣	10t	个	8	连接用
13	卸　扣	5t	个	10	连接用
14	卸　扣	3t	个	16	连接用
15	捯　链	10t	台	2	备用
16	捯　链	5t	台	6	备用
17	捯　链	3t	台	5	备用
22	捯　链	1t	台	4	备用
23	液压油	YB－N32	l	100	泵站用
24	扳　手	千斤顶专用	付	2	拆卸千斤顶
25	安全网		m^2	500	

6.2 主要设备（表6－2）

SQD型液压牵引设备　　　　表6－2

序号	设备名称	规格型号	性能指标	单位	数量
1	SQD型松卡式千斤顶	SQD－160－100s·f	额定起重量160kN；额定油压16MPa；液压行程100mm；自重37kg	台	8
2	液压泵站	YB－8	额定压力16MPa；额定流量8L/min；电机功率4kW；自重380kg；具有数字化调速装置	台	1
3	高压胶管总成	φ10，1m；φ6，15m	工作压力40MPa	套	1

续表

序号	设备名称	规格型号	性能指标	单位	数量
4	液压配件	分油器、三通、针形阀等	工作压力30MPa	套	1
5	牵引杆	$\phi32$	圆钢	根	8

（1）SQD型松卡式千斤顶数量的确定

本工程钢框架总重量约为900t，滚杠与钢板的摩擦系数在0.10～0.15之间，一般可按0.14计算，每台千斤顶的额定牵引力为160kN，经计算确定千斤顶台数为8台。

（2）液压泵站

本工程中使用的液压泵站是我院为了液压平移高耸石化装置专门研制的，本泵站特别设置了数字化调速装置。这样刚启动和即将就位时的平移速度可以控制在0.5mm/s，加速度控制在$1mm/s^2$（$1\times10^{-4}g$）之内，使被平移的装置在平移时保持缓慢平稳，待正常平移后可将速度调快，对各千斤顶的速度也可作必要的调节。同时，在泵站上加设了制冷装置，使油温得到自动控制，保护液压泵站，以适应在炎热夏天也可连续进行平移施工。

6.2.1　主要检测设备

（1）水准仪：主要用于监测平移通道水平高差。

（2）经纬仪：主要用于检测钢框架的垂直度和钢框架行走直线度。

（3）钢尺和辅助量具：平移距离和柱脚中心对定位轴线偏差等的测量。

6.2.2　其他设备

（1）汽车吊（50t）：用于钢框架主要构件及钢框架内设备的安装。

（2）电焊机：用于钢框架的安装、加固等。

（3）抹光机：牵引杆打磨去氧化皮。

7　质量控制

7.1　平移通道质量控制

由于平移通道为每个轴线一条混凝土梁，没有连成一个整体，所以五个平移通道的标高差必须采用水准仪严格控制，应保证在5mm之内，下滚道板铺设完毕后必须对其平整度再次进行检测。

7.2　框架整体性控制

框架的15根钢立柱必须按第5.2.2条要求进行加固，且保证焊接质量，使钢框架形成一个整体，以便确保该框架平移施工的质量。

7.3　平移过程中偏差的控制

7.3.1　在平移准备中和平移过程中，对平移设备的质量控制尤其重要，必须按中建一局集团的企业标准《SQD型松卡式千斤顶》YQB038—1999中相关规定严格执行，同时按照SQD—160—100s·f型松卡式千斤顶及YB—8型液压泵站的说明书中相关内容严格执行，以确保平移专用设备的完好。

7.3.2 为了使多个通道平移同步性比较好，必须在每条轴线两侧的滚杠上采用防偏装置，即“滚杠专用卡套”，每轴线两侧各使用一套（两组）卡套卡在相邻的3~4根滚杠上，使相邻滚杠的间距相对固定，同时又不影响滚杠的滚动。使相邻滚杠运行步伐尽量一致，不因上下滚道板与滚杠的摩擦阻力的变化而发生跑位现象。

7.3.3 为了使多个通道平移同步性比较好，用经纬仪和卷尺监测钢框架平移过程。在发现各轴线运行间距（大于50mm）和直线度偏差（大于20mm）较大时，可通过液压泵站上调速装置和千斤顶上的阀组，及时调整各条轴线的牵引速度，进行纠偏。待恢复正常后，再同步牵引。

7.4 在钢框架即将就位时，需特别注意各轴线就位的控制

7.4.1 在离就位距离较近（20~30mm）时暂停牵引，经测量各轴线后，对相对较近的先进行缓慢（速度控制在0.5mm/s）、平稳（加速度控制在$1mm/s^2$）牵引，并密切注意就位精确程度，达到就位位置时立即停止牵引。然后，再将其他轴线上按上述要求分别牵引精确到位。

7.4.2 复核就位精度，使各轴线全部完成精确就位（或符合设计就位要求）。

7.5 就位安装

按钢框架安装就位的要求，将整个钢框架采用垫铁按各处就位高度检测确定，抽掉所有滚杠。经检验符合设计要求后，将各固定地脚螺栓按要求拧紧，二次灌浆。

7.6 检查验收

由专职质量检验员按《钢结构工程施工质量验收规范》GB50205—2001及相关规范和设计要求检查验收，并做好记录，至此平移工作结束。

8 安全措施

8.1 所有施工人员必须严格遵守施工现场有关安全施工的规定。

8.2 施工人员应培训合格后方可操作，操作人员必须精心操作，听从指挥。

8.3 SQD型松卡式液压千斤顶及配套设备在试压和使用中均应按中国建筑一局集团企业标准《SQD型松卡式千斤顶》YQB038—1999和说明书中相关的安全规定严格执行。

8.4 所有选用机具，工具、索具等必须严格检查，不合格产品严禁使用。

8.5 平移施工过程，必须设专人指挥及观察，信号统一、准确，操作平稳。

8.6 严格按照安装、起重施工规范规程施工，不得违章指挥、违章操作。

8.7 进施工现场人员劳动保护用品如安全帽、安全带等要佩戴齐全。

8.8 钢结构框架平移时一定要设置警戒线，非施工人员严禁进入平移施工现场。

8.9 其他有关事项严格执行《石油化工施工安全技术规程》SH3505—1999及相关施工安全标准、规范和各工种操作规程。

9 环保措施

9.1 所有施工人员必须严格遵守施工现场有关环保的规定。

9.2 SQD型液压牵引设备在进现场前必须检验合格，在现场进行试压和使用中不得

有漏油和异常噪声等不符合环保要求的现象产生。

9.3 现场的设备和机具及材料等堆放整齐，工完场清，做到文明施工。

10 效益分析

10.1 常规的施工方法需在停产后拆除原有混凝土框架，新建施工桩基基础，新建钢结构框架，安装设备、管道、电器、仪表等，采用这种传统方法需要停产3个月时间。而采用本工法，停产仅需42d（实际施工时间为35d），该900t原油钢框架平移28.7m，实际平移时间不到13h，为业主减少了一个半月以上的停产时间。按每天创利50万元计算，一个半月可创利2250万元，使业主取得了可观的投资效益；施工单位不仅大大缩短了施工时间，确保了业主要求的工期，而且与传统方法相比可节省71万元的施工成本，因而取得了良好的经济效益。我院因提供平移设备和技术服务，也取得了48万元的经济效益。

10.2 采用常规的施工方法，为了抢工期，往往需要在现场采用大吨位吊车（如300t履带吊）进行安装施工，占用场地大，还影响配合工种的施工。而采用本工法仅需用50t汽车吊预制安装钢框架及设备，从而缩短施工工期，也节约了人力和物力，从而大大降低了施工费用。

11 应用实例

11.1 洛阳石化总厂常减压钢框架整体液压平移工程

2005年6月，在洛阳石化总厂常减压改造工程中，需将原来500万t/年原油加工能力改造成800万t/年原油加工能力，中石化二公司为了缩短工期，确保停工改造工程的需要，打破了传统的施工方法，在要改造的钢框架南侧近29m的位置，先建起钢结构框架，并安装好38台换热设备、1台容器设备和4台机泵设备等，然后拆除原有的混凝土框架和所有的设备管道等，再打好新基础，最后将新建钢结构框架及所有已安装好的设备（长28m、宽8.7m、高29m，总重量900t），在国内首次采用中建一局北京中建建筑科学技术研究院的国家级科技成果重点推广项目“SQD型松卡式千斤顶及配套设备”组成的SQD型液压牵引设备，连续平移28.7m后精确（位移误差在1mm之内）就位（图11-1）。

11.2 燕山石化总厂两高塔整体液压平移工程

2001年8月，北京燕山石化公司将原有的年产45万吨的乙烯装置扩建成66万吨的乙烯装置过程中，其中汽油分馏塔和急冷水塔是两台重点改造设备。在乙烯装置停产大检修改造期间，拆除原汽油分馏塔和急冷水塔，新建汽油分馏塔（直径9m、高41.3m、净重618t）和新急冷水塔（8.5m/11m、高48.75m、净重736t）。由于这两台高塔是关键的工艺设备，而且直径超大、高度超高、重量超重，因而造成在工厂整体制造和运输的困难，采用在现场将部件组对焊接安装施工比

图11-1 平移中的钢框架

较合适。

原来在现场组对焊接安装施工的方法有两种：①常规的方法是在停产大修期间拆除旧设备后，在新的基础上安装新设备。这种方法势必停产时间长，会造成较大的经济损失。②第二种方法是先将塔体的分片拼装组装成塔段，待停产大修期间，先拆除两台旧塔，打好新基础，然后将预制好的塔段拖至新基础近处，再用大吊车分别吊装组对成形。这种方法的问题是因现场施工场地窄小，组装的塔段无处摆放，如放在较远处还需要在吊装前将塔段拖回来，这很费事而且还需要大吊车，费用又高。为了克服上述两种方法存在的问题，承建方北化建决定打破常规，在需要改造的装置附近，先建起新的高塔，借鉴楼房平移的方法，在国内首次采用4台SQD型松卡式千斤顶及配套设备组成液压平移专用设备进行整体液压连续平移高塔就位安装施工的新方法，分别平移了12.12m和13.26m，取得了圆满成功（图11－2）。

11.3　齐鲁石化两高塔整体液压平移工程

2004年7～8月，中石化十公司在齐鲁石化72万吨乙烯扩建工程中，两台千吨高塔再次采用8台SQD型液压牵引设备进行了整体连续平移，精确就位，创造了我国高塔整体平移史上重量最重（1300多t）、高度最高（54.2m）、速度最快（平移15.5m的104塔，用时6.75h，平移12.4m的101塔，仅用时3h10min）、精确度最精（轴线误差仅2.5mm）的业绩（图11－3）。该项工程原需半年时间的停产期缩短了2/3，即四个月时间，极大地降低了投资成本，业主及施工单位均取得了显著的经济效益。中央及地方多家电视台、多家报刊做了相关报导。

图11－2　燕山石化两高塔

图11－3　齐鲁石化两高塔

这种液压连续平移施工方法，也将会在楼房或建筑物平移施工中具有很好的推广价值。

双向倾斜大直径高强预应力锚栓安装工法

编 制 单 位：中国建筑第三工程局
批 准 部 门：国家建设部
工 法 编 号：YJGF124—2006
主要执笔人：张 琨 彭明祥 陈振明 杨道俊 黄 刚

1 前 言

目前，国内房屋建筑领域，特别是钢结构建筑采用普通锚栓进行钢柱与基础连接较为普遍，且也有成熟的施工技术规范可循；而采用大直径高强预应力锚栓还较为罕见，且国内和国际上无成熟的设计和施工规范。中央电视台新台址建设工程CCTV主楼工程由于塔楼倾斜和大悬臂结构的外形设计，结构在风荷载或地震等侧向力作用下外框钢柱产生很大的拔力，其中单根钢柱最大拔力为87524kN，设计采用了M75规格的高强预应力锚栓进行钢柱脚与筏板连接以抵抗拔力，锚栓最长为6307mm，且锚栓双向倾斜6°布设，锚栓抗拉极限强度为1030N/mm^2、屈服强度为835N/mm^2，图1为高强预应力锚栓装配简图。

央视工程中采用的倾斜大直径高强度长锚栓，主要作为外框筒巨形钢柱的定位和传力作用，要求锚栓埋设精度高并且与主体钢结构连接可靠。施工中锚栓精确定位安装成为最重要的问题。公司技术人员对双向倾斜锚栓的高精度安装方法进行了深入的研究和开发，包括锚栓套架埋设定位和球形螺母应用等技术，形成了本工法，并且在央视工程586根倾斜高强锚栓施工中得以应用，效果非常显著。该项施工方法经过技术鉴定，达到国内领先水平和国际先进水平，并且填补了国内房屋建筑领域双向倾斜大直径高强预应力锚栓应用的空白。

2 工法特点

2.1 工法特点

（1）安装措施简单，设备投入少，部分措施用料可回收，节约成本。以每根钢柱为单位设计一个锚栓套架，锚栓套架将高强锚杆固定（非焊接连接）在套架内共同安装，并且套架与筏板垫层埋件焊接连接，可实现倾斜锚栓粗略定位；同时，可以保护锚杆在交叉工程施工时不易损坏。

（2）多次复测和监测，实现锚栓精确定位。在钢筋绑扎和混凝土浇筑期间，采用全站仪对每根锚栓进行监测和复测，以实现对锚栓进行精确校正和定位。

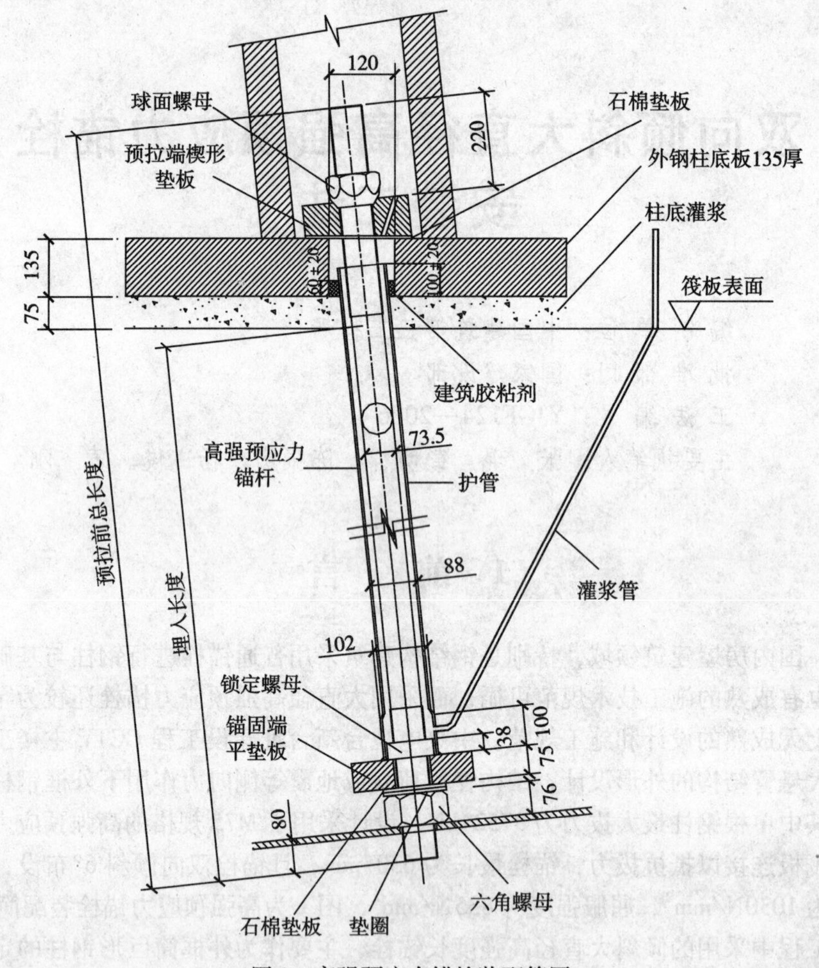

图1 高强预应力锚栓装配简图

（3）在锚杆张拉端设计球形螺母能调节部分锚杆的安装角度偏差，同时可使所有不同角度配件做到标准化。

2.2 与传统方法比较

（1）普通锚栓一般为定位锚栓，非受力锚栓，且材料等级不高，现场安装时可以进行焊接固定；而高强锚栓的强度高且有脆性，不得进行现场焊接。工法中要求锚栓与套架间采用螺母临时固定，解决了传统方法的不足，较为实用。

（2）按传统方法在锚栓焊接后，锚栓位置要进行调整较为困难。而本工法中采用的连接为非焊接连接，在钢筋工程和其他交叉工程施工过程中，可以随时调节套架和锚栓之间的连接，对锚杆定位进行校正，以精确定位。

（3）锚杆张拉端采用球形螺母，可以适应不同倾斜角度锚杆的安装，可使配件标准化，节约成本，同时可以消化锚杆安装误差，技术较为先进。

（4）传统锚栓的套架全部埋设，不经济。本工法中采用的套架上部分待混凝土浇筑完后须切除回收，可节约成本。

3 适用范围

本工法为双向倾斜大直径高强预应力锚栓安装工法，适用于房屋建筑特殊高层建筑、大跨度结构、塔结构等抗拔支座连接施工，也可以适用于桥梁结构、高速铁路、遂道、港口等土木工程支座连接施工，还可以适用于机械设备支座等其他领域。由于目前国内和国际上房屋建筑工程中采用大直径高强预应力锚杆的连接节点形式较少，此种施工方法对以后技术研究和规范标准编制具有很大的参考价值。

4 工艺原理

4.1 采用锚栓套架的埋设工艺原理

（1）采用CAD技术，在计算机中放样，放出每根钢柱所有锚栓的精确位置，并且以每根钢柱为单位设计出锚杆套架，设上下两层钢板作为锚栓的固定点，每根锚栓两个固定点连线为锚栓的空间角度位形。图4－1为高强预应力锚栓套架简图。

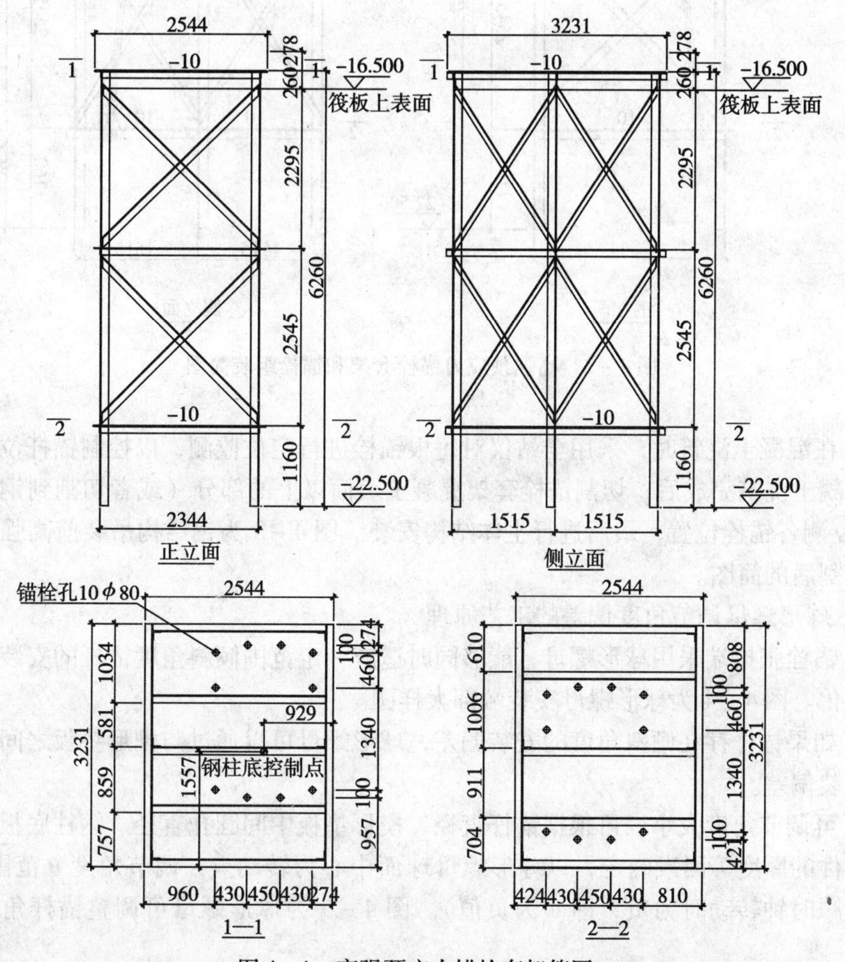

图4－1　高强预应力锚栓套架简图

（2）套架和锚栓现场组装（标高由锚栓顶点控制），并且用塔吊将套架和锚杆共同吊装，测量定位后套架与筏板垫层埋件焊接连接，以实现锚栓粗略定位；在钢筋绑扎过程中，采用全站仪进行定位监测，并且在混凝土浇筑前对每根锚栓定位复测，调节套架与锚杆的连接，以实现锚栓的精确定位。图4－2为吊装前高强预应力锚栓套架和锚栓组装简图。

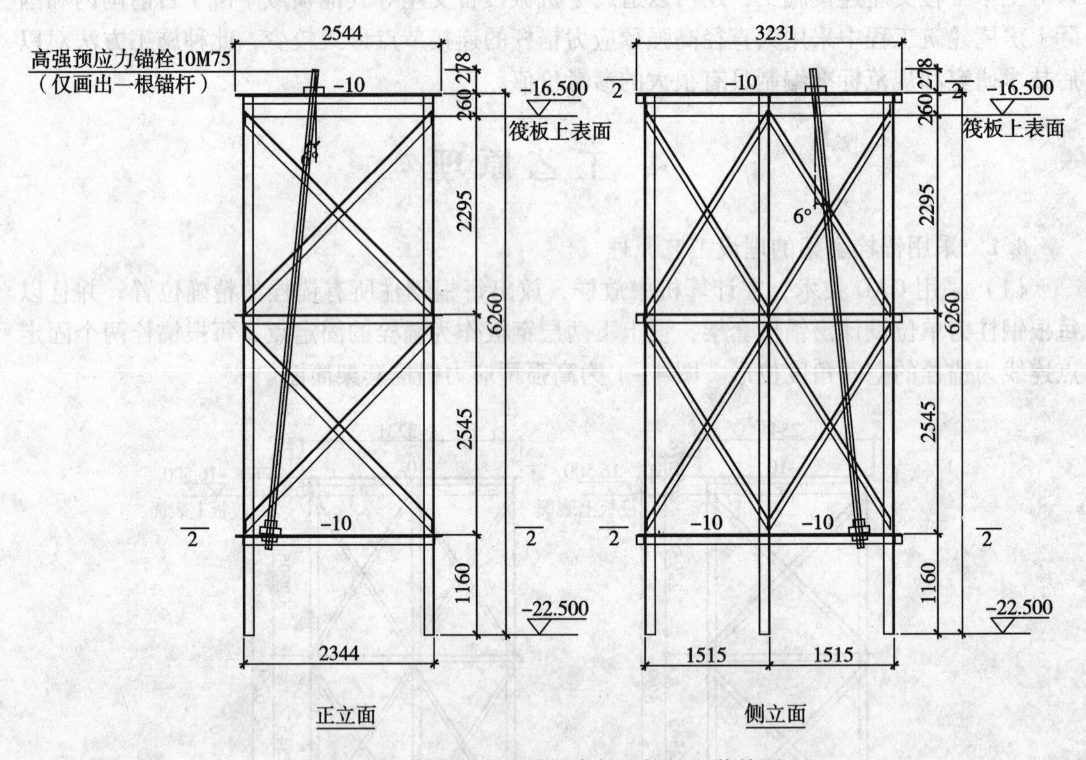

图4－2　高强预应力锚栓套架和锚栓组装简图

（3）在混凝土浇筑时，采用全站仪对每根锚栓进行定位监测，以控制锚杆位置是否有变化；混凝土浇筑完成后，切割锚栓套架混凝土表面以上的部分（或者切割到钢柱底标高处），并复测各锚栓位置，最后进行主体结构安装。图4－3为钢结构吊装前高强预应力锚栓套架切割后的简图。

4.2　球形螺母调节角度偏差的工艺原理

（1）锚栓张拉端采用球形螺母，能够同时适应一定范围倾斜角度锚杆的安装，使所有配件标准化。图4－4为球形螺母安装端部大样图。

（2）如果锚杆存在倾斜角度的安装偏差，球形螺母可以通过与楔形垫板之间的转动来消化此安装偏差。

（3）可调节角度大小。可根据锚杆直径、楔形垫板中间圆孔直径、钢柱底板圆孔直径以及各配件的厚度等因素确定，以球形螺母球面中心为转动点，调节角度 θ 范围为：$a < \theta < b$（设顺时钟转动时为负，即 a 为负值）。图4－5为球形螺母可调整锚杆角度倾斜偏差图。

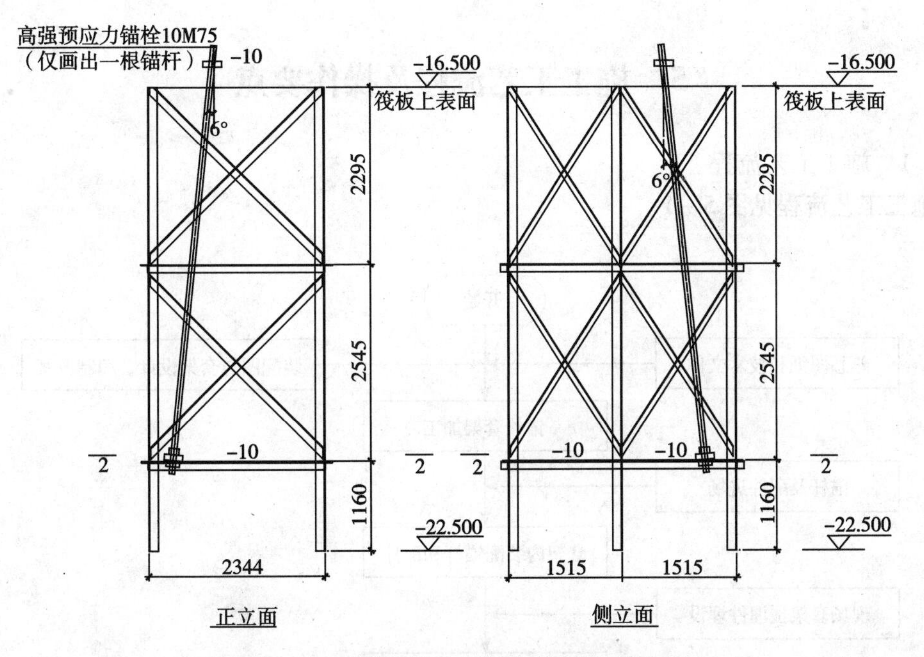

图 4－3　高强预应力锚栓套架切割后简图

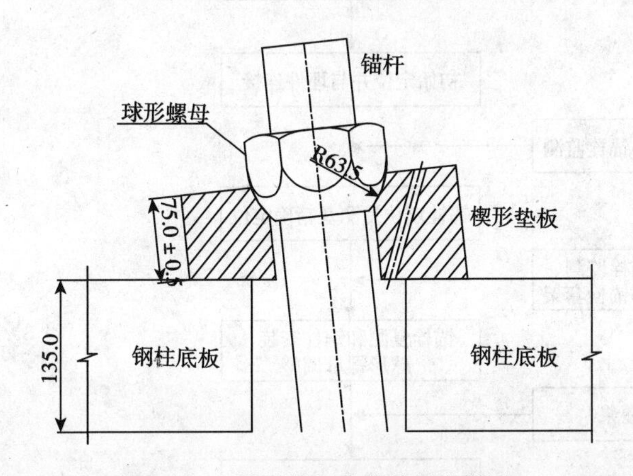

图 4－4　球形螺母安装端部大样图

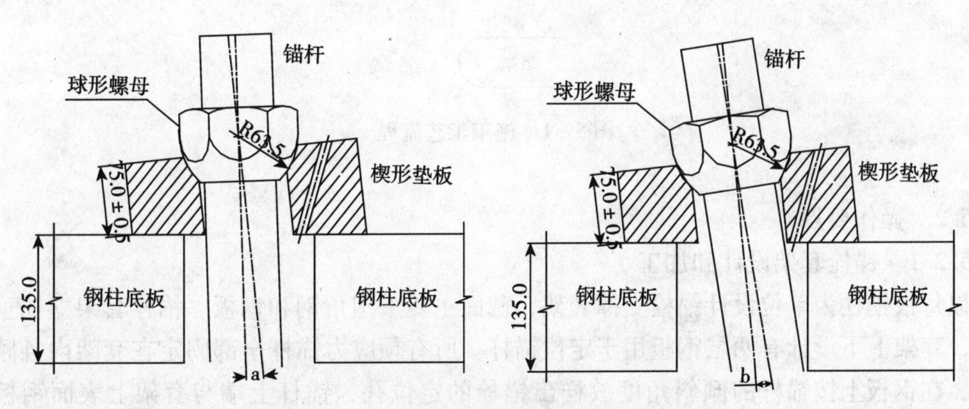

图 4－5　球形螺母可调整锚杆角度倾斜偏差图

5 施工工艺流程及操作要点

5.1 施工工艺流程

施工工艺流程见图5－1。

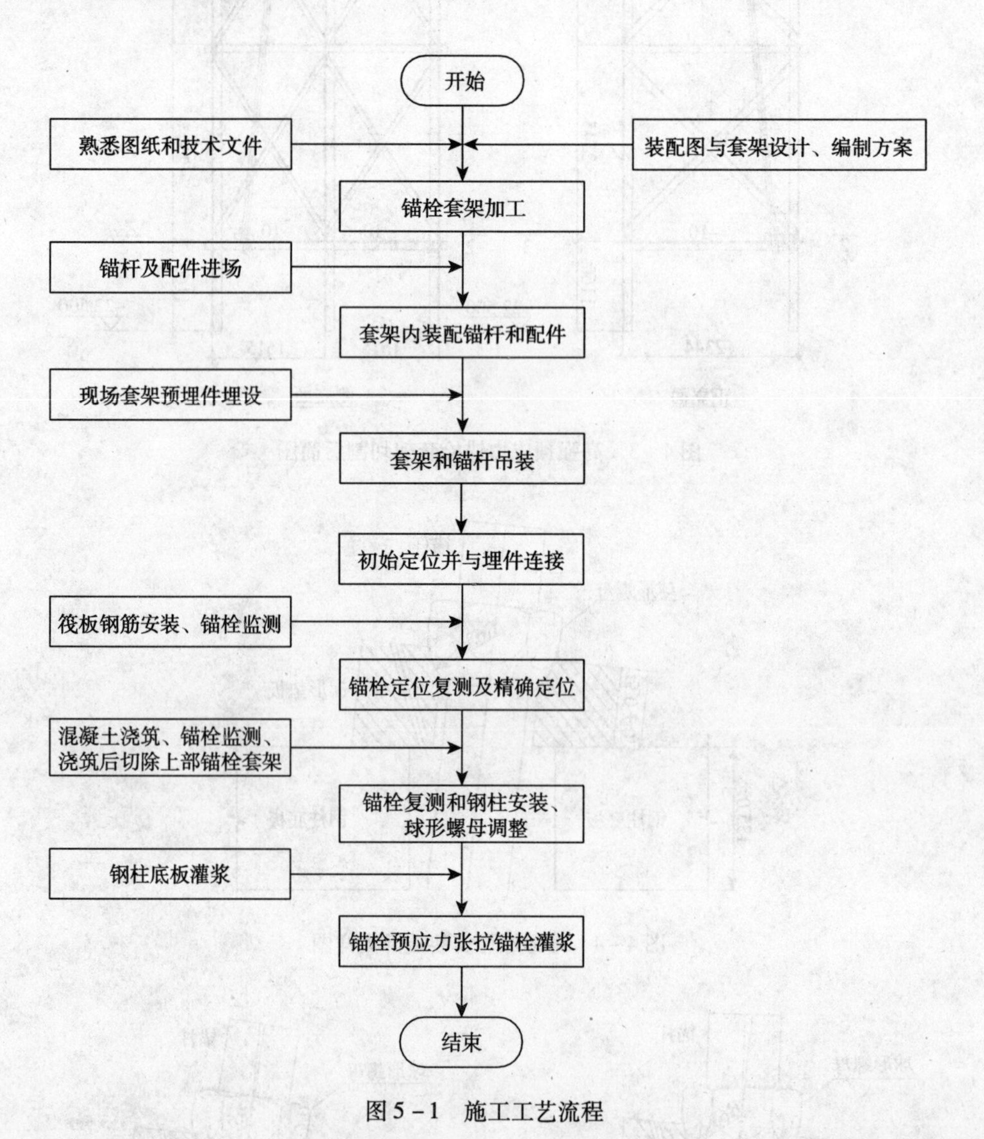

图5－1 施工工艺流程

5.2 操作要点

5.2.1 锚栓套架设计和加工

以每根钢柱为单位设计锚栓支撑套架，截面主要采用角钢和钢板。锚栓套架立柱垂直设计，套架上下设计有两层钢板用于定位锚杆。所有预应力锚杆全部固定在套架内且倾斜布置，在钢板上按锚杆的倾斜角度放样出锚栓的定位孔，锚杆上端与套架上表面钢板连接，下端与下层钢板连接，每根锚栓的倾斜角度即上下定位孔的空间角度。上层钢板表面高出混凝土表面以便测量，下层钢板标高结合锚杆长度确定。图 5－2 为一典型钢柱锚栓套架设计图。

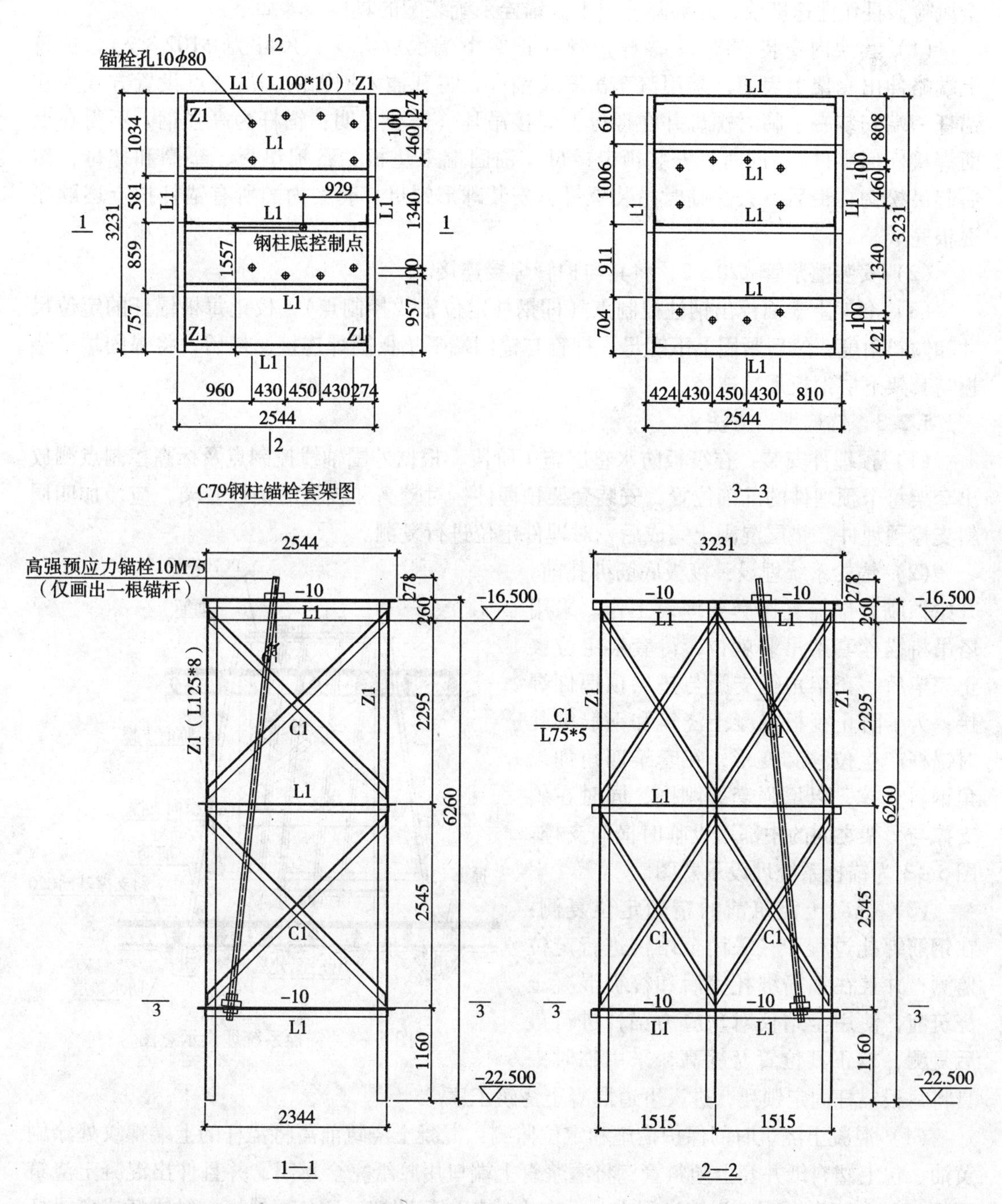

图 5－2 典型钢柱锚栓套架设计图

锚杆套架结构较为简单，现场加工以便运输，且可立即进行下道锚杆装配工作，以缩短工期。锚杆套架加工全部采用焊接连接。

5.2.2　锚栓系统装配

在加工地点就将锚杆装配到套架内，以减少现场作业与其他工程的交叉作业，降低安全风险，且作业速度快，能够降低成本。锚栓系统装配的具体步骤如下：

（1）套架内安装 $\phi88\times2$ 锚杆护管（护管下端设放大头，尺寸为 $\phi102\times2$），护管上端略伸出套架上表面；采用汽车吊安装锚杆，将其插入护管内，吊装点设置方式为在锚杆一端安装一个临时螺母并在螺母上焊接吊耳（需要说明：锚杆为高强钢，不得在上面焊接任何零件）；同时，安装锁定螺母、锚固端平垫板、石棉垫板、垫圈和螺母，然后起吊松钩；最后，去除临时吊装螺母，安装球形螺母。套架内的所有锚杆按上述顺序逐根完成。

（2）安装灌浆管 $\phi20\times2$，将其与护管焊接连接。

（3）套架上表面标出钢柱控制点（即钢柱定位轴线控制点），校正每根锚杆的定位尺寸和倾斜角度，然后紧固上下螺母；护管与锚固端平垫板围焊连接；最后，将锚固端平垫板与套架下层钢板焊接连接。

5.2.3　锚栓埋设方法

（1）预埋件安装：在筏板防水垫层施工阶段，根据外围轴线控制点及标高控制点测放出套架每个预埋件的准确位置，安装套架预埋件；对较高和较重的锚栓套架，应增加四周斜支撑预埋件。垫层混凝土完成后，对埋件定位进行复测。

（2）锚栓系统埋设：筏板底筋绑扎前，开始预应力锚栓支撑套架埋设工作。采用塔吊将锚栓套架吊装就位，待套架定位校正完毕后，套架角钢支腿与垫层预埋件焊接；为了防止筏板混凝土浇筑和钢筋绑扎对锚杆产生位移和变形，在套架四角加设角钢斜支撑，以增强套架刚度，同时在斜支撑与套架之间的中部增设临时横向支撑。图5-3为锚栓系统埋设示意图。

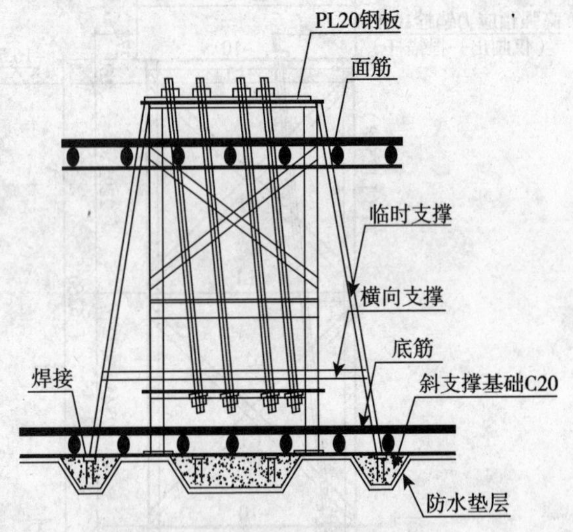

图5-3　锚栓系统埋设示意图

（3）混凝土浇筑前的精确定位复测：在钢筋绑扎过程中，采用全站仪进行定位监测；并且在钢筋绑扎完后和筏板混凝土浇筑前，使用全站仪对预应力锚杆进行最后复测，校正其位置及标高，采用临时夹具将每根锚杆固定锁死，进入下道混凝土浇筑工序。

（4）混凝土浇筑时的保护措施和定位监测：混凝土浇筑前需将锚杆的上端螺纹处涂刷黄油、包上塑料纸并套上塑料管，将灌浆管上端口用胶纸完全封闭，并且伸出混凝土浇筑顶面400mm。在混凝土浇筑过程中，派专人对其进行监控，避免振捣棒接触锚杆或离锚杆太近，以免影响定位精度。同时，在混凝土浇筑时，在基坑四周采用全站仪对锚杆位置进行监测，全过程控制混凝土浇筑对锚栓定位的影响。

（5）锚栓套架的处理：在混凝土浇筑完成后，切割锚栓套架混凝土表面以上的部分（或者切割到钢柱底标高处），并复测各锚栓位置，最后进行主体钢结构安装。

5.2.4 球形螺母误差调整

钢柱安装完成后，安装球形螺母并消化锚栓安装角度偏差，高强锚栓进行预应力张拉后紧固螺母，最后进行锚栓灌浆。

6 材料与设备

6.1 主要材料：

角钢和钢板：若干（Q235 或 Q345）

6.2 使用设备

履带吊或汽车吊：1 台

平臂式塔吊：3 台（用土建施工塔吊）

直流电焊机：4 台

经纬仪：2 台

全站仪：2 台

手动工具：若干

配电箱：2 个；

电源电缆：若干

7 质量控制

7.1 质量要求

（1）高强预应力锚栓的安装应满足《钢结构工程施工质量验收规范》GB50205—2001的相关要求；

（2）央视主楼中高强预应力锚栓安装应满足中国建筑工程总公司发布的企业标准《中央电视台新台址 CCTV 主楼钢结构施工质量验收标准》ZJQ00—SG—001—2006；

（3）高强预应力锚栓安装应满足工程设计技术文件的相关要求。

7.2 质量控制

（1）高强预应力锚杆具有直径大、尺寸长、单根较重，每根钢柱数量不等，且倾斜一定角度的安装特点，要满足锚杆准确高精度定位，必须保证支撑套架稳固，筏板钢筋绑扎和混凝土浇筑时必须防止变形和移动。

（2）混凝土浇筑时派专人监控，以避免振捣棒接触锚杆或离锚杆太近而造成较大误差，并在基坑四周设置全站仪对锚栓位置进行精度监控。

（3）高强预应力锚栓不得在施工现场进行任何焊接，并在交叉作业时和锚栓套架切割时保护好锚栓螺纹。

8 安全措施

8.1 锚栓套架较高，工作人员站在套架顶部安装锚杆时属高空作业，应进行相应的安全防护，且还需防止整体倾覆倒塌。

8.2　现场绑扎钢筋时，不要将钢筋直接铺设在套架上，以免锚栓套架整体倒塌。

9　效益分析

9.1　设备投入及经济效益方面

预应力锚杆根数较多，主要分布在钢柱处，涉及面积较大，施工中采用锚栓套架和锚杆同时安装的做法，仅需采用一台小型汽车吊就能满足组装要求，避免了现场采用塔吊逐根锚杆安装，减少了塔吊等起重设备的投入，大大节约了安装成本。

预应力锚栓张拉端采用球形螺母可以适应倾斜锚杆的角度，使所有不同角度锚杆的配件全部按倾斜6°加工，做到标准化，大大节约了配件加工成本，经济效益非常可观。

9.2　工期方面

锚栓套架现场加工，且锚杆在套架加工完成时安装，然后运输至指定地点进行吊装，可以与其他工序同时进行，又减少了现场交叉作业，施工周期最短。

9.3　质量方面

锚栓张拉端采用球形螺母可以适应一定范围的倾斜锚杆角度，并且可以消化部分安装角度误差。从完成工程安装结果来看，100%的钢柱锚栓预埋定位准确，无一柱底板扩孔现象，在国内钢结构安装行业中也较少有。

安装时采用了锚栓套架一次定位，锚杆再次精确定位，提高了安装精度，能够满足预埋精度要求。

10　应用实例

中央电视台新台址建设工程主楼（简称CCTV主楼）坐落于北京市朝阳区东三环中路和朝阳路交界处京广桥东南角，结构造型新颖独特，为全钢结构。总建筑面积为472998m^2，由两座双向6°倾斜塔楼（塔楼1为52层，塔楼2为44层）、10层裙房和14层悬臂结构组成，结构最大高度为234m，总钢结构用量约12.5万吨。塔楼内部核心筒及内柱为竖直，外框筒柱为双向倾斜。塔楼1、塔楼2和裙房外框柱共97根，除12根为埋入式钢柱外，其余85根柱都设计有大直径高强预应力锚栓。直径为75mm、最长为6307mm、抗拉极限强度为1030N/mm^2、屈服强度为835N/mm^{2}的大直径高强度预应力锚栓，是国内首例。锚栓角度与双向倾斜钢柱角度一致，范围为6°～8.45°；每根钢柱锚栓数量也不相同，数量在4～12根之间。高强度预应力锚栓的倾斜角度、埋入长度、数量和总长度，按钢柱分类见表10－1。

高强度预应力锚栓表　　表10－1

序号	钢柱编号	倾斜角度（°）	埋入筏板长度（mm）	锚栓数量（套）	锚栓长度（mm）
1	C30～C34	6.0000	1319	20	1852
2	C29	6.0463	1428	4	1961
3	C28	6.1832	1428	4	1962

续表

序号	钢柱编号	倾斜角度（°）	埋入筏板长度（mm）	锚栓数量（套）	锚栓总长度（mm）
4	C27	6.4047	1429	4	1963
5	C26	6.7021	1430	4	1966
6	C25	7.0654	1431	4	1968
7	C24	7.4847	1432	4	1972
8	C23	7.9505	1434	4	1976
9	C10 ~ C11	6.0000	1629	8	2161
10	C68	6.3718	1823	6	2358
11	C67	6.6463	1824	6	2360
12	C58	6.2237	2125	4	2658
13	C59	6.4923	2126	4	2660
14	C60	6.8499	2127	4	2664
15	C61	7.2831	2129	4	2668
16	C62	7.7785	2132	4	2673
17	C13 ~ C15	6.0000	2333	12	2865
18	C16	6.0605	2333	4	2866
19	C12	6.0000	3137	4	3670
20	C66	6.9868	3337	6	3875
21	C65	7.3772	3340	6	3880
22	C64	7.9505	3344	6	3886
23	C63	8.4548	3348	8	3893
24	C17	6.2382	3770	4	4304
25	C18	6.5234	3772	4	4307
26	C19	6.9023	3775	4	4312
27	C20	7.3597	3779	4	4318
28	C21	7.8814	3784	4	4325
29	C22	8.4540	3789	8	4334
30	C8、C86	6.0000	3871	12	4404
31	C3、C41、C45、C83	8.4545	3892	48	4437
32	C88	6.0000	3972	6	4504
33	C81	8.4545	3993	6	4538
34	C9、C87	6.0000	4022	12	4554
35	C4 ~ C5、C39 ~ C40、C46 ~ C47、C82	8.4545	4044	66	4588
36	C56、C92	6.0000	4877	16	5409

续表

序号	钢柱编号	倾斜角度（°）	埋入筏板长度（mm）	锚栓数量（套）	锚栓总长度（mm）
37	C57	6.0567	4877	6	5410
38	C49～C55	8.4545	4903	66	5448
39	C93～C96	6.0000	4927	24	5459
40	C89～C90	6.0000	5028	16	5560
41	C79～C80	8.4545	5055	16	5599
42	C48	8.4545	5358	8	5903
43	C35～C36	6.0000	5379	10	5912
44	C71、C91	6.0000	5731	18	6264
45	C70	6.0463	5732	10	6265
46	C69	6.1832	5733	8	6267
47	C72～C78	8.4545	5763	76	6307
	总　计			586	

CCTV主楼外框筒钢柱通过柱脚的大直径高强度预应力锚栓与筏板紧密连接，埋深至筏板底部受力钢筋表面处，将上部结构与筏板连成一个整体，承受钢柱脚拔力。高强度预应力锚栓主要由锚杆、保护导管、注浆管、螺母、垫片等配件组成，锚杆由碳—铬合金材料热轧制，锚杆相关参数见表10－2。

锚杆参数表　　**表10－2**

名义直径（mm）	锚杆直径（mm）	螺纹直径（mm）	截面积（mm^2）	螺纹处有效截面积（mm^2）	理论重量（kg/m）
75.0	73.5	77.2	4243	4025	33.0

施工中采用本工法进行锚栓安装，2005年9月份开始高强预应力锚栓的预埋安装，11月份结束；2006年4月19日开始锚杆张拉，6月14日张拉结束。央视工程整个锚栓施工中，监理单位对锚栓的埋设、张拉和灌浆过程都进行了旁站监督工作。从锚栓最终测量记录结果表明，所有锚杆安装均满足设计要求，质量验收全部合格；采用的施工方法简捷、操作方便、经济效益明显，并且大大缩短了施工工期。

在房屋建筑施工领域中，本工程采用的直径为75mm高强度预应力锚杆（抗拉极限强度为1030N/mm^2，屈服强度为835N/mm^2）在国内为首例，尚无先例可以借鉴。在工程实施过程中，项目技术人员对预应力锚栓的材料性能、装配设计、精确预埋、张拉和灌浆等进行了深入研究，编制了可行的技术方案，精心组织施工，以100%的合格率顺利完成。

以本工程高强锚栓安装成套技术为基础的双向倾斜大直径高强度预应力锚栓施工工法，技术先进、可操作性强，填补了国内房屋建筑中大直径预应力高强度长锚栓应用的空白，向全国建筑行业研究、设计和施工等领域工程积极推广具有重要价值。

制麦塔工程成套施工工法

完成单位：中国建筑第六工程局
批准单位：国家建设部
工法编号：YJGF126—2006
主要完成人：贺国利　李永红　王树铮　张　杰　雷学玲

本成套施工工法包括下列工法：

一、超大跨度三向预应力无梁圆板施工工法
二、锥底浸麦层特殊结构层施工工法
三、“零”误差筒壁内侧耐磨混凝土施工工法
四、筒体结构大模板与爬架配套施工工法
五、锥形暂储仓施工工法
六、室内环境防霉施工工法
七、筒体钢筋防扭转施工工法
八、组合翻麦机安装施工工法

一、超大跨度三向预应力无梁圆形板施工工法

1 前 言

三向预应力技术在圆板结构中的应用，为大跨度无梁圆板结构的施工开辟了一条新的结构构造路径。在制麦车间的主塔圆板结构中应用，在国内属首次使用。避免了放射布置时局部预应力筋过多重叠，或在跨中设置张拉端进行分段张拉的施工繁琐和施工质量难以控制情况。同时，保证了圆板结构的各向受力均衡性，并使圆板荷载均布在支撑筒壁上。施工难度是：其矢高控制较单、双向复杂；预应力筋安装位置要求较严；预应力筋底部混凝土质量控制困难；张拉端钢筋太密，影响锚具安放和张拉；预应力筋张拉顺序对圆板预应力值的准确建立影响较大。

在对24.52m净跨、有抗裂、抗渗要求无梁圆板结构成功施工的基础上，总结形成本施工工法。

2 工法特点

2.1 本工法首次对三向预应力圆板结构施工特点进行阐述。

2.2 着重介绍预应力筋铺设定位、混凝土施工、张拉过程。

2.3 除铺设、安装定位马凳和预应力筋过程占用4~6h工期，其他过程不占用绝对工期。

2.4 采用多重控制措施，保证张拉应力值按设计要求准确建立。

2.5 侧重于施工前的策划，施工过程简单，根据人员素质进行合理分工，专业工种数量少。

2.6 本工法施工连续，无施工间歇，可加快施工进度。

3 适用范围

本工法适用于建筑施工中大跨度预应力无梁圆形板施工，包括有粘结预应力技术和无粘结预应力技术在圆板中的应用施工。特别适用于无梁圆板厚度较大，有抗裂、抗渗要求和使用荷载较大，靠筒壁支撑跨度30m以内圆板的工程。

4 工艺原理

根据三向预应力圆板的受力特点，从预应力筋的下料准备、铺设定位、混凝土施工、

张拉顺序等方面着手，采取切实可行及合理、周密的具体技术措施。施工中采取全过程的监控，使其施工便利，而且施工质量满足设计要求。

5　施工工艺流程及操作要点

5.1　工艺流程

施工准备→预应力筋下料（有粘结预应力筋穿束）→支圆板底模→定出圆心→弹出每个方向预应力筋铺设范围线及间距控制线→绑圆板底普通钢筋→根据反弯点和矢高控制点固定马凳→吊装、铺设预应力筋→锚具、承压板、螺旋筋安装固定（有粘结预应力排气孔、灌浆管安装）→绑圆板顶普通钢筋→二次检查调整→隐蔽工程验收→浇筑混凝土（制作同条件养护混凝土试块）→混凝土终凝后凿出张拉端承压板（有粘结预应力筋清理喇叭口）→（压同条件养护试块）预应力筋张拉（有粘结预应力张拉完毕后，进行预应力灌浆）→切筋封锚。

5.2　操作要点

5.2.1　预应力筋下料在加工厂内进行。由于为圆形板，不同位置预应力筋下料长度计算时考虑进行缩尺计算。用砂轮切割机下料切割。切口处两侧预先绑扎牢固，以免切割后松散，下料编束后沿束长方向每2m用20号钢丝绑扎一道，并根据其在圆板中分布的不同位置编号。编束时，将每束张拉端与锚固端交错布置。

5.2.2　材料进场后按编号及下料长度分层分批码放。根据每束预应力筋长度不同和具有单一性的特点，与监理共同选择确定适宜的取样方案对预应力筋和锚具进行取样复试，合格后可用于工程。

5.2.3　在支好的圆板底模上定出圆心和方向线，在绑扎板底普通钢筋前，在模板上标出每束预应力筋位置线和矢高控制马凳位置线。

5.2.4　根据足尺放样情况设置、固定圆弧形马凳，同一圆弧上马凳焊接成整体，弧形马凳与圆板同心。考虑到三向预应力筋重叠后的厚度及相互交错影响，马凳高度和位置应使每一位置的三向预应力筋的平均高度同设计图标明的预应力筋控制点高度。必须保证马凳在安放好预应力筋后和不可避免地少量踩踏后不位移、不变形。

5.2.5　吊装预应力筋。预应力筋一般采用专用桁架吊梁吊装。由于其占用场地较大，吊装时间长，故无粘结预应力筋可采用尼龙绳或麻绳将成盘筋吊到操作层，在操作面上组织散盘，并马上铺设就位。有粘结预应力筋在地面穿束后用桁架吊梁吊装。

5.2.6　铺设预应力筋。一个方向上的预应力筋必须全部铺设完后才能进行另一方向的铺设，即三个方向依次进行，不可乱层铺放或形成编织布形状。预应力筋除特殊预留洞口埋件等影响外，其余均要求平行顺直，不发生扭绞。为避免三个方向的预应力筋在同一位置重叠，铺设时要使圆板中心区域三向预应力筋按图5－1固定，即同一位置只形成两个方向预应力筋重叠。对护套或波纹管小的破损处用防水胶带进行缠绕修补，预应力筋与马凳用绑丝绑扎牢固。

5.2.7　安装螺旋筋、承压板（有粘结预应力筋包括喇叭口、排汽管、泌水管）。螺旋筋与板边非预应力筋绑牢。由于圆弧影响，每块承压板两端离模板距离不同，不易控制其与预应力筋的水平方向垂直度。为此，在承压板下提前焊好短钢筋头，与板边非预应力筋绑牢，重要位置应焊接固定。为适应板边弧形模板，一般采用泡沫代替普通穴模。有粘结预应力筋设置在波峰处的泌水管兼作灌浆孔用。

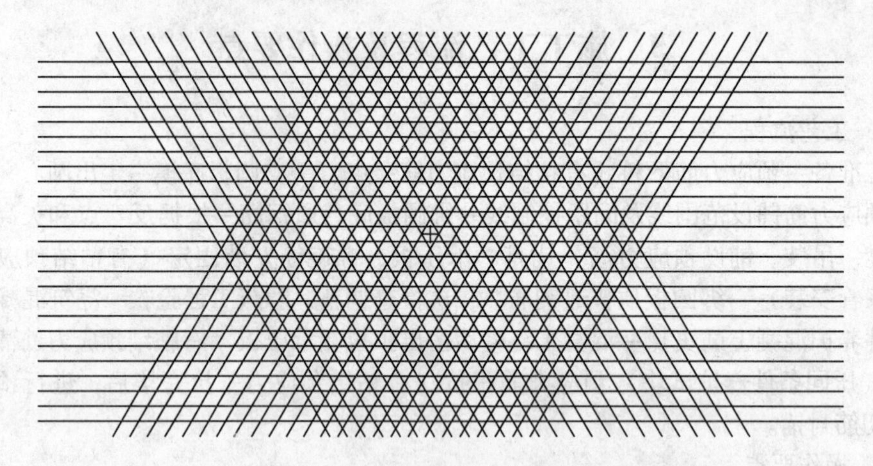

图5-1 圆板中心区域三向预应力筋铺设固定示意图

5.2.8 板顶普通钢筋铺设。板外边缘上部钢筋锚入节点处的钢筋向上弯折，避免此处钢筋过密，混凝土浇筑困难。此铺设过程应进行预应力筋的调整保护，圆板中心区域预应力筋较密，必要时设置人行走道。板顶钢筋铺完后对预应力筋及配件进行二次检查、调整、固定。此过程一般不得进行电焊作业，防止预应力筋被电火花灼伤。

5.2.9 混凝土浇筑：

(1) 严格控制混凝土配合比，防止离析；

(2) 在圆板中心区域混凝土自然流淌形成的斜坡底部灰浆中撒一层干净湿润的同级配石子，将石子拍入灰浆内再振捣此处，使预应力筋底部混凝土中石子分布均匀；

(3) 合理组织，使混凝土连续浇筑，严防出现混凝土初凝现象，产生冷缝；

(4) 端部钢筋密集处或螺旋筋处振捣混凝土时，振捣棒不得触碰预应力筋或波纹管、锚具等；

(5) 留置3组同条件养护试块，放置在圆板上养护。

5.2.10 混凝土成型后及早拆除圆板外侧模，清除承压板面混凝土或灰浆。检查两端混凝土的密实情况。加压同条件养护试块和现场回弹试验，确定圆板混凝土实际强度等级。配备搭设张拉操作平台。

5.2.11 每一方向预应力筋配置2套设备，同时由两侧向中间对称逐根张拉，每一方向张拉需分两次，整个圆板的张拉分6个阶段。单向张拉顺序如图5-2所示。张拉过程中，检查达到控制油压时实际张拉伸长值与理论值的误差，不得超过±6%。

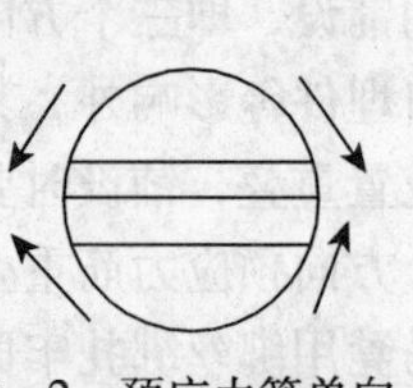

图5-2 预应力筋单向张拉顺序示意图

5.2.12 封锚、灌浆。张拉完，经检查合格并静停12h以后，经检验预应力筋的内缩量不超过5mm时，用砂轮锯切断外露预应力筋后用微膨胀混凝土进行封锚。有粘结预应力筋张拉检查合格后连续进行灌浆，水泥浆中掺入具有微膨胀减水功能的灌浆料。

6 材料与设备

6.1 材料

ϕ15.24mm 低松弛钢绞线 f_{ptk} = 1860MPa，相配套的固定端挤压锚、张拉端夹片锚，ϕ10@40mm 长 200mm 螺旋筋，10mm 厚钢垫板，穴模，专用防腐油，封锚塑料套，定位马凳，绑丝，粘胶带，有粘结预应力筋扁形波纹管、排汽管、灌浆管等；符合设计要求性能的混凝土。

6.2 设备

6.2.1 混凝土生产运输振捣机具：输送泵、振捣棒等。

6.2.2 预应力机具：两套张拉设备，穿心式千斤顶及配套的油泵，砂轮切割机；有粘结预应力筋另需搅拌机、灌浆泵、储浆桶、灌浆嘴等。

6.2.3 各种张拉机具由专人妥善使用、维护和定期校验，使用前，对千斤顶和油压表进行配套标定，标定周期不得超过半年，并在张拉前配套试运行，使用过程中出现反常现象或千斤顶检修后，进行重新标定。

7 质量控制

7.1 钢绞线质量符合《预应力混凝土用钢绞线》GB/T5224—2003 要求，波纹管符合《预应力混凝土用金属波纹管》JG225—2007 的要求。

7.2 锚具符合《预应力筋用锚具、夹具和连接器》GB/T14370—2007 和《预应力筋用锚具、夹具和连接器应用技术规程》JGJ85—2002 的要求。

7.3 张拉设备符合《预应力用液压千斤顶》JG/T5028—1993 和《预应力用电动油泵》JG/T5029—1993 的要求。

7.4 预应力混凝土结构质量要满足《混凝土结构工程施工质量验收规范》GB50204—2002 和《混凝土结构设计规范》GB50010—2002 中的规定。

7.5 无粘结预应力混凝土结构施工时要满足《无粘结预应力混凝土结构技术规程》JGJ92—2004 的要求。

7.6 待上层圆板混凝土强度等级达到设计值的 30% 以上、张拉层圆板混凝土强度等级达到设计值的 80% 以上时才能进行张拉。圆板张拉时，混凝土强度等级测定应用同条件养护试块抗压值和现场回弹值双控。

7.7 圆板底模的拆除应在张拉后进行，有粘结预应力圆板底模应在灌浆 3d 后才能拆除。

8 安全措施

8.1 对钢筋支架、模板支架及人员操作支架进行验算，保证混凝土浇筑过程中支架稳固。内外操作张拉平台均按正式施工脚手架搭设。

8.2 成盘预应力筋开盘时要防止尾端弹出伤人。

8.3 张拉过程中操作人员应精神集中、细心操作，给油、回油平稳。作业时应站在千斤顶两侧操作，严禁站在千斤顶作用力方向。

8.4 张拉后切下的预应力钢筋应集中堆放进容器中，防止坠落伤人。

8.5 灌浆时，操作人员必须戴好防护眼镜，防止高压浆液喷出伤害眼睛。

9 环保措施

9.1 张拉设备应优先选用噪声低、能源利用率较高、工效高的设备。

9.2 作业面必须工完场清。

9.3 维护施工现场的环保设施。

9.4 施工中，严格执行中建总公司《施工现场环境控制规程》中的各项要求。

10 效益分析

10.1 此项工法的成功应用，一改圆板在双向布筋时受力不均衡的缺点，为结构设计开辟了新的思路。同时，也可比其他方法缩小截面尺寸，重量轻，刚度大，抗裂抗渗性和耐久性好，节约材料，降低工程造价。

10.2 此项工法的成功应用做到施工便利、省时省工，不仅易保证施工质量，还可缩短施工工期。

10.3 按此工法施工可在张拉后拆除模板，不必等圆板混凝土强度等级达到设计强度等级100%后才可进行拆模。

10.4 平板结构底面省去吊顶或处理梁板结构的费用。在同等室内空间要求下，可有效降低层高，从而降低建筑物的运营成本。

经过成本核算，在大连中粮制麦塔及哈尔滨龙垦麦芽制麦塔共五座制麦塔中，采用此工法施工共节约资金32.53万元。

11 应用实例

本工法曾先后应用于大连中粮年产30万吨三座麦芽制麦塔工程和哈尔滨龙垦麦芽有限公司年产20万吨二座制麦塔工程。以哈尔滨龙垦麦芽制麦塔为例：两座制麦车间成哑铃形布置，制麦车间为钢筋混凝土筒体结构，制麦塔结构高度为98.45m，塔身共11层，塔内径为24.52m；塔壁厚分500mm、450mm 400mm三种；圆板厚：标高77.15m厚为750mm，标高98.45m厚为500mm，其余均为600mm。塔内1～3层圆板为有粘结预应力圆板，每一波纹管内穿6根钢绞线；4～11层平台板为无粘结预应力圆板，每6根钢绞线成一字排列为一束。每束中张拉端交错布置。此工法的应用，在这五座制麦塔中均取得满意效果。其中哈尔滨龙垦麦芽制麦塔工程质量获哈尔滨市结构优质奖。

二、锥底浸麦层特殊结构层施工工法

1 前　　言

锥底浸麦层是形状特异的梁板组合结构，是制麦塔筒体最顶一层功能层，是制麦塔工程结构中最为复杂的一层。由异形预应力大梁、米字形梁、圆梁构成六个安放不锈钢锥底浸麦罐的圆洞。该层梁平面布置见图1。梁钢筋稠密、截面尺寸大而且形状不规则，其施工难度是不同功能节点处理。在宁波麦芽有限公司年产20万吨制麦塔、深圳啤酒厂制麦塔、大连中粮年产30万吨制麦塔、哈尔滨龙垦麦芽年产20万吨制麦塔锥底浸麦层成功施工的前提上，总结形成本施工工法。重点阐述锥底浸麦层细部放样测量技术、清水异形模板、高空中超长钢筋铺放顺序及连接、有粘结预应力技术、高性能混凝土应用、异形预埋件安装等关键技术。

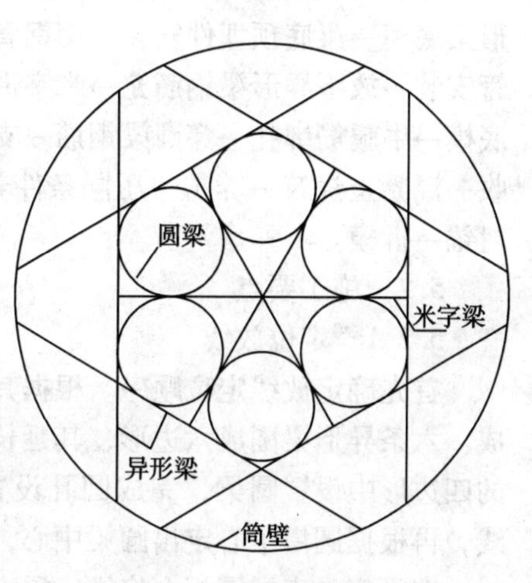

图1　梁平面布置图

2　工法特点

2.1　对锥底浸麦层的施工组织及不同功能节点的处理进行详细阐述。

2.2　利用平底浸麦层塔心定出六个圆孔圆心，再利用圆孔圆心反引测锥底浸麦层塔心技术，可以成功解决米字形梁中心不准预留投测孔的问题，并且能够保证塔心投测精度。

2.3　针对梁板异型较多的特点，模板采用竹胶合板。圆梁与米字形梁、预应力异形梁围成的三角处空隙采用预先做成三角形空箱体固定在圆弧梁多支出的梁底模板上。并采取可靠的加固措施，能够有效保证浸麦层梁板的设计几何尺寸及清水混凝土要求。

3　适用范围

制麦塔锥底浸麦层特殊结构层及类似特殊结构层施工。

4　工艺原理

根据锥底浸麦层结构形状特异的特点，从施工组织、定位放线、特殊模板选用、超长梁钢筋、长波纹管安装、预埋件安装、混凝土浇筑、预应力筋张拉、模板拆除等方面着手，采取切实可行及合理技术措施，施工中采取全过程的监控，使其施工便利而且施工质量满足设计要求。

5　施工工艺流程及操作要点

5.1　工艺流程

异形梁底架子→米字形梁底架子→圆梁架子→板及圆洞位置架子→异形梁底模→米字形梁底模→梁底预埋件安装→用钢管搭设架立钢筋的架子、安装异形梁钢筋→预应力波纹管安装→放下异形梁钢筋笼→米字形梁钢筋安装→异形梁靠塔心侧模支到圆梁底→圆梁铺底模→牛腿筋绑扎→穿圆梁钢筋→支梁侧模→铺板底模→板预埋件安装→绑板筋→隐蔽验收→混凝土浇筑→养护→压同条件养护试块、现场回弹→预应力钢绞线两端张拉→灌浆、封锚→拆模。

5.2　施工要点

5.2.1　定位放线

首先确定放线定位顺序。根据其设计原理，本层由梁板组合主要是完成六个圆孔的形成。六条异形梁围成六边形，其延长线与圆筒壁相交。米字形梁与异形梁垂直相交，形成的四边形中设置圆梁，完成圆孔设置。根据上述构成原理依次进行异形梁、米字形梁放线，再根据圆塔中心定出圆梁中心，定出圆梁位置。

在平底浸麦层圆板上将锥底浸麦层所有混凝土梁构件、埋件、预留孔洞等细部尺寸位置用墨线弹出。投线时由于平底浸麦层圆板起拱较大，直接在板面拉尺丈量会造成误差，要使用水平尺保持钢尺水平，在尺寸起止两端使用线坠。本层的塔心不能采用从下部直接投测的方法确定。由于米字形梁中心不准预留投测孔，故利用平底浸麦层塔心定出六个圆孔圆心，再利用圆孔圆心反引测锥底浸麦层塔心。预埋件、预留孔洞等通过其与梁构件的相对位置及与塔心的相对位置双重控制定位。

5.2.2　特殊模板

本层模板异形较多，多为一层性使用，但由于要求顶棚不抹灰，故采用质量较好的竹胶合板。圆梁内模板面为竹胶合板，肋用 L50×5 角钢预弯成。用螺栓将模板与角钢连接，每块模板设置四道肋。弧形角钢用 $\phi18$ 钢筋焊接成格构式整体，防止安装模板时变形。如图 5－1 所示。

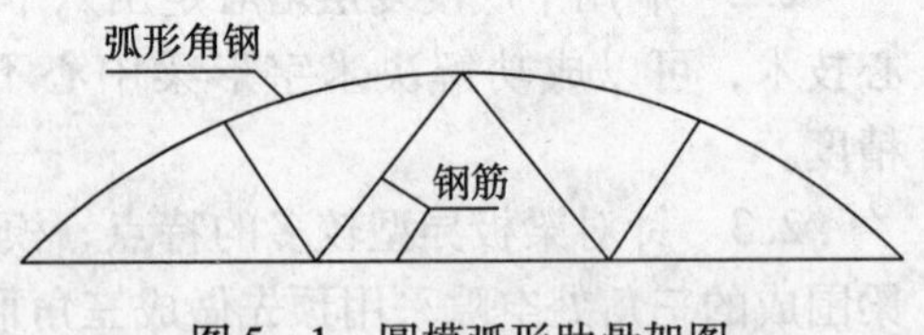

图 5－1　圆模弧形肋骨架图

每一圆梁内模由四块定型模板组成。圆梁与米字形梁、预应力异形梁围成的三角处空隙采用预制三角形空箱体固定在圆弧梁多支出的梁底模板上。异形梁梁头顶面与侧面与筒壁间留有后浇带。侧面后浇带用快易收口网留出空隙，梁顶部的后浇带在施工上部筒体时在筒壁钢筋网内放置木盒，钢筋网外部在壁模板上钉保护层厚的木板。木盒用钢筋固定在筒壁钢筋上，防止在混凝土浇筑时漂浮、侧向位移。由塔心部位起拱 150mm 和梁的位置及长度依次计算出米字形梁、异形梁的起拱高度，确定各梁底标高，圆梁不起拱。

本层结构层高为 11.7m。立杆沿梁方向搭设，这样形成了水平杆的斜向交错（功能类似于水平剪刀撑），水平杆斜向搭接处通过的立杆数不少于3根。梁底架体搭设顺梁的竖向剪刀撑，混凝土板和六个圆孔位置的立杆按900mm间距搭设，主要是考虑其顶部上层屋面圆板的支撑生根。为方便异形梁的模板钢筋操作，板及圆孔位置的架体在梁底标高以上部分等梁侧模支设完后再搭设。

5.2.3 超长梁钢筋、长波纹管安装

由于每道梁上下层大直径（直径$\phi28$、$\phi32$）钢筋均为双排，异形梁中有粘结预应力筋分三层。每道梁与其他两道梁交叉，特别要注意钢筋的铺放顺序，整体平面是先异形梁再米字梁最后圆梁。铺设时，先将每道异形梁梁底第一层铺完再依次按第一层的铺放顺序进行第二层铺设。然后安装预应力波纹管，波纹管铺设顺序同普通钢筋安放顺序，且每道梁的先后顺序应相同。梁顶钢筋亦按梁底第一层筋铺放顺序进行铺放。为加快钢筋安装进度，钢筋分两个班组，在铺异形梁时，采取在平行的两条梁同时铺设方法。梁纵向主筋放好后穿箍筋。异形梁截面设计的一个重要功能是考虑梁内预应力筋安放位置、混凝土入模振捣与预应力筋张拉需要。故异形梁在穿箍筋时，要注意预应力筋在梁中和梁端的水平位置的不同。同时，由于梁较宽、箍筋密，一个方向梁箍筋绑扎完后另一个方向梁的箍筋在梁交叉点处的箍筋无法正常绑扎，采用开口箍筋然后焊接的方式保证此处的箍筋数量。与梁预应力波纹管位置控制点定位架用$\phi12$钢筋焊接作成“┷┷”形，在预应力筋位置控制点处将定位架焊在梁箍筋上。由于制麦塔的结构特殊性，高空中无法完成穿束，故有粘结预应力钢绞线必须在地面穿束，空中整体安装，这无疑给长波纹管的空中安装带来难度。用专用吊装桁架按编号依次吊至楼层进行安装。穿束时，注意每一波纹管内钢绞线不得扭绞在一起。在梁远塔心侧模支设前，完成波纹管定位、泌水管、灌浆管、螺旋筋、喇叭口等配件安装，其中螺旋筋和铸铁喇叭口与筒体钢筋焊接牢固，见图5-2。

异形梁钢筋成型后局部形状见图5-3。

图5-2 螺旋筋和铸铁喇叭口与筒体钢筋焊接固定示意图

图5-3 异形梁钢筋成型后局部形状示意图

由于钢筋骨架较重，先将骨架用钢管搭设的架子架起，等绑完箍筋后将骨架放下。骨架的下放会对筒壁环梁产生向外的推力，故在骨架放下后应检查环梁的位置，发生偏移的应及时调整。根据以往施工经验，使此处环梁向外位移10cm，根据此数据将此处环梁提前向内偏移10cm。普通混凝土垫块不能承受骨架重量，采用在梁底筋上绑短钢筋棍控制梁底筋保护层。

圆梁钢筋与异形梁和米字形梁均有交叉且有牛腿筋与其交叉，只能采用现场穿筋的方法进行安装。圆梁每一根梁筋由三根弧形筋连接成，现场采用电弧焊连接。异形梁和米字形梁纵向受力钢筋采用直螺纹机械连接。异形梁梁端锚固筋受预应力波纹管及喇叭口的影响。由于梁端底部有预埋件，梁底梁顶锚筋只能均向上弯锚。当仍不能满足预应力筋安装要求时，征得设计同意将梁底锚筋切短，与环梁筋焊接以保证其锚固要求。

由于此梁内预应力波纹管较多，圆塔壁上的普通钢筋在确实绕不开的情况下允许部分切断，安装完波纹管及配件后再用电弧焊连接。空调加湿工作楼内部分梁的位置影响预应力筋的张拉，故在此几道梁的相应位置留出后浇带，等预应力筋张拉完后再支模浇筑混凝土。

5.2.4 梁板内预埋件安装

本层的埋件不仅多，而且由于不同的部位高低不平，位置确定困难，而工艺安装又对其位置要求严格。设置两个专业测量人员负责埋件的定位，木工、电焊工配合安装。在定位拉尺时注意保持钢尺的水平、吊线的准确度。与工艺安装部门共同验收每一埋件的位置及牢固情况，特别是对传动链条套管的位置及垂直度。当锚筋较密影响梁底筋时，可先将锚筋切断等梁钢筋安放完后，将锚筋焊接补好。锚筋切断后不能正常焊接的，应征得设计同意将埋件移位或改变锚筋位置等，不得移动或切断梁筋。

为防止梁张拉对筒壁产生较大的应力，异形梁梁端设置钢板使梁与筒壁分开，以使梁在张拉时产生滑动，等张拉后将大梁端埋件与筒壁上的埋件焊牢。此位置埋件造型复杂，有三块埋件重叠在一起，且极易产生梁两端埋件是一种尺寸形状的错觉。制作前，在平整的地面放出足尺样板，按样板下料切割，标出正反面。钻孔、焊接锚筋时按标出的正反面进行。埋件在安装到筒壁和大梁端后再焊接较为困难，安装前先确定需提前焊在一起的两块埋件，在地面焊好。筒体埋件与筒壁筋焊牢，梁底埋件与梁筋固定好，严禁将梁底埋件与筒壁筋连接固定。在梁预应力筋张拉后清理埋件上的灰渣，进行梁底埋件与筒体埋件的焊接。

5.2.5 混凝土浇筑

混凝土选择小粒径级配石子搅拌。在混凝土中掺入水泥用量10%膨胀剂，以减小混凝土后期的收缩引起的预应力损失。在混凝土浇筑前用钢管撑将局部梁顶钢筋撑开，便于从此处插入振捣棒进行振捣。混凝土浇筑后将撑子拔出。混凝土从离制麦塔辅助楼较远的一异形梁一端开始浇筑，梁内混凝土斜面分层，顺异形梁方向平行推进，一次浇筑到板面。由于梁深、分岔多，为不留施工缝，采用输送泵及布料机加快混凝土浇筑速度，保证每一道梁的连续浇筑。同时，在浇筑过程中选派三名振捣手，跟踪混凝土的流向进行振捣。在跨中部分钢筋、波纹管较密，底部混凝土要在梁混凝土未浇筑满时从梁侧面扩大部分插入振捣棒振捣。振捣过程中注意对异形梁内预应力配件的保护。留置不少于3组同条件养护试块，为预应力筋张拉时机提供依据。

5.2.6 预应力筋张拉

混凝土浇筑后及时拆除异形梁端模板，特别是需将梁两侧的后浇带内的混凝土清理干净，使大梁与筒壁无任何连接，以免影响梁预应力值的建立。将梁端埋件上的灰浆、混凝土等剔凿干净，清理喇叭口，安装锚具。当通过压同条件养护试块和现场回弹确认梁混凝土强度等级达到允许张拉强度等级时，即可进行两端张拉。为保证张拉后能够及时方便灌浆，在上层圆板拆模后再进行本层梁预应力筋的张拉。张拉时采用控制应力一次超张3%的超张法。

由于开始张拉时，预应力筋在套管内是自由放置的，要用一定张拉力使之收紧，这样就难以确定伸长值零点。为此，先将千斤顶加压到10MPa，这时预应力筋张拉应力为δ_{10}，在千斤顶上标记，作为测量伸长值的起始点，见实测伸长值计算图中A点（图5-4），然后逐步增加压力至δ_{con}。

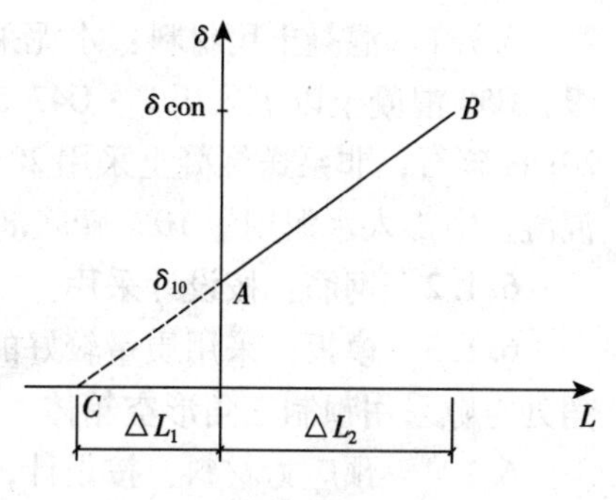

图5-4　实测伸长值计算图

记录此时的伸长值，见实测伸长值计算图中B点。由于在弹性范围内，伸长值与应力成正比，因此可将图中A、B两点作一直线并延长，与横轴相交于C点，此C点即为零点。其计算公式为：

$$\triangle L_1 = \delta_{10} \times \triangle L_2 / (\delta_{con} - \delta_{10}) \tag{5-1}$$

$$\triangle L = \triangle L_1 + \triangle L_2 \tag{5-2}$$

最后，根据上式计算的实测伸长值与原计算伸长值的比较，偏差控制在±6%以内。

在结构平面内，采取相互平行两道梁对称张拉的顺序。每根梁内预应力钢绞线张拉顺序为先梁顶再梁中最后梁底，同一水平面三束预应力筋先两侧同时张拉再进行中间张拉。

在预应力钢筋张拉后立即灌浆，可减少应力松弛损失约20%～30%，故张拉后及时进行孔道灌浆。孔道灌浆采用42.5级普通硅酸盐水泥，水泥浆掺入6%MNC—EPS灌浆剂，其水灰比控制在0.4以下。灌浆顺序为先梁底再梁中最后梁顶。

5.2.7　模板拆除

由于内部梁底架体必须形成整体，故底模的拆除必须等异形大梁预应力筋张拉完并灌浆3d后才能整体拆除。异形梁侧模支设时要考虑到早拆，即在底模及支架体不动情况下先将梁侧面模板拆除。这主要是考虑在预应力筋张拉前对异形梁的混凝土外观质量进行检查和现场回弹检测混凝土实际达到的强度等级。

本层以上标高的筒壁只有一人行洞口，一旦上部筒体施工后尺寸较大料具无法倒出去，故圆弧模板在上一层架体搭设前拆除，用塔吊运走。

由于六个圆洞内架体支撑屋顶圆板，故本层梁底模板拆除必须先将上层的架体模板拆除后才能进行。因上层圆板混凝土强度等级达到设计要求80%以上、异形梁混凝土强度等级达到设计要求100%以上时才允许进行各自预应力筋的张拉，这种混凝土强度增长的时间差确定了本拆模工序的合理性，不会对本层总工期造成太大影响。拆模后本层外观效果如图5-5所示。

图5-5　锥底浸麦层仰视图

6　材料与设备

6.1　材料

6.1.1 混凝土用材料：水泥采用普通硅酸盐水泥，C50及以上混凝土采用P·O52.5级；C50混凝土以下采用P·O42.5级；砂采用中砂，含泥量≤3%；泵送混凝土采用5～20mm碎石，非泵送混凝土采用20～40mm级配碎石，含泥量≤1%。对于预应力结构，在混凝土中掺入水泥用量10%膨胀剂，以减小混凝土后期收缩引起的预应力损失。

6.1.2 钢筋：按设计采用。

6.1.3 模板：采用质量较好的竹胶合板。圆梁与米字形梁、预应力异形梁围成的三角处空隙采用预制三角形空箱体。

6.1.4 预应力材料：按设计，通常采用1860MPa级ϕ15.24低松弛钢绞线，相配套的固定端挤压锚、张拉端夹片锚，ϕ10@40mm长200mm螺旋筋，10mm厚钢垫板，穴模，专用防腐油，封锚塑料套，定位马凳，绑丝，粘胶带，有粘结预应力筋扁形波纹管、排汽管、灌浆管等。

6.1.5 灌浆料：采用P·O42.5普通硅酸盐水泥，水泥浆掺入6% MNC—EPS灌浆剂，其水灰比控制在0.4以下。

6.2 设备

6.2.1 垂直运输设备：塔吊；

6.2.2 钢筋机械：弯曲机、切断机、调直机、闪光对焊机等；

6.2.3 木工机械：木工平刨、压刨、圆锯；

6.2.4 混凝土机械：输送泵、振捣棒等；

6.2.5 预应力机具：两套张拉设备、穿心式千斤顶及配套的油泵、砂轮切割机、搅拌机、灌浆泵、储浆桶、灌浆嘴等。各种张拉机具由专人妥善使用、维护和定期校验。使用前，对千斤顶和油压表进行配套标定，标定周期不得超过半年，并在张拉前配套试运行。使用过程中出现反常现象或千斤顶检修后，进行重新标定。

7 质量控制

7.1 预应力工程用钢绞线、锚具、张拉设备的质量要求同《超大跨度无梁圆板三向预应力施工工法》中相应内容。

7.2 钢筋、模板、混凝土结构质量满足《混凝土结构工程施工质量验收规范》GB50204—2002、《混凝土结构设计规范》GB50010—2002中的规定及设计要求。

7.3 异形预应力大梁预应力筋张拉时，混凝土强度等级测定应用同条件养护试块抗压值和现场回弹值双控。

8 安全措施

8.1 加强安全教育，认真学习并严格执行各项安全规程及操作规程。

8.2 操作人员不得饮酒且必须进行体检，各种特殊工种人员必须持证上岗。

8.3 对钢筋支架、模板支架及人员操作支架进行验算，保证混凝土浇筑过程中支架稳固。内外操作张拉平台均按正式施工脚手架搭设。

8.4 成盘预应力筋开盘时，要防止尾端弹出伤人。

8.5　张拉过程中操作人员应精神集中、细心操作，给油、回油平稳。作业时应站在千斤顶两侧操作，严禁站在千斤顶作用力方向。

8.6　张拉后切下的预应力钢筋应集中堆放进容器中，防止坠落伤人。

8.7　灌浆时，操作人员必须戴好防护眼镜，防止高压浆液喷出，伤害眼睛。

8.8　夜间浇筑混凝土必须要有足够的照明。

9　环保措施

9.1　混凝土养护废水不得随意排放，养护用草袋及时清理。

9.2　施工过程中采取可靠措施避免锚具润滑液、孔道灌浆料遗洒。

9.3　构件拆模时，应有专人进行检查，防止扬尘；如发现5m内目测有扬尘时，应采取洒水措施降尘。

9.4　模板及钢筋加工过程中产生的废弃物及时回收或清理，避免加工机械使用及维修过程中油料遗洒。

9.5　张拉后切下的预应力钢筋应集中堆放在容器中。

9.6　每个作业班结束时，对地面散落的木屑、小木块等垃圾进行清理，避免扬尘及对土壤造成污染。

9.7　混凝土施工每班结束后，操作工人检查模板下方，对撒落的混凝土或漏出的浆，及时清理回收。可利用的重复利用在要求不高的场合，减少材料浪费；不可使用的，集中运至指定地点处置。

10　效益分析

通过成本核算，本工法在大连中粮制麦塔及哈尔滨龙垦制麦塔中，共节约资金4.91万元。同时，由于所施工程质量优良，曾赢得业主、监理的一致认可和许多同行的观摩，为以后在制麦塔行业的开拓经营奠定了坚实基础。2006年6月，我单位凭借制麦塔施工技术优势顺利承接广州制麦塔工程，取得了很好的社会效益。

11　应用实例

该工法曾先后应用于大连中粮年产30万吨制麦塔、哈尔滨龙垦麦芽年产20万吨制麦塔等八座塔中。以哈麦芽制麦塔为例，其锥底浸麦层由异形预应力大梁、米字形梁、圆梁构成六个安放不锈钢锥底浸麦罐的圆洞。异形梁两端2m范围内为900mm×2000mm矩形截面，其余中间部分为类“凸”字形截面，上部宽600mm，下底宽800mm，梁跨度为18.90m，梁顶梁底配置双层大直径普通钢筋且内置9道有粘结预应力钢绞线。跨度为15.65m的米字形梁，截面尺寸为500mm×1500mm。圆梁截面尺寸为ϕ450mm×900mm，由其围成的圆洞直径为4.7m。施工时采用本工法中所述施工技术，各工序安排合理紧凑，至混凝土浇筑完共经历14个日历日，拆模后混凝土外观质量良好，赢得了业主和监理的一致认可。

三、“零”误差筒壁内侧耐磨混凝土施工工法

1 前　言

在制麦塔筒体一至九层筛板与轨道之间，沿混凝土筒体内壁周圈布置的一环形二次浇筑耐磨混凝土带。耐磨混凝土带高度为500mm、1000mm、1800mm三种，顶部斜面为200mm、300mm两种。发芽、干燥过程中耕麦机的刮板沿耐磨混凝土转动翻动大麦、麦芽。耕麦机刮板与耐磨混凝土之间不得有使大麦、麦芽漏过的缝隙。由于此部位影响使用功能，设计要求耐磨混凝土立面各点半径误差小于1mm，甚至有的外方图纸就是要求±0.00mm。施工中，通过详细策划，层层把关，确保了耐磨混凝土的施工质量与精度要求。验收中，由外方专家亲自通过灯光和耕麦机刮板水平尺等配合验收，一次全部通过。

2 工法特点

2.1　本工法是一次对安装与土建各自误差控制和相互配合误差控制的挑战，有效地弥补了各自的施工误差，实现了设计要求误差小于1mm的效果。

2.2　在耐磨混凝土与原筒壁混凝土结合过程中，改传统的预留筋方式为在筒壁上预埋膨胀螺栓。

2.3　模板安装精度在1mm以内，通过调节内外螺母进行控制。

2.4　侧重于施工前的策划，施工过程简单，质量易于保证。

3 适用范围

本工法适用于制麦塔筒壁内侧环形耐磨混凝土带及类似圆形混凝土二次浇筑结构施工。

4 工艺原理

根据耐磨混凝土的设计要求，从耐磨混凝土的圆曲率及截面尺寸的定位控制、耐磨混凝土与原筒壁采用预埋膨胀螺栓、绑扎钢筋网的结合方法、侧模支设及刮板设计等方面着手，采取切实可行及合理周密的具体技术措施，施工中采取全过程的监控，使其施工便利而且施工质量满足设计要求。

5　施工工艺流程及操作要点

5.1　工艺流程

筛板安装→耕麦机轨道安装→筛板保护→测量定位→膨胀螺栓安装→钢筋网安装→支模→混凝土浇筑→耕麦机安装→刮板设计安装→面层施工→验收。

5.2　操作要点

5.2.1　测量定位

耐磨混凝土位于筛板与轨道之间，沿混凝土壁周圈布置，此混凝土对半径圆度设计要求误差不超过 ±0.5mm，且要求待筛板安装完进行耐磨混凝土施工。故耐磨混凝土必须在工艺设备安装后施工，造成圆心确定困难，无法从圆心拉尺确定其半径。为此，决定耐磨混凝土支模浇筑前的圆度及截面尺寸的校正必须通过其上方安装在筒壁上的环形不锈钢轨道边缘吊线控制，此前提是轨道安装位置准确已经过交验。由于不锈钢轨道是耕麦机沿着转动的轨道，其安装偏差极小，但仍会与耕麦机之间有大于 1mm 的误差。故只能作为混凝土施工依据而在面层施工时不再考虑利用其测量定位，而是需要提前设计专用刮板来满足与耕麦机长度的吻合性要求。

5.2.2　耐磨混凝土与原筒壁的结合

（1）为使耐磨混凝土与筒体很好结合，综合考虑钢筋预留与支模精度要求，采用在筒壁上埋设膨胀螺栓，在螺栓上绑扎钢筋网片的方法。

（2）膨胀螺栓间距与耐磨混凝土支侧模相配套，以不大于 450mm 为宜。

（3）钢筋网片间隔与螺栓点焊以保证其位置。该方法不仅保证了耐磨混凝土与筒体的结合，并可防止耐磨混凝土的开裂，且不增加工程投资，为设计提供了一种新的混凝土结合途径。

5.2.3　单侧面模板

（1）耐磨混凝土与筛板间不得有缝隙，为防止从筛板孔内漏浆，首先将筛板与筒壁间的缝隙用钢板封闭。

（2）在耐磨混凝土底面筛板上铺塑料布，以防止渗出的水泥浆污染筛板。此处塑料布与筛板大面积保护用塑料布相连。

（3）此处模板采用竹胶模板，面板固定在弧形肋上，采用计算与地面现场放样制作定型弧形钢管、模板。

（4）在混凝土上筒壁安装 M12 膨胀螺栓，在其上焊接一端带螺纹的对拉螺栓，螺栓上设置控制耐磨混凝土截面尺寸的控制螺母。对拉螺栓螺纹长度应保证在耐磨混凝土内至少 4 扣，以便于控制螺母的调节。

（5）螺栓间距根据计算和耐磨混凝土的高度确定，以不大于 450mm 为准。

（6）在焊接对拉螺栓时，要根据从轨道的吊线进行长度控制，模板安装时要紧靠已提前安装的定位螺母。

（7）校圆用钢管必须足尺放样，固定后先进行检查合格后才能进行加固。由于其弧度一定，只有保证其水平才能保证由其固定的模板整体弧度及位置准确。即一根校圆用钢管绑好后，要验收其两端和中间一点的标高在同一水平面上。

（8）模板安装半径误差控制在1mm以内，不符合要求的通过调节内外螺母进行调整。

（9）为防止过早拆模对耐磨混凝土造成破坏，模板拆除时间较一般侧模拆除时间较晚一些，一般最少3d后才能拆模。耐磨混凝土支模示意图见图5－1。

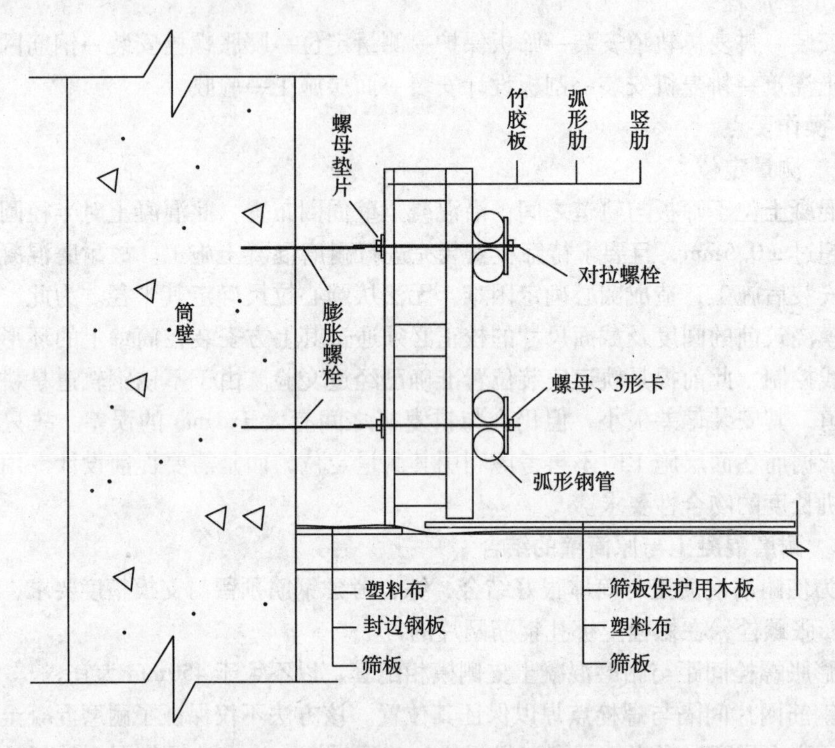

图5－1　耐磨混凝土支模示意图

5.2.4　耐磨混凝土浇筑

（1）此部分混凝土浇筑时，采用在观测孔设置溜槽的方法推车倒运混凝土，溜槽底部支架部分设置两层木板以保护筛板。

（2）混凝土坍落度控制在6～8cm，其顶部斜面处混凝土坍落度为3～5cm。人工用铁锹将混凝土入模，用小型振捣棒进行振捣。振捣过程注意观察模板是否有变形情况发生，有变时及时补救。

5.2.5　刮板设计安装及面层施工

（1）当耕麦机安装后可进行面层施工。根据不同耕麦机的型号和耐磨混凝土的高度及厚度，用5mm厚钢板按耕麦机正常使用状态下的情况，设计制作出专用刮板。

（2）设计时，一定要按耕麦机上的螺栓孔位设置刮板上的孔位。从孔位、外形（特别是与耐磨混凝土接触边）尺寸保证刮板制作精度。

（3）刮面应经过精细打磨，将误差控制在尽量小范围内。当刮板高度较大时，为防止施工过程中会出现的翘曲或刚度不够的现象，可在刮板侧面焊两根成八字形L50×5角钢。

（4）安装刮板时，用水平尺控制其刮面的垂直度。使用其刮制出的耐磨混凝土面层基本实现“零误差”，满足使用要求。刮板设计示意见图5－2。

（5）将刮板牢固地安装在耕麦机上，推动耕麦机转动将面层刮至符合要求后压实。应注意安装刮板和使用过程中对耕麦机的保护。误差较大的部位可先采用普通刮杠找齐一下。

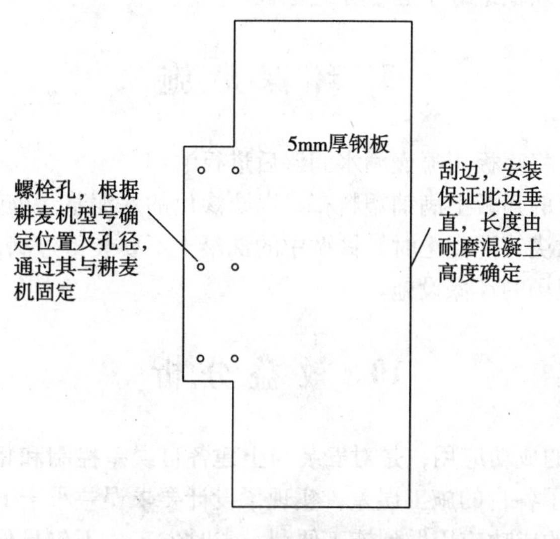

图5－2　刮板设计示意图

5.2.6　验收

将正式使用刮板安装调整好后，边推动耕麦机边用灯光照耐磨混凝土面与刮板间的缝隙，通过光反映的空隙变化情况，推断其是否合格。

6　材料与设备

6.1　材料：12mm厚竹胶模板、5mm厚钢板、塑料布、定型弧形钢管、木板、M12膨胀螺栓、螺母、符合设计要求性能的混凝土。

6.2　设备：混凝土生产运输设备、铁锹、溜槽、振捣棒、专用刮板等。

7　质量控制

7.1　耐磨混凝土结构质量要满足《混凝土结构工程施工质量验收规范》GB50204—2002的规定，同时满足设计混凝土对半径圆度误差不超过±0.5mm的要求。

7.2　M12螺栓间距根据耐磨混凝土的高度确定，以不大于450mm为准。

7.3　钢筋网片与螺栓应间隔点焊，以保证其位置准确。

7.4　模板安装半径误差控制在1mm以内。

7.5　耐磨混凝土模板至少在3d后允许拆除。

8　安全措施

8.1　混凝土浇筑过程中，派专人观察模板变形情况，发现异常立即补救。

8.2　手动工具使用前，应由专人检查其安全性，电线不要张拉过紧，不得扭结和缠绕，不得在水中浸泡，以防漏电。

8.3　操作工人必须戴绝缘手套、穿绝缘鞋。

9　环保措施

9.1　施工前，先将筛板用喷壶洒水润湿后进行清扫。

9.2　在清扫干净的筛板上满铺塑料布，以防渗出的水泥浆污染筛板。

9.3　人工用铁锨浇筑混凝土时，铁锨中的混凝土不要装得过满，以免混凝土落地。

9.4　维护施工现场的环保设施。

10　效益分析

10.1　此项工法的成功应用，是对安装与土建各自误差控制和相互配合误差控制的一次挑战，有效地弥补了各自的施工误差，实现了设计要求误差小于1mm的效果。

10.2　此项工法的成功应用做到施工便利、省时省工，不仅易保证施工质量，还可比传统施工缩短施工工期。

10.3　经过成本核算，此工法在大连中粮及哈尔滨龙垦麦芽制麦塔中成功应用，共节约资金8.28万元。同时由于所施工程质量优良，得到了建设单位和监理单位的认可并且有许多同行前来观摩。建设单位领导视察时当场表示，哈麦三期仍邀请我公司参与，取得了很好的社会效益。

11　工程实例

大连中粮年产30万吨三座制麦塔，塔高98m，筒体直径为22.75m，为三座塔连体布置设计。哈尔滨龙垦麦芽年产20万吨二座制麦塔，塔高104m，筒体直径为25.72m，为二座塔连体布置设计。该五座塔结构形式均为复杂高层结构，由框架、筒体、框架-剪力墙组合成，每层塔体层高与两层附楼同高。由主发芽干燥塔、空调加湿工作楼、干燥辅助楼三个功能结构部件构成，其筒体筛板与轨道之间，沿混凝土筒体内壁周圈布置的一环形二次浇筑耐磨混凝土带。通过此项工法的成功应用，取得了较好的控制误差效果，得到了建设单位和监理单位的认可，为企业赢得了信誉。

四、筒体结构大模板与爬架配套施工工法

1 前　　言

新型国力牌框架式多功能爬架和大模板一体化爬模施工技术是我公司在承接多个麦芽工程之后，根据工程特点特别是筒体结构弧度较大的特点自行开发研究的施工技术，是经国家科学技术委员会经科技成果鉴定的施工技术，已经列入国家科委重点推广项目。本技术主要在施工工艺、爬架构造、多功能爬架与大模板连接方式、大模板结构形式、自动液压爬升技术等方面有所创新。

2 工法特点

2.1　联体爬升分体下降的架体系统

国力牌框架式多功能爬架分为上部的主承力架和下部的吊篮架，主承力架由主框架、底部支撑桁架及配件组成，吊篮架由2片挂架和3片侧片架组成，通过螺栓与主承力架相连，在结构施工期间随主承力架爬升，在需要时可随时作为吊篮架进行塔体圆板的预应力张拉封锚等作业。

2.2　多功能附墙装置

由导轨靴座、导轨支承座及螺栓、螺母、垫板组成的附墙装置是一种构造新颖、功能较多的新型附墙装置。通过M48螺栓、螺母及垫板固定在建筑结构上的靴座，既是本项技术的全套设备及施工荷载的附着承力装置，又是导轨及爬架爬升时的导向装置和防倾装置。附墙装置的设计还考虑了左右、前后的调节构造，以弥补墙面及预留孔的偏差。筒体的预留孔位置使两片主框架的延长线夹角尽量小，以减少爬升过程中的摩擦力，采用主框架两端悬挑1.5m的底部支撑桁架的方法达到此目的。预留孔的位置在计算时，考虑了每次爬升高度各筒体内的特殊构件（如不得设置在上下加腋位置或与环向预埋件位置发生冲突）。

2.3　大模板与升降架一体化构造技术

该多功能爬架设计了外墙模板固定架及必要调节装置和定位装置。依靠该装置可方便地进行模板的支拆模、提升、清理、调节、就位，大大简化了施工工艺流程，提高了施工效率，减少了塔吊吊次。

2.4　架体与导轨互爬技术

该国力牌框架式多功能爬架现已不同于传统的导轨式和导座式，实现了导轨与架体间互爬的功能，极大地减轻了劳动强度，节省人工，提高效益，确保安全。爬升时，穿墙螺栓受力处的混凝土强度应在15N/mm^{2}以上。

2.5　架体高度小，可提早投入施工

该多功能爬架高度小、自重轻，并在结构首层开始安装，在二层即可投入使用。

2.6　新型大模板及操作方面的模板支承系统

随爬架一起爬升的模板及支承系统由自重轻、刚度大的新型大模板及模板支承架、模板移动小车等组成。外墙大模板采用钢骨架、覆面为15mm厚的竹胶大模板，模板高为塔体层高一半，根据塔体外弧长分为若干块，每块上设两只吊环。

2.7　可靠的导向装置、升降装置

爬架采用导轨式爬升方式，型钢导轨沿附墙支承座滑升。国力牌框架式多功能爬架的爬升采用便携式液压油缸和可移动式泵站，爬升装置采用凸轮摆块，自动复位，确保安全可靠。

2.8　完备的安全措施

为保证操作人员人身安全，在升降过程中严禁人员站在爬升的架体上。多功能爬架设计中已考虑了所有操作均不在升降的架体上进行。多功能爬架还装有爬升用液压缸的液压锁，防止油管破裂或泵站失压引起的下落。借鉴预应力锚夹具技术制作的爬架防坠装置，反应灵敏，工作可靠。在爬架分体下降时，架体上装有防倾斜、防断绳的安全锁，以确保安全。

2.9　爬升时可采用多缸液压同步顶升技术

为实现多功能爬架的整体爬升，采用了多缸液压同步顶升技术，整体提升时平稳可靠，精度达到每油缸行程的2%。

2.10　灵活的配置方式

爬架和大模板一体化爬模技术采用了模块组合的设计，可根据施工情况采用不同配置。可以单片、多片升降，也可以整体升降。

3　适用范围

适用于剪力墙结构、筒体结构的高层、超高层建筑（构筑）物施工，爬架设备及大模板的投入量仅与建筑（构筑）物的外周长有关，与建筑（构筑）物的高度无关，建筑（构筑）物高度越高，效果更佳，优势更加明显。

4　工艺原理

制麦塔工程特点之一是发芽塔与工作楼层高不一致，发芽塔每层楼板有加腋，支模、混凝土浇筑不方便，塔平台板处塔壁设有环梁，钢筋密集，穿预应力筋难度大，混凝土壁预留洞口宽、高，施工缝较多，国力牌框架式多功能爬架和大模板一体化爬模技术具有滑模的长处，又可一次爬升一个楼层高度，具有大模板的长处。在本工程结构复杂情况下，使用该技术灵活多变，施工过程中模板和爬架的爬升、校正、安装等工序，可与一个楼层的其他工序搭接，平行作业，且大多数情况下不处于关键线路上，因而能有效地缩短结构施工周期。外装饰施工时不必另行搭外施工架。

5 施工工艺流程及操作要点

5.1 工艺流程

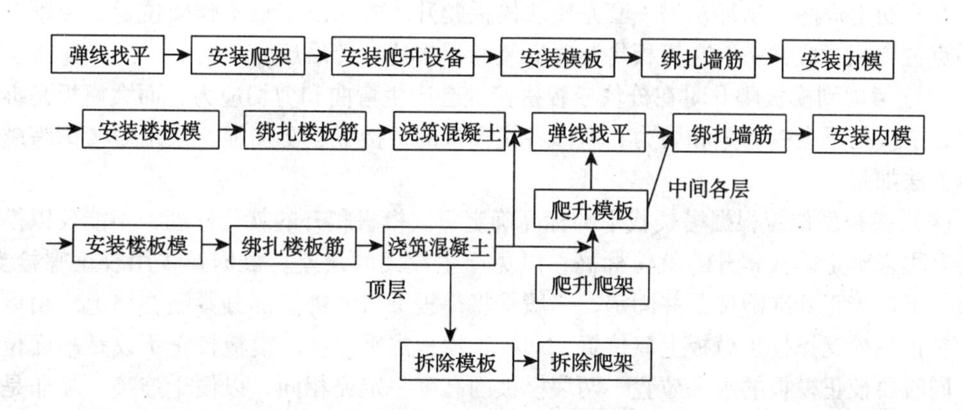

5.2 施工要点

5.2.1 爬架架体和大模板的安装

当首层结构预留好附墙螺栓穿墙孔后，即可开始安装使用爬架。安装顺序为穿墙螺栓支承座、水平导轨梁三角支承架（悬挂架）、外墙模及模板支承架、维护栏杆及安全网，再使内外模板就位，便可开始外墙混凝土浇筑施工。爬升支架安装后的垂直偏差应控制在$h/1000$以内。

5.2.2 爬升系统安装

外模板拆模后退到外侧，安装附墙支承座、爬升导轨及全套液压爬升装置。

5.2.3 爬架爬升

操作液压系统使外模板随多功能爬架爬升一个施工层，然后将模板就位，浇筑混凝土。

5.2.4 提升导轨

外模板拆模后退到外侧，安装上一施工层附墙支承座，操作液压系统提升导轨并自动定位。

5.2.5 正常爬升

重复以上第5.2.3、5.2.4条步骤，直至结构封顶。

5.2.6 拆除外爬架

先拆除上部搭设的脚手架钢管，再拆除爬升设备。用绳索捆绑爬架，塔吊的吊钩吊住绳索，然后拆除附墙螺栓。拆除螺栓尽可能在建筑物内，如必须在爬架内进行时，应用绳索拉住爬架，不让爬架晃动，待螺栓拆下、人员离开爬架后再进行吊运。将爬架吊放至地面上进行拆卸。

5.2.7 大模板支设

（1）根据控制轴线定出圆塔圆心的位置后，用拉线法定出混凝土壁圆弧上的控制点。即用50m钢尺量出塔的半径长度并作出标记，在圆周上按间距不大于1m用2.0m长的标准弧线板，画出圆边线。拉钢尺应用力均匀，并保持圆曲线的圆滑。

（2）外模面板采用 2440mm × 1220mm × 15mm，横肋（主肋）采用 50mm × 90mm 方木，竖肋（次肋）、横向搁栅采用 ϕ48 × 3.5mm 钢管。钢管按圆周大样冷加工成弧形，水平间距不大于 500mm，面板、横肋和竖肋的连接用 M12 的螺杆对拉。分块外模拼缝处一般位于两个爬架的中间。外模板设两套吊点：一套是分块模板制作或在吊运时用的，在制作时在竖肋上焊两个吊环；另一套是整块模板爬升用的，设在每个爬架位置，要求与爬架的吊点位置相对应，一般在模板拼装时安装和焊接这一套吊点。

（3）考虑到模板爬升时在分块模板拼接处会产生弯曲和剪切应力，而大模板是拆开后吊运，拼接处不会有弯矩和剪力，所以各块模板的拼接节点要加强。采用短槽钢跨越拼接缝的方法加强。

（4）模板就位应根据塔楼找平的标高确定每次模板爬升的就位标高，不能仅以模板爬升的升程来确定模板爬升的就位标高，以免产生较大的误差。根据弹线用校正螺栓支撑，将模板下口校正到准确位置并固定，一般是将模板下口的搭接部分紧贴在墙上。用模板上口的校正螺栓支撑校正模板上口位置，即校正模板的垂直度。模板校正不仅是平面位置校正，同时要校正模板的水平位置。两块模板的高度一定要相同，以便于连接。除非是混凝土浇筑并达到一定强度，在爬升爬架的短时间内允许拆卸模板爬升设备的悬吊装置外，模板均需由爬升设备悬吊着，以确保安全。

6 材料与设备

6.1 材料

6.1.1 结构组成：由附着支撑装置、主框架、导轨、脚手架、底部支撑框架、液压系统、手拉葫芦、防坠落安全装置、模板及支承系统、吊篮设备系统、安全防护系统等组装而成。

6.1.2 圆形筒体结构模板采用大钢模板或钢骨架、覆面为 15mm 厚的竹胶大模板，每块上设两只吊环。直形剪力墙外墙大模板由面板、钢骨架、角模、斜撑、操作平台挑架、对拉螺栓等配件组成（表6）。

主要材料规格表 **表 6**

大模类型	面板	竖肋	背肋	斜撑	挑架	对拉螺栓
全钢大模板	-6mm 钢板	[8	[10	[8、ϕ40	ϕ48 × 3.5	M30 T20 × 6

6.2 设备

6.2.1 架体搭设安装机具：卷尺、线坠、扳手（包括力矩扳手）、电气焊、手拉葫芦。

6.2.2 电动提升设备：电控柜、电动葫芦、电源线、超载、失载报警装置、专用配电箱。

6.2.3 防坠工具：采用本公司研制生产的具有专利权的专用防坠器，专利号为ZL 97215658.5。

6.2.4 指挥工具：对讲机、哨子。

6.2.5　起重工具：塔吊（起吊大模板用）。

7　质量控制

7.1　爬架搭设质量要求

架体搭设完毕后，应立即组织有关部门会同爬架单位对下列项目进行调试与检验，调试与检验情况应做好详细的书面记录。

（1）架体结构中采用扣件式脚手杆件搭设的部分，应对扣件拧紧质量按50%的比例进行抽查，合格率应达到95%以上；

（2）对所有螺栓连接处进行全数检查；

（3）进行架体提升试验，检查升降机具设备是否正常运行；

（4）对整个架体防护情况进行检查；

（5）架体调试验收合格后方可办理投入使用的手续。

7.2　大模板安装质量要求

7.2.1　主控项目

（1）大模板安装必须保证轴线和截面尺寸准确，垂直度和平整度符合规定要求。

检查数量：全数检查；

检验方法：量测。

（2）大模板安装后应保证整体的稳定性，确保施工中模板不变形、不错位、不胀模。

检查数量：全数检查；

检验方法：观察。

7.2.2　一般项目

（1）模板的拼缝要平整，堵缝措施要整齐牢固，不得漏浆。模板与混凝土的接触面应清理干净，隔离剂涂刷均匀。

检查数量：全数检查；

检验方法：观察。

（2）大模板制作、安装和预埋件、预留孔洞允许偏差及检验方法见表7－1、表7－2规定。

大模板制作质量标准（mm）　　表7－1

序　号	项　目	质量标准	检测工具与方法
1	平面尺寸	0～2	钢卷尺测量
2	板面平整度	≤2	2m靠尺，塞尺测量
3	对角线长	3	钢卷尺测量
4	模板翘曲	L/1000	放置在平台上，对角拉线用直尺检查
5	孔眼位置	±2	钢卷尺测量
6	模板边平直	2	拉线用直尺检查

大模板安装质量标准（mm） 表 7-2

序 号	项目名称	允许偏差	检验方法
1	每层垂直度	3	用2m托线板
2	位置	2	尺量
3	上口宽度	2	尺量
4	标高	5	拉线和尺量
5	表面平整度	2	用2m靠尺或楔形塞尺
6	墙轴线位移	3	尺量
7	预留管、预留孔中心线位移	3	拉线和尺量
8	预留洞中心线位移	10	拉线和尺量
9	预留洞截面内部尺寸	10	拉线和尺量
10	模板接缝宽度	1.5	拉线和尺量
11	预埋钢板中心线位移	3	拉线和尺量

8 安全措施

应遵照国家现行标准《编制建筑施工脚手架安全技术标准的统一规定》（建设部<97>建标工字第20号文件批复）、《建筑结构荷载规范》GB50009—2001、《建筑施工高处作业安全技术规范》JGJ80—91、《建筑安装工人安全技术操作规范》（80建工劳字第24号）等标准的有关条文，针对不同工程，还应同时执行该工程所隶属部门的各级有关安全法规和文件，并应特别注意如下事项：

8.1 施工前必须进行安全技术交底，操作人员必须持证上岗。

8.2 架体安装搭设完毕，在自检合格的基础上，必须经土建施工项目部安全技术部门检查，然后请当地安检站验收。确认无异常情况后，方可交付使用。

8.3 升降过程中，电动系统操作者应能及时了解电动装置的使用工况，确保升降过程中的同步控制。

8.4 在架体结构下述部位应重点检查：

（1）与附着支撑结构的连接处；

（2）架体上升降机构的设置处；

（3）架体上防倾、防坠装置的设置处；

（4）架体吊拉点设置处；

（5）架体平面的转角处；

（6）架体因碰到塔吊、施工电梯、物料平台等设施而需要断开或开洞处。

8.5 防坠装置与提升设备均设置在两套附着支撑结构上，若有一套失效，另外一套仍能够独立承担全部坠落荷载。防坠装置应经常检查，加强管理，保证工作可靠、有效。

8.6 爬架升降作业时，随提升进度将防坠销及时插在距离支座导向架最近的主框架销孔内，确保坠落距离最短；在升降操作距离的顶部设置防坠销；升降作业前调整防坠器，使其灵敏、可靠。采用上述三种措施确保升降安全。

8.7 爬架使用时，用穿好承重销、紧固调节顶撑、锁紧防坠器、穿好防坠销等四种措施确保使用安全。

8.8 架体外侧用密目安全网（≥800 目/100cm^2）围挡，底层铺设严密脚手板，且采用平网及密目安全网兜底。底层脚手板采用在升降时可折起的翻板构造，保持架体底层脚手板与建筑物表面在升降和正常使用中的间隙，杜绝了物料坠落。

8.9 在作业层架体外侧设置上、下两道防护栏杆（上杆高度 1.2m，下杆高度 0.6m）和挡脚板（高度 180mm）。在架体断开处，处于使用工况下时，其断开处必须封闭并架设栏杆，防止人员及物料坠落。

9 环保措施

9.1 在搬运、堆放脚手架及模板等材料时，要轻拿轻放，以尽量降低噪声。

9.2 脚手架工程产生的废旧安全网要集中收集，尽量用来覆盖现场露天堆放的易飞扬物料（如砂等），实在无法回收重复利用的，按照有毒有害垃圾分类，交给垃圾处理站统一处理。

9.3 脚手架工程中使用的油漆等要妥善保管好，并在满足区分钢管类别、防锈等涂刷的前提下，尽量节约油漆用量。废旧油漆工具、用具要及时回收并尽量重复利用；实在不能回收重复利用的，按照有毒有害垃圾分类，交给垃圾处理站统一处理。

9.4 在堆场里清洗扣件时，事先采用专用容器或修建专用池子盛接多余的机油，并尽量将盛接的机油回收重复利用，以减少机油污染环境。

9.5 大模板堆放应注意码放整齐，拆除无固定支架的大模板时，应设置固定、可靠的堆放架。

9.6 大模板板面清理出的碎渣、污垢，及时清运出施工现场，保持现场清洁文明。

10 效益分析

此工法的成功应用，混凝土可达到清水混凝土质量标准，墙面不需抹灰，降低施工成本。空间构架式操作架采用脚手架钢管组装成型，安拆方便，可组性强，能适应不同体型的构筑物或建筑物使用。并能重复使用，减少一次性投入，节约资金。与钢制操作架比节约投入 2/3。经过成本核算，此工法在大连中粮制麦塔及哈尔滨龙垦麦芽塔工程中，共节约资金 215.23 万元。

11 工程实例

大连中粮年产 30 万吨三座制麦塔，塔高 98m，筒体直径为 22.75m，为三座塔连体布置设计。哈尔滨龙垦麦芽年产 20 万吨二座制麦塔，塔高 104m，筒体直径为 25.72m 为二座塔连体布置设计。该五座塔结构形式均为复杂高层结构，由框架、筒体、框架—剪力墙组合成，每层塔体层高与两层附楼同高。施工中，筒体结构均采用大模板与爬架配套施工技术。应用此工法有效地保证了墙面平整度和垂直度，避免采用多层胶合板易出现胀模现象。爬架材料用量少，使用成本低。爬架和大模板一体化爬模技术具有滑模的长处，又可一次爬升一个楼层高度，具有大模板的长处。在制麦塔工程结构复杂情况下，使用该技术灵活多变，施工过程中模板和爬架的爬升、校正、安装等工序，可与一个楼层的其他工序搭接，平行作业，且大多数情况下不处于关键线路上，因而能有效地缩短结构施工工期。

五、锥形暂储仓施工工法

1 前　言

暂储仓是从地下室到空调加湿工作楼六层的一个四周密封仓体，用以暂储干燥后的麦芽。底板为两面锥底，与筒体相连的锥形底板较短，坡面角度约为45°。仓内有多层框架梁，仓壁侧在斜面有框架柱，在靠圆塔部位有预应力筋张拉端。施工重点是斜板、相交节点处理、内部框架梁支撑和防霉处理的施工，保证仓内部光滑无死角。另外，锥底穿越两层楼层，并与筒体斜向相贯，使斜板与筒体的相交面不在一水平面上。本工法对上述关键部位处理进行详细阐述。

2 工法特点

2.1　斜板模板用$\phi16$对拉螺栓提前对预制的混凝土块加固，在保证模板几何尺寸的前提下可防止混凝土块在斜板上滑移，同时可避免用钢筋撑杆支撑模板，混凝土表面易产生锈蚀斑点，影响防霉效果。

2.2　筒体相贯线位置处的模板提前按相贯线放好样并编好号码，支设时先支好筒壁模板依靠暂储仓一侧的模板，再支斜板模板。最后人员从两面墙体部位出来后再绑墙筋支此处模板，可成功解决封闭空间模板无法拆除问题。

2.3　仓侧壁预留洞口采用半嵌入式木盒支模，避免留通洞，以免造成仓内处理麻烦或出现缝隙后造成仓体漏气。

2.4　打磨棱角、堵塞孔洞、用二次浇筑的混凝土处理结构形成的阴角等内部处理是保证暂储仓内部光滑的关键环节。

3 适用范围

制麦塔锥形暂储仓及工业建筑中类似特殊结构施工。

4 工艺原理

根据锥形暂储仓结构特点，在坡面模板安装、交界钢筋安装、竖向分岔混凝土浇筑、仓内部处理等关键部位采取切实可行技术措施。施工中采取全过程的监控，使其施工便利而且施工质量满足设计要求。保证其内部光滑、无死角，为仓内防霉要求奠定基础。

5 施工工艺流程及操作要点

5.1 工艺流程

模板放样→现场测量放线→斜板底模安装→钢筋安装→斜板顶模安装、加固→筒体相贯线位置模板安装→混凝土浇筑、养护→拆模→内部节点处理。

5.2 施工要点

5.2.1 坡面模板

斜板模板采用竹胶模板内外同时支设，一次支设到与楼板或墙体、筒体相交处。用对拉螺栓加固，由于其有防霉要求，内部不得有锈蚀点，一般的钢筋撑杆等保证截面尺寸的构造作法不适用于本部位。为此，应提前预制出控制斜板截面尺寸的带孔混凝土块，混凝土块平面尺寸为100mm×100mm，厚度根据斜板的垂直截面确定。对拉螺栓从混凝土块孔中穿过，以防止混凝土块在斜板上滑移。混凝土块的间距按对拉螺栓的间距两倍设置。斜板底部的支撑采用水平铺放主木方（100mm×100mm）撑住斜向木方的方法。由于仓内部有框架梁，故内部支撑钢管要支撑在加固斜板的水平钢管上。这要求通过对拉螺栓和混凝土块将上部荷载传至斜板底的钢管支撑上，故预制混凝土块强度等级采用斜板的混凝土强度等级为C25，对拉螺栓采用ϕ16钢筋制作。

筒体相贯线的位置亦是本部位支模的难点。此处斜板、筒壁、墙壁、楼板形成的三角空间极小，且为封闭空间，模板无法拆除。筒壁在该处的模板提前按相贯线放好样并编好号码，支设时先支好筒壁模板依靠暂储仓一侧的模板并加固好，再支斜板模板，最后人员从两面墙体部位出来后，再绑墙筋支此处模板。

框架梁顶部的锥形底板采取一次支模，即与梁侧模同时支好，上口留10cm宽混凝土浇筑振捣口。

当仓侧壁有预留洞口时，要采用半嵌入式木盒支模，即要求保证此部位设备安装后至少有10cm厚混凝土，绝对不可能留成通洞；否则，会造成仓内处理麻烦。一旦出现缝隙，会造成仓体漏气，从仓内漏出粉尘。

5.2.2 交界钢筋安装

该部位位于筒体与工作楼交界处，先绑筒体筋再绑其他部位。塔壁钢筋绑扎顺序：暗柱（框架柱）→环梁→竖向筋→水平筋→加腋筋。在环梁绑扎前用定型钢管定出其圆度半径。当筒体钢筋验收合格后，才能进行此部位的墙壁、斜板、梁等钢筋绑扎。斜板钢筋按墙体钢筋进行安装，斜板钢筋搭接连接，接头率按25%控制。斜板钢筋应在斜板底模支好后进行。

本部位层高较高，墙体较长，保证剪力墙的钢筋垂直度和剪力墙水平方向不弯曲是施工难点。特别是斜板的两层钢筋网片靠拉筋根本无法保证上部钢筋网片的下沉，且后序工作操作时不可能不踩踏上层钢筋网，故采用在两层钢筋网片间设“井”字形钢筋撑框，来保证两层筋的相对位置和在模板中的绝对位置。如图5－1所示。

图5－1 交界钢筋安装示意图

5.2.3　竖向分岔混凝土浇筑

当斜板不封口时，可从斜板支模上口灌入混凝土。难点是斜板与竖向构件相连部位一段的浇筑。见图5－2。由于斜板的上口均不在楼层部位，而是开口在与其相连的筒壁或剪力墙内的中部附近，故混凝土浇筑时会出现竖向分岔现象。此部位浇筑时先将竖向结构筒壁剪力墙浇筑至斜板上口处，再浇筑斜板部分，在斜板上口留设观察振捣口，混凝土从竖向结构中进入斜板内。等斜板顶标高以下部位所有混凝土浇筑完后，再向上浇筑筒体或剪力墙混凝土。混凝土用导管从竖墙导入斜板内。

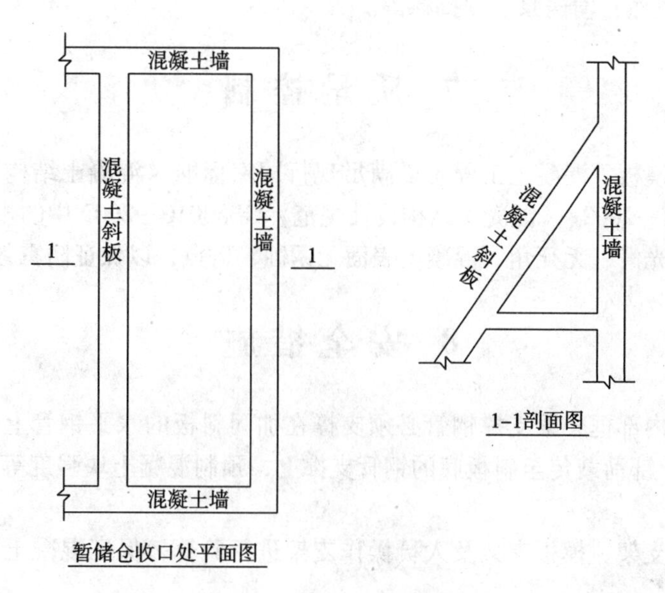

图5－2　暂储仓构造示意图

浇筑混凝土时分段分层连续进行，一次浇筑到顶，斜面分层高度最大不超过50cm。

仓内框架梁顶部混凝土采用塔吊运输小坍落度混凝土浇筑，使其形成顶面“△”形。

根据施工组织方案，先施工筒壁，竖向施工缝会留在此部位。在与筒体相交的两道墙体内设置快易收口网，以保证施工缝的质量。但斜板收口部位筒壁混凝土要与斜板混凝土同时浇筑。浇筑方法同上。

5.2.4　内部处理

内部处理主要是为保证仓内光滑，任何部位不能使麦芽停留，并不得有杂物和钢筋锈蚀点，达到防霉效果。主要方法是打磨棱角、堵塞孔洞、用二次浇筑的混凝土处理结构形成的阴角。部分阴角部位在平面图中不易看出，在施工中不得遗漏。

在处理框架柱与斜板相交形成的阴角时，先在柱、墙、板上植入钢筋，以保证后浇筑的坡面混凝土不脱落。

该仓只有顶部和底部有两个出入口，人员只能从下部入口爬入，架设工具随从上至下的处理进度拆除，从地下室倒出。

6 材料与设备

本工法无需特别说明的材料。所用机具设备如下：

（1）垂直运输设备：塔吊。

（2）钢筋机械：弯曲机、切断机、调直机、闪光对焊机等。

（3）木工机械：木工平刨、压刨、圆锯。

（4）混凝土机械：输送泵、振捣棒等。

7 质量控制

7.1 钢筋、模板、混凝土工程质量满足现行国家标准《混凝土结构工程施工质量验收规范》GB50204—2002、《混凝土结构设计规范》GB50010—2002 中的规定及设计要求。

7.2 仓内部光滑、无死角，混凝土表面无锈蚀、斑点，以保证防霉效果。

8 安全措施

8.1 暂储仓内部框架梁支撑钢管必须支撑在加固斜板的水平钢管上，并通过对拉螺栓和混凝土块将上部荷载传至斜板底的钢管支撑上，预制混凝土块强度等级采用斜板的混凝土强度等级。

8.2 对钢筋支架、模板支架及人员操作支架进行验算，保证混凝土浇筑过程中支架稳固。

8.3 加强安全教育，认真学习并严格执行各项安全规程及操作规程。

8.4 操作人员不得饮酒且必须进行体检，各种特殊工种人员必须持证上岗。

8.5 在高空作业人员必须戴好安全带。

8.6 夜间浇筑混凝土必须要有足够的照明。

9 环保措施

9.1 混凝土养护废水不得随意排放，养护用草袋子及时清理。

9.2 构件拆模时应有专人进行检查，防止扬尘。如发现5m内目测有扬尘时，应采取洒水措施降尘。

9.3 每个作业班结束时，对地面散落的木屑、小木块等垃圾进行清理，避免扬尘及对土壤造成污染。

9.4 模板及钢筋加工过程中产生的废弃物及时回收或清理，避免加工机械使用及维修过程中油料遗洒。

9.5 混凝土施工每班结束后，操作工人检查模板下方，对洒落的混凝土或漏出的浆，及时清理回收。可利用的重复利用在要求不高的场合，减少材料浪费。不可使用的集中运至指定地点处置。

10 效益分析

经过成本核算，本工法的应用，在八座制麦塔中共节约资金33.97万元。同时，保证了工程质量，赢得了业主及监理单位的一致好评，取得了较好的社会效益。

11 应用实例

本工法先后应用于宁波麦芽有限公司年产20万吨两座制麦塔、深圳啤酒厂制麦塔、大连中粮三座制麦塔、哈尔滨龙垦麦芽年产20万吨两座制麦塔中，通过此工法的应用，达到了暂储仓施工进度与筒体同步的目的，保证工程结构质量并保证了其内部的使用功能。已投产的制麦塔暂储仓没出现过内部清理发霉物的情况。

六、室内环境防霉施工工法

1 前 言

制麦塔内只要有大麦和麦芽存放通过的部位均有防霉要求，施工时要保证有大麦、麦芽存放经过的塔内各部位圆滑过渡，不沉积大麦或麦芽，不留冲洗死角。要求对墙面抹灰层、地面、防霉涂料质量从严控制，使其经受住高压水冲洗而不被破坏。

2 工法特点

2.1 采用附加层和打磨来做到结构无棱角，确保各部位圆滑过渡，质量易保证。

2.2 大麦麦芽有麦芒，一点小的孔洞缝隙会造成其在该位置的沉积。采取墙、地面无缝隙措施，提高了防霉效果。

2.3 严格控制防霉涂料施工质量，确保表面平滑无皱。

2.4 防霉措施环环相扣，通过加强各工序的质量，注重过程控制，精细施工，确保防霉施工的最终效果。

3 适用范围

本工法适用于制麦塔内有大麦和麦芽存放通过部位的防霉处理。

4 工艺原理

通过浇筑附加层和打磨来增加各部位的圆滑度，不留冲洗死角。在施工中加强缝隙控制，预防大麦麦芽的沉积。

5 施工工艺流程及操作要点

5.1 施工工艺流程

结构无棱角处理→基层抹灰→防霉涂料施工。

5.2 施工要点

5.2.1 结构无棱角处理

（1）在塔内筛板安装前完成塔内主要的打磨处理。

（2）筛板安装后耐磨混凝土是主要的无棱角处理的部位，顶面采用小坍落度混凝土浇筑坡面，进行二次压光。

（3）筒壁打磨前，要将砂眼、麻面、坑眼等提前处理好，再将毛刺凸出部分打磨掉或光滑过渡。

（4）筒壁上的水平方向错台打磨圆滑，较大的部位要用腻子或砂浆抹圆滑。

（5）麦芽仓内主要是框架梁顶部的打磨、预应力封锚部位混凝土打磨、仓壁处理打磨。框架柱与斜板相交形成的阴角用二次浇筑的混凝土浇筑成斜面。

5.2.2 基层抹灰

（1）墙面：

①保证砌体质量和增加砌体中构造柱、圈梁、混凝土加强带等构造措施。

②基层处理：将混凝土壁表面的浮灰用扫帚扫净，把灰浆和混凝土表面凹凸处提前处理好。用布醮火碱水，把混凝土表面蜡或脱模剂擦洗掉。接细水管用慢水流冲洗湿润混凝土壁，在湿润的混凝土壁上用专用滚刷滚涂 HXL－8 界面剂，使混凝土壁成为毛面。在其硬化后由专人用喷雾器湿水养护，养护标准以使其保持湿润为准。由厂家技术员进场指导界面剂的使用方法，由专业油工仔细滚涂，不仅混凝土壁无遗漏且拉毛均匀。一天后用手抠不动界面剂时，即可分层抹灰。

③加强水泥砂浆质量控制：根据现场对砂的相对密度测定，将抹灰用体积比改为用电子秤准确计量控制的重量比，采用现场半自动搅拌站搅拌。选用当地名牌强度等级 42.5MPa 普通硅酸盐水泥，严格取样复试程序，不使用未经复试合格水泥。材料员、技术员对附近砂场进行考察，选择适宜抹灰的洁净中砂，签定定货合同。在保证砂浆可操作性的前提下降低水灰比，在搅拌站进行砂浆稠度检查，及时调整。

④抹灰前再湿润一遍已毛化的混凝土壁，抹灰厚度提前用灰饼确定，每层厚度控制在 8mm 左右。当总厚度超过 35mm 时，在各层间挂纤维网。各层间的间隔时间以 1d 左右为宜，即头天打底、第二天罩面。当底层灰过干时，先用扫帚湿水后再罩面。罩面灰抹压两遍，时间控制根据天气情况确定。砂浆终凝后进行专人洒水养护，至少使砂浆湿润养护 7d。

⑤在大风天，将洞口用彩条布临时封闭，夏天增加洒水养护次数，24h 有人养护。混凝土壁抹灰后，不得在其上进行剔凿作业。

⑥抹灰时各部位均不得漏抹，确保塔内各部位要过渡圆滑。

（2）地面：

①圆塔地面施工前先将筛板支腿下用膨胀混凝土浇筑好，抹出内高外低的形状，再做地面面层。

②整体面层中放入防裂钢丝网，混凝土中掺入防裂密实剂。

③麦芽塔投产后塔内温度基本是恒温，故不考虑设置温度分格缝，只考虑设置面层收缩缝。沿支腿设置纵横方向分格缝，沿与塔壁相交处设置环向分格缝，缝宽 5mm，深 10mm，在地面整体浇筑成型后用切割机切出。

④地漏与整体地面间留置如上缝隙，使地漏与地面为柔性连接。缝隙清理采用吸尘器，并保持缝内干燥。嵌缝材料采用无毒、环保的柔性材料，选定后要由设计认可。

⑤地面浇筑压光后覆盖塑料布，洒水养护 7d。

5.2.3 防霉涂料施工

（1）防霉涂料采用喷涂的工艺施工。防霉涂料的腻子使用耐水腻子。喷涂时不得漏涂，外露埋件上亦喷涂两遍。

（2）基层要求：墙面基层坚固密实，无裂缝、起砂、麻面等。用防水腻子将细小裂缝、凹凸不平等缺陷刮平。基层上的油污等杂物清除干净，并要求基层干燥，在20mm深度内含水率不应大于6%。金属基层应平整、无铁锈。

（3）环境要求：一般在温度为15～30℃、相对湿度为80%条件下施工，施工现场采用机械通风以加强排除汽雾。

（4）喷涂：喷涂施工应按自上而下，先喷垂直面后喷水平面的顺序进行。喷枪与基层表面应接近垂直，喷嘴与被喷面的距离一般为250～500mm。喷枪沿一个方向移动，使雾流与前一次的喷涂面重合一半。喷枪移动要求速度均匀，以保证涂层厚度一致。喷涂时，应注意涂层不宜过厚，以防止流淌或溶剂挥发不完全而起泡；同时，应使空气压力均匀一致（一般为1MPa）。

6 材料与设备

6.1 材料：42.5级普通硅酸盐水泥、中砂、HXL－8界面剂、防霉涂料等。

6.2 设备：靠尺、抹子、木杠、喷枪等。

7 质量控制

7.1 有大麦、麦芽存放经过的塔内各部位圆滑过渡，不沉积大麦或麦芽，不留冲洗死角。

7.2 要保证墙面抹灰层不开裂，粘结牢固，无起砂。

7.3 涂层数符合设计要求，一般不少于两遍。涂料表面要求颜色一致，平滑无皱、无孔、无泡、不透底、不流坠、无粉化和被碰破损坏现象。

8 安全措施

8.1 加强安全教育，进行安全技术交底，认真学习并严格执行各项安全规程。

8.2 石灰、水泥等含碱性，对操作人员的手有腐蚀作用，施工人员应佩戴防护手套。

8.3 采用36V以下安全电压。

9 环保措施

9.1 拌制水泥砂浆所排出的污水需经处理后才能排放。

9.2 安排专人定期对机械进行维修和保养，确保机械处于良好的运行状态。

9.3 废弃物按环保要求分类堆放、处理。

10 效益分析

经过成本核算，此工法的成功应用，在八座制麦塔中共节约资金 30.16 万元，为企业赢得了较高利润。

11 应用实例

通过在宁波麦芽有限公司年产 20 万吨两座制麦塔、大连中粮年产 30 万吨三座制麦塔、深圳啤酒厂制麦塔及哈尔滨龙垦麦芽两座制麦塔共八座制麦塔的投产使用情况来看，按此技术施工的防霉效果达到预期的目的，没有因土建施工问题产生大麦或麦芽的霉变。

七、筒体钢筋防扭转施工工法

1 前 言

在施工高耸筒体结构时，由于层高较高，竖向参照物体少，筒体钢筋在风荷载或自重作用下极易产生倾斜、弯曲、扭转等现象。采取有效措施防止筒体钢筋扭转、保证筒体钢筋骨架的安装质量是施工的关键控制点之一。经实际工程施工总结，形成本工法。

2 工法特点

2.1 利用经纬仪竖向、水平定位技术，工艺操作简单，不增加新的设备投入。

2.2 施工速度快、可靠。

2.3 适用范围广。

3 适用范围

3.1 本工法适用于水塔、冷却塔、制麦塔、烟囱等筒体工业建筑结构竖向钢筋定位及防止竖向钢筋整体扭转。

3.2 本工法也适用于无明显竖向参照物或竖向参照物少的椭圆形筒中筒民用建筑结构竖向钢筋定位及防止竖向钢筋整体扭转。

4 工艺原理

在无明显竖向参照物或竖向参照物少的结构施工中，利用经纬仪竖向、水平定位技术，先控制参照物的位置或是按圆心采取十字形分段，控制此处钢筋位置。其他部位钢筋以控制钢筋或参照物为标准，控制其竖向及水平位置，防止钢筋的整体扭转。

5 施工工艺流程及操作要点

5.1 施工工艺流程

框架柱、暗柱钢筋安装→校正圆弧形定位钢管→定位竖向钢筋→环梁钢筋安装→筒体剩余竖向筋安装→筒体剩余水平筋安装。

5.2 施工要点

5.2.1 框架柱、暗柱钢筋安装

由于层高较高，柱筋绑扎前先用钢管架体临时固定，防止产生大的倾斜，绑完箍筋后调整其垂直度，与架体用钢丝绑扎，临时固定。等安装完校圆钢管和绑完其他部位钢筋后，拆除钢丝。

为防止筒体竖向筋整体扭转，要利用暗柱、框架柱位置定位，保证柱的位置与垂直度，从而保证筒体竖向筋的位置准确。

5.2.2 校正圆弧形定位钢管

通过计算和在地面放大样确定定位钢管的弧度。在筒体钢筋绑扎前，先将钢管连成圆，利用定位钢管的弧度来确定筒体钢筋的位置。钢管与内部满堂脚手架架体相连。

为保证弧度准确，安装时要注意校圆钢管的水平，即控制一根钢管中间点与两端点的标高一致。圆弧形定位钢管一般在层高的 1/2 高度处设置一道，也可根据高度设置两道，以增加上部竖向筋的稳定性，保证环梁位置准确。

5.2.3 定位竖向筋

干燥层顶板标高以上部分筒体暗柱少，从圆心按 30°角进行分段。分界处钢筋标注清楚，控制此钢筋位置及垂直度，其他部位钢筋以此为标准进行控制。在校圆钢管和地面标出定位钢筋的位置，将内侧竖向筋连接好后与校圆钢筋临时固定。外侧定位筋用二三道水平筋固定，用粉笔在定位筋上标出水平筋的位置。

5.2.4 环梁钢筋安装

先将环梁两侧的纵筋与定位竖向筋绑好，再进行其他部位钢筋绑扎。用粉笔按设计间距将其他竖向钢筋的位置画在梁纵筋上。

5.2.5 剩余钢筋安装

将其他竖向筋按环梁上标出的位置与环梁筋绑好，再绑其余水平筋。通过内外侧钢筋网之间的拉筋将外侧钢筋网片与内侧固定，从而保证外侧钢筋的整体弧度。

钢筋安装完毕，分别在内外层钢筋的外侧按设计保护层厚度垫好垫块，钢筋验收合格后即可安装模板，校圆钢管在支模前拆除。支好的模板上口标出定位筋的位置。

5.2.6 混凝土浇筑

混凝土浇筑过程中尽量避免碰撞竖向筋，特别是定位钢筋。混凝土在初凝前将定位竖筋与模板上口的位置进行校核，及时调整使其位置准确。

6 材料与设备

本工法无需特别说明的材料与设备。

7 质量控制

7.1 测量仪器在使用前要进行检验，在使用过程中每一年检验一次，以确保仪器准确。

7.2 测量人员上岗前要经过培训，考试合格后方可上岗作业。

7.3 参照物或定位钢筋允许偏差应符合表 7 要求。

定位钢筋允许偏差表 表7

项目		允许偏差（mm）	检验方法
轴线位置		5	钢尺检查
垂直度	不大于5m	6	经纬仪或线坠、钢尺检查
	大于5m	8	经纬仪或线坠、钢尺检查

8 安全措施

8.1 加强安全教育，进行安全技术交底，认真学习并严格执行各项安全规程。

8.2 操作人员不得饮酒且必须进行体检，各种特殊工种人员必须持证上岗。

8.3 高空作业时，钢筋钩子、撬棍、扳子等工具应防止失落伤人。

8.4 认真检查高凳、脚手架、脚手板的安全可靠性和适用性。

9 环保措施

9.1 工程开工前，编制详尽的施工技术交底或作业指导书，并对作业人员进行相关知识的培训。

9.2 安排专人定期对钢筋加工机械进行维修和保养，确保机械处于良好的运行状态。

9.3 现场钢筋加工场应封闭，减少噪声对外界的影响。

10 效益分析

该工法不用投入新的设备，施工人员不用进行专门的培训。通过该技术的应用，有效防止筒体钢筋扭转，保证了筒体钢筋骨架的安装质量，得到了监理及业主单位的一致好评。经过成本核算，该工法在八座制麦塔中共节约资金62.54万元。

11 应用实例

此工法在宁波麦芽有限公司年产20万吨两座制麦塔、大连中粮年产30万吨三座制麦塔、深圳啤酒厂制麦塔及哈尔滨龙垦麦芽两座制麦塔共八座制麦塔中得到应用。施工中，通过利用筒体中的框架柱、暗柱钢筋骨架定位，干燥层顶板标高以上暗柱较少部分按30°角进行分段设置定位钢筋，并利用校圆钢管与内部满堂脚手架相连，保证筒体钢筋位置准确，有效防止筒体钢筋扭转。

八、组合翻麦机安装施工工法

1 前　言

1.1　组合翻麦机是生产酿造啤酒原料麦芽的不可或缺的设备，制造商为德国塞格公司。

1.2　组合翻麦机由筛板支架及筛板、轨道托架及轨道、卸料中心组件、装卸料机及平台、走道、爬梯、栏杆、扶手等组成。仅其中横梁长12m、宽0.9m、高1.3m、重约7t。分九层安装于直径24.5m、高近100m的塔形工业厂房内。在安装施工作业中，必须按不同的施工技术验收规范标准来执行，以确保安装工期和质量。

1.3　安装及吊装组合翻麦机具有难度大，技术质量、安全保证措施要求高，大型吊装机械投入大，施工周期长的特点。经过多次研讨和现场实施、总结、改进，形成了本“组合翻麦机”安装工法。

2 工法特点

2.1　地面组装组合翻麦机筛板支架、立柱、主梁板、副梁板三大部分螺栓连接成井字梁平面构架结构，上面安装不锈钢筛板。安装方式：利用桅杆整体吊装筛板支架结构，减少了高空作业，确保了组装精度。

2.2　连接后的支架井字梁重约40t。四副桅杆共计8个吊点下分别牵引16个受力点，均布于整个支架。受力点应尽量布置在十字连接处，16个吊点同时受力，缓慢起吊。对于螺栓连接处，可加焊临时加固筋板，防止产生大的变形和移位。

2.3　用人字桅杆和一台5t卷扬机作吊装动力，分层组合翻麦机横梁及附件，吊点高度90m。充分利用了人字桅杆起重特点，实现了垂直升降和水平位移的吊装作业，改变了国外大型机械吊装作业成本高的缺点。

2.4　吊装机具设置简单，操作容易，安全可靠，提高工作效率。

3 适用范围

塔内筛板、支架、立柱、主副梁板分段由制造厂解体发货，须在安装现场地面组对紧固后成品吊装；塔形工业厂房大型组合翻麦机安装吊装作业。

4 工艺原理

“组合翻麦机”筛板支架主副梁板在地面组对成井字梁成品，操作方便，减少了高空作业；同时，也保证了支架的组合质量。

主副梁板组对安装，成套后整体吊装就位，可以充分发挥桅杆吊装的特长。

利用人字桅杆架设于塔高90m处，分层吊装组合翻麦机横梁及附件，实现了垂直和水平位移运输，节省了大型吊车费用。

5　施工工艺流程及操作要点

5.1　组合翻麦机安装工艺流程图

见图5－1。

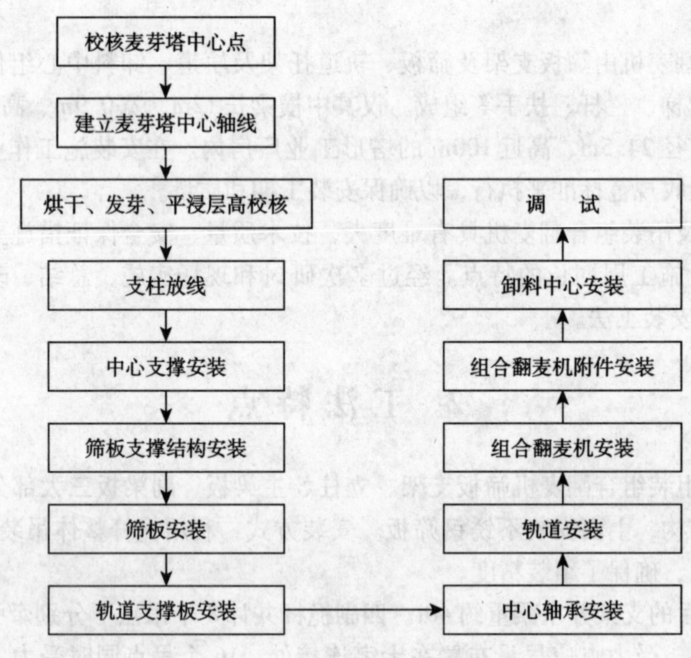

图5－1　组合翻麦机安装工艺流程图

5.2　操作要点

5.2.1　制麦塔的中心轴线确定方法及放线

（1）找出±0.00m层中心点，用经纬仪或线坠（2.5kg）由+88.85m处的中心孔向下找出与地面中心点重合点。

（2）在各层中心孔处利用中心板与连接角钢、固定角钢，移动中心板。当中心板的中心小孔与垂线中心重合后，将中心板焊在角钢上。该中心小孔即为塔中心轴线。

（3）用经纬仪通过中心线，画出纵横90°线，并在塔内壁上用油漆画出永久标记。注意±0.00m层找出与皮带机轴线夹角11°。

5.2.2　校核层高

在每层施工前，首先校核本层层高，目的是为校核托架嵌板安装位置及尺寸。具体方法为：在施工前用钢卷尺测量其层顶面距地面尺寸是否符合图纸尺寸，合格后转入下道工序。

5.3 支柱放线

按图纸给定位置，将支柱、中心支撑坐标位置在地面放线，并做好标记。用水平仪检查各点水平度，将支柱底板安装在地面上，将已加工好的中心支撑柱运到本层待安装。

5.4 中心支撑及中心轴承座安装

将中心支撑安装就位，调整地脚螺栓，用水平仪测量上口水平度，用塔中心轴线校核中心支撑圆筒垂直度，且水平度、垂直度偏差均在 ±1mm 范围内。合格后，将支撑腿与地脚螺栓焊接在地面板上固定。中心支撑安装时，应注意支撑腿与相应支座标号对应安装。检验合格后，安装中心轴承座，确保安装质量。

5.5 筛板支撑结构安装

筛板支撑结构的安装，采用地面组对、整体吊装的方法进行，首先在地面用经纬仪依据图纸放线，在地面上组对主梁、副梁及调整凸轮。组对完后，利用自制桅杆吊具将其吊至安装高度，再安装支撑立柱。安装完全部支撑结构，利用已放好的十字线和水平仪，调整支撑结构上平面，使其平面误差控制在直径 24m 范围内 ±1mm。

5.6 筛板安装

筛板安装前，应对单体筛板进行全面检查是否符合图纸要求，筛板安装应按照筛板排版图进行安装。全部排完后，采用水平仪来配合筛板水平度的调整工作。筛板调平顺序为先中心后边缘，调整方法为利用筛板支撑结构上的凸轮进行调整高低，用水平仪和立尺检测，误差控制在直径 24m 范围内 ±1mm。全部调整完毕后，必须经监理检查认可后，方可焊接固定，并铺木模板等保护。

5.7 轨道及支撑板安装

5.7.1 轨道支撑板安装

用水准仪找平，再利用经纬仪分割等分，确定轨道托架的位置，再把支撑板施焊在预埋嵌板上。

5.7.2 轨道安装

轨道安装采用旋转检测工具来测定半径，确保轨道与塔建筑中心重合，且径向误差控制在 ±3mm 范围内。合格后将轨道焊接在轨道托架。

5.8 组合翻麦机安装

在轨道安装完后，用塔顶的人字桅杆将组合翻麦机横梁吊装到安装层，用单轨猫头吊接运塔内，就位于轨道和中心轴承上，将各部件组合连接好，试运转，检查转动齿轮、齿条的啮合情况，合格后安装组合机附件和中心卸料组件。

5.8.1 组合翻麦机横梁长 12m、宽 0.9m、高 1.3m，重约 7t。该设备体积大，重量重，安装位置较高，垂直提升距离大，吊装时一定注意人身及设备安全。

5.8.2 经受力分析，得出钢丝绳拉力为 4.55t，桅杆支撑力为 8.34t。受力点分析详见桅杆受力示意图。

5.8.3 人字桅杆采用两根 $\phi 219 \times 8$ 的钢管、20 号工字钢和 20 号槽钢组成。桅杆示意图见图 5－3。

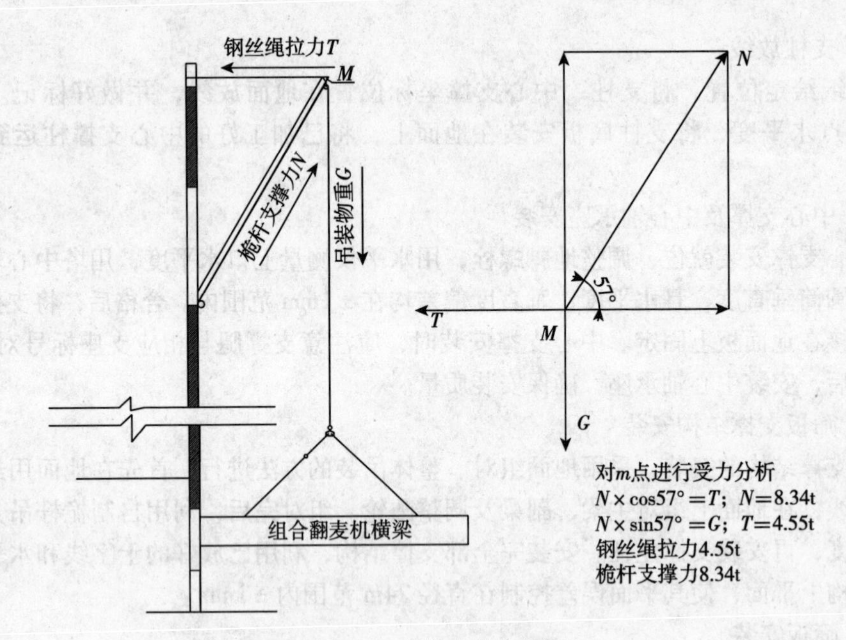

图 5－2　吊装力学分析图

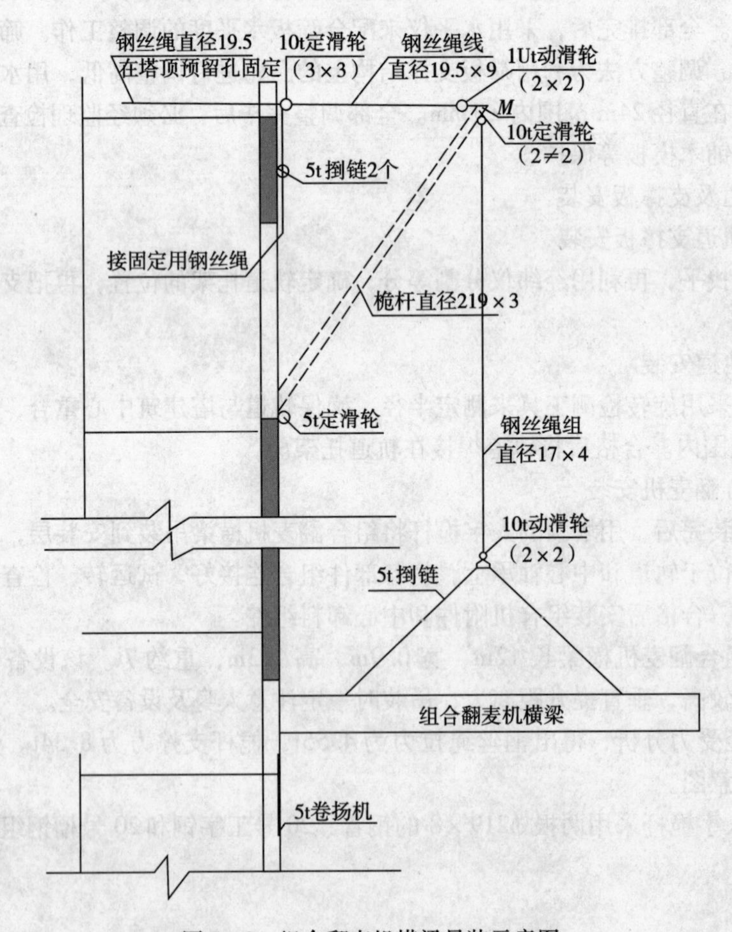

图 5－3　组合翻麦机横梁吊装示意图

5.8.4　人字桅杆架设在塔高90m处的地面上，地面固定两根20号槽钢，桅杆固定在槽钢上，桅杆头部由变幅滑车组牵引。变幅滑车组是由2个10t 2×2动滑组与10t定滑组组成，钢丝绳采用ϕ19.5－6×37的钢丝绳，以塔顶中心为固定点穿滑车组牵引桅杆，动力采用1台卷扬机和2台5t捯链来完成。

5.8.5　重滑车组是由10t 2×2滑车组一套ϕ17.5－6×37的钢丝绳组成，采用5t卷扬机提升，根据现场实际情况，将卷扬机设在作业人员便于操作的位置，操作要正确且安全可靠。这套滑轮组将完成由地面到高空的吊装，由变幅滑轮组完成送至吊装口，最后由塔内猫头吊完成吊装。

5.8.6　吊装时保证设备的安全和桅杆的稳定性，要经常对各部位进行检查，人字桅杆角度不大于55°。

6　材料与设备

6.1　材料

（1）钢板：$\delta=20$mm，$3m^2$；

（2）钢板：$\delta=10$mm，$15m^2$；

（3）工字钢：I20a，25m；

（4）槽钢：[20a，3m；

（5）无缝钢管：ϕ219×8，22m；

（6）电焊条：ϕ4.0mm，30kg；

（7）氧气、乙炔：各一瓶。

6.2　设备（表6）

施工所需机具投入一览表　　表6

序号	名称	单位	规格	需用数量	备注
1	汽车吊	台	12t	1	
2	卷扬机	台	5t	2	
3	卷扬机	台	8t	1	
4	桅　杆	根	11m	2	ϕ219×8
5	捯　链	台	5t	46	
6	钢丝绳	m	ϕ19.5－6×37	200	
7	钢丝绳	m	17.5－6×37	600	
8	滑　车	个	10t－2×2	3	
9	交流电焊机	台		3	
10	氩弧电焊机	台		1	
11	等离子切割机	台		1	
12	焊条烘干机	台		1	

续表

序 号	名 称	单 位	规 格	需用数量	备 注
13	台式钻床	台	$\phi 25$	1	
14	无齿锯	台		1	
15	捯 链	台	5t	4	
16	捯 链	台	10t	6	
17	千斤顶	台	10t	4	
18	冲击钻	台	$\phi 20$	2	
19	电 锤	台	$\phi 25$	2	
20	磁力线坠	个		4	
21	气焊工具	套		2	
22	角磨砂轮	台	ϕ100mm	3	
23	套筒扳手	套	10～32mm	2	
24	眼镜扳手	套	10～32mm	6	
25	钢盘尺	个	30m	1	
26	钢板尺	个	1m、2m	各1个	
27	大 锤	个		2	
28	手 锤	个		6	
29	麻 绳	m	$\phi 20$	100	
30	墨 斗	个		1	
31	电焊把线	m		200	
32	电焊地线	m		200	
33	氧气乙炔带	m		200	
34	水准仪	台		1	
35	经纬仪	台		1	

7 质量控制

施工及验收应遵守以下规范的规定：

《现场设备、工业管道焊接工程施工及验收规范》GB50236—98

《机械设备安装工程施工及验收通用规范》GB50231—98

《建筑工程施工质量验收统一标准》GB50300—2001

《钢结构工程施工质量验收规范》GB50205—2001

《起重机械用钢丝绳检验和报废实用规范》GB/T5972—1986

《建设工程施工现场供用电安全规范》GB50194—93

8 安全措施

8.1 临边洞口的安全防护措施

8.1.1 临边必须挂安全网，同时标明标识或作全封闭处理。施工人员不得靠近。

8.1.2 洞口必须设置固定盖板或脚手板，四周搭设围护架或栏杆，中间支挂水平安全网，标明警示标识。施工人员不得靠近。

8.2 高空作业的安全防护

8.2.1 攀高用具必须牢固可靠，不得超过额定荷载，实际情况应加以验算。

8.2.2 梯脚底部应坚实，不得垫高使用，上端应有固定措施。超出规定高度要架设平台或护笼。

8.2.3 悬空作业所用的索具、脚手板、吊篮、平台等设备，必须经过鉴定或验收，方可使用。

8.2.4 高空作业使用的铁凳、木凳应牢固，不得摇晃。两凳距离不得大于2m，凳上铺脚手板至少两块以上，只许一人操作，穿戴好防护用品，严禁抛掷物料。

8.2.5 凡经医生诊断患有高血压、心脏病、严重贫血、癫痫病以及其他影响高空作业病症人员不得攀登，高空人员必须每年体检一次。

8.2.6 高处作业进行三级安全教育，特种作业人员技术培训和考核，取得操作证后准许上岗操作，上岗时穿戴合格防护用品，禁止赤脚、穿拖鞋、硬底鞋作业，使用安全带时，必须系挂在作业点上部牢靠处。

8.3 交叉作业的安全防护措施

8.3.1 各工种进行上下、立体交叉作业时，不得在同一垂直方向上操作。下层操作必须在上层高度确定的可能坠落半径范围以外。不能满足时，设置硬隔离安全防护层。

8.3.2 吊装设备、构件时，下方不得有其他人员操作，并设专人监护。

8.3.3 施工所使用的小型工具或材料，其临时堆放处应离楼层边沿不小于5m，且堆放高度不得超过1m。

8.4 易燃易爆物品安全措施

8.4.1 油类、氧气瓶、乙炔瓶等物质种类、危险品发生泄露，及时抢险，不能造成火灾、爆炸。

8.4.2 各种油、气瓶的存放，要距离明火10m以上，挪动时不能碰撞，氧气瓶不能和可燃气瓶同放一处。氧气瓶和乙炔瓶之间不能小于5m。

8.4.3 施工现场禁止带入火种，禁止吸烟，应清除火灾隐患，并配备消防器材。

8.4.4 上下班必须认真检查，无异常情况再进入或离开现场。

8.4.5 电气焊、割作业前要明确作业任务，认真检查环境以及配备灭火器材等，无异常情况再进行施工。

8.5 起重工安全技术操作措施

8.5.1 起重工指挥应由技术熟练，懂得起重机械性能的持证人员担任，指挥时应站在能够照顾全身的地点，所发信号应事先统一，并准确、洪亮、清楚。

8.5.2 所有人员严禁在起重臂和吊起的重物下面停留或行走。

8.5.3　使用卡环应使长绳方向受力，抽销环应预防销子滑落，有缺陷的卡环严禁使用。

8.5.4　起吊物件应使用交互捻制的钢丝绳，如有扭结、变形、断丝、锈蚀等异常情况，应及时降低使用标准或报废。

8.5.5　编结绳扣应使各股松紧一致，编结部分的长度不得小于钢丝绳直径的15倍，并且不得短于300mm。用卡子连成绳套时，卡子不得少于3个。

8.5.6　地锚（桩）应按施工方案确定的规格和位置设置，如发现有沟坑、地下管线等情况，及时向负责人报告，采取措施。

8.5.7　使用多根以上绳扣吊装时，绳扣间的夹角如大于100°，应采取防止滑钩等措施。

8.5.8　使用开口滑车必须扣牢，禁止人员跨越钢丝绳或停留此处。起吊物件应合理设置溜绳。

8.5.9　装运易倒构件应用专用架子，卸车后要搁置在道木或方木上，应放稳垫实，支撑牢固。

8.6　机械使用安全技术操作措施

8.6.1　操作人员应体检合格，并经过专业培训、考核合格，建设行政部门颁发证书后，方可上岗。

8.6.2　操作人员应遵守机械有关规定，保养、使用机械，保持机械良好状态。

8.6.3　机械进入作业地点后，施工技术人员应向操作人员进行施工任务和安全技术措施交底。操作人员必须听从指挥，遵守现场安全规则。

8.6.4　机械上的各种安全防护装置，例如：监测、指示、仪表、报警信号装置等应完好齐全，有缺损及时修复，不完整或已失效的机械不得使用。

8.6.5　运转中发现不正常时，立即停机检查，排除故障后方可使用。如果违章操作，由于发令人强制违章造成事故，必须追究责任。

8.7　钳工安全技术操作措施

8.7.1　使用大锤、手锤，不准带手套。锤把、锤头不得有油污。打物时甩转方向不得有人。用钢锯时，工件夹紧夹牢，用力均匀，用手或支架托住。使用活扳手，板口应相符螺母尺寸，不能在手柄加套管，使用时要系好安全带。

8.7.2　拆卸设备部件应设置稳固，装配时严禁用手插入连接面或探摸螺孔，取放垫铁应手指放两侧。

8.7.3　设备运转时，不准擦洗和修理，严禁将头、手伸入机械行程范围内。

8.8　季节性施工的安全防护措施

8.8.1　注意天气预报，做好防汛准备。遇到大雨、大雪、雷击和6级以上大风等恶劣天气时，禁止吊装。

8.8.2　雨期要做好防雷措施和排水准备。

9　环保措施

9.1　环境保护是工程进度、质量的有力保证，在工程施工的同时必须重视环保。

9.2 环境保护应坚决贯彻“三位一体”的原则，采取有效措施，防止噪声和光污染。

9.3 对重要环境因素采取控制措施，措施落实到人，保证施工现场的良好氛围。

10 效益分析

10.1 工期目标：计划工期316d，目标值280d。

10.2 质量目标：一次交验合格率100%。

10.3 安全目标：不发生重大伤亡事故。

10.4 经济效益：本次组合翻麦机的安装，主要靠人字桅杆吊和一台5t的卷扬机吊装完成。这样比用大型机械吊装节约资金20万元。通过全面的经济核算，最终产生经济效益为30万元。

10.5 社会效益：组合翻麦机安装质量、安全、工期均受到业主和当地质量技术监督局的认可，给我单位创造了品牌效益。

11 应用实例

本工法应用于宁波麦芽有限公司年产20万吨制麦塔、深圳啤酒厂制麦塔、大连中粮制麦塔及哈尔滨龙垦麦芽塔等共八座制麦塔中。通过组合翻麦机安装的实施，不仅工期提前，同时采用人字桅杆来完成吊装降低了工程成本；由于项目对安全极为重视，预防实施措施安全可靠，未发生任何伤亡事故。

大型储罐内置悬挂平台正装法施工工法

编制单位：中国建筑第八工程局
批准部门：国家建设部
工法编号：YJGF128—2006
主要执笔人：赖君安　张成林　王志刚　郑光辉　廖招晟

1　前　　言

储罐指用于储存油品、化工品等液体介质的容器，我国在20世纪90年代以前建造的主要为$10000m^3$以下的中、小型储罐。近年来，随着国内经济的发展和国际形势的变化，石油储备朝大型化油库区发展，储罐的存储量不断增大，目前国内单台罐的存储量已达到$150000m^3$，储罐结构呈多样化发展，更多地使用高强钢，这既增加了施工的难度，也促进了储罐施工技术的发展。

国内外大型储罐建造已形成多种施工工艺方法，归纳起来主要有正装工艺和倒装工艺。倒装工艺受储罐整体提升能力、罐体刚度等条件限制，宜用于$10000m^3$以下的拱顶罐施工。对于$10000m^3$以上的大型储罐，正装工艺具有技术要点易掌握、不受吊装能力限制、自动焊接技术成熟等优点，近年来得到迅速推广应用。

大型储罐正装工艺在实施过程中存在脚手架量大、施工周期长的缺点，我公司针对这一情况，开发出“大型储罐内置悬挂平台正装法施工技术”这一新成果，并于营口港墩台山原油库区、南京炼油厂、天津汇鑫油库等工程进行了成功的应用，取得了明显的经济效益和社会效益。其关键技术于2007年5月通过了中建总公司组织的由杨嗣信、许溶烈等专家组成的专家委员会的鉴定，鉴定“罐体内置悬挂平台和浮盘装配式操作平台施工技术”达到国内领先水平。

2　工法特点

2.1　大型储罐工程量大，结构复杂，正装法施工时充分考虑了储罐筒体与浮盘施工的搭接顺序，以及其他各工序的先后顺序，缩短了施工周期。

2.2　本工法的关键技术为大型储罐内置悬挂平台正装法施工技术，它将正装法和自动焊接进行有效地结合，提高了工作效率，保证了施工质量，解决了焊接变形控制等技术难题。

2.3　内置悬挂操作平台技术的开发，解决了脚手架工作量大、施工周期长等问题。

2.4　壁板精确组装技术保证壁板一次组对成功，不需要留调整板和收活口处理。

2.5　自动焊焊接效率高、速度快，焊缝质量高，操作工人劳动强度低。

2.6　浮盘装配式操作平台施工技术提高了技术措施材料的重复利用率，降低了工程造价。

3 适用范围

此工法可适用于石油化工行业和港口储运行业的储罐施工，适用范围是容积为 $10000m^3$ 以上的大型储罐。

4 工艺原理

大型储罐正装法包括组装方法和焊接方法，下面从组装和焊接两个方面进行工艺原理的阐述。

4.1 内置悬挂平台正装法工艺原理

大型储罐正装法施工，罐体组装按照自下而上的顺序进行。首先，进行罐体的定位放线，铺设焊接底板。然后，对壁板进行精确下料预制，在底板边缘板上焊接好工装件，用精确组装法组装第一圈壁板，调整壁板圆弧度、垂直度和上口水平度并用斜支撑固定，气电立焊焊接立缝；安装内置悬挂平台和壁板专用组装卡具，组装第二圈壁板并依次焊接立缝、横缝（埋弧自动横焊）；提升内置悬挂平台，自下而上依次安装各层壁板；第二圈壁板焊接完成后可同时安装浮盘装配式操作平台，在平台上组装浮顶船舱；壁板和浮盘全部安装结束后开始安装中央排水系统、导向管、密封装置等附件。最后，进行充水试压、浮盘试升降和基础预压。

4.2 自动焊工艺原理

4.2.1 自动埋弧横焊工作原理

自动埋弧焊是以焊丝与焊件之间形成的电弧为热源，以覆盖在电弧周围的颗粒状焊剂及熔渣作为保护介质而实现焊接的一种方法。埋弧焊焊剂及融化后形成的熔渣，起着隔绝空气、使焊缝金属免受大气污染的作用，同时也具有改善焊缝性能的作用。

横缝埋弧焊是埋弧焊的一种特殊情况，其焊接原理与普通埋弧焊相同，主要区别在于解决了熔化金属和焊剂下淌的难题，并具有焊缝质量优良、生产效率高、工作环境好和焊接收缩变形小等优点。

4.2.2 气电立焊工作原理

气电立焊是近年来发展起来的一种高效率、高质量的焊接方法，气电立焊是 CO_2 气体保护电弧焊的一种特殊形式，一般采用药芯焊丝外加 CO_2 气体保护，强制成形来实现立焊位置的焊接。

气电立焊焊接垂直或接近于垂直位置的焊接接头。焊接时，焊缝的正面用铜滑块，背面用铜挡块，药芯焊丝送入焊件和铜挡块形成的凹槽中，熔池四周受到约束，熔化的焊丝和母材不断地汇流到电弧下面的熔池中，堆积叠加，熔池不断水平上移，凝固成焊缝金属，焊缝获得水冷强制一次成型，避免多道焊接产生角变形。特别指出的是，气电立焊一旦开始就应连续焊完，中途不许断弧。厚板焊接时，为均匀分布热量和熔敷焊缝金属，焊丝可沿板厚方向作横向摆动，也可实行双面焊。

5 工艺流程及操作要点

5.1 工艺流程

工艺流程见图5-1。

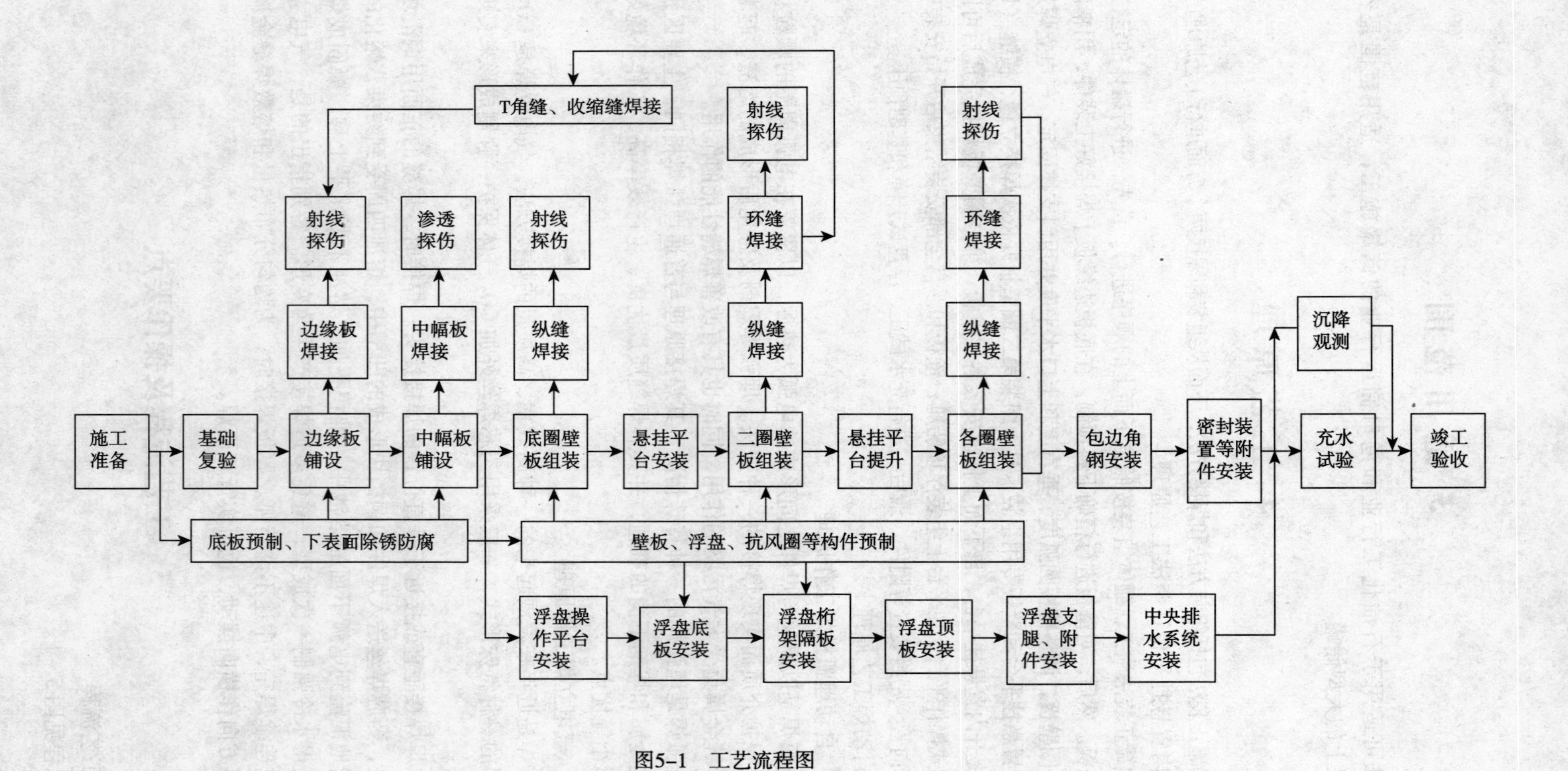
施工准备
基础复验
边缘板铺设
中幅板铺设
底圈壁板组装
悬挂平台安装
二圈壁板组装
悬挂平台提升
各圈壁板组装
包边角钢安装
密封装置等附件安装
充水试验
竣工验收
沉降观测
边缘板焊接
射线探伤
中幅板焊接
渗透探伤
纵缝焊接
射线探伤
纵缝焊接
环缝焊接
射线探伤
纵缝焊接
环缝焊接
射线探伤
T角缝、收缩缝焊接
底板预制、下表面除锈防腐
壁板、浮盘、抗风圈等构件预制
浮盘操作平台安装
浮盘底板安装
浮盘桁架隔板安装
浮盘顶板安装
浮盘支腿、附件安装
中央排水系统安装

图5-1 工艺流程图

5.2　底板安装

5.2.1　基础验收及放线

在储罐基础交付安装前，必须根据施工图纸及相关设计文件，按照现行国家规范、规程、标准等进行基础验收。这里要特别重视几个问题：一是基础中心标高及罐壁板位置环墙标高；二是沉降观测点的原始标高；三是基础方位基准点的校核。以上几点如控制不好，会对后续工序施工造成不利影响。

基础验收合格后，在基础表面放出十字中心线和0°安装线，并在环墙侧面画出标高线。

5.2.2　底板预制及铺设

底板预制前应绘制排板图，并符合下列规定：底板排板直径宜按设计直径放大0.1%～0.2%；底板及底板之间的有关尺寸须符合设计和施工规范的要求。

底板的铺设，按先垫板、再铺边缘板、最后铺中幅板的顺序进行；中幅板铺设，按从中心向外铺设的顺序，先铺中心定位板，再依次铺条形板。中心定位板铺设好后，及时将基础上表面的十字中心线和0°安装线返至底板表面，定出中心并作出明显标志。铺设过程中，应随时将调整好的板点焊固定。

5.2.3　底板焊接

（1）底板不同部位的焊接方法及所选用的焊接材料见表5-1。

底板焊接方法及焊材选用表　　　**表5-1**

序　号	施焊部位	材　质	焊接方法	焊接材料
1	垫　板	Q235A	手工电弧焊	E4303
2	中幅板焊缝	Q235A	手工焊打底	E4303
			埋弧焊盖面	焊丝+焊剂
3	边缘板焊缝	16MnR	手工电弧焊	E5016
4	收缩缝	16MnR+Q235A	手工电弧焊	E4315
5	T角缝	16MnR	CO_2气体保护焊	

（2）弓形边缘板的对接焊接采用手工电弧焊，先焊其外侧300mm焊缝，并在边缘板外部焊缝处焊接引弧块，打底焊后进行渗透检查；第二层以后开始每层错开50～60mm，焊接完成后上部磨平，进行X射线探伤检查；边缘板对接焊缝的其余部分在T角焊缝焊完后进行。

（3）中幅板的焊接采用手工焊打底、埋弧自动焊盖面成型。焊接时按先焊短缝、待相邻两带板短缝焊完后焊接长缝、隔缝施焊的方法进行。中幅板在距边缘板2m范围内焊缝暂留不焊接，待与边缘板组对后行再焊接。为防止变形，通长焊缝焊接时应在焊缝一侧加通长背杠。

（4）收缩缝及T角缝焊接时，由4名或8名焊工沿圆周均匀分布，以大致相同的焊接工艺同向施焊。

5.3　内置悬挂平台安装及提升

5.3.1　悬挂平台的构成

悬挂平台由三角架、平台梁、平台板、防护栏杆、安全网和焊接在壁板上的挂耳组成，结构见图5－2。悬挂平台的三角架按3m一个沿罐壁圆周设置。平台亦分为3m一段，焊接固定于三角架上。

5.3.2　内置悬挂平台安装

组装第二圈壁板前，在第一圈壁板内侧安装悬挂平台，以供第二圈壁板组装焊接用。安装位置在第一圈壁板内侧2/3高度处，同时安装好防护栏杆和安全网。在靠近罐人孔处搭设斜梯，以供人员上下操作平台，在浮顶施工时将浮顶下面的斜梯拆除，浮顶上面的斜梯逐层搭设。

悬挂平台安装在罐壁内侧，可以减少平台对壁板吊装的影响，方便壁板组对，保证操作人员的安全。

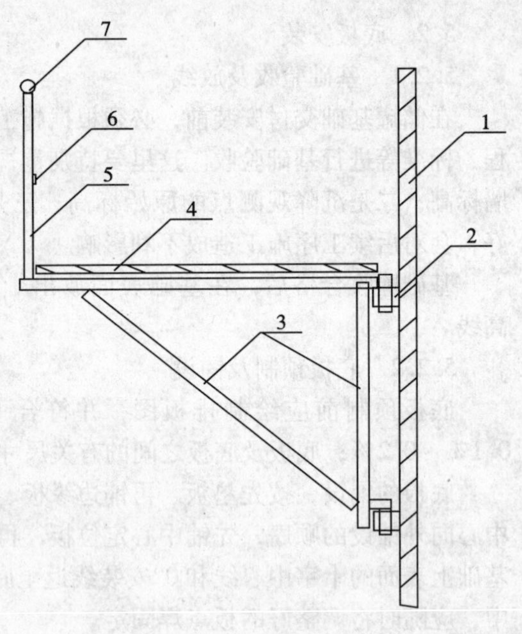

图5－2　悬挂平台结构图

1—壁板；2—挂耳；3—三角架；4—平台板；5—栏杆；6—护腰；7—扶手

5.3.3　内置悬挂平台提升

在第三圈壁板组装前，进行内置悬挂平台的提升。提升时，将若干个捯链按每3m距离沿罐壁圆周布置半圈（或1/3圈，依据罐周长而定，一般不超过30个），捯链挂钩悬挂于第二圈壁板上部预先焊好的吊耳上。捯链吊钩挂在平台吊耳上，由指挥人员统一指挥，各捯链同时同步缓缓拉升，直至壁板2/3高度处进行就位。就位时，注意将所有三角架支腿均插入挂耳内，避免漏挂。就位后，加装一节斜梯至平台。

5.4　壁板安装

5.4.1　壁板预制

壁板预制在龙门切割机平台上进行放线切割下料，壁板预制不留调整板，一次下净料，预制一圈壁板的累计误差等于零，这样预制有利于保证罐体整体几何尺寸。采用这种方法时，要严格控制壁板长、宽、对角线和坡口尺寸在规范允许范围内。

壁板滚弧时，在预制场安装龙门吊，配合壁板的吊装、运输和滚板。滚板机前后安装托架，采用数控卷板机进行滚弧。壁板卷制后，应立置在平台上检查弧度，合格后吊运到壁板胎具上存放。

5.4.2　壁板组装

（1）壁板组装前放在存运胎具上时，在壁板内侧焊接好组对用方帽、龙门板及蝴蝶板等工装件，并在壁板上侧焊接好吊耳，如图5－3所示。

（2）罐壁焊缝接头形式为对接接头，组装时应保证罐壁内侧表面齐平。壁板组装采用精确组对技术，有别于传统的收活口技术，不留调整板一次精确组装完成。这样的组对方法有利于保证罐体整体几何尺寸，避免钢板现场切割。

（3）底圈壁板安装前，在底板上画出壁板安装定位线，沿画线圆周每500～700mm内外交叉设置一个定位挡板，如图5－4所示。逐张组装壁板，调整壁板圆弧度、垂直度、上口水平度和立缝错边量，合格后每隔3m用1.6m长I12工字钢设置一个斜撑固定，然后

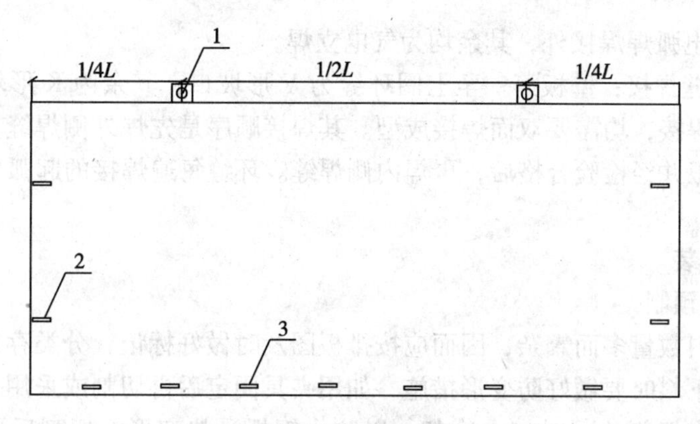

图5-3　吊耳、环缝卡具布置图

1—吊耳；2—方帽；3—龙门板

进行立缝焊接。

（4）在底圈壁板上安装内悬挂操作平台，进行第二圈壁板组装。使用吊梁（防壁板变形）吊装壁板，就位时先插背杠固定环缝部位，后用立缝组对卡具固定立缝部位；调整时，先用立缝调整卡具和楔子调整立缝间隙和错边量，后用正反螺纹调整壁板垂直度、圆弧度和环缝间隙，检查合格后进行立缝和环缝的焊接。

（5）提升内置悬挂平台，依次进行各圈壁板的组装和焊接。

5.4.3　壁板焊接

（1）壁板各部位焊接方法、焊接材料见表5-2所示。

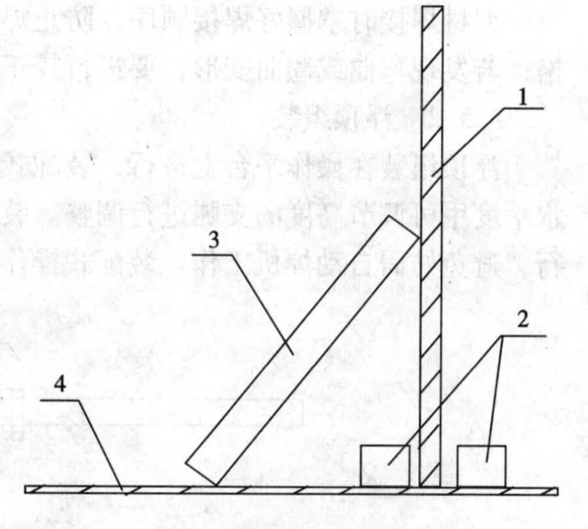

图5-4　底层壁板组装定位挡板示意图

1—壁板；2—定位挡板；3—斜撑；4—底板

壁板焊接方法及材料选用表　　表5-2

序号	施焊部位	材　质	焊接方法	焊接材料	
				焊　丝	焊　剂
1	纵　缝	16MnR/Q235A	气电立焊	SOL507	
2	环　缝	16MnR/Q235A	埋弧焊	H10Mn2	SJ101
3	补焊、返修	16MnR/Q235A	手工焊	E5016/E4303	

（2）壁板焊接采用2台气电立焊机和6台埋弧自动横焊机进行施工。自动焊机沿罐壁圆周均匀分布，对称同向施焊。壁板的焊接顺序为：先焊立缝，待上下两圈壁板立缝全部焊接完成后，再焊环缝。

（3）壁板立缝焊接：焊接前，先焊上定位及防变形用龙门板，拆下立缝组对卡具，在起弧处加引弧板和收弧处加熄弧板，然后进行焊接。第一、二圈壁板立缝为X形坡口，焊接时先焊外侧，焊接完毕进行清根、打磨、磁粉探伤，检查合格后再焊内侧；其余各圈壁板立缝均为V形坡口，自动焊机在外侧一次焊接成型；所有立缝除第一圈壁板下端约

300mm 需用手工电弧焊焊接外，其余均为气电立焊。

(4) 壁板环缝焊接：壁板第一至七圈环缝为 V 形坡口，其余为 K 形坡口，采用埋弧自动横焊机进行焊接，均需要双面焊接成型。其焊接顺序是先焊外侧焊缝，然后用角向磨光机进行反面清根并经检验合格后，再焊内侧焊缝。环缝每遍焊接的起弧和收弧部位应错开 100mm 以上。

5.5 浮顶安装

5.5.1 浮顶预制

浮顶预制材料数量多而繁杂，因而应按排板图及时做好标记，分类存放。预制时因钢板很薄，在切割下料时要做好防变形措施，如用夹具固定后再切割或采用小的工艺规范参数进行切割，并在切割的同时加水冷却，以防止钢板受热变形。切割后要用直尺进行检查，发现有较大变形时进行矫正。

桁架型钢下料用砂轮切断机，并在预制平台上组焊成单片桁架，减少现场安装焊接量。型材焊接时掌握好焊接顺序，防止焊接变形。组焊后的桁架用样板进行检查，保证合格；若发现弯曲或翘曲变形，要进行校正，达到合格。

5.5.2 浮顶组装

浮顶组装在操作平台上进行，装配式操作平台采用螺栓连接，方便安装和拆卸。平台水平度用可调节高度的支腿进行调整。装配式平台外周安装要在第一圈环缝焊接完成后进行，避免妨碍自动焊机工作。装配式操作平台如图 5-5 所示。

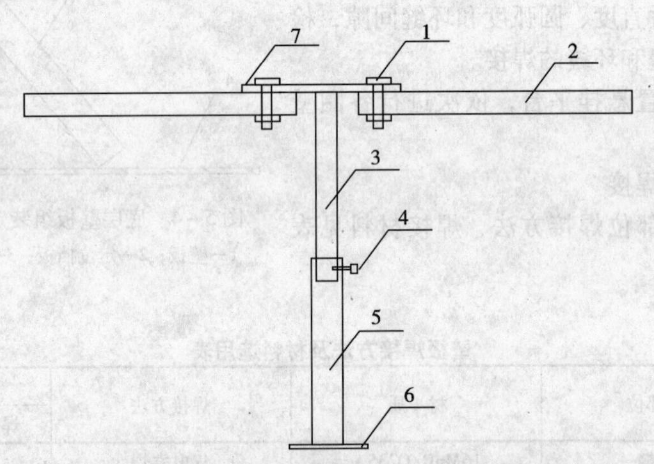

图 5-5 浮顶装配式操作平台接点图

1—连接螺栓；2—横梁；3—上部支腿；4—下部支腿；
5—调整螺栓；6—支腿底板；7—盖板

浮顶底板铺设前用线坠对准罐底板来确定浮顶的中心。浮顶底板为条形排板，铺板时从中心开始顺次向外铺设，每铺设一张板随即调整、点焊固定。为保证浮顶的几何尺寸，排板直径要放大 0.1% ~0.2% 的焊接收缩量。

在底板上画出隔板、环板和桁架的安装位置线，从中心向外依次安装中心环板、桁架、隔板、环板和边缘环板。

浮顶顶板为一字形排板，铺设方法与浮顶底板相同。

5.5.3　浮顶附件安装

浮顶附件由船舱人孔、支柱、集水坑、导向管、呼吸阀、浮梯轨道、刮腊装置、密封系统、泡沫挡板及中央排水管等组成。在罐外进行各附件的预制，按照图纸标定的位置画出安装位置线，然后进行开孔、组装和焊接。为防止橡胶等部件被火花烧伤，密封装置和中央排水软接头要在最后安装。

浮顶支柱安装时应按设计高度预留出200mm调整量，在充水试验时进行调整。其调整方法是，放水至比浮顶最低位置高出300mm时停止放水，调整各个支柱的实际需要长度，逐个支柱进行调整。全部调整完以后，再放水使浮顶落座。

5.5.4　浮顶焊接

浮顶底板和顶板的搭接焊缝的上表面为连续焊，下表面为断续焊（焊100mm间200mm），全部采用手工电弧焊进行焊接。焊接时应采取防变形措施，采用小焊接规范，掌握好焊接顺序，以减少薄板的焊接变形，确保整个浮顶的几何形状和尺寸。

所有浮顶连续焊缝均应进行煤油试漏检查，整个浮顶安装结束后应逐个船舱进行气密性试验。

5.6　充水试验

充水试验用水应为工业新鲜水，水温不低于5℃。试验主要检查罐底严密性、罐壁强度及严密性、浮顶的升降试验及严密性和浮顶排水管的严密性，同时还要进行基础的沉降观测。

充水试验一般分三段进水，第一次进水至1/2罐高时停置8h，第二次进水至3/4罐高时停置8h，第三次进水至最高液位时停置48h，检查基础的沉降情况；如有异常，需处理后方可进行下一步作业。

6　材料与设备

6.1　主要施工材料一览表

主要施工材料见表6－1。

主要施工材料一览表　　　　**表6－1**

使用用途	名称、规格型号	主要技术指标	备　注
罐体材料	钢板16MnR厚12～32mm		
	钢板Q235A厚5～12mm		
焊接材料	焊丝H10Mn2ϕ3.2	焊丝无锈蚀，硫、磷等有害元素的含量不能超标	自动埋弧横焊
	焊丝H08Mn2SiAϕ1.6	焊丝无锈蚀，硫、磷等有害元素的含量不能超标	气电立焊
	CO_2气体	保护气体纯度>99.8%	气电立焊
措施用料	组对卡具	龙门板、蝴蝶板、方帽、楔子、斜撑等	
	悬挂平台	带挂耳、连接牢固	配安全网
	浮顶装配式平台	接头部位螺栓连接、支腿带调整螺栓	

6.2 主要施工机械一览表

主要施工机械见表6－2。

主要施工机械一览表　　表6－2

序　号	名称、规格、型号	单　位	数　量	备　注
1	自行式起重机25t	台	1	
2	平板拖车20t	辆	1	预制件运输
3	龙门吊10t/20m	台	1	预制场使用
4	数控滚板机40mm×3000mm	台	1	
5	埋弧自动横焊机CHH－Ⅱ型	台	6	
6	气电立焊机CLH－Ⅱ型	台	2	
7	埋弧平焊机MZ－1000型	台	2	
8	直流电焊机AX－50型	台	10	
9	交流电焊机BX_3－300型	台	24	
10	坡口机	台	2	
11	半自动切割机	台	4	
12	电动空压机ZY－0.6/7－C	台	3	
13	焊条烘干箱YGCH－100 500℃	台	1	
14	恒温箱3kW 150℃	台	1	
15	砂轮切割机ϕ400	台	1	
16	角向磨光机ϕ150	个	30	
17	台钻ϕ20	台	1	
18	捯链10t	个	40	
19	挂壁小车	台	6	自制

6.3 主要检验、测量设备一览表

主要检验、测量设备见表6－3。

主要检验、测量设备一览表　　表6－3

序　号	名称、规格、型号	单　位	数　量	备　注
1	经纬仪J_2	台	1	
2	水准仪S_3	台	3	
3	焊缝检验尺650mm×30mm	只	8	
4	塞尺0.02～1mm	把	8	
5	千分尺	只	2	
6	钢板尺500mm、1000mm	只	14	

续表

序　号	名称、规格、型号	单　位	数　量	备　注
7	直角尺 250mm×500mm	只	10	
8	钢卷尺 2.5m、5m、20m	只	40	
9	盘尺 50m	只	2	
10	条式水平仪 0～400mm　2mm/m	只	12	
11	真空表 0.5MPa	只	2	
12	U 形管压力计 1.5m	只	1	自　制
13	X 光探伤机 300kV	台	3	
14	超声波探伤机	台	1	

7　质量控制

7.1　工程质量控制标准

储罐施工质量执行《立式圆筒形钢制焊接油罐施工及验收规范》、《钢结构工程施工及验收规范》和《现场设备、工业管道焊接工程施工及验收规范》。其关键部位、关键工序的允许偏差按表 7 执行。

关键部位、关键工序允许偏差表　　表 7

序　号	工序名称	检查内容	允许偏差	检查方法和频率
1	壁板预制	长度、宽度	±1.5mm	钢卷尺、每张钢板
		对角线	≤3mm	钢卷尺、每张钢板
		直线度	长度方向≤2mm	拉钢丝、每张钢板
			宽度方向≤1mm	拉钢丝、每张钢板
		坡口角度	±2.5°	焊接检验尺、每张钢板
		圆弧度	≤3mm	弧形样板尺、每张钢板
2	底板组装	组对间隙	±1mm	塞尺、抽查
3	浮盘组装	搭接量	±5mm	钢卷尺、抽查
4	壁板组装	组对间隙	±1mm	钢卷尺、每张钢板
			±0.5mm	塞尺、每张钢板
		垂直度	≤3mm/每层，总高 2%H	吊线坠、每张钢板
		局部凹凸度	≤10mm	弧形样板尺、每张钢
5	焊接	焊缝质量	符合规范要求	焊接检验尺和肉眼观察
6	总体试验	强度及严密性试验	无泄漏、无异常变形	试验过程肉眼观察
		浮盘升降试验	升降自如、无卡涩	试验过程肉眼观察
		基础沉降观测	符合规范要求	水准仪、每天

7.2 质量保证措施

7.2.1 建立质量保证体系和岗位责任制，完善质量管理制度，明确分工职责，落实到人，保证体系高效地运转。

7.2.2 对工程质量实施事前、事中、事后的全过程控制；对施工过程的人、机、料、法、环五大要素的保证措施进行明确和落实。

7.2.3 壁板和底板边缘板等重要部位预制时，应严格控制其长、宽、对角线和坡口尺寸。

7.2.4 宜使用数控卷板机和卷弧胎具进行壁板卷弧，保证壁板圆弧度满足规范要求。

7.2.5 采用自动埋弧横焊机和气电立焊机等先进焊接设备，选派技术过硬的焊工，严格执行方案规定的焊接工艺参数及焊接顺序，保证焊缝质量和减少焊接变形。

7.2.6 严格把好无损检测和充水升降试验两道检验关，杜绝不合格品流入下一道工序。

8 安全措施

8.1 认真贯彻“安全第一，预防为主”的方针，根据国家有关规定、条例，结合工程的具体特点，建立健全以项目经理为首的安全消防保证体系。

8.2 施工现场按防火、防洪、防触电、防高空坠落等安全规定和安全要求进行布置，并按规定配备灭火器等消防器材，悬挂安全标识。

8.3 每天班前检查自动焊机和打磨用悬挂小车的安全保护装置是否牢靠，并检查罐壁有无妨碍机器行走的物件，以防发生高空坠落事故。

8.4 内置悬挂平台提升时保证各吊点水平且受力一致，挂耳焊接牢固，平台加防护栏杆。

8.5 自动焊机挂在罐壁施工时，派专人看护，避免电缆线（220V焊机行走控制线和380V焊机电源线）与其他建筑物刮碰，防止电缆线破损发生触电事故。

8.6 浮顶船舱内焊接、刷油时在人孔处设抽风机保证通风，定期换班防止人员中暑、中毒。

8.7 施工现场的临时用电严格按照《施工现场临时用电安全技术规范》JGJ46的有关规定执行。

8.8 编制安全应急预案，加强现场人员的安全教育和培训。

9 环保措施

9.1 成立施工现场环境管理领导小组，建立健全环境管理体系。

9.2 现场内所有交通路面和物料堆放场地全部硬化，做到黄土不露天；施工垃圾应及时清运，并适量洒水，减少污染。

9.3 加强对现场的烟尘监测，进行定期检查和不定期抽查，对现场烟尘程度按林格曼烟气浓度图进行观测，落实各项环保措施，确保烟尘排放度达标。

9.4 现场交通道路和材料堆放场地统一规划排水沟，控制污水流向，设置沉淀池，将污水经沉淀后再排入市政污水管线，严防施工污水直接排入市政污水管线或流出施工区域污染环境；确保雨水管网与污水管网分开使用，严禁将非雨水类的其他水体排进市政雨水管网。

9.5 尽可能采用低噪声施工设备，对强噪声施工设备加隔声棚或隔声罩封闭、遮挡。加强环保意识的宣传，采用有力措施控制人为的施工噪声，严格管理，最大限度地减少噪声扰民。

9.6 加强废弃物管理，施工现场设立专门的废弃物临时贮存场地，废弃物应分类存放，对有可能造成二次污染的废弃物必须单独储存、设置安全防范措施且有醒目标识，减少废弃物污染。

10 效益分析

10.1 本工法将正装法和自动焊接进行有效的结合，提高了工作效率，保证了施工质量，解决了焊接变形控制等技术难题；内置悬挂操作平台技术的开发，解决了脚手架工作量大、施工周期长等问题；壁板精确组装技术保证了壁板的组对质量；自动焊焊接效率高，速度快，焊缝质量高，操作工人劳动强度低。通过合理的组织和管理，新设备以及新技术的应用，最大限度地降低了环境污染，社会效益和环境效益明显。

10.2 本工法与国内同类工程施工方法相比，减少了电焊工和架子工的使用量，节约了电焊机和吊车等机械台班费用，节省了大量的脚手架等措施用料，取得了130余万元的总体经济效益。

10.3 本工法技术的成功应用，为企业积累了宝贵的施工经验，提高了企业的施工技术水平，促进了大型储罐施工技术的进步和发展，为以后油库区的规划建设提供了可靠的决策依据和技术指标。

11 应用实例

11.1 营口港墩台山原油贮运工程

（1）工程地点：辽宁营口港鲅鱼圈港区。

（2）总工期：105个日历天。

（3）实物工程量：2台50000m^3储罐。

（4）工程概况：每台储罐直径为60m、高20m、重1250t；材质为Q235A＋16MnR；壁板由10圈板对接而成，最大厚度达32mm；浮顶结构形式为双浮盘外浮顶结构。本工程采用大型储罐内置悬挂平台正装法施工，将正装法自动焊接进行有效地结合，并在组装过程中成功开发出内置悬挂平台施工技术。

（5）应用效果：大型储罐内置悬挂平台正装法在本工程得到成功的应用，质量得以提高；工期大大缩短；成本大幅度降低；总体试验一次成功；工程质量评定为优良，取得了良好的社会效益和经济效益。

11.2 南京炼油厂2万m^3储罐工程

（1）工程地点：南京市栖霞区。

（2）总工期：85 个日历天。

（3）实物工程量：2 台 20000m^3 储罐。

（4）工程概况和应用效果：每台储罐直径为 40m，高 16m、重 640t；材质为Q235A + 16MnR；壁板由 9 圈板对接而成，最大厚度达 24mm；浮顶结构形式为双浮盘外浮顶结构。采用本工法施工，总体试验一次成功，工程质量评定为优良。

11.3　天津汇鑫油库工程

（1）工程地点：天津港南疆石化小区。

（2）总工期：249 个日历天。

（3）实物工程量：3 台 50000m^3 储罐。

（4）工程概况和应用效果：每台储罐直径为 50m，高 23.8m、重 1340t；材质为 Q235A + 16MnR + 12MnNiVR；壁板由 11 圈板对接而成，最大厚度达 32mm；浮顶结构形式为双浮盘外浮顶结构。采用本工法施工，总体试验一次成功，工程质量评定为优良。

大跨度球面网架结构施工工法

编 制 单 位：中国建筑第六工程局
批 准 单 位：国家建设部
工 法 编 号：YJGF21—96（2005—2006 年度升级版）
主要执笔人：李永红　崔新玉　田国魁　李书堂　魏　剑

1 前　　言

大跨度球面网架的施工中采用什么工艺？如何保证施工质量？是许多企业面临的一个难题。在大跨度球面网架结构施工中，充分利用球面穹顶的几何特性，较低的外沿部分采用小单元地面预制空中组拼；距地面较高的中心圈部分，采用整体吊装方法，最后在空中把外沿和中心圈组焊成整体，最大限度地减少了脚手架用量并确保了工程质量和安全生产。这种安装方法既体现了整体吊装的优点，又克服了散装法的不足。天津体育馆大跨度球面网架结构的施工方法，于 1994 年 1 月 18 日首次通过了中建总公司组织国内著名结构专家进行的技术鉴定。专家们认为，该项技术填补了我国大跨度球面网架结构制作及安装技术的空白，达到国内领先水平，网架施工质量达到国际先进水平。2007 年 5 月 10 日，再次通过了中建总公司组织的科技成果评估。专家们认为：该成果在大跨度球面网架制作安装施工中，采用三维空间坐标控制方法，有效地解决了空间定位、检测、误差调整等难题，探索出小单元地面预制、高空拼装和中心单元整体吊装相结合的综合施工技术，具有独创性、先进性和实用性，制定了先进的焊接工艺，使管球相连接的焊缝质量全部达到优良标准，减小了焊接变形，保证了大跨度曲面结构空间尺寸精度。评估结论为：该成果整体施工技术仍处于国内领先水平，具有较大的推广价值。

该技术的主要应用工程——天津体育中心主馆屋面为 108m 跨度的球面网架，覆盖直径 135m，中心圈顶点高 35m，是当时我国及亚洲最大的穹顶结构。该施工技术 1994 年获得了中建总公司科技进步一等奖，主馆网壳工程 1997 年获得中国钢结构协会、空间结构协会第一届空间结构优秀工程施工一等奖。主馆工程 1996 年获得国家工程质量最高奖——鲁班奖。

2 特　　点

2.1　根据球面网架结构特点和其下部结构情况，将网架划分成若干个环带，采用了外几圈小单元地面预制逐圈由外向内高空组拼和中心圈地面预制整体吊装相结合的施工工艺。

2.2　地面小单元预制采取坐标系旋转的方法，把原设计球节点坐标转换成新坐标系，这样降低了预制胎具的高度。节约钢材，减少高空作业。

2.3 利用看台和穹顶外圈标高的特点，减少了缆手架用量。

2.4 中心圈高，中间无看台，采用整体吊装法。地面组焊成形一次起吊到位，利用一根抱杆，起吊时缆风绳系在外圈上，减少了缆风绳长度。

2.5 通过试验测出焊缝收缩量，编制合理的焊接程序，有效地控制焊接变形和消除焊接应力。

2.6 采用先进的测试仪器，利用地面永久标记的原点控制球节点三维空间坐标。

3 适用范围

3.1 适合大跨度球面网架结构的制作安装。

3.2 适合大跨度中间高外沿低的曲面网架结构。

3.3 适合大跨度平面网架结构。

4 工艺原理

4.1 任何一个球冠如果把它水平投影，沿半径方向划分为几个环带，沿球冠圆周等分后每个环带所得的单元体是相等的。这样球面网架小单元地面预制胎具的种类就相应减少了，等于划分的环带数节约了材料。

4.2 无论是外圈的高空组焊，还是中心圈的地面组焊，都以小单元为单元体。因此，只要提高小单元预制精度，确保其几何尺寸，就能保证组焊后的网架整体各球节点坐标。小单元的球节点坐标依靠胎具保证。

4.3 小单元地面预制，操作方便，减少高空作业，减少误差积累。由于采取坐标平衡、旋转，降低了预制胎具的高度。通过数学计算（图4），把原设计的坐标换算成极坐标，有效地控制了小单元制作每个球节点的三维空间位置，保证了小单元精度，也为高空组拼和中心圈地面组拼提供了数据保证。

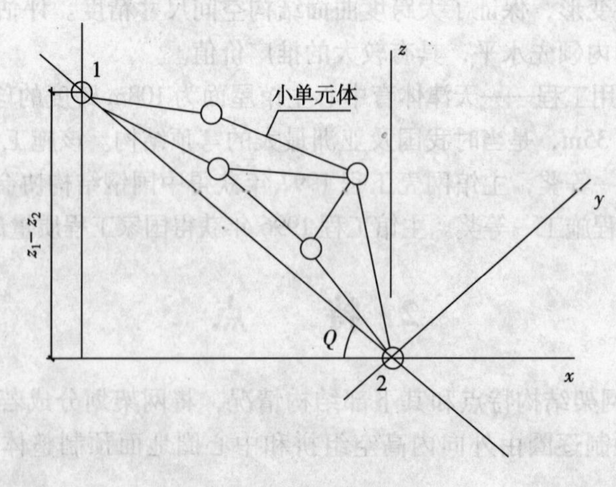

图4 小单元计算图

$$\frac{z_1 - z_2}{L} = \mathrm{tg}x \qquad x = \mathrm{arctg}\frac{z_1 - z_2}{L}$$

如果以 y 轴旋转又将小单元网架放倒，使 1 球和 2 球连线与 x 轴重合，此时新坐标系的值发生变化，XYZ 为新坐标，则他们与原坐标的关系是：

$$X = x\cos\alpha + z\sin\alpha;\ Y = y;\ Z = z\cos\alpha = x\sin\alpha$$

4.4　关于三维空间控制原理，对于球面体，地面圆心控制点是关键。所以，从外向内组装就便于控制。把原设计的坐标换算成极坐标就更方便了。对球面径向每个球节点要满足球面方程式（4－1），对于纬向环状球节点要满足圆的方程式（4－2）。

$$x^2 + y^2 + z^2 = R_1^2 \qquad (4-1)$$

R_1 为球的半径；

$$x^2 + y^2 = R_2^2 \qquad (4-2)$$

R_2 为圆的半径。

4.5　按公式（4－1）可校核 z 值：

$$z^2 = R_1^2 - X^2 - Y^2 \qquad (4-3)$$

按公式（4－3）校核两杆件长度 L：

$$L = \sqrt{(X_1 - X_2)^2 + (Y_1 - Y_2)^2 + (Z_1 - Z_2)^2} \qquad (4-4)$$

5　施工工艺流程及操作要点

5.1　安装区段的划分

5.1.1　中心圈直径的确定原则

首先，要计算准备用来吊装中心圈网架的单根格构式抱杆起吊能力和稳定性，根据已有（或新设计）抱杆起吊能力，选定中心网架的直径（吊装重量）。然后，再计算所选定直径的中心圈网架因自重引起的变形，并通过现场试吊校核变形值。通过测试，一般 43kg/m² 的网架中心圈直径选在 30～50m 为宜。

5.1.2　外沿逐环带的划分原则

整体吊装的中心圈网架的直径确定后，把剩余外圈分为若干环带。根据吊装高度和吊车的吊装能力，适当选择小单元的体积和重量。小单元的长度恰好等于所划分环带的宽度。小单元的宽度应当大于径向两个球节点为宜。在吊装能力允许的条件下尽量扩大小单元的体积。小单元以球节点开始到球节点结束。在同一环带，小单元尺寸应相等，采取同一尺寸。由外向里圈逐渐增高，吊装能力下降，应适当减少小单元的尺寸和重量。网架单重在 43kg/m² 时，小单元可选择 12～20m 长为宜。

5.2　小单元的预制

5.2.1　专用胎具

网架小单元应在专用的胎具上制作，以保证杆件和节点的精度和互换性。

首先，在夯实的基础上铺设道木，在道木上铺设 16～20mm 厚钢板组成钢平台（钢平台大小根据小单元尺寸而定，钢板平整度要求在 1/1000 以内）。然后，在钢平台上用换算后的 X、Y、Z 坐标确定每个球节点的空间位置，用钢管作为球节点的定位支座，该定位支座高度可进行微量调整。支座钢管的直径根据球的大小而定，一般在 $\phi108 \sim \phi159$ 范围内。在选定的坐标系中，用仪器精确校核各球节点的空间位置，校核杆件长度。

5.2.2　空心球

空心球可以自制或订货，空心球的钢材宜采用国家标准《碳素结构钢》GB/T700 规定的 Q235 钢或国家标准《低合金高强度结构钢》GB1591 规定的16Mn 钢，产品质量应符合行业标准《钢网架焊接球节点》JGJ75.2 规定。

5.2.3　钢管杆件长度的计算

根据设计图纸两球中心距，并考虑组对间隙和焊缝收缩量，计算钢管杆件加工长度，钢管杆件长度计算公式如下（图 5－1）：

$$L_1 = L - \sqrt{R_1^2 - a^2} - \sqrt{R_2^2 - a^2} - 2b + 2c$$

式中　L——为两球设计中心距；

L_1——杆件长度；

R_1，R_2——空心球外圈半径；

a——钢管杆件内半径；

b——每道焊口组对间隙；

c——每道焊口焊缝收缩量。

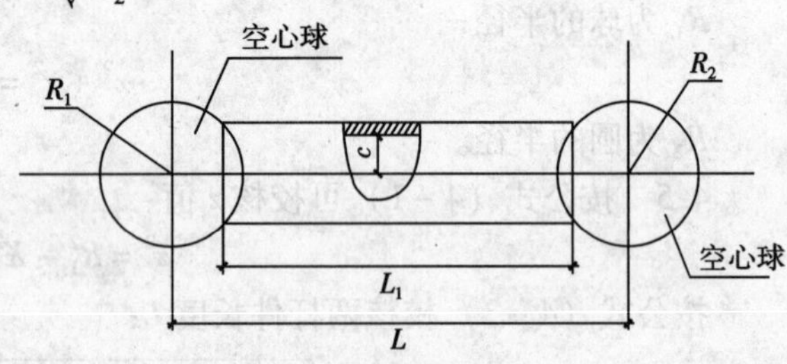

图 5－1　杆件计算

5.2.4　钢管杆件的下料加工

焊接球节点的钢管杆件宜采用车床下料并车制坡口，杆件长度允许偏差为 ±1mm。

5.2.5　小单元的焊接顺序

小单元拼装应选择合理的焊接工艺顺序，以减少焊接变形和焊接应力。焊接顺序应从小单元中间向两端发展，以确保每道焊口都能自由收缩。无论在任何情况下都不得同时施焊同一杆件上的两端焊口。

小单元焊接顺序示意如图 5－2 所示。

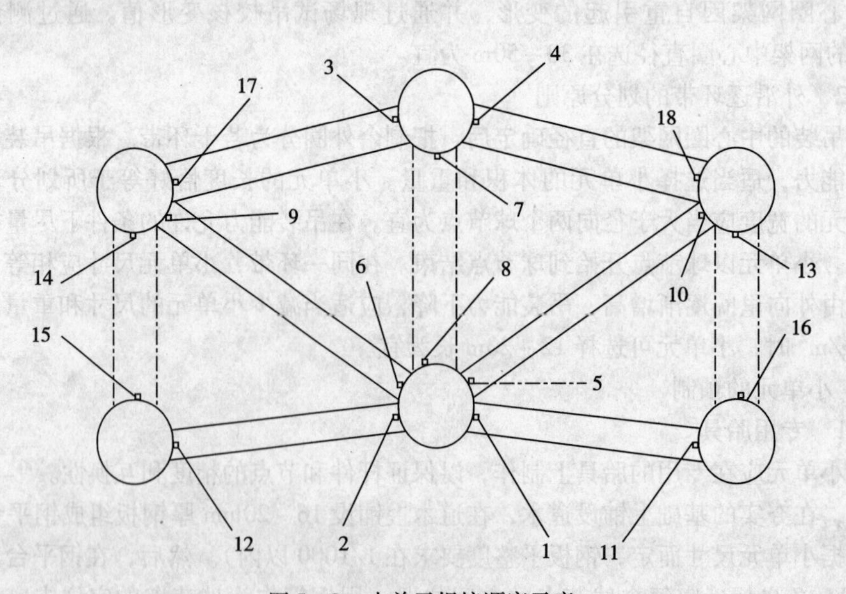

图 5－2　小单元焊接顺序示意

小单元焊接程序如图5－3所示。

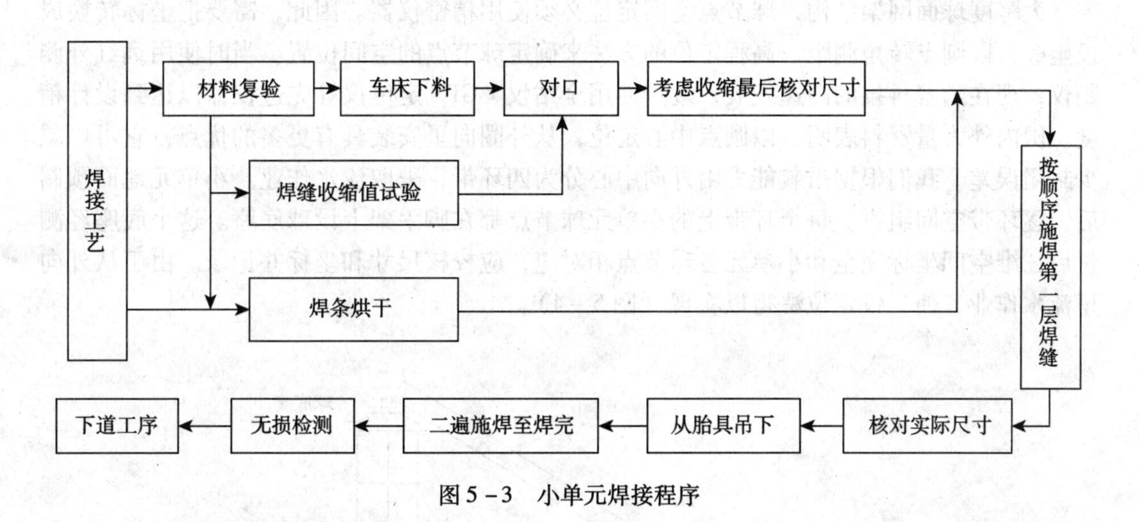

图5－3　小单元焊接程序

5.2.6　小单元吊运

当小单元在专用胎具上完成第一遍焊接后，可从专用胎具上吊下，平稳地放在钢平台上，进行第二遍焊接直至全部焊完。这样可以充分利用胎具，进行流水作业，提高工效，然后用履带吊车吊运到高空组拼的预备场地，进行下道工序。

5.3　外沿逐圈的高空组焊

5.3.1　脚手架的搭设

脚手架搭设可和小单位预制同步进行，因为外沿逐圈从外向里进行组拼。脚手架搭设应能满足现场施工需要，主要承受荷载为：构件重量、施工人员荷载、对点焊定位的预制单元进行微量调整、防止变形措施中临时支撑、连接杆件的重量等。脚手架材料应符合有关规定要求。其扣件螺纹完好，其紧固力矩为39～49N·m（4～5kgf·m），最大不超过59N·m。

脚手架参数的确定及校核依据为《建筑施工手册》第5章脚手架工程及该章节中的部分图表。根据搭设高度确定立杆纵横间距 a、b，我们根据高度荷重确定：$a=1.2\text{m}$；$b=1.6\text{m}$；$h=1.6\text{m}$（步距）。

脚手架立杆下放最好能放支撑座。在回填土场地搭设脚手架时，立杆下面必须至少加垫木，回填土必须是已夯实。必要时木板上方应放槽钢。

脚手架搭设顺序为：扫地杆→逐根立杆→立杆与扫地杆扣紧→扫地小横杆并与立杆或扫地杆扣紧→安第一部大横杆（与立杆扣紧）→安第一部横杆→第二步横杆→加设临时斜撑杆（上端与第二步大横杆扣紧）→第三四步大横杆和小横杆→连墙杆→安立杆→加设剪刀撑→铺脚手板。

立杆垂直偏差：架高在30m以内时应不大于架高的1/200。其他大横杆、小横杆、剪刀撑等偏差都应在规定范围内。

在铺设脚手板的操作层上必须设护栏和挡脚板。栏杆高度为0.8～1m。挡脚板以可加设一道距脚手板面0.2～0.4m的低栏杆来代替。垫板必须铺平放稳，不得悬空。

5.3.2　三维空间坐标的控制

大跨度球面网架结构，球节点空间定位必须使用精密仪器。因此，需要把坐标转换成极坐标，以圆点转角测距、高程定位的方法来确定球节点的空间位置。当时使用远红外测距仪，现在随着科技的高速发展，逐步使用全站仪、GPS定位仪等先进仪器以达到设计精度。国内外大量资料表明，以圆点中心定位，从外圈向里安装具有更多的优点，它可以减少封闭误差。我们根据吊装能力由外向中心分为四环带，采取流水作业。小单元地面预制后，逐环带空间组拼。每个环带上的小单元球节点都在脚手架上设球底座。这个底座经测量后三维空间坐标完全和小单元各球节点相对应，应校核尺寸和坐标并记录。由于从外向里流水作业，使三仪定位法得以实现（图5-4）。

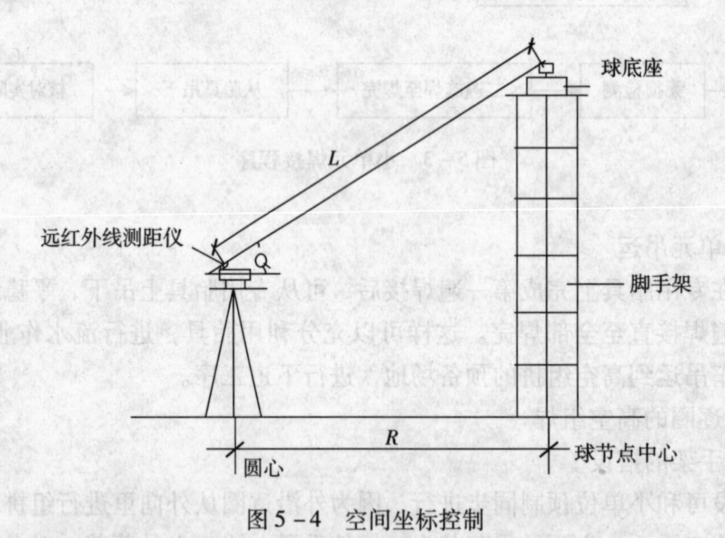

图5-4　空间坐标控制

脚手架上的球底座应该做成便于调整的形式，调整好后应临时固定。

5.3.3　高空组拼

小单元在场馆外预制，因为场馆内为吊车吊装运输场地。采用80t履带吊车可以解决水平运输和吊装，它比塔吊更有优越性。

组对顺序，应选任一合适直径为基准对称进行。在两对称的半圆内，从中间向两侧进行。整个环带留两个自由伸缩缝，使组焊时产生的焊接应力得以消除。保证连接杆件焊口的收缩得以实现。各小单元构件在连接时可使用简单工具进行位置的调整。当1、2两圈逐个小单元组焊起来后，再用杆件将其和第2圈连接组焊起来，直至完成。小单元高空组拼用80t履带吊吊装（图5-5）。

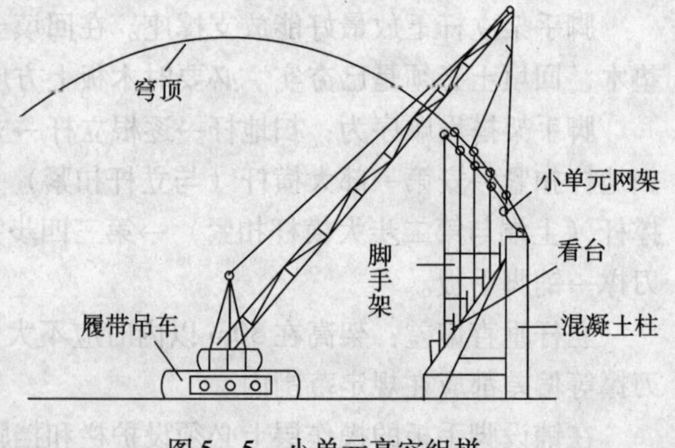

图5-5　小单元高空组拼

5.3.4　外圈逐圈施工工序流程

见图5-6。

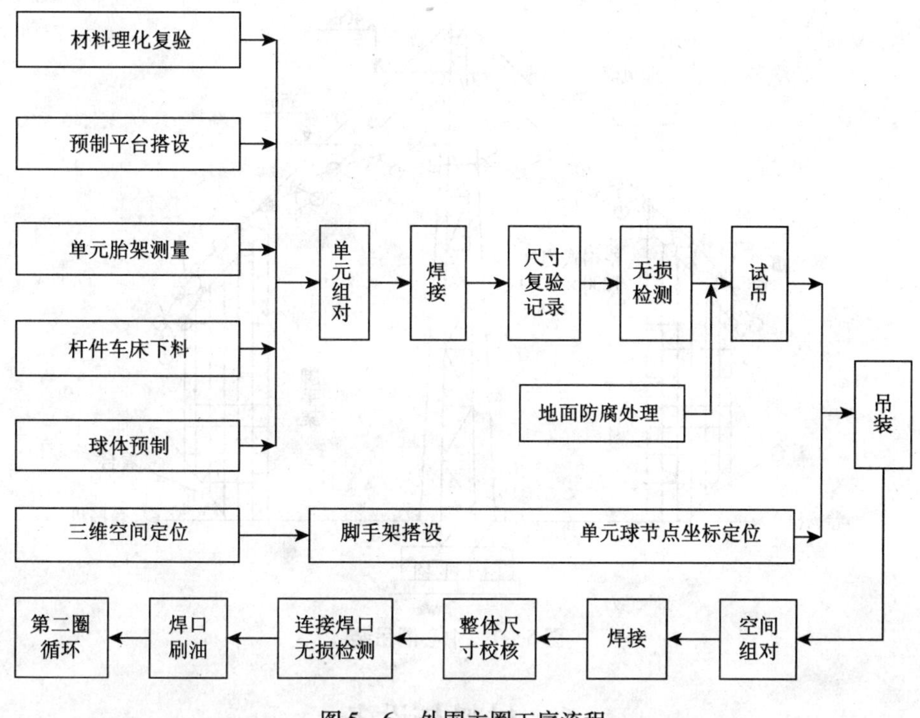

图 5-6　外围主圈工序流程

5.4　中心圈吊装

中心圈即为第三圈以内的中心部分（第四圈为悬挑部分），该部分直径大小取决吊装能力。我们取中心圈直径为 35m，重 32t。

中心圈的网架在地面组装，小单元预制完在中心抱杆立起后从外向里组焊。中心抱杆预留部分待吊装就位拆除后再进行组焊。中心圈网架组焊完后，将中心预留部分的连接杆件、球等放在网架的脚手架上一起起吊。起吊时先试吊测变形，如果无变形经几次试吊后可起吊。

抱杆的缆风绳系在已组焊完的第三圈网架上，用 1200mm × 1200mm 格构式钢抱杆。抱杆总长为 40m（长度可接长和缩短），最大吊重 45t。采用两侧对称吊装。吊装到位后，将中心圈用捯链固定在设计标高位置，并和第三圈相应球找正。然后，连接中心部分和第三圈脚手架进行安全防护后组焊连接杆件。特别注意将卷扬的牵引绳锁住，进行双保险。因为网架的几何尺寸和空间坐标在地面上已进行找正和校核，因此吊装就位后只找相对位置即可。全部组焊完，拆除抱杆（图 5-7）。

详细计算可根据双卷扬对称起吊单根抱杆进行计算。

5.5　中心圈抱杆的拆除

中心圈网架和外圈合拢后，整个球面网架已经完成，中心圈抱杆超出穹顶，拆除方法是用 80t 履带吊车将抱杆吊起，从下部逐节卸掉螺栓。用 20t 吊车将底节吊除，以此类推。当抱杆拆除后，再将穹顶最高点（抱杆超出部分留的孔）空缺部分用球和杆件连接起来。

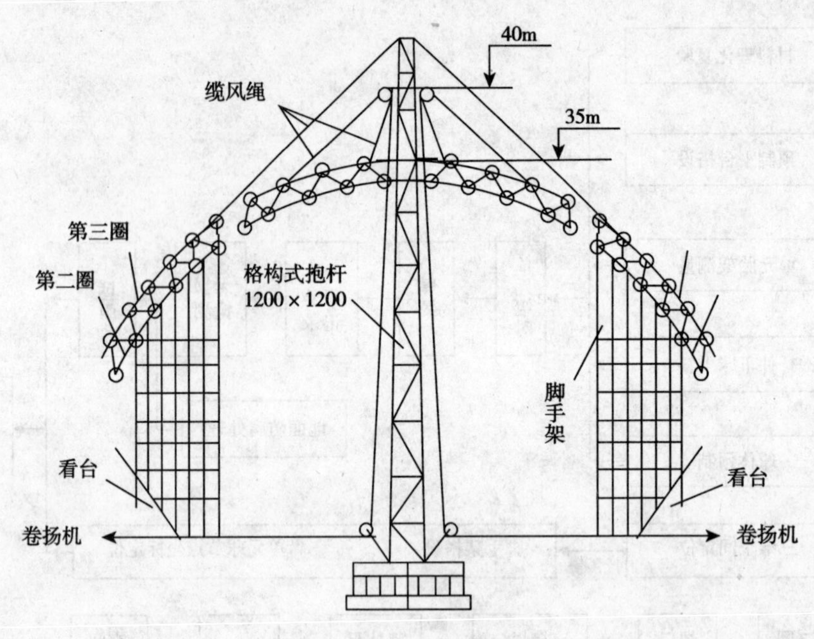

图 5－7　中心圈吊装

6　材料与设备

6.1　主要材料及其技术指标

6.1.1　材料及焊条应按《碳素结构钢》GB/T700、《碳钢焊条》GB/T5117、《低合金钢焊条》GB/T5118 的规定要求，严格进行物理、化学、力学性能复验。

6.1.2　钢球应符合《钢网架焊接球节点》JGJ75.2 要求，见表 6－1。

球几何尺寸偏差表（mm）　　表 6－1

项　目	直　径	极限偏差（优质品）	极限偏差（合格品）
球直径	$D>300$	±1.5	±2.5
球圆度	$D>300$	≤1.5	≤2.5
壁减薄量		≤10%且≤1.2	≤13%且≤1.5
两个半球对口错边		≤0.5	≤1.0
焊缝高度		－0.5	－0.5

6.1.3　球应进行力学试验，其极限承载力应按 JGJ75.2 表 1.2 规定。加肋球、肋板应位于上下弦自身平面内。

6.1.4　支座平整度，要求板两端偏差为小于等于 3mm，相邻支座高差小于 L_1/800，且不小于 30mm（L_1 为两支座距离）。

6.1.5　无缝钢管件允许长度偏差为 ±1mm，单件高允许偏差为 ±2mm，上弦对角线允许偏差 ±3mm，上下弦节点中心偏差 2mm。分条或分块网架单元长度不大于 20m 时，拼接边长度允许偏差 ±10mm；当条或块的长度大于 20m 时，拼接边长度允许偏差为

±20mm。在总拼装前应精确放线，放线的允许偏差分别为边长及对角线长的1/10000。

6.1.6 焊接按国标《钢结构工程施工质量验收规范》GB50205要求进行。受拉焊口20%超声波探伤（但施工中实际扩大到50%超探），要求二级焊缝。

6.2 主要施工设备

主要施工机具及仪器见表6-2。

主要施工机具及仪器表 表6-2

设备名称	规格型号	单 位	数 量	备 注
超声波探伤仪		台	3	
电动坡口机		台	2	吊装现场用
自动切割机		台	1	
交流焊机		台	38	
车 床		台	1	预制场管材下料及坡口加工
锯 床	G72	台	1	
手提砂轮机		台	38	
汽车吊	20t	台	1	
履带吊车	80t	台	1	
汽车吊	50t	台	1	
格构式抱杆	长40m 1200mm×1200mm	根	1	
捯 链	50t	个	10	
捯 链	10t	个	10	
焊条烤箱		台	2	
卷扬机	5t	台	2	
道 木		块	50	

7 质量控制

7.1 引用标准

《网架结构设计与施工规范》JGJ7

《钢结构工程施工质量验收规范》GB50205

《优质碳素结构钢》GB/T699

《低中压锅炉用无缝钢管》GB3087

《钢的化学分析试样取样法及成品化学成分允许偏差》GB222

《金属拉伸试验方法》GB228

《钢及钢产品力学性能试验取样位置及试样制备》GB/T2975

《钢网架焊接球节点》JGJ75.2

《建筑结构可靠度设计统一标准》GB50068

《建筑施工扣件式钢管脚手架安全技术规范》JGJ130

7.2　施工准备过程中的质量保证措施

7.2.1　按优化的施工组织设计和施工方案做好施工准备工作，编制项目质量保证计划。

7.2.2　施工技术管理人员必须熟悉图纸和有关资料，明了设计意图、规范及相应的技术措施，严格贯彻各项管理制度。

7.3　施工过程中质量控制

7.3.1　严格按图纸及国家施工与验收规范施工。

7.3.2　在影响过程质量的关键点、关键部位设置质量管理点。按 PDCA 循环过程开展质量管理小组活动。

7.3.3　建立高效、灵敏质量信息反馈体系，形成一个反应迅速、畅通无阻的封闭式信息系统。

7.3.4　设置内业组，专人、专职资料积累整理，分阶段技术分析总结反馈到项目领导班子。

7.3.5　建立现场施工人员质量职能、执行挂牌制，做到分析挂牌、材料挂牌标识，操作人员上墙，加强责任心，发生问题明确责任。

7.3.6　按照项目质量保证计划，加强对施工过程中的工程质量管理，加强对特殊工序和关键工序的工程质量管理，确保本工程质量目标。

7.4　质量控制程序

7.4.1　在项目经理的领导下，由项目技术负责人具体负责质量管理工作。根据本工程确保工程质量达到优良的质量目标，制订出总体质量控制节点和各节点的质量控制程序及措施，严格按程序办事。

7.4.2　定期召开现场质量会，由项目技术负责人对当天质量工作情况，作出分析和总结，找出问题，并提出解决问题的办法，以工作质量保证工程质量。

7.4.3　施工中合理安排上下道工序的衔接，严格执行自检、互检、专检制度，保证分部分项工程的施工质量。

7.4.4　各级质检人员要跟踪检查，发现问题立即纠正，行使质量否决权。

8　安全措施

本工程高空作业多，施工难度大。对于高空作业的安全措施尤为重要。

8.1　脚手架的搭设一定要按规程进行，在稳定的问题上有1.7倍的安全系数。关于脚手架的稳定问题，由原哈尔滨建筑工程学院徐学宝教授进行了研究试验，在没有准确试验基础时尽量按手册要求搭设。

8.2　脚手架上周围要有扶手和护栏，要设安全网。

8.3　高空作业必戴安全帽、系安全带，否则不准进行施工。

8.4　场地脚手架下不得通行，不得站人，不得操作。

8.5　进行班前安全交底，详细填写安全记录。

8.6 用电设备要求接地合格，安装漏电保护器，专用设备专人操作。

8.7 非维修电工不得任意接线，临时用电按正式架设。

8.8 建立安全值班制和安全责任制，项目班子每班有一位领导负责安全值班，负责现场安全，还要设两名专职安全员，分区分块把关。

8.9 严防高空坠物作为施工的安全重点，加强交底监护。

8.10 对每个职工必须经过三级安全技术教育，对特殊工种如电工、电气焊、吊车司机、大型动力设备的操作工等，都必须有安全操作合格证。

9 环保措施

环境保护和文明施工是工程进度、质量和安全的有力保证，所以，要保证工程的顺利进行，就必须做好以下工作：

9.1 进入施工现场前对工程使用的机具、材料和防护用品认真检查，做好环境要求交底。

9.2 文明施工，做到“三清、六好、一保证”，即：现场清整、物料清楚、工作面整洁，职业道德好、工程质量好、降低消耗好、安全生产好、消防保卫好、完成任务好，保证使用功能。

9.3 雨期施工，对于室外的设施要及时转移或安装好防雨装置，材料应移至室内，防止排放的粉尘、固体废物等随雨水流失，扩大对环境的污染。

9.4 除锈作业和钢结构部件制作时，应预防和减少粉尘、废弃物及机械漏油污染。

9.5 钢结构焊接时，应注意焊接的电弧光、有毒有害气体、固体废弃物、燥声、粉尘和射线排放污染，尽最大努力减少电能消耗。

9.6 钢结构安装时采取措施，预防电弧光、燥声等对周围环境的污染和对居民的影响。

10 效益分析

天津体育中心主赛馆工程获得了巨大的社会效益，为本单位在天津市造成极好的声誉。同时，还获得较大的经济效益。从开工到竣工有效工期为75d，小于目标日历日期95d。除了正常的投资收益96.14万元外，从方案上节约38.38万元（仅脚手架一项就节约10万余元）。东丽湖飞瀑温泉工程球形网架结构工程利润达到151.81万元，天津市开发区学院区体育馆工程运用工法产生的直接效益达到12万元，工程质量均得到顾客的高度好评。

11 应用实例

该工法在1993年天津体育馆主赛馆工程中成功应用，该工程于1996年获得了国家工程质量最高奖——鲁班奖，中心网壳工程施工技术1994年获得了中建总公司科学技术进步一等奖，主馆网壳工程1997年获得中国钢结构协会、空间结构协会第一届空间结构优秀工程施工一等奖。本工法于 1996 年首次被评为国家级工法（工法编号 YJGF21—96）。此外，2002 ~ 2004 年在天津市丽泉水上娱乐有限公司东丽湖飞瀑温泉工程和 2005 ~ 2006 年天津开发区学院区体育馆工程施工中，本工法也得到了成功的运用。其中，开发区学院区体育馆工程获得了天津市级质量奖“海河杯”。后来我局承接了山东省东营黄河口物理模型试验厅焊接球节点张弦结构网架工程，该工程最大单跨距离为 148m，目前为世界第一跨。为了确保工程的质量和工期，经过认真的研究论证，我们决定仍然运用本工法的施工技术，进行小单元地面预制，高空拼装法施工。

蛋形消化池施工工法

编 制 单 位：中国建筑第八工程局
批 准 部 门：国家建设部
工 法 编 号；YJGF14—96（2005—2006 年度升级版）
主要执笔人：李忠卫　韦永斌　庞爱红　徐微林　苑玉刚

1 前　言

随着社会的进步，经济的发展，环保问题特别是城市污水治理日益得到重视，污水处理设施建设已成为国家重点基础建设之一，采用蛋形消化池处理污泥是当前城市污水处理的重要环节，蛋形消化池的施工具有难度大、工艺要求严、技术含量高等特点。中建八局第二建设有限公司自 1992 年以来，在工程实践过程中通过不断探索改进、实践应用、逐步完善及总结提高，形成了一整套有自己特色的蛋形消化池施工工法。

早在济南污水处理厂蛋形消化池施工中，中建八局第二建设有限公司就将其列为研究课题，进行了积极探索，总结了丰富的经验，总结形成的技术成果获 1993 年中国建筑工程总公司科技进步一等奖，获 1996 年国家科技进步三等奖，且形成《大型预应力混凝土蛋形消化池施工工法》（YJGF14—96）。

在以后的济宁、重庆等地的污水处理厂蛋形消化池项目施工中，通过不断实践、创新、总结，对原工法进行了重要创新，该工法关键技术经专家鉴定，达到国际先进水平，同时获得三项专利：《一种可重复使用旋转曲面壳体异形模板》获国家实用新型专利（专利号 ZL200420097424.6）；《一种蛋形消化池模板伞形支撑》获国家实用新型专利（专利号 ZL200420097425.0）；《一种蛋形消化池的建筑施工方法》获国家发明专利（专利号 ZL200410036059.2）。同时，《蛋形消化池异形模板施工工法》（LEGF—33—2006）获山东省级工法、《蛋形消化池施工工法》（GF208060—2006）被评为 2005 ~ 2006 年中建总公司级（省、部级）工法。

2 工法特点

2.1　池底模板抗浮。在浇筑蛋形消化池基础混凝土时，在垫层中按照计算好的间距预埋抗浮铁件，通过对拉螺栓与抗浮铁件焊接，固定上表模板，从而克服因浇筑混凝土而产生的模板上浮问题；也可以通过伞形支撑，限制池底模板的上浮。

2.2　蛋形消化池弧形外脚手架体系。其搭设方式是在蛋形消化池最大半径处采用双排脚手架，下部增设一排收缩脚手架，上部沿着消化池外壁的曲面搭设悬挑式脚手架。

2.3 钢筋支架快速绑扎成形。蛋形消化池池体钢筋工程分为地下承台和地上壳体两个部分。地下承台部分钢筋由多层环向、竖向和径向钢筋形成立体网状结构；地上壳体部分钢筋为内外两层由环向和竖向钢筋组成的曲面网片。制作加工必须在现场放大样用弯曲机弯曲成型，采用型钢制作的钢筋支架进行钢筋定位绑扎。

2.4 异形模板施工技术。蛋形消化池模板体系采用标准组合钢模与自行设计配套的异形钢模相互组拼而成，其优点是模板可以多次周转使用，通用性强，模板投入少，成本低。

2.5 高性能混凝土工程。通过混凝土原材料的优选、配合比的优化、生产过程的控制、浇筑质量控制，从而提高混凝土拌合物的抗渗、抗裂、耐久性能以及改善混凝土的施工性能。

2.6 预应力变角张拉。预应力环锚同步变角张拉施工技术是将同一水平环向预应力筋按照设计分段分别借助变角张拉装置（偏转器）将张拉端引出槽外，同步进行张拉的张拉工艺，既可使用常规施工设备，提高施工效率，又能确保施工质量。

3 适用范围

适用于蛋形、圆形、球形等轴旋转壳体工程。

4 工艺原理

针对蛋形消化池体结构所具有的轴旋转壳体几何特性，对传统结构施工工艺进行改进，外脚手架通过内、外环向水平杆形成封闭圆拱，圆拱与径向、竖向杆件组成稳定的架体；钢筋骨架绑扎成型是以保证钢筋的快速定位、固定为原则，采用角钢或脚手钢管搭设的支架为依托，实现蛋壳形钢筋骨架的快速绑扎；预应力施工是在同一块开有数目相同但锥度方向相反的锚板上，将预应力筋首尾相连，利用变角张拉装置（偏转器）将张拉端引出槽外张拉，实现池壁环向预应力连续施加。模板体系采用标准组合钢模与相配套的异形钢模相互搭接拼装而成，定制的异形模板和标准组合模板之间通过U形卡连接成整体，固定借助于弧形外脚手架与伞形内支撑系统；混凝土采用高性能抗渗抗裂混凝土，水平交圈分层浇筑。

5 施工工艺流程及操作要点

5.1 施工工艺流程

5.1.1 蛋形消化池基础施工工艺流程见图5-1。

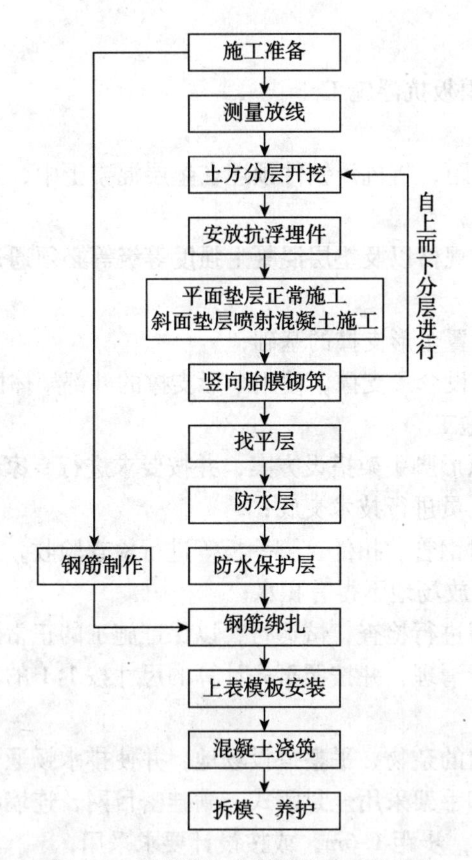

图5-1　蛋形消化池基础施工工艺流程

5.1.2　蛋形消化池池体施工工艺流程见图5-2。

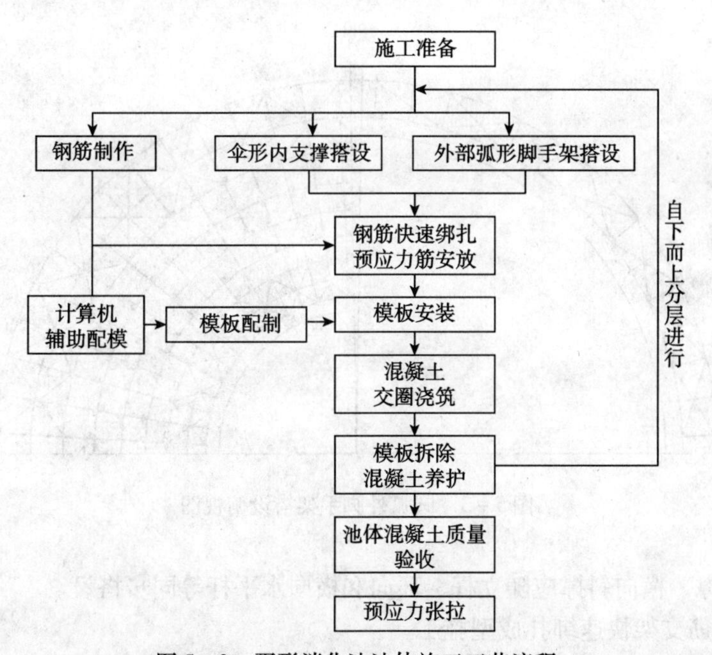

图5-2　蛋形消化池池体施工工艺流程

5.2 施工操作要点

5.2.1 消化池池底模板抗浮施工

（1）抗浮预埋铁件：

①按照事先计算好间距，将抗浮铁件预埋在垫层混凝土中，通过模板对拉螺栓与抗浮铁件焊接，达到抗浮目的；

②预埋铁件的间距、规格以及垫层混凝土强度等级等必须通过抗浮验算后确定。

（2）伞形支撑：

①在池底中心桩上设置伞形支撑的基础；

②在池底基础之上搭设伞形支撑，使用伞形支撑的外部架体固定池底模板。

5.2.2 弧形脚手架施工

（1）施工前应编制弧形脚手架搭设方案，并按要求进行专家论证和审查；

（2）向施工和使用人员进行技术交底；

（3）按照标准要求对钢管、扣件、脚手板等进行检查验收，经检查合格的构配件应按品种、规格分类堆放，堆放场地不得有积水；

（4）对弯管机等机械进行检查、试运行，以保证施工的正常进行；

（5）对放样场地进行清理，并按照事先计算的尺寸按1:1的比例现场放样，按放样制作弧形弯管；

（6）清除搭设场地内的杂物，平整搭设场地，并使排水畅通；

（7）消化池弧形外脚手架采用全封闭式，满挂密目网，连墙杆设置二步三跨，立杆横距1.2m，立杆纵距1.5m，步距1.6m，或按设计要求采用；

（8）由于蛋形消化池外形呈蛋形，外脚手架随施工进度搭设成悬挑形，其一次搭设高度控制在高出混凝土施工段6m左右，其搭设的关键在于整体稳定性，外脚手架搭设见图5-3、图5-4；

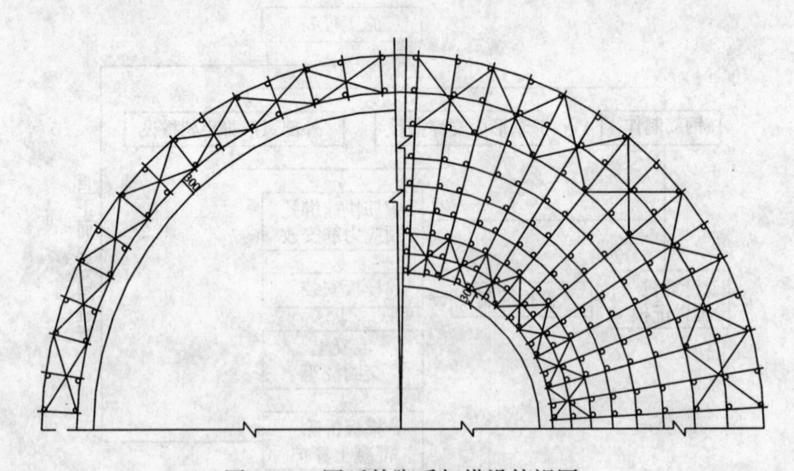

图5-3 圆弧外脚手架搭设俯视图

（9）剪刀撑、横向斜撑应随立杆、环向和横向水平杆等同步搭设。

5.2.3 钢筋支架快速绑扎成型施工

（1）钢筋绑扎要比模板工程高出一个施工段。

（2）承台钢筋的绑扎按承台的台阶划分，分段作业，采用L50×5角钢焊接骨架作为架立钢筋用支架，钢筋绑扎按先下后上、先外后里的顺序进行。见图5-5。

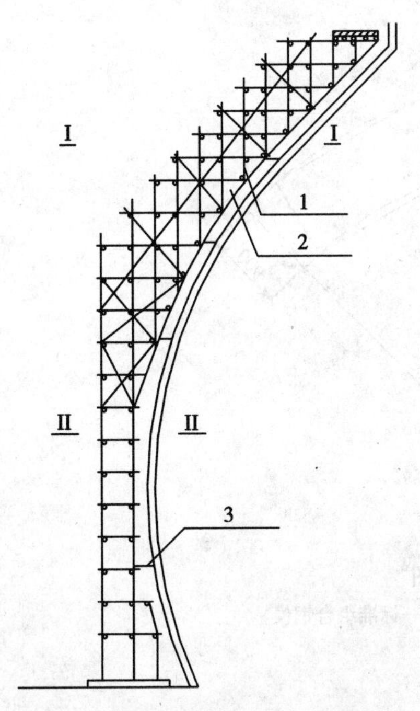

图5-4 弧形外脚手架搭设剖面图

1—立杆横向（此剖面方向）间距1.0～1.2m；2—横向剪刀撑纵（环）向间距，三个立杆间距撑杆与水平面夹角45°～60°；3—水平拉结杆垂直间距二步架、环向间距大横杆三跨拆模后设置

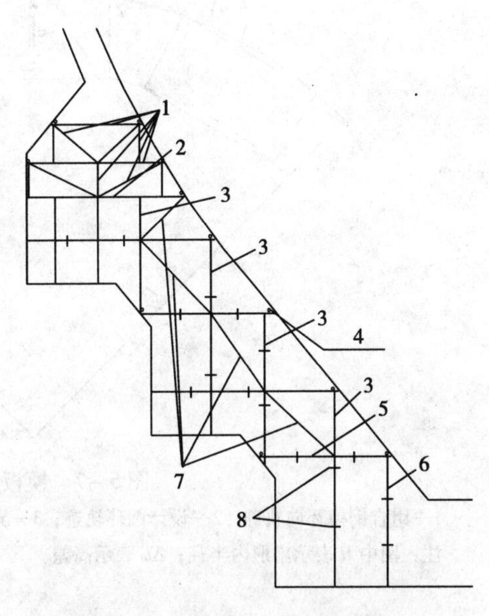

图5-5 承台角钢骨架布置图

1—30道ϕ25钢筋支架与下部角钢横杆焊接；2—径向30根角钢L50×5横杆；3—环向30根角钢L50×5立杆；4—环向ϕ25钢筋；5—径向15根角钢L50×5横杆；6—环向15角钢L50×5立杆；7—环向30根角钢L50×5斜撑；8—每根贯通角钢设两道150mm×150mm×3mm止水片双面焊接

（3）壳体钢筋绑扎时，在外脚手架、内支撑架之间设置径向、环向钢管，形成钢筋固定架体。将结构钢筋固定在环形钢管上，完成钢筋的快速绑扎。见图5-6。

5.2.4 模板施工

（1）模板配板原则：

①异形模板规格尽量少，利于多次周转使用，投入少；

②组合钢模轨迹与设计曲线拟合效果好；

③内外模高差小，便于施工；

④单块模板宽度在满足要求的情况下尽量取大值，减少模板拼缝。

（2）配板。

根据消化池壳体的形状，将壳体沿纵向划分成若干

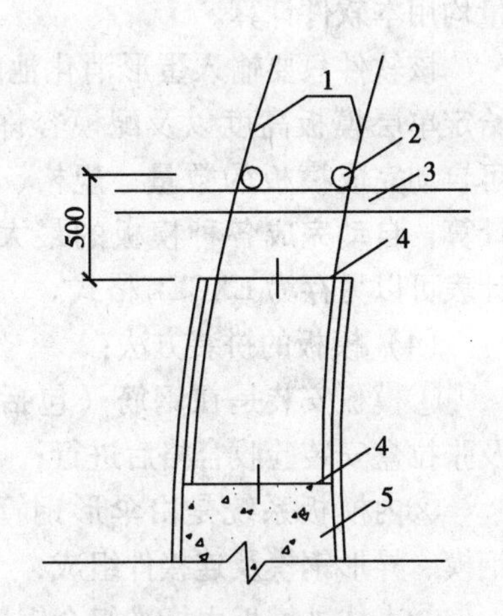

图5-6 壳体钢筋骨架示意图

1—主筋；2—环向钢筋；3—径向钢筋；4—施工缝；5—已浇筑混凝土

个块体，每个块体内外壁均可按圆台进行配板。其圆台侧面扇形展开如图5－7、图5－8所示。

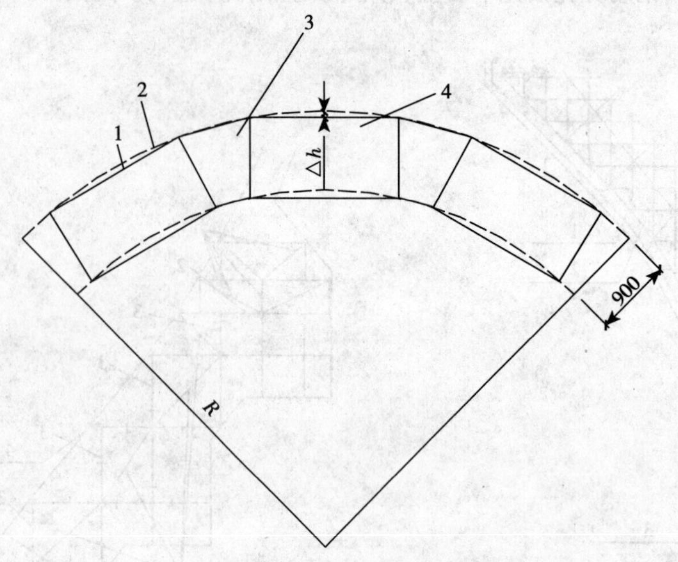

图5－7　模板展开示意图

1—组合钢模环向轨迹；2—设计圆环轨迹；3—异形钢模；4—标准组合钢模

注：图中 R 表示扇形内半径；Δh 表示高差。

(3) 根据模板配板原则，采用微软的.net开发平台编制了蛋形消化池模板设计软件。确定模板类型有：900mm×100mm/(100～200)mm、900mm×(100/200)mm、900mm×100mm、900mm×200mm等规格，各段异形模板数量、组合钢模数量均用本软件计算。

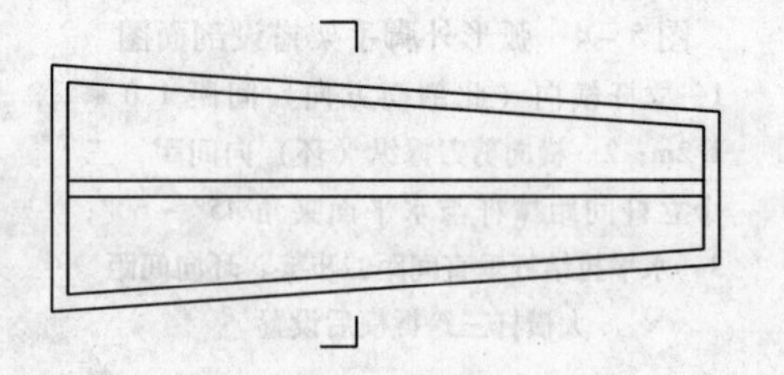

该软件只要输入蛋形消化池的内外界面尺寸，给定单层模板高度以及配模容许误差，计算机即可自动完成模板的数量、规格、空间定位参数的计算，自动完成各种模板的最大用量统计表，统计表可以另存为EXCEL格式。

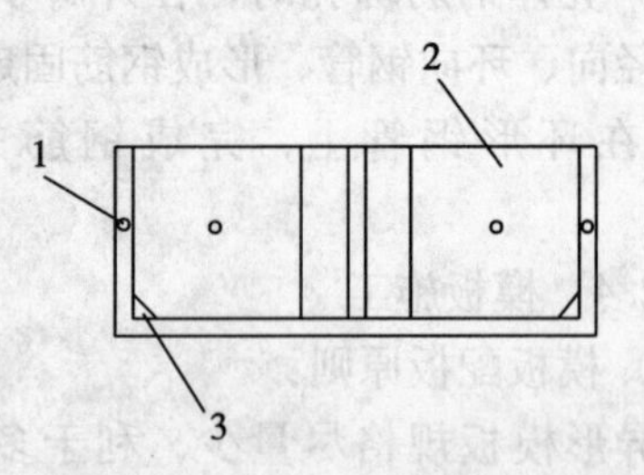

图5－8　异形模板示意图

1—孔的大小、间距、位置与普通钢模板配套；2—端肋；3—三角肋@300

(4) 模板的拼装方法：

①模板安装是在钢筋（包括预应力筋）绑扎及张拉盒安装验收合格后进行；

②内模板系统是由伞形钢管骨架、标准组合钢模、异形钢模及连接件组成；

③壳体外模板由标准组合钢模、异形钢模及连接件组成，通过对拉螺栓与壳体内模板体系连成一体；

④模板按自下而上的顺序在成型的钢筋骨架上进行拼装，依次与内楞、外楞连接好，最后通过伞形骨架杆件与消化池中间的钢管井字架连成一体，模板的安装应严格按操作规

程进行；

⑤上下两层模板之间由H形卡固定。

（5）模板安装要点：

①最底层的模板底口应做水平砂浆找平层；

②将模板按测好的标高就位，然后安装拉杆和内外楞；

③模板上的对拉螺栓孔应事先钻好，两侧孔应平直相对；

④模板安装见图5-9～图5-11。

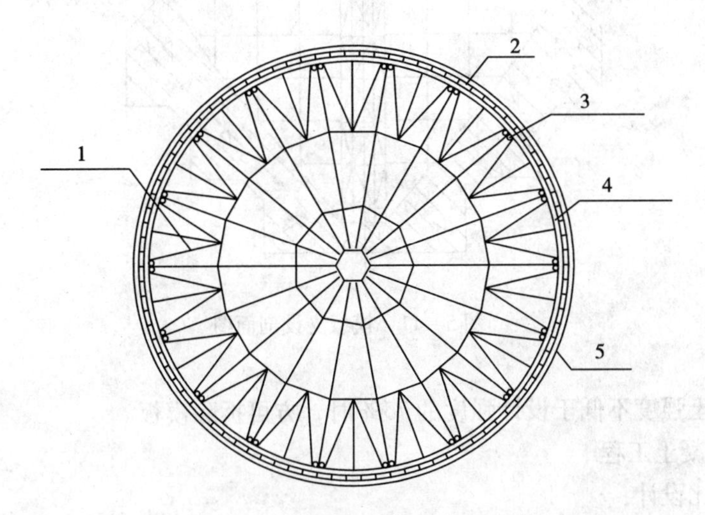

图5-9　地下结构模板伞形支撑图

1—水平支撑桁架；2—钢模板；3—外楞 $2\phi48\times3.5$@600；4—内楞 $2\phi48\times3.5$@750；5—基坑边线

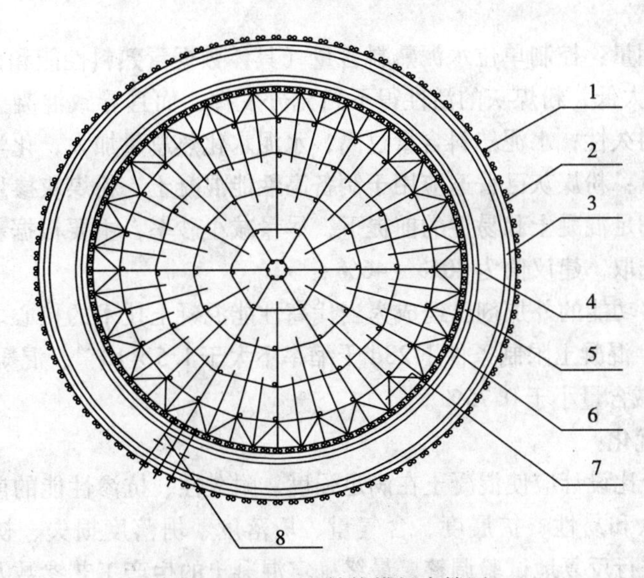

图5-10　地上结构模板支撑图

1—外模板外楞 $2\phi48\times3.5$@600；2—外模板内楞 $2\phi48\times3.5$@750；3—外模板；4—内模板；5—内模板内楞 $2\phi48\times3.5$@750；6—内模板外楞 $2\phi48\times3.5$@750；7—水平支撑桁架；8—对拉螺栓@750×600

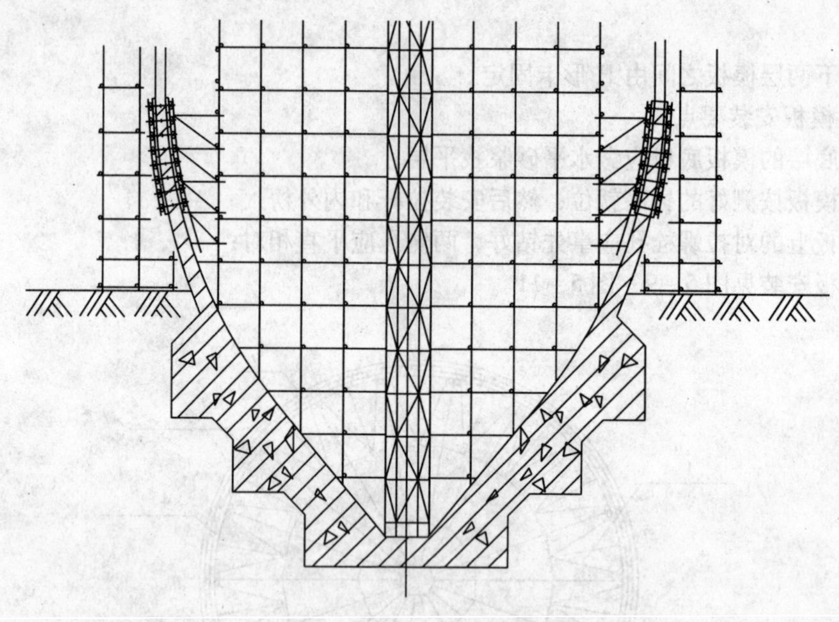

图 5-11　模板支设剖面图

（6）混凝土强度不低于设计强度的75%时，方可拆除模板。

5.2.5　混凝土工程

（1）配合比设计：

①单位胶凝材料总量：胶凝材料总量控制在400～460kg/m³ 范围内；

②单位用水量和水胶比：单位用水量控制在160～180kg/m³，水胶比控制在0.37～0.41范围内；

③单位水泥用量：控制单位水泥熟料含量（具体数据看熟料性能和掺合料性能等因素而定）。熟料含量太低，粉煤灰的活性得不到充分发挥，而且导致混凝土碱度太低，影响混凝土抗碳化的耐久性；水泥熟料含量过高，水泥水化热总量加大，化学收缩增大；

④粉煤灰用量：粉煤灰已普遍应用于制备高性能混凝土，粉煤灰掺量为15%～25%；

⑤砂率：在满足混凝土和易性的前提下，尽量减小砂率，主要根据新拌混凝土的施工和易性来调整并选取，建议值为40%～46%；

⑥外加剂：多功能的外加剂已经成为当代高性能混凝土技术的核心之一，外加剂的减水率不小于20%，混凝土限制条件下28d干缩率不大于1.5×10^{-4}，混凝土1h坍落度损失率不大于15%，碱含量小于0.75%。

（2）配合比优化：

混凝土的配合比设计应使混凝土在满足强度、耐久性、抗渗性能的前提下具有良好的施工性能。主要从和易性、扩展度、含气量、坍落度、坍落度损失、初凝时间、表观颜色、强度等方面进行反复地试验调整，最终确定混凝土的生产工艺参数及性能指标，确定混凝土施工控制指标和技术参数。

（3）混凝土浇筑：

混凝土浇筑采用分层交圈浇筑，由对称的两点同时开始，每次浇筑高度控制在1.8m。

混凝土振捣采用二次振捣法，确保混凝土的密实度。尤其对预留洞口、张拉盒等部位应加强振捣。必要时配合人工用竹杆辅助插捣，保证混凝土浇筑质量。

（4）施工缝的处理：

水平环向施工缝防水处理采用止水钢板。

5.2.6 预应力环锚变角张拉施工

（1）张拉顺序：全部池体混凝土达到设计强度后，方可进行预应力筋张拉。先张拉竖向预应力筋，后张拉环向预应力筋。竖向预应力筋采用两机对称张拉，环向预应力筋采用先从下到上后从上到下间隔1圈张拉，即 $J_1 \rightarrow J_3 \rightarrow J_5 \rightarrow \cdots\cdots$ 以此类推，然后由上到下间隔1圈张拉（图5-12）。

（2）进行偏转器摩阻损失测试试验：偏转器摩阻损失在现场预制试件上进行，试件为截面400mm×400mm、长3m的一根短混凝土柱，在柱中心埋入一束（$6\times7\Phi^{j}5$）钢绞线，直线布置。混凝土柱两端设承压板，混凝土养护达到设计强度时进行测试。安装变角块于主动端，在主动端进行整束张拉，按 $0.2\sigma_{con} \rightarrow 0.5\sigma_{con} \rightarrow 0.75\sigma_{con} \rightarrow 1.0\sigma_{con}$ 分级施加张拉力，分别记录主动端和被动端油压表读数，换算为张拉力。按公式（5-1）计算出变角垫块摩阻损失率（η），通过偏转器的摩阻损失测试试验及计算，3m长直线段钢绞线经过预先拉动后摩擦损失很小，计入角垫块损失中，偏于安全。根据工程的具体情况定作偏转器，偏转器由一组变角块组成，根据不同部位设置变角角度，将张拉端引出池壁外张拉。

$$\eta = \frac{\sigma_{zl} - \sigma_{bl}}{\sigma_{zl}} \times 100\% \qquad (5-1)$$

其中 η——变角垫块摩阻损失率；

σ_{zl}——预应力主动端张拉应力；

σ_{bl}——预应力被动端张拉应力。

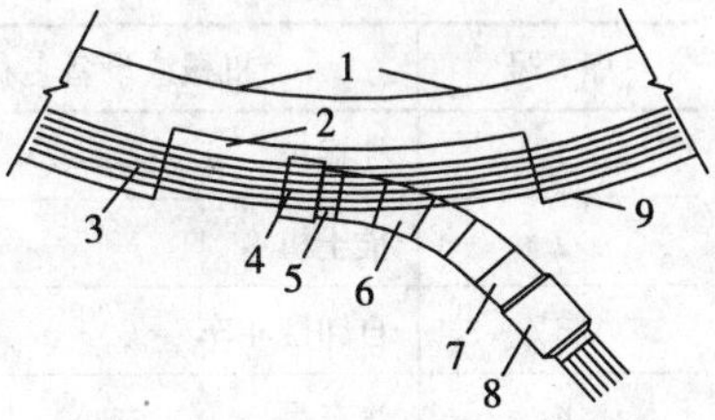

（3）对张拉操作人员进行详细的技术交底。

（4）张拉前严格检查已安装的锚具及夹片。

（5）预应力筋张拉分级加载：$0 \rightarrow 0.2\sigma_{con} \rightarrow 1.0\sigma_{con} \rightarrow 1.03\sigma_{con} \rightarrow$ 锚固。

（6）每一环向预应力筋不管如何分段均应整束同时张拉，各个张拉端张拉进程均自动同步控制。

图5-12 变角张拉示意图

1—池内壁；2—锚具槽；3—钢绞线；4—环锚；5—限位器；6—变角块；7—固定圈；8—千斤顶；9—池外壁

（7）张拉采用应力与伸长值双控制，以应力控制为主，伸长值校核。当伸长值与理论计算偏差超出 -5%～10% 范围时，应暂停张拉，查明原因并采取措施后，方可继续张拉。

（8）预应力筋张拉锚固后，外露长度不小于30mm，多余部分用手提砂轮锯切割。然后，在锚具槽内浇筑C45细石膨胀混凝土封堵。

6 材料与设备

6.1 针对污水对材料的腐蚀性，预应力筋采用环氧涂装低松弛钢绞线。

6.2 预应力筋锚具为Ⅰ类锚具，锚具效率系数不小于0.95。环向采用OVM环型锚具（HM）体系，竖向采用扁型锚具（BM）体系。

6.3　模板类型有：900mm×100mm/(100－200)mm、900mm×100/200mm、900mm×100mm、900mm×200mm 等异形模板及标准组合模板。

6.4　混凝土原材料要求：

根据工程建设经济实用的原则，混凝土原材料尽量从当地选择，对观感质量较好的材料取样，进行试验室检验确定。

(1) 水泥：通过性能、生产供应能力比较，选用普通硅酸盐水泥，质量要求稳定、含碱量低、C_3A 含量少、强度富余系数大、活性好、标准稠度用水量小，水泥与外加剂之间的适应性要好。

(2) 粗骨料：通过性能比较，选用强度高、连续级配好、颜色均匀、大于5mm的泥块含量小于0.5%，针片状颗粒含量不大于15%，骨料不带杂物，含粉量小于1%。

(3) 细骨料：选用细度模数在2.3～2.8之间，颜色一致，含泥量在3%以内，大于1.25mm的泥块含量小于1%，有害物质按重量计小于1.0%。

(4) 掺合料：通过试验选用磨细一级粉煤灰作为掺合料。

(5) 外加剂：通过比较外加剂性能，选用聚羧酸类混合型外加剂，具有微膨胀、气泡均化、高效减水等性能，使混凝土保持大坍落度、低水灰比、高流动度、缓凝时间长、不泌水、不离析、和易性好的特性，满足混凝土施工要求。

6.5　采用机具设备：见表6。

主要施工机具设备表　　　　表6

序　号	机械或设备名称	型号规格	数　量	备　注
1	挖掘机	CAT－120	1	
2	推土机	T3－100	1	
3	自卸翻斗车	东风车	3	
4	汽车吊	QY—16	1	
5	塔　吊	TQZ80	1	
6	混凝土搅拌站	$25m^3/h$	1	
7	混凝土输送车		2	
8	交流电焊机	BX3－300	4	
9	钢筋对焊机	UN1－75	1	
10	钢筋切断机	QJ40－1	1	
11	钢筋弯曲机	WJ40－1	2	
12	电子经纬仪	J6	1	
13	精密水准仪		1	
14	温度计		10	
15	坍落度筒		1	
16	混凝土试模	150mm×150mm×150mm	10	
17	弯管机		5	

续表

序　号	机械或设备名称	型号规格	数　量	备　注
18	钢板切断机		1	
19	千斤顶及配套油泵	YCW－150 型	3 台套	
20	千斤顶及配套油泵	YCN－25 型	1 台套	
21	千斤顶	YDN－30 型	1 台	
22	捯链（1t）		3 只	
23	手提切割机		1 台	
24	其他工具			

7　质量控制

7.1　质量控制标准

7.1.1　地基基础质量控制标准执行《建筑地基基础工程施工质量验收规范》。

7.1.2　主体结构质量控制标准执行《混凝土结构工程施工质量验收规范》。

7.1.3　预应力环锚变角张拉质量控制：

（1）变角张拉的偏转器摩阻损失应通过实测试验确定，测定结果应得到设计师的认可；

（2）张拉时采用应力与伸长值双控制，以应力控制为主，伸长值校核，伸长值与理论计算偏差不得超出－5%～10%范围。

7.1.4　施工过程质量控制尚应遵照下列标准的相关规定执行：

《钢管脚手架扣件》

《钢筋焊接及验收规范》

《钢筋焊接接头试验方法标准》

《钢筋机械连接通用技术规程》

《无粘结预应力混凝土结构技术规程》

《预应力筋用锚具、夹片和连接器》

《组合钢模板技术规范》

《钢结构设计规范》

7.2　质量保证措施

7.2.1　环向水平杆设置在立杆外侧，其长度必须大于4跨。

7.2.2　内排环向水平杆接长采用对接扣件连接，外排环向水平杆接长采用搭接连接。环向水平杆的接头应交错布置；两根相邻环向水平杆的接头不宜设置在同步或同跨内；不同步或不同跨两个相邻接头在水平方向错开的距离不应小于500mm；各接头中心至最近主节点的距离不宜大于纵距的1/3。

7.2.3　立杆的接长采用对接扣件连接，立杆上的对接扣件应交错布置；两根相邻立杆的接头不应设置在同步内，同步内隔一根立杆的两个接头在高度方向错开的距离不宜小于500mm，各接头的中心至主节点的距离不宜大于步距的1/3。

7.2.4　作业层脚手板应铺满、铺稳，离开池壁120～150mm。

7.2.5　采用刚性连墙杆从底层第一步环向水平杆开始菱形布置，偏离架体主节点的距离不应大于300mm。

7.2.6　外侧立面整个长度和高度连续设置剪刀撑；每道剪刀撑的宽度不应小于四跨，且不应小于6m，斜杆和地面的倾角在45°～60°之间。

7.2.7　斜道宽度不小于1.5m，坡度为1:6；两侧设栏杆及挡脚板，栏杆高度为1.2m，挡脚板高度不小于180mm。

7.2.8　按照配板设计确定模板的合理配置。

7.2.9　最底层的模板底口应做水平砂浆找平层。

7.2.10　将模板按位置线就位，然后安装拉杆和斜撑。

7.2.11　调整模板上口标高，使其满足配板设计要求，同时有利于下一步模板的安装。

7.2.12　模板缝用泡沫双面胶封严，检查扣件和螺栓是否紧固，办完预检手续。

7.2.13　同一条拼缝上的U形卡不宜向同一方向卡紧。

7.2.14　池壁两侧模板的对拉螺栓孔应平直相对，穿插螺栓时不得斜拉硬顶。钻孔应用机具，严禁用电、气焊灼孔。

7.2.15　钢楞宜取用整根杆件，接头应错开设置，搭接长度不应少于0.2m。

8　安全措施

在项目施工过程中，除严格按照安全标准执行外，还针对工程特点，采取如下安全措施：

8.1　认真做好安全教育及安全交底工作；

8.2　在脚手架的搭拆过程中，画出警戒区，设置警戒线，并设专人看护。

8.3　加强焊工的劳动保护，防止发生烧伤、触电、火灾、爆炸以及烧坏机器等事故。焊接火花飞溅的区域内，要设置薄钢板或水泥石棉挡板防护装置。在焊机与操作人员之间，可在机上装置活动罩，防止火花灼伤操作人员。

8.4　加工后的钢筋均为圆弧形，搬运时要注意前后方向有无碰撞危险。

8.5　安装钢筋时，必须站在脚手架或操作平台上进行。

8.6　高空操作应挂好安全带，现场操作人员均应戴安全帽。

8.7　预应力环锚变角张拉的施工人员必须经过岗前培训并考核合格，须持证上岗。

8.8　张拉时千斤顶、油泵摆放牢固，防止高空坠落，移动设备时认真检查脚手架及脚手板是否牢固，以保证安全移动。

8.9　张拉时，施工人员在千斤顶侧面进行操作。

8.10　电器设备的架设及使用应符合安全用电规定。

8.11　所有模板及配件进场前必须经过喷漆处理，以满足文明施工要求。

8.12　体系化的模板进场前必须在模板后或板侧按设计要求编号，方便现场使用查找。

8.13 模板移动前，确保模板及其配件连接牢固。

8.14 四级风以上，严禁吊装模板。

8.15 模板安装应按顺序进行。

8.16 登高作业时，模板连接件必须放在箱盒或工具袋中，严禁放在模板或脚手板上，扳手等各类工具必须系挂在身上或置放于工具袋内。在脚手架或操作台上堆放模板时，应按规定码放平稳，防止坠落并不得超载。

8.17 做好防洪、防雨、防雷措施，机电、起重设备及钢管脚手架做好接地。

9 环保措施

9.1 成立施工环境卫生管理机构，在工程施工过程中严格遵守国家和地方政府下发的有关环境保护法律、法规和规章。

9.2 防止空气污染措施

9.2.1 施工垃圾使用封闭的专用垃圾道或采用容器吊运，严禁随意凌空抛撒，造成扬尘。施工垃圾要及时清运，清运前要适量洒水，减少扬尘。

9.2.2 施工现场要在施工前做好施工道路规划和设置，尽量利用设计中永久性的施工道路。路面及其余场地地面均要硬化。闲置场地要设置绿化池，进行环境绿化，以美化环境。

9.2.3 水泥和其他易飞扬的细颗粒散体材料应尽量安排库内存放。露天存放时要严密苫盖，运输和卸运时防止遗撒飞扬，以减少扬尘。

9.2.4 施工现场要制定洒水降尘制度，配备专用洒水设备及指定专人负责。在易产生扬尘的季节，施工场地采取洒水降尘。

9.2.5 施工时应尽量采用商品混凝土。如采用现场搅拌混凝土，为减少搅拌扬尘，采用自动化搅拌站，设搅拌隔声棚。砂浆及零星混凝土搅拌要搭设封闭的搅拌棚，搅拌机上设置喷淋装置，方可进行施工。

9.3 防止水污染措施

9.3.1 现场搅拌机前台及运输车辆清洗处设置洗车台、沉淀池。排放的废水要排入沉淀池内，经二次沉淀后，方可排入市政污水管线或回收用于洒水降尘。未经处理的泥浆水，严禁直接排入城市排水设施。

9.3.2 冲洗模板、泵车、汽车时，污水（浆）经专门的排水设施排至沉淀池，经沉淀后排至城市污水管网，沉淀池由专人定期清理干净。

9.3.3 食堂污水的排放控制。施工现场临时食堂，要设置简易有效的隔油池，产生的污水经下水管道排放要经过隔油池。平时加强管理，定期掏油，防止污染。

9.3.4 禁止将有毒有害废弃物用作土方回填，以免污染地下水和环境。

9.4 防止噪声污染措施

9.4.1 人为噪声的控制措施。施工现场提倡文明施工，建立健全控制人为噪声的管理制度，尽量减少人为的大声喧哗，增强全体施工人员防噪声扰民的自觉意识。

9.4.2 强噪声作业时间的控制，严格控制作业时间，晚间作业不超过22:00，早晨作业不早于6:00，特殊情况需连续作业（或夜间作业）的，应尽量采取降噪措施。

9.4.3　强噪声机械的降噪措施。产生强噪声的成品加工、制作作业，应尽量放在工厂、车间完成，减少因施工现场的加工制作产生的噪声；尽量选用低噪声或备有消声降噪设备的施工机械。施工现场的强噪声机械（如搅拌机、电锯、电刨、砂轮机等）要设置封闭的机械棚，以减少强噪声的扩散。

9.4.4　加强施工现场的噪声控制。加强施工现场环境噪声的长期监测，采取专人监测、专人管理的原则，要及时对施工现场噪声超标的有关因素进行调整，达到施工噪声不扰民的目的。

9.5　其他污染的控制措施

9.5.1　电锯加工的木屑、锯末必须当天进行清理，以免锯末刮入空气中。

9.5.2　钢筋加工产生的钢筋皮、钢筋屑及时清理。

9.5.3　制定水、电、办公用品（纸张）的节约措施，通过减少浪费、节约能源，达到保护环境的目的。

9.5.4　探照灯尽量选择既满足照明要求又不刺眼的新型灯具或采取措施，使夜间照明只照射施工区域而不影响周围社区居民休息。

10　效益分析

蛋形消化池外弧形脚手架有效地利用了池壁的外形，搭设圆柱体的内悬挑式脚手架，不仅满足结构施工的要求，同时也为后期的外池壁保温以及饰面施工提供了用力的保障，架体一次到位，节约二次搭拆费用和工期。

蛋形消化池钢筋支架快速绑扎成型技术有效地利用了外弧形脚手架、伞形支撑体系及池体的结构特点，加快了施工速度，同时保证了钢筋的安装质量，钢筋定位准确、绑扎效果好，钢筋工程一次验收合格率100%。

OVM游动锚具加垫块变角引出张拉的施工方法，解决了环向为锚固而设置扶壁柱的传统作法。施工中可根据工程实际需要增减变角块数量，以获得不同的变角度数，增加施工的灵活性，有利于整个壳体预应力建立的均匀性，有效地保证了施工质量。

以重庆污水处理厂12000m^3池体施工为例计算，降低工程成本128万元，技术进步效益率3.83%，比计划工期提前55d竣工。

11　应用实例

本工法应用于济南污水处理厂、济宁污水处理厂、重庆鸡冠石污水处理厂取得了良好的经济效益和社会效益。如：重庆市鸡冠石污水处理厂蛋形消化池工程位于重庆市南岸区鸡冠石镇下窑村，与2004年4月1日开工，2004年12月31日主体竣工。该工程的四座蛋形消化池通过管廊、天桥相连，并与污泥控制室形成一个整体。池内净高43.6m，最大直径24.8m，单体容积12000m^3。池壁厚度从600mm渐变至400mm，是目前国内单体容积最大、池壁最薄的消化池。工程质量优良，获得重庆市优质结构“巴渝杯”，社会效益、经济效益显著。本工法关键技术达到国际先进水平，为国家的环保事业作出了重要贡献。

大直径超深入岩钻孔扩底灌注桩施工工法

编 制 单 位：中国建筑第六工程局
批 准 单 位：国家建设部
工 法 编 号：YJGF03—98（2005—2006 年度升级版）
主要执笔人：徐开元　高小强

1 前　言

随着我国经济实力的不断增强，高大建筑会进一步增多，特别是路桥建设的步伐会进一步加快。在大型桥梁及部分超高层建筑的基础设计中，大都会采用大直径超深灌注桩。因此，形成一套切实可行的大直径超深灌注桩综合施工技术是社会发展的必然结果。

香港新机场北大屿山高速公路东涌站行人桥桩基工程，桩直径为 2.5m，桩端扩孔至 3.3m，桩上部 35m 范围内埋设直径 2.7m、厚 12mm 的钢护筒，以保护桩芯混凝土不受海水腐蚀。成孔过程中要穿过砂层、砂夹石层、卵石漂石层、强风化花岗石层、强或中风化断层角砾岩层、中风化花岗石层等各类土层及岩层，最后钻入的持力层为微风化花岗石岩层。入岩深度达 32m，在入岩过程中遇到大斜度（最大岩面坡度为 73.2°）坚硬岩面，其成孔垂直度的控制技术也是一个技术难点。

中国建筑第六工程局联合设计单位开展了科技创新，取得了“大直径超深入岩钻孔扩底灌注桩综合施工技术”这一国内领先的综合施工技术。此项施工技术于 1998 年通过了中国建筑工程总公司组织的科学技术成果鉴定，荣获 1998 年中国建筑工程总公司科技进步一等奖。同时，形成了大直径超深入岩钻孔扩底灌注桩施工工法，确定了以气举反循环泥浆护壁施工工艺成孔的原则和方法。

2 工法特点

2.1　采用永久性钢护筒：钢护筒直径大（直径 2.7m）、沉入深（深度达 35m）、壁薄（厚仅 12mm），沉入后垂直偏差要求不大于 1/300。

2.2　护壁泥浆无公害处理：泥浆采用膨润土 + 纯碱 + CMC，并用泥浆分离器对泥浆进行处理，再配以其他措施，使泥浆重复使用，现场消化处理。

2.3　超深硬质岩石分级钻进：由于工程桩的直径大，入岩深度深（达 32m 深），岩石强度高，部分钻机由于机械性能的限制，一次向全断面钻进十分困难，因而采用分级钻进技术。

2.4 遇大斜度（最大岩面坡度为73.2°）坚硬岩面的成孔：采用球齿合金钻头，并在钻头上部安装钻头稳定器，及时减压，慢速钻进，稳定压力、防止钻头跑偏，保证垂直度偏差不大于1/300。

2.5 钢筋采用完全绑扎成型，所有主筋没有焊点。

2.6 超大口径、超深钻孔硬质岩石中扩孔技术。

2.7 钻机的进尺速度控制以自动为主，钻机配备自动给进仪，钻机受人为的约束减少，大为提高钻进效率。同时，操作者只要注意到几个仪表数值的变化就能知道钻机的钻进情况。

2.8 通过二次清孔能达到孔底无沉渣，大大提高了桩的容许承载力。

3 适用范围

本工法适用于穿过各种复杂土层，特别是穿过中风化、微风化岩层的大直径扩孔灌注桩的施工。

4 工艺原理

气举反循环排渣原理：空气压缩机通过钻杆的通气孔，从空气钻杆（或风包）把压缩空气送进钻杆内部，从而在钻杆内部形成比重较泥浆小的三项流，从钻杆排出孔外。排出过程中能捎带钻渣，从而达到钻进成孔的目的。

气举反循环在20m以内由于风包没入率太小，排渣效率不高。在孔深20m以后效率越来越高，在50m以后超过泵吸反循环。当钻深超过80m时，如空压机压力小于0.8MPa，宜采用两个气室钻杆。

5 施工工艺流程及操作要点

5.1 施工工艺流程

大口径钻孔灌注桩施工通常由钢护筒制作及沉入、桩的成孔及扩孔、钢筋骨架制作及安装、二次清孔及灌注水下混凝土、泥浆的处理等五个部分组成。根据其工艺特点制定以下工艺流程图（图5-1）。

5.2 操作要点

5.2.1 钢护筒制作及沉入

（1）钢护筒制作及沉入，在工序安排上是将每组桩的护筒全部沉到位后，才开始架设钻机，钻进成孔。

（2）钢板下料：同一块钢板的两条边长的长度差值不大于3mm，两条短边的差值不大于2mm，两条对角线差值不大于3.6mm。不同钢板下料时，各钢板的长边还必须采用同一尺寸，其长度误差不大于4mm。

（3）钢板的一条长边和一条短边加工成45°坡口，便于成型的钢护筒焊接牢固。

（4）裁过的钢板在卷板机上卷制成型。成型后的钢护筒用十字撑加固，防止变形。

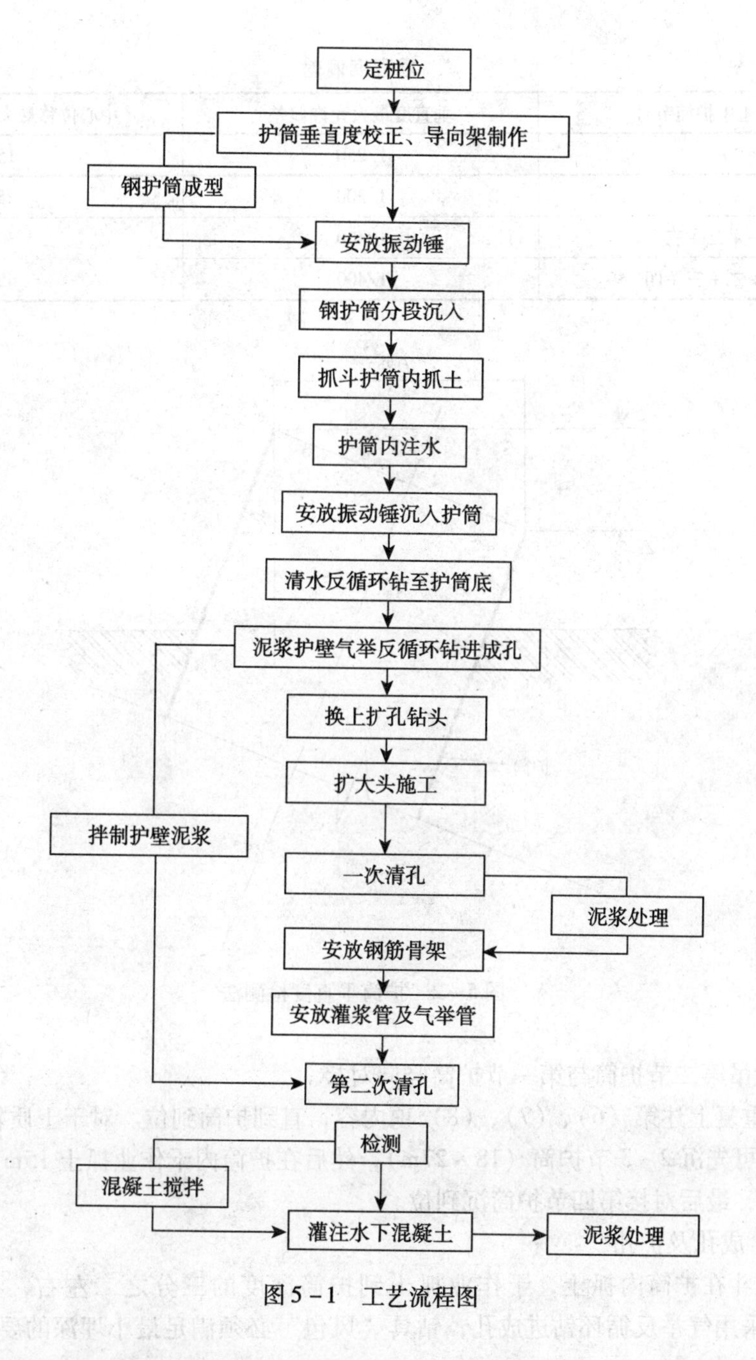

图5-1　工艺流程图

（5）几个小节钢护筒在地面平台上对接成一节长的钢护筒。

（6）护筒加固：首节护筒的底部包焊高600mm、厚12mm的钢板箍，每节护筒的上端包焊200mm高的钢板箍，防止钢护筒在沉没过程中变形。

（7）钢护筒起吊就位，割除十字撑。

（8）安装钢护筒垂直度校正导向架，校正钢护筒垂直度，安放振动锤，振动下沉。下沉过程中钢护筒垂直度用十字方向两台经纬仪跟踪观测。沉到位后，垂直度用图5-2所示方法检测，每条护筒垂直精度按表5数值控制。

垂直度偏差　　　　表5

沉入土中护筒节号	垂直度最大允许偏差	中心位移最大偏差（mm）
一	1/250	15
一+二	1/300	25
一+二+三	1/400	30
一+二+三+四	1/400	45

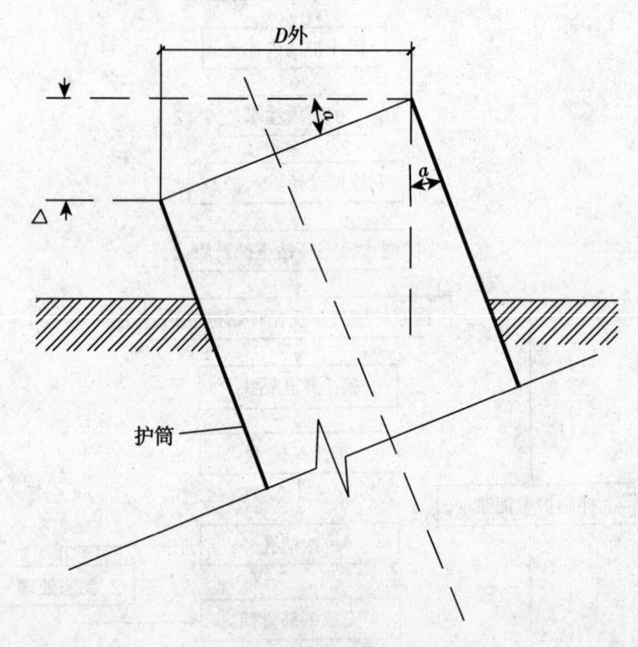

图5-2　护筒垂直度检测法

(9) 起吊第二节护筒与第一节护筒竖向对接。

(10) 重复上述第(6)、(7)、(8)项内容，直到护筒到位。对于土质较密实的桩位，同一桩位上可先沉2~3节护筒（18~27m），然后在护筒内干作业抓土15m左右，再往护筒内注满水，最后对接第四节护筒沉到位。

5.2.2　成孔及护孔

(1) 抓斗在护筒内抓土，干作业抓土到护筒深度的三分之二左右，且一般不小于15m，由于采用气举反循环钻进成孔，钻具“风包”必须满足最小埋深的要求。抓土结束后往护筒内注水。

(2) 安放钻机用楔齿全断面钻头清水反循环钻至护筒底。

(3) 泥浆护壁气举反循环钻进成孔，泥浆循环见图5-3。

(4) 为了防止钻杆产生过量的揉曲变形，钻孔过深时应在钻杆架上增加一个稳定器。

(5) 刚入岩时换上球齿合金钻头，同时在钻头上部安装钻头稳定器，由于岩土交接面一般有一定的倾角，所以应及时减压，慢速钻进，防止钻头跑偏。

(6) 钻头完全入岩后加大气压气量。转盘转速 $n=60v/\pi D$；式中：v 为钻头外边缘的线速度；D 为桩径。在入岩钻进时，一般 $v=0.5\sim1.5$m/s，由上式可以推算出 $n=$（9~

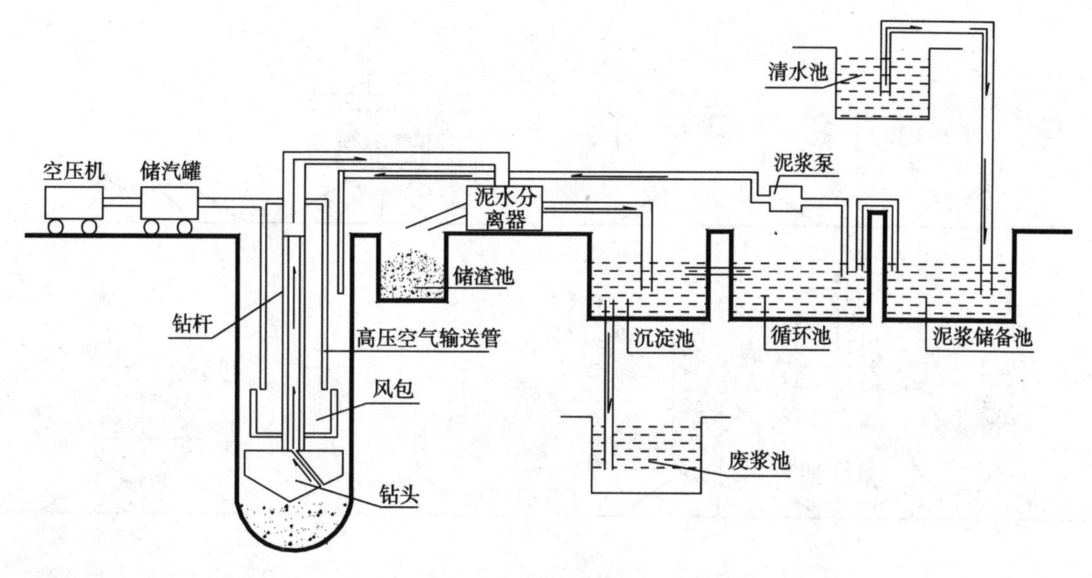

图5-3　气举反循环泥浆循环图

29）*D*。对于香港工程，实际操作中转速保持4~7转/min，钻进效果最好。转速过快会造成岩渣的“二次破碎”，反而影响钻进效率。

（7）钻进过程中，如果岩石太硬，而钻机又由于机械性能的限制，无法提高配重，致使分配到每个球齿合金头上的转压太小，无法对岩面形成有效破碎，此时可采用“分级钻进法”。即先换上小直径钻头，钻至孔底后再换上大直径钻头，直到钻出所需要的桩孔来。

（8）进尺速度的控制采取自动给进方式，提前给钻机配上自动给进仪，一旦调整好钻压，给进仪便可根据岩石的硬度自动调整进尺速度。

（9）成孔到位后，将扩孔钻头连同配重一起下到孔底，使其四翼处于最大限度的张开状态后，进行扩孔。扩孔完毕后保持泥浆循环，并继续让扩孔钻头空转，用20~30min，把孔底的大块岩渣清除干净。

5.2.3　钢筋骨架的制作及安装

（1）提前制作两套成型胎膜，见图5-4（*a*）。

（2）钢筋骨架主筋总数的一半分别装入两个胎模中定位，见图5-4（*b*）。

（3）主筋与加强筋用“U”码固定，“U”码螺栓用气动扳手拧紧。每节钢筋架骨最上端的加强筋做成双支箍，便于竖向吊装。

（4）用吊车反加固好的半套钢筋骨架整体吊起，在空中180°翻身落入另一套胎膜内。具体操作见图5-4（*c*）。

（5）主筋与加固筋用“U”码连接，绑扎外箍筋，固定保护层垫块。

（6）于加强筋处焊十字撑，每节钢筋骨架焊三道，成型后脱模，见图5-4（*d*），绑扎超声波管。

（7）吊车吊起钢筋骨架，割去十字撑后，放入桩孔中，上端用“杠子”固定。

（8）吊起上节钢筋骨架，对准下节钢筋骨架徐徐下降，让四个超声波管对齐。

（9）调整钢筋骨架垂直度，焊接超声波管，两节钢筋骨架主筋用“U”码连接，主筋搭接长度为46*D*。绑扎外箍筋。

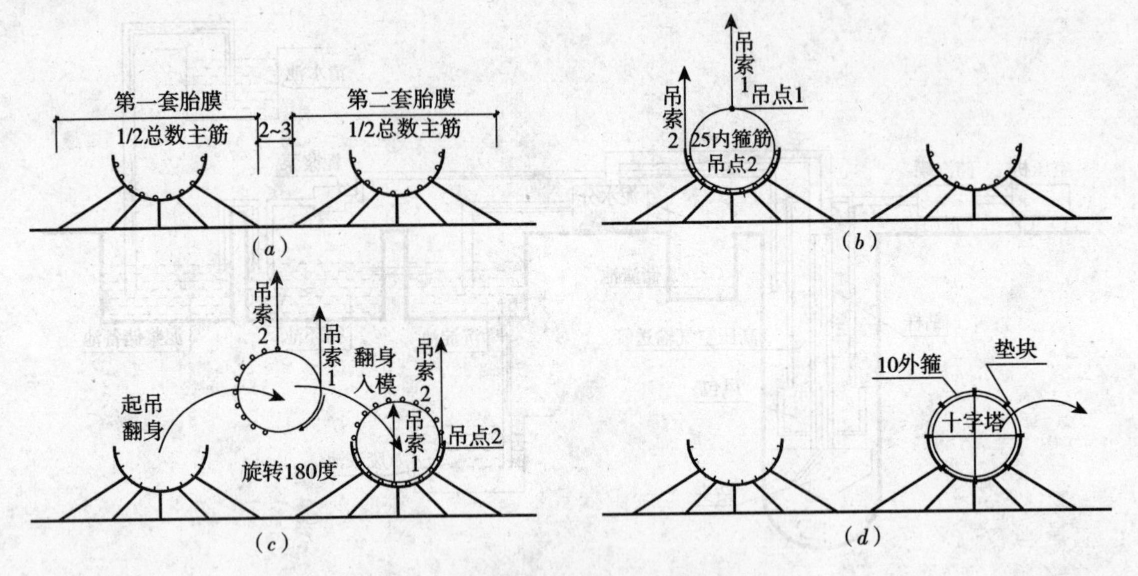

图5-4 钢筋笼空中180°翻身换模绑扎法

(10) 吊起钢筋骨架，抽出“杠子”。重复第(7)、(8)、(9)项内容，直到钢筋骨架安装完毕。

5.2.4 二次清孔及灌注水下混凝土

(1) 工作平台就位，安装导管和气举管，导管的深度应能使其触及孔底岩面。气举管的长度为导管的3/4，且不小于15m，不大于70m。对于深度小于20m的桩不宜采用气举反循环进行二次清孔。

(2) 接通风管、进浆管、排渣管后，实测回淤深度，将导管下口提至淤面位置处后，开启空压机和供浆泵。刚开始时气量小一点，待排渣口有泥浆排出时，再逐步加大气量与供浆量。气举反循环二次清孔原理见图5-5。

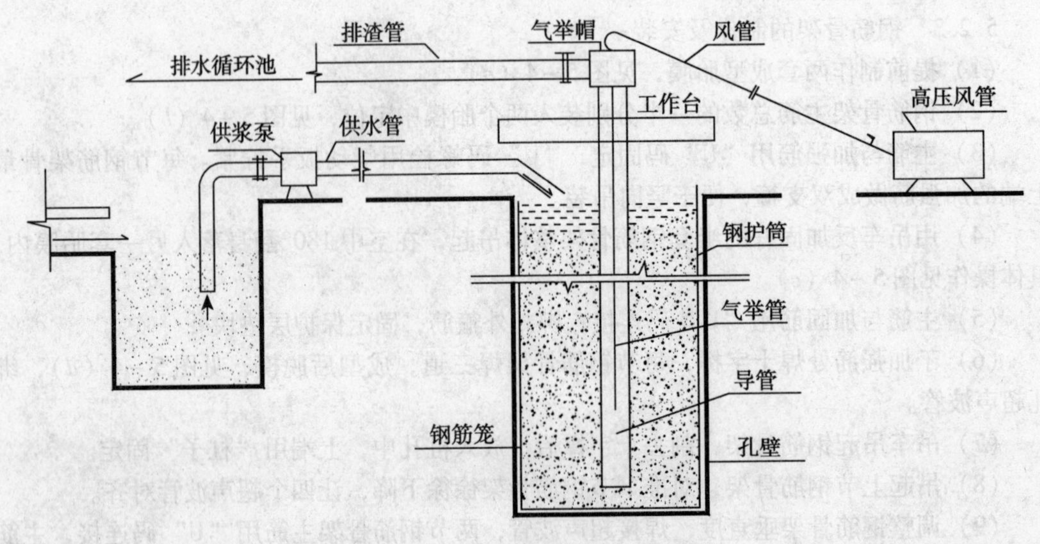

图5-5 反循环二次清孔工作原理图

（3）清孔过程中，用吊车不断变换导管在孔内、导管下口在孔底的位置。二次清孔所用的泥浆应符合下列标准：含砂量不大于0.5%，黏度不小于39s（1000mL泥浆通过漏斗的时间），密度为1.03～1.06g/cm^3，剪力不大于3.0bs/100ft^2，如泥浆性能达不到此要求，会在清孔完毕灌注混凝土前产生“二次回淤”现象。

（4）当排渣正常后，逐步下落导管，到最后将导管下口下落到岩石顶面。如果排渣不通畅，可上提10cm左右。

（5）验收孔深、孔径、孔底沉渣及泥浆性能；如不合格，继续清孔，直至合格。

（6）抽出气举管，安装初灌漏斗，在漏斗内悬挂好隔水塞后，往漏斗内先装入少量砂浆，再装满混凝土。然后割断连接隔水塞的钢丝绳，水下灌注过程见图5-6。

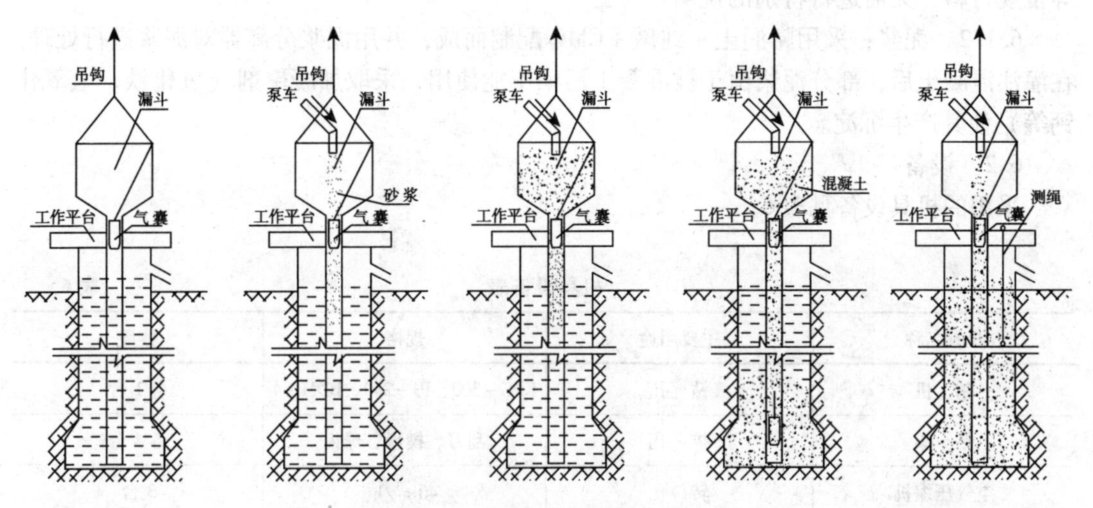

图5-6　混凝土的初灌过程图

（7）初灌结束后要保证：①导管的下端埋入混凝土中1m以上。②孔底下的沉渣被返到混凝土面以上。

（8）初灌完成后拆除漏斗，将泵车出料口直接插入导管内进行灌注。

（9）在混凝土浇筑过程中必须始终保证导管下口在混凝土中深度不小于2m。拆除导管以混凝土下落是否通畅、泥浆外流是否均匀一致、导管的上下活动是否灵活来判断。埋管太深会造成拔管困难，一般埋管深度不超过18m。

5.2.5　泥浆系统的管理

现场泥浆管理中两个重要的环节就是：①在保持泥浆基本特性不变的前提下设法降低泥浆中的含砂量。②泥浆用管道化的方式进行输送。

（1）泥浆管在直线段采用钢管，管道转弯用45°或90°弯头来实现。曲线段采用软管，在过路段暗埋。管道采用法兰连接，安装应牢固。

（2）钻机的排渣管道直接连接在泥水分离器的漏斗上，所有的循环泥浆都经过分离器分离。

（3）从泥水分离器流出的泥浆流入沉淀池，自然沉淀后流入泥浆循环池。

（4）在泥浆储备池中掺加CMC、膨润土、纯碱等外加剂，根据不同的需要配制不同性能的泥浆，使其满足工作需要。

(5) 灌注水下混凝土后，部分被水泥污染的泥浆直接排放到废浆池里，加入适量凝聚剂（如氧化铁、氢氧化钙等）使其产生凝聚反应，形成絮状物。废浆经沉淀后，清水抽出，沉淀物挖走。注意，要选用无毒性的凝聚剂，以便处理后的泥渣和水不污染环境。

6 材料及设备

6.1 材料

6.1.1 桩体材料：本工法所用材料大部分为普通材料，主要为钢筋、混凝土、钢板等常规材料，无需进行特别的说明。

6.1.2 泥浆：采用膨润土+纯碱+CMC配制而成，并用泥浆分离器对泥浆进行处理。在灌注混凝土后，部分泥浆由于被混凝土污染不能使用，采取加凝聚剂（氧化铁、氢氧化钙等）使其产生沉淀。

6.2 设备

采用的机具设备见表6。

机具设备表 表6

机具名称	主要用途	规格	数量
钻 机	钻 孔	KPG-300、PJ-250、BDM-4	各1台
钻 头	扩 孔	刮刀、楔齿、球齿	各4台
空气压缩机	转 孔	$40m^3/h$	3台
扩孔转头	扩 孔	$\phi2500/\phi3300$	3个
砂石泵	进 浆	8BS	5台
泥浆泵	泥浆循环	3PN	10台
泥水分离器	改善泥浆性能	$250m^3/h$	1台
混凝土泵车	灌注水下混凝土	$70m^3/h$	1台
气动扳手	钢筋骨架制作		2台
卷扳手	钢护筒制作	30mm×3mm	1台
泥浆测定仪	测量泥浆性能		1套
振动锤	钢护筒沉没	400kW	1台
吊 车	转机就位，抓土	150t、100t、50t	各1台
氧割设备	钢护筒制作		3套
电焊机	钢护筒制作		6台
挖土机	清理废渣	$0.8m^3$	1台

7 质量控制

7.1 引用的标准规范

工程施工质量执行国标《建筑地基基础工程施工质量验收规范》GB50202—2002 及《建筑桩基技术规范》JGJ94—2008。

7.2 质量标准

按表7－1“混凝土灌注桩钢筋笼质量检验标准”、表7－2“混凝土灌注桩质量检验标准”及表7－3“灌注桩的平面位置和垂直度”的允许偏差执行。

混凝土灌注桩钢筋笼质量检验标准 表7－1

项	序	检查项目	允许偏差或允许值（mm）	检查方法
主控项目	1	主筋间距	±10	用钢尺量
	2	长 度	±100	用钢尺量
一般项目	1	钢筋材质检验	设计要求	抽样送检
	2	箍筋间距	±20	用钢尺量
	3	直 径	±10	用钢尺量

混凝土灌注桩质量检验标准 表7－2

项	序	检查项目	允许偏差或允许值		检查方法
			单位	数值	
主控项目	1	桩 位	见表7－3		基坑开挖前量护筒，开挖后量桩中心
	2	孔 深	mm	+300	只深不浅，用重锤测，或测钻杆、套管长度，嵌岩桩应确保进入设计要求的嵌岩深度
	3	桩体质量检验	按基桩检测技术规范		按基桩检测技术规范
	4	混凝土强度	设计要求		试件报告或钻芯取样送检
	5	承载力	按基桩检测技术规范		按基桩检测技术规范
一般项目	1	垂直度	见表7－3		测套管或钻杆，或用超声波探测
	2	桩 径	见表7－3		井径仪或超声波检测
	3	泥浆相对密度	1.15～1.20		用比重计测，清孔后在距孔底50cm处取样
	4	泥浆面标高	m	0.5～1.0	目测
	5	沉渣厚度：端承桩	mm	≤50	用沉渣仪或重锤测量
	6	混凝土坍落度：水下灌注	mm	160～220	坍落度仪
	7	钢筋笼安装深度	mm	±100	用钢尺量
	8	混凝土充盈系数	>1		检查每根桩的实际灌注量
	9	桩顶标高	mm	+30 －50	水准仪，需扣除桩顶浮浆层及劣质桩体

灌注桩的平面位置和垂直度的允许偏差 **表7-3**

序号	成孔方法		桩径允许偏差（mm）	垂直度允许偏差（%）	桩位允许偏差（mm）	
					1~3根、单排桩基垂直于中心线方向和群桩基础的边桩	条形桩基沿中心线方向和群桩基础的中间桩
1	泥浆护壁钻孔桩	$D>1000$mm	±50	<1	$100+0.01H$	$150+0.01H$

注：1. 桩径允许偏差的负值是指个别断面。

2. 采用复打、反插法施工的桩，其桩径允许偏差不受上表限制。

3. H 为施工现场地面标高与桩顶设计标高的距离，D 为设计桩径。

7.3 质量控制要求

7.3.1 钢护筒制作的直径误差小于10mm，垂直度偏差小于1/1000护筒长度。沉入完毕后的钢护筒垂直偏差小于1/300护筒长度。

7.3.2 钢筋骨架制作允许偏差必须满足设计和施工规范要求，主筋应采用绑扎成型，搭接长度不小于46倍的钢筋直径。

7.3.3 成桩孔直径和深度不小于设计要求，桩孔垂直度偏差小于1/100桩长，成桩中心位移不大于75mm。

7.3.4 最外层钢筋的保护层为100mm。

7.3.5 灌注混凝土前，孔底岩渣应清理干净，使混凝土与孔底岩层接触良好。

7.3.6 桩身混凝土应连续完整，无断桩、夹泥等现象，桩头混凝土无疏松现象。混凝土灌注高度比设计桩顶标高高出5%桩长，保证桩头混凝土的质量。

7.4 质量保证措施

7.4.1 施工原始记录必须如实填写，并按时整理，提供有关规定的资料。

7.4.2 施工质量和交工验收，必须严格执行施工图纸设计和有关施工规范执行。

7.4.3 建立质量目标管理责任制，实行工程质量和职工的承包奖挂钩的制度。

7.4.4 按照施工工艺要求，健全岗位目标责任制，全工程实行三级检验制度，班组100%自检，工序交接100%互检，质检员100%专检。

8 安全措施

8.1 认真贯彻“安全第一、预防为主”的方针，根据国家有关安全管理规定、条例，结合单位实际情况和工程的具体特点，组成专职安全员和班组兼职安全员以及工地安全用电负责人参加的安全生产管理网络，制定安全生产责任制，明确各级人员的职责，抓好工程的安全生产。

8.2 施工现场按符合防火、防风、防雷、防洪、防触电等安全规定及安全施工要求进行布置，并完善布置各种安全标识。

8.3 各类房屋、库房、料场等的消防安全距离做到符合公安部门的规定，室内不堆放易燃品；严格做到不在料库等处吸烟；随时清除现场的易燃杂物；不在有火种的场所或其近旁堆放生产物资。

8.4　施工现场的临时用电严格按照《施工现场临时用电安全技术规范》JGJ46 的有关规定执行。电缆线路采用“三相五线”制，电气线路及电器设备必须绝缘良好。场内架设的电力线路悬挂高度和线间距符合规范要求。

8.5　氧气瓶与乙炔瓶隔离存放，严格保证氧气瓶不沾染油脂，乙炔发生品有防止回火的安全装置。

8.6　施工前做好安全技术交底和岗位技术的培训工作，使作业人员了解安全技术措施。

8.7　施工工具要勤检查，注意各连接件的松紧度，严防脱落伤人。

8.8　进入现场必须戴安全帽，登高作业超过 2m 时应系好安全带。

9　环保措施

9.1　成立施工现场环境卫生管理机构，在工程施工中严格遵守国家和地方政府下发的有关环境保护的法律、法规和规章制度。加强对工程材料、设备、废水、生产生活垃圾、弃渣等的控制和治理，遵守防火和废弃物处理的规章制度。具体环境保护的目标如下：

（1）规范施工现场的场容，保持作业环境的整洁卫生。

（2）科学组织施工，使生产有序进行。

（3）减少施工对周围居民和环境的影响。

（4）保证职工的安全和身体健康。

9.2　环境保护措施：

（1）施工现场设置明显的标识牌。

（2）管理人员佩戴胸卡。

（3）成品、半成品材料严格按照施工总平面图摆放，并设安全文明施工标识牌。

（4）机械停放或行走不得侵占场内道路，保证施工道路畅通，排水系统处于良好状态，保持场容场貌整洁，随时清理建筑垃圾。

（5）施工现场要设置各类必要的职工生活措施，并符合卫生、通风、照明及消防要求。

（6）施工现场垃圾及时清出现场，基本做到不扬尘，减少对周边环境的影响。

（7）施工现场道路应指定专人定期洒水清扫，防止道路扬尘。

（8）施工用的泥浆、渣土设专人管理并用防漏防渗的车辆运输到指定场所。

（9）尽量避免在夜间和中午施工作业，以免对周边居民造成噪声污染。

（10）项目部成立环境管理小组，并设组长全权负责环境目标的实现和环境措施的实施。

10　效益分析

本工法技术在香港新机场东涌站行人桥桩基工程、山西滹沱河大桥桥墩桩基工程、湖北荆沙长江大桥 32 号墩桩基工程及吉林江湾大桥沉井桩基工程中的成功应用，为企业创造了380万元的利润，取得了很好的经济效益。

在施工中保证了桩身垂直度及桩身在软弱土层的成孔效率。另外，施工护壁泥浆采取无公害处理，重复使用，取得了良好的节能及环保效益。

由于本工法填补了国内空白，提高了企业的知名度，促进了企业的经营生产工作，取得了很好的社会效益。

11 工程实例

11.1 香港新机场东涌站行人桥桩基工程

香港新机场东涌站行人桥是一条跨越双线高速公路和一条轻轨铁路的大型桥梁。整座桥共八个桥墩，每个桥墩4根桩。桩的直径为2.5m，桩端扩孔至3.3m，桩上部35m范围内埋设直径2.7m、厚12mm的钢护筒，以保护桩芯混凝土不受海水腐蚀。成孔过程中要穿过砂层、砂夹石层、卵石漂石层、强风化花岗石层、强或中风化断层角砾岩层、中风化花岗石层等各类土层及岩层，最后钻入的持力层为微风化花岗石岩层，入岩深度达32m，在入岩过程中遇到大斜度（最大岩面坡度为73.2°）坚硬岩面，其成孔垂直度的控制技术也是一个技术难点。工程验收检测数据表明，最深的一根桩成孔深度达到102m。设计规定：

（1）桩底的沉渣基本为0；

（2）桩身垂直度偏差不大于1/100；

（3）上部钢护筒垂直度偏差不大于1/300。

中国建筑第六工程局土木工程公司采用本工法进行施工，成桩质量受到了香港专家及工程设计单位的高度评价，取得了较好经济、社会效益，创造315万元利润；并且在施工过程中满足了香港政府的环境要求。

11.2 山西滹沱河大桥桥墩桩基工程

中国建筑第六工程局土木工程公司于1997年承接的山西滹沱河大桥桥墩桩基工程。桩的直径为2.0m，成孔过程中要穿过漂卵石层及微风化花岗石层，入微风化花岗石层10m以上，最大成桩长度为55m。采用本工法施工，顺利完成了施工任务。整个施工过程的成桩质量达到国家验收合格标准，并取得了较好的经济效益。

11.3 湖北荊沙长江大桥32号墩桩基工程

中国建筑第六工程局土木工程公司于1998年承接的湖北荆沙长江大桥32号墩桩基工程。桩基直径2.5m，桩深度达到118m，上部钢护筒长36m，成孔过程中要穿过砂层和卵石层。采用本工法施工，顺利完成了施工任务，工程质量优良，并取得了较好的经济效益。

11.4 吉林江湾大桥沉井桩基工程

中国建筑第六工程局土木工程公司于2002年承接的吉林江湾大桥沉井桩基工程，共10个沉井，每个沉井下7~9根桩，共计80根桩，桩的直径为1.5m，成孔过程中要穿过圆砾层、安山岩层、砾岩层及砂岩层等岩层，最大成桩长度为37m。采用本工法施工，顺利完成了施工任务，整个施工过程的成桩质量达到国家验收合格标准，并取得了较好的经济效益。

国家级

二级工法

大面积大坡度屋面琉璃瓦施工工法

编 制 单 位：中国建筑第三工程局
批 准 单 位：国家建设部
工 法 编 号：YJGF143—2006
主要执笔人：胡宗铁　顾晴霞　何　穆　徐　均　刘宏林

1 前　　言

琉璃瓦或青瓦坡屋面是我国延续了几千年的传统屋面形式。坡屋面的瓦由陶土制作成型、阴干后烧制而成；琉璃瓦还要在烧成的瓦坯表面上涂一层彩色釉，再经高温烧结。琉璃瓦表面致密、光亮、色彩华贵，采用琉璃瓦也是一种地位的象征。因此，琉璃瓦坡屋面成为重要古建筑的代表形式。坡屋面以其排水好、隔热保温优良和造型丰富，当前在我国公共建筑、住宅建筑中得到了较为广泛的应用。

湖北省博物馆是湖北省的标志性建筑，主要展馆有编钟馆、楚文化馆、综合陈列馆。编钟馆于20世纪80年代建成，建成后因坡屋面漏水、琉璃瓦多处大面积下滑等事故，造成了经济损失和极大的不良社会影响。我们承接到楚文化馆和综合陈列馆工程后，考虑到大面积四坡屋面坡度陡、面积大（水平夹角38.66°，楚文化馆2400m²，综合陈列馆9000m²），构造复杂（图1）。要在陡峭的斜面上展开大面积施工挂琉璃瓦有极大难度；更由于馆藏大量国宝级文物，必须确保琉璃瓦屋面不渗不漏、保温良好；因此，陡峭琉璃瓦屋面施工成为湖北省博物馆扩建工程施工技术的主要难点和重点。需要开展相关项目的技术攻关，才能保证各道工序的质量完全符合设计要求；需要有综合性的技术突破，才能保证使用功能和耐久性，才能准确体现重要公共建筑的建筑艺术效果。

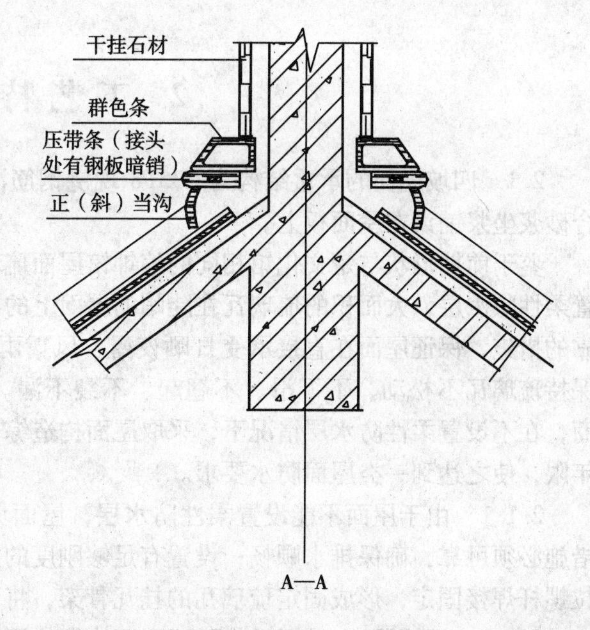

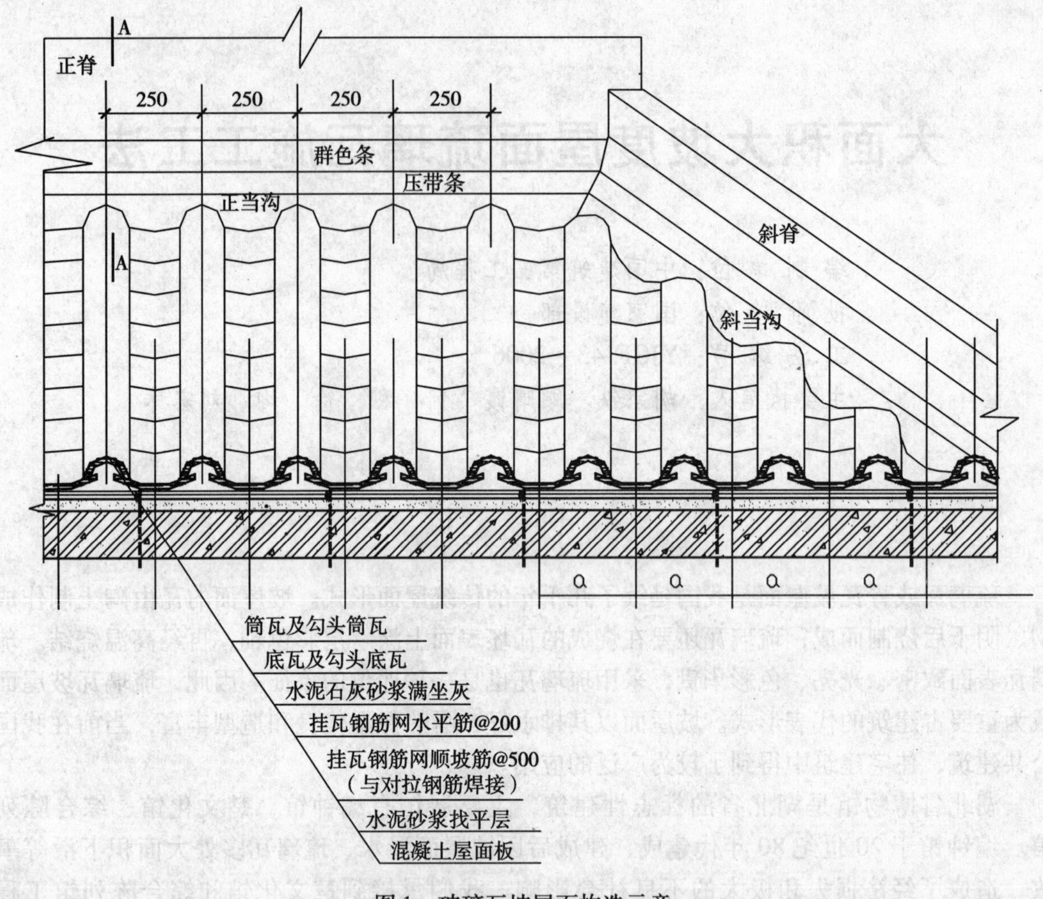

图1　玻璃瓦坡屋面构造示意

2　工艺特点

2.1　四坡屋面的承重结构为C35P8现浇钢筋混凝土梁板体系，琉璃瓦用水泥石灰混合砂浆坐浆铺设在屋面板上。

鉴于前期形状与楚文化馆相同的编钟馆屋面琉璃瓦施工教训，在陡峭的混凝土板面设置柔性防水层，大面积的琉璃瓦在陡峭的屋面上的滑移问题难以解决。因此，必须要有可靠的措施，保证屋面在直接承受日晒夜露、风霜雨雪侵袭、剧烈的温湿度变化的作用下，保持琉璃瓦不松动、不下滑、不翘起、不裂不漏。在博物馆扩建工程中，通过与设计协商，在不设置柔性防水层情况下，采取屋面构造综合优化措施，保证屋面防水功能和使用年限，使之达到一类屋面防水要求。

2.1.1　由于屋面不能设置柔性防水层，屋面坡度必须准确，檐沟、脊沟的防水构造措施必须可靠，确保排水顺畅；设置有足够刚度的挂瓦钢筋网，钢筋网与浇筑屋面板的对拉螺杆焊接固定，形成固定琉璃瓦的挂瓦骨架，将瓦与屋面结构固定，防止琉璃瓦滑移。

2.1.2　用双股18号铜丝将琉璃瓦逐块绑扎固定在焊接钢筋网片上。

2.1.3　用水泥石灰混合砂浆坐灰，将琉璃瓦坐实找平，并将铜扎丝全部埋入砂浆中封闭严实。

2.1.4 大坡度琉璃瓦屋面采用内保温措施，将保温材料设在屋面混凝土板底，保温材料的骨架用浇筑屋面板的对拉螺杆固定。由于对拉螺杆也是固定挂瓦钢筋网的预埋件，安装保温材料时必须小心操作。

2.2 控制每条瓦垄的中线标高，保证瓦屋面线条清晰美观、坡面平顺、排水顺畅。

2.3 通过对琉璃瓦验收、分选，控制琉璃瓦的质量，并使大面上色泽基本一致，外表美观。

2.4 自制运料小滑车运输琉璃瓦和砂浆，解决坡屋面材料运输困难和减少损耗。

2.5 自制挂架式斜坡平台，确保施工人员行走和操作安全、舒适。

2.6 优化施工工艺流程，选择有效的成品保护措施。

3 适用范围

本工法适用于琉璃瓦、陶土瓦的仿古建筑、工业与民用建筑坡屋面和平屋面“平改坡”改造的工程施工。

4 材料性能

4.1 琉璃瓦及配件的类型（表4-1）

琉璃瓦规格 表4-1

序　号	名　称	规格（mm）	备　注
1	底　瓦	300×220×13	
2	勾头筒瓦	200×130×13	
3	筒　瓦	200×130×13	
4	脊沟瓦	200×130×13	脊沟底瓦
5	正当沟	220×50×12	屋脊处收口配件
6	斜当沟	300×50×12	屋脊处收口配件
7	压带条	200×80×20	屋脊处收口配件
8	群色条	200×90×50	屋脊处收口配件

4.2 琉璃瓦尺寸误差按产品说明书控制，不得有缺楞掉角、裂缝、瓦面缺釉。

4.3 有釉板瓦、有釉筒瓦及表4-1所列各类配件的抗弯曲性能、吸水率、抗冻性、耐急冷急热性指标符合GB/T21149—2007中有釉板瓦、有釉筒瓦要求。见表4-2。

琉璃瓦技术性能要求 表4-2

序　号	检 验 项 目	标 准 要 求
1	抗弯曲性能	弯曲破坏荷重≥1200N

续表

序号	检验项目	标准要求
2	吸水率	≤10%
3	耐急冷急热性	经10次耐急冷急热循环不出现炸裂、剥落及裂纹现象
4	抗冻性	经15次冻融循环不出现剥落、掉角、掉棱及裂纹现象

4.4　扎丝：应有足够的强度和韧性、较好的耐久性。一般宜采用经过退火处理的18号铜丝。

4.5　水泥石灰混合砂浆：石灰膏应用熟化7d以上的成品，砂采用中砂，筛去5mm以上颗粒；按重量比配制，拌合后3h内必须使用完毕。

5　工艺原理

5.1　在大坡度屋面上大面积铺设琉璃瓦，必须确保瓦与屋面不产生相对滑移，因此要有可靠的构造措施将琉璃瓦牢固固定。湖北省博物馆综合陈列馆采用退火铜丝将琉璃瓦固定在穿出混凝土屋面板上的大量密布的预埋件上，采用水泥混合砂浆将琉璃瓦直接坐砌在设置于自防水现浇钢筋混凝土上的防水砂浆找平层上。通过采取综合构造措施防止琉璃瓦滑移，改变和优化了琉璃瓦下设置防水卷材的传统工艺做法。

5.2　在大坡度屋面上大面积铺设琉璃瓦，必须确保琉璃瓦屋面不开裂、不渗漏，因此要采取可靠的构造措施，保证琉璃瓦屋面的防水功能。湖北省博物馆综合陈列馆琉璃瓦屋面设置大坡度的现浇钢筋混凝土结构自防水层、防水砂浆找平层和大坡度的优良琉璃瓦面层，通过综合构造措施，确保琉璃瓦屋面不开裂、不渗漏，有效地保证屋面防水功能，提高屋面防水的使用年限，使其达到一类屋面防水的要求。

5.3　大面积大坡度琉璃瓦坡屋面必须确保屋面的保温隔热效果，因此要有可靠的构造措施，保证屋面的保温隔热功能。湖北省博物馆综合陈列馆琉璃瓦屋面采用屋面板留设的对拉螺杆形成的骨架，将保温材料固定在现浇钢筋混凝土坡屋面板板底，保证了屋面的保温隔热功能。

6　工艺流程和操作方法

6.1　施工工艺流程

工程流程见图6－1。

6.2　操作方法

6.2.1　钢筋混凝土屋面板基层处理

混凝土表面按间距5cm×5cm凿毛，凿除明显超高部分混凝土。

6.2.2　水泥砂浆找平层施工

找平层施工方法、质量要求与一般混凝土面砂浆找平相同。本工程的控制要点是坡度正确、大面平整度符合要求，不空鼓、不开裂，表面压实抹平、搓毛，表面成均匀毛面，留出固定挂瓦钢筋网片的对拉螺栓端头。

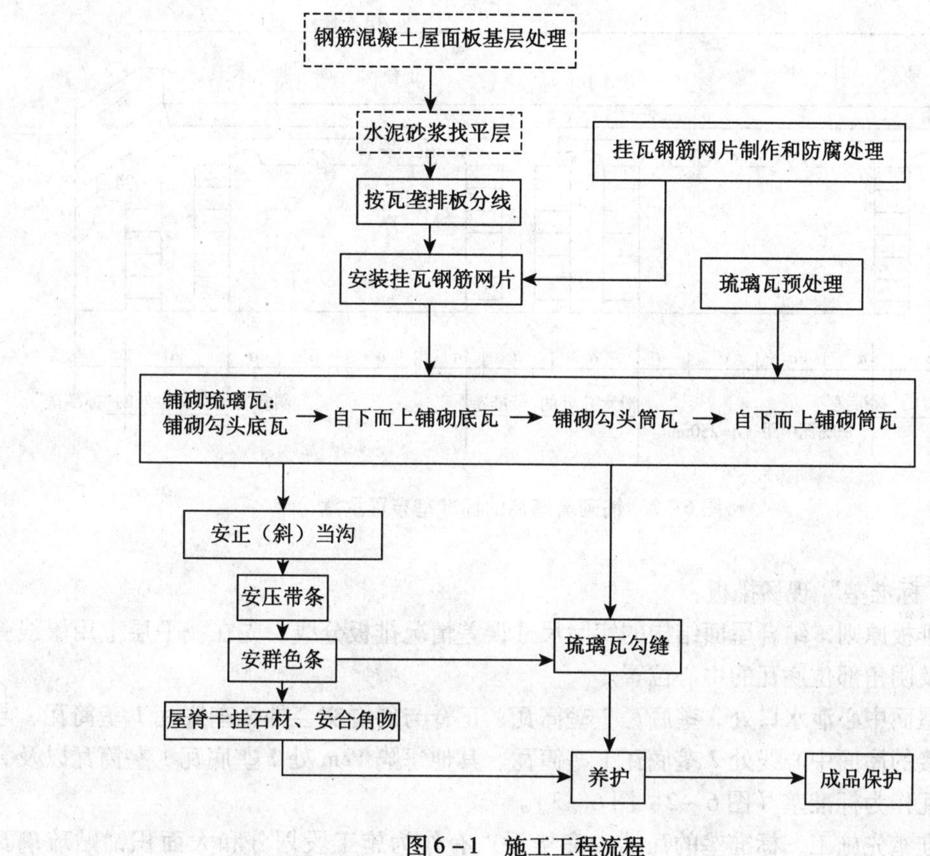

图6－1 施工工程流程

（1）找平层上设分格缝。

用上宽下窄的楔形小木方作分格条，留出宽20mm、深度同抹灰厚度的分格缝。分格缝既有控制找平层标高和平整度的作用，又有控制裂缝的诱导缝作用。其间距控制在6m×6m以内。

（2）找平层尽量安排在晴朗、无风天气施工，施工气温不低于5℃，雨雪天气禁止施工，防止受冻。特别要注意保湿养护，夏季要避免暴晒和高温时段施工，终凝前要注意防止水分大量散失，出现塑性裂缝；终凝后要注意及时小水慢淋保湿，防止出现失水空鼓、开裂。

6.2.3 现场排板分线

（1）排板原则：

①瓦垄的中心间距为250mm，即琉璃瓦底瓦及筒瓦中心间距均为250mm。按屋面瓦水平方向（每垄）必须为整瓦，屋脊的泄水孔必须对准底瓦中心的原则分线（见图1、图6－2）。

②在脊沟部位分线时，需确定阴角脊沟瓦宽度，再进行底瓦水平分格（垄）。

③调节天沟处筒、底瓦伸入天沟的长度，一般不超过70mm，保证正屋脊处为整瓦、屋脊压带条及群色条交圈为整体的原则，弹出每块底瓦的上边线。

④力求不出现断头瓦。

根据上述原则确定底瓦之间及筒瓦之间的搭接长度，并根据现场琉璃瓦实物可略作微调。

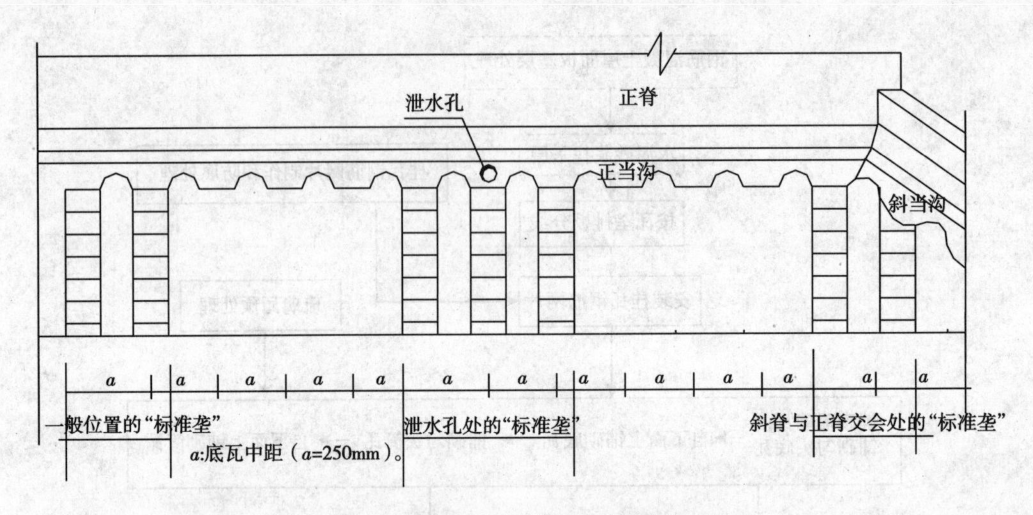

图6－2　铺砌琉璃瓦的标准垄布置示意

（2）“标准垄”现场排板：

①按排板原则，结合屋面结构的实际尺寸误差情况排板分线，先在找平层上用墨线弹出泄水管及阴角部位底瓦的中心位置。

②以屋面中心泄水口处3垄底瓦2垄筒瓦、正脊与斜脊交会处2垄底瓦1垄筒瓦、与大屋面连接的屋面中心线处2垄底瓦1垄筒瓦、其他每隔12m处2垄底瓦1垄筒瓦以及脊沟处阴角瓦作为标准垄（图6－2、图6－3）。

③标准垄先施工，标准垄的瓦铺砌完毕后，有作为施工段划分和大面积铺贴琉璃瓦“标筋”的作用。

标准垄施工前应进行现场预排，调整檐沟、脊沟处勾头瓦的起始位置（外伸长度），见图6－4。保证与脊瓦相交处底瓦和筒瓦不出现八分以下瓦，然后用墨线弹出每垄、每一块底瓦沿坡面的上边线位置及每一垄底瓦顺坡向的中心线。

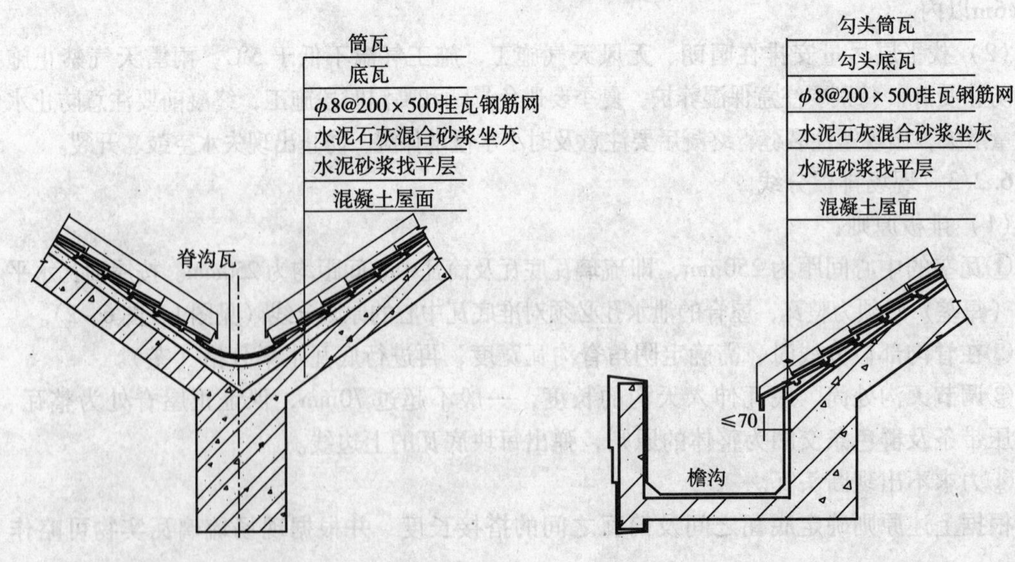

图6－3　脊沟构造示意（脊沟瓦为“标准垄”）　　图6－4　檐沟构造示意

④排板分线完毕后应由有关方面共同验收合格后，进行下道工序。

6.2.4　钢筋网的焊接及防锈处理

（1）钢筋网片。按挂瓦的水平方向为钢筋 ϕ8@200；顺坡向的钢筋为 ϕ8@500，用 E43 焊条焊成 3000mm×3000mm 大小的预制网片，每个钢筋相交点必须焊接牢固，验收后除锈，刷两道防锈漆。

（2）钢筋网片根据琉璃瓦的排板布置。顺坡向钢筋在下紧贴坡屋面砂浆找平层，挂瓦水平钢筋布置在底瓦上边线以上 2～3cm 处，每排底瓦有一道水平挂瓦钢筋，间距 500mm 的顺坡向钢筋宜放在筒瓦位置为好，校正位置后将顺坡向钢筋与每个对拉螺杆接点焊接牢固。

（3）钢筋网片焊接完毕后，将高出网片的对拉螺杆用氧割割除，保留有标高标识的对拉螺杆。割除时应注意不可烧伤找平层。

（4）钢筋网片焊接节点处补刷两道红丹漆。涂刷时不得污染找平层表面。

6.2.5　铺砌琉璃瓦

（1）标准垄琉璃瓦铺砌：

“标准垄”琉璃瓦的铺砌是底瓦和筒瓦逐垄由天沟处勾头瓦开始依次向上铺贴至屋脊处。铺砌的施工顺序为：

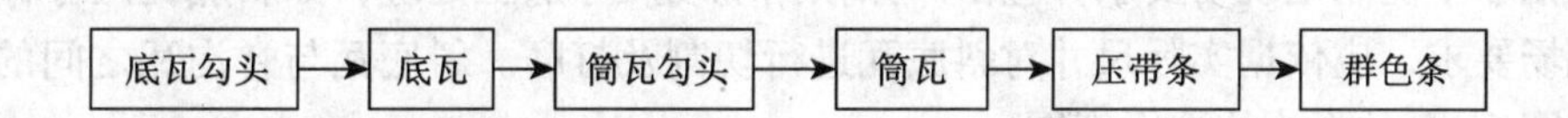

（2）“标准垄”将每一个坡面分隔成了若干个工作面，“标准垄”之间的工作面分别进行施工。

（3）施工方法。

琉璃瓦铺贴用 1:2:4 水泥石灰砂浆坐砌，18 号双股铜丝绑扎，在挂瓦钢筋网的横向 ϕ8 钢筋上缠绕不少于 3 圈。

（4）施工工艺：

挂瓦前一天应将要用的琉璃瓦用水浸泡湿润，施工前 2h 拿出，晾干表面才能使用。施工前基层应打扫干净，适当洒水润湿表面，并保持基层清洁。

通过运料滑车和运输通道转运材料，施工人员通过麻绳软梯及斜坡式挂架平台上下坡屋面进行施工。

①底瓦施工。

底瓦的施工应逐垄自下而上进行。由下部天沟处开始。根据排板分线标记，在要铺勾头瓦的屋面铺设 10mm 厚砂浆，然后把穿好铜丝的勾头瓦按位置坐砌固定，瓦上口底面应用橡皮锤敲打，挤实砂浆，使瓦底与找平层贴紧，并将铜丝与预留钢筋网片绑扎牢固，再微调瓦的位置，使其与排板位置吻合。见图 6－5。勾头底瓦铺贴后，根据排板分线标记铺贴底瓦。先在要铺底瓦的屋面铺设 10mm 厚砂浆，再把穿好铜丝的底瓦按位置坐砌固定，以底瓦底面的凸槽线抵紧下部已贴瓦片为准。与下部已贴瓦片搭接、贴紧，用橡皮锤敲打底瓦上表面，挤实砂浆，使瓦底与找平层贴紧，并将铜丝与钢筋网片绑扎牢固，再微调瓦的位置与排板位置吻合。该垄底瓦铺贴至屋脊处后，将两垄底瓦之间空隙用砂浆填实。阴

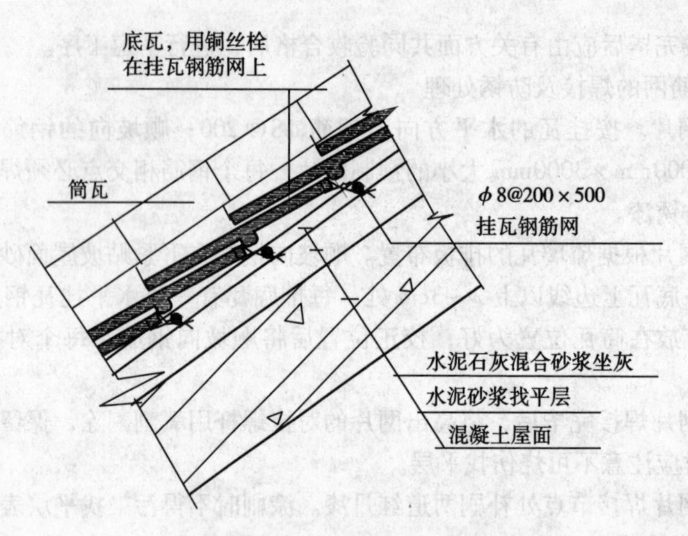

图6-5　挂瓦示意

沟瓦的施工同底瓦。

底瓦铺贴至斜阴角、斜阳脊处时，应根据左右方向不同选择异形斜底瓦铺贴，如斜底瓦尺寸偏小不能满足现场要求，应由厂家依据现场尺寸加工处理；如斜底瓦尺寸偏大不能满足现场要求，应依据实际尺寸对斜底瓦进行切割及打磨。斜底瓦与脊沟瓦之间的接头处理详见图6-3的脊沟构造示意图。

②筒瓦施工。

两陇底瓦铺贴完毕后进行筒瓦的铺贴。筒瓦的施工仍由天沟处沟头瓦开始，自下而上逐垄进行。筒瓦勾头的起始位置应紧贴底瓦勾头挡板。首先将穿好铜丝的筒瓦沟头底面满抹砂浆，然后根据位置扣在两陇底瓦之间挤压固定，筒瓦底面与底瓦之间不留缝隙，再把铜丝与预留钢筋网绑扎牢固，并调节定位，最后将筒瓦与底瓦之间的缝隙用砂浆塞满，用ϕ6钢筋棍捣实。见图6-4的檐沟构造图。

筒瓦的施工与勾头筒瓦类似，起始位置应与下部筒瓦上口插榫抵紧，其他工序同筒瓦沟头施工，自下而上将该垄筒瓦铺贴至屋脊处。斜脊处应根据现场实际尺寸进行切割，确保筒瓦与屋脊斜脊结合严密。

③当沟、压带条及群色条的施工

当沟、压带条及群色条是屋脊处琉璃瓦收口构件。当沟瓦施工之前应按底瓦位置、标高以及天沟找坡后的标高按间距2m用机械钻孔后埋不锈钢管泄水孔，泄水孔不锈钢管一直穿通正当沟到底瓦上方，管周边采用灌浆料填实（图6-6）。

当沟瓦分为斜当沟和正当沟（见图1），分别用于斜屋脊和正屋脊处。当沟瓦采用砂浆粘贴在屋脊梁侧面。当沟瓦的中距、大小、曲率尺寸必须与筒瓦瓦垄匹配。如当沟瓦尺寸偏差不能满足现场要求时，应由厂家依据现场尺寸加工，依据实际尺寸对当沟瓦进行切割及打磨。斜当沟和正当沟上口应相互交圈，正脊处当沟瓦上口应水平，斜当沟上口应顺直，表面平整。

压带条采用砂浆粘贴在屋脊梁侧面、当沟瓦上口，粘贴时应注意斜脊顺直、正脊保证水平，凸出屋脊侧面的宽度保持一致。压带条之间接长，用钢暗销连接，详见图1之A—A剖面。

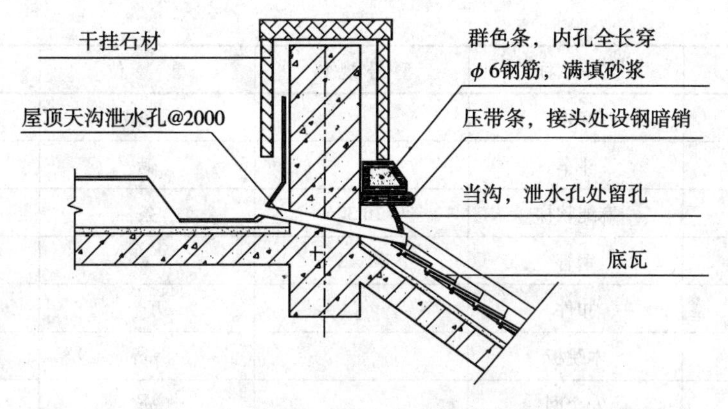

图 6－6　屋顶排水口示意图

群色条采用砂浆粘贴在压带条上口的屋脊梁侧面，质量要求同压带条。群色条内设通长 ϕ6 钢筋，并用砂浆塞实，保持其整体性，见图 6－6。

6.2.6　琉璃瓦勾缝

琉璃瓦及其配件施工完毕后，筒瓦之间、筒瓦与底瓦之间、瓦与当沟之间等接口处均应采用 801 胶水调白水泥，并掺入琉璃瓦面釉色泽一致的颜料的水泥浆擦缝。擦缝完成后，应立即用棉纱擦净琉璃瓦表面残留的水泥浆，保持瓦面整体清洁、美观。

6.2.7　琉璃瓦养护及成品保护

琉璃瓦施工完毕，砂浆终凝后立即洒水保湿养护 14d。

安装屋脊干挂石材的钢骨架或其他钢骨架需要焊接时，应用不燃物将琉璃瓦面覆盖，防止焊接火花或熔渣损坏琉璃瓦。必须经过或在瓦面上放置重物时，要在瓦面上铺跳板，跳板与瓦之间垫放足够厚度的草袋等柔软材料，防止损坏瓦面。

屋面施工期间及施工完毕后，非工作人员一律禁止进入，进入屋面的人员必须穿软底鞋。

7　机具设备

坡屋面施工采用机具设备见表 7。

施工机具设备　　表 7

序　号	名　称	型号规格	单　位	数　量
1	滑车	自制（380V/2.5t）	套	1
2	砂浆机	350 型强制式拌合机	台	4
3	切割机	220V/350W	台	2
4	筛子	中粗	个	4
5	铁抹子		把	40
6	托灰板		把	40
7	橡皮榔头		把	40

续表

序　号	名　称	型号规格	单　位	数　量
8	麻袋		条	2000
9	斗车		辆	10
10	麻绳软梯	ϕ16 30m	条	15
11	钢管	$\phi48\times3.5$	t	35
12	扣件		万个	2.5
13	木跳板		m^3	15
14	安全网		m^2	240
15	灰桶		个	30

8 劳动组织

劳动组织见表8，不包括屋面找平及找平前各道工序用工。

劳动组织　　表8

序　号	工　种	人　数	负　责　工　作
1	挂瓦工	95	坐砌，用砂浆找平，双股18号铜丝绑扎琉璃瓦
2	辅工	30	材料搬运、和灰、养护
3	电焊工	5	ϕ8 钢筋网与屋面对拉螺杆的钢筋头焊接

9 质量标准及检验方法

9.1　找平层质量标准及检验方法

9.1.1　主控项目：使用的材料品种、质量必须符合设计要求，各层之间、找平层与基体之间必须粘结牢固，无脱层、空鼓，面层无起砂和裂缝（风裂除外）等缺陷。

9.1.2　一般项目：表面光滑、洁净，接槎平整，线条顺直、清晰。允许偏差：表面平整5mm，用2m直尺及塞尺检查。

9.2　琉璃瓦屋面质量标准及检验方法

9.2.1　主控项目：使用的材料品种、质量必须符合设计要求。屋面排水通畅，无渗水现象。瓦与基体之间必须粘结牢固，无脱层、空鼓等缺陷。检验方法：琉璃瓦屋面施工完毕后应进行淋水试验，淋水时间为2h，在屋面底面观察应无渗水印迹。

9.2.1　一般项目：表面光滑、洁净，色泽均匀，瓦片排列整齐，线条顺直、清晰，接缝严密。检验方法：目测。

10 安全措施

10.1　坡屋面操作人员必须戴安全帽，系安全带，穿软底鞋。

10.2　坡屋面外架与天沟同高，满铺脚手板，外架设1.5m高栏杆，挂安全网、全封闭。见图10－1。

10.3　材料运输采用自制小滑车运至屋顶回廊，通过屋顶回廊运送至各工作面，快捷安全。

10.4　大坡度斜屋面上设麻绳软梯，供人员上下；铺瓦操作位置，利用焊接牢固的挂瓦钢筋网，临时拴挂材料搁架。见图10－2。

图10－1　琉璃瓦铺砌时的外架防护措施

图10－2　铺砌琉璃瓦现场

11 效益分析

11.1　技术经济效益

（1）实现建筑造型多样化，大坡度琉璃瓦屋面的合理选用，体现了传统建筑的魅力，展示出建筑的独特风采。

（2）大坡度琉璃瓦屋面排水良好，不需作卷材防水层，减少了构造层次，节约了材料费用、施工费用和卷材防水层维修费用。

（3）屋面挂瓦钢筋网、铜扎丝的设置和连接方式，确保了大坡度、大屋面的琉璃瓦与混凝土基层连接牢固，不会发生滑移。琉璃瓦下满坐的水泥石灰混合砂浆，能有效地防止铜扎丝锈蚀；砂浆的强度适宜，保证了瓦铺砌严实不易破损。上述措施都是有利于保证屋面结构耐久性的有效的构造措施。

（4）采用自制运料滑车运输砂浆、琉璃瓦及其他小配件，解决了大坡度屋面上大量易碎材料的垂直和水平运输难题，大大降低了操作人员的劳动强度，减少了材料和成品的损耗。

11.2　社会效益

如何解决大面积、大坡度琉璃瓦屋面不裂、不漏、不滑移的问题是业主和社会的期待和要求。在湖北省博物馆扩建工程施工中，通过与设计协商，采取综合构造措施和先进施工方法，妥善地解决了上述难题。屋面的质量和耐久性比设计预期的更好，得到了社会的一致好评。开发的工法可对类似工程的施工提供借鉴。

12 工程实例

湖北省博物馆位于武汉市武昌区东湖路156号，是国家级重点博物馆，馆藏大量珍贵的国宝级文物。本期楚文化馆和综合陈列馆的建成，完成了博物馆展馆的整体布局，采用大面积、大坡度（38.66°）、重檐四坡水琉璃瓦屋面，干挂石材屋脊，檐口的博物馆规模巨大、庄重大方、气势恢宏，体现了楚文化悠久的历史和丰富的内涵，成为湖北省重要的标志性建筑。

楚文化馆为二重檐屋面，建筑高度19.18m，屋面面积2400m²，工程于2002年12月8日开工，2005年12月16日竣工；综合陈列馆为三重檐屋面，建筑高度37.85m，屋面面积9000m²，于2004年2月8日开工，屋面琉璃瓦于2005年10月份施工完（图12）。

图12 湖北省博物馆全景

（左：楚文化馆；中：综合陈列馆；右：原有的编钟馆）

虹吸式屋面雨水排水系统施工工法

编制单位：中国建筑第七工程局
批准单位：国家科技部
工法编号：YJGF158—2006
主要执笔人：王水木　洪安辉　吴建英

1 前　　言

虹吸式雨水系统自诞生于欧洲以来，凭借其泄流量大、耗费管材少、节约建筑空间和减少地面开挖等突出优势，在全球范围内得以迅速发展和不断改进。在我国，随着大跨度、大面积的建筑日趋增多，对建筑空间的要求不断提高，在一些机场和展览馆等建筑上成功应用后，虹吸雨水系统也得到迅速发展。

福建师范大学综合体育馆主体结构为钢管桁架，屋面为弧形钢屋面。若采用重力流雨水排水系统，大量立管会破坏场馆内部整体结构、空间造型；大量雨水斗需要设置不锈钢集水斗，也会破坏场馆空间造型，而且投资也较大。

为克服上述问题，决定屋面排水采用虹吸式雨水排水系统。通过联合设计单位和生产厂家，根据建筑结构实际情况，最终确定一套最为理想的虹吸雨水排水方案。该方案在工程中取得很好的效果，形成的虹吸式屋面雨水排水系统施工工法被确定为福建省省级工法，并于2006年被评为“福建安装之星”，同时还获得福建省科技进步奖。

2 工法特点

2.1　虹吸式雨水斗采用机械固定方式，能确保雨水斗与屋面连接密封。

2.2　管道排水可实现满管流，排水畅通，节省雨水斗、管材和雨水检查井等，节约建筑空间，使建筑外形美观。

2.3　机械强度高，施工简便。

3 适用范围

本工法适用于工业与民用建筑的屋面雨水排水系统。

4 工艺原理

虹吸式屋面雨水排水系统依靠虹吸式雨水斗在天沟水深达到一定深度时实现气水分

离，使整个管道呈现满流，在雨水连续流过雨水悬吊管转入雨水立管跌落时，产生最大负压而形成抽吸作用，从而进入虹吸状态，实现迅速、高效的排水功能。该系统由虹吸式雨水斗、管材（悬吊管、立管、排出管）、管件、固定件组成。

5　施工工艺及操作要点

5.1　施工工艺（图5－1）

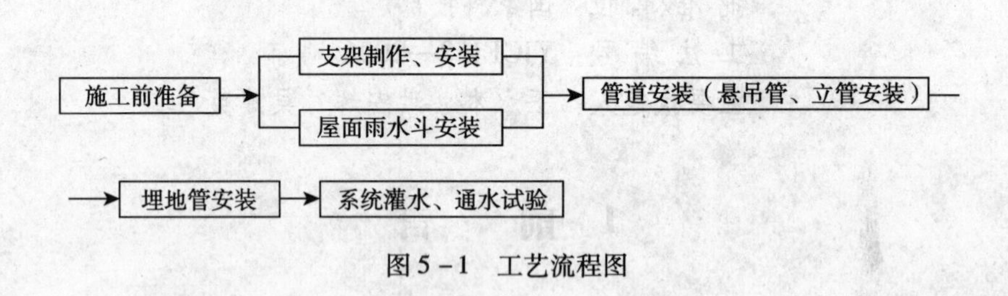

图5－1　工艺流程图

5.2　操作要点

5.2.1　施工准备

审查图纸，在管道穿过楼板和剪力墙处预留孔洞。在屋面结构施工时，配合土建预留符合雨水斗安装孔洞或直接将雨水斗座连同保护螺栓预埋在屋面混凝土中，预埋时应留出屋面找平层厚度。

5.2.2　支架制作安装

（1）管道安装时应设置固定件，固定件必须能够承受满流管道的重量及高速水流所产生的冲击力。对HDPE管道系统，固定件还应吸收管道热胀冷缩时产生的轴向应力。

（2）固定件应根据各种管材要求设置，位置准确，埋设平整，与管道接触紧密，不得损伤管道表面。

（3）固定件宜采用与虹吸式屋面雨水排放系统配套的专用管道固定系统，且应镀锌。

（4）管道支吊架固定在承重结构上，位置正确，埋设牢固。

（5）钢管支、吊架间距：横管不大于表5－1的要求，立管小于等于3m。当层高小于等于4m时，立管可安装1个支架。钢管沟槽式接口、铸铁管机械接口的支、吊架位置应靠近接口，但不得影响接口的拆装。

钢管管道支架最大间距　　　　**表5－1**

公称直径（mm）	*DN*50	*DN*70	*DN*80	*DN*100	*DN*125	*DN*150	*DN*200	*DN*250	*DN*300
最大间距（m）	5	6	6	6.5	7	8	9.5	11	12

（6）铸铁管支吊架间距：横管不大于2m，立管不大于3m。当层高小于等于4m时，立管安装1个支架。

（7）HDPE 悬吊管采用方形钢导管进行固定。方形钢导管的尺寸见表 5－2 的要求。方形钢导管沿 HDPE 悬吊管悬挂在建筑物结构上，HDPE 悬吊管则采用导向管卡和锚固管卡连接在方形钢导管上。HDPE 悬吊管的锚固管卡宜设置在横管的始端、末端和三通的两端及支管处。当 HDPE 悬吊管管径大于 *DN*250 时，每个固定点应采用两个锚固管卡，HDPE 管立管的锚固管卡间距小于 5m，导向管卡间距小于 15 倍管外径。当虹吸式雨水斗的下端与悬吊管的距离大于 750mm 时，在方形钢导管上或悬吊管上增加两个侧向管卡。

方形钢导管尺寸（mm） **表 5－2**

HDPE 管外径	方形钢导管尺寸
*DN*40～*DN*200	30×30
*DN*250～*DN*315	40×60

（8）不锈钢管支、吊架间距：横、立管不大于表 5－3 的要求。

不锈钢管支、吊架间距 **表 5－3**

公称直径（mm）	*DN*50～*DN*65	*DN*80～*DN*125	*DN*150～*DN*200
横管间距（m）	2.5	3	3.5
立管间距（m）	3	3.5	4

5.3 雨水斗安装

5.3.1 雨水斗安装要求

（1）虹吸式雨水斗宜设置在屋面或天沟的最低点，每个汇水区域的雨水斗数量及雨水斗之间的间距应符合设计要求；

（2）屋面或天沟的雨水斗与管路系统应可靠连接；

（3）系统接多个雨水斗时，雨水斗排水连接管应接在悬吊管上，不得直接接在雨水立管的顶部，接入同一悬吊管的虹吸式雨水斗宜在同一屋面标高；

（4）天沟起点标高应根据屋面的汇水面积、坡度及虹吸式雨水斗的斗前水深确定，天沟坡度不宜小于 0.003；

（5）雨水斗内不得遗留杂物、充填物或包装材料等，短管内的密封膏清理干净，以免堵塞；

（6）雨水斗要水平安装，且要保证天沟内雨水能排净；

（7）雨水斗与雨水管道连接时，若材质不同，应用相应的接头转接。

5.3.2 现浇钢筋混凝土屋面雨水斗安装

（1）将雨水斗座连同保护螺栓预埋在设计的混凝土中，并预留找坡、找平层的高度；

（2）屋面防水施工完成后，旋掉保护螺栓，将表面清理干净，安装上雨水斗配套的螺杆，装上密封胶圈；

（3）屋面铺设柔性防水卷材时将卷材在螺杆位置处钻孔，用螺帽将卷材压环、空气挡板、雨水整流栅固定在雨水斗座上；

（4）根据要求调节好空气挡板上部的调节螺杆并固定螺杆（图 5－2）。

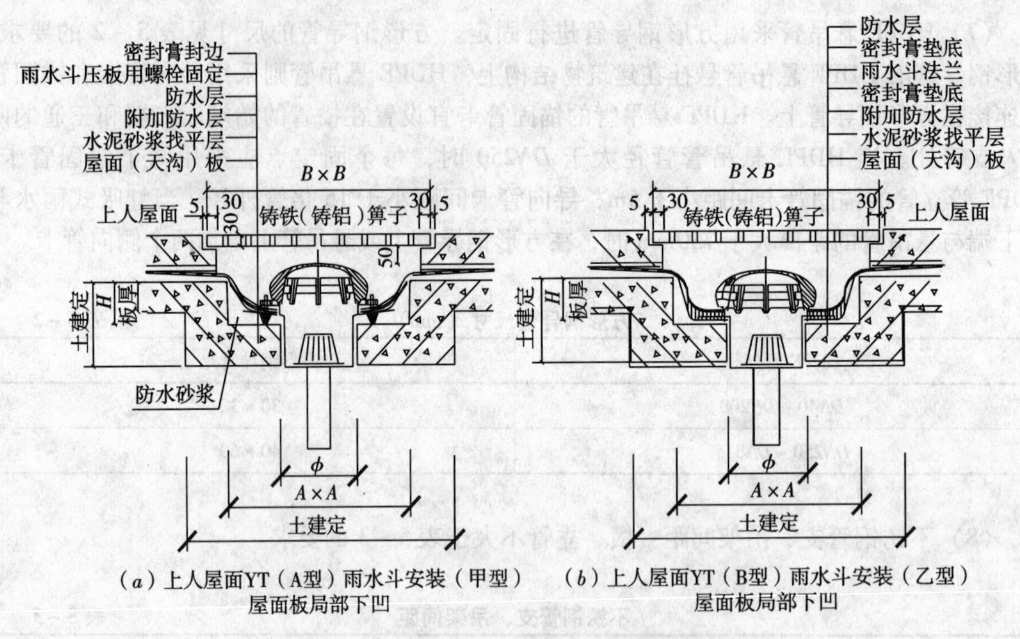

（a）上人屋面YT（A型）雨水斗安装（甲型）屋面板局部下凹　（b）上人屋面YT（B型）雨水斗安装（乙型）屋面板局部下凹

图5－2　现浇钢筋混凝土屋面雨水斗安装

5.3.3　钢板或不锈钢板天沟（檐沟）内雨水斗安装

安装在钢板或不锈钢板天沟（檐沟）内的雨水斗，可采用氩弧焊与天沟（檐沟）焊接连接或螺栓连接。

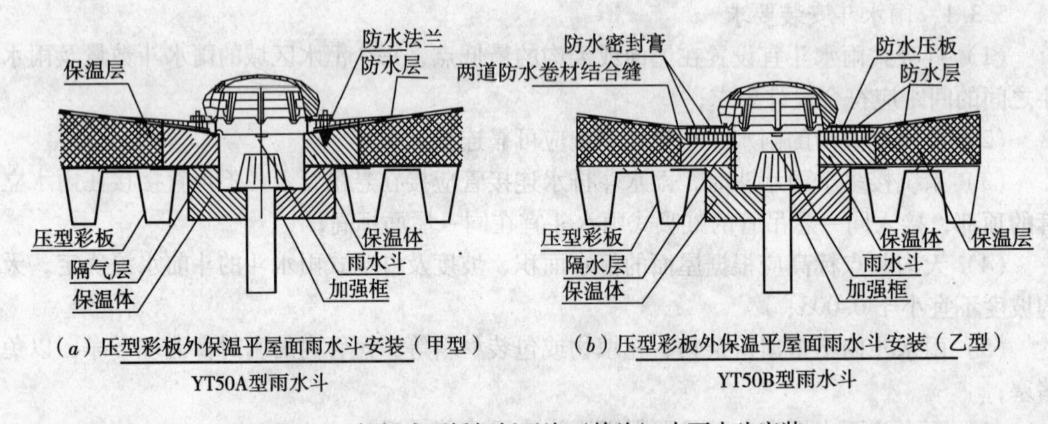

（a）压型彩板外保温平屋面雨水斗安装（甲型）YT50A型雨水斗　（b）压型彩板外保温平屋面雨水斗安装（乙型）YT50B型雨水斗

图5－3　钢板或不锈钢板天沟（檐沟）内雨水斗安装

5.4　管道安装

雨水管道按施工图的位置安装，悬吊管宜水平安装，不得倒坡。雨水立管上设置的检查口中心距地面1.0m。雨水斗立管与横管的连接采用45°三通，横管与立管、立管与排出管的连接弯头采用2个45°弯头或$R \geq 4D$的90°弯头。雨水管穿过墙壁和楼板时设套管，套管安装要符合有关规范要求。悬吊系统尽量少穿越建筑物沉降缝、伸缩缝。如现场情况无法避免时，按设计要求采取措施。安装过程中要有成品保护措施。

5.4.1　HDPE管安装

（1）HDPE 管用热熔对焊连接或电熔套管连接；

（2）HDPE 管用管子切割机切割，切口垂直于管中心；

（3）在悬吊的 HDPE 水平管上使用电熔管箍，与固定件配合安装。

5.4.2　承压铸铁排水管安装

（1）承压铸铁排水管采用法兰连接；

（2）按图纸要求安好支架；

（3）在插口上面画好安装线，承口端部的间隙取 5～10mm，在插口外壁上画好安装线，安装线所在平面应与管的轴线垂直；

（4）在插口端先套入压盖，再套入橡胶圈，胶圈边缘与安装线对齐；

（5）将插口端插入承口内，为保持橡胶圈在承口内深度相同，在推进过程中，尽量保证插入管的轴线与承口轴线在同一直线上；

（6）拧紧螺栓，使胶圈均匀受力，螺栓紧固不得一次到位，要逐个逐次逐渐均匀紧固。

5.4.3　钢管安装（镀锌钢管、涂塑钢管、衬塑钢管）

（1）*DN*≤100mm 用螺纹连接，*DN*＞100mm 沟槽连接。

（2）螺纹连接：按设计要求选材、下料，套丝分 2～3 次套完，且有 1°左右的锥度。立管安装从上到下统一吊线安装卡件，将预制好的管按编号分层排开。安装前先清扫管膛，丝扣连接时抹上白厚漆，缠好麻丝，按编号安装，丝扣外露 2～3 扣，安装完后找正找直，清除麻丝，装好丝堵。

（3）沟槽连接：按设计要求选材、下料，采用机械截管，截面垂直轴心，用专用滚槽机压槽，压槽时管段保持水平，钢管与滚槽机截面呈 90°，并持续渐进，槽深应符合表 5－4的要求；并用标准量规测量槽的全周深度。

沟槽标准深度及公差（mm）　　表 5－4

管　径	沟　槽　深	公　差
≤80	2.20	+0.3
100～150	2.20	+0.3
200～250	2.50	+0.3
300	3.0	+0.5

（4）对卡箍管件的密封圈进行相应的润滑，使用中性的润滑剂对密封圈整体或只对外表面进行润滑；把卡箍管件的密封圈套入管子一端，将另一管子与该端管口对齐，把密封圈移到两管子密封面处，密封圈两侧不应伸入两管子的沟槽；先把卡箍管件的接头两处螺扣松开，分成两块，先后在密封圈上套上两块外壳，装上螺栓，轮流拧紧螺母，紧固卡箍。

5.4.4　不锈钢管安装

（1）不锈钢管 *DN*≤100mm 采用卡压式、环压式、承插氩弧焊；*DN*≥125mm 采用对接氩弧焊连接；

（2）卡压式管道安装：

①断管，用管道切割器垂直断管或用砂轮切割机按所需长度垂直切割，切割后去除管口内外毛刺并整圆；

②采用三元乙丙橡胶圈（EPDM）或氯化丁基橡胶圈（CIIR），放入管件端部U形槽内时，不得使用任何润滑剂；

③在管材端部画出插入长度的画线标记，管材插入管件时，保证画线标记到管件承口端面的净距离在2mm以内，且橡胶圈不得扭曲、移位；

④将卡压钳凹槽安置在接头本体圆弧凸出部位，通过压接式工具产生恒定压力，使管件和管材的外形微变形，压接成六角形或椭圆形，达到所需连接强度。同时使“O”形密封圈产生压缩变形，保障密封效果。

（3）承插氩弧焊管道安装：

①断管同前；

②将不锈钢钢管插入管件的承口时，抵住承口底部后，再向外拉1~2mm；

③用钨极氩弧焊（简写TIG）将承口端部作环状焊缝。

（4）对接氩弧焊管道安装：

①断管同前；

②将准备连接的不锈钢管和管件的两端，用手提砂轮坡口；

③用氩弧焊（简写TIG）将管材和管件作环状焊缝。

5.5 埋地管安装

排出管宜采用HDPE管或钢管，钢管可直接铺设在未经扰动的原土地基上。当不符合要求时，在管沟底部应铺设厚度不小于100mm的砂垫层。HDPE管铺设在一般土质的管沟内，铺一层厚度不小于100mm的砂垫层。在穿入检查井与井壁接触的管端部位涂刷二道胶粘剂，并滚上粗砂，然后用水泥砂浆砌入，防止漏水。雨水立管的底部弯管处应设混凝土支墩或采取牢固的固定措施。

5.6 灌水、通水试验

5.6.1 埋地部分管道隐蔽前必须做灌水试验，试验合格后方可隐蔽。

5.6.2 雨水斗安装后，必须对屋顶或天沟做灌水试验。试验时，堵住所有雨水斗，向屋顶或天沟灌水，淹没雨水斗，持续1h，雨水斗周围屋面或天沟应不渗漏，为合格。

5.6.3 雨水管道安装后应做灌水试验。灌水高度必须到每个系统上部的雨水斗。满水15min水面下降后，再灌满观察5min，液面不降，管口及接口无渗漏为合格。

5.6.4 雨水主立管、水平管及干管均应做通水试验，排水应畅通、无堵塞。

5.7 劳动力组织（见表5-5）。

劳动力组织表 表5-5

序号	工种	所需人数	备注
1	技术人员	2	视项目大小而定
2	管工	5	
3	电焊工	1	
4	普工	4	
	合计	12	

6 材料与设备

6.1 管材

应采用铸铁管、钢管（镀锌钢管、涂塑钢管、衬塑钢管）、不锈钢管及HDPE管材料。用于同一系统的管材和管件及虹吸式雨水斗的连接短管应采用相同材质，且应符合相应的产品标准要求。

6.2 雨水斗、尺寸：

应采用经水力测试的虹吸式雨水斗，且带有防涡流装置（图6），雨水斗规格尺寸见表6。

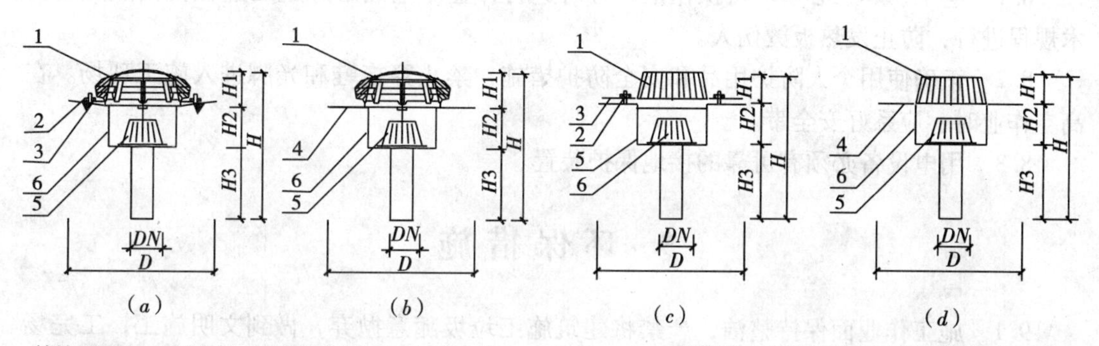

图6 雨水斗

1—导流罩；2—固定螺栓；3—防水压板；4—防水法兰；
5—整流器；6—雨水斗本体

雨水斗规格尺寸 表6

序号	型号	规格 DN	D	H	$H1$	$H2$	$H3$
1	YT（YL）50A、B	50	330	415	85	120	200
2	YT（YL）75A、B	75	460	504	144	160	200
3	YG50A、B	50	400	420	100	120	200
4	YG80A、B	80	450	460	100	160	200

6.3 设置于屋面上的虹吸式雨水斗其接触片材质应和屋面防水材料相对应。对于采用沥青作为防水材料的屋面可采用不锈钢的接触片。设置于天沟内的虹吸式雨水斗应带连接片，连接片材质应根据天沟材质确定。

6.4 机具设备：电熔焊机、对接型热熔机、角磨机、电焊机、切割机、水平尺、套丝机、滚槽机、电钻。

7 质量控制

7.1 管道施工应满足相应材料施工工艺及规范要求。

7.2 雨水斗安装位置符合设计要求，雨水斗与屋面之间连接处应严密不漏。

7.3 雨水管的固定件固定牢固，固定支架设置在承重结构上。

7.4 雨水斗安装后，灌水试验必须合格。主立管、水平管及干管均做灌水、通水试验，必须合格。

8 安全措施

8.1 电工、焊工必须取得操作证，方可进行作业。电热熔焊施工过程要按照热熔技术规程进行，防止发热板烫伤人。

8.2 正确使用个人防护用品和安全防护措施，禁止穿拖鞋和光脚进入施工现场。在高空作业时，应系好安全带。

8.3 用电设备必须有可靠的接地保护装置。

9 环保措施

9.1 施工作业面保持整洁，严禁将建筑施工垃圾随意抛弃，做到文明施工，工完场清，定点堆放。

9.2 施工用水不得随意排放，进行沉淀处理后方可排入排水系统。

9.3 施工用料应做到长材不短用，加强材料回收利用，节约材料。

9.4 尽量使用低噪声的施工作业设施，无法避免噪声的施工设备，则应对其采取噪声隔离措施。

9.5 现场使用的粘结材料和油漆制品尽量使用环保产品；同时，施工时应保证通风良好，施工人员要戴好防护口罩，剩余材料随即存放于专存库房内。

10 效益分析

虹吸式雨水系统与普通（重力流）雨水系统的经济对比：

福建师范大学综合体育馆屋面为钢网架，排水采用虹吸式雨水系统。管道系统采用HDPE管，造价为176414元。如本工程采用普通（重力流）雨水系统，需用24根柔性铸铁雨水管，则其成本为183884元。天沟还需要做24个不锈钢集水槽汇集雨水，钢构加固费用约1.5万元/个×24个=36万元。从以上分析中看出，选择虹吸式雨水系统能够降低工程成本。今后，随着虹吸式雨水系统的广泛应用，虹吸式雨水斗的专利费会大大降低，工程成本还会下降。

11 应用实例

福建师范大学综合体育馆屋面为钢网架，排水采用虹吸式雨水系统。管道系统采用HDPE管，热熔连接。整个屋面采用6套（F1～F6）虹吸式雨水系统。屋面排水面积为6000m^2。只用18个*DN*100mm雨水斗，6根排水立管，使用良好。

钢结构支撑体系同步等距卸载工法

编 制 单 位：中国建筑第一工程局
批 准 部 门：国家建设部
工 法 编 号：YJGF161—2006
主要执笔人：庞京辉　佟　强

1 前　　言

近年来，国内建筑钢结构被广泛地用于高层、超高层建筑以及大跨度的工业厂房、体育场馆的建设中。许多大跨度及复杂钢结构的施工，采用临时支撑体系、空中组装的安装工艺，在结构组装完成后拆除临时支撑的施工方案。在拆除临时支撑过程中，支撑与结构的受力状态发生根本变化，由临时支撑受力转换到结构自身受力。在大体量钢结构工程中，临时支撑最大所承受的支座反力往往在成百上千吨。

在临时支撑搭设前，进行严谨的全过程施工工况模拟计算分析，根据计算结果科学合理地设置支撑点、选择支撑体系搭设方案及对支撑体系卸载工艺方法，同时在施工中周密细致地组织管理，是结构受力体系由临时支撑受力向结构自身受力平缓、安全过渡的重要环节。

在国家重点工程“国家游泳中心”延性多面体钢框架结构钢结构施工中，根据计算机全过程模拟演算分析，使用手动螺旋千斤顶，采用同步等距的卸载工艺，对承载重量为6700t的支撑体系进行了卸载，安全、高效地完成了钢结构的施工任务。

该工法施工技术是“国家游泳中心新型多面体空间刚架结构施工技术研究”的核心技术之一。2007年5月16日，在北京市建委组织召开的“国家游泳中心新型多面体空间刚架结构施工技术研究”科技成果鉴定会上，与会专家一致认为“该项目施工综合技术达到国际领先水平”。

2 特　　点

2.1　结构安全性好。小行程等距多步卸载，卸载过程中杆件内力变化平缓，避免了应力突变。

2.2　成本低，环保性好。采用手动螺旋式千斤顶，经济、简单、实用，较计算机中控液压式千斤顶的费用大幅降低，同时无能源消耗，无污染。

2.3　工艺操作简便。易于施工人员掌握操作要领，保证卸载行程的良好控制。

2.4　利用数据处理与反馈技术指导施工，同时在施工措施受力部位进行实体受力试验，使施工准确，确保安全。

2.5　采用手动螺旋式千斤顶，操作直观，动作准确。

3　适用范围

本工法适用于各种钢结构类型的多支点大跨度钢框架及钢网格结构支撑体系的卸载。

4　工艺原理

在钢结构安装前，根据钢结构平面形状特点和下部结构允许的支撑条件，进行钢结构安装临时支撑体系的布置和设计。支撑体系通过工况模拟计算确定，并根据受力情况进行支撑体系设计。在钢结构安装、焊接完毕并验收合格后，进行统一卸载。采用同步等距离将所有卸载支撑点下移，使千斤顶随着逐级卸载逐步退出工作，实现钢结构平缓地达到设计受力状态。

5　工艺流程及操作要点

5.1　工艺流程

结构施工验收→卸载前施工准备→非卸载点千斤顶下降→预卸载→正式卸载一个行程→检查各项情况并记录→卸载过程中构件应力、支撑体系位移监测→进行下一行程卸载→逐级完成最终卸载。

5.2　操作要点

5.2.1　卸载前施工准备

（1）卸载点千斤顶设计布置

千斤顶选择手动螺旋式千斤顶，规格根据计算机模拟演算确定。

（2）卸载支撑点的试验与检查

①卸载支撑点的试验。

根据计算机模拟计算受力结果，设计搭设卸载支撑点脚手架。卸载支撑点分三种形式搭设。

第一种为9根间距为600mm单立杆组成的塔架，承受4t以下重量的荷载，横杆步距为1200mm，见图5-1；第二种为16根间距400mm单立杆组成的塔架，承受4t以上、9t以下重量的荷载，横杆步距为600mm，见图5-2；第三种为32根间距400mm双立杆组成的塔架，承受9t以上重量的荷载，见图5-3。按设计检查支撑体系搭设形式与荷载是否相匹配。

②对三种支撑点进行1∶1实体加载试验。

针对每种支撑形式进行加载试验，加载由9kN到600kN，三种形式支撑符合卸载需要，见图5-4。

③卸载过程组织及人力安排。

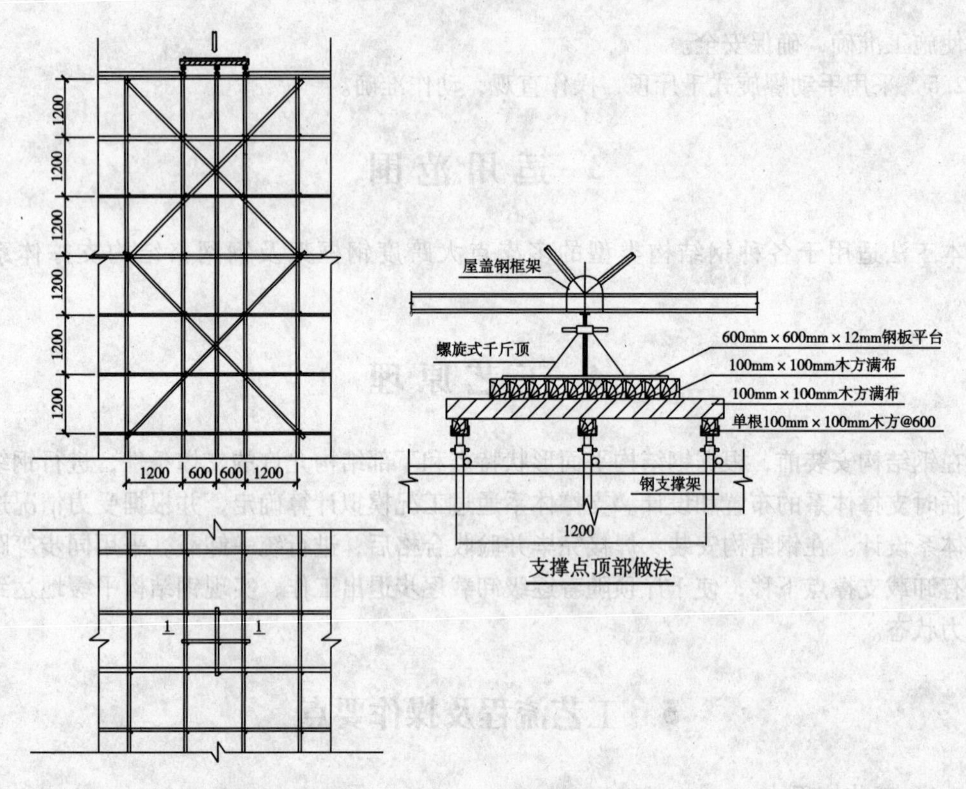

图5-1　荷载4t以下支撑架详图

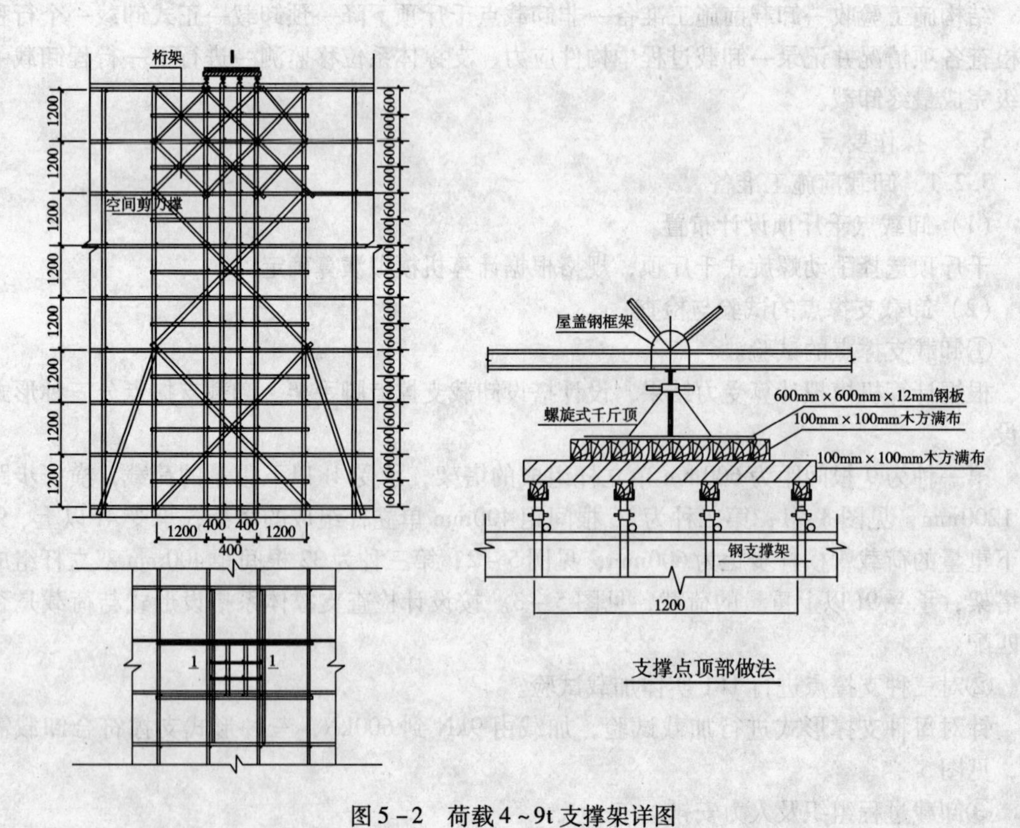

图5-2　荷载4~9t支撑架详图

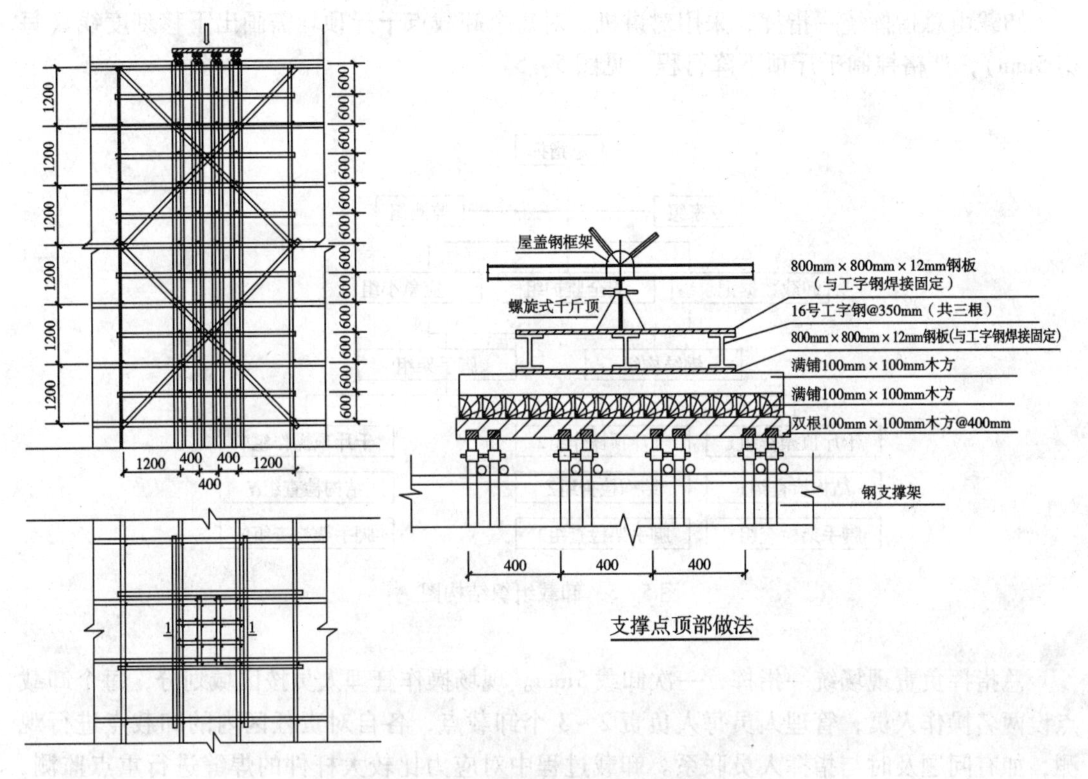

图5-3　荷载大于9t支撑架详图

图5-4　支撑架加载试验图

卸载由总指挥统一指挥，采用对讲机。对每个卸载点千斤顶均需画出下移刻度线（每格5mm），严格控制千斤顶下降行程。见图5-5。

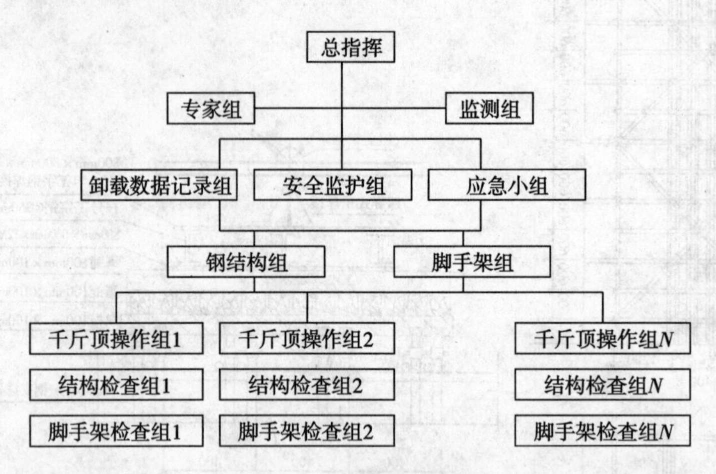

图5-5　卸载组织结构图

总指挥负责现场统一指挥，一次卸载5mm。现场操作管理人员按区域划分，每个卸载点设两名操作人员，管理人员每人负责2~3个卸载点，各自对责任区内的卸载点进行观测，如有问题及时与指挥人员联系。卸载过程中对应力比较大杆件的焊缝进行重点监测，设置监测总控制中心，集中实时监测相关杆件应力、位移，为整个卸载过程的决策提供真实有力的数据。

④卸载之前对所有参加卸载的管理和操作人员进行技术、质量、安全交底，保证卸载的精度和施工人员的安全。对所有参加卸载的施工人员提前进行模拟训练，即由现场总指挥统一指挥，规定下降速度，所有施工人员按照口令在各自的区域进行千斤顶的模拟下降。

⑤卸载前对所有节点、卸载点千斤顶及支撑平台逐个检查，千斤顶重点检查规格及行程是否能够满足要求。为防止意外情况发生时千斤顶弹出伤人，事先将千斤顶绑固在主体钢结构上。

⑥支撑点反变形措施。为保证支撑点受力均匀，需要在卸载千斤顶顶面节点之间垫一块20mm×300mm×300mm的钢板，见图5-6。

⑦在卸载前将非卸载点部位千斤顶高度下降20mm，观察24h，无异常情况后拆除。

5.2.2　预卸载

为能够进一步了解承重结构的变化情况，在卸载前一天进行预卸载，千斤顶行程5mm。预卸载完毕后对卸载部位承重架的变化情况、千斤顶的下降高度、结构焊缝的质量情况及屋架挠度的变化情况进行一次全面的检查。各项检查合格无误后，才可进行正式卸载。

5.2.3　同步等距卸载

卸载时采用同步等距的方法，每个卸载行程为5mm，事先要在千斤顶上用油漆喷涂5mm间距格。卸载时统一指挥操作人员每次下降一格，卸载操作如图5-7所示。

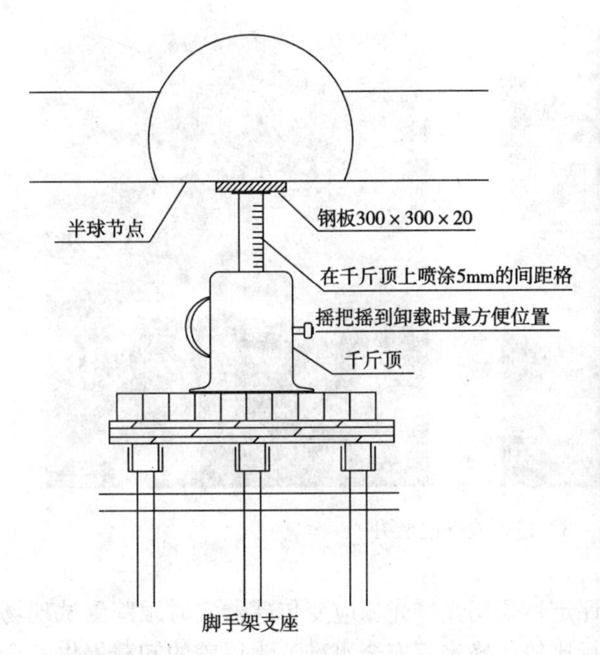

图5-6　千斤顶措施图

图5-7　千斤顶操作图

卸载做到同步性，且在一个行程完毕后，各个工位操作人员应该通知指挥员。监测确认监测杆件应力、位移无异常后，通知总指挥，再统一进行下一个行程的卸载。见图5-8。

5.2.4　检查各项情况并记录

在每一个卸载行程完毕后，各个工位操作人员应对各项目重新检查无误后，记录卸载过程控制资料，等候进行下一行程卸载。

5.2.5　卸载过程监测

为了对结构在卸载过程中的安全状况进行评估，应对大应力杆件的应力-应变进行监测。

图5－8　过程检查记录图

卸载监测是对构件的安全性进行评定，采用光纤光栅应变传感器实时跟踪测试现场卸载时的数据，将其与材料设计强度进行比较，确定其安全水准，为屋盖的卸载提供安全评估并对不利情况提供现场预警，预警指数为0.9（按照设计要求）。见图5－9、图5－10。

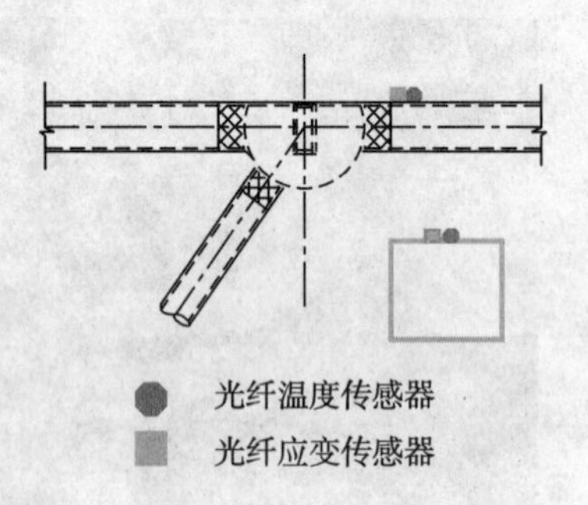

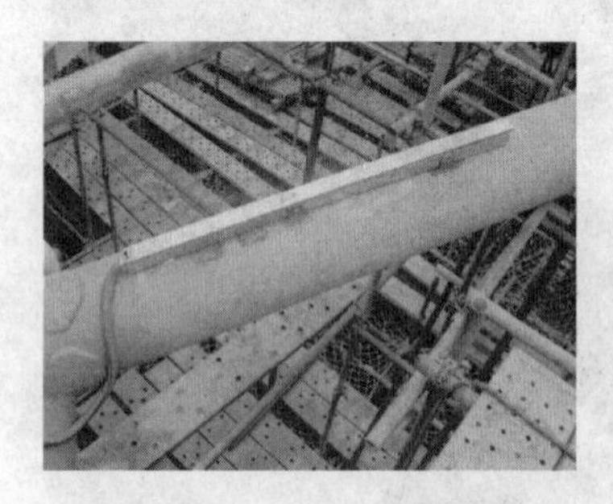

图5－9　传感器安装图

图5－10　数据监测与反馈图

监测杆件的选择根据钢结构安装方案、卸载工况选择实际应力值较高的杆件作为监测对象，并与设计方共同确定。

5.2.6 卸载数据比较

通过利用计算机模拟演算技术，我们科学地组织了国家游泳中心的卸载工作，其结果完全符合设计要求。卸载数据见表5-1、表5-2。

杆件应力监测对比表 表5-1

监测杆件位置	施工监测杆件号	钢材强度设计值（N/mm^2）	允许应力比（N/mm^2）	实际监测应力比（N/mm^2）
墙体部分	860	360	0.31	0.04
	1474	310	0.34	0.02
	2237	310	0.51	0.18
	2293	310	0.37	0.11
	2301	310	0.32	0.08
	3072	360	0.36	0.026
	8778	310	0.31	0.11
	9913	360	0.36	0.05
屋盖部分	3620	310	0.31	0.12
	3824	310	0.38	0.12
	7294	310	0.33	0.15
	8383	310	0.32	0.05
	13304	310	0.33	0.21
	18479	310	0.31	0.07
	19813	360	0.32	0.06

结构自挠尺寸观测对比表 表5-2

1	2	3	5	6
观测点	初始值	下弦图纸标高	观测值	下挠值
8015	23.553	23.526	23.507	-19
8017	23.528	23.526	23.493	-33
9405	23.528	23.526	23.492	+8
9396	23.528	23.526	23.491	-35
9073	23.573	23.526	23.477	-49
387	23.612	23.526	23.468	-58
7820	23.581	23.526	23.514	-12
2194	23.642	23.526	23.445	-81
2340	23.539	23.526	23.508	-18

根据图纸要求，下弦标高23.526m，卸载完成后，屋面下弦标高最小值为23.445m，因此屋面标高下降最大值为81mm，作为观测下挠值的依据，远低于设计计算的自重荷载挠度245mm，满足设计要求。

5.2.7 注意事项

（1）在卸载过程中对群顶的下降高度进行检查，看是否满足规定下降的数值，有无多降或少降的情况发生。

（2）千斤顶的受力情况，有无卡死未降或降值过大的千斤顶；如有，及时更换调整。

（3）承重架支撑情况，有无弯曲变形的；如有变形的，承重部位必须及时作补强处理。

（4）检查卸载部位钢构件的焊缝是否存在因卸载产生裂纹现象的部位；如有，将立即调整该卸载部位的千斤顶的行程或更换该部位的千斤顶，并修补撕裂的焊缝。

（5）所有施工人员必须严格按照施工程序进行群顶的卸载，按照同时、等距的原则和规定数值进行循环卸载。每卸载一个5mm行程，各个操作人员向指挥人员汇报自己卸载点的情况，确认5mm卸载完成，再统一进入下一个5mm卸载的行程。

（6）当卸载达到设计规定值时，观测千斤顶是否退出工作。如果卸载过程中，出现个别卸载点挠度增加、千斤顶行程不够的情况，应通知指挥人员暂停卸载。再次计算位移值，对继续卸载是否安全进行核对，确认无误后更换千斤顶，继续卸载。

6 设备选用

除脚手架支撑体系外，卸载中需要的材料和设备主要有：千斤顶、千斤顶上下支撑钢板，应力、应变、位移监测设备，对讲机等。

6.1 千斤顶

考虑千斤顶在屋架安装过程中长期处于受力状态，液压千斤顶将出现回油现象，这样将对结构受力的整个过程控制不利，所以选用螺旋千斤顶。千斤顶的规格性能，根据卸载点最大支点反力，按《钢网架结构设计与施工规程》规定，取0.6~0.8的折减系数后确定（表6）。

卸载点千斤顶规格表 **表6**

千斤顶型号（t）	自重（kg）	自身高度（mm）	可调高度（mm）	数量（个）
16	17	320	180	21
32	28	395	200	17
50	54	452	250	87
50	70	618	400	10

6.2 对讲机

对讲机配备数量依据卸载点数量确定，每个卸载点一台。

7 质量控制

7.1 监测控制

卸载前对所有卸载点标高进行测量，从中选出 9 个点作为卸载过程监测点，对监测点卸载前、卸载过程中、卸载后的绝对标高值随时监测，作为屋面下挠控制数据。

对受力较大杆件需进行应力、应变实时监测，应分别选择拉、压杆设计应力较高的杆件进行监测。监测点布置图如图 7 所示。

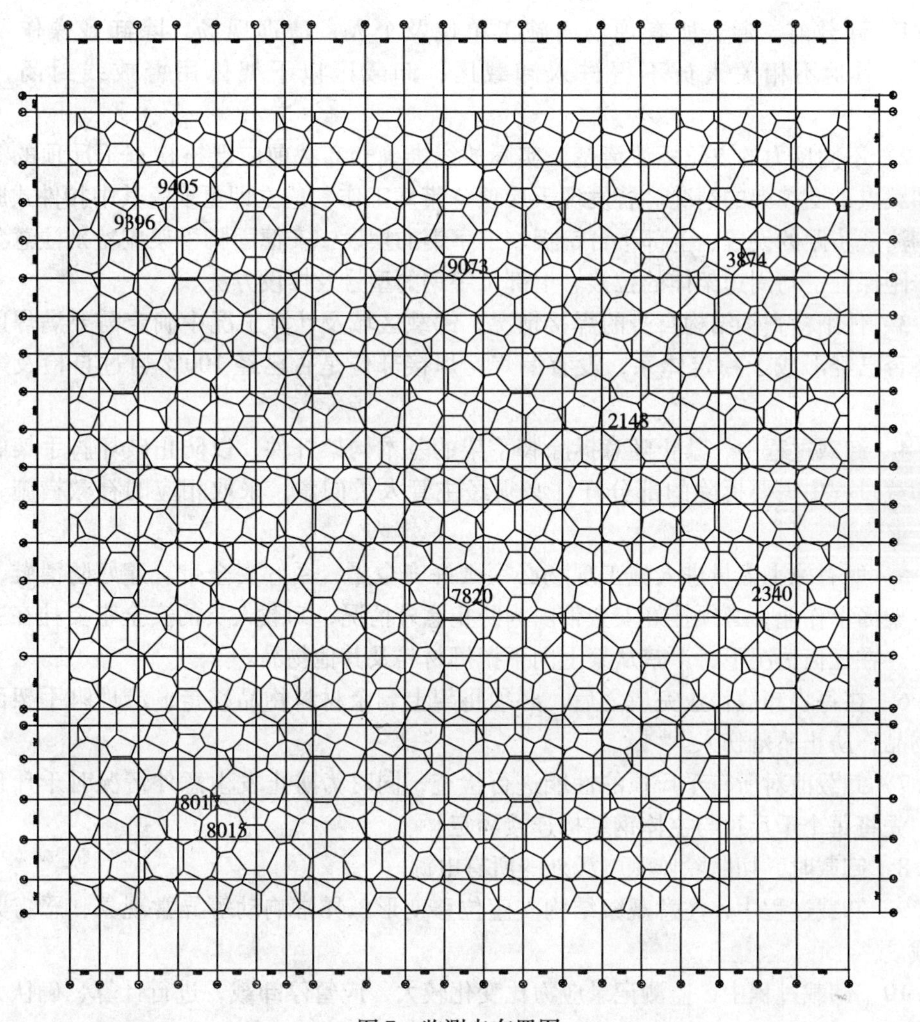

图 7 监测点布置图

7.2 控制标准

卸载中结构杆件内应力比不超过 0.9，卸载后结构自挠值不超过 245mm。

7.3 操作管理控制要点

7.3.1 卸载实施中做到高度集中的统一指挥和严谨认真的具体操作。

7.3.2 卸载前进行精密、细致的前期准备，组织所有参与人员对实施方案和应急预案进行详细交底。

7.3.3 安排模拟训练，根据模拟中反映的问题进行必要的完善和调整。

7.3.4 准备应急人员及需要的备用千斤顶等设备，对于应力检测设备需预备不间断电源。

7.3.5 正式卸载中严格执行操作规程和记录，及时反馈信息，听从总指挥统一指挥。

8 安全措施

8.1 卸载前，通告所有现场内施工单位及个人，清理现场，除卸载操作及指挥人员外，其他不相关人员不得进入卸载区；卸载区以下架体用警戒线封闭，防止意外。

8.2 不同反力的点位标注清楚，实际放线准确。卸载前应严格检查千斤顶的工作性能、卸载点下支撑架的情况。若发现千斤顶"带病工作"应立即更换，其中扣件式脚手架应特别注意步距的设置、上部平台钢板、工字钢的摆设；安德固脚手架应特别注意独立塔架的步距保证、与周边架体的拉接、上部工字钢的型号及摆设方法。

8.3 仔细检查钢结构自身的焊接情况，卸载区域及计算工况中确定需要满焊区域的结构是否已经形成了稳定体系，没有漏焊；焊接部位是否已经100%通过自检及第三方检验。

8.4 卸载过程中，禁止随意拆除脚手架的基本构架杆件，以防止破坏脚手架的整体性。卸载过程中需要拆除的部分杆件必须经主管人员同意，采取相应的补救措施，方可拆除。

8.5 所有施工人员进入施工现场必须戴好安全帽、系好安全带、穿好防滑鞋，工人在脚手架面上作业，必须挂好安全带。为防止意外情况，卸载人员的安全带要挂在主体钢结构上。在任何情况下，严禁从架上向下抛掷材料及其他物品。

8.6 在每步卸载作业完成之后，必须将架上剩余材料物品移走，清理脚手架面上的多余物品，防止坠落伤人。

8.7 卸载前对所有千斤顶的性能进行检查，同时为防止发生意外情况时千斤顶飞出伤人，先将每个千斤顶与主体钢结构连接固定。

8.8 卸载时，切断除监测电源外的所有电源。

8.9 卸载过程中，注意观察结构支座位移变形、异常响动等异常现象，恶劣天气停止卸载。

8.10 卸载过程中，监测记录应力比变化较大，应暂停卸载，进行计算，确认无误后继续卸载。

9 环保措施

本工法采用螺旋式千斤顶无噪声，对环境无影响。

10 效益分析

采用螺旋式千斤顶与液压千斤顶对比，手动螺旋式千斤顶较液压千斤顶费用少，成本低，总费用相差1590782元。两种方法经济比较见表10。

经济效益分析表 **表10**

费用＼方法	数量	螺旋千斤顶	液压千斤顶
千斤顶费用	135个	660元/个	8700元/个
泵站费用	5台	无	10万元/台
人工费	270人	80元/人/天	100元/人/天
合计（元）		110718	1701500

11 应用实例

国家游泳中心项目、上海文献中心项目、中央美术学院展厅工程均采用等距多步的卸载方法，卸载后结构下挠值均满足设计要求，取得了良好的效果。

国家游泳中心主体钢结构是基于“泡沫”理论，对自然界泡沫在三维空间进行有效分割而形成的“延性多面体钢框架结构”，其结构体现了“水晶体”的概念。该工程钢结构是对十二面体和十四面体在空间组合堆积后，进行有效分割、扭转而形成空间结构。主体钢结构节点在空间分布规律性差，杆件与节点围合形状很不规则，造成节点杆件构造复杂多样、非标准。结构形式前所未有，整个结构外形为立方体，结构化卸载点布置在下弦平面，下弦平面球节点总数1400个，其中卸载点135个，总体用钢量6700t。如图11-1。

图11-1 国家游泳中心结构图

浦东文献中心主楼钢结构工程是82.5m×82.5m的箱形立体交叉斜拉结构，其最大边梁悬挑长度为37.5m，并将桥梁拉索的理念融入民用建筑中，设计新颖独特。总体用钢量6700t。卸载采用128点支撑，卸载总重量12000t（含楼板），如图11－2～图11－4。

图11－2　浦东新区文献中心钢结构工程脚手架支撑体系

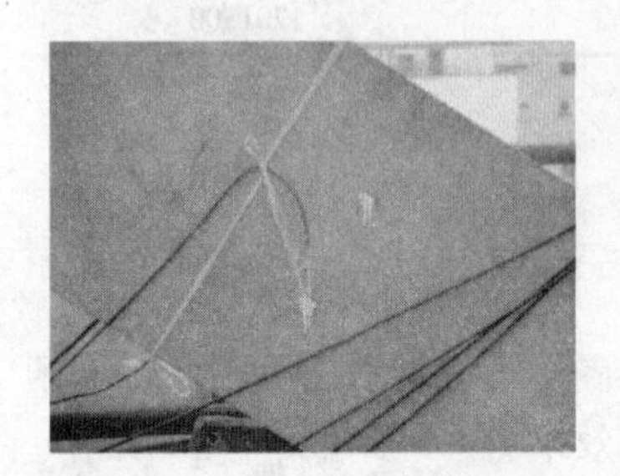

图11－3　浦东新区文献中心钢结构工程卸载监控

图11－4　上海浦东新区文献中心竣工图

空间钢结构三维节点快速定位测量施工工法

编制单位：中国建筑第一工程局
批准部门：国家建设部
工法编号：YJGF162—2006
主要执笔人：张胜良　冯世伟　卢德志　陆静文　薛　刚

1 前　　言

随着建筑工程技术的进步，延性多面体空间钢框架结构等应用越来越多、造型越来越复杂，如何保证不规则钢结构三维空间精确测量定位是一个新的技术课题。

在国外，一些发达国家利用测量机器人进行三维空间自动测量，但造价昂贵。在国内，解决这一问题的方法有两种：一是GPS - RTK法，其精度在2 ~ 3cm左右，与施工要求的5mm有很大差距；二是两台经纬仪进行交会，这种方法在通视条件恶劣的施工现场难以达到。

国家游泳中心工程结构杆件异常复杂和多样，仅杆件总数就有20670根，焊接球9843个，且只有1%的杆件有规律性，99%的杆件其型号和节点都不一致，杆件及节点总重量约6300t，且现场通视条件差。为了保证测量的精确性，中建一局建设发展公司经过多次试验论证后将杆件节点三维空间坐标分解为二维平面坐标和高程，采用高精度的Leica全站仪对节点进行平面定位测量；采用高精度水准仪控制其高程；并在节点球上标出杆件连接位置，保证杆件中心线穿过节点球中心，快速高效地完成了国家游泳中心的钢结构三维空间定位测量工作。为此，中建一局建设发展公司编制了“空间钢结构三维节点快速定位测量施工工法”。至2006年11月底，国家游泳中心工程已六次通过结构长城杯验收，2007年5月16日，“大型延性多面体钢结构快速定位测量系统”作为“国家游泳中心新型多面体空间刚架结构施工技术研究”创新成果之一，通过北京市建设委员会科技成果鉴定，鉴定结果为“国际领先水平”。

2 特　　点

2.1　作业效率高

本工法测量作业操作与钢结构安装人员配合简便有效，及时满足现场钢结构安装需要。采用常规方法每天只能测量校正5 ~ 6个球节点；采用本工法测量，球节点测量安装速度每天可达到60 ~ 70个，提高作业效率，大大加快施工进度。

2.2　精度高

由于全站仪与计算机实现双向通信，测量数据自动传输到全站仪内存，系统实时计算出点位坐标和偏差信息数据，保证杆件节点连接安装的准确性。

2.3　设站灵活

因为全站仪设站灵活，可以在不同的现场条件下选择最佳位置设站，减少其他工序对测量的干扰；反之，也减少了测量对其他工序的干扰。

3　适用范围

适用于复杂形状、复杂环境的钢结构节点三维空间定位测量，特别是体育场馆等不规则钢结构节点的三维空间定位测量。

4　工艺原理

将钢结构节点三维空间坐标简化为二维平面坐标和高程，采用高精度的 Leica 全站仪对节点进行平面定位测量，采用高精度水准仪控制其高程。精确计算节点球与杆件的安装连接数据，在节点球上标出连接记号，按照节点球上标记安装杆件，保证杆件中心线过球中心。

5　工艺流程及操作要点

5.1　工艺流程

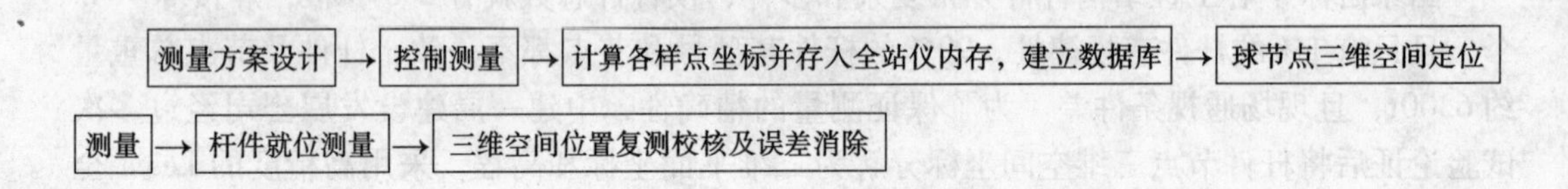

5.2　操作要点

5.2.1　测量方案设计

钢结构安装的关键是要保证球节点和杆件的准确连接，因此节点定位测量的重点就是保证杆件中心线通过节点球中心点。

空间钢结构三维节点定位测量思路：采用高精度测量仪器进行球节点的空间三维定位，按照节点球上标记安装杆件，保证杆件中心线过球中心。

精度分析：在钢结构定位测量中，影响定位测量精度的主要是点位的平面定位精度，而影响平面定位精度的因素主要是测角误差和测距误差。

采用标称精度为 1″ 2mm + 2ppm 的全站仪，设控制点至放样点距离为 $D = 80\text{m}$，方位角为 $\alpha = 40°$，观测竖直角 $\beta = 2°$，则放样点的点位误差计算：

$$\Delta X = 80 \times \cos40° = 61.284\text{m}$$

$$\Delta Y = 80 \times \sin40° = 51.423\text{m}$$

放样点 X 方向精度：

$$m_X^2=\left(\frac{\Delta X}{D}\right)^2\times m_D^2+\Delta Y^2\times\left(\frac{m_\alpha}{\rho}\right)^2$$

$$=\left(\frac{61.284}{80}\right)^2\times\frac{2^2+0.08^2}{1000^2}+51.423^2\times\left(\frac{1}{206265}\right)^2$$

$$=0.0000024132$$

$$m_X=0.00155346=1.55\text{mm}$$

放样点 Y 方向精度：

$$m_Y^2=\left(\frac{\Delta Y}{D}\right)^2\times m_D^2+\Delta X^2\times\left(\frac{m_\alpha}{\rho}\right)^2$$

$$=\left(\frac{51.423}{80}\right)^2\times\frac{2^2+0.08^2}{1000^2}+61.284^2\times\left(\frac{1}{206265}\right)^2$$

$$=0.0000017436$$

$$m_Y=0.0013204=1.32\text{mm}$$

设站点的点位误差在2mm时，放样点的点位误差：

$$m=\sqrt{m_X^2+m_Y^2+m_{设站点}^2}=\sqrt{1.55^2+1.32^2+2^2}$$

$$=2.85\text{mm}$$

精度分析说明，选用的仪器设备和测量放样方法切实可行，放样点的点位精度满足《钢结构工程施工质量验收规范》GB50205—2001 中关于节点球中心偏移 ±5.0mm 的施工精度要求。

5.2.2　控制测量

（1）平面控制测量

①针对建筑工程施工的实际情况，通常采用导线测量的方法建立平面控制网。

②为保证控制点的相对精度，导线边长相对中误差应控制在1/40000以上。导线点相互之间距离不应太远，导线平均边长控制在100m。

③导线点要根据现场实际情况布设，导线点与放样点的距离宜控制在80m之内，最远不应超过100m。

④导线等级采用《建筑施工测量技术规程》DB11/T446—2007 中的一级导线，导线角度和边长各观测两个测回。

⑤导线水平角观测一般采用方向观测法。当导线点上只有两个方向时，以奇数测回和偶数测回分别观测导线前进方向的左角和右角，观测右角时仍以左角起始方向为准变换度盘位置。

⑥采用全站仪观测水平角，各测回间可不配置度盘。

⑦导线边长测量，各测回间应重新照准目标，每测回三次读数。各测回间平均值的校差应小于3mm。

⑧导线内业平差采用严密平差方法计算。

（2）高程控制测量

①针对建筑工程施工的实际情况，通常采用水准测量的方法建立平面控制网。

②水准测量等级采用《建筑施工测量技术规程》DB11/T446—2007 中的四等水准，中丝读数法，每站观测顺序为“后－后－前－前”。

③水准测量采用附合水准路线，每一测段测站数应为偶数。

④水准测量应在成像清晰、稳定时进行，同一测站不应两次调焦。

5.2.3　计算各放样点坐标并存入全站仪内存，建立数据库

以放样节点1、节点2以及中间连接杆为例：要计算出杆件与球体接触面的弧长、两端节点球顶点高差、相邻球节点平面投影相对距离、相邻球节点相对距离等数据，并将此数据与控制点坐标数据输入全站仪内存。

（1）钢结构杆件与两端节点球数据计算（图5－1）

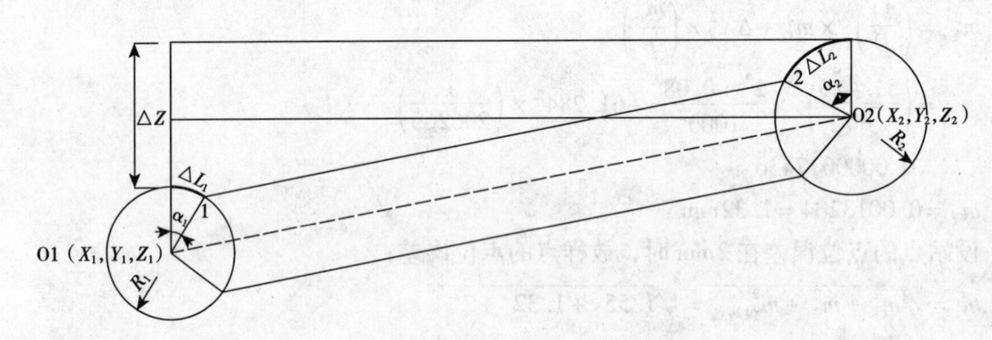

图5－1　杆件与节点球数据计算示意图

杆件与1号节点球连接点1之间弧长$\triangle L_1$

$$\triangle L_1 = 2 \times \pi \times R_1 \times \alpha_1 \div 360 \quad (5-1)$$

杆件与2号节点球连接点2之间弧长$\triangle L_2$

$$\triangle L_2 = 2 \times \pi \times R_2 \times \alpha_2 \div 360 \quad (5-2)$$

杆件两端节点球顶点高差$\triangle Z$

$$\triangle Z = Z_2 - Z_1 + R_2 - R_1 \quad (5-3)$$

（2）相邻球节点平面投影相对距离计算（图5－2）

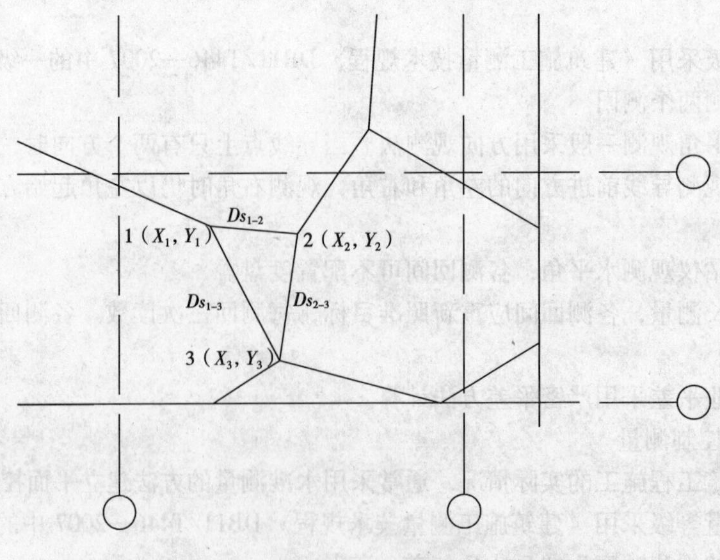

图5－2　相邻球节点平面投影距离计算示意图

相邻球节点平面坐标增量：

$$\Delta X_{1-2}=X_1-X_2 \quad \Delta Y_{1-2}=Y_1-Y_2 \tag{5-4}$$

$$\Delta X_{1-3}=X_1-X_3 \quad \Delta Y_{1-3}=Y_1-Y_3 \tag{5-5}$$

$$\Delta X_{2-3}=X_2-X_3 \quad \Delta Y_{2-3}=Y_2-Y_3 \tag{5-6}$$

相邻球节点平面投影相对距离：

$$Ds_{1-2}=\sqrt{\Delta X_{1-2}^2+\Delta Y_{1-2}^2} \tag{5-7}$$

$$Ds_{1-3}=\sqrt{\Delta X_{1-3}^2+\Delta Y_{1-3}^2} \tag{5-8}$$

$$Ds_{2-3}=\sqrt{\Delta X_{2-3}^2+\Delta Y_{2-3}^2} \tag{5-9}$$

（3）相邻球节点相对距离计算

$$Dx_{1-2}=\sqrt{Ds_{1-2}^2+\Delta Z_{1-2}^2} \tag{5-10}$$

$$Dx_{1-3}=\sqrt{Ds_{1-3}^2+\Delta Z_{1-3}^2} \tag{5-11}$$

$$Dx_{2-3}=\sqrt{Ds_{2-3}^2+\Delta Z_{2-3}^2} \tag{5-12}$$

（4）全站仪设站点 O 至放样点 P 三维坐标计算（图 5-3）

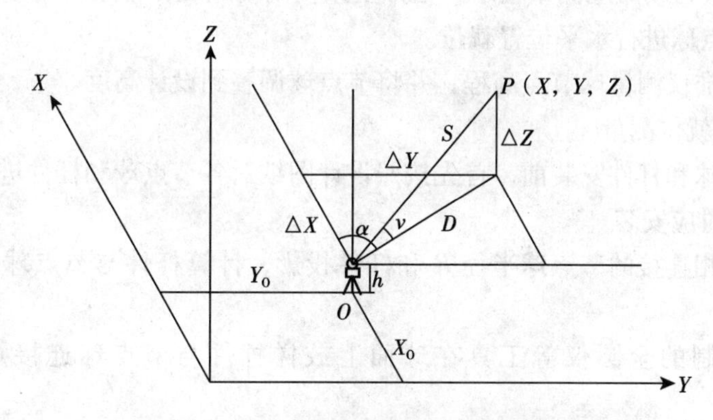

图 5-3　三维坐标数据计算示意图

坐标增量计算：

$$\Delta X=D\times\cos\alpha \tag{5-13}$$

$$\Delta Y=D\times\sin\alpha \tag{5-14}$$

$$\Delta Z=S\times\sin\nu \tag{5-15}$$

三维坐标计算：

$$X_P=X_O+\Delta X \tag{5-16}$$

$$Y_P=Y_O+\Delta Y \tag{5-17}$$

$$Z_P=Z_O+\Delta Z+h \tag{5-18}$$

5.2.4　球节点三维空间定位测量

（1）在进行球节点空间三维定位时，首先将节点球和杆件垂直投影到水平面上（图 5-4），将节点球中心三维坐标（X，Y，Z）分解为平面二维坐标（X，Y）和高程坐标（Z）。

（2）采用全站仪自动测量对节点球中心（X，Y）进行平面定位：

①在控制点架设全站仪，并后视另一控制点，锁定全站仪制动螺旋。

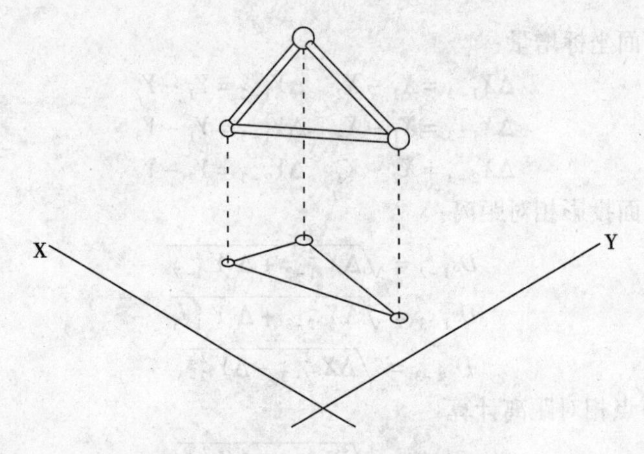

图5-4　三维坐标投影分解示意图

②将控制点坐标、放样点坐标等计算数据输入全站仪内存，调用全站仪内置程序自动计算控制点至各放样点的方位角、距离等测量数据。

③启用全站仪自动跟踪测量程序，松开全站仪制动螺旋，全站仪自动测量放样点并指挥安装人员将节点球进行水平位置就位。

(3) 采用水准仪测量球节点高程，并将节点球调整到设计高度。

5.2.5　杆件就位测量

(1) 在节点球和杆件安装前，首先按照设计图纸对各节点球和杆件进行编号，保证节点球和杆件一一对应安装。

(2) 根据互相连接的节点球半径 R 和杆件投影，计算杆件与节点球连接角度、弧长等数据。

(3) 使用特制的全圆仪等工具在球面上放样杆件与节点球连接点，并做好标记(图5-5)。

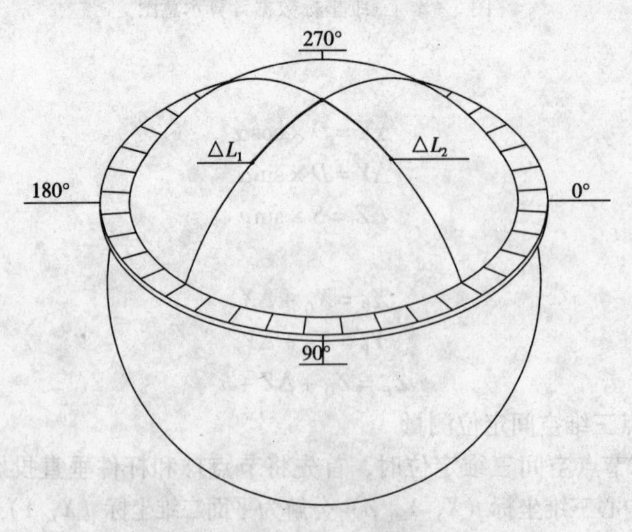

图5-5　节点球表面连接标记放样示意图

(4) 节点球安装就位后，依照编号一一对应连接点标记安装连接杆件。

5.2.6　三维空间位置复测校核及误差消除

(1) 为保证杆件中心线准确通过节点球中心，应分别复测相邻节点的距离和高差：

①使用50m钢尺丈量相邻节点的相对距离，读数到毫米（mm）。

②使用水准仪测量相邻节点的高差，读数到毫米（mm）。

(2) 空间钢结构三维节点测量的误差影响因素：

①误差累积。在测量过程中，由测量人员操作误差、测量仪器本身误差等误差源会传导和累积到定位点。

②钢结构焊接。钢结构焊接会引起钢结构构件的尺寸变化，进而产生误差。

③日照影响。太阳光的日照对钢结构构件会产生位移变化，产生误差。

④温差影响。由于钢构件随着温度变化而出现热胀冷缩现象，影响测量精度，产生误差。

(3) 误差的消除：

①固定测量操作人员和测量仪器，减小测量误差。

②测量时间安排控制。安排好测量外业作业时间，尽量保证前后作业时间段的外界条件一样，如气温、气压、风力等。

③剩余误差处理。平面定位误差按照相邻节点球和杆件的距离为权值大小进行分配消除，高程定位误差按照各节点球之间高差为权值大小进行分配消除。

(4) 放线要求：

对钢结构放线不采用墨斗弹线，应采用钢冲打点和钢针划线。

6　人员与设备

6.1　人员

测量人员的技术能力水平是空间钢结构三维节点定位测量的基础和关键因素，基本人员构成：

(1) 高级工程师1名，负责整体测量方案策划，施工组织管理。

(2) 工程师2名，1人负责现场测量技术管理，方案深化，数据准备；1人负责现场作业组织管理，现场安全、质量管理。

(3) 助理工程师2名，分别负责平面坐标定位测量与高程定位测量。

(4) 作业人员若干名，负责现场测量作业，根据工程进度和测量工作量多少增减数量。

6.2　设备

(1) 基本仪器设备，各种仪器设备经检定合格并在检定有效期内，见表6-1。

仪器设备统计表　　**表6-1**

序　号	名　称	型　号	精度指标	数　量
1	全站仪	Leica TCRA 1201	1″2mm + 2ppm. D	1
2	经纬仪	Topcon	2″	1

续表

序　号	名　称	型　号	精度指标	数　量
3	水准仪	Topcon	2.5mm/km	1
4	钢　尺	50m	1mm	1
5	铝合金塔尺	5m	1mm	1
6	盒　尺	5m	1mm	4
7	线　坠			3
8	钢　冲			1
9	钢　针			1
10	对讲机			4

（2）全站仪的主要性能。全站仪型号为 Leica TCRA 1201，主要技术性能指标见表6－2。

全站仪技术指标表　　表6－2

序　号	项　目	技术性能
1	仪器精度	1″2mm＋2ppm. D
2	角度测量	绝对条码对径度盘连续测角，精度1″，最小显示0.1″
3	距离测量	同轴红外相位测量，精度2mm＋2ppm，最小显示0.1mm
4	无棱镜测距	无棱镜测距最大测程300m
5	补偿器	集成液体双轴补偿，补偿范围4′
6	望远镜	放大倍数30倍
7	作业环境温度	－20～＋50°C
8	自动跟踪测量	EGL电子导向
9	内　存	128M内存，RS232输出

7　质量控制

7.1　质量要求：

按《建筑施工测量技术规程》DB11/T446—2007和《钢结构工程施工质量验收规范》GB50205—2001等规范执行。

7.2　导线的主要技术要求，见表7－1。

导线技术要求表　　表7－1

等　级	导线长度（km）	平均边长（m）	测角中误差（″）	边长相对中误差	全长相对闭合差	方位角闭合差（″）
一级	2.0	100	±5	1/40000	1/20000	$\pm 10\sqrt{n}$

注：n 为测站数。

7.3　水准测量的主要技术要求，见表7－2。

水准测量技术要求表　　表7－2

每千米高差中数偶然中误差 m_{Δ}（mm）	仪器型号	水准标尺	与已知点联测次数	往返较差、附合线路或环线闭合差（mm）平地
±5	S2.5	双面	往、返	$\pm 4\sqrt{n}$

注：n 为测站数。

7.4　节点球支承面顶板、节点球位置的允许偏差（mm），见表7－3。

节点球允许偏差表　　表7－3

项　目		最大允许偏差（mm）
支承面顶板	位　置	15.0
	顶面标高	0 －3.0
	顶面水平度	L/1000
节点球	中心偏移	±5.0

7.5　钢框架结构安装的允许偏差（mm），见表7－4。

钢框架安装允许偏差表　　表7－4

项　目	最大允许偏差（mm）
纵向、横向长度	L/2000，且不应大于30.0 －L/2000，且不应大于－30.0
支座中心偏移	L/3000，且不应大于30.0
周边支承网架相邻支座高差	L/400，且不应大于15.0
支座最大高差	30.0
多点支承网架相邻支座高差	L_1/800，且不应大于30.0

注：L 为纵向、横向长度；L_1 为相邻支座间距。

8　安全措施

8.1　严格遵守施工现场安全管理规定。

8.2　测量人员进入施工现场时首先进行安全培训，并进行书面安全交底。

8.3　进入施工现场必须佩戴好安全用具，安全帽戴好并系好帽带；不得穿拖鞋、短裤及宽松衣物进入施工现场。

8.4　作业人员处在建筑物边沿等可能坠落的区域应佩戴好安全带，并挂在牢固位置，未到达安全位置不得松开安全带。

8.5 在场内、场外道路进行作业时，要注意来往车辆，防止发生交通事故。

8.6 在建筑物外侧区域作业时，要注意作业区域上方是否交叉作业，防止上方坠物伤人。

8.7 观测作业时拆除的防护网及护栏应及时恢复。

8.8 作业之前对作业人员进行安全教育，每周向本工程测量人员进行书面安全交底，保证作业过程中的安全。

8.9 仪器设备在运送过程中，仪器携带者应将仪器放在车厢上或稳定的位置。仪器装箱时，应按规定位置安放，望远镜和竖轴制动应松开。长途运输仪器时，最好进行包装，并一定要使仪器放置牢固可靠，切勿相互移动撞击。

8.10 仪器设备在使用过程中，必须注意安全，雨、风天气必需进行外业作业时，应采取防护措施，保证人员和仪器的安全。

8.11 在三脚架上安装仪器时，要一手扶握照准部，一手旋动中心螺旋，防止仪器滑落，卸下时也是如此。

8.12 外业观测时，操作人员不得离开。严禁无人看管，禁止闲杂人等动用仪器。

8.13 露天作业时，要注意仪器的防震、防潮、防晒、防尘，以免影响仪器的观测精度；阴雨、暴晒天气在野外作业时一定要打伞，以防损坏仪器。

8.14 仪器搬站时，可视搬运距离的远近及道路情况决定仪器是否要装箱。若不装箱搬站时，仪器制动螺旋应松开。最好把脚架挟在肋下，仪器放在前面，以手保护，不得横扛在肩上行走。

9 环保措施

9.1 测量作业人员进入现场先进行环保培训，提高人员环保意识。

9.2 购置环保仪器设备，对于全站仪等红外线、激光、电磁波测量仪器，选用环保无放射和灼热的类型，避免在现场作业中灼伤人眼。

9.3 作业现场测量标识用的红油漆、墨汁在作业过程中要妥善保管，避免遗洒在现场。

9.4 对讲机、经纬仪所使用的5号电池不得丢弃在现场，应放置于统一的废旧电池箱中。

9.5 现场办公室电脑、打印机的使用要尽量节约用电、节约用纸。

10 效益分析

10.1 施工作业效率高

采用钢结构三维空间快速定位测量方法，与经纬仪常规测量方法相比，平均安装一个球节点的时间节省了80%左右，大大加快了施工进度。国家游泳中心工程共有钢结构球节点9843个，按常规测量方法需安装近5年。采用本工法施工，只用了8个月的时间就完成了钢结构安装。

10.2　设备投入少，成本大幅降低

采用空间钢结构三维节点快速定位测量方法，全站仪等主要设备的投入降低了80%，节省了设备投入，原计划投入全站仪10～15台，工艺改进后实际投入2～3台。项目经理部原测量费用预算投入160万元，工艺改进后降低到90余万元。

11　工程应用实例

国家游泳中心工程整个结构为立方体，平面尺寸177.338m×177.338m，结构墙体底标高+1.059m，屋顶标高+30.587m，外墙的围合厚度为3472mm，内墙为3472mm和5876mm两种，屋顶为7211mm。钢结构为新型延性多面体空间钢框架结构，杆件及节点总重量6700t，节点数9843个，杆件20670根。球节点见图11－1和图11－2。

图11－1　节点球照片（一）

图11－2　节点球照片（二）

在国家游泳中心工程延性多面体不规则钢结构施工中，我们采用空间钢结构三维节点快速定位测量施工工法对钢结构进行空间三维定位测量，极大地提高了作业效率，圆满地完成了国家游泳中心工程的钢结构定位测量工作。

11.1　杆件中心线通过节点球中心的试验论证

11.1.1　现场试验过程

在安装平台放样节点1和节点2的平面位置中心，两中心相连即为杆件的设计位置平面投影线，安装固定1号球节点，按照节点球上标记连接杆件，安装固定2号球节点（图11-3、图11-4）。

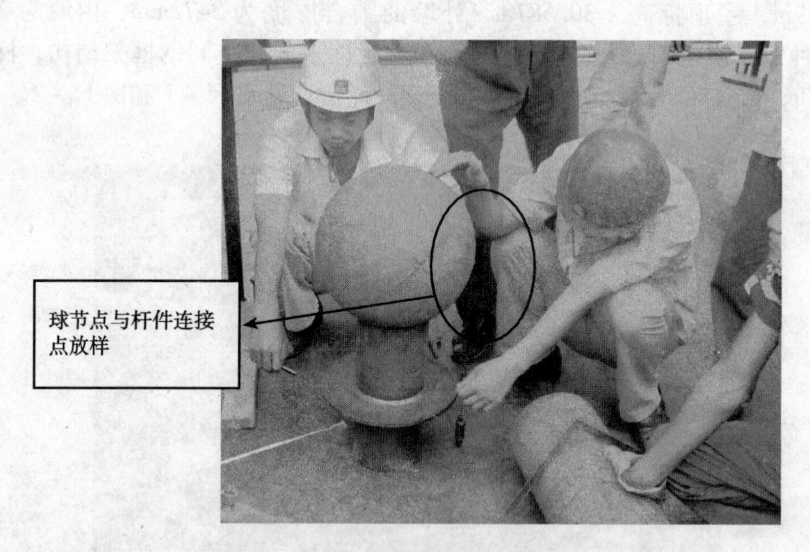

图11-3　球节点与杆件连接点放样

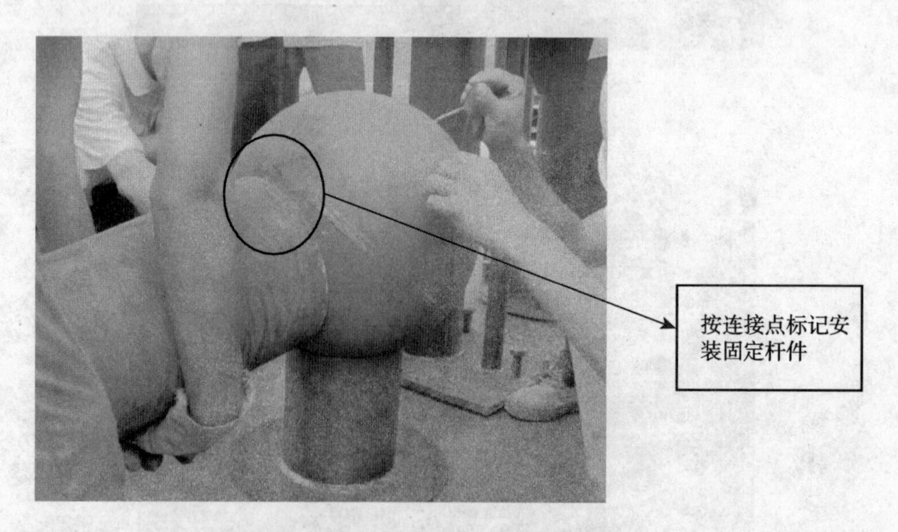

图11-4　按连接接点标记安装固定杆件

（1）试验结果数据比较

经试验比较，杆件轮廓线设计值与实测值差1mm，1号球弧长设计值比实测值小

1mm，2 号球弧长设计值比实测值大 1mm，证明在杆件中心线穿过两端球中心，符合施工精度要求（图 11－5、图 11－6）。

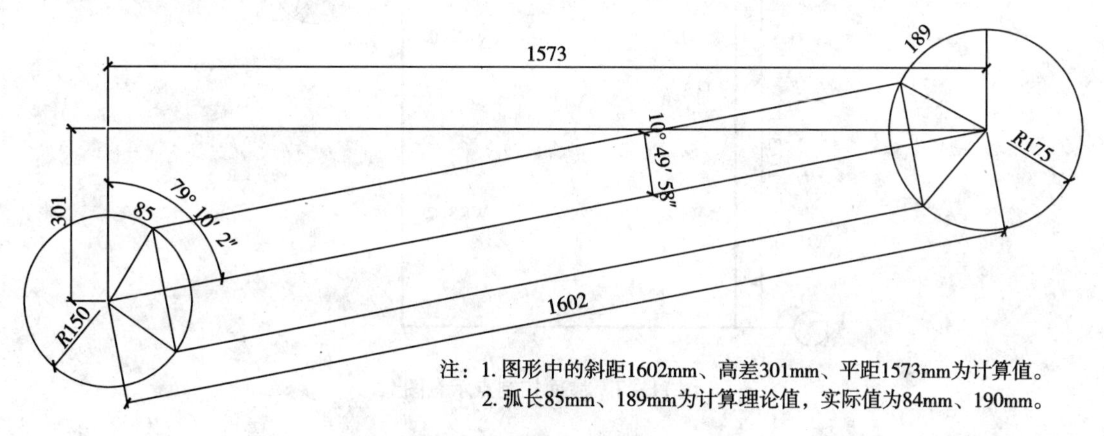

图 11－5　试验结果数据比较示意图

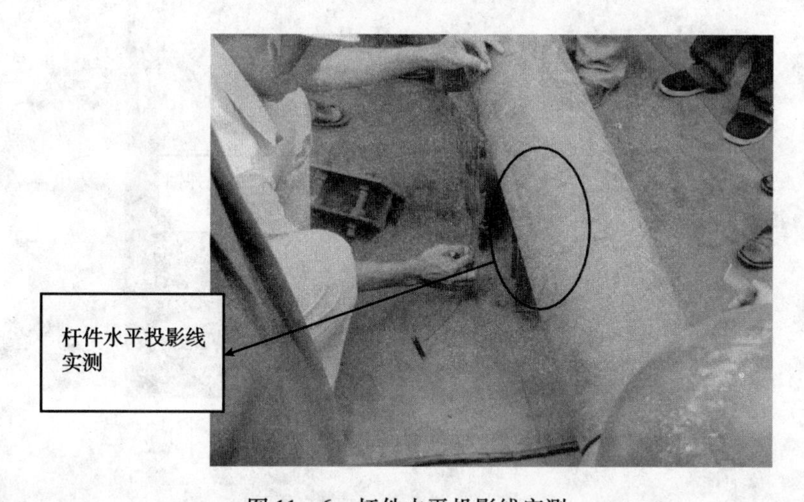

图 11－6　杆件水平投影线实测

（2）试验结论

经试验证明，采用“空间钢结构三维节点快速定位测量施工工法”的定位测量方法，满足钢结构杆件中心线穿过两端球中心的精度要求，是切实可行的。

11.1.2　控制测量

国家游泳中心工程屋面共布设 4 个控制点（图 11－7）。

11.1.3　空间钢结构三维节点定位测量

三维节点定位测量见图 11－8～图 11－10。

国家游泳中心工程钢结构测量工法得到了业主、监理等各方专家认可，取得了良好效果，并为类似复杂不规则钢结构三维定位测量提供了典型的范例（图 11－11、图 11－12）。

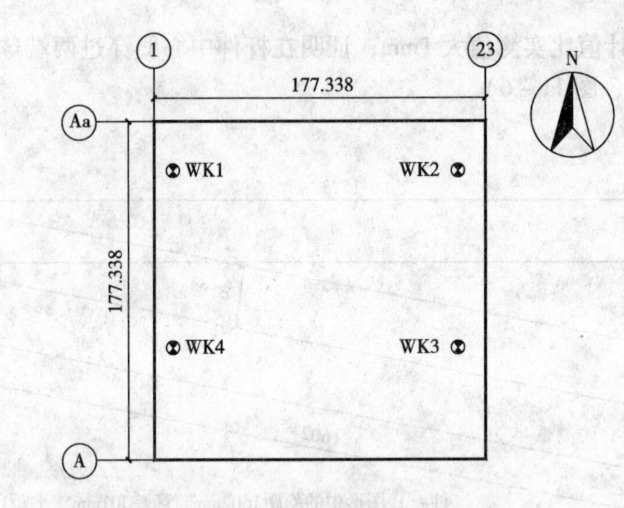

图 11-7　屋面控制点示意图

图 11-8　三维节点定位测量（一）

图 11-9　三维节点定位测量（二）

图 11－10　三维节点定位测量（三）

图 11－11　国家游泳中心钢结构外墙

图 11－12　国家游泳中心钢屋盖

大直径高预拉值非标高强螺栓预应力张拉施工工法

编制单位：中建国际建设公司
批准单位：国家建设部
工法编号：YJGF173—2006
主要执笔人：安建民　孙先锋　秦　力

1　前　　言

高强螺栓是建筑钢结构中最常用的连接副，我国现行专项规范中对8.8S、10.9S的M12~M30规格高强螺栓有明确的材质、力学性能、预拉力、扭矩值等参数的规定，相关技术规程中对此类高强螺栓的施工方法也有详细的叙述。在现代建筑钢结构设计中，由于结构受力、节点构造及施工条件限制等特性要求，在受力复杂的节点结构形式中，为满足结构设计要求，往往需要采用超出现行专项规范规定的螺栓形式及特殊技术参数，如使用直径在M30以上、材质有特殊及预拉力值偏大等超出规范中明确规定的高强螺栓，这些高强螺栓通称为非标高强螺栓。

非标高强螺栓最显著的特征为螺杆直径大以及预拉力值大，相应地要求施工扭矩值大，一般无相应的标准安装设备。采用常规施工方法一般是采用简易的特制加长扭矩扳手，需两名或多名工人同时施拧，力矩损失大，且无法准确测定施工控制数据，操作性差，不易保证施工质量。用本预应力张拉工法安装非标高强螺栓则解决了上述问题。

2　特　　点

不通过扭矩转换，直接对高强螺栓栓杆施加预拉力，预拉力的施加则通过穿心式油压千斤顶实现。高强螺栓张拉施工前，须确定设备回归方程式和拉力损失，施工时通过油压转换和作用力传递，使高预拉力值非标高强螺栓达到设计预拉力值。

3　适用范围

适用于大直径高预拉力设计值的非标高强螺栓安装。

4 工艺原理

常规高强螺栓施拧时通过扭矩扳手对螺母施加扭矩 T_C，通过螺纹传递将扭矩转化为拉力 P_C，从而使高强螺栓螺杆达到设计预拉力 P。预应力张拉法则通过对螺杆直接施加拉力 P_c，并在螺杆张拉状态下拧紧螺母，最终使螺杆在预应力 P 作用下夹紧连接件（图4－1）。

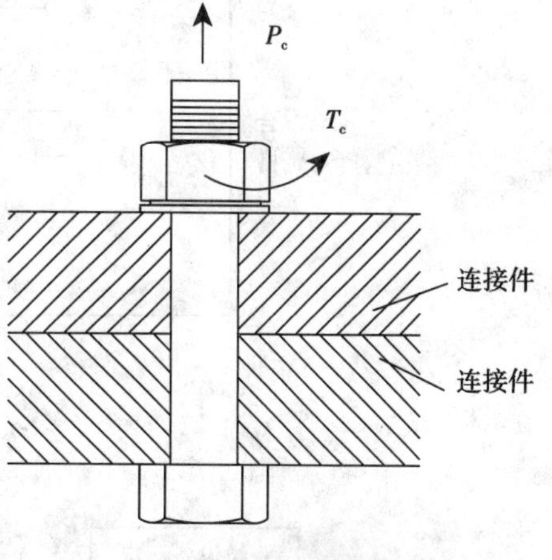

图4－1 高强螺栓

通过扭矩扳手施加预拉力的工况中扭矩 T_c 与预拉力 P_c 的关系为：

$$T_c = k \cdot P_c \cdot d$$

式中 T_c——终拧扭矩，N·m；

P_c——高强螺栓施工预拉力，kN；

k——高强螺栓连接副的扭矩系数平均值。

大直径高强螺栓预拉力值较大，一般采用穿心式液压千斤顶通过张拉提供预拉力值保证。张拉杆为穿心式液压千斤顶的传力杆，通过将油缸行程转化为拉力 P；张拉杆与高强螺栓栓杆之间通过配合良好的特制连接套筒连接，使张拉力 P 传递至栓杆，油缸行程转化到高强螺栓预拉力 P_c。张拉力在传递过程中会有部分损失而需要进行补偿，补偿修正值应通过专项试验确定（图4－2）。

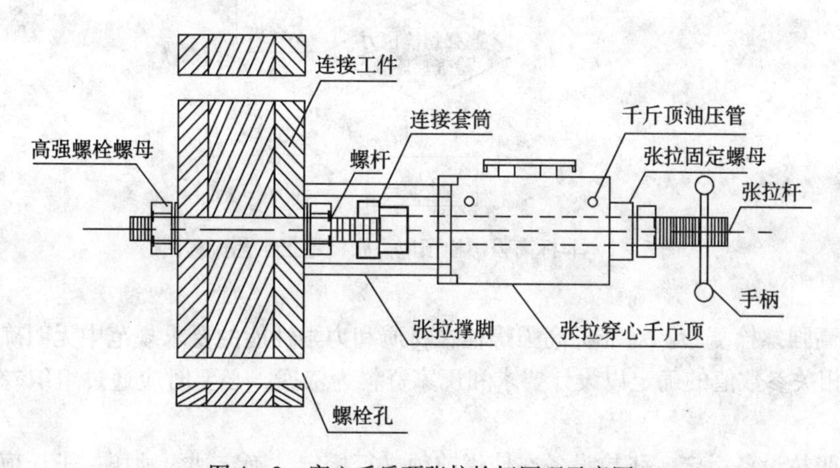

图4－2 穿心千斤顶张拉栓杆原理示意图

5 工艺流程及操作要点

5.1 工艺流程

工艺流程见图5－1。

5.2 操作要点

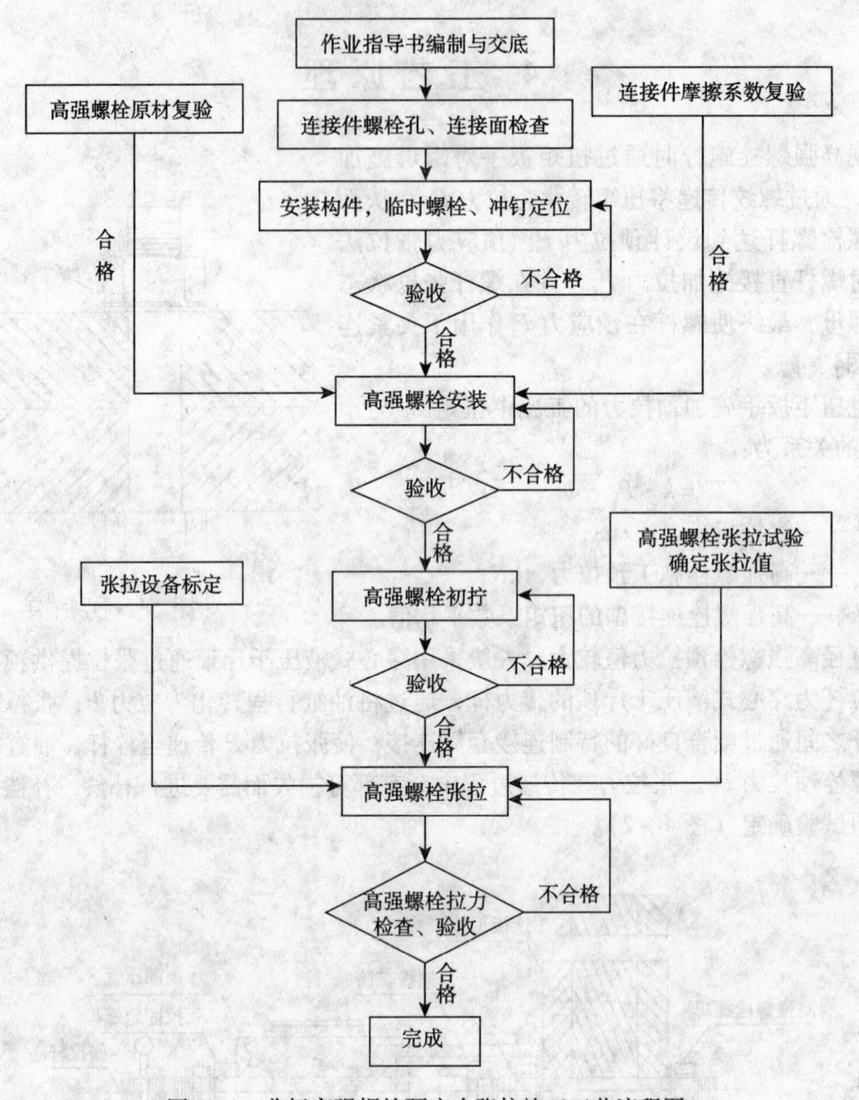

图5－1　非标高强螺栓预应力张拉施工工艺流程图

（1）高强螺栓复验。对非标高强螺栓在材质和力学性能的要求规范中无明确规定，复验项目和相关参数值的确定以设计要求和厂家资料为依据，必要时应通过组织专题专家会评审确定。

（2）张拉设备标定。张拉设备在使用前须进行标定，确定油泵油压－千斤顶张拉力的回归方程，根据设计预拉力值和回归方程计算出可控油泵油压值。

（3）张拉值测设试验。非标高强螺栓栓杆预先定制6根（样本数应专题确定）加长螺杆和配套螺母，作为张拉试验用。在螺杆上设置环形应变传感器，以根据螺杆应力应变反应曲线计算在张拉过程中螺杆预拉力值的变化，测定出栓杆张拉值、回弹值、稳定值等参数。通过对6根螺栓的数据统计分析，最终确定施工张拉值（图5－2）。

（4）连接件、螺栓孔检查。非标高强螺栓连接处的钢板表面应平整、无焊接飞溅、无毛刺、无油污，其表面处理方法与设计要求一致。检查孔径、孔距符合设计要求。

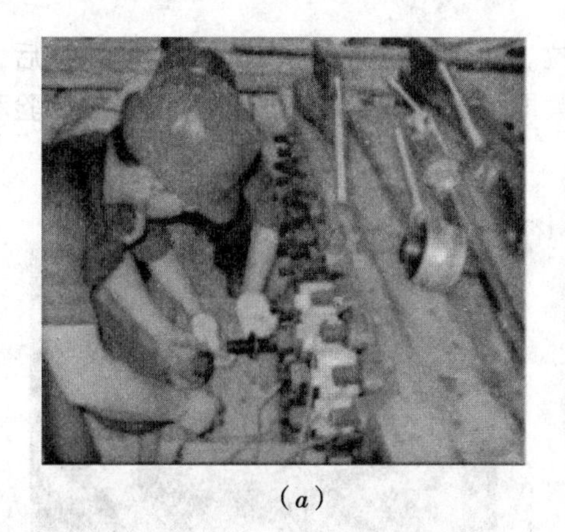

(*a*)

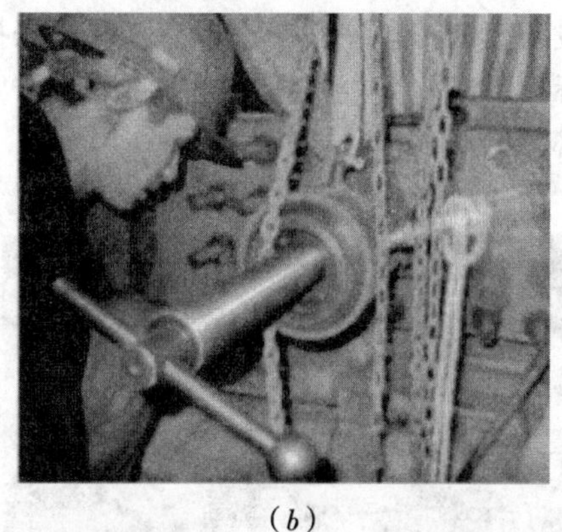

(*b*)

图 5-2 张拉试验过程

（5）非标高强螺栓定位及安装。利用临时螺栓冲钉进行定位，保证高强螺栓能够自由穿入。在每个节点上应穿入不少于安装总数 1/3 的临时螺栓，最少不得少于 2 套，在安装过程中冲钉穿入的数量不宜超过临时螺栓数量的 30%，不允许非标高强螺栓兼作临时螺栓使用，以防止损伤螺纹。

（6）非标高强螺栓初拧。采用大规格高强螺栓的扭矩扳手并配以加力杆，更换与非标高强螺栓螺母配套的套筒，初拧值按设计预拉力的 50% 施拧。施拧时，要根据具体工程节点形式和高强螺栓数量、规格及分布特点选择最佳顺序，一般遵循由中心向四周扩散或由上到下或从右（左）到左（右）的原则（图 5-3）。施拧过程中具体施拧顺序尚应通过塞尺检查连接件的连接紧密均匀程度辅证，若由于施工顺序导致连接件连接紧密程度不均匀时，应研究并重新调整顺序。

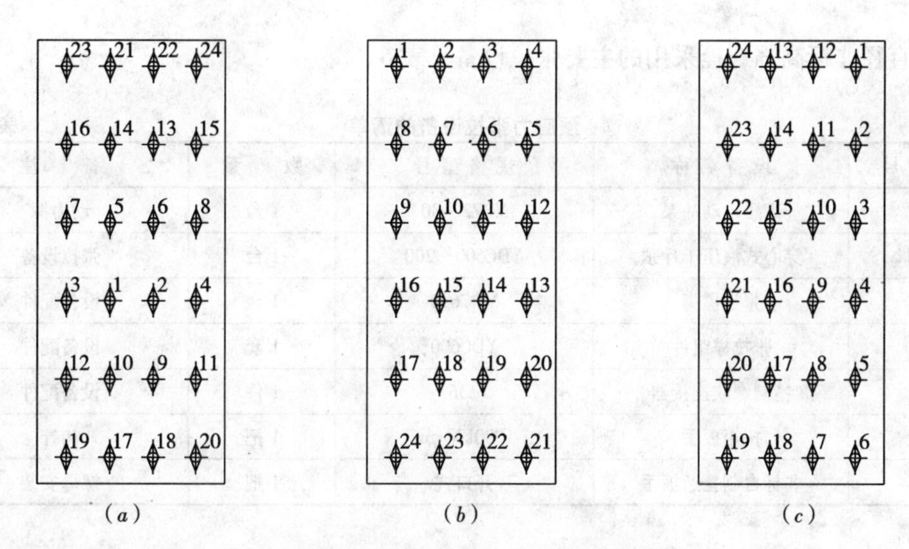

图 5-3 非标高强螺栓初拧顺序示意图

（*a*）由中心向四周扩散；（*b*）从上到下；（*c*）从右（左）到左（右）

（7）非标高强螺栓张拉（终拧）。根据试验确定的施工张拉值换算为施工油压值，利用张拉设备按初拧顺序逐一进行高强螺栓张拉。油泵油压达到标定的施工油压值后，利用自制非标扳手结合大规格扭矩扳手将螺母拧紧即可（图5-4）。施拧人在张拉试验和张拉施工中必须为同一操作者。

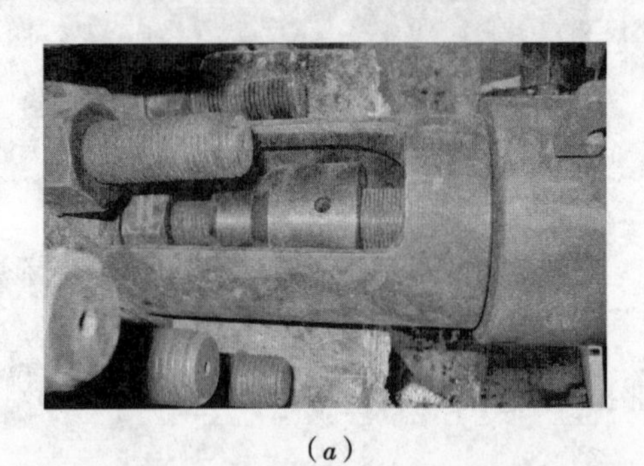

（a）

（b）

图5-4 张拉设备与高强螺栓的细部连接

（8）非标高强螺栓施工质量检查。①初拧时检查，初拧完毕采用小锤敲击法对高强度螺栓进行检查，防止漏拧。小锤敲击法是用手指紧按螺母的一个边，按的位置尽量靠近螺母垫圈处，然后采用0.3~0.5kg重的小锤敲击螺母相对应的另一边；如手指感到轻微的颤动即为合格，颤动较大即为欠拧或漏拧，完全不颤动即为超拧。②终拧时检查。由于张拉法施工在张拉完毕后无法进行常规方法检查，因此应在张拉过程中，选择节点区高强螺栓数量的10%，对栓杆进行预拉力应力-应变监测，测定的结果与试验数据进行比对确定。

6 主要施工机具设备

大直径非标高强螺栓采用的主要张拉设备见表6。

预应力张拉设备的清单 表6

序号	设备名称	规格型号	数量	备注
1	高压电动油泵	YBZ2—80	1台	动力源
2	穿心式液压千斤顶	YDC600—200	1台	张拉设备
3	张拉撑脚	YDC600	1台	设备配件
4	张拉撑组件	YDC600	1套	设备配件
5	精制螺纹连接器	ϕ36	1件	设备配件
6	扭矩扳手	1000kN·m	1把	初拧
7	非标自制普通扳手	开口式	1把	螺母安装

7 劳动力组织

大直径非标高强螺栓施工时的主要劳动力组织见表7。

主要劳动力组织　　表7

序　　号	工种/岗位	人员数量	岗位职责
1	现场负责人	1	张拉过程技术和生产协调
2	油泵操作工	1	油压控制
3	千斤顶操作工	1	千斤顶安装，套筒卡具安装
4	安装工	2	高强螺栓安装，扳手施拧
5	辅助工	2	材料、设备搬运
6	数据统计员	1	数据记录与统计

8　质量要求

非标高强螺栓连接副（螺栓、螺母、垫圈）应配套成箱供货，检查出厂合格证、质保书、材质单、质量检验报告。由于规范中对M30以上非标高强螺栓无明确材性规定，对螺栓的材质和力学性能参数要以设计要求为准，必要时应组织专题专家会研究确定。

施加预拉力值以（0%～+10%）×设计预拉力值为合格。

螺栓螺纹外露长度比照常规高强螺栓的长度值基础上应增加一个套筒卡具高度。

非标高强螺栓摩擦面、螺栓孔、初拧与终拧时间间隔等其他检查检测项目，宜参照普通高强螺栓的要求，施工中要编制专项质量控制表。具体要求可参照《钢结构高强度螺栓连接的设计、施工及验收规程》JGJ82—91、《钢结构工程施工质量验收规范》GB 50205—2001、《高层民用建筑钢结构技术规程》JGJ99—98及相关设计技术资料。

9　职业健康和安全环保措施

非标高强螺栓施工时主要涉及张拉设备的安全和正确使用。

9.1　使用前一定要详细阅读产品说明书，熟悉设备对电压、工作环境的要求以及操作过程中应注意的事项，对参与张拉施工的人员进行安全技术交底。

9.2　油泵和千斤顶操作必须由专业工人操作。接通电源前，应先查看电源电压是否与本产品铭牌规定相符、是否有接地装置等；当电源电压超出额定值的±6%时，应采取稳压措施，否则会影响数据测设控制精度；用电设备接地不良，易造成安全事故。

9.3　使用中如发现液压穿心千斤顶、张拉撑脚、张拉撑杆上的设备螺钉松动时应及时紧固，操作时应避免千斤顶及撑脚在倾斜状态下工作。

9.4　使用和搬运工具时，不可提拉电缆线且在每次使用前检查电缆线外护层的完好情况，以免漏电。并注意设备的轻拿、轻放，防止振动和摔碰，不用时放在通风干燥处，如发现受潮应及时进行干燥处理。不可与酸、碱等有害物质、气体接触或存放在一起。

9.5　张拉施工时对张拉件采取加固保护措施，预防在超张拉时部分螺栓断裂后对操作者造成伤害。张拉施工时，施工人员不可站在张拉螺杆的正前方。

9.6　高空作业时须搭设安全操作平台，平台应满足设备布置和人员操作空间需要。

10 效益分析

在复杂结构节点中，根据结构受力要求须采用大直径非标高强螺栓连接，或因不同钢材材质连接时施焊困难，常规高强螺栓又难以达到设计要求，均可采用非标高强螺栓连接。非标高强螺栓在近几年的建筑钢结构、桥梁钢结构中应用比较广泛，尽管在工程中的使用数量相对较少，但均在结构关键部位，对结构的安全影响度大。因此，总结非标高强螺栓施工技术十分必要。预应力张拉法施工具有所需设备体积小、易操作、精度高，安装方法科学有效等特点，在工程实施中值得推广。预应力张拉法施工在本工程中的成功应用为本企业节约成本 5 万元，与原计划采用其他施工方法相比节省费用近 30%，且精度更高。

11 应用实例

北京新保利大厦特式吊楼顶部 V 形钢索与悬吊吊楼间的连接采用了两个大体积高强度铸钢连接件，其碳当量高、可焊性差，因此铸钢件工作点与吊楼结构构件之间采用高强螺栓连接。螺栓的规格为 M36 × 830mm、M36 × 930mm 和 M30 × 800mm 三种，其中 M36 为非标高强螺栓，且为国内建筑钢结构中首次使用。经与设计院及国内相关专家多次探讨，确定用特制预应力设备采用张拉法施工，实施效果良好。

预应力张拉法施工在本工程中的成功应用得到了国内高强螺栓方面专家的现场指导及认可，取得了成功，并为本工艺的总结推广积累了经验和科学数据（图 11－1、图 11－2）。

图 11－1　节点吊装

图 11－2　节点就位

超长曲面混凝土墙体无缝整浇施工工法

编 制 单 位：中国建筑第五工程局
批 准 部 门：国家建设部
工 法 编 号：YJGF174—2006
主要执笔人：谭 青 张 剑 刘忠林 胡跃军

1 前 言

长期以来，地下室外墙裂缝一直是影响地下室工程质量和使用功能的主要质量通病。商品混凝土的广泛采用，水泥等产品结构的变化和建筑市场的复杂性及不规范性的影响和混凝土泵送性能的要求，以及工程建设速度的不断提高，都使得在混凝土综合性能提高的同时，混凝土的抗裂问题更加突出。特别是近年来，伴随着大型公共建筑的兴起，各种复杂结构形状使得地下室混凝土结构日趋大型化、复杂化，地下室钢筋混凝土长墙产生温度、湿度裂缝的情况也较多，超长地下室外墙裂缝的控制更是国内工程界尚未解决的难题。

东莞玉兰大剧院由于其独特的钢 - 混凝土交叉结构和复杂的柱网布局，采用了大十字交叉的后浇带布局形式，地下室 420m 外墙被分为四段浇筑，最长 198m，最短 65m，为保证其满足清水混凝土的质量标准和抗渗性能，达到无肉眼可见裂缝，是一重大技术难题。

中国建筑第五工程局在中国建筑总公司专家的指导下开展科技攻关，形成了“超长曲面混凝土墙体裂缝控制技术”。根据混凝土的开裂原理，从宏观和微观上综合集成协调的抗裂措施，强调综合考虑设计、原材料选择及配合比优化（低坍落度）到包括温度、湿度及风速、日照等施工环境的影响因素，充分利用裂缝控制的有利条件，改变过去只从某一个或某几个方面采取措施控制裂缝并不理想的状况，实现 198m 超长墙体一次连续浇筑不采用任何约束、留缝或中间带加强等措施。达到清水混凝土且无肉眼可见裂缝的要求，并经中南大学采用地质雷达探测，证明该混凝土长曲面“均密实，未发现缺陷、裂缝”。该技术于 2005 年 11 月 28 日通过中国建筑工程总公司组织的科学技术成果鉴定，评为达到国际领先水平，获得中建总公司科学技术奖一等奖。

本工法由于在混凝土抗裂方面效果明显，大幅度提高了一次整浇混凝土的长度，减少了施工留缝或加强措施，加快了施工进度，故有明显的社会效益和经济效益。

2 特 点

2.1 本工法一次浇筑超长墙体，且不采用任何约束、留缝或中间带加强措施，大大提高了施工效率，减少了施工难度，便于施工组织和施工质量控制，有效地提高了超长混凝土墙体的抗裂能力，可大幅度地缩短施工工期。

2.2 本工法在大面积结构中可以有效减少各种缝的留设，保证结构内部结构的匀质性，从而提高了结构的受力性能，有利于结构抗震，抵抗不均匀沉降。

2.3 混凝土配制中掺入高效外加剂、聚丙烯纤维、粉煤灰等优化混凝土配合比，在减少水泥用量的同时，大幅度提高混凝土的抗裂性能、抗渗性能和耐久性等综合性能，从而间接达到节能目的。

2.4 混凝土浇筑完毕后推迟拆模时间，加强保湿养护，减少养护用水，达到节水目的。

2.5 施工操作简便，采用综合措施，合理选用常规建筑材料及机具设备，不增加施工成本。

2.6 综合考虑设计、材料、施工、环境、操作等多方面影响因素，裂缝控制效果明显。

3 适用范围

本工法适用于工业与民用建筑地下室超长、大面积墙体，特别适用于地下抗渗性及抗裂性墙体、地下工程的重要性和防水使用等级要求高的大型公共建筑工程。

4 工艺原理

混凝土浇筑后，由于收缩或者温度变化导致混凝土变形受到约束过大，当拉应力超过极限拉应力即导致混凝土开裂，主要为收缩裂缝和温度裂缝。

4.1 收缩裂缝控制机理

混凝土收缩裂缝的起因是混凝土在凝结硬化过程中产生体积变化。当混凝土产生收缩而结构又受到约束时，就可能产生收缩裂缝。根据裂缝产生机理的不同，收缩裂缝又可分为化学收缩、干燥收缩、塑性收缩、自收缩裂缝等。混凝土的收缩裂缝一般从混凝土表层开始向深处发展，有时会在混凝土保护层出现环向裂缝，干缩裂缝最显著的特征是与荷载无关，常在无外荷载的作用下开裂，且裂缝比较稳定。

4.1.1 化学收缩

化学收缩指随着水泥不断水化，固相体积增加，但水泥－水体系的绝对体积减小。化学收缩与水泥中 C_3A 和 SO_3 含量有关，掺用的矿物用量越大，活性越高，化学收缩越大。通过合理选矿物原料，优化配合比可以减少体积变化率。

4.1.2 干燥收缩

混凝土养护完成后，在不饱和的空气中失去内部毛细孔和凝胶孔的吸附水而发生的不可逆收缩，它不同于干湿交替引起的可逆收缩。随着相对湿度的降低，水泥浆体的干缩增大。混凝土的水灰比和水化程度、水泥的组成和用量、细掺料和外加剂、集料的品种和用量等是影响干缩的主要因素。

4.1.3 塑性收缩

塑性收缩是指在塑性阶段的混凝土因表面失水而产生的收缩。混凝土在新拌合状态下，拌合物中颗粒间充满水。若养护不足，表面失水速度超过内部水向表面迁移的速率，就会造成毛细管中产生负压，使浆体产生收缩。影响混凝土塑性收缩开裂的内部因素是水灰比、细掺料、混凝土的温度、凝结时间等；外部因素是风速、环境温度、相对湿度等。控制塑性收缩最有效的方法是终凝前保持混凝土表面的湿润，如在混凝土表面覆盖塑料薄膜、喷洒养护剂等。

4.1.4　自收缩

混凝土内部相对湿度随水泥水化的进展而降低，造成毛细孔中的水分不饱和而产生压力差。当压力差为负值时，引起混凝土的自收缩。对水灰比较高的普通混凝土，自收缩可以忽略。混凝土自收缩的大小与水灰比、细掺料的活性、水泥细度等因素有关。

4.2　温度裂缝控制机理

温度裂缝是水泥水化过程中形成的水化热与散热条件形成的内表温差，降温过快或急冷急热产生的温差导致的收缩裂缝。温度裂缝一般出现在配筋薄弱处。由于温度引起的内应力及约束应力的大小与温差有关，特别是与昼夜间的变化关系最大，结构上较严重的裂缝往往发生在气候条件最差的时候；温度应力也与结构所处的地理位置有关，例如，处于比较稳定的海洋气候中的结构要比处于大陆性气候中的结构有利一些。

4.3　裂缝综合控制对策

4.3.1　设计对策

在设计中处理好构件中“抗”与“放”的关系，尽量避免结构断面突变带来的应力集中，并重视构造钢筋的作用，外墙水平钢筋间距不宜大于150mm。

4.3.2　原材料选择

（1）采用均匀、稳定，与外加剂具有良好的适应性，早期化学收缩性较小的42.5级普通硅酸盐水泥，添加优质粉煤灰。

（2）采用级配良好的碎石和中砂作为混凝土的粗细骨料，严格控制砂子的含泥量，减少孔隙率，增大表面积。

4.3.3　改善微观性能

在普通混凝土拌合物基础上添加聚丙烯纤维，改善纤维在混凝土基体中的分散性，可以阻止水泥基体中原有微裂缝的扩展并有效延缓新裂缝的出现。这种阻裂效应主要是对混凝土早期塑性开裂起抑制作用，以起到阻断混凝土内毛细作用的效果，使其致密、细润，提高纤维与基体的抗拉强度、抗裂能力、抗渗性、耐久性及增强韧性等综合能力（图4－1～图4－3）。

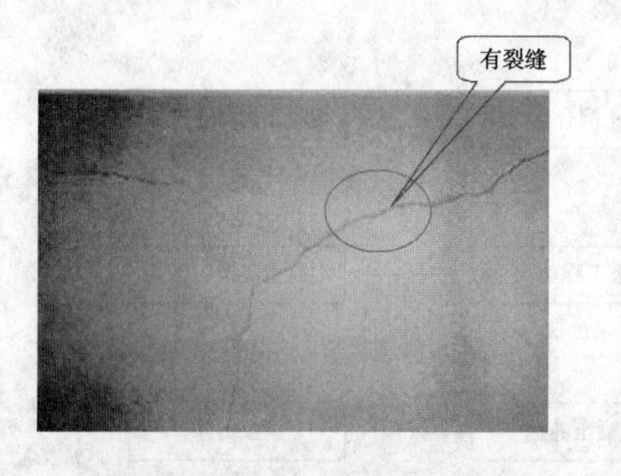

图4－1　未添加聚丙烯纤维的混凝土表面出现裂缝

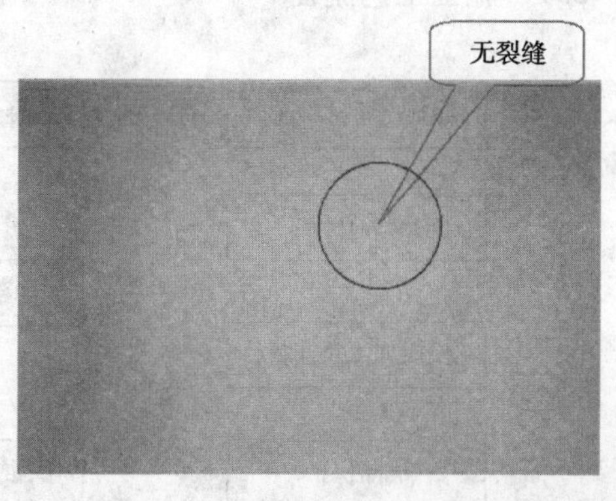

图4－2　添加聚丙烯纤维的混凝土表面未出现裂缝

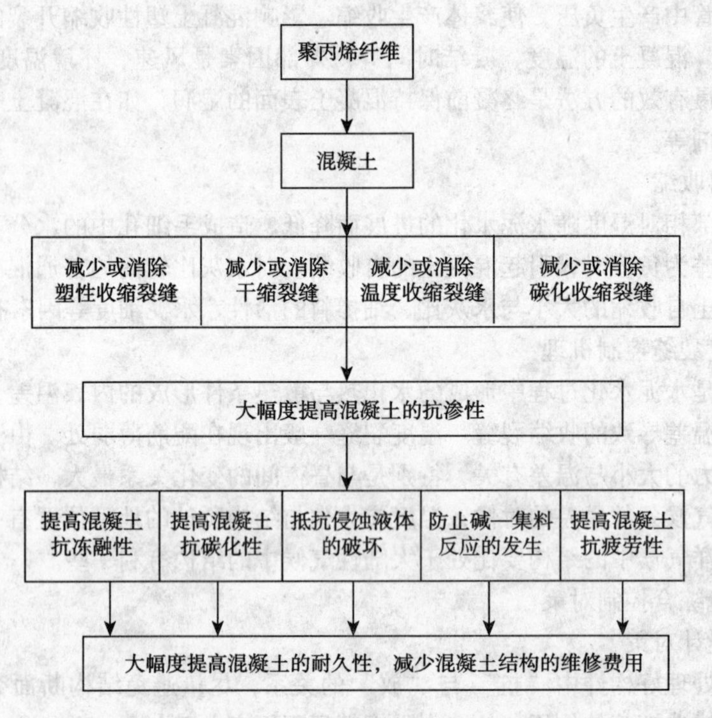

图 4－3　聚丙烯纤维改善混凝土性能的综合效果

4.3.4　配合比设计

优化混凝土配合比，严格控制水灰比、坍落度，最大限度地减少早期收缩裂缝的产生。

4.3.5　施工措施

合理安排浇筑顺序和时间，严格控制拆模时间，规范和加强养护措施，减少混凝土内外温差。

5　施工工艺流程及操作要点

5.1　施工工艺流程

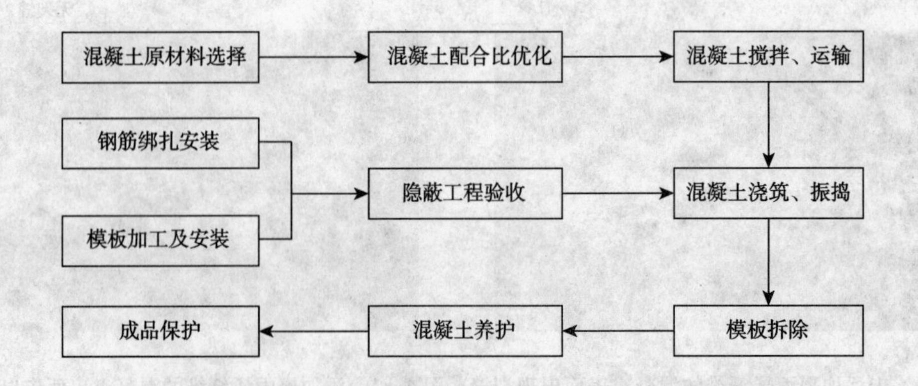

5.2　混凝土配合比

根据施工现场原材料要求配置施工配合比，并进行试配，以利于混凝土配合比的优化设计，确保混凝土满足以下的技术参数要求：

（1）水灰比：控制在0.45～0.5，坍落度控制在140～160mm。

（2）初凝时间：不少于8h。

（3）砂率：控制在40%～45%。

（4）强度：满足设计要求。

（5）掺加外加剂：外加剂能起到降低水化热峰值及推迟峰值热出现的时间，延缓混凝土凝结时间，减少混凝土水泥用量，降低水化热。减少混凝土的干缩，提高混凝土强度，改善混凝土和易性。

（6）掺入0.9kg/m^3混凝土体积率的聚丙烯单丝纤维，直径及长度为48μm/19mm，以提高混凝土的抗拉能力，有利于混凝土的裂缝控制。

（7）掺加适量粉煤灰，以降低水化热。

（8）抗渗等级：P6～P8。

5.3　混凝土搅拌

5.3.1　混凝土搅拌前，应测定砂、碎石含水率，并根据测试结果提出施工配合比，满足混凝土施工和易性。

5.3.2　混凝土搅拌中，严格控制水灰比和坍落度，未经试验员同意不得随意加减用水量，应按投料顺序上料，将纤维与水泥、砂、石、粉煤灰干拌后，再加入水搅拌均匀即可，确保搅拌物均匀搭配。

5.3.3　控制好混凝土搅拌的最短时间，当掺有外加剂或外掺料时，搅拌时间适当延长。

5.3.4　采用现场搅拌或使用商品混凝土，确定运输道路的距离。混凝土运输过程中防止混凝土离析及产生初凝现象，混凝土初凝时间在浇筑前完成，确保混凝土供应质量。

5.4　混凝土浇筑与振捣

5.4.1　混凝土浇筑前，先将与下层混凝土结合处凿毛，在混凝土浇筑前应在底面先均匀浇筑50～100mm厚与混凝土配合比相同的水泥砂浆，掌握好砂浆下料浇筑速度。

5.4.2　混凝土浇筑时不定时观察模板、钢筋、预埋件、预留洞口有无松动、变形等现象，检查钢筋保护层厚度是否符合设计要求，模板内的杂物是否清理干净。

5.4.3　墙体高度超过3m时，用串筒使混凝土下落至浇筑面连续浇筑，观看有无离析现象，坍落度值严格控制在160mm之内。

5.4.4　混凝土浇筑采用斜坡推进法，靠混凝土自流形成斜坡，每次推进1000mm左右。分别向两个方向往返浇筑，每次在中部汇合，形成V字形结合面，有利于中间浮浆的抽出。同时，采用两台混凝土输送泵缩短了混凝土下料与凝结之间的时间差，避免产生施工冷缝。

5.4.5　充分考虑气候条件对混凝土浇筑影响，防止雨天浇筑。

5.4.6　加强混凝土现场检验，目测混凝土和易性外观质量是否符合要求，保证混凝土拌合物的均匀性。

5.4.7　混凝土振捣应顺序从两边向中间靠拢，振捣棒应快插慢拔，振点布置要排列均匀，不得欠振、过振、漏振，做到均匀振捣。振捣棒间距不得大于500mm，层与层之间加强振捣，伸入下层为100mm，促使混凝土在浇筑期间散失部分热量，减少后期升温幅度。对预留洞口、预埋件等关键部位充分振捣，确保混凝土均匀、密实，无渗漏。

5.4.8 混凝土振捣时间控制在30s内，防止砂、碎石大量下沉，目测混凝土表面不再显著下沉，不出现气泡，表面泛出水泥浆和外观均匀即可停止。及时排除泌水，减少内部水分和气泡。

5.4.9 对外墙后浇带处均设钢板网模板（快易收口网），其间安装止水钢板。由于宽度小且高度大，混凝土浇筑时在模板两边专人负责随时敲打模板，使混凝土达到内实外光，增强抗渗性。

5.4.10 控制好混凝土浇筑顺序，确保有序连续进行，如必须停歇，其停歇时间尽量缩短，并在混凝土凝结之前，将次层混凝土浇筑完毕，避免留置施工缝。

5.5 拆模与养护

5.5.1 拆模时间不能少于3d，拆模后不宜直接浇水养护，应及时覆膜进行保温养护，以尽量减少墙的表面收缩裂缝。

5.5.2 混凝土裂缝防治工作中，新浇混凝土早期养护尤为重要，在拆模后半个月内应保持湿养护，朝阳面的墙面尤其要保养好，应采取覆膜挂草袋、专人喷水等办法保湿保温。养护时间不得少于14d，养护混凝土时不允许用大水直接冲淋养护面。

5.5.3 混凝土浇筑完毕后，常温下在12h之内浇水（小水）养护。遇高温时6h之内浇水养护。墙体采用涂刷养生液养护，保证这些关键构件始终处于湿润状态，并加强施工中养护的监督，保证混凝土在早期时不产生收缩裂缝和温度裂缝。

5.6 劳动力组织，见表5。

劳动力情况表 表5

序　号	工　种	所需人数	备　注
1	管理人员	12	
2	泵手	4	
3	混凝土工	15	
4	木工	20	
5	钢筋工	20	
6	电工	3	
7	机操工	5	包括塔吊指挥
8	杂工	5	

6 材料与设备

6.1 混凝土原材料

6.1.1 水泥

水泥选用早期化学收缩性较小的42.5级普通硅酸水泥，水化热低、含碱量低、安定性好，水泥的主要技术指标应符合标准，避免温度应力过大而产生裂缝，水泥与外加剂之间具有良好的适应性。

6.1.2　粗骨料

选用连续级配且压碎指标小于12%的碎石，粒径为25～40mm，其含泥量不得大于0.6%，泥块含量不得大于0.5%，且不得含有机杂质。

6.1.3　细骨料

选用级配较好的中砂，含泥量不得超过3%，泥块含量不得超过2.0%，通过0.315mm筛孔的砂不得少于15%。

6.1.4　外加剂

应掺加高效缓凝减水剂，掺量必须严格按照配合比进行。进场必须有出厂合格证或质量保证书，确保其性能和质量的可靠性。

6.1.5　粉煤灰

选用Ⅰ级粉煤灰，降低水热化，有利于混凝土后期强度增长，满足混凝土抗裂要求，有效提高混凝土泵送性能，并且可以节约水泥。

6.1.6　聚丙烯纤维

选用优质聚丙烯纤维，必须达到表6-1标准要求。

聚丙烯纤维主要技术性能指标　　**表6-1**

相对密度（g/cm^3）	纤维长度（mm）	抗拉强度（MPa）	断裂伸长率（%）	弹性模量（MPa）	熔点（℃）	耐酸耐碱腐蚀
0.91	12～15	500	20～25	3800	170	好

6.2　机具设备

6.2.1　主要机具设备见表6-2。

主要机具设备表　　**表6-2**

序号	设备名称	设备型号	单位	数量	用途
1	混凝土输送泵	HBT60C	台	2	浇筑混凝土
2	漏斗及串筒		套	2	浇筑混凝土
3	插入式振动器	ϕ50	个	4	振捣混凝土
4	插入式振动器	ϕ30	个	2	振捣混凝土
5	真空泵		台	2	抽取浮浆
6	水准仪	YJS3	台	1	标高控制
7	吊线坠		个	1	垂直度控制
8	塔吊	60t·m以上	台	1	垂直转运
9	钢筋切断机	GQ50	台	1	钢筋加工
10	钢筋弯曲机	GW40	台	2	钢筋加工
11	电渣压力焊机		台	4	钢筋焊接
12	圆盘锯	ϕ400	台	2	模板加工

6.2.2 辅助机具设备

(1) 钢筋工程：砂轮切割机、钢筋钩子、钢筋刷子、撬棍、扳手、钢卷尺等。

(2) 模板工程：电刨、压刨、手锯、锤子、钢卷尺、电钻、直角尺。

(3) 混凝土工程：橡胶软管、混凝土吊斗、布料杆、灯具。

7 质量控制

7.1 工程质量控制标准

地下室外墙施工执行《地下防水工程施工质量验收规范》GB50208—2002、《混凝土结构工程施工质量验收规范》GB50204—2002。

7.2 质量保证措施

7.2.1 混凝土原材料外观质量应符合规范要求，按规范要求进行复检，检查产品合格证、出厂检验报告和进场复试报告。

7.2.2 模板应严格按方案进行安装，浇筑混凝土前应组织对模板及其支架进行验收，确保其具有足够的承载力、刚度和稳定性，能可靠地承受浇筑混凝土的侧压力及施工荷载。

7.2.3 浇筑混凝土时，应安排专人对模板及支架进行跟踪检查，及时处理支架和模板的变形，避免胀模（变形）、跑模（位移）甚至坍塌的情况的发生。

7.2.4 钢筋保护层厚度应符合设计要求，要保证钢筋、混凝土垫块的位置正确，观察有无露筋，预留孔洞是否方正、整齐。

7.2.5 模板及其支架应具有足够的承载力、刚度和稳定性，能可靠地承受浇筑混凝土的重量及施工荷载。施工中不得用重物冲击模板，结构拆模应按施工技术方案执行。

7.2.6 混凝土曲面墙体施工缝应按设计布置，浇筑高度按技术方案确定或符合规范要求。

8 安全措施

8.1 混凝土浇筑前，项目部应对操作人员进行安全技术交底，做到事前预控，事中执行，事后检查。

8.2 混凝土浇筑前，应对振动器进行试运转，振动器操作人员应穿绝缘鞋、戴绝缘手套；振动器不能挂在钢筋上，湿手不能接触电源开关。

8.3 混凝土运输、浇筑部位应有安全防护栏杆和操作平台。

8.4 根据施工特点编制安全操作的注意事项及具体施工安全措施。

8.5 操作人员应熟悉作业环境和施工条件，听从指挥，遵守现场安全规则。

8.6 使用溜槽或串筒下料时，溜槽或串筒必须牢固地固定，人员不得直接站在溜槽帮上操作。

8.7 混凝土浇筑前应检查模板及其支撑稳固情况，施工中严密监视，发现问题应及时加固，施工中不得踩踏模板支撑。

9 环保措施

9.1 施工中应做好环境保护工作，根据工程实际情况识别墙体浇筑混凝土工作范围内的环境因素，并建立重要环境因素清单，制定详细解决和预防方案，严格控制。

9.2 要重点对有毒有害物质的收集处理工作，对现场使用的外加剂、脱模剂、机油等液体要有专用器皿收集，专人负责监管，确保不污染现场的水源、土壤。

9.3 对混凝土浇筑过程中的噪声和粉尘控制要符合当地环保部门的要求，现场应有必要的隔声和清洗措施。

9.4 现场混凝土施工时应及时清运废弃物，保持工完场清。

9.5 施工场地要求应符合建筑安全管理规定和国标 GB/T24001—1996 及 ISO14001—1996 的有关规定。

10 效益分析

10.1 社会效益

对钢筋混凝土曲面墙体裂缝控制进行理论分析、研究、探讨，提出了裂缝控制综合技术，并将其应用于工程实践，取得了良好的效果。通过超长曲面混凝土墙体防裂缝控制技术的实施，全面提高了企业施工技术水平，为今后类似工程裂缝控制的设计与施工提供了很好的借鉴作用。

10.2 经济效益

（1）可显著缩短施工工期，工期效益明显。

（2）采用清水模板体系，节约抹灰量及人工、材料费。

（3）适量添加粉煤灰、聚丙烯纤维，可减少水泥用量，不增加混凝土成本。

11 工程应用实例

东莞玉兰大剧院地下室一层外墙长达 420m（如图 11 所示），高分别为 6.8m 和 5m。它由弧形墙、斜形墙、斜柱和异形柱组成的外墙。弧形墙在（D11 ~ D1 轴和 C11 ~ C1 轴）墙厚为 600mm，斜形墙和斜柱在（A1 ~ A11 轴和 B1 ~ B11 轴）墙厚为 600mm，斜墙和斜柱均向内倾斜 62°，向上收缩，斜柱截面尺寸为 600mm × 800mm 和 1200mm × 800mm，共有 24 根斜柱。整个地下室外墙以后浇带分为四个施工段，最长施工段曲面墙体长达 198m，如何避免因各种原因引起的肉眼可见裂缝，是本工程的一个难点。

在超长曲面混凝土墙体中添加聚丙烯纤维，有效地改善了混凝土的综合性能，对混凝土裂缝控制起到了积极的作用，并经过精心组织、精心施工，一次整浇曲面墙体长度达 198m，为国内整浇长度最长的曲面墙体。经地质雷达检测，地下室外剪力墙混凝土均匀密实，无缺陷、裂缝。施工中采用该项技术，有效地缩短了混凝土墙体施工工期，直接经济效益 67.9 万元。同时，获得了社会同行业的高度评价。

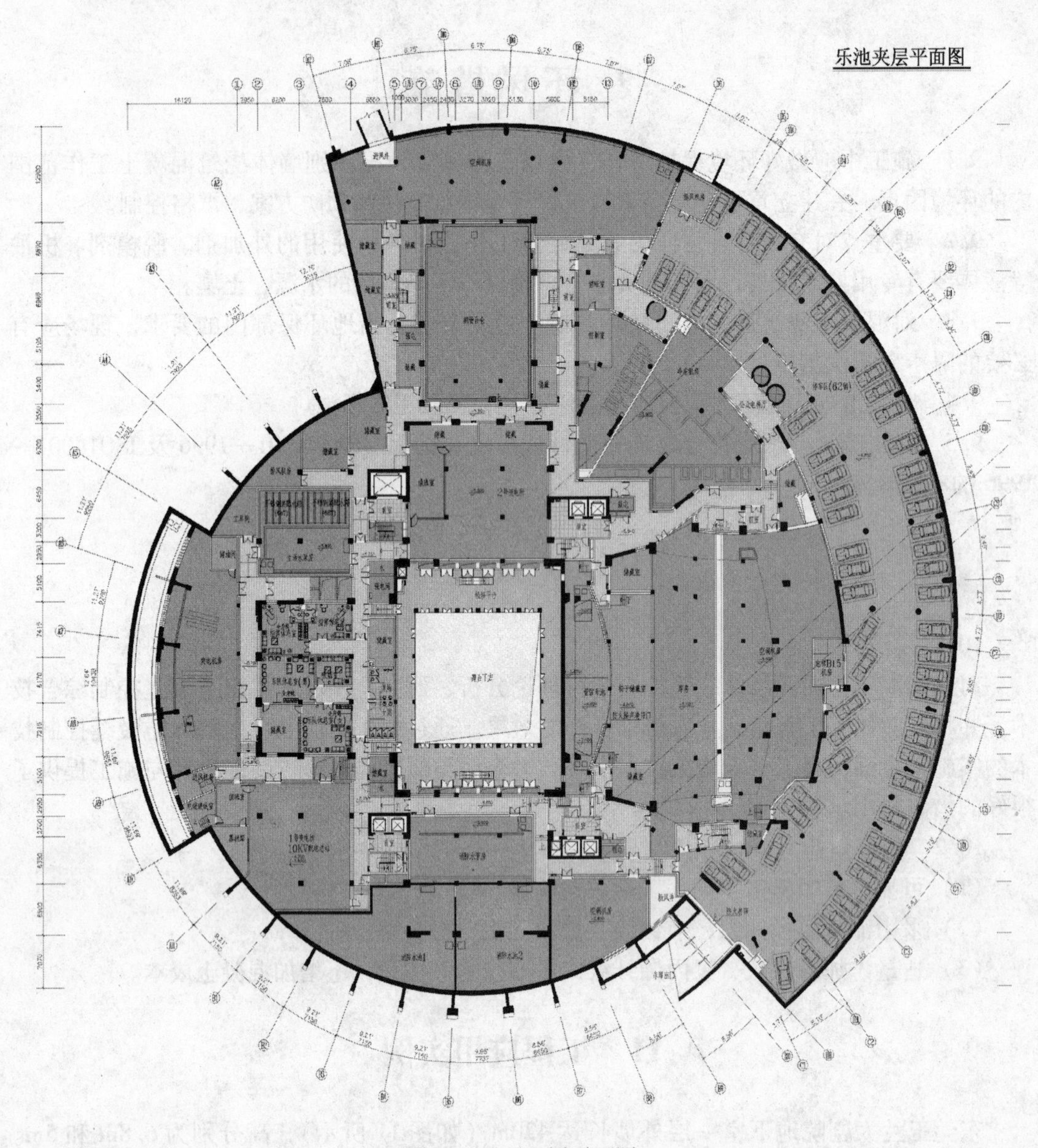

图 11　地下一层平面图

超薄、超大面积钢筋混凝土预应力整体水池底板施工工法

编 制 单 位：中国建筑第六工程局
批 准 部 门：国家建设部
工 法 编 号：YJGF175—2006
主要执笔人：柳晓君　谢新宇　魏　鑫　尹晓明　赵绪刚

1 前　　言

随着城市的不断发展，相应的配套设施污水处理厂的数量正在不断增加，无粘结预应力技术越来越多地被用于此类建筑中，也正逐步走向成熟，而超大面积、超薄预应力整体水池底板施工成为了其中的代表之一。

由中建六局北方公司承建的锦州污水处理厂工程生化池底板是中国市政工程东北设计研究院采用美国 JHCE 公司专利技术进行设计的整体无粘结预应力底板，设计十分新颖，它取消了以往大型池体温度伸缩缝，形成了一个 90m × 55m 的整体底板，厚度由以往的 400 ~ 600mm 厚变为 150mm 厚。由于生化池底板的厚度仅有 150mm，且无分割缝，这在同类设计中尚属罕见，施工技术要求高，且面积大，所以施工中的技术含量较高，施工质量的控制也具有很大的难度。

该施工工法荣获 2005 ~ 2006 年度中建总公司级工法，2006 年度中国建筑工程总公司科学技术奖三等奖。

2 特　　点

2.1　施工工艺科学、合理。有效解决了因施工缝和由于混凝土徐变造成的生化池底板渗漏，而使整个池体渗水量超标。

2.2　降低施工成本、缩短施工工期、提高工程质量。由于无粘结预应力技术的应用，生化池底板从 400 ~ 600mm 厚变为 150mm 厚底板，大大地缩短了施工工期，并给项目带来了直接可观的经济效益。

2.3　由于是超薄的底板，双向预应力钢绞线的敷设要求定位准确；否则，底板会因受力不均造成质量隐患，因此施工精度高，操作要求严格。

3 适用范围

适用于工业、民用建筑中大面积、超薄预应力板的施工。

4 工艺原理

将钢绞线及锚具预埋在混凝土板内，待混凝土板达到强度后通过张拉使钢绞线对混凝土板产生预应力，从而达到增加混凝土板承载力的目的。

5 工艺流程及操作要点

5.1 工艺流程

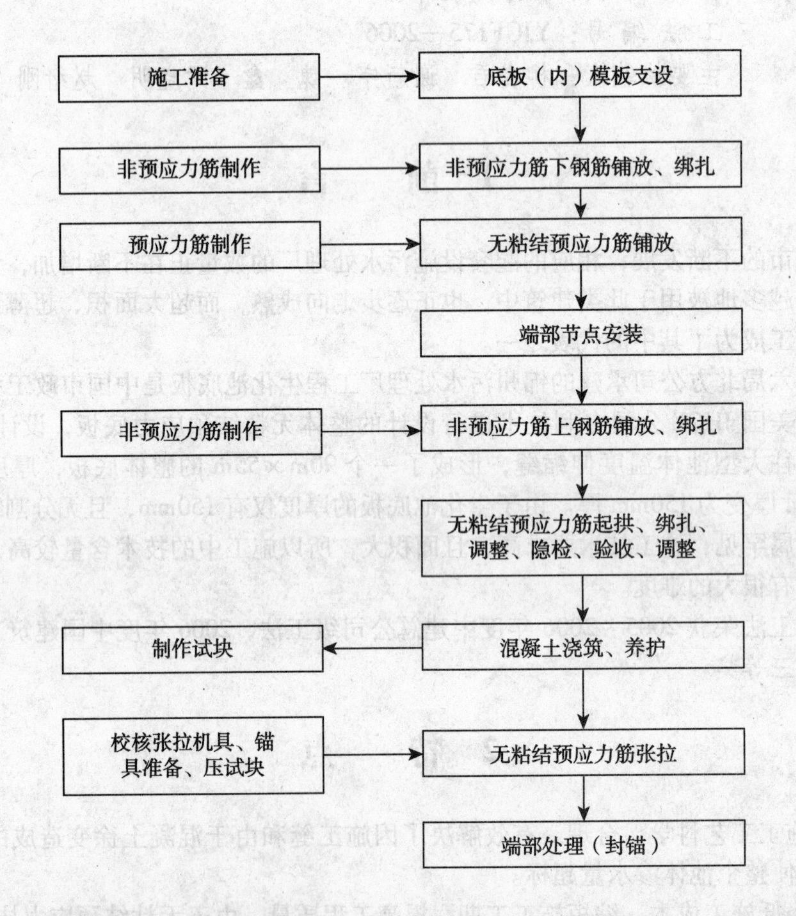

5.2 操作要点

5.2.1 材料要求

（1）无粘结预应力筋：采用高强低松弛钢绞线，强度、尺寸要求应满足设计规定。钢绞线须采用大型企业优质产品，进场时附有生产厂家的合格证书、检测报告，并按每60t为一批进行抽样复验。

无粘结预应力筋护套应光滑、无裂缝、无明显褶皱；对局部破损的外包层，可用水密性胶带进行缠绕修补，胶带搭接宽度不小于胶带宽度的1/2，缠绕长度应超过破损长度。严重破损者不得进入现场，并予以报废。

无粘结预应力筋装卸、起吊、搬运，不得摔砸踩踏；严禁钢丝绳或其他坚硬吊具与无粘结预应力筋外包层直接接触。

无粘接筋露天堆放，不得直接与地面接触，应采用方木垫置，并用塑料布覆盖严实。

（2）锚具：采用Ⅰ类锚具，锚具效率系数 $\eta_a \geqslant 0.95$，试件破断时的总应变 $\varepsilon_u \geqslant 2\%$。进场锚具与钢绞线配套，有生产厂家出具的合格证书、检测报告，并按要求进行硬度和静载锚固性能复试。所有进场锚具、夹具表面应无污物、锈蚀、机械损伤和裂纹。

（3）锚具密封：使用 Sikadur32 或 Hi－mod 胶粘剂，然后用环氧 Sikadur35 或 Hi－modLV 密封。

（4）焊条：施焊 Q235 钢（含 Q235B）采用 E43××型，施焊 Q335 钢采用 E50××型。

无粘结预应力筋及配件运输过程中尽量避免碰撞挤压，运到施工现场后，应按不同规格分类，挂牌标识，整齐堆放在干燥、平整的地方，切忌接触电气焊作业。锚夹具及配件应存放在室内干燥平整地方，避免受潮和锈蚀。

5.2.2 制作下料

（1）无粘结预应力筋按照施工图纸规定进行下料。按施工图上结构尺寸和数量，考虑预应力筋的曲线长度、张拉设备以及不同形式的组装要求，定长下料。预应力筋下料应用砂轮切割机切割，严禁使用电气焊。

（2）为避免预应力筋在下料过程中破损并方便施工，现场设下料场 600m^2 左右（长 100m、宽 6m），采用 C10 混凝土浇筑地面，保证平整、干净。

（3）在下料过程中，遇钢绞线有死弯的应去除死弯部分，以保证每根钢绞线通长顺直。

（4）为保证预应力筋成型正确，采用马凳筋来控制预应力筋的矢高。

（5）制作过程中，应根据预应力筋的长短及所铺设位置逐根编号，并在堆放过程中分号堆放，以免造成施工时的混乱。

（6）张拉端外露长度要求控制在 80cm 以内，张拉用的锚具由专人负责发放，做到一孔一锚。

5.2.3 垫层施工

垫层施工前，在垫层下铺设 10mm 厚的石夹砂，经整平压实后再进行垫层施工，垫层施工时采用按轴线网格预埋标高控制钢筋的方法控制垫层施工的标高，并采用平板振捣器进行振捣。混凝土未达到强度前严禁任何人上到垫层上行走、踩踏，从而确保垫层的平整度不超过 ±5mm。

5.2.4 滑动层铺设

垫层达到强度后在垫层上铺设滑动层，滑动层采用三层 0.2mm 厚的滑动塑料板。

5.2.5 铺设与安放

（1）铺筋前的准备工作：

①准备端模：预应力构件端模宜采用木模，并根据预应力筋的剖面位置在端模上打孔。

②定位筋的制作：

a. 为保证线形正确，误差在 ±5mm 之间，在预应力筋的下部设置马凳筋的间距在 1.2m 以内；

b. 预应力筋的线形通过支撑筋控制，水平误差在 ±5mm，竖直误差在 ±5mm；

c. 待底板普通钢筋下层绑扎完成后安放定位马凳筋；非预应力筋（里）绑扎基本完毕后，根据每层预应力筋高度安放并绑扎（或点焊）预应力定位筋，其高度为预应力筋中线高度减去预应力筋半径（约 10mm）。为保证预应力筋矢高准确，曲线顺滑，要求每层筋水平方向每隔 1.5m 左右设置一个定位筋。

（2）铺设与安放：

①无粘结预应力筋应严格按要求就位并固定牢靠。无粘结预应力筋的曲率，垫铁马凳控制，铁马凳间距不大于 2m，并应采用钢丝与无粘结筋扎紧。

②预应力筋逐层穿入，注意避免与普通筋发生摩擦。每穿好一束预应力筋，待位置调整无误后，利用绑丝将其固定。除了将其固定在定位筋上，还应在每两个定位筋设一定位点（与普通筋绑牢）。竖向预应力筋同样定位。

③施工前，由土建方将各种留洞、预埋管道准确标示在模板处。过洞口处预应力筋应顺滑，预应力筋转弯位置在水平方向上与洞口距离不得大于 500mm，且预应力筋距洞口最小不得小于 50mm。

④过洞口预应力筋处理方法：在竖直方向上与洞口边缘距离小于 400mm 的预应力筋，应绕过洞口。应注意预应力筋转弯处距洞口水平距离应不小于 500mm；同时，预应力筋与洞口上下边缘最小距离不小于 50mm，在竖直方向上与洞口边缘距离小于 400mm 的预应力筋，应断开并在洞口两侧的扶壁柱上设置张拉端。预应力筋遇孔洞时尽量按构造要求绕行，避免增加张拉节点。

⑤节点安装：

将端模板固定好；将承压板用火烧丝固定好，使其表面靠紧模板。张拉作用线（沿外露预应力筋方向）应与承压板面垂直。

在预应力筋的张拉端后装上一个螺旋筋，要求螺旋筋要紧贴承压板。

节点安装要求：

a. 要求预应力筋伸出承压板长度（预留张拉长度）大于等于 40cm；

b. 将木端模固定好；

c. 螺旋筋应固定在张拉端及锚固端的承压板后面，圈数不少于 3 ~4 圈。

⑥铺设：

a. 张拉端部预留孔应按施工图中规定的无粘结预应力筋的位置编号和钻孔；

b. 张拉端的承压板应用钉子或螺栓固定在端部模板上，且应保持张拉作用线与承压板相垂直；

c. 无粘结预应力筋垂直高度采用支撑钢筋控制，在板内垂直偏差为 ±5mm；

d. 无粘结预应力筋的位置宜保持顺直，施工时采用多点画线或挂线方法，按点线铺设预应力筋；

e. 双向铺放预应力筋时，应对每个纵横筋交叉点相应的两个标高进行比较，对各交叉点标高较低的无粘结预应力筋应先进行铺放，标高较高的次之，宜避免两个方向的无粘结预应力筋相互穿插铺放；

f. 铺放各种预埋管道管线，不应将无粘结预应力筋的垂直位置抬高或压低；

g. 当集束配置多根无粘结筋时，应保持平行走向，防止相互扭绞；

h. 无粘结预应力筋的外露长度应根据张拉机具所需要的长度确定，无粘结预应力曲线筋或折线筋末端的切线应与承压板相垂直，曲线度的起始点至张拉锚固点应有不少于300mm 的直线段；

i. 在安装穴模或张拉端锚具时，各部件之间不应有缝隙；

j. 张拉端和固定端须配置螺旋筋，螺旋筋应紧靠承压板或锚具，并可靠固定。

（3）质量自检及持续改进措施：

①预应力筋根数、位置是否正确；

②预应力筋高度及顺直偏差；

③无粘结筋外包塑料皮有无破损；

④节点安装是否正确、牢固。

5.2.6　混凝土的浇筑与振捣

（1）预应力筋铺放完成后，应由业主单位、施工单位、监理公司及设计人员对预应力筋锚具的品种、规格、数量、位置及锚固区局部加强构造等进行隐检验收，确认合格后，方可浇筑混凝土。

（2）无粘结预应力筋的定位应确认牢固，浇混凝土时不应出现移位和变形。

（3）混凝土浇筑时，严禁踏压撞碰无粘结预应力筋、支撑架以及端部预埋部件。

（4）混凝土浇筑时应认真振捣，保证混凝土密实。尤其是张拉端、固定端、承压板周围的混凝土必须振捣密实，严禁漏振和出现蜂窝孔洞，以免张拉时变形。

（5）严格控制混凝土骨料、外加剂材质，计量准确，搅拌时间不少于90s。混凝土振捣到位，遵循“紧插慢拔30s”的原则并由人工配合适当敲打，本模板提前浇水湿润，消除混凝土成型出现气泡缺陷。

（6）混凝土浇筑过程中，应派专人跟踪看护。遇有预应力筋位置改变时，应立即与土建方配合及时纠正。

（7）混凝土裂缝控制：

①池子结构混凝土中掺加高效复合抗裂外加剂，提高抗渗和防裂能力，减少混凝土中的微裂缝，同时减少混凝土的收缩裂缝，掺量为水泥用量的3%。

②选用低热低碱胶凝材料，降低混凝土中心最高温度和内外温差。

③选用低碱含量的缓凝高效减水剂。使用高效减水剂在保证同样工作度和强度条件下可以降低水灰比，降低水泥用量，减少水化热温升。使用缓凝剂高效减水剂可以推迟高峰出现的时间，降低最高温度，减少内外温差，减少混凝土裂缝。

④混凝土配比中遵守中低强度高效高性能混凝土（HPC）配合比的设计原则：

a. 控制水灰比小于等于0.5；

b. 坍落度小于等于160mm；

（8）混凝土试块留置：混凝土除按要求留置抗压、抗渗、抗冻融标养试块外，还应根据需要做同条件养护试块。预应力筋分两次张拉（35%及75%强度），同条件试块抗压强度作为预应力筋张拉的主要依据，必要时可采用无损回弹方法测定混凝土强度以作参考。

5.2.7　预应力张拉

无粘结预应力张拉工艺流程如下：

（1）张拉前机具标定

张拉前，根据设计和预应力工艺要求的实际张拉力对机具进行标定，并由专人使用和管理。实际使用时，根据此标定值作出“张拉力—油压力”曲线，根据该曲线找到控制张拉力值相对应的油压表读值，并将其打在相应的泵顶表牌上，以方便操作和查验。

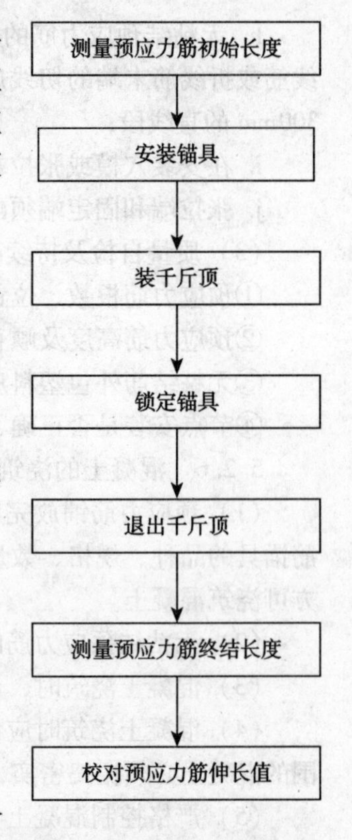

(2) 预应力筋张拉前的准备

①根据施工要求采用千斤顶及油泵的配套校验，以确定千斤顶张拉力与油泵压力表读数间的关系，保证张拉力准确无误。

②清理穴模及承压板，去除张拉部分钢绞线的外包层。

③安装张拉锚具，安装时应保证夹片清洁，无杂物。

④张拉伸长值的计算：$a_1=f_{pm}l_p/(A_pE_p)$，E_p 值由钢绞线厂家提供，以及复算。

⑤确定张拉顺序。

⑥张拉班组的安全教育、技术交底及工作分配。

⑦准备张拉记录表。

(3) 无粘结预应力钢筋张拉

①张拉前，按混凝土张拉强度要求提供混凝土强度报告。

②张拉时应以控制应力为主，并校核理论伸长值张拉。由于无粘结预应力筋较长，张拉值大于千斤顶行程，所以采用分级张拉，即锚固一次后千斤顶回程进行第二次循环，直至达到控制值。两端均应拉到控制值，伸长值合并计算。当实际拉伸值超出理论值的 +6% ~ -6% 的范围应停止张拉，待查出原因后再继续张拉。

③如预应力筋超长，张拉过程中应缓慢加力，张拉程序为：$0\rightarrow10\%\sigma_{con}\rightarrow100\%\sigma_{con}$。

④安装张拉设备时，对直线的无粘结预应力筋，应使张拉力的作用线与无粘结筋中心线重合；对曲线的无粘结预应力筋，应使张拉力的作用线与无粘结筋中心线末端的切线重合。

⑤无粘结预应力筋张拉时，应逐根编号填写张拉记录。

⑥片锚具张拉前，应清理承压板面，检查承压板后面的混凝土质量；张拉后，采用砂轮锯切断超长部分的无粘结预应力筋，严禁电弧焊切断。

⑦张拉完成后应待 24h 后，查看锚固情况。如一切正常后，可将端部剩余无粘结预应力筋用无齿锯切掉，剩余的余留长度不小于 30mm。

(4) 张拉操作要点

①穿筋：将预应力筋从千斤顶的前端穿入，直至千斤顶的顶压器顶住锚具为止。如果需用斜垫片或变角器，则先将其穿入，再穿千斤顶。

②张拉：油泵启动供油正常后开始加压，当压力达到 2.5MPa 时，停止加压。调整千斤顶的位置，继续加压，直至达到设计要求的张拉力。当千斤顶行程满足不了所需伸长值时，中途可停止张拉，做临时锚固，倒回千斤顶行程，再进行第二次张拉。

③采用张拉时张拉力按标定的数值进行，用伸长值进行校核，即张拉质量采用应力应变双控方法。根据有关规范规定，张拉实际伸长值误差不应超过理论伸长值的 ±6%。

④认真检查张拉端清理情况，不能夹带杂物张拉。

⑤锚具要检验合格，使用前逐个进行检查，严禁使用锈蚀锚具。

⑥张拉严格按照操作规程进行，控制给油速度，给油时间不应低于0.5min。

⑦无粘结筋应与承压板保持垂直；否则，应加斜垫片进行调整。

⑧千斤顶安装位置应与无粘结筋在同一轴线上，并与承压板保持垂直；否则，应采用变角器进行张拉。

⑨张拉中钢绞线发生断裂，应报告工程师，由工程师视具体情况决定处理。

⑩实测伸长值与计算伸长值相差6%以上时，应停止张拉，报告工程师进行处理。小于6%时，可进行二次补拉。

⑪张拉控制要求：略。

⑫底板无粘结预应力的张拉控制要求：略。

5.2.8　采用二次张拉施工工艺

（1）从一个方向的直径处开始，并依次进行对称张拉，最后进行环向张拉。当直径处浇筑的混凝土强度达到设计值时，进行第一次张拉，然后进行另一个方向的张拉，所有张拉均为两端同时张拉。

（2）无粘结预应力筋张拉要求：

当强度达到设计要求时先进行竖向预应力筋的张拉，然后再进行水平方向的第二次张拉。水平向、竖向的每根无粘结预应力筋的控制张拉力为193.9kN，且水平向为两端同时张拉。

竖向无粘结预应力筋的张拉点应从中间开始，两侧均匀进行。在套管、孔洞两侧应对称进行。水平向无粘结预应力筋的张拉从底部开始，向上间隔进行张拉，且两根水平钢绞线同时在两端被张拉。即张拉顺序为底部第一排，向上第三排，向上第五排……至顶部。然后在从底部进行第二排，向上第四排……依次进行。

5.2.9　张拉测量记录

张拉前逐根测量外露无粘结预应力筋的长度，依次记录，作为张拉前的原始长度。张拉后再次测量无粘结筋的外露长度，减去张拉前测量的长度，所得之差即为实际伸长值，用以校核计算伸长值。测量记录：应准确到毫米（mm）。

5.2.10　封锚

预应力筋在张拉后，经监理验收合格后，用砂轮锯将外漏预应力筋切断，剩余30～40mm，然后涂防锈漆，然后根据设计要求使用Sikadur32或Hi－mod胶粘剂，最后用环氧Sikadur35或Hi－modLV密封处理。

6　材料与机具设备

6.1　材料

无粘结预应力筋、张拉锚、挤压锚、承压板、螺旋筋支撑马凳筋。

6.2　机具设备

油泵、张拉千斤顶、超短工具顶、砂轮锯、配电箱、电焊机、挤压机、无齿锯、工具箱、卸锚及密封件工具、变角张拉器、对讲机、钢卷尺、钢卷尺等，见表6。

机具设备　　表6

序号	机械设备名称	规格型号	额定功率或吨位	单位	数量	备注
1	前置内卡式油压千斤顶及油泵	YCN－18	8kW，18t	组	2	
2	前置内卡式油压千斤顶及油泵	YCN－25	10kW，25t	组	2	
3	拉杆式千斤顶及油泵	YC－20D	20t	组	4	
4	无齿锯	WJ400	2.2t	个	4	
5	电焊机	500A	25kW	个	6	
6	挤压泵			个	5	
7	对讲机			个	20	
8	钢卷尺			个	40	

7　质量控制

7.1　执行规范

《混凝土结构施工及验收规范》GB50204—2002。

《预应力筋用锚具、夹具和连接器应用技术规程》JGJ85—2002。

7.2　验收标准

验收标准见表7－1～表7－5。

碳素钢丝及钢绞线力学性能　　表7－1

项　次	性能指标	钢绞线
1	公称直径	$d=15.24$
2	抗拉强度标准值（MPa）	1860
3	整根钢绞线最大负荷（kN）	不小于259
4	屈服负荷（kN）	不小于220
5	延伸率（%）	3.5
6	松弛率级别	Ⅱ级
7	弹性模量（GPa）	195±10

无粘结预应力筋锚具　　表7－2

无粘结预应力筋品种	张拉端	固定端
钢绞线1×7－ϕ15.0	夹片式锚具XM型、QM型	焊板夹片式锚具、挤压锚具

无粘结预应力筋铺放质量标准　　表7－3

项　次	项　目		允许偏差（mm）
1	无粘结预应力筋位置	垂直高度偏差	±5
		水平位置偏差	30
2	端节点承压板垂直度偏差		3
3	曲线段起始点至张拉锚固点的平直段长度		≥300
4	镦头式锚具张拉螺杆拧入锚杯内深度		≥30

锚具质量标准　　表7－4

项　次	项　目	质量标准
1	外观检查	表面无裂纹、夹渣
2	硬度检验	符合图纸要求
3	硬度检验	硬度值在要求范围内
4	预应力筋——锚具组装件静载锚固性能：锚具效率系数 η_a 实测极限拉力时总应变 $\varepsilon_{apu,tot}$	≥0.95 ≥2.0%
5	疲劳锚固性能（试验应力上限取预应力钢材抗拉强度标准值的65%，应力幅度取80N/mm^2）	200万次
6	低周荷载试验（用于地震区时）周期荷载循环次数（试验应力上、下限分别取预应力钢材抗拉强度标准值的80%、40%）	50次
7	镦头式锚具同束钢丝下料长度的相对误差	不大于预应力筋长度的1/5000；且不大于5mm

无粘结预应力筋张拉质量标准　　表7－5

项　次	项　目		标　准
1	实际伸长值与计算伸长值的差		+10%～－5%
2	锚固阶段，张拉端预应力筋的内缩量不大于	镦头式锚具	1mm
		夹片式锚具	5mm
3	滑、断丝数量占同一截面预应力筋总量不大于		2%
4	张拉锚固后，实际预应力值与设计规定校验值的相对允许偏差		±5%
5	预应力筋切断后露出锚具外长度不小于		30mm

7.3　其他控制措施

（1）校验油泵和千斤顶；

（2）张拉要严格按照校验后提供的数值进行张拉，油泵送油要缓慢，防止一次加油过大使钢绞线断裂，两侧张拉要对称、同步。

（3）施工前对工人进行技术培训，确保工人按工艺要求进行张拉施工。

（4）张拉按施工组织设计要求顺序进行张拉，张拉过程中及时填写数据资料，确保张拉数据准确无误，及时归档。

（5）预应力筋只有在其曲线矢高得到保证的条件下，才能建立起设计要求的预应力值，因此，确定合理的铺设顺序非常关键。另外，敷设和各种管线不应将无粘结预应力筋的垂直位置抬高或降低，必须保证预应力筋位置正确。

（6）由于固定端锚具预先埋入混凝土中，无法更换，因此应具有更高的可靠度，保证在张拉过程中和使用阶段的可靠锚固。固定端锚具安装后应认真检查，逐个验收。

（7）张拉设备应由专人负责使用、管理、维护与校验。张拉设备必须配套校验，校验期限根据工程情况而定，一般不宜超过半年。

（8）无粘结预应力筋锚固端安装时，必须保证承压钢板、螺旋筋、网片以及抗侧力钢筋的规格、尺寸、安装位置符合设计要求，并可靠固定。锚固区的混凝土必须认真振捣，确保混凝土密实。

（9）计算预应力筋的张拉伸长值时，各曲线段、直线段应分段计算再相加。计算伸长的弹性模量取值，宜对预应力钢材进行实测确定。

8　安全施工措施

8.1　坚决贯彻“安全第一、预防为主”的方针，以防为主、防管结合，专职管理和群众管理相结合，做到精心组织、文明施工，杜绝重大伤亡事故。

8.2　贯彻落实安全生产、安全例会等规章制度，做好安全技术交底，详细安全操作规程，加强安全三级教育，提高安全生产意识和自我安全防范意识。

8.3　实行经理部、职能部门、班组三级安全保证体系，坚决贯彻“管生产必须管安全”的基本原则。

8.4　成立以总经理为组长的安全生产领导小组，认真实施安全例会制度和安全生产否决权，深入开展安全教育，强化“安全生产”意识，并充分发挥安全监督职能作用。

8.5　坚持安排生产的同时，安排安全工作目标、措施及安全要点，并落实到人，在向班组下达生产任务的同时，下达书面安全措施交底，并说明施工中的安全要点。

8.6　实行领导安全值班制度，定期组织安全大检查，对不安全情况，限期整改，并落实到部门和个人，对重要施工部位，推行安全哨责任制，加强巡回检查。

8.7　施工现场设立安全标语、宣传口号及安全警示色标。

8.8　编制施工现场临时用电组织设计并上报审批。现场采用三相五线制，做到一机一闸一漏保。严禁使用破损或绝缘性能不好的电线，严禁电线随地走，所有电闸箱有门有锁。

8.9　电焊机要上有防雨盖，下有防潮垫，一二次电源接头处有防护装置，二次线使用接线柱，一次电源采用橡套电缆或穿塑料软管，长度不大于3m。

8.10　手持电动工具要有灵敏有效的漏电装置，振捣器、打夯机等操作者应戴绝缘手套。夜间施工，必须有充分照明。照明灯具应有防护措施，并接地良好。机器传动部分有防护，专人专机，不超载、不带病运转，各种限位装置良好。

8.11　特殊工种持证上岗，各工种掌握本工程安全操作规程。

8.12　项目应按照《建筑施工安全检查标准》JGJ59—99对施工现场各类设施及行为随时作出评价，发现问题及时整改。项目安全员随时对各种资料进行收集、整理、汇总，以保证其及时性、正确性和完整性。

8.13　消防工作必须列入现场管理重要议事日程，加强领导，健全组织，严格制度，建立安全消防体系，成立消防领导小组，统筹施工现场生活区等消防安全工作。定期与不定期开展防火检查，整治隐患。

8.14　对消防员进行培训，熟练掌握消防的操作规程。请专职消防员对现场所有管理人员及工人进行消防常识教育，演示常用灭火器的操作。

8.15　严格明火制度，设专人监护。施工现场可燃气体及助燃气体如乙炔和氧气、汽油、油漆等不得混乱堆放，设专用库房，远离建筑物及临时设施，防止露天暴晒。按施工现场有关规定配备消防器材，对易燃、易爆、剧毒物品设专库专人管理，严格控制电焊、气焊地盘位置，采取保证消防用水的措施。

9　环境保护措施

9.1　从设备选择方面，在满足生产需要的前提下，尽量避免选用废气排放大、噪声大等污染较重的设备机具。

9.2　对于现场使用的设备及运输车辆定期进行检验维修，避免因设备运转不良以及超量排放废气等原因造成的污染。

9.3　对运输人员进行交底，避免超载、满载对场地造成的地面污染。

9.4　在现场指定垃圾排放地点，统一外运。严禁将建筑、生活垃圾随意排放。

9.5　严禁在现场焚烧废弃物。

9.6　严禁将含毒性废弃物排入地下排水管网。

9.7　现场生产中，要求操作人员做到“工完场清”，及时清理所处作业面的废物。

9.8　对钢筋加工场地、木工房等噪声污染大的加工场所采用封闭式结构。

9.9　工地出入口设有车辆冲洗设备，防止进出车辆带泥上道。

10　效益分析

10.1　经济效益

通过超薄钢筋混凝土预应力水池施工技术的开发和应用，为本项目创造了良好的经济效益。

正常污水处理厂生化池底板如要达到使用要求厚度需为400～500mm，而本工程所施工池体仅为150mm，降低了混凝土用量62.5%～70%，降低了本工程混凝土的直接造价210.96万元。超薄钢筋混凝土预应力水池施工技术的应用，有效地缩短了施工工期，节约人工、机械费用20万元。

共计降低造价210.96+20=230.96万元

10.2　社会效益

锦州市污水处理厂是锦州市惟一的一个污水处理厂，是锦州市的重点工程，它的圆满竣工被写入 2004 年辽宁省政府工作报告中。

2003 年，我公司在锦州污水处理厂工程的施工中采用了本项技术，大大提高了生化池底板的承载力，在施工质量提高的基础上节约了成本，浇筑 150mm 厚的混凝土底板，整个池底需 742.5m^3 混凝土，而按照平常浇筑 500mm 厚的混凝土底板，整个池底需要浇筑 2475m^3 混凝土，每立方米混凝土造价按 350 元计算，使用该项新技术为建设单位共节约工程成本 606375 元。业主在 2004 年元旦到来之际给中建六局北方公司发来了表扬信，赞扬锦州污水处理厂项目部 2003 年的施工质量令业主十分满意。

本着“过程精品，质量重于泰山，中国建筑，服务跨越五洲”的质量观，我们严格按照 ISO9001 相关程序文件控制工程质量。由于积极推广应用和开发新技术，我们在质量、安全、文明施工等方面均取得了良好的成绩，由中建六局北方公司施工的锦州市（城市）污水处理厂工程能够高质量、高速度地完成，令业主、监理十分满意。本工程先后获得了中建总公司优质工程金奖，辽宁省“世纪杯”、锦州市“古塔杯”、中建总公司 CI 创优奖、中建六局示范工程、中建六局 QC 三等奖、中建六局局级施工工艺奖项。

中建六局北方公司以本工程为龙头，先后在锦州市和周边城市承揽了葫芦岛污水处理厂、葫芦岛水泥厂、葫芦岛锌厂、长春污水处理厂等多个工程，为北方公司进一步打开辽西市场打下了坚实的基础，赢得了良好的社会效益。

10.3　技术效益

超薄钢筋混凝土预应力水池施工工艺为此项技术在同类工程中的应用起到了推进作用。

11　工程应用实例

由中建六局北方公司承建的锦州市污水处理厂工程是锦州唯一的一个污水处理厂，锦州市的重点工程，2003 年在生化池施工中，采用了本项技术，大大提高了生化池池体的承载力，在施工质量提高的基础上还缩短了工期，得到了设计单位、监理单位及业主的一致好评，为公司赢得良好的社会效益和 230.96 万元的经济效益。

本工程厂区占地面积 $8.28\times10^4m^2$；总建筑面积：18000m^2；其中建筑物面积 4500m^2，构筑物面积 13500m^2；主要工程量：土方工程量 478620m^3，钢筋工程量 2124t。混凝土工程量 27664m^3。锦州污水处理厂工程是以治理辽河流域为目的的环保工程，日处理污水 10 万吨，是目前锦州市唯一的污水处理厂。

大悬臂双预应力劲性钢筋混凝土大梁施工工法

编制单位：中国建筑第七工程局
批准部门：国家建设部
工法编号：YJGF179—2006
主要执笔人：翟国政　王国栋　聂意江　黄延铮　张银竹

1 前　言

为满足小断面大跨度的钢筋混凝土梁的挠度和抗裂要求，有时只靠预应力钢筋混凝土结构或只靠劲性钢筋混凝土结构难以完成，必须在劲性钢筋混凝土结构的基础上再增加预应力钢筋，甚至再增加反力作用措施，在三者共同作用下才能满足设计要求。我们在济源篮球城主体育馆项目中采用了大悬臂双预应力劲性钢筋混凝土大梁施工技术，本技术经河南省科学技术情报研究所检索为国内首例，经河南省建设厅专家评审为国内领先技术。获河南省工法，中建总公司科技进步三等奖。为积累类似工程施工经验，特制定本工法。

2 工法特点

2.1　跨高比可以适当加大。

2.2　延缓裂缝开展，甚至没有裂缝发生。

2.3　挠度控制更易满足。

2.4　施工复杂，技术含量高。

3 适用范围

可适用于大跨度，断面要求小，裂缝要求严，挠度要求高的钢筋混凝土结构的梁。

4 工艺原理

在预应力钢筋（有粘结和无粘结）和在梁内对型钢增加的反力共同作用下的劲性钢筋混凝土梁产生一个向上的挠度值，在使用荷载的作用下，它可以减少梁的向下挠度和裂缝宽度，确保梁的使用功能和建筑设计的要求。

5 工艺流程及操作要点

5.1 工艺流程

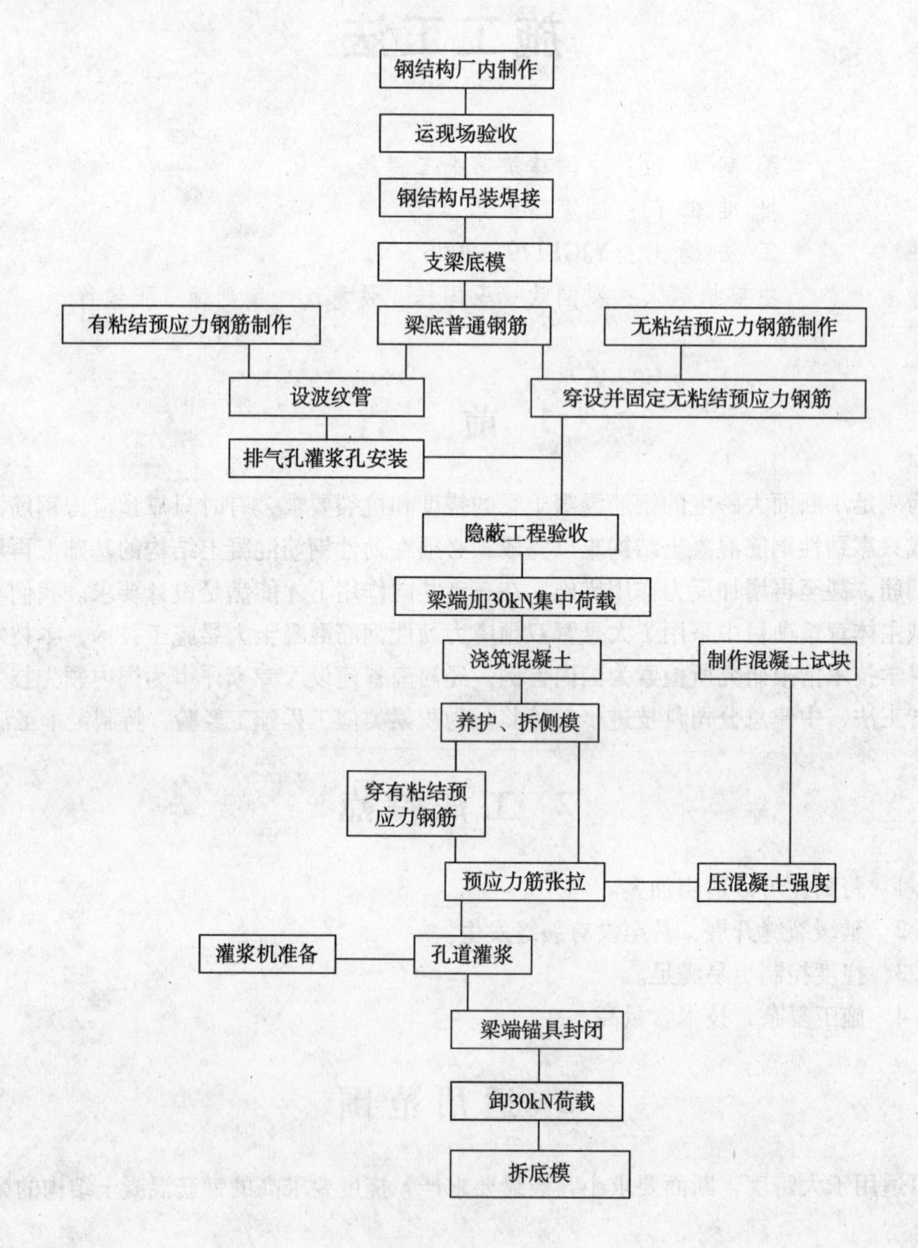

5.2 操作要点

5.2.1 钢结构安装

(1) 钢结构在工厂制作，由拖车运至现场。

(2) 钢筋穿过钢结构的孔洞，孔口预先进行设计，在工厂加工完成。

(3) 由吊车进行吊装，现场焊接、校正。

（4）扭紧地脚螺栓。

5.2.2 有粘结预应力施工方法及操作要点

（1）框架梁内穿设金属波纹管和预应力束

①支好框架梁的底模，普通钢筋就位之后，根据设计要求的矢高安装预应力波纹管定位支架，其间距根据施工图的要求确定。支架用ϕ12以上的钢筋制作，为确保位置的准确，定位支架必须焊在梁的箍筋上。

②铺设预应力波纹管，并牢牢绑扎在定位支架上。连接部位用防水胶带缠绕。

③安装张拉端的喇叭管。

④用棉纱密封灌浆孔、喇叭口等重要部位，连接部位用胶带缠绕密封。

⑤在跨间的最高点安装盖瓦的排气管，为防止排气管的意外破损导致漏浆，波纹管其他位置不得打孔。

⑥在浇筑混凝土前，技术人员认真检查各关键部位及预应力孔道的高度，认真填写“自检记录”和“隐蔽工程验收记录”。

（2）浇筑混凝土

①在浇筑混凝土时，振捣棒不得直接碰撞预应力孔道，防止破坏波纹管而导致浆体进入预应力孔道。

②混凝土达到一定强度以后，及时拆除预应力梁张拉端的侧模板，清理张拉端喇叭口，将预应力筋编为集束并用钢丝绑扎在一起，然后整束穿入波纹管内。如人工穿设有困难，可以在张拉端采用穿束机进行牵引穿束。安装锚具，为张拉工序做好准备。

（3）预应力张拉作业

①在混凝土强度达到100%的强度之后，开始预应力筋的张拉。

②预应力张拉设备在使用前，应送有资质的检验机构对千斤顶和油压表进行配套标定，并且在张拉前要试运行，保证设备处于完好状态。

③理顺张拉端预应力筋次序，依次安装工作锚、顶压器、千斤顶、工具锚。

④由于开始张拉时，预应力筋在孔道内自由放置，而且张拉端各个零件之间有一定的空隙，需要用一定的张拉力，才能使之收紧。因此，应当首先张拉至初应力，可用计算法或图解法确定ΔL_1，然后张拉至控制应力，再次量测伸长值，两次伸长值之差即为从初应力至最大张拉力之间的实测伸长值ΔL_2。根据ΔL_1、ΔL_2和其他损失后计算总伸长值，核算伸长值符合要求后，卸载锚固，回程并卸下千斤顶，张拉完毕。

⑤张拉作业，以控制张拉力为主，同时用张拉伸长值作为校核依据。实测伸长值与理论计算伸长值的偏差应在-6%～+6%范围之内，超出时应立即停止张拉，查明原因并采取相应的措施之后再继续作业。

（4）孔道灌浆

①灌浆材料要求：

a. 灌浆水泥采用42.5级普通硅酸盐水泥，水泥浆体标准强度大于30MPa；

b. 水泥浆的水灰比为0.35左右，搅拌3h后的泌水率控制在2%以内，流动度大于200mm；

c. 为增加孔道灌浆的密实性，在水泥浆中应掺入膨胀剂MNC-EPS。水泥：水：膨胀剂MNC-EPS=1∶0.35∶0.08；

d. 水泥浆自调制至灌入孔道的延续时间不宜超过30min；

e. 灌浆不得使用空气压缩机。

②灌浆工艺要求：

a. 灌浆前切割外伸钢绞线，钢绞线露在夹片外的长度控制在30～50mm，然后用水泥浆密封所有张拉端，以防浆体外溢。并将排气孔部位的波纹管逐个打通，为下一操作做好准备；

b. 灌浆采用UB3型灌浆泵和PJ02型搅拌机；灌浆前，应进行机具准备和试车；对孔道应湿润、洁净；

c. 灌浆工作应缓慢均匀地进行，不得中断，并应排气通顺；

d. 灌浆孔设在张拉端垫板上，水泥浆从一端灌入，灌浆压力控制为0.4～0.6MPa；孔道较长或灌浆管较长时压力宜大些，反之，可小些；

③灌浆进行到排气孔冒出浓浆时，即可堵塞此处的排气孔，再继续保压3～5min；

④灌浆过程中制作1组70mm×70mm×70mm的立方体水泥净浆试块，标准养护28d后，送交实验室检验试块强度，其强度不应小于30MPa。

由于灌浆质量的好坏直接关系到预应力钢绞线与混凝土的粘结效果以及结构的耐久性，因此施工过程必须对每一个环节进行严格控制。

（5）张拉端的封堵

灌浆后，张拉端锚具用C40微膨胀细石混凝土封堵，外露钢绞线的保护厚度不小于30mm，后浇的混凝土必须振捣密实。

5.2.3　无粘结预应力施工操作要点

（1）穿设无粘结预应力筋及浇筑混凝土

①支好梁底模并绑扎普通钢筋（板底普通钢筋）之后，按设计图上预应力筋位置，用ф12钢筋制作定位支架，然后穿设无粘结预应力钢绞线；

②穿设无粘结预应力筋时必须平行顺直，要求其水平偏差不得大于40mm，竖向偏差不得大于5mm，以减少张拉时的摩擦损失并保证张拉后有效应力达到设计要求；

③固定好预应力筋的位置及高度之后，安放钢垫板和螺旋筋等，并固定好；

④无粘结筋应牢牢地固定在事先放好的固定支架上，固定支架间距按图纸要求排设；

⑤为保证张拉的顺利进行，无粘结筋在靠近端模板处要有不小于300mm的平直段，无粘结筋与垫板垂直，并用钢丝绑扎牢靠；

⑥在浇筑混凝土前，技术人员认真检查验收预应力筋及锚具、垫板、螺旋筋的安装情况，填写“隐蔽工程验收记录”；

⑦在浇筑混凝土时，振捣棒不得长时间碰撞无粘结筋，防止钢绞线偏差原位或塑料皮损伤；

⑧及时拆侧模，拆模后清理张拉预留洞，并安装张拉端锚具；

⑨尽量使各种管线为预应力筋让路，在穿设预应力筋之后，减少电焊次数，以免损伤预应力筋。

（2）无粘结预应力张拉作业

①混凝土强度达到张拉要求之后，开始预应力筋的张拉；

②预应力张拉控制应力及伸长值应满足设计要求；

③预应力筋张拉采用张拉力与伸长值双控进行，如发现伸长值不满足规范的有关规定，应立即停止张拉，并查明原因。

（3）张拉步骤

①剥去张拉端塑料护套，擦净预应力筋上油脂，清理端部及穴模后，安装锚环及夹片。

②安装千斤顶，连接好油路系统。张拉到初应力（张拉控制应力的10%）时，首次记录千斤顶伸长值，然后继续张拉至控制应力，再次量测伸长值。核算伸长值符合要求后，卸载锚固回程，并卸下千斤顶，张拉完毕。

③张拉时以控制张拉力为主，同时用张拉伸长值作为校核依据，实测伸长值与计算伸长值的偏差应在-6%～+6%范围之内；如果超出正常范围，应立即停止张拉，查明原因并采取相应的措施之后再继续作业。

（4）封端保护

无粘结筋的锚固区，必须有严格的密封防护措施，严防水汽进入，锈蚀预应力筋。因此，无粘结预应力筋张拉完毕后，应立即对无粘结预应力筋进行封端保护。

①用砂轮切除多余预应力筋。无粘结预应力筋切断后露出锚具夹片外的长度应不得小于30mm。严禁采用电弧烧断。

②将外露预应力筋涂专用防腐润滑脂，并罩上封端塑料套。

③用膨胀C40混凝土封堵张拉端后浇部分以保护锚具，混凝土中不得使用含氯离子的外加剂。封堵时应注意插捣密实。

④普通钢筋、模板及混凝土施工方法及操作要点按照一般建筑工程施工工艺标准。

6 材料与设备

6.1 工程材料

（1）普通钢筋为HRB335级钢筋，数量按设计。

（2）ϕ^{j}15.24有粘结预应力钢筋和无粘结预应力钢筋，数量按设计。

（3）H型钢为Q235B，H1360/610×350×26×35和H1370/600×350×26×35，具体应用按设计。

（4）混凝土强度等级为C40。

6.2 机械设备（表6）

机械设备 表6

设备名称	型号	数量		技术性能
		单位	数量	
穿心式千斤顶	YCD200	个	1	额定油压50N/mm^2，公称张拉力2450kN，张拉外径180mm，穿孔直径160mm，自重250kg
电动油泵	ZBA-500	台	1	额定油压50N/mm^2，额定流量2×2L/min，功率3.0kW，油箱容积50L

续表

设备名称	型　号	数　量		技术性能
		单位	数量	
混凝土搅拌机	J_4-375	台	2	功率10kW/台
混凝土输送泵	HBT60C	台	1	功率100kW
混凝土配料机	HP750	台	1	功率7.5kW
装载机	ZLM15	台	1	功率73.5kW
灌浆泵	UB3	台	1	功率1.3kW
电焊机	BX_1-500	台	3	功率31kW，二次空载电压60V，额定工作电压40V，焊接电流115～680A
履带式起重机	W_1-100	辆	1	主钩起重量15t，臂长13～23m，发动机88kW

7　质量保证措施

7.1　采用本工法应执行以下规范、标准：

7.1.1　钢结构执行《钢结构工程施工质量验收规范》GB50205—2002

7.1.2　混凝土结构执行《混凝土结构工程质量验收规范》GB50204—2002

7.1.3　《建筑工程施工质量验收统一标准》GB50300—2001

7.1.4　预应力执行《建筑工程预应力施工规程》CECS180：2005

7.1.5　劲性钢筋混凝土执行《型钢混凝土组合结构技术规程》JGJ138—2001

7.2　型钢的质量保证措施

（1）型钢制作必须采用机械加工，宜在钢结构加工厂制作。制作者应根据设计和施工详图，编制制作工艺书。型钢的切割、焊接、运输、吊装、探伤检验应符合现行国家标准。

（2）结构用钢应有质量证明书，质量应符合现行国家标准。焊接材料、高强度螺栓、普通螺栓应具有质量证明书，且应符合国家现行标准。

（3）型钢拼装前应将构件焊接面的油漆、锈斑清除。工艺要评定合格，焊工要持证上岗。

（4）钢结构安装应严格按图纸规定的轴线方向和位置定位，受力和孔位应正确，吊装过程中应使用经纬仪严格校准垂直度，并及时定位。安装的垂直度、现场吊装误差范围应符合现行国家标准。

（5）型钢柱的拼接和梁节点连接的焊接质量，应满足一级焊缝质量等级要求。对一般焊缝应进行外观质量检查，并应达到二级焊缝质量等级要求。

（6）H型钢的腹板与翼缘，垂直加劲肋与翼缘的焊接应采用坡口熔透焊缝，水平加劲肋与腹板连接可采用角焊缝。

（7）型钢钢板制孔，应首先设计好位置，在工厂车床制孔，严禁用氧气切割开孔。

（8）其他要求可参考《型钢混凝土组合结构技术规程》JGJ138—2001。

7.3 预应力的质量控制

（1）预应力应严格按工程图纸和施工方案进行施工，因特殊情况需要变更，须监理单位批准。

（2）施工前由项目技术负责人向有关施工人员进行技术交底，并在施工过程中检查执行情况。

（3）预应力分项工程项目负责人、施工人员和技术工人应持证上岗。

（4）应建立质保体系，完善施工质量控制和质量检验制度。

（5）预应力分项工程施工质量应由施工班组自检、施工单位质量检查员及监理工程师监控等把关，对后张预应力张拉质量，应做到见证记录。

（6）预应力分项工程检验批质量检查记录见《建筑工程预应力施工规程》CECS180:2005附录F。

（7）一般混凝土分项工程、普通钢筋分项工程、模板工程可参照《建筑工程施工质量验收统一标准》GB50300—2001和《混凝土结构工程质量验收规范》GB50204—2002执行。

8 安全保证措施

8.1 钢结构施工要严格根据高空作业操作规程，戴安全帽，系安全带，穿防滑鞋。

8.2 严禁不适合高空作业人员登高作业。

8.3 对登高用的脚手架要经常检查安全情况，无误后才可作业。

8.4 高空作业的辅助工具要放在工具袋内，以防落下伤人。

8.5 焊工必须学习焊工知识，经考试合格后才可单独操作。

8.6 电焊设备必须有接地装置，停止焊接时，电源开关要拉开。

8.7 焊工及其他操作工人必须按劳动部门颁发的有关规定使用劳保用品。

8.8 在工作地点周围，严禁存放易燃或爆炸物品。

8.9 预应力张拉设备不允许随意更换。

8.10 张拉过程中，锚具和其他机具严防高空坠落伤人。油管接头处、张拉油缸端部严禁站人，应站在油缸两侧，测量伸长值时，严禁用手抚摸缸体，避免油缸崩裂伤人。

8.11 严防高压油管出现扭转或死弯现象。

8.12 油箱油量不足时，要在没有压力下加油。

8.13 其他措施可在编制施工组织设计时列入。

可执行《建设工程施工安全技术操作规程》（中国建筑工业出版社，2004年出版）和《建筑施工安全检查标准》JGJ59—99。

9 环保措施

9.1 编制环境保护实施计划。

9.2 对现场施工人员进行环境保护教育。

9.3 正确处理垃圾：

(1) 尽量减少施工垃圾的产生。

(2) 产生的垃圾在施工区内集中存放，并及时运往指定垃圾场。

(3) 设置废弃物、可回收废弃物箱，分类存放。

(4) 集中回收处置办公活动废弃物。

(5) 现场生活垃圾堆放在垃圾箱内，不得随意乱放。

9.4 减少污水、污油排放：

(1) 在生产、生活区域内设置排水沟，将生活污水、场地雨水排至指定排水沟，不随意排放。

(2) 工地临时厕所指定专人清理，在夏季定期喷洒防蝇、灭蝇药，避免其污染环境，传播疾病。

9.5 降低噪声：

(1) 合理安排施工活动，或采用降噪措施、新工艺、新方法等方式，减少噪声发生对环境的影响。夜间尽量不进行影响居民休息的有噪声作业。

(2) 施工机械操作人员负责按要求对机械进行维护和保养，确保其性能良好，严禁使用国家已明令禁止使用或已报废的施工机械。

(3) 尽量减少重物抛掷，重锤敲打，采取合理的防变形措施，减少因矫正变形采取的机械作业。

9.6 减少粉尘污染：

(1) 在推、装、运输颗粒、粉状材料时，轻拿轻放，以减少扬尘，并采取遮盖措施，防止沿途遗撒、扬尘，必要时进行洒水湿润。

(2) 车辆不带泥砂出施工现场，以减少对周围环境污染。施工区域道路上定期洒水降尘。

9.7 减少有害气体排放：

(1) 禁止在施工现场焚烧油毡、橡胶、塑料、垃圾等，防止产生有害、有毒气体。

(2) 施工用危险品坚决贯彻集中管理和专人管理原则，防止失控。

(3) 选择工况好的施工机械进场施工，确保其尾气排放满足当地环保部门要求。

9.8 控制有毒、有害废弃物：

(1) 加强现场油漆、涂料等化学物品采购、运输、储存及使用各环节的管理，不得随意丢弃、抛撒。

(2) 对用于探伤、计量、培训等工作中用的放射源加强管理，制定专门措施，确保环境不被污染。

10 效益分析

10.1 经济效益：采用预应力钢筋混凝土悬臂构件，与采用普通钢筋混凝土悬臂构件相比，较小的梁截面就能够满足挠度控制要求，从而可降低工程费用。

10.2 社会效益：应用本工法，可有效解决大跨度悬臂梁要同时满足梁截面小、承受上部均布荷载大、挠度控制要求严格的难题，体现了科技进步，为设计和施工取得了宝贵的经验。

10.3　节能与环保：应用本工法，可使悬臂梁的截面大幅度减小，用钢量也大大降低，节约了能源。

11 应用实例

大悬臂双预应力劲性钢筋混凝土大梁施工工法在济源篮球城主体育馆项目得到了成功应用。该工程位于河南省济源市学苑路和文化路交叉口，总建筑面积为 20854.59m²，建筑高度为 28m，总层数为 3 层，主体结构形式为钢筋混凝土框架结构，屋盖为圆形钢网壳结构。工程于 2003 年 5 月 16 日开工，2004 年 10 月 19 日完工。该工程共有 36 榀外挑 9m 的悬臂梁采用本工法施工，经检查，各项指标均满足设计和规范的要求，得到建设单位和市质量监督部门的一致好评。

电动同步爬架倒模施工工法

编 制 单 位：中国建筑第二工程局
批 准 部 门：国家建设部
工 法 编 号：YJGF191—2006
主要执笔人：李景芳 许远峰 邵宝奎

1 前 言

在超高钢筋混凝土结构工程施工中，混凝土结构高度高、涉及施工周转材料量多、作业的安全性不可靠、施工工序特殊复杂、操作难度比较大。应用电动同步爬架倒模施工工法可以解决上述施工难题。

2 特 点

2.1 整个体系荷载通过操作架，直接传力于已有一定强度的混凝土筒壁上，不需用支承爬杆，不仅施工安全，而且降低生产成本。

2.2 体系提升动力采用行星摆线针轮减速机，选用电动机的功率为 2.2kW，配合丝杆进行提升，提升平稳，同步效果好，操作平台不会产生倾斜。

2.3 模板采用双节模板体系，上下节模板交互支拆，与现浇支模法相同，施工的筒壁混凝土结构内实外光，接缝平整，混凝土外观质量比滑模好。

2.4 施工进度一般控制在 1 节/d，定人、定点、定岗，施工较易管理，而且基本上为静态施工，克服了滑模动态施工连续作业的缺点。

2.5 每爬升 1 次，高空平台中心就对中 1 次，模板半径用钢尺丈量及时纠偏，因而减小了烟囱中心偏差，这是电动爬架倒模的最大优点之一。

3 适用范围

本工法适用于各类超高钢筋混凝土结构工程施工。

4 工艺原理

整个电动同步爬架倒模体系通过工具式锚固件固定在已有一定强度的钢筋混凝土结构上作为电动同步爬架倒模支撑点，靠其自身结构来支撑整个工具式操作平台、操作架、周转材料模板等，电动同步爬架倒模施工工法不受钢筋混凝土结构超高高度影响。结构有多高，电动同步爬架倒模系统就升到多高，以实现超高钢筋混凝土结构施工。其中模板组合单元采用双节模板体系，上下节模板交互支拆，与现浇支模法相同，满足了施工质量、施工安全的需要。

电动同步爬架倒模的具体步骤是：在每节混凝土筒壁上预先留好孔，用以安装爬升靴。每个单元操作架系统由爬升架和外操作架通过可相互滑动的嵌镶构造组成。爬升动力设备装置于爬升架上。当爬升架相对于外操作架处在高位时，通过其上的挂钩与筒壁上的爬升靴作锚固点，启动爬升操作，即可将外操作架、随升平台和模板提升一个新的标准层(1.5m)。此时，爬升架相对处于低位，下一循环又通过其操作架和筒壁间的爬升靴锚固作用，反转电机，则可将爬升架顶高到新的高度，如此相互依靠，相互提升，循环往复，直至整个体系提升至筒壁设计高度，这便是升模工艺的升模原理。

5　工艺流程和操作要点

5.1　体系结构组成

电动爬架倒模装置由随升平台、操作架与提升架、模板体系、锚固件、施工电梯、电气控制系统等组成，其动力为电动机和减速机，配合丝杆进行提升，如图5－1所示。

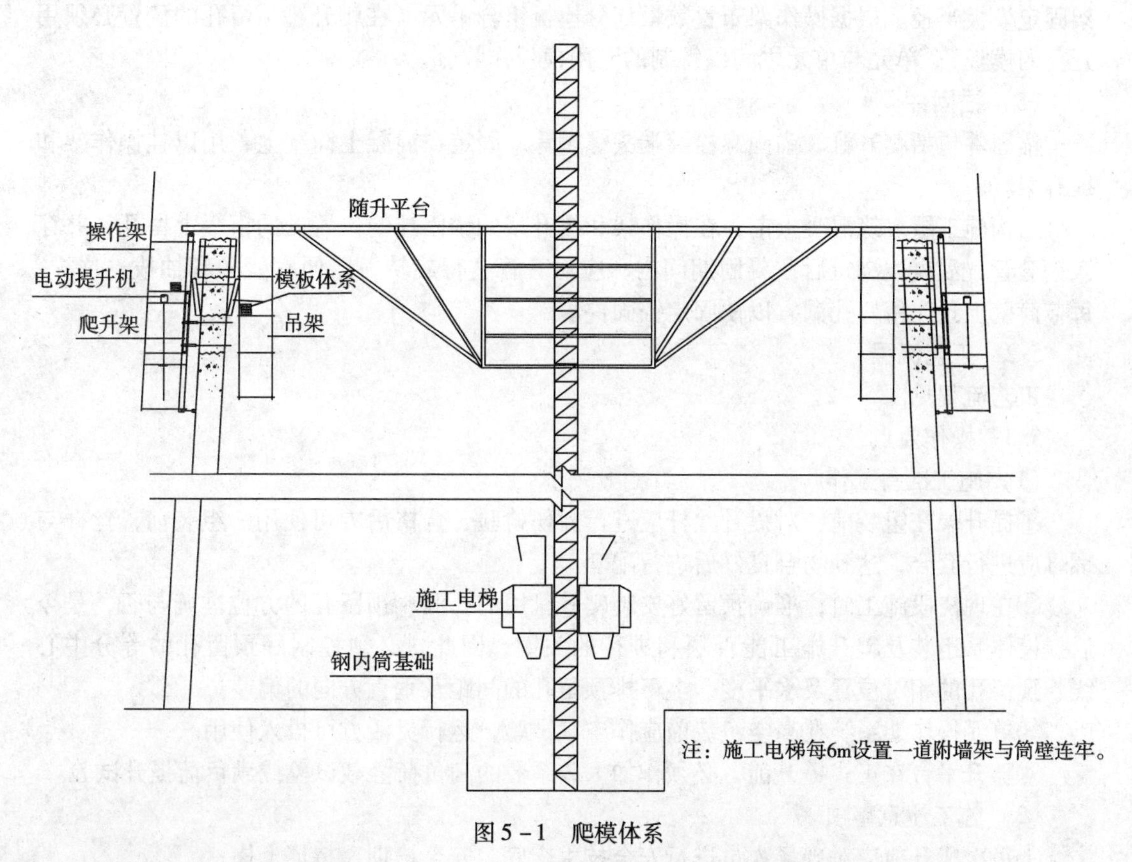

图5－1　爬模体系

(1) 随升平台

随升平台由中心鼓圈、辐射梁、斜支撑、斜拉杆及把辐射梁环向连成整体的围圈等组成。

随升平台结构设计时可采用“斜拉杆空间桁架结构承重方案”。

(2) 施工升降机（电梯）

施工升降机装在鼓圈中心，作材料运输及施工人员上下之用。施工电梯为自承重体系，通过多道的升降机附墙件与筒壁连接；随升平台荷载通过辐射梁传递给附着在烟囱筒体上的操作架上。垂直运输系统为双笼施工升降机，其上装有二部升降机笼作运输材料和供施工人员上下用。每只升降机笼下挂一个混凝土吊笼作运送混凝土用。

(3) 操作架与提升架

①操作架：分内、外两种操作架，各自组成一个空间结构，它是支承整个体系及提升操作的主要结构，内操作架（吊架）宽0.8m、高8.4m，外操作架宽1.2m、高7.2m。外操作架顶端支承着随升平台辐射梁。操作架不仅担负提升任务，其上各层平台通过木跳板环向连通后，即为提供作业人员进行提模、支模等操作的工作面。

②提升架：每个提升架为一整体结构，其上装有行星摆线针轮减速机等传动机构，提升架通过滚轮与操作架立柱内侧整合，以保证两者之间的相对位置准确和提升顺利。

(4) 模板组合单元

模板组合单元由普通定型钢模板、围檩等组成，同现浇翻模体系基本相同，依靠操作架固定模板半径。根据操作架布置数量划分模板组合单元（在爬升靴预留孔的位置必须用开孔的模板），单元与单元之间以特制的专用模板作收分。

(5) 锚固件

锚固件包括爬升靴、锚固螺栓及端头螺帽等，固定在混凝土筒壁上，用以挂操作架和提升架。

结构施工层浇筑混凝土前，在操作架和提升架的锚固挂钩位置处的模板上留孔，并穿入钢套管，混凝土浇筑后在凝固期间内，应对套管进行旋转，以便它能顺利抽拔。这样，每节筒壁上预先留好孔洞，以便固定锚固件。

5.2 工艺流程

工艺流程见图5-2。

5.3 操作要点

(1) 施工准备工作

①提升架在组装前，对提升丝杆应进行探伤检验，合格后方可使用。组装前，丝杆与螺母应进行套合，达到吻合良好后进行配套。

②在现浇段施工时，准确预留好安装爬升靴用的孔洞，预留孔的方位准确与否，是今后提模体系组装及爬升施工能否顺利进行的关键。因此，必须控制好预留孔的等分中心线、预留孔的相对位置及水平度、上下排预留孔的间距及垂直方向的偏差。

③单元操作架系统在高空组装前应作空载试验，运行灵活方可投入使用。

④随升平台在正式提升前，必须作加1.2系数的满负荷静载试验或满负荷提升试验。

(2) 施工注意事项

①每次爬升前应对现场人员进行安全技术交底、安全培训，持证上岗；

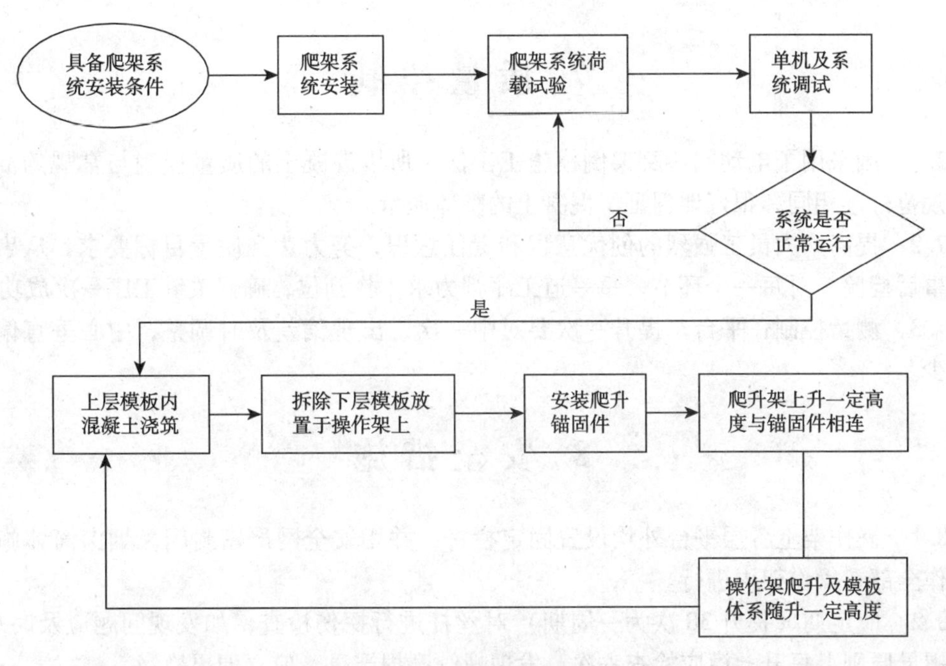

图 5-2　工艺流程

②每次爬升前施工升降机应停到 0m 位置，无关人员不得在现场；

③爬升前要检查主电源电缆长度是否足够，平台、架体等与施工升降机和烟囱壁有无摩擦和死挡；

④烟囱上下有可靠信号联络；

⑤爬升时平台上不得有材料、杂物等；

⑥吊平台与烟囱壁爬升完毕要及时固定；

⑦施工升降机与鼓圈的两道临时附墙连接可靠后方可开动升降机到平台顶；

⑧对挂钩的松开和挂装切勿疏漏，应由专人检查；

⑨在提升过程中应随时检查，以防出现故障；

⑩承受体系荷载的内操作架提升时，应集中控制进行提升，不允许单控操作，保证每个单元之间同步爬升；

⑪单元操作架上模板组体的就位对中是系统能够顺利进行的关键，应严格检查；

⑫使用中施工平台上材料堆码要均布。

6　材料机具设备

6.1　采用 JC100 全自动激光垂准仪检测。

6.2　采用 SC200/200 多功能施工升降机，是由中国建筑科学研究院建筑机械化研究分院与廊坊凯博新技术开发公司共同开发研制的新产品，在国内属首创。能适应建筑施工高效、快捷、经济、安全的要求，做到一机多用，可同时运送钢筋、混凝土及施工人员的三合一型设备，极大地方便了施工企业的使用，避免了设备及周转材料的重复购置，节约了资金。

7 质量控制

7.1 因采用了电动同步爬架倒模施工工法，所以混凝土的质量控制与常规的混凝土施工规范标准相同，很好地保证了混凝土的整体质量。

7.2 提高广大员工强烈的创优意识和责任意识，努力达到质量目标要求，从事前控制到事后检验，对每一个环节、每一道工序都力求工作到位，确保关键工序一次成功。

7.3 测量控制：平台每提升一次要对中一次，出现偏差及时调整，中心垂直偏差大大减少。

8 安全措施

8.1 操作架上各层平台外均设置固定栏杆，并用安全网严密封闭。烟囱筒体施工提升操作全部在操作架内进行。

8.2 应定期（提升30次为一周期）对丝杆进行探伤检查，如发现问题应及时更换，提升螺母原则上每升七模应检查一次，发现螺纹磨损严重，应立即更换。

8.3 造成平台漂移的主要原因是辐射梁分布不均，使一边平台收缩时阻力增大而产生漂移。因而加工时孔位应准确，如有误差，组装时应校正。平台上的施工荷载应对称布设，以防偏心荷载作用使平台产生偏移。

8.4 在升降机井架上设有避雷针。

8.5 遇6级以上大风应停止施工。

9 环保措施

采用电动爬架倒模工艺克服了滑模施工存在的混凝土表面拉裂、跑浆流淌、千斤顶漏油污染、结构扭转等通病。

10 效益分析

（1）结构体系与滑模体系投入基本相当，但它不需用支承杆，仅这一项就可节约钢材50余吨，节约成本20余万元等经济效益。

（2）加快了施工进度，缩短了施工工期。

（3）施工质量取得了很好的效果。

11 应用实例

11.1 国电南埔火电厂240m烟囱筒身施工中，电动爬架倒模施工160m以下为1d施工1模，在160m以上可以做到每2d施工3模，烟囱外筒按业主压缩后的工期提前5d，在2004年11月25日封顶。

福建省电力工程质量监督中心站的质量监检时，专家们都给予了这样的评价：中建二局施工质保体系健全，质量目标明确，管理制度健全，技术资料齐全、真实、准确，总体施工质量均在受控状态，无安全事故发生。烟囱施工共验收分项工程33项，其中优良32项，优良率为96.9%，中心偏差23mm，半径偏差5mm，均满足《火电施工质量检验及评定标准（土建工程篇）》中规定的允许偏差140mm、25mm的要求。

11.2 广西来宾电厂改扩建工程210m烟囱筒身施工中，电动爬架倒模施工120m以下为1.5d施工1模，在120m以上可以做到每1d施工1模，烟囱外筒按业主压缩后的工期提前10d，在2006年7月29日封顶。总体施工质量均在受控状态，无安全事故发生。

11.3 广西百色火电厂180m烟囱筒身施工中，电动爬架倒模施工90m以下为1.5d施工1模，在90m以上可以做到每1d施工1模，烟囱外筒按业主压缩后的工期提前5d，在2007年3月5日封顶。总体施工质量均在受控状态，无安全事故发生。

11.4 广东顺德火电厂210m烟囱筒身施工中，电动爬架倒模施工90m以下为1.5d施工1模，在160m以上可以做到每1d施工1模，在施。总体施工质量均在受控状态，未有安全事故发生。

大型深水沉井采用自制空气吸泥机下沉施工工法

编制单位：中国建筑第二工程局
批准部门：国家建设部
工法编号：YJGF215—2006
主要执笔人：王贵军　田茂荃　单彩杰　钟　燕　邓腾精

1 前　言

随着现在国民经济的不断发展，桥梁建设蓬勃发展，深基坑施工技术和施工难度也不断地得到提高，沉井是深水基础设计的惯用手法，同时沉井下沉时的土方开挖问题也是摆在建桥人面前的一个课题。自制空气吸泥机在大型深水沉井中的应用是解决沉井下沉过程中土方开挖的一种有效手段，并形成此工法。

2 特　点

空气吸泥机下沉沉井操作简单、劳动强度低、工效高；可在渗水性大，不可能排水开挖的砂砾石层中顺利取土；也可在饱和水状态下的粉细砂层、易于形成流沙的情况下代替人力开挖。

3 使用范围

使用于淤泥、砂、黏土，最大对角线小于排泥管的直径的砾石等土质的沉井取土下沉。

4 工艺原理

空气吸泥机由空气输送管、吸泥器、吸泥管、排泥管和射水管、射水头及其连接件组成（图4-1)。动力为空气压缩机和高压水泵。

空气吸泥机是由空气压缩机输送足够风量进入吸泥器的风包内，并向吸泥机管内喷射，形成圆锥形高速气流，向排泥管出口排放，从而带走吸泥管和排泥管中的泥水和空气。而在吸泥器下部造成负压，产生吸力，将泥砂、石块和水吸入吸泥管，随同高压气流连续不断排出排泥管外，达到除土的效果（图4-2)。

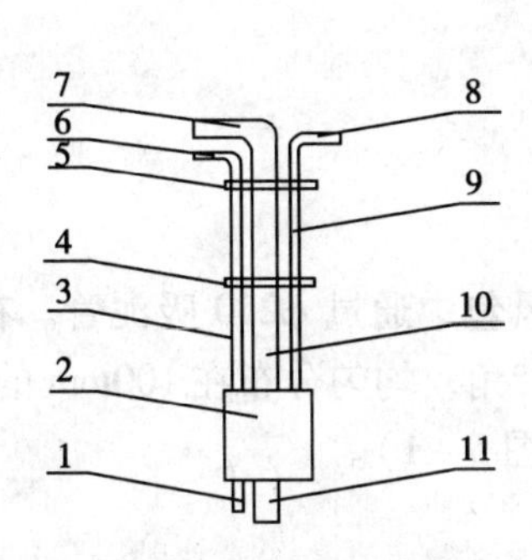

图 4-1　射水空气吸泥机示意图

1—喷射器；2—吸泥器；3—射水管；4、5—法兰盘；6—高压水胶管；7—弯头；8—高压风胶管；9—高压风管；10—排泥管；11—吸泥管

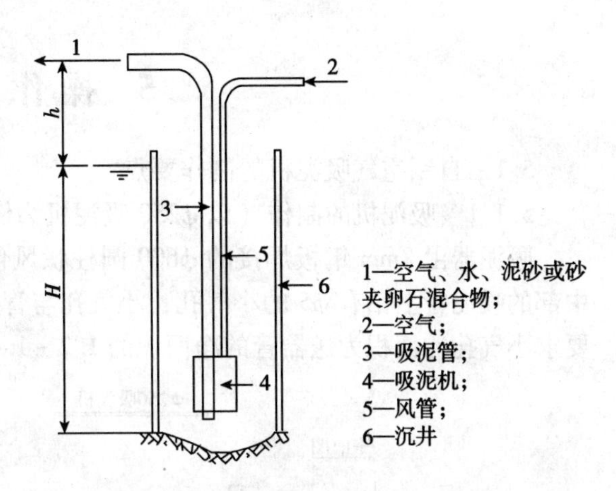

图 4-2　大型深水沉井采用自制空气吸泥机下沉的操作流程

（1）$H\delta >(H+h)\delta_z$

$$\delta_z < \frac{H}{H+h}$$

式中　δ——水的相对密度，$\delta=1$；

δ_z——空气、水与泥砂或砂夹河卵石的混合物相对密度。

（2）压缩空气的气压

$$P > \frac{H}{10} \quad \text{以 kg/cm}^2\text{ 计。}$$

（3）H 的深度与所吸出的土壤种类和供应的空气压力及风量有关，一般 H 不宜大于 60m，也不宜小于 5m。

（4）h 的高度不宜大于 H 的 0.7 倍。

（5）吸泥机下沉井的操作流程见图 4-3。

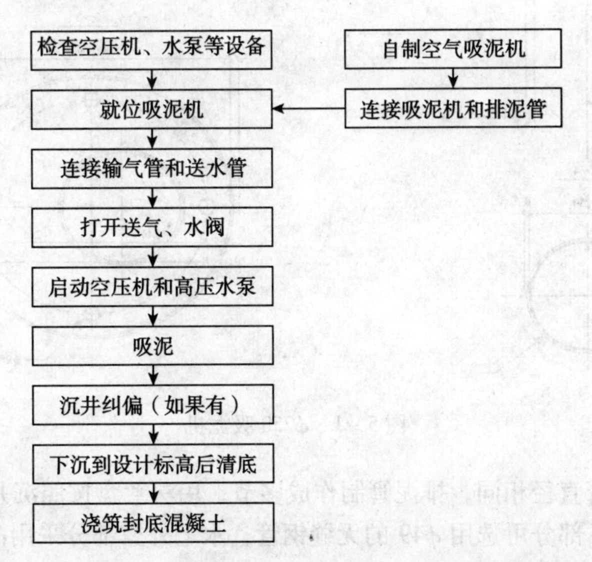

图 4-3　自制空气吸泥机下沉井的操作流程

5 操作要点

5.1　自制空气吸泥机的制作要点

5.1.1　吸泥机的制作（以 ϕ250 吸泥机为例）

吸泥器由 8mm 钢板焊接的 ϕ600 圆柱状风包，从风包中通过 ϕ250 吸泥管。在风包的中部的吸泥管上钻有 ϕ5 的小气孔，小气孔与管壁成 45°角，均匀分布在 100mm 的范围内，要求小气孔的面积为送器管的净面积的 1.2～1.4 倍（图 5－1）。

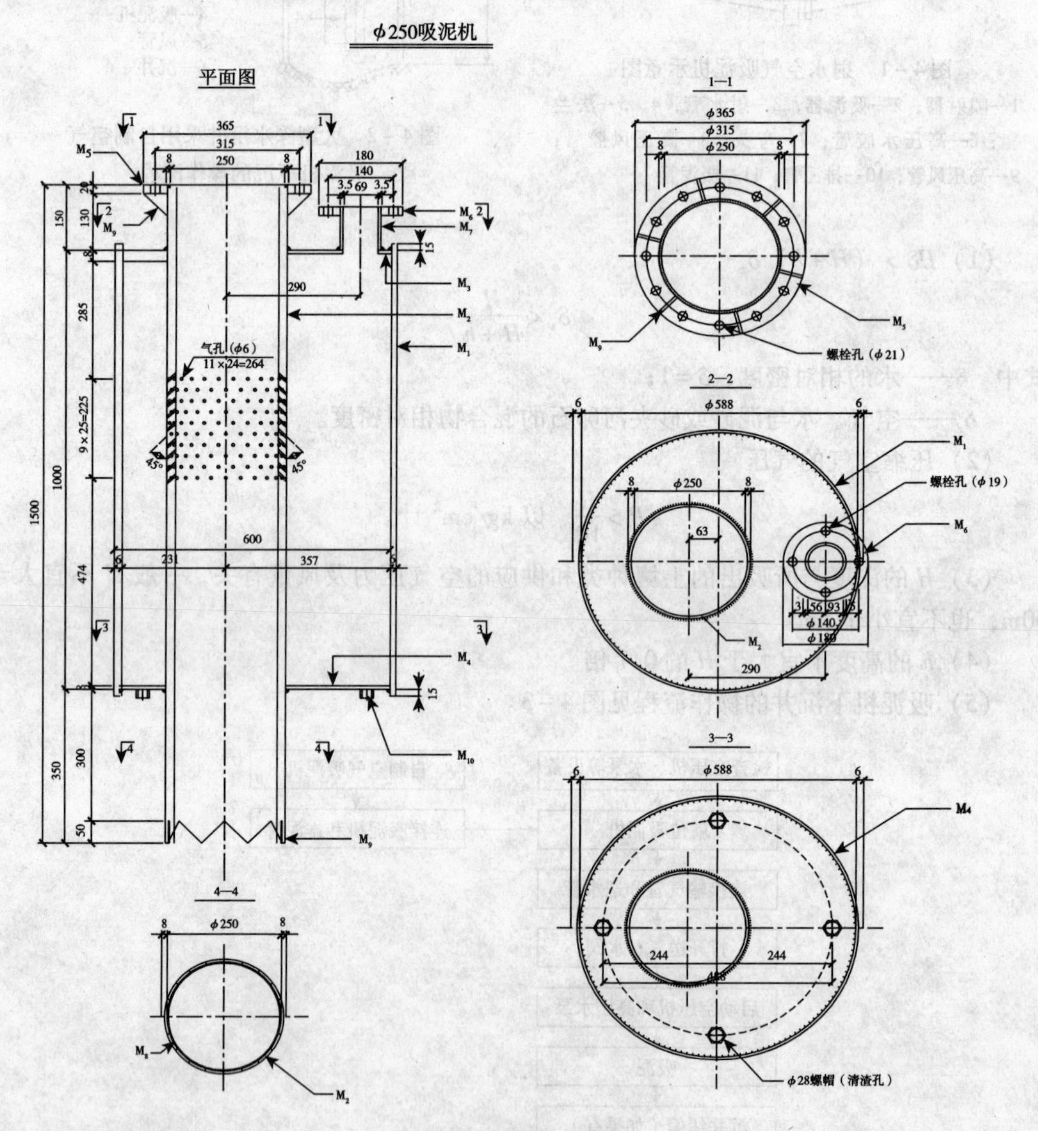

图 5－1　ϕ250 吸泥机

排泥管和吸泥管直径相同，排泥管制作成多节，用法兰盘按照沉井吸泥深度连接。

高压风管在水下部分可选用 ϕ49 的无缝钢管，水上外露部分采用高压胶管，承受的压力宜为送风压力的 2.0 倍。

土质为黏土时，宜设置射水器。射水器由射水头和高压胶管组成，高压水泵为动力。射水头外形为圆锥体，小头孔径为20～30mm，大头孔径为50mm，锥面上设置小孔，小孔与管壁成45°角，便于形成喇叭形水柱。射水管一般用$\phi 50$无缝钢管，一端穿过吸泥器的风包，并用法兰盘连接，射水头宜和吸泥管的下口取平。

高压风管和高压水管的钢管部分及排泥管平行对称设置，其长度基本一致。

5.1.2 自制空气吸泥机数据参考

（1）各种吸泥器的参考尺寸（单位：mm），见表5－1。

吸泥器参考尺寸（mm） 表5－1

吸泥管内径	进气口内径	气包外径	小气孔数量	小气孔中心至下端距离	吸泥器高度	管壁厚度	气包上下盖板厚度
300	83	700	420	600	1400	6	8
250	63	600	234	600	1500	6	8
200	50	440	172	500	1400	6	8
150	38	274	110	450	1300	6	8
100	26	206	64	300	800	6	8

（2）各种直径空气吸泥机的参考技术规格，见表5－2。

吸泥机技术规格 表5－2

序号	吸泥管			风包			出风小孔			进风管		出风孔总面积和进风孔总面积的比值
	直径（mm）	长度（mm）	断面积（cm^2）	直径（mm）	长度（mm）	容积（m^3）	孔径（mm）	孔数（个）	总面积（cm^2）	内径（mm）	断面积（cm^2）	
1	100	800	78	194	470	0.015	5	70	1.37	32	8.0	1.72
2	150	1250	176	260	700	0.025	5	110	21.6	50	19.6	1.10
3	250	1500	490	600	1000	0.283	5	234	45.9	75	44.1	1.04
4	300	1650	706	700	1000	0.387	5	234	45.95	75	44.1	1.04

5.2 自制空气吸泥机的使用

吸泥机的效率决定于供给吸泥器的风量和风压的大小、水的深度及射水器的喷射力。另外，对经常移动吸泥机的位置也有很大的关系。空压机和抽水机要就近安装，尽量减少管路损失，保证气压在0.5MPa下，以供给最大的风量和水量。水的深度愈深愈好，实践证明：水深2m以下，吸泥效率极差，甚至吸不出水。2～4m效率较好；4～6m以上效果最佳。吸泥量决定于排水量中所含泥沙的浓度。浓度与基土性质和射水器的喷水力、水量、水压及射水位置都有关系。除吸泥机本身设置的射水器以外，可根据土质和基底不同情况，另行设计不同形式的射水器，便于不同情况选择使用。土质松散，流动性大，清底时可以不用射水器。由于射水空气吸泥机具有制造简易、使用方便、不需要电力等优点，可以替代反循环旋转钻机的真空吸泥泵或用在类似的施工中，一机多用，效果明显。

在实际施工中，沉井的刃脚和隔墙处，直管吸泥机很难完全完成除泥的使命，并且在沉井的下沉过程中，如果不及时将刃脚和隔墙处的端承力消除，沉井的下沉速度十分缓慢，甚至不能下沉。同时，如果沉井的刃脚、隔墙和转角处除土不均匀，将存在沉井在下沉过程中出现倾斜的质量隐患，为此，对沉井刃脚、隔墙和转角直管吸泥机无法除泥的地方，可采用弯头吸泥机（图 5 – 2）。

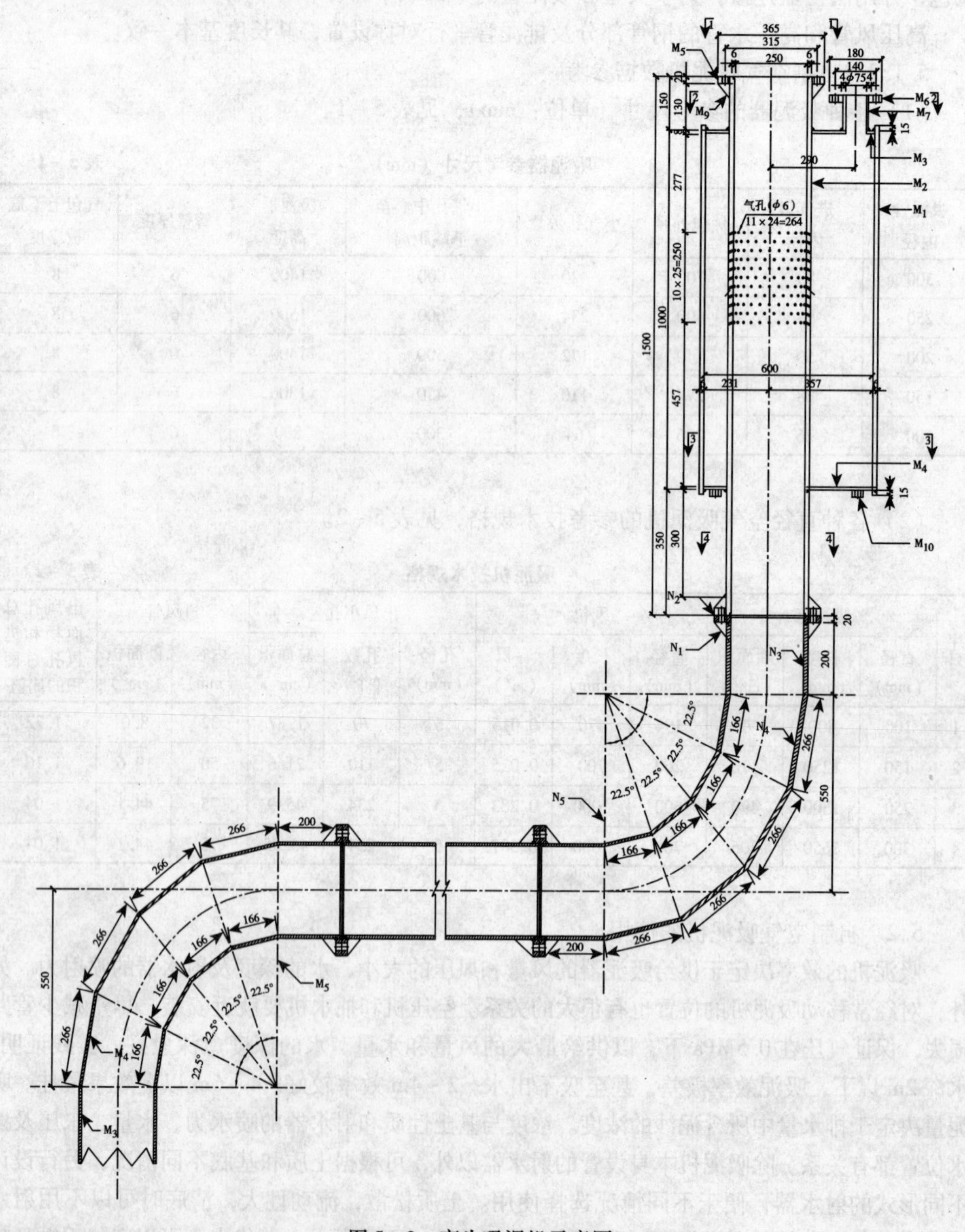

图 5 – 2　弯头吸泥机示意图

5.3　自制空气吸泥机在大型深水沉井下沉过程中的运用

空气吸泥机在深水沉井下沉过程中对除土起着决定性的作用，可以完全代替人力直接除土。吸泥管口和喷水一般要离开吸泥面10~30cm。过低易于堵塞，过高吸出的水浓度低，均影响吸泥效果。为此，吸泥机应经常上下、左右移动，保持在最佳吸泥效果的位置上。为此，一般吸泥机都要和吊车，龙门吊等起吊设备配用，操纵吸泥机升降，定位吸泥机。根据观看吸出的泥浆浓度大小或基底面高低情况，变动吸泥机的位置，以保证吸泥机经常处于最佳工作状态。为了使沉井均匀下沉，不发生偏斜，最好使用多台吸泥机在沉井内对称同时或轮流吸泥，使基底深度平衡推进，防止偏斜或变位等现象。为使井内水位经常保持高于井外水平面，应配备相应于吸泥机流量的抽水机，不断地向井内补充水量。停机时，应将吸泥机提升一定高度后，再关风和水阀，以防吸泥机和射水器堵塞或埋入土中。

大型深水沉井在下沉过程中需要谨慎，一般要求倾斜率不能大于沉井长边的1.0%，中心点位移不能超过设计值的15cm。一旦出现倾斜，需要经过考察和研究，“对症下药”，纠偏的方法有以下几种。

5.3.1　如果是因为吸泥过程中没有对称施工造成的，采用吸泥机抽吸较高处的刃脚的土层，靠沉井自身下沉解决。

5.3.2　如果是因为地质的原因，沉井井壁摩擦力不均匀造成的沉井倾斜，纠偏处理的常用方法为：

采用专用高压射水管，井壁外射水（射水深度一般在河/海床15~20m，可根据地质情况调整），用减少井壁侧面摩擦力的办法纠偏，效果不明显时可采用反复射水的办法解决。

采用预先设置分区泥浆套的措施，根据倾斜和偏移情况灌入膨润土浆，减小井壁摩擦力的措施。

采用预先设置分区空气幕的措施，根据倾斜和偏移情况启动空气幕，克服井壁摩擦力的措施，通过顺福桥工程对上述几种措施的实际检验，空气幕措施效果最明显，着重介绍本纠偏方法。

空气幕沉井的施工原理：从预先埋设在井壁四周的管道中压入高压空气，此高压空气由设在井壁上的喷气孔喷出，并沿井壁外表面上升溢出地面，从而在井壁周围形成一层松动的含有气体和水的液化土层，从而减少土对沉井外壁摩阻力，达到减小摩擦力的效果。

(1) 空气幕系统

空气幕沉井同普通沉井相比，仅在构造上增加了一套空气幕系统，这套系统由气龛、井壁中预埋管、压风机、风包及地面管路等几部分组成。

①气龛：气龛是包括预筑在沉井外壁上的凹槽和里面的喷气孔，其构造见图5-3。

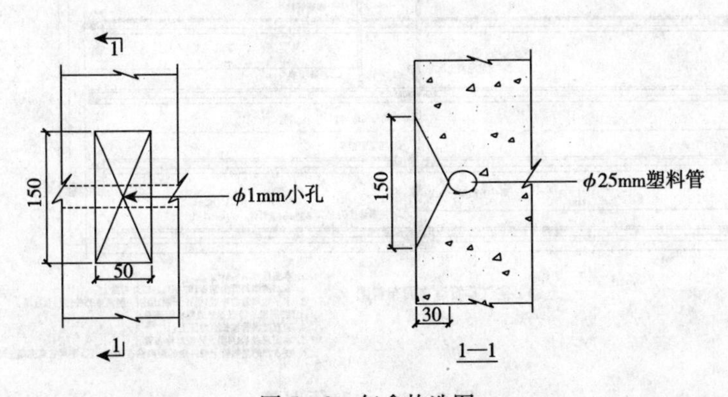

图5-3　气龛构造图

②气龛的制作和安装：

a. 管材/加工：按设计尺寸，将预埋在井壁内的水平管和竖直管下料，短管的接长和端头的封闭采用专门的塑料焊枪和塑料焊条焊接。

b. 安装预埋管：立好模板后，即可安装预埋管。首先在模板内放线，钉气龛木模，再将环形管对气龛木模中心安设，并用U形扒钉固定在模板上。最后安装竖管，竖管和水平管的连接采用塑料三通或四通，便于安装。

c. 钻喷气孔：拆模后，先在气龛内找出外露的水平管，然后用手电钻在上面钻一个直径为1mm的小孔。钻孔时应注意钻通，并将周边的毛刺清理干净；否则，容易堵塞。

d. 检查气龛：为了保证气龛的通畅，每节沉井在下沉前，必须对新制气龛进行压气检查。发现气龛不通，应采取措施进行补救。

③压风机。压风机是提供高压气体的设备，压力的大小视沉井下沉深度而定。

④井壁预埋管。根据实际情况，沉井分成8部分埋设塑料管，具体布置可参考图5-4所示。

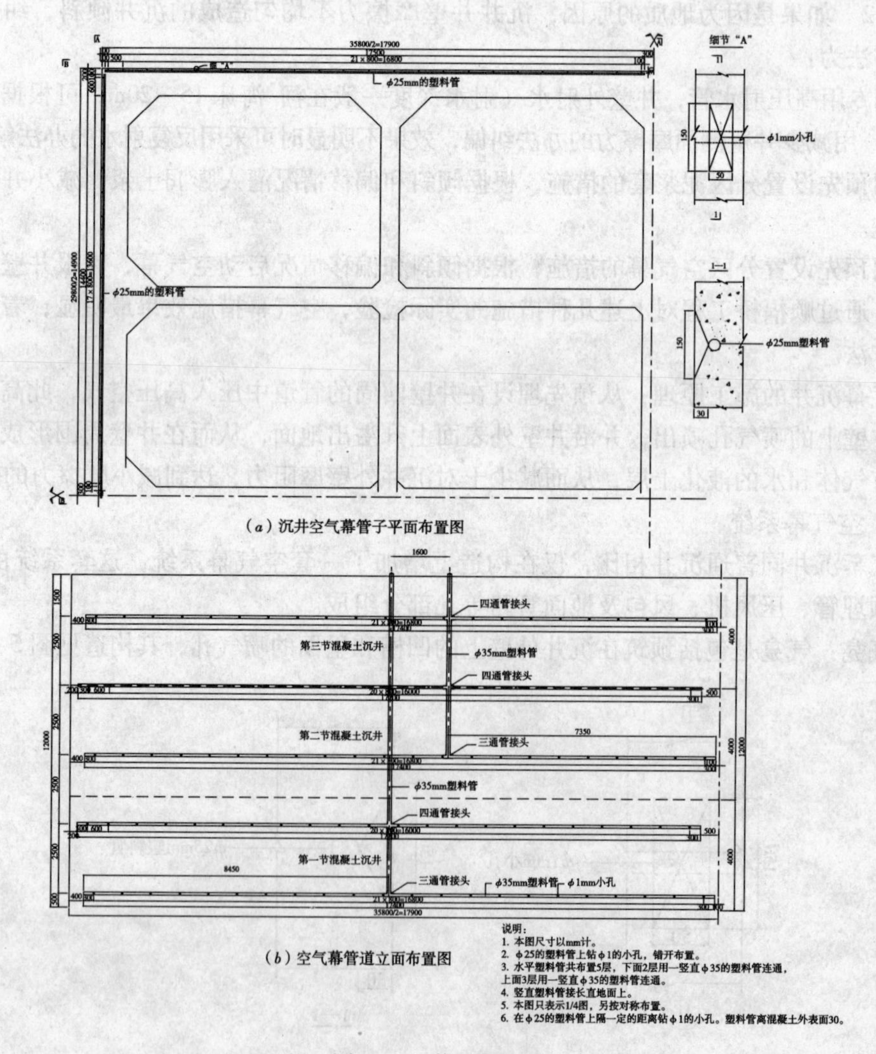

(a) 沉井空气幕管子平面布置图

(b) 空气幕管道立面布置图

图5-4 井壁预埋管

⑤风包。风包的作用是储存高压气体，压气时防止压力骤然降低，影响压气效果，起到稳定风压的作用。

⑥地面管路。它是用来连接压风机、风包和井顶的风管所组成的压气通路。

(2) 压气下沉

空气幕沉井侧面阻力的减少是有时间性的，即在压气时减少，停气时又恢复。因此，在整个空气幕沉井下沉过程中，当吸泥清除正面阻力后，还必须及时辅以压气，才能收到良好的下沉效果。吸泥过程中应加强对泥面的测量，随时掌握泥面深度的变化，并注意配合压气，充分发挥空气幕的作用，及时处理偏移。

同时，上述几种常用的纠偏措施主要作用为减小沉井井壁摩擦系数，同样也是解决因为沉井下沉系数过小，提高下沉速度的有效措施。

顺福桥沉井下沉到设计后，沉井倾斜为 0.031% ≤1.0%，中心点位移为 74mm≤150mm，满足验收要求。

5.4 沉井封底混凝土

沉井下沉到设计标高后，浇筑封底混凝土的工作也十分重要。同时，大型沉井的封底混凝土的浇筑量很大，给深水沉井封底混凝土的浇筑带来很多困难，投入大，经济效益低。现介绍一种比较经济的封底混凝土的施工技术（以顺福桥沉井施工技术为例）（图5－5～图5－7）。

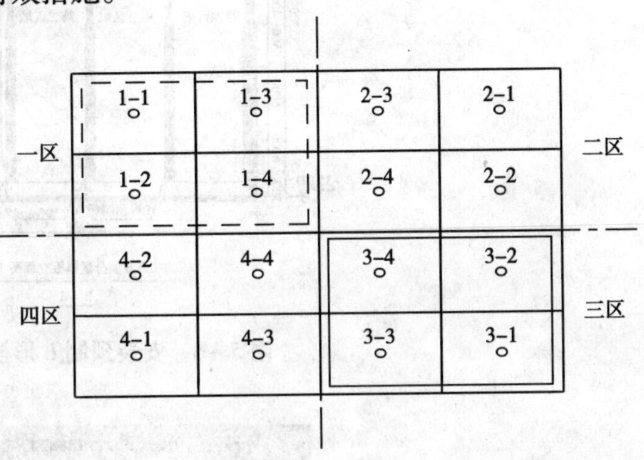

图5－5 封底混凝土分区平面图

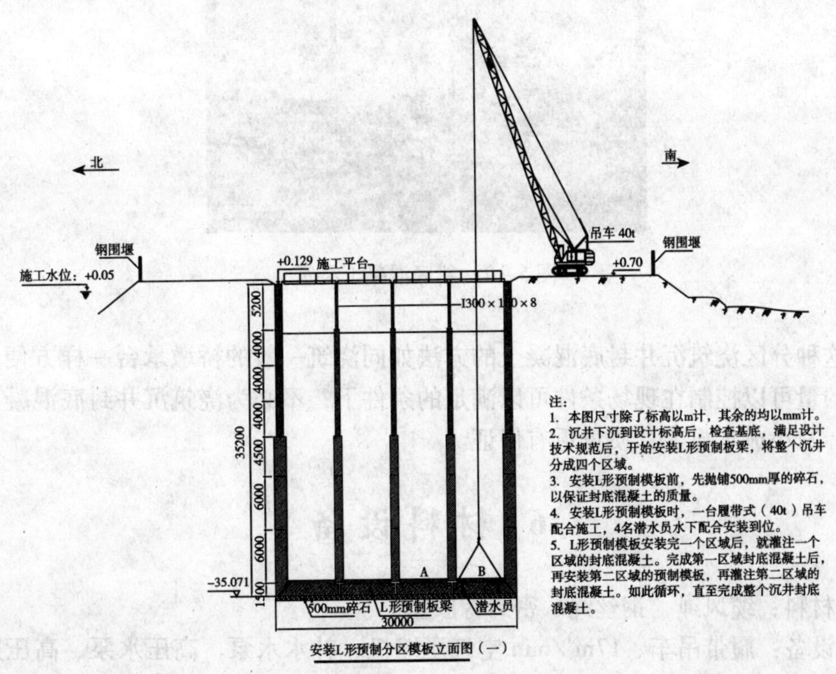

图5－6 安装预制L形模板图（一）

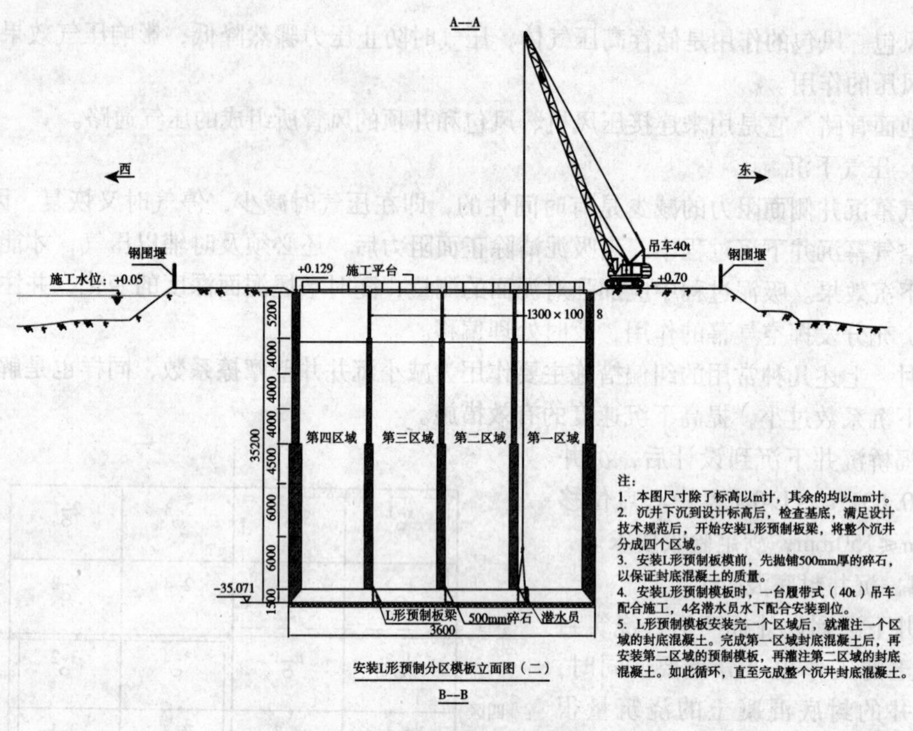

图5-6　安装预制L形模板图（二）

图5-7　封底混凝土浇筑

采用这种分区浇筑沉井封底混凝土的方法如同浇筑一般的桥墩承台一样方便，每次浇筑混凝土的量可以控制在现场条件可以满足的条件下，不必为浇筑沉井封底混凝土而额外投入设备，减小成本投入，质量更有保证。

6　材料设备

6.1　材料：缆风绳、钢丝绳、密封橡胶垫。

6.2　设备：履带吊车、$17m^3$/min 空气压缩机、补水水泵、高压水泵、高压射水管若干，气割、电焊机等。

7 质量控制措施

7.1 按照设计图加工吸泥机，焊缝厚度大于母材厚度，保证吸泥机的抗拉强度。

7.2 吸泥管垂直控制：吊钩挂在吸泥机重心点，保证吸泥机垂直。

7.3 吸泥机作业沉井内水深控制：沉井内水深不得低于井外水位2m，及时补水，避免翻砂。

7.4 吸泥机吸泥距泥面控制：在吸泥管上标识深度刻线，升降吸泥机时参照调整控制。

7.5 吸泥机作业风压、风量保证：供风压力不小于0.5MPa，供风量不小于13～17m^3/min。

7.6 吸泥机吸出泥量控制：吸泥时，吸泥机升降或水平移动调整到最佳出泥量。

7.7 高压射水配合吸泥机：高压射水压力不小于1.2MPa，射水孔作业前检查，无堵塞现象。

7.8 沉井下沉过程中，为了保证沉井均匀下沉，吸泥深度严格执行预定方案的深度，一般按照50cm/层的深度控制，避免沉井突然不均匀下沉，出现偏移和刃脚土层清除过深，造成严重的翻砂现象，给施工带来不必要的困难。

7.9 严格执行边吸泥边检查泥面标高的检查制度，及时绘制基底土层标高图，及时调整吸泥机的位置。

7.10 严格按照对称吸泥的方式布置多台吸泥机的位置。

7.11 在沉井吸泥过程中实行现场工程值班制度，及时处理质量事故。

8 安全措施

8.1 吊车升降吸泥机安全：按起重作业安全规程执行。

8.2 吊车、空气压缩机等设备作业安全距离：吊车、空气压缩机等设备距沉井外井壁大于5m，班组安全员监督。

8.3 高压射水管、供风管：作业前检查，重点管接头，检查结果完好，试供水、风，正常后方可正式作业，作业过程中安全员检查监督，出现异常情况立即停止供水、风。

8.4 吸泥机出泥口方向安全：出泥口方向为非安全区，人、设备在非安全半径内严禁停留，安全半径应大于30m。

8.5 作业用电安全：按《施工现场临时用电安全技术规范》（JGJ46—2005）执行。

8.6 潜水员水下作业：按照现行的水下作业规程施工，配备联系对讲机。

9 环保措施

吸泥机吸泥过程中，采用沉淀池或配备电动筛沙机处理泥浆，严禁将泥浆直接排入江河中。

10 效益分析

与常规的抓泥斗潜水员配合施工相比较，节约大量的劳动力、设备和材料，并大大提高了施工效率。一台空气吸泥机在最深为36m的沉井中作业相当于10～15台最大抓泥量为2.0m^3的抓泥斗工作。

一台40t履带吊车一个台班的费用为130美元，燃油为40美元，共计170美元；每个抓泥斗的平均抓泥量为30m^3，需要1300个台班。

沉井刃脚及隔墙处使用潜水员作业，累计土方量为13000m^3，一个潜水员水下清除5m^3/班，需要2600班次潜水员，每班组按照50美元计算，累计潜水员费用为130000美元。

采用抓泥斗和潜水员施工费用为：$170\times1300+130000=351000$美元。

采用自制空气吸泥机，从开始下沉到设计标高，每个台班除泥量平均按照为120m^3，累计使用吊车的台班为320个台班，费用为$170\times320=54400$美元，170m^3/min的空气压缩机一个台班的折旧费用为40美元，燃油为50美元，空气压缩机的累计费用为$(40+50)\times320=28800$美元，自制吸泥机的研制、加工、维护费用28800美元。

采用自制空气吸泥机的费用为：$54400+28800+28800=112000$美元

采用自制空气吸泥机下沉沉井的效益为：$351000-112000=239000$美元

注：沉井下沉时采用抓泥斗或自制空气吸泥，工人用量很少，计算效益费用时相互抵消。

11 工程实例

中国建筑工程总公司越南分公司在越南岘港市承接的顺福悬索大桥的锚碇基础为沉井基础，外形尺寸为36m×30m×35.2m（图11-1～图11-3），地质条件见表11。

图11-1　顺福桥大型深水沉井施工

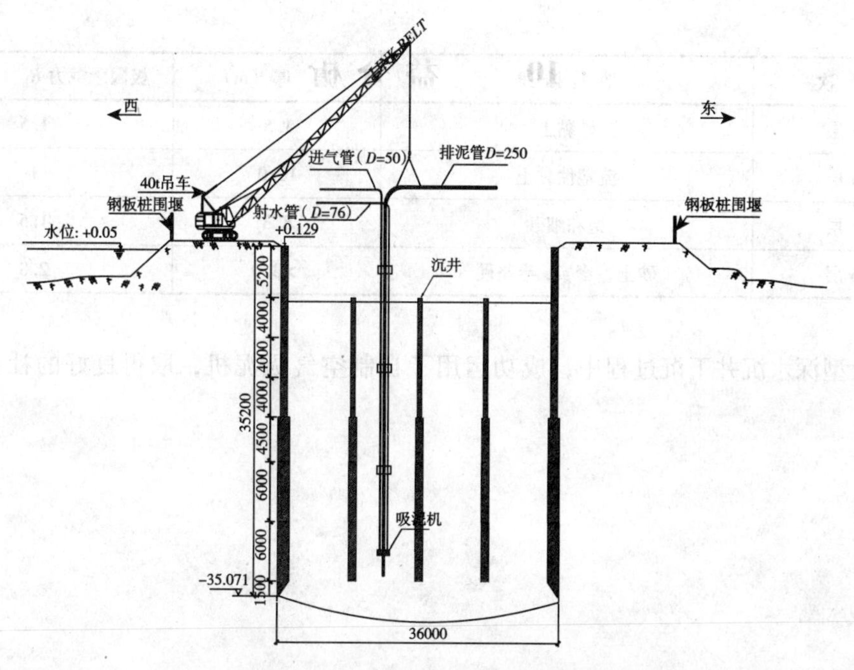

图 11－2　自制空气吸泥机下沉大型深水沉井示意图

图 11－3　自制空气吸泥机下沉大型深水沉井

沉井地质条件　　　　**表 11**

层　次	地 质 描 述	层　厚（m）	极限承载力 R_h（kgf/cm^2）
第 1 层	细砂	6.4	1.4
第 2 层	黑灰色砂土	3.5	1

续表

层　次	地质描述	层　厚（m）	极限承载力 R_h（kgf/cm^2）
第3层	砂黏土	1.5	1.5
第4层	流塑性黏土	10.0	1
第5层	饱和细砂	8.3	1.5
第6层	砂土，密实，半坚硬	>3.0	2.8

在大型深水沉井下沉过程中，成功运用了自制空气吸泥机，取得良好的社会和经济效益。

小半径曲线段盾构始发施工工法

编 制 单 位：中国建筑第一工程局
批 准 部 门：国家建设部
工 法 编 号：YJGF217—2006
主要执笔人：黄常波　李　钟　牛经涛　张　峰　牛晋平

1 前　言

盾构是目前地铁隧道施工采用的主要方式之一，该施工技术的关键是盾构机始发进洞。由于绝大多数盾构都是在车站始发，区间开始为直线段或缓和曲线，所以只须按照线路方向直线始发则可。但是，较小的曲线半径，能够较好地适应地形、地物、地质等条件的约束。在上海、北京这样的城市，随着社会经济的快速发展，高层建筑、高架桥等设施大量兴建，其深桩基对轨道交通选线形成很大的约束。此外，一些需要保护的古建筑、古树、防汛墙桩基、大型污水管等也在一定程度上影响线路走向的选择。在这样复杂的约束条件下，缩小曲线半径可以大大减少工程拆迁量。有时，如果遇到高层建筑群，一处曲线采用大、小半径引起的拆迁工程费差异达数千万元甚至上亿元。因此，盾构始发进洞就不可避免地处在较小的曲线半径上，研究小曲线半径盾构始发技术对于降低城市轨道交通造价、改善运营条件、降低运营成本具有极其重大的社会意义与经济价值。

北京地铁四号线工程角门北路站～北京南站盾构区间工程就是在设计线路为350m半径圆曲线段上的竖井始发进洞，保证开挖隧道轴线在规范允许范围内是一具有相当重大的技术难题。通过多次曲线拟合，结合施工曲线，中国建筑一局（集团）有限公司成功摸索出了一套在小半径曲线段盾构始发施工工法，为小曲线盾构始发积累了经验，对我国轨道交通事业的发展有着深远的意义。

2 工法特点

2.1　纠偏能力强，在350m小半径圆曲线线路上的实际推进轴线与设计线路误差控制在规范允许值内。

2.2　纠偏曲线拟合在CAD软件上进行，清晰直观。

2.3　纠偏节点和纠偏参数设置合理。

2.4　充分利用了空间偏移和盾构机本身的纠偏设计。

3 适用范围

本工法适用于带超挖刀的铰接式土压平衡盾构机在设计线路转弯半径不小于300m的曲线始发。

4 工艺原理

盾构机在始发机座上不能开铰接和采用分区油压差来进行曲线纠偏，只能直线推进，因而小半径曲线段盾构机始发主要是通过对盾构机始发轴线向曲线内侧的旋转和偏移在始发段盾构机长度范围内直线推进，过该直线段后用比设计转弯半径小的实际推进曲线来拟合设计曲线，充分利用盾构机自身的纠偏设计，如超挖刀、铰接、分区油压差等，再加上合理的管片选型来保证实际推进曲线与设计曲线偏差在规范允许的范围内。

5 施工工艺流程及操作要点

5.1 工艺流程

曲线拟合→安装始发机座→组装盾构机及后配套→安装反力架→直线推进→曲线推进纠偏。

5.2 施工工艺

5.2.1 曲线拟合

（1）根据设计线路与竖井的平面关系，确定进洞盾构机长度范围内实际推进直线的轨迹，以经过设计圆曲线与洞门交点的切线为基线，绕交点向曲线内侧旋转，以直线与设计圆曲线偏差值不超过规范允许值为衡量指标，反向延长到竖井暗挖洞门作为始发轴线，结合考虑盾构机、始发机座、反力架和竖井的空间关系，修改基线旋转角，找出满足上述要求的始发轴线。

（2）由于始发轴线在曲线内侧，盾构机直线进洞后如果还是按照设计圆曲线半径推进，将出现实际推进线路与设计线路偏差逐渐增大的情况。所以，在实际推进中采用比设计半径小的圆曲线来拟合设计线路，待盾构机回到设计线路上来且有向设计线路另一端反向增大的趋势时回归到设计半径，随设计线路正常推进。

5.2.2 安装始发机座

（1）测量放线，在竖井地板放出在电脑上拟合好的始发轴线。

（2）分体始发机座，在地面上用高强螺栓连接拼成整体，选择合适吊点往竖井下放，机座中线与始发轴线重合，确认机座高程无误之后，将其与底板预埋件牢固焊接。

5.2.3 组装盾构机及其后配套

（1）竖井及暗挖隧道里铺轨并放下电瓶车，将在地面组装好的后备台车吊入竖井并用电瓶车拉进暗挖隧道，进行台车之间的连接。

（2）利用龙门吊及大吨位吊车，按组装将本体部分一一吊入竖井中已定位好的始发机座上进行组装。

（3）在机械组装的同时，穿插电气及液压连接。

（4）组装完毕之后对盾构机进行整体调试，检查各部件的运转情况。

5.2.4 安装反力架

在调试的同时进行反力架的安装。反力架由立柱、横梁加水平撑、斜撑用高强螺栓法兰连接而成，各组成部件均采用箱梁内外加肋板的形式，极大提高了实际承载力。安装时，按照定好的始发轴线，找准反力架中心高程，将下横梁定位，依次组装左右立柱、上横梁及支撑，由于推进轴线的旋转将在反力架水平撑与竖井壁之间形成楔口，并需用钢板将此楔口密实，形成良好的传力体系。

5.2.5 直线推进

（1）负环采用通缝拼装模式，封顶块放在12点位置，便于始发完毕之后拆卸。拼第一环负环的A块时，在盾尾下半圈千斤顶之间的间隙内焊$\phi20$的圆钢，保证第一环负环拼装完后有良好的盾尾间隙，并且在推出盾尾时不会拉坏盾尾密封刷。当水平尺的气泡居中，与纵向螺栓孔连线重合时，用事先做好的定位板将第一块管片固定，然后依次拼装其他块，成环之后将其推出顶到反力架，为后续推进提供反力，最后启动油脂泵将三道盾尾密封刷之间的间隙填满。

（2）开始推进时由于刀盘与掌子面还有一定距离，此时盾构机重心前移，易产生栽头，必须在洞口钢环处做一段导轨支撑盾构机顺利进洞。

（3）在盾构机接触到掌子面时开始旋转刀盘切削土体，加大推力，待土仓充满土，建立起土压平衡之后启动螺旋输送机和皮带机开始排土，为了降低刀盘扭矩和改善土体的流动性，需要通过旋转接头往刀盘前面加注适量泥浆和泡沫，同时打开超挖刀进行全断面超挖，为盾构机进入曲线段后的纠偏甩尾作准备。

5.2.6 曲线推进纠偏

（1）盾构机离开始发机座后，将铰接开到理论计算角度，加大左右分区的油压差。

（2）通过计算可以得知拟合曲线上转弯环与直线环的比例，当左右千斤顶行程差达到转弯环纠偏左右长度差时，拼装转弯环。

（3）盾尾完全进入帘布橡胶圈里后开始同步注浆，注浆采用注浆量与注浆压力双控的原则。

5.3 劳动力组织

盾构隧道施工安排24h两班作业，每班工作12h，每周工作6d，劳动力结构详见表5。

盾构隧道施工劳动力组成 **表5**

项目名称				一条隧道		两条隧道	
班组		岗位	每班人数	班组数	合计	班组数	合计
隧道掘进	隧道内及井口下	盾构司机	1	2	2	4	4
		电瓶车司机	1	2	2	4	4
		注浆	2	2	4	4	8
		千斤顶操作	1	2	2	4	4
		看土	1	2	2	4	4
		管片安装工	3	2	6	4	12
		井下挂钩	2	2	4	4	8

续表

项目名称				一条隧道		两条隧道	
班组		岗位	每班人数	班组数	合计	班组数	合计
隧道掘进	地面井口区域	龙门吊司机	1	3	3	6	6
		管片装卸	3	2	6	4	12
		吊土配合	1	2	2	4	4
		制浆操作工	5	2	10	4	10
		制泥操作	2	1	2	2	2
机电维修		电工	2	2	4	4	8
		机械工	2	2	4	4	8
		蓄电池充电工	1	2	2	4	4
		轨道整修工	2	1	2	2	4
杂工			4	1	4	2	8
测量队		测量工	3	1	3	2	6
地面/隧道		工人管理员	1	1	1	2	2
总计							114

6 材料与设备

6.1 材料

6.1.1 主材

管片、管片螺栓、管材、轨道、轨枕、泥浆、砂浆、泡沫、油脂、高低压电缆等。

6.1.2 辅材

走道板、支架、灯具、小压板及配套螺栓、大压板及配套螺栓、风筒、轨距保持器、照明电缆、通信电缆等。

6.2 设备

见表6。

主要机械设备表 **表6**

序号	名称	型号	单位	数量
一	盾构及其配套设备			
1	盾构机（包括后续台车）	ϕ6140mm 土压平衡式	台（套）	2
2	背后注浆设备			
2.1	背后注浆液制备站	立轴连续式搅拌机	套	1
2.2	搅拌储存罐	容量为6m^3	台	2
2.3	砂浆泵送设备	渣浆泵（22kW）	台	3
3	泥浆制备设备			
3.1	泥浆制备站		台	1

续表

序 号	名 称	型 号	单 位	数 量
3.2	泥浆储存罐		个	2
3.3	泥浆泵送设备	泥浆泵	台	2
4	隧道内排污水设备			
4.1	潜水排污泵	WQ20－40－7.5	台	4
5	通风系统			
5.1	轴流风机	SDF－NO10	台	2
二	洞内水平运输设备运输系统			
1	变频机车（25t）	Yxk25	台	2
2	渣车（13.5m^3）	LJK8T－13.5m^3	台	8
3	管片车	LJK8G	台	4
4	砂浆车	LJK8S－7.5m^3	台	2
5	充电器	KCA－100A/300V	台	6
三	提升系统			
1	龙门吊	40t/15t/17.4m	台	2
2	汽车吊	50t	台	1
四	应急设备			
1	应急发电机	200kW	台	1
五	机修设备			
1	车 床	C620	台	1
2	钻 床	Z3050	台	1
3	切割机	J3G－400	台	1
4	氧焊机		台	3
5	电焊机	BX5－400	台	5
6	千斤顶	YCQ－80	台	2
7	千斤顶	YCQ－30	台	2
8	千斤顶	YCQ－10	台	4
9	捯 链	20t	台	2
10	捯 链	10t	台	6
11	捯 链	5t	台	4
六	地面运输设备			
1	手动叉车	2t	辆	2
2	挖掘机	EX300	台	1
3	装载机	ZL40B	台	1
4	渣土运输车辆	斯太尔、太脱拉	辆	8

续表

序号	名称	型号	单位	数量
七	测量仪器			
1	全站仪	瑞士徕卡 TCRA1202 R100	套	1
2	电子水准仪	瑞士徕卡 DNA03	套	1
3	经纬仪	国产 北光 DJD2－G	套	1
4	水准仪	日本 索佳 C30Ⅱ	套	1
5	塔尺	国产 5m	把	2
6	钢尺	国产 50m	把	2
7	测伞	国产	把	2
8	线坠	国产 250g	个	2
9	花杆	国产 5m	根	2
10	拉力计	国产	个	2
11	盒尺	国产 5m	把	2
12	对讲机	美国 GP88S	台	4
13	计算器	日本 卡西欧 FX4500P	台	4
14	对中杆	2m	台	1
15	测量平差软件	南方平差易	套	1
16	电子手簿	PC－E500S	台	1
八	其他设备			
1	风管	D800	m	2600
2	消防系统		项	1
3	计算机			10
4	打印机	三星		1
5	复印机	佳能		1

7 质量控制

7.1 认真执行北京市和业主的有关规定，加强对所有参加施工人员进行成品保护教育，落实成品保护责任制。在施工过程中安排必要的人员，材料和设备用于整个工程的成品保护，防止任何已完工程遭受任何损失或破坏。

7.1.1 定期对全体施工人员进行文明施工、成品保护教育，提高自觉保护成品的质量意识。

7.1.2 经常进行检查，发现被碰坏、损坏、污染要及时采取措施进行纠正处理，对责任人给予经济处罚。

7.2 编制成品保护细则，加强现场管理，科学组织施工，减少成品损坏。

7.2.1　管片拆模过程中严禁用铁锤敲击，防止损伤管片。

7.2.2　管片吊装前应检查起重设备、吊具是否满足要求，吊装、翻转管片时应设专人指挥，缓慢操作，防止摔坏或碰损管片。

7.2.3　管片堆放高度不应超过8层；垫木放置位置必须正确，各层垫木应在同一竖直线上，且前后对齐。

7.2.4　管片运输要用专门车辆、专用垫衬，运输中要平稳行驶，堆放高度不应超过3层。

7.2.5　粘贴完成的密封垫应防止高温暴晒。

7.2.6　施工中严格控制土压，以维持开挖面的稳定。

7.2.7　在掘进施工中，应严格控制千斤顶推力和行程差，以防管片被挤裂。

7.2.8　在管片拼装时千斤顶推力应均匀，防止管片因局部受力过大而导致破裂。

7.2.9　管片拼装中应严格控制盾尾间隙的均匀性。若盾尾间隙过小，易导致在盾构后续掘进过程中盾尾与已拼装成环的管片发生挤压、摩擦，进而造成管片及盾尾密封装置的损坏。

7.2.10　管片脱离盾尾后应及时进行壁后注浆，并严格控制注浆施工工艺，以防成型隧道出现位移或变形。

7.2.11　浆液在运输及注浆过程中不得混入杂物，以保证浆液性能。

7.2.12　在隧道中铺设轨枕时应采取措施，防止轨枕损伤管片。

7.2.13　在隧道内铺设管路及电缆需安装支架时，应尽量利用管片连接螺栓来进行固定，严禁在管片上打孔。

8　安全措施

8.1　严格遵守施工操作规程和施工工艺要求，严禁违章施工。

8.2　进入施工现场必须戴安全帽，高空作业必须系安全带。

8.3　不得向竖井内投掷任何物品。

8.4　安全用电，注意防火，必须配备消防器材。

9　环保措施

9.1　施工前，对基坑附近建筑物、构筑物进行调查，以便采取相应保护措施。

9.2　夜间施工应采取降低噪声措施，最大限度地减少扰民。

9.3　施工废水、废浆应排入沉淀池中，不得随意排放，保持场地清洁。

9.4　施工现场应制定洒水降尘措施，指定专人负责现场洒水降尘和清理浮土。

10　效益分析

小半径曲线段盾构始发技术在直线段始发的基础上充分利用空间特性和盾构机设计性能，未增加其他辅助设备和施工工法，而且日进尺与直线段始发持平，甚至略有提高。

11 应用实例

11.1 工程概况

北京地铁四号线工程角门北路站－北京南站盾构区间右线于2006年9月10日开工。设计里程：右K2+446.318～右K3+778.224，全长1382.858m，其中盾构法区间长度为1231.434m，在K3+635.000处设盾构始发竖井。盾构法区间隧道设计断面形式为圆形，外径为6.0m，内径5.4m。本区间隧道轨顶设计标高为17.75～25.00m，隧道结构顶标高为22.75～30.0m，隧道结构底标高为16.75～24.00m，隧道埋深约为16.0～23.5m，覆土厚度约为10.0～17.5m，盾构机在设计线路为半径350m的圆曲线上始发。

11.2 施工情况

11.2.1 曲线拟合

（1）在CAD上对盾构始发进洞曲线进行反复拟合，根据设计线路与竖井的平面关系确定进洞盾构机长度范围内实际推进直线的轨迹，以经过设计圆曲线与洞门交点的切线为基线，绕交点向曲线内侧旋转，以直线与设计圆曲线偏差值不超过规范允许值为衡量指标，反向延长到竖井暗挖洞门作为始发轴线，结合考虑盾构机、始发机座、反力架与竖井的空间关系，修改基线旋转角，找出满足上述要求的始发轴线。

（2）盾构机直线进洞后采用比设计半径小的圆曲线（R=300m）来拟合设计线路，管片选型按照300m转弯半径进行，待盾构机回到设计线路上来且有向设计线路另一端反向增大的趋势时回归到设计半径，随设计线路正常推进。设计曲线、模拟曲线及施工曲线三者之间关系见图11。

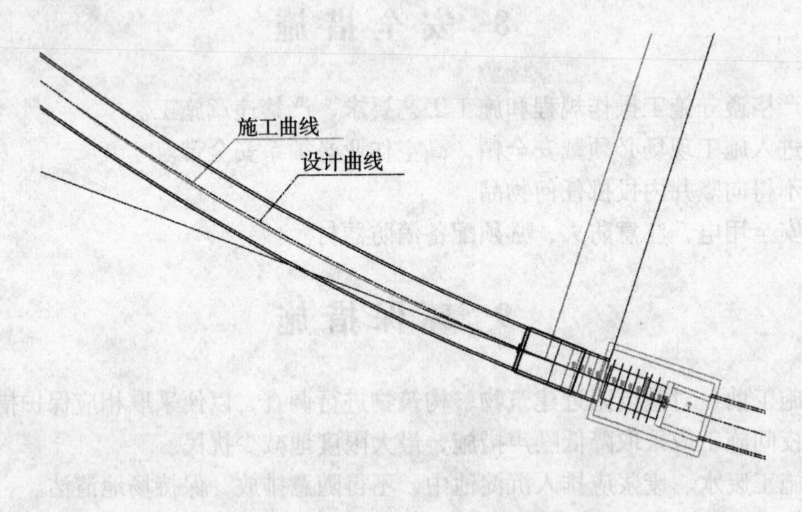

图11 设计曲线、模拟曲线及施工曲线关系图

11.2.2 参数设定

在初始掘进段内，对盾构的推进速度、土仓压力、注浆压力作了相应的调整，指标为：

（1）上土压力控制在0.05～0.1MPa之间；

（2）推力控制在1800t以内；

（3）扭矩控制在4200kN·m以内；

（4）盾构机在机座上时不开铰接直线推进，打开超挖刀行程10cm进行全段面超挖；进入曲线段时，用300m的转弯半径的圆曲线来拟合设计线路，要求将铰接开到0.86°~0.92°，超挖刀只须在曲线内侧超挖即可，左右分区油压差在10MPa上下；

（5）注浆上部压力在0.25~0.3MPa，注浆量$3m^3$左右；

（6）管片选型按照300m转弯半径，转弯环与直线环的比例是1:1。

11.3 施工复测与结果评价

通过盾构机自动导向系统所显示的推进轴线与设计线路误差值在轨道交通公司所试行的《盾构隧道工程质量验收标准》允许范围内，而且城勘院对成型隧道复测的结果也表示满意。实践证明，该小半径曲线段盾构始发方案是合理的，可以作为以后类似工程的参照和借鉴。

机场停机坪混凝土道面施工工法

编制单位：中国建筑第八工程局

批准单位：国家建设部

工法编号：YJGF233—2006

主要执笔人：黄昌标　宋建忠　吴建国　黄玉军

1 前　　言

在机场停机坪道面混凝土施工中，其技术性能、质量指标较路桥等道面施工要严格的多，因此，选用什么样的施工装置和施工手段是投资单位特别关心的问题。阿尔及利亚国际机场停机坪项目，混凝土道面共约13万m^2，混凝土共计有49100m^3，抗折强度等级为5.3MPa，技术合同条款对道面混凝土表面施工质量提出了详尽的指标要求，技术条款规定苛刻，工期紧迫。项目组经多方考察和论证，最终采用国际上最先进的机械摊铺机实施道面混凝土的施工。如何正确使用先进的现代化摊铺机械，采用什么样的施工工艺实现合同质量目标，是一项重大技术难题。

项目组经过全面市场了解、方案多次论证优化等手段开展科技创新活动，通过阿尔及利亚国际机场停机坪13万m^2混凝土道面的实际应用，总结形成了"阿尔及利亚国际机场停机坪混凝土道面施工技术"新成果并通过鉴定，达到国内领先水平。同时，形成了"机场停机坪混凝土道面施工工法"。本工法采用滑模摊铺技术，施工速度快、施工质量好、技术先进，经济效益和社会效益显著，具有极好的推广应用价值。

2 工法特点

2.1　施工速度快

采用滑模施工技术比固定模板施工技术施工速度提高1倍以上。

2.2　混凝土质量稳定

采用滑模摊铺的混凝土质量稳定。

2.3　机械化程度高

从摊铺到混凝土最终成型均采用机械化，机械化程度高。

2.4　节约劳动力和模板

采用本技术可以减少支模、振捣以及整平等劳动力；每条板带仅需支两块端头模板，大大减少模板用量。

3 适用范围

本工法适用于机场的停机坪、滑行道、跑道的水泥混凝土道面滑模施工，也可用于高速公路、普通公路混凝土路面施工。

4 工艺原理

摊铺滑模技术是使用先进的滑模摊铺机，利用新浇混凝土的内聚力与摩擦力之间的时间关系，在保证混凝土外形无坍塌的条件下满足道面侧向模板顺利滑移，形成平整、光滑的混凝土道面的一种机械化施工技术。

在整个混凝土道面滑模摊铺施工中，混凝土摊铺机及其配套装置，通过设备自身的行走系统、液压机构及控制系统完成设备的调平与导向、自身行走与模板滑移、传力杆安放、混凝土振捣与找平、表面拉毛、混凝土养护剂喷洒等工艺连续作业，实现不间断滑移，形成条状的混凝土道面（见图4）。

图4 滑模摊铺机

5 工艺流程及操作要点

5.1 工艺流程

混凝土道面滑模施工流程见图5-1所示。

5.2 操作要点

5.2.1 混凝土配合比设计

（1）强度要求

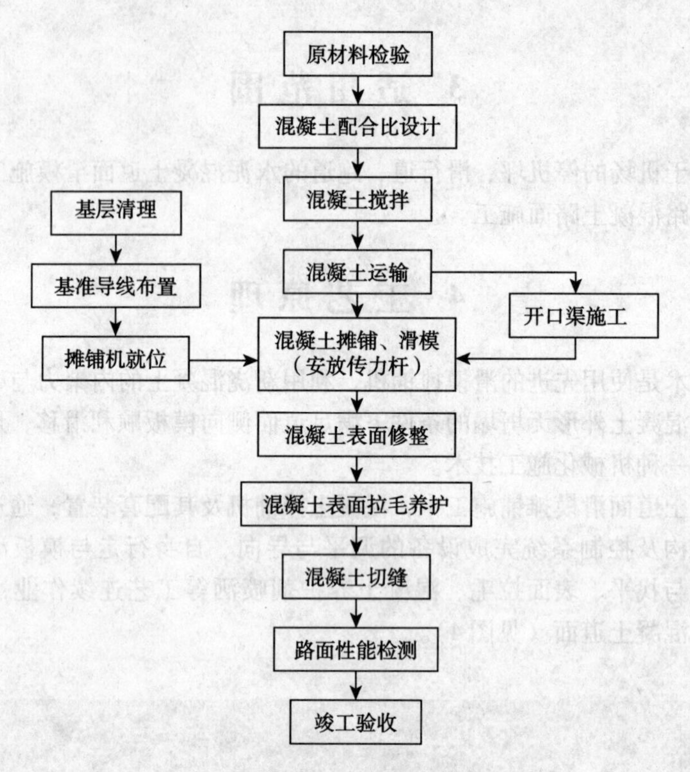

图5－1　停机坪道面混凝土施工工艺流程

混凝土配合比设计强度应满足下式要求：

$$\overline{f}_{f配}=f_{f标}+1.04\sigma \tag{5-1}$$

式中　$\overline{f}_{f配}$——混凝土配制抗折强度，即所需的平均抗折强度，MPa；

$f_{f标}$——混凝土设计抗折强度等级，MPa；

σ——施工单位混凝土抗折强度标准差（MPa）。

标准差 σ 由施工单位统计连续30组以上的抗折强度资料，用下式计算得出：

$$\sigma=\sqrt{\frac{\sum_{i=1}^{n}(f_{fi}-\overline{f}_{f})^2}{n-1}}\text{或：}\sigma=\sqrt{\frac{\sum_{i=1}^{m}f_{fi}^2-n\overline{f}_{f}^2}{n-1}} \tag{5-2}$$

式中　f_{fi}——第 i 组试件抗折强度，MPa；

$\overline{f}_{f}$——n 组抗折强度平均值，MPa；

n——总试验组数

抗折强度统计资料应取至本单位前一期工程或本次工程中抗折强度相同的并在类似条件下生产的混凝土的强度试验数据。应取2～3批30组以上的强度数据，分别统计出 σ 值后，取 σ 的平均值。对于缺少前期资料的工程，σ 取值不得低于0.75MPa。

（2）耐久性要求

最大水灰比不应大于0.5，最小水泥用量300kg/m³，粗骨料最大粒径不大于40mm。一般应在混凝土中掺加引气剂，特别是有抗冻要求的混凝土。

（3）和易性要求

滑模摊铺的混凝土坍落度控制在10～30mm。

(4) 道面水泥混凝土配合比计算

①水灰比：

根据配制抗折强度$\bar{f}_{t配}$即所需的平均抗折强度和实测水泥抗折强度，按下式计算所需水灰比：

碎石混凝土：$$\frac{W}{C}=0.96-\frac{\bar{f}_{t配}}{1.26f_{t}^{c}} \quad (5-3)$$

式中 $\bar{f}_{t配}$——混凝土配制抗折强度，MPa；

f_{t}^{c}——水泥实测28d抗折强度，MPa；

$\frac{W}{C}$——混凝土水灰比。

②耐久性校核。

道面滑模混凝土水灰比应控制在0.5以内。

③选择水泥用量和用水量。

道面滑模混凝土水泥用量一般控制在300～400 kg/m³，根据选择的水泥用量和计算出的水灰比，用下式计算用水量G_{w}：

$$G_{w}=G_{C}\times\frac{W}{C} \quad (5-4)$$

用水量是否满足和易性要求，还应通过试拌确定。

④确定石子的最优比例，计算石子的空隙率：

停机坪道面混凝土配合比石子一般分二级，也可分为三级，根据优选法确定最优配合比例，然后确定空隙率。

$$V_{0}=\frac{\rho_{石}-\rho_{0石}}{\rho_{0石}}\times100\% \quad (5-5)$$

式中 V_{0}——石子空隙率；

$\rho_{石}$——石子密度，kg/L；

$\rho_{0石}$——石子紧堆积密度，kg/L。

⑤计算砂石比和砂率：

同普通混凝土。

⑥计算砂石总绝对体积：

同普通混凝土。

⑦计算1m³混凝土石子用量和砂子用量：

同普通混凝土。

⑧列出1 m³混凝土组成材料用量。

⑨试验室试拌调整和强度检验：

先调整砂率，达到最优砂率（在计算砂率的8%或13%之间调整），达不到要求时，可调整水泥用量。试拌出的混凝土是否真正组成1m³混凝土，尚需要通过密度校核加以修正。校核和修正的方法是实测调整后的配合比的混凝土混合料的密度，取三次试验的平均值与配合比的计算密度相比较，并计算出修正系数K：

$$K=\frac{\text{实测密度}}{\text{计算密度}} \tag{5-6}$$

将试拌调整后的配合比乘以修正系数 K，就得到实际上 $1m^3$ 的混凝土组成材料用量。

经过试拌调整、密度校核、满足和易性要求的配合比是否满足配制的抗折强度的要求，必须通过强度试验来检验。

用调整和修正后的配合比制作 6 组抗折试件，每组 3 个试件，标准养护 28d，实测抗折强度。当 6 组试件的平均抗折强度大于或等于要求的配制抗折强度，且抗折强度标准差小于或等于 0.25MPa 时，该配合比为合格；否则，应重新制作。

5.2.2 混凝土的搅拌

(1) 搅拌楼配备

搅拌楼的生产能力应和摊铺机铺筑能力匹配，密切配合。搅拌楼的选择按公式（5-7）进行：

$$Q=60\mu\times\beta\times b\times h\times v \tag{5-7}$$

式中 Q——搅拌楼总拌和能力，m^3/h；

b——每次摊铺宽度，m；

h——摊铺厚度，m；

v——摊铺速度（一般 $v\geqslant 0.6m/min$）；

μ——搅拌楼可靠性系数，1.2~1.5，根据搅拌楼的可靠性选择，可靠性高选较小值，可靠性低取较大值；混凝土中掺有纤维等材料，取较大值，坍落度要求较低者，取大值；

β——搅拌楼出料系数，1.25~1.6，根据坍落度及是否加入引气剂选择。

(2) 混凝土搅拌

混凝土搅拌开始前，试验工程师应在搅拌站进行坍落度或维勃稠度的核实，以满足混凝土摊铺的需要。

混凝土的搅拌应采用强制式搅拌机，搅拌时间不少于 45s。当掺加纤维等外加材料时，搅拌时间不少于 90s。

每台班开拌第一罐混凝土时，应增加 10~15kg 水泥及相应的水与砂，并适当延长搅拌时间。

搅拌站的搅拌程序如图 5-2 所示。

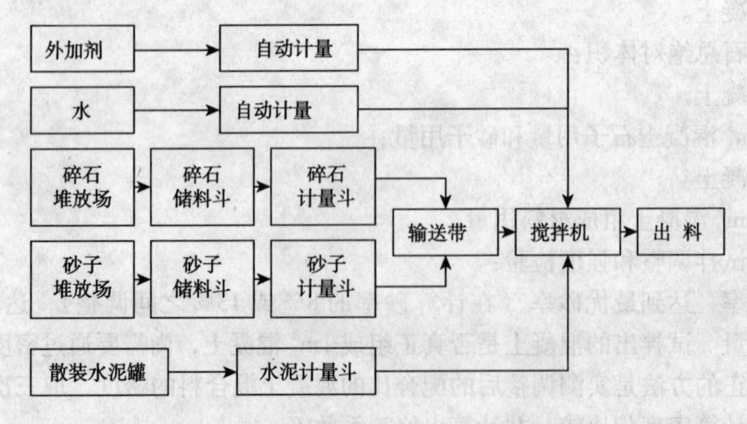

图 5-2 混凝土搅拌站生产工艺流程图

各种材料计量允许偏差见表5－1。

混凝土搅拌计量允许偏差（%）　　表5－1

材料名称	水泥	砂子	石子	水	外加剂	其他
允许偏差（%）	±1	±2	±2	±1	±1	按规范要求

5.2.3　混凝土运输

混凝土采用自卸卡车进行运输，自卸卡车的数量应根据摊铺能力、搅拌能力、运输距离和路况进行配置。参照下式计算确定：

$$N = 2n\left(1 + \frac{S\gamma_b Q}{V_c G_c}\right) \tag{5-8}$$

式中　N——汽车数量，辆；

n——相同产量搅拌楼数量；

S——单程运输距离；

γ_b——混凝土密度，t/m^3；

Q——一台搅拌楼每小时生产能力，m^3/h；

V_c——车辆的平均运输速度，km/h；

G_c——汽车载重能力，t/辆。

混凝土运输的最基本要求是运输到摊铺前的拌合物必须是适宜摊铺的，应根据施工气温及水泥的初凝时间来确定混凝土滞留在车内的允许最长时间。

运送混凝土的车辆装料前，车厢内应清理干净，洒水湿润并排干积水，装料时自卸车应挪动车位防止离析；混凝土运输过程中应防止漏浆、漏料和污染路面，自卸车运输应减小颠簸，防止拌合物离析，车辆起步和停车应平稳；搅拌楼卸料落差不应大于2m。

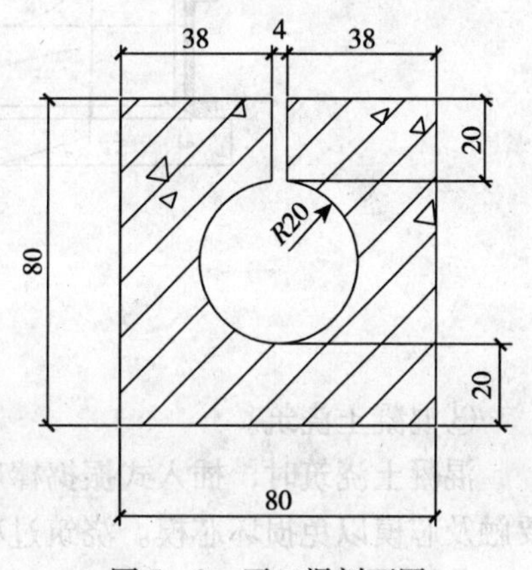

图5－3　开口渠剖面图

5.2.4　开口渠施工

地表排水通过开口渠进行，开口渠的形式为外方内圆，开口渠剖面见图5－3所示。内圆支模采用充气内模。

（1）施工准备

①对充气内模进行充气检查，检查其外径公差，要求外径公差在2%以内；

②检查充气内模的气压降，在20～30min内无明显压降现象；

③钢筋已经经监理验收合格；

④空压机到位。

（2）施工程序

开口渠的施工程序：混凝土垫层浇筑→弹线→钢筋绑扎→安放充气内模→外模支设→充气→混凝土浇筑→抽充气内模→拆除外模→养护。

（3）充内模施工要点

①安放充气内模。

钢筋绑扎完毕验收合格后，即可安放充气内模。充气内模充气端应露出模板外不少于500mm，以便充气抽取内模。

用绳牵引将芯模穿入钢筋笼内，并使芯模纵向接口朝上放置，在穿放过程中芯模中间需由人工辅助抬起，避免芯模与钢筋笼碰撞。

②芯模充气。

采用空压机进行充气。当气压达到使用压力（一般为0.04MPa）时，将进气阀关闭。充好气后，应观察内模有无压降20～30min，以免在使用过程中内模气压不足造成质量问题。

芯模上部采用$\phi12$钢筋间距1000mm进行固定，下部采用$\phi12$钢筋间距1000mm固定，避免芯模振捣混凝土时上浮。如图5-4所示。

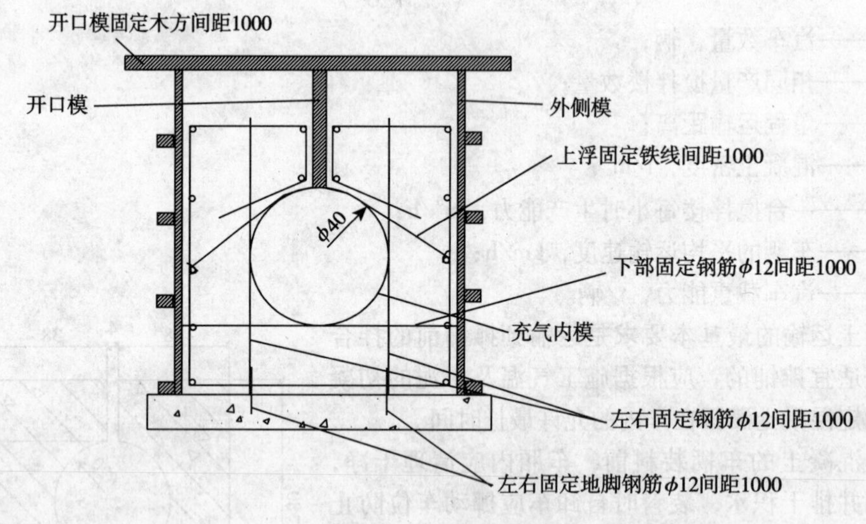

图5-4　开口渠模板图

③混凝土浇筑。

混凝土浇筑时，插入式振捣棒应从两侧同时振捣，防止芯模左右移动，振捣棒尽量不要触及芯模以免损坏芯模。浇筑过程中应经常检查压力表，以保持芯模气压。

④抽芯模。

混凝土初凝后，即可打开气阀放气，构件中抽出芯模。芯模在混凝土内时间不应过长，避免芯模和混凝土粘住，影响脱模和芯模的使用寿命。开口模和芯模应同时拆除。

⑤外模拆除和混凝土养护。

拆模时间以不使混凝土边角碰落为准。拆外模不能碰坏混凝土的边角，特别是开口渠的上边角。模板拆除后应及时对混凝土进行养护，养护时间不少于7d。

⑥成品保护。

在混凝土道面施工前，应对开口渠上边角进行保护，以免在施工过程中碰坏。

⑦芯模使用注意事项：

a. 芯模使用后用清水冲洗干净，有附着的水泥浆应用钝器小心刮除；

b. 芯模应放置在通风干燥处；

c. 不得在芯模表面涂油和其他脱模剂。

5.2.5 基准导线布置

(1) 基准导线形式

基准线是为摊铺机上的4个水平传感器和2个导向传感器提供的，是混凝土摊铺机平面和高程的参考系。道面摊铺的高程和平整度主要取决于导线的设置精度。

滑模摊铺机工作时，通过接触传感系统，由前后四个水平传感器控制高程（以两侧的导线为基准高程），并由前面两个导向传感器控制平面位置（以两侧导线为基准位置），保证平面位置的准确性。纵向传力杆或拉杆通过液压系统将其插到预定的位置；横向传力杆通过机械布杆系统均匀分布，当摊铺机运行到预定位置时，液压系统将其压入混凝土中。

全滑模导线设置见图5-5。

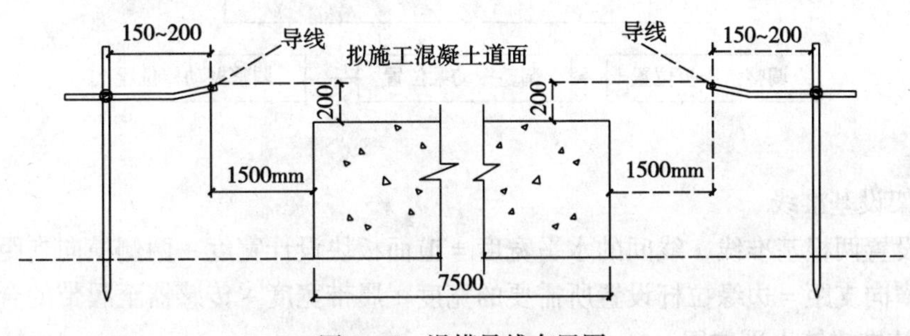

图5-5 滑模导线布置图

滑模施工道面混凝土的基准线，采用拉线和滑靴。全滑模采用双导线，单滑模采用二边导线和一边滑靴，全填仓采用双滑靴和单导线。

(2) 基准线宽度

基准线的宽度除满足摊铺宽度（板块的宽度）外，尚应满足摊铺机履带与纵向插入传力杆横向支距的要求，即板块边缘到线桩的距离，一般根据需要为1000~1600mm。

(3) 线桩的固定

线桩固定时，板块完成面到夹线臂的高度以200~300mm为宜，基准线到桩的水平距离宜为150~200mm。当进行单滑模或全填仓时，可利用缩缝进行固定和设置线桩，线桩底部焊接角钢，用木楔固定。

(4) 基准线桩纵向间距

基准线桩纵向间距一般不应大于10m，以和板块同宽为宜。

(5) 基准线长度和拉力

单根基准线最大长度一般不宜超过450m，基准线拉力不小于1000N，基准线应先张紧，再挂到夹线臂中，不得先夹扣再张拉。

(6) 基准线设置精确度

基准线精确度要求应符合表5-2规定。

(7) 基准线的保护

基准设置后，严禁扰动、碰撞和振动。一旦碰撞变位，应立即重新测量纠正。在混凝土摊铺期间应有专门的巡线员，进行检查。

基准线设置精确度要求　　表 5－2

项　目	平面位置（mm）	道面宽度偏差（mm）	纵断面标高偏差（mm）	横坡偏差（%）
偏差值	≤10	≤10	±5	±0.1

5.2.6　摊铺机就位

（1）滑模摊铺机的施工参数设定及校准

滑模摊铺机首次摊铺前，应挂线对其几何参数、铺筑位置和机架水平度进行调整和校准，正确无误后方可开始摊铺。校准的程序一般如下：

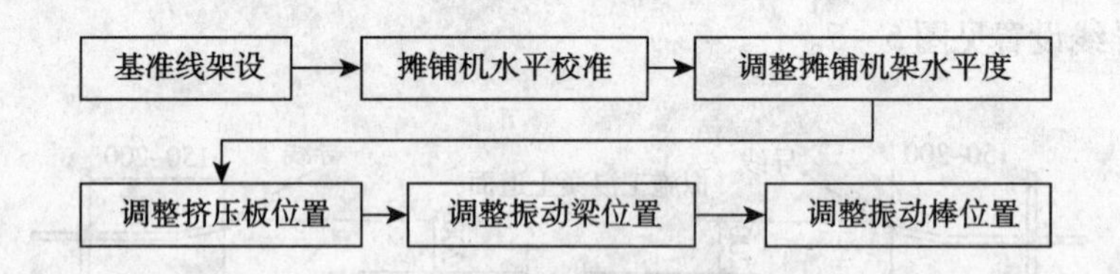

（2）架设基准线

测量设置两根基准线，线间的水平宽度＝道面板块设计宽度＋两侧横向支距

两侧横向支距＝边缘拉杆设置所需要的宽度＋履带宽度＋传感器至履带的合适宽度

（3）校准摊铺水平位置

将滑模摊铺机开进两基准线间，然后将四个水平传感器和两个方向传感器放在基准线上，来回行走 1～2 次，使滑模摊铺机对中待摊铺的板带，摊铺中线偏差不大于 5mm，可停止对中。

（4）调整滑模摊铺机机架水平度

在基层上设置与道面厚度、高程和横坡相同的左右两根线，操作滑模摊铺机水平传感器高低控制键，使挤压板后底边贴近路面几何参数控制线，调出路面横坡。

（5）振捣棒的位置

道面厚度大于等于 300mm，振捣棒下边缘 1/3 位置应在挤压板最低边缘以下；道面板厚度小于 300mm，振捣棒的下边缘应提至挤压板最低边缘。振捣棒的横向间距应均匀排列，不宜大于 450mm，两侧最边缘振捣棒与摊铺边缘距离不宜大于 250mm。

5.2.7　混凝土摊铺、滑模

（1）混凝土摊铺准备

①混凝土摊铺前所有配合机具设备均应到位，并且运转良好；基层表面杂物清理完毕，基层的标高应复核并不得超过设计标高 20mm；导线的位置、高程经监理检查合格。

②端头模板安装：端头模板采用自制钢模，端头模板的安装高度要比道面高低约 10mm，宽度要比道面宽度窄 30mm，以便摊铺机能顺利通过。端头模板形式见图 5－6。

（2）混凝土布料

滑模摊铺机摊铺时，可采用挖掘机辅助布料，采用摊铺机前的布料犁进行分布，见图 5－7。卸料、布料应与摊铺速度相协调，坍落度一般控制在 10～30mm 之间，松铺系数一般控制在 1.08～1.15 之间。堆料与摊铺机之间施工距离宜控制在 5～10m，具体距离应根据气温、风速和湿度进行调整。

（3）搓平梁

振荡搓平梁前沿宜调整至与挤压板后沿高程相同，搓平梁的后沿比挤压板后沿低约2mm，但与路面高程相同。在正常摊铺时，搓平梁前面一般应有不小于100mm高度的砂浆卷。详见图5-8。

（4）纵向超级抹平板

在搓平梁后边一般带有纵向超级抹平板，以消除混凝土表面的缺陷、提高表面平整度，见图5-9。纵向超级抹平距离板块边缘不小于100mm，以免造成塌边。

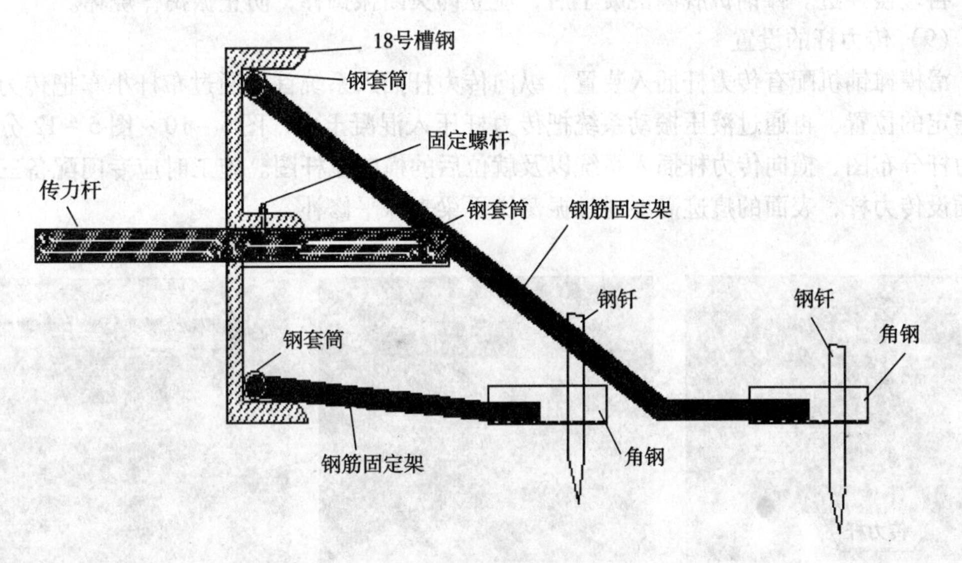

图5-6 端头模板示意图

图5-7 布料犁布料图

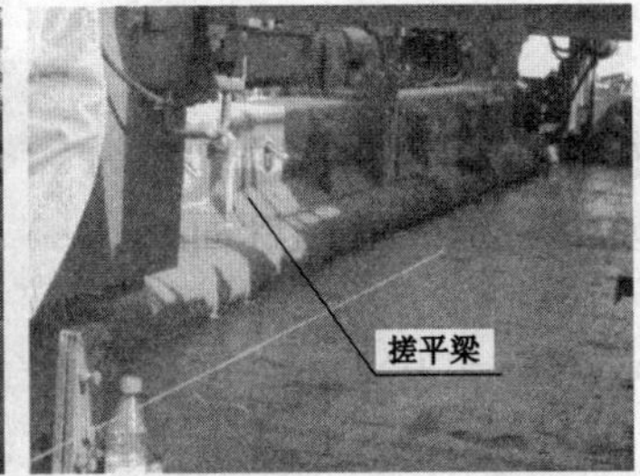

图5-8 搓平梁运行图

图5-9 抹平板作业图

（5）复核测量

摊铺过程中，应对最初进行的一个板块（一般为4.5~7.5m）的路面标高、厚度、位置和坡度等进行复核，在10m内应调整完毕，各项指标应在规范控制范围内。

（6）摊铺速度

滑模摊铺机一般应均速、不间断地进行作业，维特根SP850摊铺机的摊铺速度一般在0.5~1.5m/min，不得料多追赶或随意停机等待。当混凝土的稠度发生变化时，应先调节振捣棒频率，再改变摊铺速度。

(7) 松方控制板

松方控制板用来控制松方混凝土进料高度，开始应略高些，以保证进料；正常摊铺时，应保持振动仓内混凝土高度高于振捣棒 100mm 左右，料位高低宜控制在 ±30mm 之内。

(8) 振捣频率控制

混凝土正常摊铺时，振捣棒的振动频率可在6000～12500r/min之间调整，一般宜采用9000～10000r/min的频率。为防止混凝土过振或欠振，应根据混凝土的稠度大小，随时调整振捣棒的振动频率，也可调整摊铺机的速度。摊铺机起步时，应先开启振捣棒 2min 左右，再缓慢摊进。摊铺机脱离混凝土后，应立即关闭振捣棒，防止振捣棒烧坏。

(9) 传力杆的设置

滑模摊铺机配有传力杆插入装置，纵向传力杆插入系统首先通过布杆小车把传力杆运至指定的位置，再通过液压振动系统把传力杆压入混凝土中，图 5－10～图 5－12 分别为传力杆分布图、横向传力杆插入系统以及就位后的横向拉杆图。施工时应专门配备三人辅助插设传力杆，表面的痕迹需要通过振荡搓平梁来抹平修补。

图5－10　传力杆分布图

图5－11　横向传力杆插入系统

图5－12　就位后横向拉杆图

5.2.8　混凝土表面修整

在超级抹平板后面配备一操作工移动操作桥，对纵向超级抹平板工作不到边，以及混凝土表面的麻面或孔洞进行道面局部修整。

纵缝边缘的倒边、塌边和溜肩，可支设临时模板或在上部支设铝方管进行修边。

5.2.9　混凝土表面拉毛养护

(1) 混凝土拉毛

图5－13　拉毛机

采用维特根 TCM85 拉毛机，见图 5－13。该设备带有拉毛设备、自动喷洒养护剂系统和自动测距系统，拉毛的时间应通过试验块，以及根据施工时的气温加以确定，一般用手指轻按混凝土表面，以水泥浆不粘手为准。

拉毛的深浅一般采用表面构造深度来确定。可通过施工试验块，分别拉出深度不同的几种拉毛道面，然后通过试验确定合适的表面构造，一般构造深度 TD 在 0.4～0.8mm 之间。

（2）混凝土养护

当混凝土板做面完毕后，应立即实行早期养护，早期养护可采用养护剂，并设防雨防晒棚进行防护。当混凝土进行初切缝后即采用土工布进行洒水覆盖养护。混凝土的养护时间不少于7d。养护期间禁止车辆等重物上道面。

5.2.10　混凝土切缝

一般分为纵缝和横缝。纵缝的深度一般在30~40mm，可一次切割成型；横缝的深度一般同时有两种，一种是细缝，缝深一般为板块厚度的1/3~1/5；另一种是宽缝，深度一般为30~40mm，见图5-14。

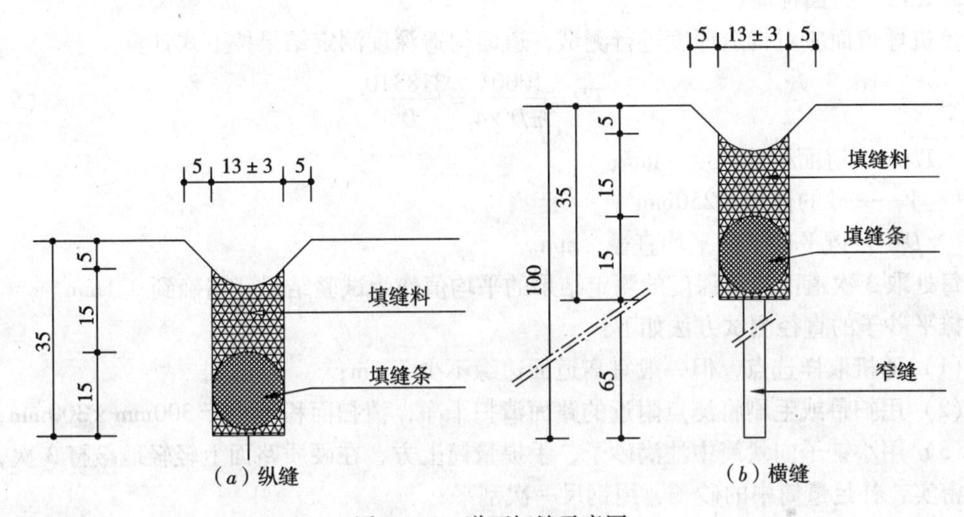

图5-14　道面切缝示意图

窄缝切割可采用桁架式切割机和手扶切割机进行，见图5-15。扩缝倒边可采用专门定制的扩缝倒边机进行一次成型切割，见图5-16。

图5-15　桁架式切割机

图5-16　道面扩缝机

切割可根据混凝土浇筑的时间顺序进行，也可从控制缝间距约1/2的接缝位置开始切，然后向相邻板块位置展开。纵缝的切割一般可沿着已经形成的混凝土收缩缝进行切割，避免形成“双缝”。切缝时，应注意相邻板缝的连接，不得错缝或漏切。

横缝切割时，应首先在混凝土板块上弹线，并应与已经切割好的板块的横缝进行校核，无误后方可切割，横缝应一次切割到位。

混凝土横缝切割应及时，避免混凝土板块产生不规则的裂纹或断裂。切割缝时间，应根据施工时的气温和混凝土的强度通过试验确定，一般混凝土强度达到 7～9MPa 即可。

凝土板块在揭开养护材料后，应及时采用草绳或其他填塞物将缝填满。对采用养护剂养护的板块，切割后即可用草绳或其他填塞物将缝填满，以免砂土或其他杂物落入缝内。

5.2.11 路面性能检测

停机坪道面应对构造深度进行测试，道面构造深度测定结果按下式计算：

$$TD = \frac{1000V}{\pi D^2/4} = \frac{318310}{D^2} \quad (5-9)$$

式中 TD——道面构造深度，mm；

V——砂的体积，250mm³；

D——摊平砂子的平均直径，mm。

每处取 3 次道面构造深度的测定结果的平均值作为试验结果，精确到 0.1mm。

摊平砂子的直径测试方法如下：

（1）随机取样选点，但一般宜离道面边缘不少于 1m；

（2）用扫帚或毛刷将测点附近的路面清扫干净，清扫面积不小于 300mm×300mm；

（3）用小铲子向量筒中注满砂子，手提量筒上方，在硬质路面上轻轻地敲打 3 次，使砂子密实，补足量筒中的砂子，用钢尺一次刮平；

（4）将砂倒在已清扫的道面上，用摊平板由里向外重复作摊铺运动，稍稍用力将砂尽可能地向外摊开，使砂填入凹凸不平的路表面的空隙中，并将砂摊成圆形，不得在表面上留有浮动余砂；

（5）用钢板尺或钢卷尺测量所形成圆的两个垂直方向的直径，取其平均值，准确至 1mm；

（6）按以上方法，在同一处平行测定不少于 3 次，测点间距约为 3～5m。

5.3 劳动力组织

机场道面摊铺施工人员配备见表 5－3。

机场道面摊铺施工劳动力组织 表 5－3

序号	人员	组名	数量
1	摊铺负责人	摊铺负责人	1
2	准备工作小组	队长	1
3		测量工程师	1
4		放线员	4
5		木工	2
6		辅助劳力	4

续表

序 号	人 员	组 名	数 量
7	滑模摊铺小组	摊铺操作员	2
8		TCM 机	2
9		倒车指挥	1
10		混凝土饰面	6
11		传力杆插设	2
12	收尾小组	组 长	1
13		切割人员	2
14		养护人员及其他人员	6
15	试验小组	主任工程师	1
16		试验工程师	1
17		试验员	2

6　材料与机具设备

6.1　材料

6.1.1　水泥

道面混凝土应优先选用收缩性小、耐磨性强、抗冻性好、含碱量低且强度等级不低于42.5级道路水泥、硅酸盐水泥、普通硅酸盐水泥或32.5级矿渣硅酸盐水泥。

6.1.2　砂子

砂子采用0~5mm河砂或破碎砂。

6.1.3　石子

石子的最大粒径为40mm。采用两个级配的组合。不同规格的石子需要有良好的级配，石子粒度分析应符合技术条款书的要求。

在施工中，对于料源和规格不同的石料或同一料源和规格相同石料，每进场500m^3，均应分别进行抽样试验。不合格者不得使用，或经技术处理，鉴定合格后方可使用。

6.1.4　水

饮用水均可用于混凝土配制和养护。

6.1.5　外加剂

混凝土中可掺加减水增塑剂、引气剂等。

外加剂品质应符合相关规定，并应符合下列要求：

(1) 外加剂品种的选用，应根据使用外加剂的主要目的（如改善和易性、增强耐久性、节约水泥、提高早期强度、推迟混凝土初凝时间等），通过技术经济比较确定。

(2) 外加剂的掺量应根据使用说明书、施工条件、当地气温、材料等因素通过试验确定。

6.2　机具准备

停机坪滑模摊铺一般须配备的机具见表6。

停机坪滑模摊铺机具配备　　表6

序　号	设备名称	数　量	备　注
1	混凝土摊铺机	1台	
2	拉毛养生机	1台	
3	混凝土搅拌站	按摊铺能力配备	备注
4	卡　车	根据运输距离和搅拌能力确定	一般为减震自卸汽车
5	洒水车	2辆	主要用于切割和道面洒水
6	反铲挖掘机	1台	用于混凝土初平
7	切割机	根据混凝土的生产量确定	可用手扶式或桁架式
8	高压水枪	1台	用于摊铺机、卡车的冲洗
9	装载机	按搅拌站的搅拌能力配备	
10	发电机	1台	
11	金刚砂切割机	1~2台	根据传力杆的用量确定
12	运输车	1辆	运输传力杆等
13	空压机	1台	
14	插入振动棒	4台	
15	钢筋机械	1套	
16	电　锤	2个	

7　质量控制

道面混凝土质量应符合技术条款书及设计要求外，还应符合下列要求。

7.1　道面混凝土强度检验要求：

（1）道面混凝土以抗折强度作为控制指标，每天或每铺筑500m^3 制作两组混凝土抗折试块（7d强度和28d强度）。如果混凝土强度以60d抗折或90d抗折作为控制指标，则每天或每铺筑500m^3 制作三组混凝土抗折试块。

（2）抗压强度作为次要指标，可采用抗折试验的断头进行检验。

7.2　外观要求

不应有掉角、露石、蜂窝、麻面、裂缝、脱皮、粘浆、印迹等缺陷，填缝要粘结牢固、饱满，无空隙，无杂物，缝缘要整洁。

7.3　板块允许偏差和检验方法，见表7。

板块允许偏差和检验方法 **表7**

检查项目	质量标准或允许偏差	检验频度	检验方法
平整度（mm）	3	每500m^2检查一块板	用3m直尺和塞尺检查。在板中垂直于板边交叉量2尺，在两对角线上各量2尺，取各尺最大值的平均值
接缝高差（mm）	纵缝3 横缝5	胀缝每200m量1点，缩缝每500m检查2点	用30m直尺与塞尺在板边缘检查
接缝直线性（mm）	20	纵缝每200m量1点，横缝每10条检查1条，每条检查1~2点	用20m长线拉直检查，取最大值
板边垂直度	2.5%	接缝每100m检查2点	用角尺检查
高程（mm）	±5	按设计方格点检查	用水准仪测量
板厚度（mm）	-5以内	每100m检查2点	拆模后用尺量，必要时可以在板上取芯
粗糙度	符合设计标准	每20块板检测1块，每块板测3点	一般用填砂法检测也可采用摆式仪测定、摩擦系数测定车和激光器构造深度仪测定
道坪长度	1/3000	用钢尺进行两测回丈量中心线，取平均值	
道坪宽度	1/1000	沿纵向每500m测一处	用钢尺自中心线向两侧丈量
预留孔、预埋件中心位置（mm）	20	纵横向两个方向检查	用钢尺量

8 安全措施

8.1 认真贯彻“安全第一，预防为主”的方针，专门成立安全领导小组，设立专职安全管理人员，制定安全管理方案，确保安全生产。

8.2 施工机电设备应有专人负责保养、维修和看管，施工现场用电严格遵守《施工现场临时用电安全技术规程》，电缆线采用“三相五线制”。

8.3 施工过程中，应制定搅拌楼、运输车、滑模摊铺机、拉毛养生机、挖掘（辅助摊铺）等大型机械设备及其辅助机械的安全操作规程，并在施工中严格执行。

8.4 在搅拌楼的搅拌锅内清除粘结的混凝土时，必须关闭电源，关闭操作室，并在操作室门上挂禁止入内的警示牌，人员不得入内。

8.5 辅助挖掘机布料时，其操作范围内不得站人。

8.6 运输车辆应鸣笛倒退，并有专人指挥。

8.7 施工中严禁机械设备操作手擅离岗位，严禁用手或工具触碰正在运转的机械部件。

8.8 在施工中，摊铺机、拉毛养生机和挖掘机等机械设备严禁非操作人员登机。

8.9 夜间施工时，在摊铺机、拉毛养生机上均应有照明设备和明显的警示标志。

8.10 严禁各种大型机械设备人员疲劳操作。

8.11　所有施工机械、电器、燃料等部位，严禁吸烟和有任何明火。摊铺机、搅拌楼、储油站、发电机房和配电房等设施上应配备消防设施，确保防火安全。

9　环保措施

9.1　成立项目环境卫生工作小组，制定环境管理方案，确保施工现场、办公区和生活区卫生整洁。

9.2　晴天应用洒水车进行道路洒水，防止扬尘。

9.3　经常清理搅拌楼、生活区和施工现场，保持环境卫生。

9.4　搅拌楼、运输车辆、摊铺机和拉毛养生机等设备的清洗污水不得随处排放，应当经过沉淀池后排入指定的出水口。

9.5　搅拌站应尽量建在远离生活区和办公区处，避免对工作和生活区造成影响。

9.6　现场清理出的混凝土残渣和杂物应分类集中堆放，及时按规定进行处理。

9.7　原材料应分类有序堆放，下班后机械设备应摆放整齐。

10　效益分析

采用滑模摊铺技术可以加快施工进度、缩短施工工期、节约模板和节约人工，同时采用滑模摊铺技术能够保证混凝土质量，具有较好的经济效益和社会效益。

如果采用固定模板和摊铺技术则至少制作 $1000m^2$ 的钢模板才能满足施工需要，并且需要大量的模板工，支模时间长，费工费时。而采用滑模摊铺技术则只需四块端头模板和少量不规则板块模板，仅支设端头模板即可。如果采用固定模板并且不采用摊铺机，工期要比滑模摊铺机长一倍，并且需要大量的劳动力，并且施工质量受制于人为因素的可能性将大大增加。

11　应用实例

11.1　工程概况

阿尔及尔国际机场停机坪项目位于阿尔及利亚阿尔及尔省，停机坪面积约为 26 万 m^2，其中水泥混凝土道面约为 13 万 m^2，混凝土总方量为 $49100m^3$，设计 28d 最小抗折强度为 5.3MPa，道面板块普遍尺寸为 7.5m×7.5m，道面厚度为 370mm。

11.2　施工情况

现场搅拌设备采用中国产 HZS120 混凝土搅拌站两座（每座搅拌站额定出料量为 $120m^3/h$），一座德国产搅拌站 $EMS60m^3/h$ 作为备用。

采用德国产 SP850 滑模摊铺机，摊铺速度为 0～6m/min，最大摊铺宽度 10m，最大摊铺厚度 450mm，施工板带最长达 300m，混凝土摊铺自 2005 年 8 月 28 日开始施工，至 2005 年 11 月 29 日结束；道面混凝土拉毛采用 TCM850 拉毛养生机，带有自动喷洒养护剂系统和自动测距系统；采用 QY－750 桁架式切割机和手扶切割机进行窄缝切割，采用专门定制的扩缝倒边机进行扩缝倒边，一次成型切割。

道面混凝土配制，共进行了156组混凝土配合比试验，于2005年2月30日终于配制出合适的道面混凝土配合比（两组配合比，分别采用Bouderbala和CPK Keddara石场），见表11-1、表11-2。

采用Bouderbala混凝土配合比 **表11-1**

水泥	砂子	5~15mm石子	15~40mm石子	水	减水剂	引气剂
350kg	600kg	350kg	980kg	155kg	1.75kg	0.175kg

采用CPK Keddara混凝土配合比 **表11-2**

水泥	砂子	5~15mm石子	15~40mm石子	水	减水剂	引气剂
350kg	620kg	440kg	860kg	160kg	1.75kg	0.175kg

11.3 施工效果及运营情况

施工过程安全顺利，板块质量良好，没有发现有开裂板块，道面的平整度和粗糙度均达到设计和技术条款要求（法国规范要求）。该机场于2006年6月正式通航，经过近一年的运行，运行正常，受到业主和监理的好评，取得了良好的经济效益和社会效益。图11为竣工后的阿尔及尔国际机场停机坪。

图11 阿尔及尔国际机场停机坪

桥梁悬臂浇筑无主桁架体内斜拉挂篮施工工法

编制单位：中国建筑第七工程局
批准部门：国家建设部
工法编号：YJGF242—2006
主要执笔人：毋存粮　焦安亮　鲁万卿　崔秉育　黄延铮

1 前　言

挂篮悬臂浇筑施工是大跨度连续桥梁常用的方法，特别是在现代连续梁桥、T形刚构、连续刚构桥、斜拉桥等自架设桥梁中，常采用挂篮悬臂浇筑施工。我们结合以往类似的桥梁施工经验，创新了无主桁架体内斜拉挂篮施工技术，该项技术成果被评为省部级科技成果奖及省级工法。为积累类似工程的施工经验，特编制本工法。

2 工法特点

无主桁架体内斜拉挂篮在同类型桥梁悬浇施工挂篮中属于国内领先水平。与国内同类型桥梁悬浇挂篮相比，该挂篮具有受力合理、安全可靠、结构简单、用钢量少、经济实用、操作简便、易于保证施工质量等特点。

2.1　受力合理、安全可靠。通过充分利用有限的空间、改变行走时挂篮的受力支撑体系和改进挂篮前端支撑吊挂系统，使无主桁架体内斜拉挂篮各施工阶段杆件受力合理、使用安全。

2.2　结构简单、用钢量少、经济实用。采用无主桁架体内斜拉挂篮减少了挂篮在桥面以上部分结构，从而减轻了挂篮的重量，节约钢材用量，工具式杆件可多次重复使用，经济效果明显。

2.3　操作简便，易于保证施工质量。在施工过程中可对桥梁节段的施工误差及时调整，从而更有效地保证悬臂浇筑梁体施工精度。

3 适用范围

本工法适用于现代连续梁桥、T形刚构、连续刚构桥、斜拉桥等桥型悬臂浇筑梁体施工。

4 工艺原理

滑梁和斜拉杆依靠已浇筑的混凝土段交替推进，实现悬臂梁体浇筑施工。即：无主桁架体内斜拉挂篮行走与箱梁块体施工时，挂篮分别由内滑梁与斜拉杆受力。由于挂篮无上横梁，所以挂篮滑梁前端以及模板系统前端，采用支撑吊挂系统直接支撑于前下横梁上；同时，为解决挂篮无主纵桁梁，以及箱梁较矮时，斜拉杆上拉角度过大，向上分力不足的问题，该挂篮在桥面上设置了矮立柱装置，以抬高斜拉杆上端高度，减小斜拉杆上拉角度，解决斜拉杆向上分力不足的问题。

5 施工工艺流程及操作要点

5.1 施工工艺流程

挂篮行走时，先走滑梁、底篮和侧模板系统，再走内模板系统，即先固定内模板系统，在内滑梁前端设置吊轮（吊轮锚固于已完成块体前端），滑梁后端设置顶紧装置，向上顶住滑行轨道，然后撤去斜拉杆，转为内滑梁承受挂篮重量，采用牵引装置向前移动滑梁，走出底篮及侧模板系统。底篮和侧模板系统行走到位后，安装斜拉杆，转换为斜拉杆承受挂篮重量，再走出内模板系统。

5.1.1 挂篮行走工艺流程

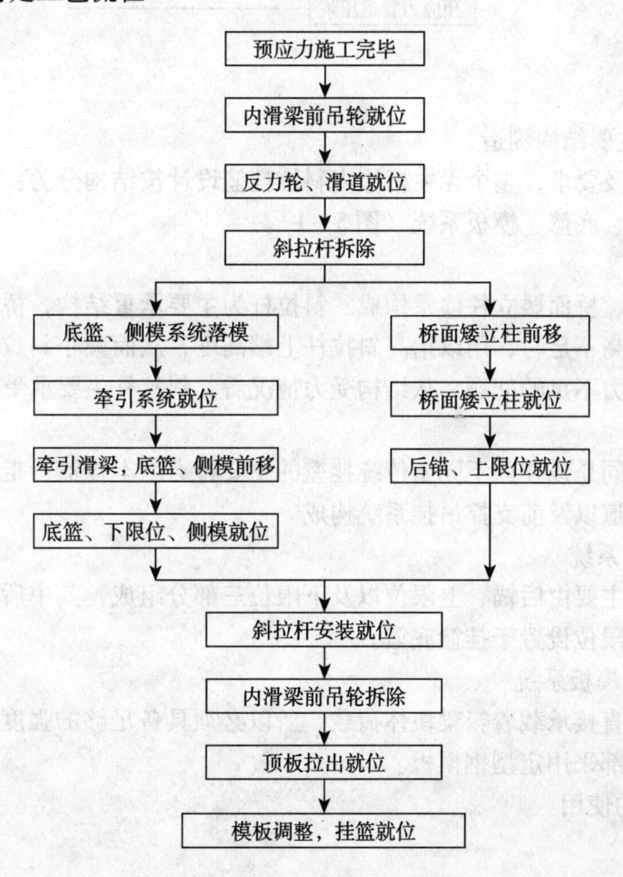

5.1.2 箱梁块体悬臂施工工艺流程

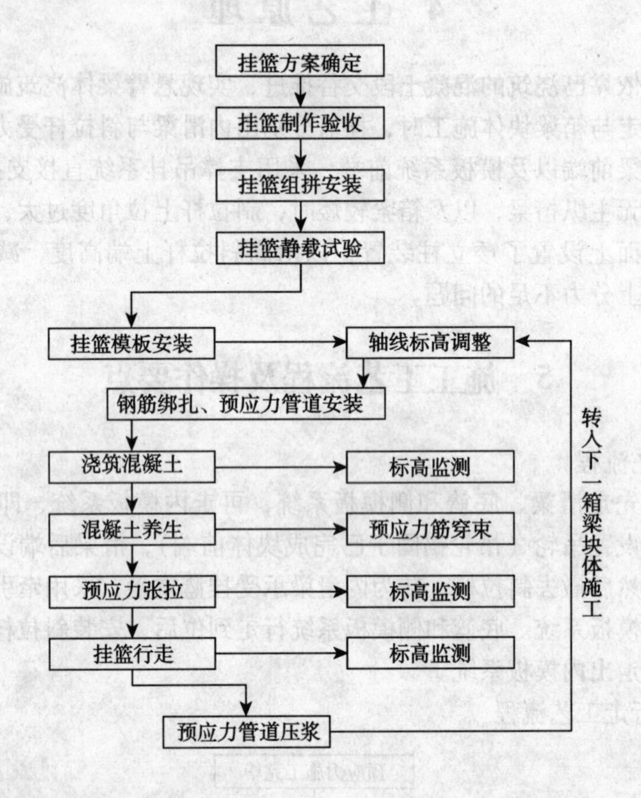

5.2 操作要点

5.2.1 挂篮主要结构构造

根据设计指标及要求，整个无主桁体内斜拉挂篮设计按结构分为：承重系统、行走系统、锚固定位系统、底篮、模板系统（图5-1）。

（1）承重系统

主要由斜拉杆、桥面矮立柱体系构成，斜拉杆为主要承重结构，桥面矮立柱的作用主要是当施工箱梁梁高不足时，用以抬高斜拉杆上端高度，从而减小斜拉杆上拉角度，解决斜拉杆竖直向上分力不足的问题。从结构受力情况看，斜拉杆主要承受轴向拉力。

（2）行走系统

行走方式的不同是该挂篮不同于传统挂篮的主要特点。本挂篮行走系统主要由内、外滑梁、反力轮、滑道以及前支撑吊挂系统构成。

（3）锚固定位系统

锚固定位系统主要由后锚、上限位以及下限位三部分组成，其中后锚及上限位设置于桥面矮立柱上，下限位设置于挂篮底篮。

（4）底篮以及模板系统

挂篮模板系统直接承载着箱梁块体荷载，所以必须具备足够的强度和刚度，底篮以及侧模板、内顶板全部采用定型钢模板。

5.2.2 挂篮的使用

（1）安装

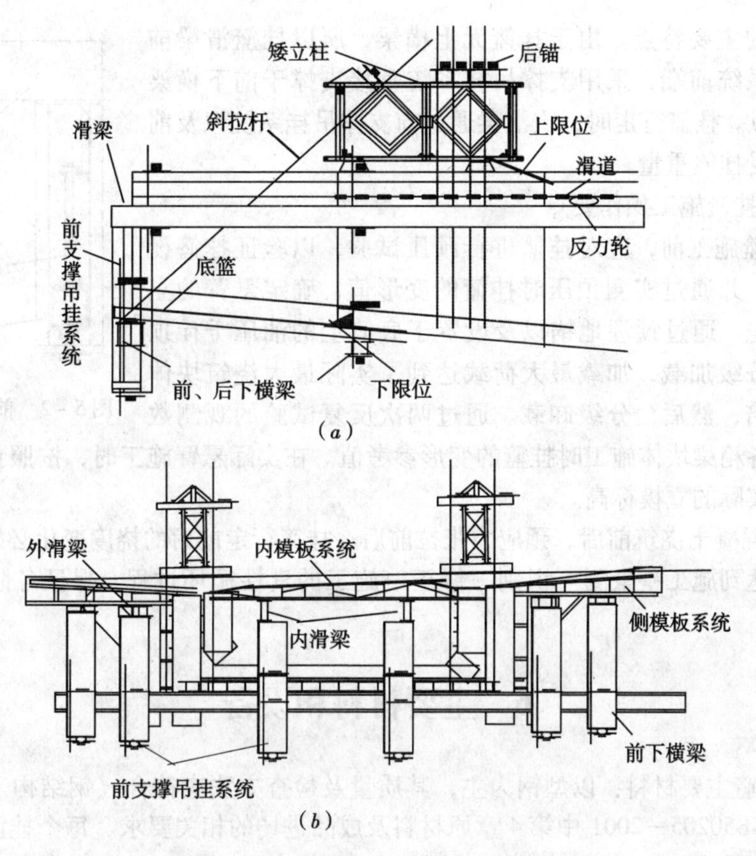

图5-1　无主桁体内斜拉超轻型挂篮构造图
(*a*) 纵断面图；(*b*) 横断面图

①挂篮安装前，主梁0号块或1号块应施工完毕，混凝土强度达到设计要求并张拉压浆完毕，具备挂篮安装条件。

②挂篮安装前，应安装好操作平台，并在平台上进行试拼，确认各部件正确无误。

③挂篮安装时，先安装滑梁、底篮和侧模板系统，再安装内模板系统和桥面矮立柱以及斜拉杆，最后安装调整锚固定位系统，将模板系统由支架受力转换为挂篮受力。

④挂篮受力后应进行荷载试验，满足设计要求后方可使用。

(2) 行走

①传统挂篮行走时挂篮模板通过上横梁悬吊于挂篮主桁下，由主桁承重。该挂篮由于没有主桁梁以及上横梁系统，挂篮行走时由内滑梁承重（图5-1(*a*)）。挂篮行走时，先走滑梁、底篮和侧模板系统，再走内模板系统，即先固定内模板系统，在内滑梁前端设置行走滑车（锚固于已完成块体前端），滑梁后端设置反力轮，向上顶住滑行滑道（滑道固定于箱梁顶板混凝土下侧面）；然后，撤去斜拉杆，转为内滑梁承受挂篮重量，采用牵引装置向前移动滑梁，即可走出底篮及侧模板系统。底篮和侧模板系统行走到位后，将桥面矮立柱以及斜拉杆就位，转换为斜拉杆承受挂篮重量，再走出内模板系统，即可完成挂篮的行走，转入下一箱梁块体施工。

②挂篮行走与箱梁块体施工时，挂篮分别由内滑梁和斜拉杆受力，这是无主桁体内斜

拉挂篮设计的主要特点。由于挂篮无上横梁，所以挂篮滑梁前端以及模板系统前端，采用支撑吊挂系统直接支撑于前下横梁上（图5－2）。挂篮行走时，内滑梁通过前支撑吊挂系统以及前下横梁，承受挂篮重量。

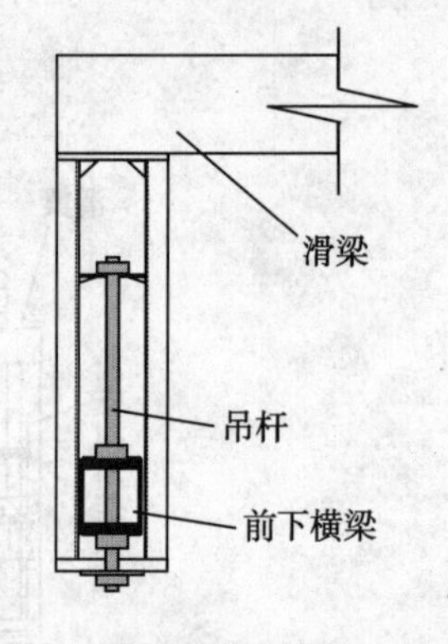

图5－2 前支撑吊挂图

5.2.3 挂篮施工操作要点

（1）挂篮施工前，应对挂篮进行预压试验，以验证挂篮设计承载能力，并通过实测预压时挂篮的变形值，确定悬臂的立模标高。首先，通过预埋地锚以及设置于底篮上的油压千斤顶对挂篮进行分级加载，加载最大荷载达到了实际最大浇筑块体重量的1.2倍；然后，分级卸载。通过两次反复试验的观测数据，确定了各箱梁块体施工时挂篮的变形参考值。在实际悬臂施工时，按照预压时的变形值，来计算实际的立模标高。

（2）对混凝土浇筑前后、预应力张拉前后、挂篮行走前后的挠度变化必须严格定期仔细观测，以达到施工→量测→识别→修正→施工的良性循环过程，保证各阶段施工尺寸精确。

6 主要材料和设备

6.1 挂篮主要材料：以型钢为主，其质量及检查方法应符合《钢结构工程施工质量验收规范》GB50205—2001中第4章原材料及成品进场的相关要求。每个挂篮采用的主要材料及重量详见表6。

挂篮材料汇总表　　表6

编号	部件名称	使用部位	重量（t）
1	贝雷片	桥面矮立柱	1.1
2	型钢	挂篮主材	15.2
3	精轧螺纹钢（配锚具垫板及连接器等）	各类吊杆、斜拉杆	1.2
4	起重设备（葫芦、千斤顶等）	施工机具	1
5	竹、木材	各类操作平台	0.4
合计	18.9t		

6.2 主要机具：电动葫芦、螺旋千斤顶、油压千斤顶、混凝土输送泵、混凝土搅拌机、混凝土平板振动器、经纬仪、水准仪。

6.3 其他辅助机具为：小线、盒尺、2m水平尺、木抹子、铁抹子、毛刷、钢丝刷、平锹、手锤、錾子、胶皮水管、绝缘胶带、低压照明灯等。

7 质量控制

7.1 采用本工法施工的桥梁质量应符合《公路工程质量检验评定标准》JTG F80/1—

2004 的要求。

7.2 挂篮的设计和安装质量应符合《公路桥涵施工技术规范》JTJ041—2000 的要求。

8 安全措施

8.1 各类吊杆、锚杆和斜拉杆在使用前，必须进行逐根预拉，以防止使用中破断，造成事故。

8.2 挂篮悬臂浇筑前应确保锚固限位体系到位，确保挂篮的使用安全。

8.3 悬臂浇筑施工时，在挂篮底部采用一层平网加双层密目安全网封闭，防止落物。挂篮移动时必须有专人指挥，桥下应设置安全警戒区。

8.4 施工现场应符合《建筑施工安全检查标准》JGJ59—99 的有关要求。

8.5 现场操作的特殊工种，必须按规定佩戴好个人的劳动保护用品。

8.6 机械设备操作人员必须经过培训合格后方能上岗，同时要坚守岗位，加强机械设备的检查、维护和保养，确保施工顺利进行。

8.7 加强作业人员劳动纪律教育，严禁酒后上班。

9 环保措施

9.1 施工前要编制环境保护实施计划。

9.2 加强对现场施工人员环境保护意识教育。

9.3 挂篮施工时，要求作业层废弃物不得向下方河流抛撒，模板面隔离剂也不得向下方遗撒。

9.4 施工用水和生活用水必需经处理后方可排入河道或市政管网，避免污染水质。

9.5 混凝土搅拌棚要进行封闭处理，施工便道要定时进行洒水降尘，防止扬尘污染。

9.6 禁止在施工现场焚烧油毡、橡胶、塑料、垃圾等，防止产生有害、有毒气体。

9.7 合理安排施工活动，夜间不进行影响居民休息的有噪声作业。现场施工设备采用降噪措施，减少噪声对环境的影响。

9.8 施工机械操作人员按要求对机械进行维护和保养，确保其性能良好，严禁使用国家已明令禁止使用或已报废的施工机械。

9.9 减少重物抛掷，重锤敲打，采取合理的防变形措施，减少因矫正变形采取的机械作业。

9.10 施工现场的建筑垃圾和职工生活区的生活垃圾、固体废弃物要集中堆放，定期外运进行处理。

10 效益分析

10.1 经济效益：

国内同类型桥梁挂篮的技术指标对比见表 10。

国内同类型桥梁挂篮对比表 **表10**

桥梁名称	最大跨径/最大段重量	挂篮类型及特点	挂篮重量/最大段重量
广西柳州大桥	124m/92t	平行桁架式（万能杆件主桁）	105.7t/92t = 1.15
福建乌龙江大桥	144m/120t	平行桁架式（万能杆件主桁）	90t/120t = 0.75
武汉江汉二桥	135m/132t	平行桁架式（万能杆件主桁）	287.4t/132t = 2.18
湖南常德沅水大桥	120m/160t	平行桁架式（万能杆件主桁）	166t/160t = 1.04
广西红水河铁路桥	96m/100t	平行桁架式（万能杆件主桁）	77t/100t = 0.77
宿迁运河二号桥	75m/86.6t	平行桁架式（贝雷桁架主桁）	70t/86.6t = 0.81
三门峡黄河公路大桥	160m/187.7t	平弦无平衡重式	95t/187.7t = 0.54
青海尖扎黄河桥	90m/128t	三角形组合梁式（三角桁架）	57.6t/128t = 0.45
重庆长江北大桥	—/144t	三角形组合梁式（三角桁架）	113.2t/144t = 0.79
钱塘江二桥	80m/160t	三角形组合梁式（三角桁架）	190t/160t = 1.19
湖北沙洋汉江桥	111m/100t	三角形组合梁式（三角桁架）	106t/100t = 1.06
镇海湾特大桥	190m/232.4t	GL－XL230 型（三角桁架）	69.7t/232.4t = 0.3
湖南株洲湘江大桥	90m/101t	TREB－100－1 型滑动斜拉式	46.2t/101t = 0.43
湖北襄樊汉江长虹大桥	100m/104.5t	滑动斜拉式	32.4t/104.5t = 0.31
江苏南京草场大桥	60m/87t	弓弦式	43.6t/87t = 0.50
京九铁路泰和赖江特大桥	60m/87t	菱形（菱形钢桁架）	46.8t/87t = 0.33
九石阿公路宜良段南盘江大桥	150m/215.8t		87.8t/215.8t = 0.43
祁临高速2号沟大桥	80m/100t	三角型组合梁式（三角桁架）	40t/100t = 0.40
祁临高速生死崖特大桥	100m/120t	三角型组合梁式（三角桁架）	42t/120t = 0.35
祁临高速张皮沟大桥	80m/100t	贝雷桁架挂篮	46.5t/100 = 0.47
京福高速猫岔溪特大桥	150m/215t	菱形（菱形钢桁架）	75t/215t = 0.35
滠水河特大桥	70m/105.4t	无主桁体内斜拉超轻型挂篮	18.9t/105.4t = 0.18

从表中的对比可以看出，滠水河特大桥采用的无主桁架体内斜拉超轻挂篮具有明显的重量优势。设计总重量为18.9t，按武汉滠水河特大桥悬浇最大块体105t计算，挂篮重量与最大块体重量比仅为0.18，与同类型桥梁施工挂篮相比平均小0.15～0.3，每只挂篮可降低30%～50%的钢材投入，大量节约施工成本，具有较高的实用价值。

10.2 社会效益：无主桁体内斜拉挂篮的成功设计及应用，大大降低了同类型桥梁悬臂浇筑施工挂篮的成本投入，成本降低率可达到30%以上，具有广泛推广价值。目前，该挂篮已申请了国家专利，扩大了社会影响力。

10.3 节能与环保：采用无主桁架体内斜拉超轻型挂篮可以大量节约了钢材，从而减少了资源的消耗。挂篮悬臂现浇施工时，无需搭设脚手架且能够实现封闭施工，有效地降低了对环境的污染。

11 工程实例

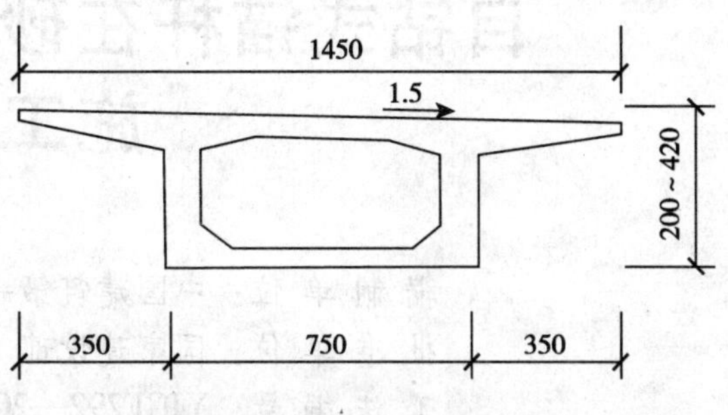

图11 箱梁断面图（单位：cm）

滠水河特大桥位于武汉黄陂区，全长1.063km，分左右两幅，全桥宽30m。其中主桥为变截面预应力混凝土单箱单室直腹连续箱梁（断面如图11所示），桥跨布置为40m +70m +40m，梁高2.0~4.2m，单幅梁宽14.5m，箱梁底宽7.5m，两侧翼板各悬挑3.5m。主梁混凝土为C50混凝土，采用三向（纵向、横向、竖向）预应力体系，结构相对复杂。主梁0号块体长12m，1~4号块体各长3m，5~8号以及边跨直线段块体各长4m，合拢段长2m，0号块体以及边跨直线段采用托架施工，1~8号以及合拢段均采用挂篮对称悬臂现浇施工，其中悬臂现浇最重块体为1号块体，块体重105.42t。

滠水河特大桥工程共使用了8个无主桁体内斜拉挂篮，与采用同类型桥梁悬臂浇筑施工挂篮相比，每个挂篮钢材节约投入约20t，共节约钢材160t，按当时挂篮加工价格计算，直接节约成本104万元，成本降低率40%，取得了较好的经济效益。

无主桁架体内斜拉超轻型挂篮在滠水河特大桥施工中按预定工期圆满完成了主桥连续箱梁施工任务，工程质量优良，体现了经济、快捷、安全、可靠。

自钻式锚杆在砂卵石地层深基坑施工工法

编制单位：中国建筑第一工程局
批准单位：国家建设部
工法编号：YJGF292—2006
主要执笔人：黄常波　白建民　刘炎辉　刘欧丁　王伟强

1 前　言

随着城市地下空间的开发，地下变电站和地下商城等大量兴建，其建筑规模日益宏大，深基坑工程越来越多，传统的深基坑围护施工方法已不适应大型地下建筑物及边坡的稳定要求。特别在砂卵石地层，采用传统的锚固方法，成孔率非常低，给后期注浆锚固造成了很大压力，施工成本增加。

自钻式锚杆技术是从国外引进并消化吸收的应用于岩土工程的新型锚固技术，能适应各种复杂地质条件和施工环境，特别是在软土及砂卵石地层中效果明显，在国内铁路工程中已有成功应用的实例。

北京地铁四号线北京南站与国铁北京南站合建，地铁车站位于地下二层与地下三层，地下二层地铁四号线南站长150.3m，宽125m，高度约10m；地下三层地铁十四号线南站长150.3m，宽30.9m，高度约8m，车站总建筑面积32202m^2，基坑深度达30m，车站地下二三层属砂卵石地层。中国建筑一局（集团）有限公司联合设计单位并聘请国内知名专家开展创新科技，取得了“自钻式锚杆在砂卵石地层深基坑围护施工技术”这一国内领先的成果。同时，形成了自钻式锚杆在砂卵石地层深基坑施工工法，并于2007年4月通过了北京市工法审定。本工程成功地应用了此项技术，具有良好的社会效益和经济效益。

2 工法特点

2.1　自钻式锚杆采用无缝钢管制作，表面加工成螺纹状，实现了锚杆成孔、注浆、锚固等功能的统一。中空锚杆体既是钻杆又是注浆管，同时也是土压力的承载体。可以根据工程需要截成任意长度进行任意连接，施工速度快，使用方便。

2.2　自钻式锚杆所配套的特殊性能的各类专用钻头，可适用于各类地层。

2.3　采用机械切削工艺加工的高强度连接套，自钻式锚杆具有边钻进边加长的特性，使其可在狭小的施工空间内施工较长的锚杆。

2.4　由于采用锚杆杆体作为钻杆，成孔时不需套管护壁、预注浆等措施。

2.5　注浆方便、密实，锚固强度增大 。

3　适用范围

3.1　本工法适用于一般工业与民用建（构）筑物的基坑（槽）和管沟临时性支护工程。

3.2　在地下水位低的地区或能保持降水至基坑底面以下，有一定胶结能力和密实程度的地层，如黏土、粉土、砂土、圆砾与卵石地层均可应用，特别适用于普通锚杆或土钉无法成孔的砂卵石地层。

4　工艺原理

自钻式锚杆是利用表面带螺纹状的空心锚杆杆体作为锚杆成孔时的钻杆，在杆体端部连接一次性钻头，利用钻机将杆体打入地层，再通过杆体的中孔向地层注浆，使锚杆杆体外裹水泥砂浆或水泥净浆体，沿杆体与周围土体接触，并形成一个结合体，以群体起作用。在土体发生变形的条件下通过与土体接触面上的粘结摩擦力，使锚杆被动受力，并主要通过受拉给土体以约束、加固或使其稳定。锚杆的设置方向与土体可能发生的主拉应变方向大体一致，接近水平并向下呈不大的倾角。

5　施工工艺流程及操作要点

5.1　施工工艺流程

开挖工作面→初喷混凝土→锚杆定位→钻机就位→锚杆钻进→注浆→喷射混凝土面层→锚杆锁定→开挖下一层土方。

5.2　操作要点

5.2.1　土方开挖

（1）土方按设计竖向分层、水平跳段施工。在面层喷射混凝土未达到设计强度，锚杆未达到设计锚固力前，不得进行下一层土方开挖。

（2）当基坑面积较大时，允许在保证基坑边坡稳定的前提下，在距四周边坡 8~10m 的中部自由开挖，但要注意与分层作业区的开挖相协调。

（3）每层土方开挖深度取决于土体自稳能力及锚杆钻机施工的作业高度，在砂性土中每层高度为 1.0~1.5m，在黏性土中可适当增加，在砂卵石地层中一般为上下两道锚杆的间距。

（4）机械挖土作业时，边坡严禁超挖或造成边坡土体松动，并及时进行人工修整边坡。

（5）根据边坡土体自稳高度和暴露时间等情况，可先初喷一层混凝土（厚 40~60mm），再进行锚杆施工。

5.2.2　锚杆施工

锚杆施工主要由钻进、钻杆接长和注浆三部分组成，钻进时根据围岩状况可选择不同的洗空液体，锚杆施工工艺流程参见图5－1，施工中具体要求有如下几点：

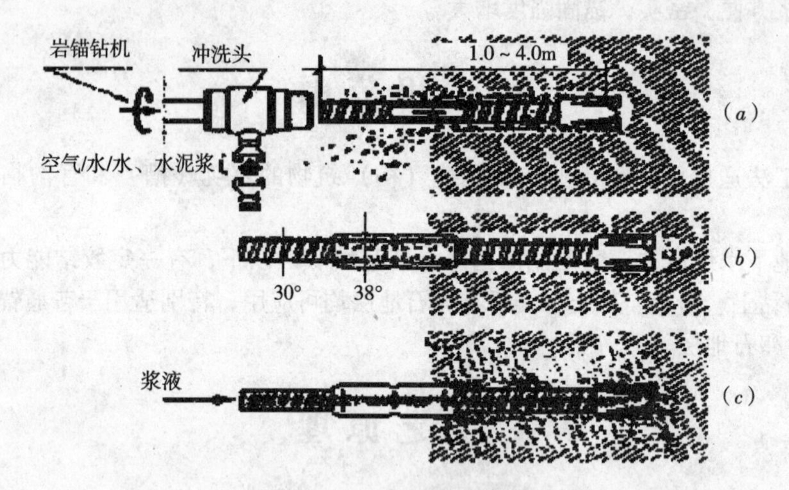

图5－1　锚杆施工工艺流程图

(a) 钻进（空气、水或水/水泥浆冲洗）；(b) 接长钻杆；(c) 通过中空钻杆注浆

（1）按照设计的锚杆纵向、横向间距，进行锚杆定位。

（2）一般采用HD－120系列锚杆钻机钻进，钻进时直接利用锚杆杆体作为钻杆。成孔深度按照设计要求，第一节钻杆前安装带注浆孔的合金钻头，钻杆连接采用专用钻杆套筒连接。

（3）在砂及砂卵石地层钻进时，通过锚杆杆体中孔注入高压水，对钻杆与钻头起到润滑与降温作用。

（4）锚杆钻至设计深度后，通过杆体的中孔进行压力注浆。注浆采用一次注浆的方法，注浆材料一般选用净水泥浆或水泥砂浆，水灰比宜为0.5，注浆压力不小于0.6MPa，强度等级不宜低于M10。

5.2.3　钢筋网绑扎

（1）锚杆注浆完成后，锚杆端部焊接两根ϕ20短钢筋，并与喷射混凝土面层内连接相邻锚杆端部的通长加强筋相互焊接。

（2）钢筋网片通常采用ϕ6～ϕ10热轧圆钢加工，钢筋交叉点采用绑扎或点焊连接，网格间距一般为150～300mm。

（3）钢筋网片固定在初喷混凝土面层上，要求保护层厚度不小于20mm，网片可采用插入土中的U形钢筋固定。

（4）钢筋网片间搭接长度不小于300mm，钢筋网片与加强筋间要连接牢固，喷射混凝土时不得晃动。

5.2.4　锚杆锚定

锚杆待注浆体达到一定强度后，通过锚板、螺帽将锚杆锚定，使锚杆与喷射混凝土面板形成一个整体，共同受力，锚杆锁定节点示意图参见图5－2。

图5－2　锚杆锁定节点图

1—锚杆杆体；2—螺帽；3—锚板；4—加强筋

5.2.5 喷射面层混凝土

（1）混凝土强度等级不宜低于C20，配合比通过试验确定，水泥宜采用普通硅酸盐水泥，强度等级不小于42.5，粗骨料粒径不宜大于12mm，水泥与砂石重量比宜为1:4～1:0.45，砂率45%～55%，水灰比不宜大于0.45。宜掺入外加剂，并满足设计强度要求。

（2）混凝土材料要称量准确，拌合要均匀，随拌随用。

（3）喷射混凝土前需清理受喷面，埋设控制喷射混凝土厚度的标志。喷射混凝土作业应分段进行，同一分段内喷射顺序应自下而上。

（4）喷射时喷头要与受喷面垂直，宜保持0.6～1.0m的距离。喷射手要控制好水灰比，使混凝土表面保持平整、湿润，无干斑或滑移、流淌现象。

（5）喷射混凝土终凝2h后，应喷水养护，一般应连续养护3～7d。

5.2.6 施工监测

（1）支护位移的量测，包括坡顶水平位移及坡顶沉降。

（2）坡体土压力、锚杆应力。

（3）地表开裂状态的观察。

（4）附近建（构）筑物和重要管线等设施的变形观测和裂缝观察。

（5）基坑渗、漏水和基坑内外的地下水变化。

6 材料与设备

6.1 材料

6.1.1 自钻式锚杆杆体

自钻式锚杆杆体与普通锚杆杆体在内外径、荷载及长度上都有很大的区别，普通锚杆与自钻式锚杆杆体技术参数对比参见表6－1。

普通锚杆与自钻式锚杆杆体技术参数对比 **表6－1**

参数	普通锚杆				自钻式锚杆				
	R25	R32/15	R32/20	R38	R30/11	R30/16	R40/14	R73/53	R103/78
外径(mm)	25	32	30	38	30	30	40	73	107
内径(mm)	13	15	20	18	11	16	16	53	78
屈服载荷(kN)	160	280	210	420	260	180	490	970	1570
极限载荷(kN)	190	340	260	500	320	220	660	1160	1950
标准长度(m)	2、3、4、6				1、1.5、3、4				
重量(kg/m)	2.5	3.5	4.5	6.6	3.5	3.0	6.9	12.8	24.7

6.1.2 配件

自钻式锚杆配件包括钻头、连接套筒、锚杆垫板、锚杆螺母等，自钻式锚杆配件参见图6－1。

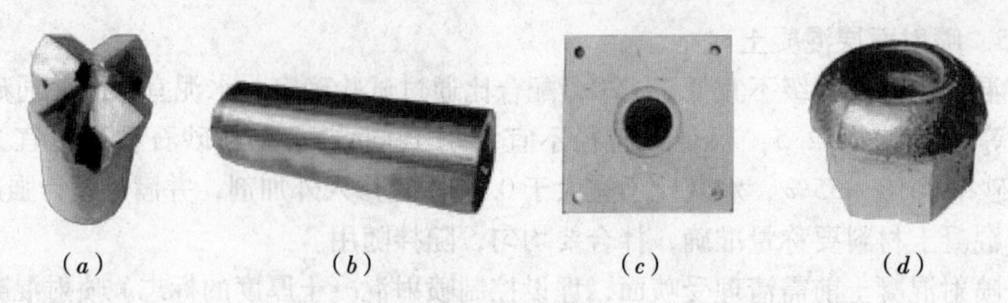

（*a*）（*b*）（*c*）（*d*）

图 6－1 自钻式锚杆配件

（*a*）锚杆钻头；（*b*）连接套筒；（*c*）锚杆垫板；（*d*）锚杆螺母

配件技术参数参见表 6－2。

自钻式锚杆配件技术参数 **表 6－2**

<table>
<tr><th>配件名称</th><th colspan="12">规格型号</th></tr>
<tr><td>锚杆垫板</td><td colspan="4">120×120×6（mm）</td><td colspan="4">150×150×6（mm）</td><td colspan="4">200×200×10（mm）</td></tr>
<tr><td>锚杆螺母</td><td colspan="4">SW41×H35</td><td colspan="4">SW46×H45</td><td colspan="4">SW65×H55</td></tr>
<tr><td>连接套</td><td colspan="3">D35×L150</td><td colspan="3">D41×L160</td><td colspan="3">D55×L170</td><td colspan="3">D64×L120</td></tr>
<tr><td>锚杆钻头</td><td colspan="12">根据岩层情况不同选择合金、全钢等各种十字形、球齿形钻头</td></tr>
</table>

6.2 设备

钻机、喷射机、搅拌机、注浆泵、空压机、钢筋调直机、钢筋切割机、电焊机等。HD 系列钻机图及技术参数参见图 6－2、图 6－3 及表 6－3。

图 6－2 HD120S—A 多功能锚杆钻机

图 6－3 HD90MKⅡ多功能锚杆钻机

HD 系列钻机技术参数表 **表 6－3**

	给进力（t）	起拔力（t）	给进扭矩（kN·m）	给进速度（m/s）	回收速度（m/s）	爬坡能力	桅杆行程（mm）
HD120S－A	5.6	8.0	2000	0.73	0.51	31°	4100
HD90MKⅡ	2.7	5.1	1800	1.59	0.79	32°	4100

7 质量要求

7.1 原材料试验

锚杆、钢筋、水泥、砂、砾石的质量应符合有关产品质量标准和设计要求，材料进场应有产品合格证和检验报告；钢筋、水泥应按有关标准取样复试；质量不合格的产品、材料不得进入现场。

7.2 抗拔试验

施工前应进行抗拔试验，以确定锚杆的极限荷载及界面极限粘结强度。在每一典型土层中应安排不少于3根锚杆专门用于试验的非工作锚杆。测试锚杆的注浆粘结长度不小于工作锚杆的1/2，且不短于5m；在距孔口处应保留不小于1m长的非粘结段，在试验结束后非粘段用浆体回填。

7.3 自钻式锚杆质量验收试验

7.3.1 锚杆：试验数量为锚杆总数的1%，且不宜小于3根。抗拔力平均值应大于设计抗拔力，最小值应大于设计抗拔力的0.9倍。

7.3.2 喷射混凝土面层：混凝土面层厚度采用钻孔检查，钻孔数量每100m^2一组，每组不应少于3点。厚度平均值应大于设计厚度，最小值不应小于设计厚度的80%。

喷射混凝土面层强度试验以500m^2为一组，每组试块不少于3个；少于500m^2的工程取样不少于一组。混凝土试块强度应满足设计要求。

7.4 质量要求

自钻式锚杆施工质量应符合表7的规定。

自钻式锚杆施工质量标准　　表7

检查项目	允许偏差或允许值（mm）
坡面平整度的允许偏差	±20
孔深允许偏差	±50
孔距允许偏差	±100
钻孔倾斜度	±1°
喷射混凝土面层厚度	±10
喷射混凝土面层强度	不小于设计值
锚杆抗拔力	不小于设计值

8 安全措施

8.1 严格遵守施工操作规程和施工工艺要求，严禁违章施工。

8.2 更换杆件接长时，应注意钻机停止转动；冲击钻进时，锚杆两侧勿站人。

8.3 不得向基坑内投掷任何物品。

8.4 安全用电，注意防火，必须配备消防器材。

8.5 对将要较长时间停工的开挖作业面，不论地层好坏均应作网喷混凝土封闭。

8.6 建立完善的施工安全保证体系，加强施工作业中的安全检查，确保作业标准化、规范化。

9 环保措施

9.1 施工前，对基坑附近建筑物、构筑物进行调查，以便采取相应保护措施。

9.2 优先选用先进的环保机械，采取设立隔声墙、隔声罩等消声措施，降低施工噪声到允许值以下，同时尽可能避免夜间施工。

9.3 施工废水、废浆应排入沉淀池中，不得随意排放，保持场地清洁。

9.4 对施工场地道路进行硬化，并在晴天经常对施工通行道路进行洒水，防止尘土飞扬，污染周边环境。

9.5 施工现场应制定洒水降尘措施，指定专人负责现场洒水降尘和清理浮土。

10 效益分析

10.1 施工效益分析

自钻式锚杆施工受环境影响小，能保持连续均衡施工，其机械化程度高，噪声低、粉尘少，减轻了施工人员的劳动强度，有利于施工人员的健康和安全，具有良好的环保、节能和社会效益。具体如下：

（1）无须使用套管，钻管本身强度大、坚固，不易改变钻孔方向。

（2）自钻式锚杆将钻孔、灌浆及安装锚杆体在一个过程中完成，简化了施工工序，施工速度快，节省约25%的工作量，减轻了操作人员的劳动强度。

（3）有接头延长的特性，杆体较短，可用较小型钻机，能在狭窄场所施工。

（4）特殊地层下可使用水泥浆来稳固孔壁，在非黏土地层中被吸收并确保孔壁的稳定，最终固结于整根岩栓周围。

（5）通过高压注浆使球形桩头和桩身深入土层中，可增加灌浆体摩擦力及握持力，同时减少沉陷量。

（6）同等荷载下，中空的自钻式锚杆比实心的锚杆有更大的剪阻力。

10.2 经济效益分析

通常情况下节省25%的工作量，能较大地降低工程成本。如在安装20支12 m长的后拉型岩锚的小型工程，工人和机械的搬运约占工程成本的30%。

自钻式锚杆施工工法成功应用于本项目砂卵石地层超深（约30m）超大基坑支护工程，其快速施工的特点为奥运工程建设赢得了宝贵的建设时间，同时为企业创造了约95万元的经济效益。

11 应用实例

北京地铁四号线工程北京南站位于北京市丰台区东庄公园，于2005年11月30日开工。地铁南站与国铁北京南站合建，地铁车站位于地下二层与地下三层，地下二层地铁四号线南站长150.3m，宽125m，高度约10m；地下三层地铁十四号线南站长150.3m，宽30.9m，高度约8m。基坑总深度约30m，车站总建筑面积32202m^2，自钻式锚杆施工面积达 3200m²。在施工中，本工程大面积成功地应用了自钻式锚杆进行超大超深砂卵石地层的支护施工。

11.1　参数设计

本工程在地下二层大面积使用自钻式锚杆，其地下二层采用土钉、自钻式锚杆与网喷混凝土联合支护，地下二层自钻式锚杆设计参数及布置剖面图参见表 11－1 及图11－1。

地下二层自钻式锚杆施工设计参数　　　　**表 11－1**

排　数	支护形式	长度（m）	孔径（mm）	间距（mm）	主筋型号	坡比
第一排	土 钉	15	110	1500	ϕ28	0.30
第二排	土 钉	15	110	1500	ϕ28	
第三排	ZB40/20 自钻式锚杆	13		1500	无缝钢管	
第四排	ZB40/20 自钻式锚杆	12		1500	无缝钢管	
第五排	ZB40/20 自钻式锚杆	10		1500	无缝钢管	
第六排	ZB40/20 自钻式锚杆	8		1500	无缝钢管	

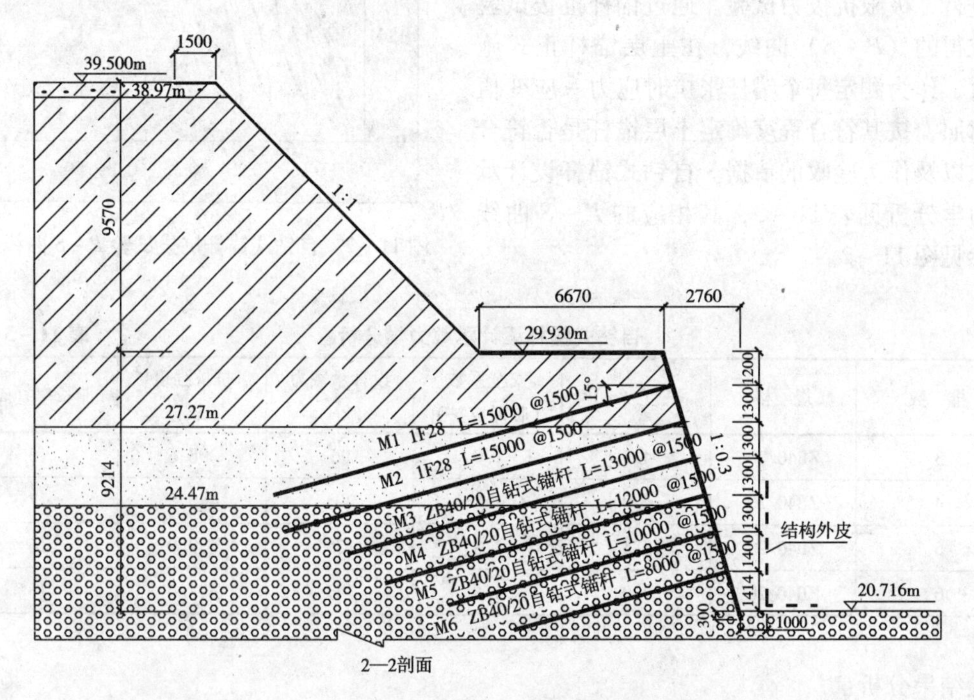

图 11－1　地下二层自钻式锚杆布置剖面图

11.2　生产组织

自钻式锚杆施工班组人员配置参见表 11－2。

自钻式锚杆施工班组人员配置 表 11-2

编　号	类　别	工　种	人数（每班次）
1	钻机操作	机修工	1
2	配件安装	普通工	2
3	混凝土搅拌	普通工	1
4	注　浆	普通工	2
5	测　量	测量工	1
6	机械维修	机修工	1
7	料　具	普通工	1
8	当班负责	施工员	1
合计	10 人/班		

11.3　自钻式锚杆承载力学分析

11.3.1　自钻式锚杆设计承载力学分析

为了确定所采用的锚杆是否安全可靠，验证设计是否准确，施工工艺是否合理，并求得实际承载力的安全系数。在正式施工前，对工程进行了极限抗拔力试验。通过锚杆抗拔试验时取得的（$P-S$）曲线，在土层锚杆正式施工时，作为测定每个锚杆张拉时应力－应变值的对照，按其符合程度确定土层锚杆是否符合要求以及作为验收的依据。自钻式锚杆设计承载力学分析见表 11-3，其相应的 $P-S$ 曲线图参见图 11-2。

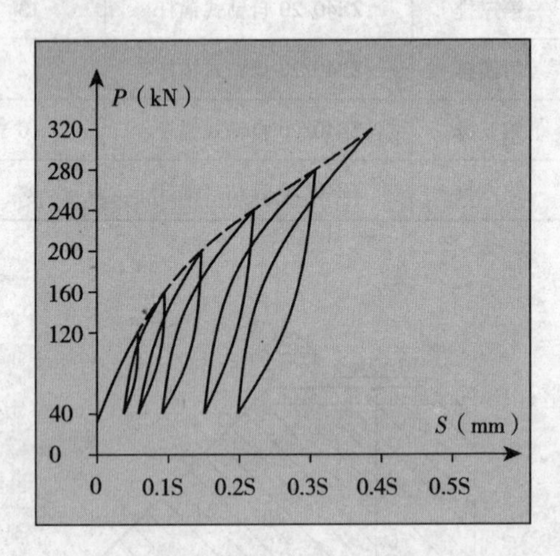

图 11-2　自钻式锚杆抗拔试验 $P-S$ 曲线图

自钻式锚杆设计承载力学分析 表 11-3

排　数	规　格	长度（m）	安全系数（临时支护）	设计承载力（kN）	抗拉强度（mm）	伸长率（%）
3	ZB40/20	4.5	1.8	96	398.6	15
4	ZB40/20	4.0	1.8	203	440.8	17
5	ZB40/20	3.5	1.8	175	439.0	16
6	ZB40/20	3.0	1.8	147	423.0	16

实验结果分析：

（1）锚杆抗拉强度达到 1.8 以上的设计安全系数；

（2）锚杆极限抗拔试验采用分级循环加载，试验结果满足设计要求。

根据试验，现场用于施工的锚杆满足施工要求，可以进行施工。

11.3.2　自钻式锚杆施工承载力学分析

在施工阶段，为验证自钻式锚杆的实际效果，在覆土7.5m深的砂卵石地层对已施工的锚杆进行了拔力试验，试验数据及相应的$P-S$曲线参见表11－4及图11－3。

自钻式锚杆现场抗拔试验数据统计 **表11－4**

编号 \ 位移 \ 荷载	50kN	100kN	150kN	200kN	250kN	300kN	350kN
ML_1	0.2mm	2.2mm	4.1mm	7.4mm	10.7mm	22.1mm	39.4mm
ML_2	0.5mm	2.4mm	4.3mm	7.5mm	9.8mm	20.2mm	33.6mm
ML_3	0.3mm	1.9mm	3.9mm	6.2mm	10.1mm	19.8mm	29.5mm
ML_4	0.2mm	2.3mm	4.2mm	6.9mm	8.6mm	19.5mm	28.9mm
ML_5	0.6mm	2.2mm	4.4mm	7.9mm	9.3mm	21.6mm	38.5mm
ML_6	0.9mm	2.4mm	4.6mm	6.4mm	9.9mm	22.4mm	36.7mm

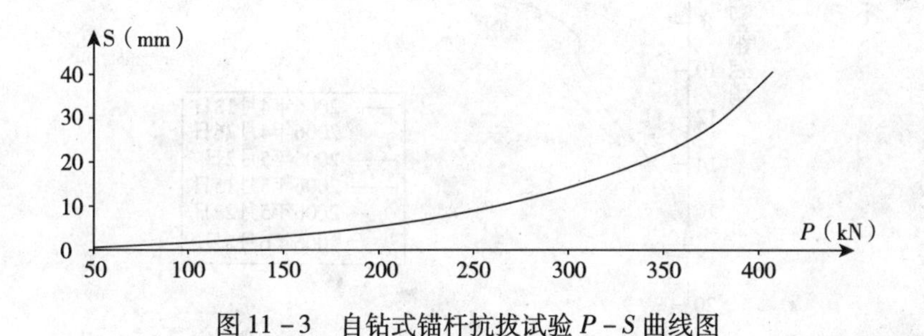

图11－3　自钻式锚杆抗拔试验$P-S$曲线图

通过现场观测，未发生异常。抗拔试验中平均抗拔力达360kN，为设计值的3倍，在设计抗拔力范围内，位移变形值为1～3mm，位移值满足设计要求。图11－4为现场试验图。

图11－4　现场试验

11.4　深基坑砂卵石层自钻式锚杆施工及维护监控量测分析

由于本基坑周围环境复杂，为保证临近管线、道路及建筑物的安全，对本工程的支护结构及周围管线、道路、已有建筑物等进行了必要的位移和沉降观测。观测点的布置如下：

（1）支护结构的观测：沿基坑等间距设 8 个 16m 深的测斜管；

（2）基坑地表周边观测：沿基坑设置，间距约 15m，共设 22 个观测点；

（3）临近建筑物观测：在临近建筑物上设置沉降观测点，每栋建筑物设置 4 ~ 6 个；

（4）其他观测：地下煤气管、路面等布置沉降、位移观测点若干个。

最后监测结果显示：发生最大位移或沉降的监测点均位于基坑地表周围，从 2006 年 4 月中旬基坑开始开挖到 6 月初开挖及支护全部完成期间，基坑及周边位移如图 11 －5 所示，最大位移量为 24. 8mm。其他观测点的沉降和位移均较小。监测结果表明，本基坑围护的最大位移和沉降都相对较小。

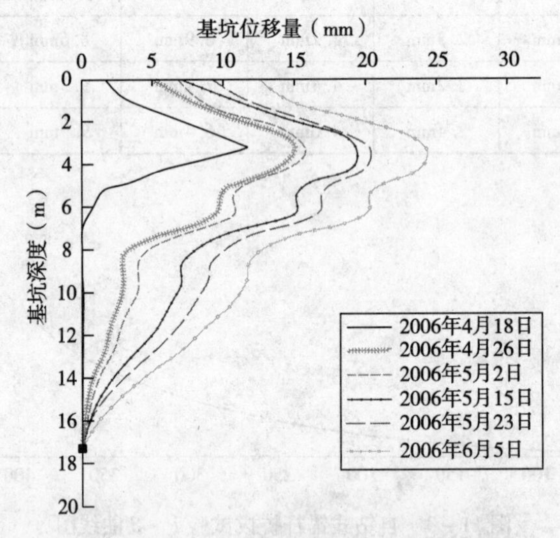

图 11 －5　基坑位移随深度变化监测曲线图

通过实际应用、现场检测及监测数据说明，本次基坑围护方案是合理的，也说明自钻式锚杆在本工程中的应用是成功的。

城市深孔爆破施工工法

编 制 单 位：中国建筑工程（香港）有限公司
批 准 部 门：国家建设部
工 法 编 号：YJGF296—2006
主要执笔人：何 军 曹 炎 袁定超 刘大洪 邹定祥

1 前 言

城市深孔爆破工程施工组织最大的特点就是对负责工程的爆破工程师资历要求高，必须具有专业爆破经验十年以上的工作经历，并独立承担过大型爆破工程项目。所有负责炸药安装和实施爆破的作业人员，必须持有相应的爆破作业许可证，方可允许进行爆破工程施工。施工组织架构如图1所示。项目经理负责整个工程的全面协调工作。工程代表负责

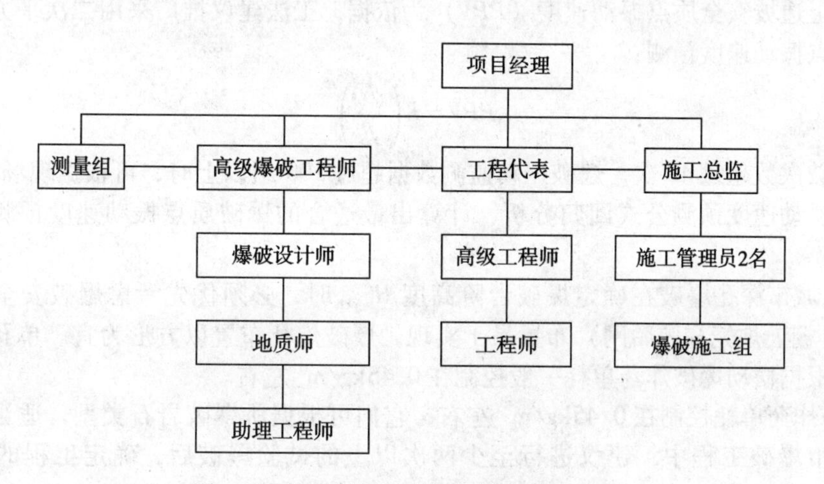

图1 城市深孔爆破工程典型施工组织架构

与爆破工程有关的对外关系协调和相关技术支持。在项目经理的领导和工程代表的支持下，高级爆破工程师和施工总监就爆破工程生产计划安排、爆前岩土处理技术与管理以及爆破设计方案的技术可行性、经济性与施工合理性进行分析和协调，并将已获批准的爆破设计方案交由爆破施工组进行施工；高级爆破工程师是确定爆破设计方案是否可行的直接控制者，在工程代表的支持下，领导爆破设计师、地质师和助理工程师，根据每周生产计划和测量组提供的爆区工程信息，提前一天完成爆破设计方案，报政府有关部门批准。工程总监则根据高级爆破工程师提供的爆破设计方案，在施工管理人员的协助下，领导爆破施工组提前一天安排爆破施工准备（如钻孔、预置排栅、炮笼、砂包、钢丝网等安全措

施），总爆破员（香港称之为总炮王）确认所订购的爆破器材数量确实无误，在独立爆破监督员监督下，领导爆破施工组完成爆破炸药安装与安全防护措施设置工作。施工总监确定准确的爆破时间，完成爆破清场工作。施工总监还有一项重要的任务就是要会同工程代表和高级工程师完成爆破施工计划的安排工作，确定爆区位置和范围；关于爆破监测点信息数据的处理和监测报告，则由爆破工程师在助理工程师的协助下完成，并报业主监理和政府有关部门备案。

2 工法技术关键

2.1 炸药使用类型和爆破区域划分。工法推荐使用的炸药主要包括条装炸药和散装炸药两种类型。爆破区域具体划分要求如下：

（1）$\phi32\times200$ 和 $\phi32\times300$ 条装乳化油炸药，用于 $\phi50$ 炮孔；

（2）$\phi50\times400$ 条装乳化油炸药，用于 $\phi76$ 炮孔和作为炮孔安装散装炸药时的起爆药包，并且距离岩土边坡和其他建（构）筑距离不小于 30m 时方可使用；

（3）散装 ANFO 和乳化油炸药（Bulk Emulsion）的使用限制，则必须根据爆破质点振动速度预测公式确定，其单响允许炸药使用量超过 25kg 且炮孔深度不小于 4m 时，方可安装散装炸药。

2.2 城市深孔爆破单响药量的确定是以该爆破区对周边环境影响最为严重的建（构）筑物或岩土边坡安全质点振动速度（*PPV*）为依据，工法建议推广采用二次平方根公式进行爆破质点振动速度预测：

$$PPV = K\left(\frac{\sqrt{Q}}{R}\right)^{\alpha}$$

当爆破次数超过 40 次，爆破振动监测数据超过 100 组以上时，可根据现场测试数据，进行爆破振动速度预测公式回归分析，计算出最适合的爆破质点振动速度预测公式中的 K、α 值。

2.3 城市深孔爆破在确定爆破台阶高度 H_{bench} 时，必须优先考虑爆破安全防护措施（如爆破排栅、炮笼和胶胎网）布置易于实现，爆破炮孔布置以方形为宜。单孔炸药量确定以后，根据松动爆破炸药单耗一般控制在 0.45kg/m^3 左右。

2.4 炸药单耗控制在 0.45kg/m^3 左右，它们可根据所爆破岩石类型，适当调低或调高。在城市爆破工程中，建议进行至少两次以上的试验爆破后，确定工程的常规炸药单耗。

2.5 在城市环境条件下，深孔爆破工程所用起爆器材建议采用抗静电和杂散电流性能较好的非电雷管。

2.6 当爆破次数达到 40 次、测试数据 100 组以上时，应进行爆破质点振动速度和爆破噪声回归分析，振动速度采用平方根比例距离，爆破噪声则用立方根比例距离。得到的 K、α 值报相关部门批准，作为爆破工程设计与施工的重要依据。

3 工 法 特 点

3.1 将当前国际上流行的岩土边坡爆破振动安全控制标准计算方法引入城市深孔爆

破对周边环境影响的评估领域。

3.2　城市深孔爆破区域划分技术使整个爆破区域划分为非爆破区、按炮孔直径爆破划分区和按炮孔装药类型划分爆破区域，将爆破飞石和爆破振动对周边环境的影响降低到最小。

3.3　城市深孔爆破振动对周边环境影响，更多表现为爆破近区影响，本工法采纳二次平方根比例距离计算。

3.4　工法推荐采用间隔装药方式，既满足了周边环境条件对深孔爆破的限制，又能解决地质软弱夹层对爆破效果的影响，很好地提高城市深孔爆破的经济效益。

3.5　对于城市复杂环境条件下的爆破噪声控制标准，通过香港佐敦谷大型场地平整工程长期的数据监测，为今后修改我国《爆破安全规程》（GB6722）有关条款提供了依据。

4　适用范围

本工法适用于：城市中心区大型场地平整爆破开挖；城镇爆破工程，周边环境条件异常复杂的露天爆破开挖；城市中心区大型钢筋混凝土地基爆破拆除；其他对爆破安全和环保要求较高的爆破开挖。

5　工艺流程

5.1　施工工艺流程

对于城市深孔爆破，严密的爆破施工工艺流程是确保爆破安全的最根本保证，图5－1是典型的城市深孔爆破工程施工工艺流程。该爆破施工工艺流程具有作业环节清晰、严密的特点，通过相互检查，明确各方责任。

5.2　设计及施工方法

5.2.1　爆破安全判据的确定

城市深孔爆破工程所处的周边环境异常复杂，各种建（构）筑物的爆破振动安全判据的确定必须事先与有关各方达到一致。考虑城市深孔爆破施工持续时间长，环境影响范围广。工法的爆破振动控制标准采用当前全世界最严格标准，对于工程周边公用设施、居民住宅楼、学校、商场、煤气管线、马路、马路渠和地铁隧道，均采用最为严格和保守的爆破质点振动速度限制标准25mm/s；对于岩土边坡可以根据岩土测试力学性质、分为石质边坡和土边坡分别进行计算求得。石质边坡可以采用能量分析法（Energy Approach），土边坡则采用虚静态极限平衡分析法（Pseudo－Static Method）。

对于城市深孔爆破噪声的控制，本工法建议采用对结构物影响控制标准为134dB，对人则为120dB（A）。

5.2.2　爆破孔网参数设计

城市深孔爆破工程一般具有爆破岩土工程量和生产规模大的特征，本工法采用预裂爆破、孔内间隔装药和爆破分区技术，以达到生产、安全和环保的高标准要求。

（1）爆破分区技术

爆破分区技术包括非爆区划分、炮孔直径区域划分和孔内安装炸药类型划分三项。

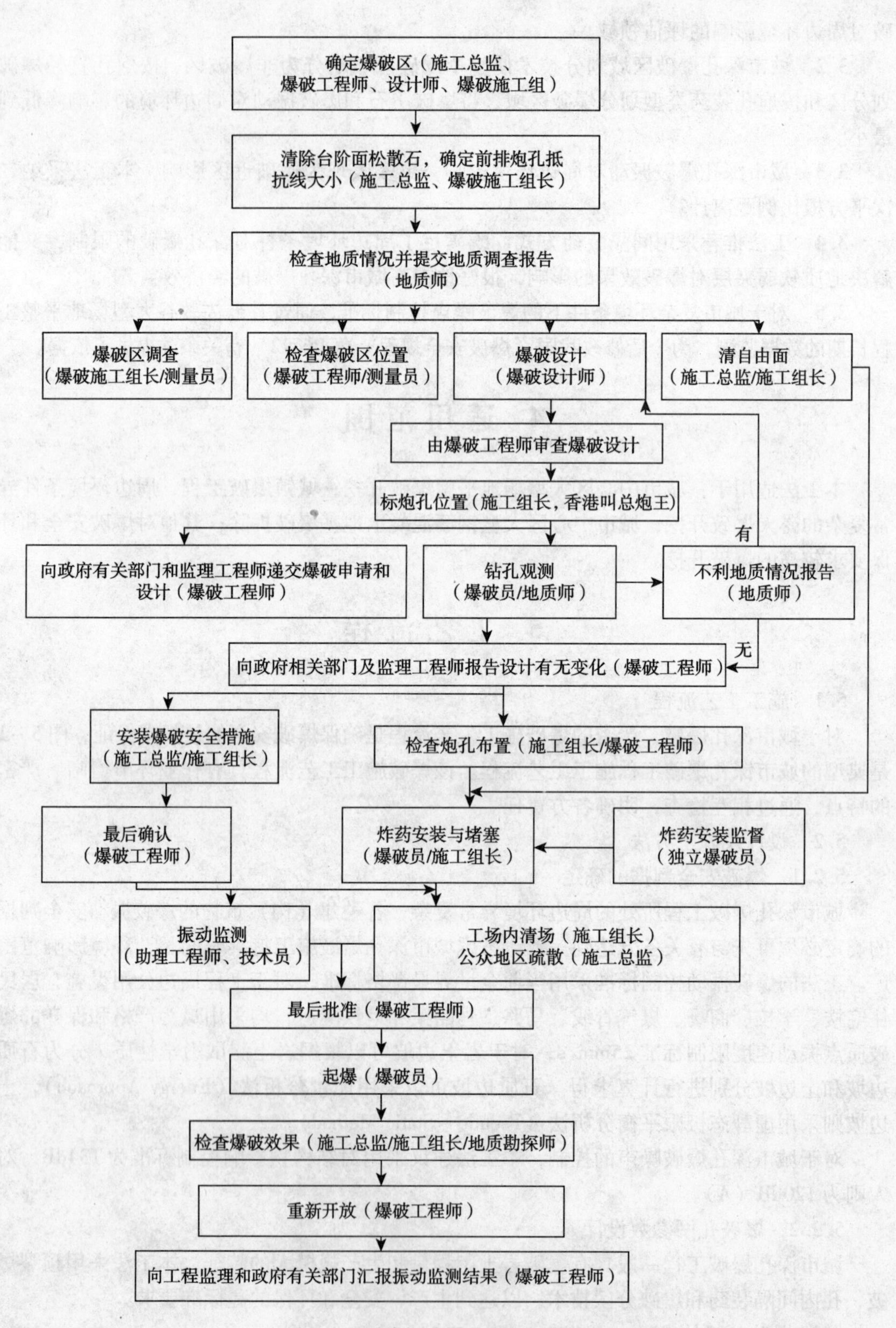

图 5－1　城市深孔爆破施工工艺流程

其中非爆区最小宽度可用公式表达为 $L_{Nonblast}=L_{W}+3.5\text{m}$（公式中 L_W 为最后一排炮孔抵抗线厚度）。

而炮孔直径，工法建议采用 $\phi50$、$\phi76$ 和 $\phi89$ 系列。城市深孔爆破的一个主要特点就是针对不同的环境条件采取将炮孔直径系列（如 $\phi50$、$\phi76$ 和 $\phi89$）按区域进行划分，保证爆破振动和飞石等不利因素得到严格控制，从而达到爆破施工安全高效的目的。对于不同炮孔直径，其爆破区域具体划分要求如下：

①$\phi50$ 炮孔是城市深孔爆破工程之基本钻孔参数，其爆破区域主要包括沿岩土边坡30m 范围内，一般台阶高度不得超过 10m；

②$\phi75$ 炮孔则是城市深爆破工程最常用的钻孔参数，其爆破区域可包括除 $\phi50$ 钻孔直径以外的其他所有可爆破区域，台阶高度控制在不大于 12m；

③$\phi89$ 炮孔必须在爆破区域距离最近岩土边坡或场内最近建（构）筑物 100m 以远区域方可采用，台阶高度必须控制在不大于 15m。

最后，炸药使用类型爆破区域划分，工法推荐使用的炸药主要包括条装炸药和散装炸药两种类型。条装炸药主要为条装乳化油炸药（Cartridge Emulsion），其产品规格分别有 $\phi50\times400$、$\phi32\times200$ 和 $\phi32\times300$ 三种；散装炸药则主要为散装铵油炸药（ANFO，干孔使用）和散装乳化油炸药（Bulk Emulsion，湿孔使用）两大类，散装炸药使用时由炸药车现场搅拌、混装入孔，其爆破区域具体划分要求如下：

① $\phi32\times200$ 和 $\phi32\times300$ 条装乳化油炸药，用于 $\phi50$ 炮孔；

② $\phi50\times400$ 条装乳化油炸药，用于 $\phi76$ 炮孔和作为炮孔安装散装炸药时的起爆药包，并且距离岩土边坡和其他建（构）筑距离不小于 30m 时方可使用；

③ 散装 ANFO 和乳化油炸药（Bulk Emulsion）的使用限制，则必须根据爆破质点振动速度预测公式确定，其单响允许炸药使用量超过 25kg 且炮孔深度不小于 4m 时方可安装散装炸药。

（2）预裂爆破技术

预裂爆破孔网参数可按经验公式（5-1）进行计算：

$$L_s=(8\sim12)D$$

$$q_L=8.5\times10^{-5}\times D^2 \tag{5-1}$$

式中，D 为预裂炮孔直径，mm；L_s 为预裂孔间距，m；q_L 为线性装药密度。

工法建议采用另外一种基于岩体抵抗爆轰波与爆生气体压力的计算理论进行验证，其相应的计算公式为：

$$s\leqslant\frac{D\times(PB_e+RT)}{RT} \tag{5-2}$$

式中，$q_L=\rho_l C_L+100$ 或 40（导爆索预裂时，取 100；作连接药包用时，取 40）。

其中，s 为预裂孔间距；D 为预裂孔直径；RT 为岩石的抗拉强度；ρ_e、ρ_l 分别为使用炸药密度和线性密度；

PB_e 为不偶合装药孔内爆轰波压力，可用公式（5-3）计算：

$$PB_e=PB\times\left[\sqrt{C_l}\frac{d}{D}\right]=228\times10^{-6}\times\rho_e\times\frac{VD^2}{1+0.8\rho_e}\times\left[\sqrt{C_l}\frac{d}{D}\right]^{2.4} \tag{5-3}$$

式中，d 为药包直径，mm；C_l 为药柱长度比，连续药柱时取 1.0；vD 为炸药的爆轰速度，m/s；

(3) 爆破单响药量（Q_{max}）与单孔装药量 $Q_{单}$

城市深孔爆破单响药量的确定是以该爆破区对周边环境影响最为严重的建（构）筑物或岩土边坡安全质点振动速度（*PPV*）为依据，工法建议推广采用二次平方根公式（5-4）进行爆破质点振动速度预测：

$$PPV = K\left(\frac{\sqrt{Q}}{R}\right)^{\alpha} \tag{5-4}$$

当爆破次数超过40次，爆破振动监测数据超过100组以上时，可根据现场测试数据，进行爆破振动速度预测公式回归分析，计算出最适合的爆破质点振动速度预测公式的 *K*、α值。为了提高各个炮孔的炸药安装量，各炮孔单响药量必须单独计算，其计算原理如图5-2所示。通过逐个炮孔进行概算，即可确定相应最经济和合理的单孔炸药量 $Q_{单}$ 及其炸药安装结构，最大限度地提高炮孔每延米爆破量，充分利用所钻炮孔。

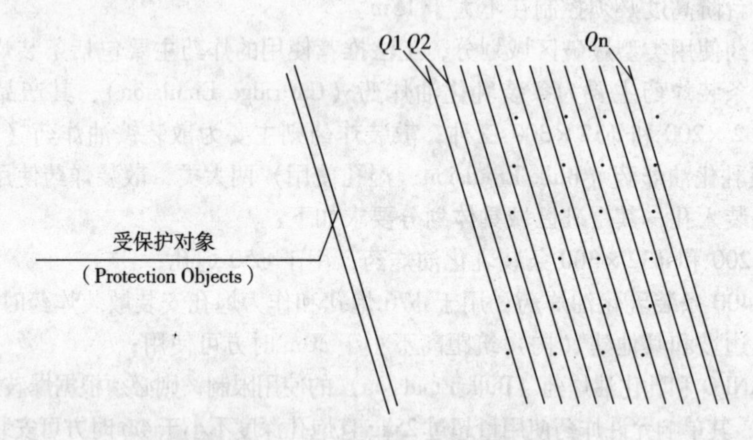

图5-2　炮孔单响药量计算原理图

(4) 深孔爆破台阶高度

城市深孔爆破在确定爆破台阶高度 H_{bench} 时，必须优先考虑爆破安全防护措施（如爆破排栅、炮笼和胶胎网）布置易于实现，爆破炮孔布置以方形为宜。单孔炸药量确定以后，根据松动爆破炸药单耗一般控制在0.45kg/m³左右。由爆破振动预测得到的单响最大药量及可供选择的炮孔直径和炸药类型确定后，其单孔深度就能确定下来，最后兼顾到场地平整的设计要求，根据爆破区所有炮孔深度，确定一个较为合理的爆破台阶高度。

(5) 爆破孔网参数设计

对于松动控制爆破设计来讲，最重要的就是根据工程地质和周边环境条件，选择合适的爆破器材，确定最佳的爆破台阶高度和最合理的爆破孔网参数。炸药单耗控制在0.45kg/m³左右，它们可根据所爆破岩石类型适当调低或调高。在城市爆破工程中，我们建议进行至少两次以上的试验爆破后，确定工程的常规炸药单耗。另外，爆破炮孔孔距和排距的选择可根据大孔距、小排距的爆破炮孔布置方式来确定的，它必须与周边环境约束条件相互配合方能采纳。周边环境异常复杂时，为了防止任何爆破飞石意外，我们建议，使用散装炸药时，最好在孔深超过4.0m且单响药量不小于25.0kg时方可采用。

(6) 地面单孔微差控爆网络连接技术

城市深孔爆破网络快速连接是实现大规模爆破的重要保证。有研究资料表明，当炮孔之间的微差时间达 8ms 时，爆破地震波将不会重叠，爆破单段最大允许药量可以单响药量进行计算。因此，起爆网络只要能保证孔间或孔内起爆时间相差 8ms 以上，即能顺利实现控制单响药量不超过最大单段允许药量（Q_{max}）的安全振动速度控制要求。

在城市环境条件下，深孔爆破工程所用起爆器材建议采用抗静电和杂散电流性能较好的非电雷管。

所谓地面单孔微差控爆网络连接技术就是指孔底采用统一段数的非电雷管，将炮孔之间的起爆微差时间通过地面非电（ms）延时雷管实现的方法。城市深孔爆破一般爆破炮孔数目较多、爆破工作量和劳动强度高，通过采用统一的孔底非电雷管段数，可以大大加快爆破人员的炸药安装与堵塞速度，防止出现工作疏忽或失误，减少取出炮孔内爆破器材的繁琐。同时，如果爆破出现盲炮（Misfire）时，爆破人员可以很快查明原因，及时排除。

地面单孔微差控爆网络连接技术对非电雷管的段数要求不多，爆破炮孔孔底雷管（Down-the-hole Detonator）一般采用较长延时时间的非电雷管，如 450ms、475ms 和 500ms 的非电雷管；爆破台阶面上的地面微差雷管（Surface Detonator）也仅有以下几个微差时间段的雷管：0ms、17ms、25ms、42ms、67ms 和 109ms。一般比较常用的是 0ms、17ms、42ms 和 67ms 四种地面微差非电雷管。它极大地减轻了爆破作业人员的劳动强度，保证了爆破网络连接的安全和效率，为大规模城市深孔爆破施工提供了良好的途径。

5.3 爆破振动与噪声监测

城市深孔爆破的爆破振动与噪声监测是本工法的重要组成部分，是检验爆破设计与施工正确与否、控制爆破振动的有效手段。

工法推荐采用当前国际上先进的爆破测振仪，国内某些测振仪也能满足爆破监测要求。

测点的布置应根据周边环境条件要求确定重点监测对象，监测数据及时处理并向有关各方汇报。本工法建议，当爆破次数达到 40 次、测试数据 100 组以上时，应进行爆破质点振动速度和爆破噪声回归分析，振动速度采用平方根比例距离，爆破噪声则用立方根比例距离。得到的 K、α 值报相关部门批准，作为下面爆破工程设计与施工的重要依据。

6 爆破安全与环保措施

6.1 爆破安全与防护措施

6.1.1 炮孔炸药安装现场监督。尽管从爆破设计上要求做到炸药安装简单、方便和高效，但大多数情况下，由于前排爆破炮孔开挖后自由面变得厚薄不均，现场炸药安装与爆破设计无法做到完全一致，必须重新判断前排炮孔的炸药安装数量，采用富有爆破施工经验的独立爆破员对现场炸药安装情况进行监督，并对炸药整个安装过程详细记录在案，待炸药安装与炮孔堵塞完毕且基本安全防护措施已经完成，独立爆破员必须及时将炸药安装记录单送返到爆破工程师处。并向爆破工程师报告有无严重违规安装炸药的行为发生，让爆破工程师能实时掌握现场施工情况，以判断是否存在爆破安全隐患及采取相应的应对措施。

6.1.2　盲炮应急处理程序。采用炸药供应商推荐的盲炮处理程序。

6.1.3　安全防护措施设置。本城市深孔爆破工法采用爆破炮笼（Blasting Cages）、排栅（Vertical Screens）、无蝇拍（Top Screens）、胶胎网（Blasting Rubber Tire Mats）、钢丝网（Iron Wire Mesh）和砂包等物的防飞石措施。

6.2　工程环境与保护措施

6.2.1　粉尘控制。爆破工程不可避免的环境问题就是其产生的爆破扬尘和炮烟污染。在香港佐敦谷场地平整爆破工程中采取两道措施进行防尘控制，如图6所示，包括在排栅、无蝇拍和炮笼上挂上帆布，将爆破区域完全遮挡和采用高压洒水车对爆破区进行洒水工作，以进一步降低爆破扬尘污染。所有钻机均在机身部分设有钻孔岩粉收集装置，大大减少了粉尘对周边环境的影响。同时，在靠近周边住宅区、学校和道路的爆破区域，全部采用零氧平衡优良、抗水性好的条装和散装乳化油炸药，以减少孔内水对炸药性能的影响，从而起到减少爆破炮烟的作用。

图6　两道防尘措施

6.2.2　噪声控制。考虑城市深孔爆破存在长期施工的特点，首先要降低钻机和液压破碎镐等大型机械噪声对周边环境的影响。在紧邻周边学校或居民住宅区的公众区域施工边界搭设隔声屏，并在钻机和液压破碎镐头用隔声棉进行包裹，同时在液压破碎镐朝公众的方向采用隔声屏阻隔，进一步加强隔声效果。

由于爆破空气冲击波对环境的影响不像其他工业活动那样存在连续性问题，正如国家《爆破安全规程》GB6722—2003所指出的，它只是一个脉冲现象。因此如何确定爆破空气冲击波的限制标准，就必须考虑爆破空气冲击波所影响的到底是公众还是结构物。对于爆破冲击波和噪声的控制必须严格、合理，本工法建议采用双重控制标准，对结构物影响控制标准为134dB，对人则采用120dB(A)。

6.2.3　污水控制。大型深孔爆破工程施工时，地下水和雨水会造成泥浆等流体污染物流出工地污染环境，在工地内分区设置多个隔砂池（Catch pit），将泥浆导入隔砂池，经沉淀后再将清水输入市政排水渠，以尽量减少工地对周边环境的影响。

7　爆破质量控制标准

7.1　爆破块度标准

爆石块度大小受岩体类型、爆破孔网参数、炸药选择与单耗和起爆顺序等作用因素的影响，爆石块度尺寸应根据相应的合同要求进行控制，以选择最优的爆破孔网参数。

7.2　爆破振动与噪声控制标准

本工法爆破振动控制标准除了严格执行相关国家或地区各项规定外，城市深孔爆破还必须就爆破区周边环境敏感对象确定其相应的爆破质点振动速度控制标准，如地铁隧道、岩土边坡等。本工法考虑城市深孔爆破施工的大规模特点，对永久性结构物，如隧道、学校、住宅区、工业厂房、马路渠等，采用25mm/s的质点振动速度控制标准；岩土边坡的质点振动速度则分别根据能量法和极限平衡法进行分析确定。

关于爆破冲击波和噪声的控制标准，本工法建议采用针对结构物表面及门窗破坏的控制标准，134dB；对人则采用120dB(A)。

7.3 边坡预裂爆破控制标准

对于爆破预裂岩石边坡的质量控制，采用边坡壁上残留半壁孔率达到90%。

8 施工机具

爆破施工机械数量主要是由爆破工程日平均生产量要求决定的。采用移动灵活、场地适应性强和可钻多直径炮孔的履带式钻机是进行大规模爆破施工的基本保证，主要爆破施工用机械列于表8。

城市深孔爆破主要施工机械　　表8

编号	名称	规格	基本性能	数量
1	钻机	Atlas Copco，Roc D7 或同等效率的钻机	钻孔直径 $\phi50$、$\phi76$ 和 $\phi89$ 钻孔效率：380m/d	6台
2	挖掘机	SK400 或同等效率机械	反铲，$3m^3$	1台
3	液压镐	E300B 或同等效率机械	小松 E300	10台
4	推土机	D9N、D9L 和 D8L	最大功率：150~200HP	各1台
5	移动吊机	7080 或同等效率机械	起吊最大重量达80t	5台
7	货车		5t	2台
8	空压机		$9m^3$	3台
9	排栅		安全防护设备	63个
10	炮笼		安全防护设备	18个
11	无蝇拍		安全防护设备	21个
12	发电机		1000kW	2台
13	风镐			6把

9 技术效益分析

本工法采用城市深孔爆破施工技术，同国家技术规范规定的城镇浅孔爆破技术相比较，本工法的生产效率是城镇浅孔爆破技术的4~6倍左右，极大地提高了城市岩土爆破生产效率。

本工法为城市深孔爆破施工行业提供了一整套爆破施工技术和管理的全面解决方案，填补了我国在城市深孔爆破施工方面的技术空白，为我国城市深孔爆破施工领域走向规范化施工和进一步发展起到了示范作用，必将提升整个行业的管理水平和核心竞争力。

10 工程实例

香港九龙佐敦谷场地平整工程，其爆破土石方量高达883万m^3，日均爆破量达7500m^3，高峰期更高达15000m^3/d。工程周边环境极其复杂，工地东边和北边紧邻新清水湾道和彩云住宅区，西边则有九龙区主要的交通枢纽——观塘道和多间学校，南边为彩霞道与彩云道且紧靠周边居民住宅楼，最近地方不超过25.0m。地铁观塘线隧道贯穿工地西北区域，隧道顶距爆破开挖水平最近为10.0m；另外，煤气、通信、电力和马路渠等管线基础设施环绕工地周边。在城市中心区进行如此大规模的场地平整爆破工程，极其苛刻的环境条件为城市深孔爆破的典型工程范例，根据查新资料，全世界尚属首例。

本施工工艺在香港佐敦谷场地平整工程得到了充分的应用，完全满足了在城市中心区进行大规模爆破工程施工的要求。我们在香港九龙佐敦谷场地平整工程中应用城市深孔爆破技术，平均爆破日产量达到7500m^3/d，高峰期日爆岩量高达15000m^3/d，总爆破岩石量达662万m^3，创造了城市控制爆破技术在城市中心区进行爆破施工的新领域。同时，在三年多的深孔爆破工程施工中，香港佐敦谷场地平整工程的爆破振动严格控制在爆破安全振动速度控制范围内，爆破飞石达到了有效控制。

水冲法（内冲内排）辅助静压桩沉桩施工工法

编制单位：中国建筑第七工程局
批准部门：国家建设部
工法编号：YJGF301—2006
主要执笔人：焦安亮　钟荣昌　黄延铮　王　耀

在桩基工程施工中，静压法沉桩因其无污染、噪声小越来越受到人们的青睐。水冲法作为一种辅助沉桩方法能有效解决静压法施工穿透深厚砂层难的问题，针对水冲法辅助静压桩沉桩施工特点，制定本工法。

1 特　点

1.1　桩端可穿透深厚砂层。

1.2　对桩身质量影响较小，沉桩效率高、工期短，地基持力层层面起伏较大时能满足桩的设计标高要求。

2 适用范围

本工法适用于水冲法（内冲内排）辅助静压桩施工的钢筋混凝土预制方桩基础工程，在淤泥、砂、砂砾土、砂黏土及黏土等土层中均可采用。

3 工艺原理

水冲法的原理是：在静力压桩过程中，一方面，通过高压水冲刷桩端砂层，并利用高压水、气混合物将泥砂排出桩外，以消除桩端砂层对桩端的阻力；另一方面，高压水在渗入砂层后，亦可减小砂层对桩身的摩阻力，使桩身在较小的压桩力下顺利进入持力层。

4 工艺流程

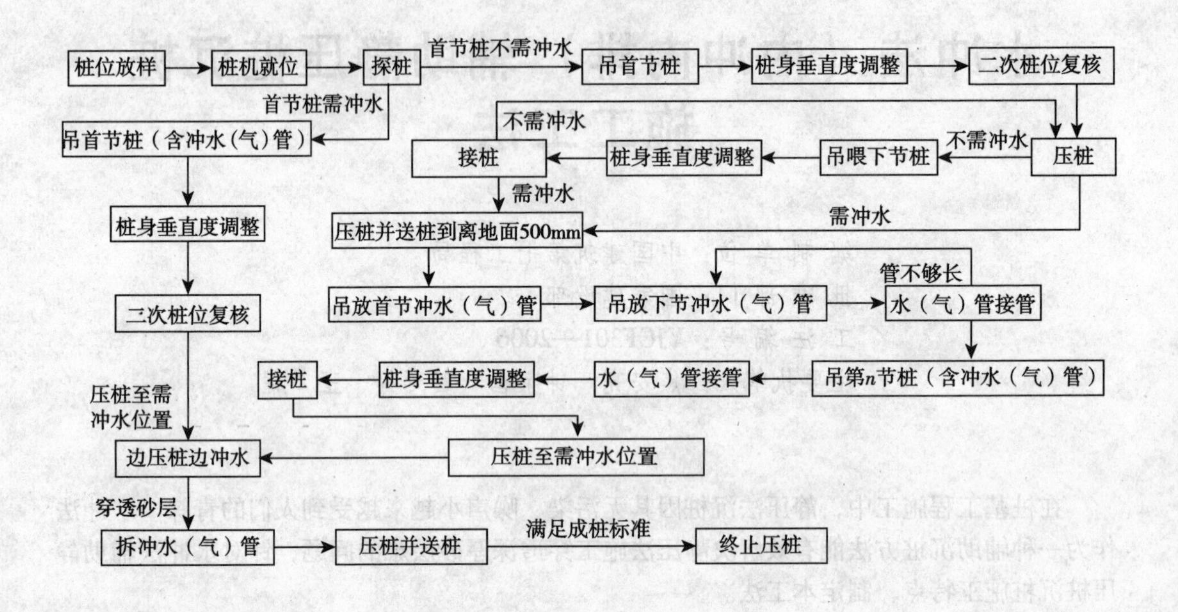

5 操作要点

5.1 一般要求

5.1.1 桩位放样应二次核样。

5.1.2 预制桩强度必须达到设计强度的70%时方能起吊，达到设计强度100%后才能运输及压桩。

5.1.3 接桩时焊缝要连续、饱满，焊渣要清除干净；焊接自然冷却时间应不少于5min，地下水位较高的冷却时间应不少于8min，避免焊缝遇水淬火易脆裂；接桩时，上下节桩间隙要用不超过5mm钢片填充，保证压桩时桩不受偏心力。

5.1.4 冲水（气）管接管时，气管采用套管连接，在连接时应用生料带缠绕牢固（图5-1、图5-2）；水管采用法兰盘连接，法兰盘中间垫橡胶垫片，并将螺栓锁紧，以确保接头严密、不漏水（图5-3）。

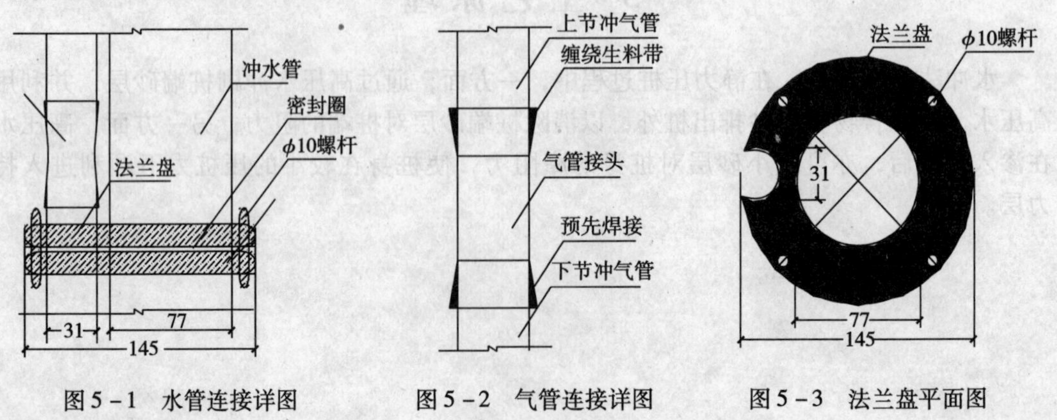

图5-1 水管连接详图　　图5-2 气管连接详图　　图5-3 法兰盘平面图

5.1.5　冲水与压桩过程应同时进行，且冲水（气）管应不停地上下小幅度运动，以防卡管。

5.1.6　冲水过程中，应按沉桩阻力的大小，及时调整水压和气压（一般控制在0.8～1.2MPa左右）。当桩下沉达设计标高以上1～2m时，应停止冲水，采用单独静压沉桩法将桩送至设计标高或达到设计压桩力。

5.2　预制桩制作

5.2.1　预制方桩的分节应根据工程地质条件（土层分布、持力层埋深）和起吊运输能力来确定，由于冲水过程必须连续进行，应避免桩尖处于厚砂层时接桩。

5.2.2　预制桩场地必须平整坚实，并有良好的排水条件。重叠法制桩时，重叠层数不超过4层。上层桩或邻桩的浇筑必须在下层桩或邻桩的混凝土强度达到设计强度的30%以后方可进行。

5.2.3　制作桩身的模板可用木模板或钢模板。桩身空腔采用塑胶管作为内模，塑胶管用扁钢和钢筋固定牢靠（图5－4），确保空腔位于预制桩中心。

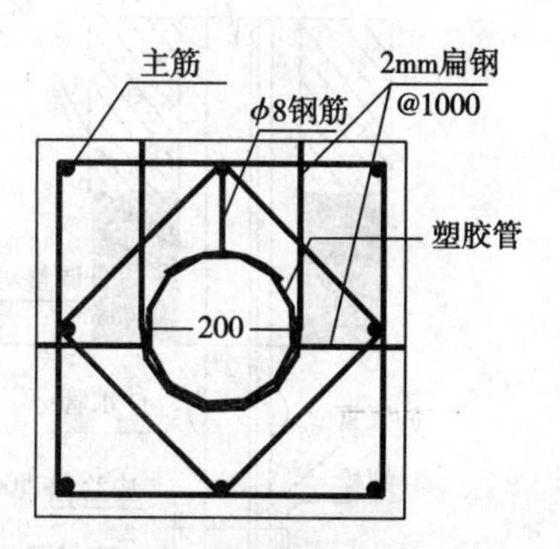

图5－4　塑胶管安装详图

5.2.4　冲水桩桩尖制作：

桩靴制作时，在桩尖中间焊制 *DN*135 钢管，一端作成漏斗状与塑胶管空腔相连，另一端与护口钢板焊接牢固，护口钢板与桩身钢筋焊接牢固。在桩靴四周侧面设置四个回水管，回水管一端与桩尖预埋钢管焊接牢固，另一端与桩尖主筋焊接牢固（图5－5）。回水管的作用是：当孔中心正面的高压水（气）冲出时，形成的砂水混合物由于高压作用从回水孔进入桩身空腔，并通过空腔排出桩外。

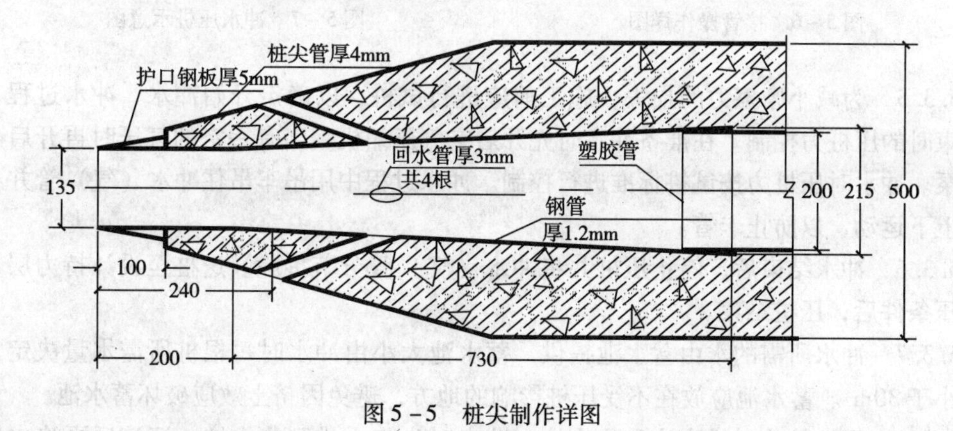

图5－5　桩尖制作详图

5.3　冲水压桩施工

5.3.1　静压桩机就位后进行吊喂桩，桩起吊前应将桩身空腔内杂物清除干净。

5.3.2　当桩压入土中0.5～1.0m，暂停下压，从桩的两个正交侧面校正桩身垂直度，待桩身垂直度偏差小于0.5%时才可正式压桩。

5.3.3　为防止高压水（气）从桩接头四周的水平缝喷出，焊接接桩时，钢帽间水平缝应焊满焊牢。

5.3.4 当砂层埋深较浅，第一节桩就须冲水时，可将冲水（气）管预先放入桩的预留孔中，一并起吊喂桩，压桩至须冲水位置，开启冲水（气）管辅助静压沉桩；当砂层埋深较深时，先将桩压至砂层面，再安放冲水（气）管和接桩，压桩至须冲水位置，开启冲水（气）管，边冲水边压桩。接管操作如图5－6、图5－7所示。

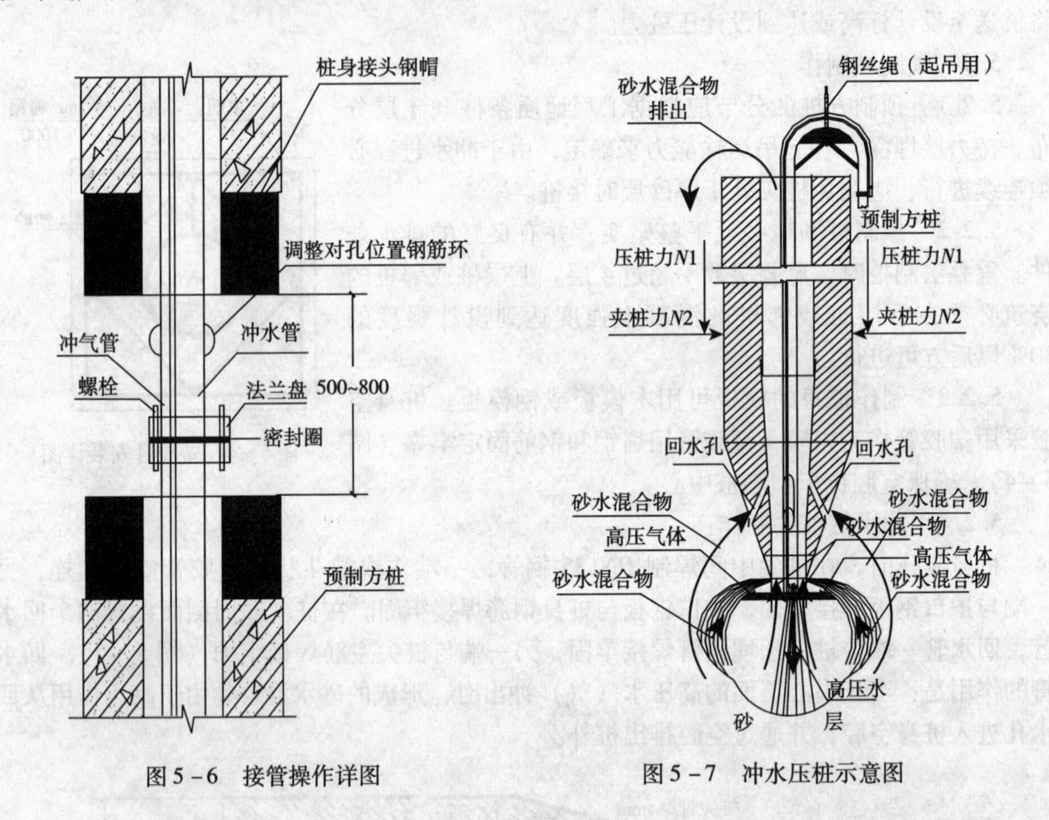

图5－6 接管操作详图

图5－7 冲水压桩示意图

5.3.5 为减小摩擦力的损失，施工前应进行试桩，以确定开始冲水、冲水过程、冲水结束时的压桩力控制。在准备冲水时先开启空气压缩机，当有一定的气压时再开启离心清水泵。冲水时压桩力按试桩标准进行控制。冲水过程中用吊车吊住冲水（气）管并不断小幅上下运动，以防止卡管。

5.3.6 冲水结束后，停止压桩并将冲水（气）管分节拆除。送桩至设计持力层，达到终压条件后，压桩结束。

5.3.7 冲水所需的水由蓄水池提供，蓄水池大小由冲水时每根桩所需水量决定，一般不小于30m^3。蓄水池应放在不受压桩影响的地方，避免因挤土效应破坏蓄水池。

5.3.8 现场挖临时排水沟和集水坑，冲水时先将水排到集水坑，沉淀后再将水用水泵抽到蓄水池中，这样对水进行循环使用，既节约用水，又减少了污水的排放。

6 机具设备

搅拌机、振捣棒、磅秤、静压桩机（抱压式）、起重机、电焊机、送桩器、空压机、离心泵、储气罐、经纬仪、水准仪、冲水（气）管。

7 劳动组织及安全

7.1 劳动组织

劳动组织需根据桩机的台数和施工时间而定（根据工程大小、进度要求），按每台桩机每台班所需人员，见表7。

劳动力组织情况表 表7

序 号	工 种		人 数
1	预制桩	木 工	4
		钢筋工	6
		混凝土工	12
2	静压桩班组		10
3	冲水班组		5
合 计			37

7.2 安全措施

7.2.1 工人进入工地后应进行三级安全教育和职业健康安全教育。各工种结合培训进行安全操作规程教育后方能上岗，桩机及起重机机长、电焊工等特殊工种必须持证上岗，新工人应进行上岗教育。

7.2.2 桩机及起重机等机械设备组装和使用前，应根据《建筑机械使用安全技术规程》JGJ33 检查各部件工作是否正常，确认运转合格后方能投入使用。

7.2.3 施工现场的临时用电必须按照施工方案布置完成，并根据《施工现场临时用电安全技术规范》JGJ46—88 检查合格后，才可以投入使用。

7.2.4 采用水冲法虽然能减少桩的排土量，从而降低沉桩对地基土体的挤土影响程度，但仍应对周边建筑物、管线进行监测。对沉桩施工顺序和施工进度应进行有效控制，以减小对邻近建筑物的危害影响。

8 效 益 分 析

经济效益：采用水冲法辅助静压桩沉桩与冲（钻）孔桩相比效益显著，每立方米可节约费用约 369 元。

9 工 程 实 例

名城花园 16 ~ 18 号楼和滨江北斗桩基均采用 500mm × 500mm 预制方桩，名城花园总桩数 756 根，桩长 41 ~ 53m，单桩承载力 3500kN，持力层为强风化花岗石，桩基必须穿过厚达 10 ~ 12m 的砂层。滨江北斗总桩数 650 根，桩长约 47m，单桩承载力为 3000kN，持力层为强风化花岗石，桩基须穿透厚达 15 ~ 20m 的砂层。中城都市花园总桩数 1500 根，桩长 30 ~ 40m，持力层为圆砾层，桩基必须穿过厚达 9.8m 的砂层。

以上三个工程均采用水冲法辅助静力压桩施工工艺，成功地解决了静压法施工深厚砂层穿透难的问题。工程质量满足现行规范要求。

高压旋喷桩辅以高强土工格室加固路基施工工法

编 制 单 位：中国建筑第七工程局
批 准 部 门：国家建设部
工 法 编 号：YJGF302—2006
主要执笔人：任　刚　李玮东　林崇飞　孙龙涛　张会林

1 前　言

1.1　高压旋喷深层搅拌桩是软土地基处理中的一种，它能提高地基的承载能力，并有效地减小工后沉降变形。但随着桩身强度的提高，桩与桩间土体强度差异增大，在上部荷载的情况下，地基会出现开裂和不均匀沉降现象。

1.2　采用高强土工格室对地基进行加固，可改善土体受力环境，减小软基路堤位移，对消除路堤不均匀沉降有着明显的效果。

1.3　我们在台州至金华高速公路东段 S3 合同段路基施工中，采用了高压旋喷桩辅以高强土工格室处理软土地基的施工技术，收到了良好的效果。该施工技术被评为中建总公司科技成果奖。为积累类似工程的施工经验，特编制本工法。

2 工法特点

2.1　施工设备机动性强，施工速度快，可有效地缩短工期。

（1）高压旋喷桩施工设备结构紧凑、体积小、机动性强，施工简单易行；占地少，能在狭窄的现场施工；可以根据实际需要增加设备数量，加快施工进度。

（2）土工格室采用的高强度聚乙烯片为厂家机械生产，铺设工艺简单，不需要专用机械设备，可以根据工作面的大小增加作业人员，加快进度，缩短工期。

2.2　适用土类广，地基处理效果好。

高压旋喷注浆法对淤泥、淤泥质土、黏性土、粉土、砂土、碎石土和填土等都有良好的处理效果。

2.3　高压旋喷桩固结体强度大，耐久性能好，可靠性高。

（1）高压旋喷法是利用高压喷射流的强大动压等作用，在覆盖层中一般不存在可灌性问题。

（2）高压旋喷射流被限制在一定的土体破碎范围内，浆液不易流失，可有效地控制桩体形状、桩体强度和稳定性，保证预期的加固范围。

（3）高压旋喷射流在终结区域能量减弱，虽不再能使土体颗粒剥落，但射流能使部分浆液进入土体颗粒之间的空隙内，使固结体与周边土体紧密相依，不产生脱离现象，结构可靠性高。

2.4　施工安全，环保无公害。

（1）高压旋喷注浆施工，高压泥浆泵等设备均有安全阀和超压自停自泄装置，不会因堵孔升压造成爆破事故，即使高压胶管在使用中出现破裂，压力也会骤然下降。只要按照操作规程进行维护使用，施工安全就有保证。

（2）施工时机具振动很小，噪声也很低，不会对周围建筑物带来振动影响及噪声公害。

（3）高压旋喷法通常采用水泥浆液，虽喷射注浆常有一定的冒浆，但可回收利用，不会造成环境和地下水的污染。

2.5　土工格室造价低，使用寿命长。

土工格室具有材质轻、耐磨损、耐老化、耐化学腐蚀、适用温度范围宽、拉伸强度高、刚性韧性好、抗冲击力强、尺寸相对稳定等特点，工程综合造价与常规土工合成材料处理的造价相当，但处理效果和使用寿命成倍提高。

3　适用范围

本施工工法适用于软基综合处理，可以广泛地应用于高速公路软土地基处理、路堤的稳定加固、桥涵台背填筑、桥涵过渡段的软基处理以及河堤加固等方面。

4　工艺原理

4.1　高压旋喷桩加固地基

高压旋喷注浆法就是利用钻机钻孔至设计的深度后，用高压泵通过安装在钻杆（喷杆）杆端的特殊喷嘴，使浆液成20MPa左右的高压喷射流，冲击破坏土体，同时钻杆（喷杆）以一定的速度边旋转边提升。当高能量、快速度的喷射流动压超过土体结构强度时，土颗粒从土体上剥落下来，一部分土颗粒在喷射流的冲击力、离心力等作用下，按一定的浆土比例与浆液搅拌混合，凝结后便在土中形成一个圆柱状的固结体——旋喷桩。

4.2　高压旋喷桩的加固机理

4.2.1　高压旋喷射流的性能和对土体的破坏作用

高压旋喷注浆的关键是通过高压设备，使浆液得到巨大的压力，用特定的流体运动方式，以高速从喷嘴中连续不断地喷射冲击切削土体，其喷射作用有喷射流动压、射流脉动负荷、水锤冲击力、空穴现象、挤压力及气流搅动等，以喷射流动压作用为主。这些作用力对土体同时产生作用。当这些外力超过土体结构的临界值后，土体由整体变为松散破坏，松散的土颗粒在喷射流的搅动作用下，形成浆土混合物，随着喷射流的连续冲击和移动，土体破坏的范围不断扩大，混合浆液的体积也不断增大，最后形成具有一定强度的圆柱固结体。

在横断面上，高压喷射流边旋转边缓慢提升，对周围土体直接冲击、切削破坏；切削下来的土体，一部分细小的颗粒被浆液置换，随冒浆流出地表；大部分的颗粒在喷射流动压、离心力等共同作用下，在横断面上按质量的大小重新排列分布，小颗粒在中部居多，大颗粒或土团分布在外侧或边缘。喷射流在终结区域未被切削下来的土体被挤密压缩，并被浆液渗入，形成了浆液主体、搅拌混合、压缩和渗入、硬壳等组成部分。旋喷桩横断面结构图见图4。

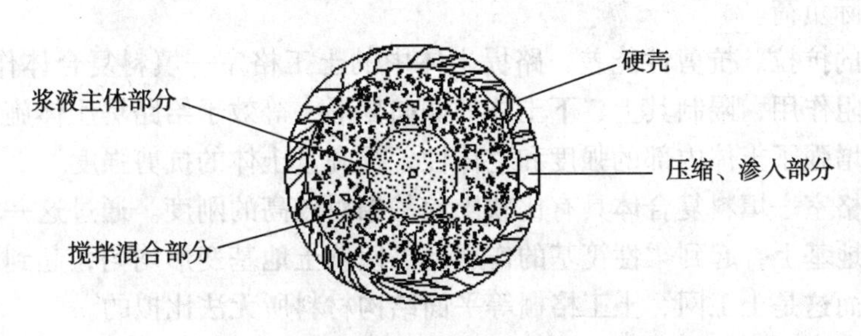

图4　旋喷桩横断面结构图

4.2.2　水泥土的固结原理

高压旋喷注浆所采用的硬化剂主要为水泥浆。用于软土地基处理时，水泥的掺入量有限，土颗粒的表面积很大且含有一定的活性物质，所以水泥土的固化原理比较复杂，硬化速度也比较缓慢。

当水泥的各种水化物生成以后，一部分继续硬化形成水泥石骨架，一部分与周围具有一定活性的土颗粒发生反应。土中含量最高的二氧化硅遇水后，形成硅酸胶体微粒，和水泥水化生成的氢氧化钙离子进行离子交换，使较小的土颗粒形成较大的团粒，而使土的强度提高。水泥水化物的凝胶粒子具有强烈的吸附活性，能使较大的土团粒进一步地结合起来，形成水泥土的团粒结构；并封闭各土团粒之间的空隙，形成坚固的连接，进一步地提高水泥土的强度。

随着水泥水化反应的深入，水泥浆液中析出大量的钙离子，能与组成土体矿物的氧化硅（铝）的大部分进行化学反应，逐渐生成不溶于水的、稳定的结晶化合物。这些新生成的化合物逐渐硬化，与水泥石、土颗粒相互搭接，形成空间网络结构，由于其结构致密，水分不易侵入，从而使土具有足够的稳定性。

4.2.3　高压旋喷桩与桩间土一起形成复合地基，达到加固地基的目的

加固后的地基承载力、沉降变形、抗剪强度等与旋喷桩的强度、桩间土的性质以及面积置换率等因素相关。

在复合地基中，旋喷桩主要起到应力集中效应，使软土负担的荷载压力相对减少，从而提高地基承载能力、减少地基的沉降变形。同时，由于旋喷桩的存在，使得软弱土体在荷载作用下由原来的无侧限状态转变为有一定的边界条件的应力状态，提高了桩间土的强度；旋喷结束后，水泥土混合浆液的挤压力对四周土体有压密作用，并使得部分浆液进入到土体颗粒间的空隙中，形成“脉”状水泥土结石体，使固结体与周边土体紧密相依。而旋喷桩在自重作用下，其桩侧摩阻力对周围土体的挤密作用也使得复合地基整体承载力提高、工后沉降量减小，并提高土体的抗剪强度和抗滑移稳定性。

4.3　铺设高强土工格室提高路堤稳定性，减小路堤差异沉降

高强土工格室是以人工合成的聚合物为原料制成的一种新型的软基加固材料。在经过高压旋喷桩处理的地基铺设高强土工格室，对软基加固的机理是构成土工格室—填料的复合体。当荷载作用到复合体上时，土工格室中无数个独立的网格结构能够限制填充材料的侧向位移并使物料结构更趋紧密，由于物料的无规则形状，大部分垂直力被转化为向四周分散的侧向力。每个网眼的独立性使这些侧向力因受力方向相反而相互抵消，从而大大降低了路基的实际负荷。

由于土体的抗拉、抗剪性能差，路堤土体中的土工格室—填料复合体作为抗拉构件，与土体产生摩阻作用，限制其上、下土体的侧向变形，等效于给路堤土体施加了一个侧压力增量，从而增强了土体内部的强度和整体性，提高了土体的抗剪强度。

由于土工格室—填料复合体具有比软土地基相对较高的刚度。通过这一复合体将路堤荷载传到软土地基上，起到柔性筏基的作用，可使软土地基变形均匀，起到减少堤底差异沉降的作用。而这是土工网、土工格栅等平面结构材料所无法比拟的。

5 施工工艺流程及操作要点

5.1 工艺流程

5.1.1 高压旋喷桩辅以高强土工格室加固路基施工工艺流程

图5-1为高压旋喷桩辅以高强土工格室加固路基施工工艺流程框图。

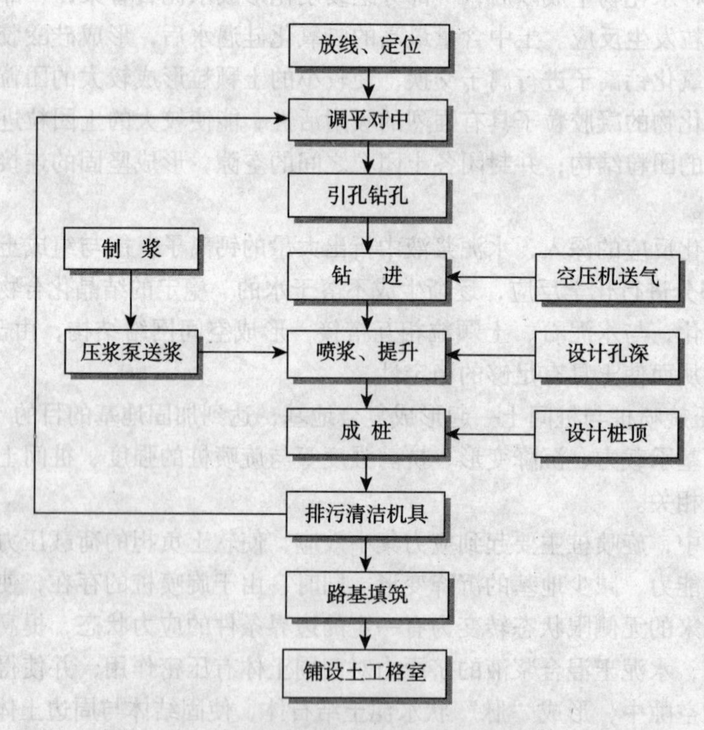

图5-1 高压旋喷桩辅以高强土工格室加固路基施工工艺流程框图

5.1.2 高压旋喷注浆方法

高压旋喷注浆方法分为单管法、二重管法、三重管法和多重管法。从施工过程看，单管法是以喷射高压水泥浆液一种介质冲击破坏土体的；二重管法分为喷射高压浆液和气流复合流或喷射高压水流和灌注水泥浆液两种介质；三重管法和多重管法为喷射高压水流和高压气流复合流，并灌注水泥浆液三种介质；三种喷射结构和喷射的介质不同，其对软基的有效处理深度也不同。

由于软弱土基含水量较大，如在旋喷施工中喷射较大水量，对软弱土基的物理力学性质会起到不良的软化或泥化作用。因此，较为理想的施工方法是采用单管法或二重管法。

5.1.3　高压旋喷参数的确定

高压旋喷的技术参数主要包括旋喷机具参数的确定和旋喷注浆参数的确定。

（1）旋喷注浆参数是旋喷桩直径、布桩形式和桩距、桩体强度、复合地基承载力、复合地基变形量等。这些参数均应根据软弱地基处理的目的、要求，通过对软弱地基承载力、沉降的验算和稳定性分析等进行设计，并通过现场喷射试验以及沉降观测等来确定。

（2）旋喷注浆是靠高压液流的冲击力作用破坏土体并与土体颗粒结合生成新的固结体，要求浆液应具有良好的可喷性；有足够的稳定性；水泥浆液中气体的含量小；能准确控制胶凝时间；有良好的物理力学性能、耐久性能、稳定性能，结石率高，固结体收缩值小；同时，无毒、无臭，对环境无污染。

目前，旋喷注浆使用的硬化剂主要以水泥浆为主剂，可添加少量的防止沉淀产生或加速硬凝反应的外加剂。浆液用量采用体积法或流量法计算，并通过现场喷射试验确定。

（3）旋喷机具参数包括注浆压力、旋转和提升速度、喷嘴直径和流量等。喷射流对土体的冲击破坏能力与喷射流速度的平方成正比。一般情况下，采用加大泵压力来增加喷射流量和速度，进而提高喷射流的冲击破坏能力；一般介质泵均使用20MPa左右。

旋转和提升的速度与喷射流半径有关，而有效半径与喷嘴直径的大小及喷射角度又相互联系。喷嘴直径大小对喷射流速度影响很大，正确选择与否直接影响旋喷固结体的质量。

5.2　操作要点

5.2.1　高压旋喷桩施工操作要点

（1）桩位布置：测量放线，按设计布置桩孔位置。

（2）引孔直径：在已填筑宕渣的路堤上用潜孔钻机引孔施工时，钻孔直径应比旋喷桩机钻头直径略大50mm。

（3）钻机就位：钻机或旋喷桩机就位时机座要平稳，钻头与孔位对中，偏差不得大于50mm；钻杆与地面垂直，倾角与设计误差不得大于0.5°。

（4）引孔、钻孔：潜孔钻机在宕渣路堤面进行引孔，并下钢套管进行护孔；安放旋喷钻机，整平对中进行钻孔；钻孔的位置与设计孔位的偏差不得大于50mm。引、钻孔钻机见图5－2、图5－3。

（5）钻进施工：启动钻机，空压机送气，使钻头沿导轨慢速钻进至设计深度，钻进过程注意进尺速度，判断土层软弱程度，供注浆提升速度参考。

图5-2　简易潜孔钻机引孔

图5-3　旋喷钻机钻孔

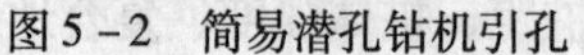

（6）喷前检查：高压喷射注浆前要检查高压设备及配套系统是否完好，注浆压力和流量必须满足设计要求，管路系统密封良好，管路和喷嘴通畅。

（7）喷浆提升：钻进至设计孔深后，高压压浆泵开始送浆，待估算水泥浆液的前锋已流出喷头后，才开始提升注浆管。按确定的旋转、提升速度自下而上喷射注浆，直至桩顶。施工人员随时注意检查注浆压力、流量、旋转和提升速度以及浆液初凝时间等参数是否符合设计要求，并做好施工纪录。

（8）高压喷射注浆过程中要注意压力表的变化，出现压力骤然上升或下降时，要查明原因并采取措施。喷施时应注意以下几点：

① 灌浆深度大时，易造成上粗下细的固结体，影响固结体的承载能力，可采用提高喷射压力和流量或降低旋转和提升速度等措施，也可采用复喷工艺。

② 喷射注浆作业后，浆液有析水现象，可造成固结体顶部出现凹穴，对地基加固及防渗不利。为此，可采用水灰比0.6~1.0的水泥浆液进行补灌或在浆液中添加膨胀材料等措施预防。要预防其他钻孔排出的泥土或杂物进入。

③ 当发现喷浆量不足而影响工程质量时，可采用复喷工艺补救。

④ 当浆液置放时间超过20h，应停止使用该浆液（正常水灰比为1∶1的水泥浆的初凝时间为15h左右）。

（9）在旋喷注浆过程中，往往有一定数量的土颗粒随一部分浆液沿注浆管壁冒出地面。通过对冒浆的观察，可以及时了解旋喷效果和旋喷参数的合理性等。当冒浆量小于注浆量的20%时为正常，若完全不冒浆或冒浆量大于注浆量20%时，应查明原因并采取相应措施补救：

① 如系地层中有较大的空隙引起的不冒浆，可在浆液中掺入适量的速凝剂缩短固结时间，使浆液在一定土体范围内凝固；也可在空隙较大的土层增加注浆量，填充空隙后再继续正常旋喷施工。

② 冒浆量超大的原因一般是有效喷射范围与注浆量不符，注浆量超过旋喷固结需要的浆液量。可采取提高喷射压力、适当缩小喷嘴直径、加快旋转和提升的速度等措施。

③ 冒浆处理可沿路堤横方向，在相邻两孔之间开挖排浆沟，浆液固结形成桩与桩之间的“系梁”，即可处理、利用冒出的浆液，又可提高复合地基的整体性和承载力。

（10）复喷：一般表层50cm土层侧向约束力较弱，成桩不利，为保证桩顶完好，需再次将喷浆嘴下沉至一定深度补喷一次。

（11）高压喷射注浆完毕，要及时进行排污、清洁注浆设备。通常把水泥浆液更换成清水，在地面喷射，把泥浆泵、注浆管内的浆液完全排出。

5.2.2 土工格室铺设操作要点

（1）整平：铺设土工格室前，平整经过高压旋喷桩处理过的地基面层，清除杂物，严禁有尖锐石料、块石等尖硬突出物，以防破坏格室。

（2）铺设：土工格室铺设时应绷紧，用锚钉固定，并逐格填充压实。土工格室施工见图5－4、图5－5。

图5－4 土工格室施工图（一）

图5－5 土工格室施工图（二）

（3）保护：及时用填料填充格室内并压实，格室铺设面以上25cm范围内，路堤填料的最大粒径不大于10cm。

（4）检查记录：严格按照施工要求和材料用量施工，同时观测格室变形和检查密实度，并认真做好施工记录。

6 材料与设备

6.1 施工材料

高压旋喷桩辅以高强土工格室加固路基施工所用材料名称、规格见表6－1。

本工法所用材料、规格 **表6－1**

序 号	材料名称	品 牌	规 格	备 注
1	普通水泥	浙江红狮	P. O. 42. 5	
2	土工格室	甘肃耐特	25×55×10（mm）	
3	自来水	/	/	
4	格室填料	/	级配碎石	

6.2 施工设备

高压旋喷桩辅以高强土工格室加固路基施工所用机械设备见表6－2。

高压旋喷桩施工设备 **表6-2**

序 号	设备名称	型 号	功 率	用 途
1	潜孔钻机	KQJ90	15kW	宕渣路堤引孔
2	旋喷钻机	MGJ50	11kW	钻孔、喷浆
3	压浆泵	PP120	75kW	高压浆液能量发生装置
4	拌浆机	JG50	11kW	配制水泥浆
5	泥浆泵	BW150	7.5kW	抽取泥浆
6	排污泵	PB100	11kW	排除泥浆
7	空压机	P-6m³		潜孔钻配套设备
8	灌浆泵	HB80	5kW	旋喷桩机配套设备
9	发电机	12×V150	150kW	备用电源

7 质量控制

7.1 质量标准

高压喷射灌浆标准见表7。

高压喷射灌浆标准 **表7**

高压旋喷灌浆种类			单管法	二管法	三管法
适用土质			砂土、黏性土、黄土、杂填土、小粒径砂砾		
浆液材料及配方			以水泥为主材，加入不同的外加剂后具有速凝、早强、抗腐蚀、防冻等特性，常用水灰比为1:1，也可使用化学材料		
高压旋喷灌浆参数	水	压力（MPa）	/	/	20
		流量（L/min）	/	/	80~120
		喷嘴孔径（mm）及个数	/	/	2~3（1~2）
	空气	压力（MPa）	/	0.7	0.7
		流量（m³/h）	/	1~2	1~2
		喷嘴间隙（mm）及个数	/	1~2（1~2）	1~2（1~2）
	浆液	压力（MPa）	20	20	0.2~3
		流量（L/min）	80~120	80~120	80~150
		喷嘴孔径（mm）及个数	2~3（2）	2~3（1~2）	10~2（1或2）
	灌浆管外径（mm）		ϕ42或ϕ45	ϕ42，ϕ50，ϕ75	ϕ75或ϕ90
	提升速度（cm/min）		20~25	10~30	5~20
	旋转速度（r/min）		约20	10~30	5~20

7.2 质量检验

7.2.1 旋喷桩质量检查内容

高压旋喷桩质量检查分为施工前检验和施工后检查。

（1）施工前依据设计进行现场旋喷试验，通过检查，验证设计采用的旋喷注浆方法、旋喷参数、浆液配比、外加剂等是否合适，固结体质量能否达到设计要求。

（2）施工后检查，是对旋喷注浆施工质量的鉴定。检查的数量为2%～5%的固结体总数量，检查的对象选择地质条件较复杂的区域及旋喷施工时出现过异常的固结体。

（3）由于旋喷桩的强度较低，强度增长速度较慢。检验时间应选择在旋喷施工结束4周后进行。

（4）旋喷桩质量检查的内容主要包括：

①固结体的整体性和均匀性；

②固结体的有效直径；

③固结体的垂直度；

④固结体的强度特性（包括桩的轴向压力、水平推力、抗冻性和抗渗性）；

⑤固结体的溶蚀和耐久性。

7.2.2 旋喷桩质量检查方法

（1）开挖检验：待浆液凝结具有一定的强度后，即可开挖检查固结体垂直度、形状和质量。

（2）钻孔检查：从固结体中钻取岩芯，观察判断固结体的整体性和固结体的长度。进行室内物理力学性能试验，检验其强度特性。在钻孔中作压水或抽水试验，测定其抗渗能力。

（3）标准贯入试验：在旋喷固结体的中部可进行标准贯入试验。

（4）荷载试验：静荷载试验分垂直和水平静荷载试验两种，是检验软基处理质量的良好方法。试验时，需在受力部位浇筑0.2～0.3m厚的混凝土层加强处理。

（5）无损检测：用反射波法检测桩身结构的完整性。常用小应变法检测桩身质量、桩径、桩长；大应变法检测桩身承载力。

7.2.3 土工格室质量检验

土工格室技术标准必须符合《土工格室产品技术标准》（JT/T516—2004）。

8 安全措施

8.1 引孔施工时注意人工安全，不得有杂物在钻头下面；

8.2 喷施浆液时禁止在正对着高压泵泵管接口方向站人；

8.3 施工现场应符合《建筑施工安全检查标准》JGJ59—99的要求。

9 环保措施

9.1 高压旋喷法利用高压喷射流强制性地破坏土体形成固结体，保证了随时可以灌筑，不存在废弃水泥浆液污染问题。

9.2 高压旋喷法通常采用水泥浆液，虽有冒浆，可沿路堤横向在桩与桩间开挖沟渠排出，排出的废液沿排沟形成一个“系梁”，固结后能够起到传递和分布荷载的作用，提高复合地基整体承载力。同时，解决废液的问题不会造成环境和地下水的污染。

9.3 机具振动很小，噪声也很低，不会对周围建筑物带来振动影响及噪声公害。

10 效益分析

10.1 地基承载力

高压旋喷桩施工完成后，在桩身强度满足试验条件时，并已在成桩28d后进行。检验数量为桩总数的2%，共检查10点。检测结果均符合设计及规范要求，合格率100%。

10.2 加固后路堤稳定性增强

稳定计算方法采用有效固结应力法，稳定安全系数 $F > 1.2$（稳定安全系数容许值），说明此段路堤经高压旋喷桩加固后稳定性满足设计及规范要求。

10.3 加固后路堤沉降量减少

未加固前设计路基中心最大沉降量为55cm，加固后实际最大沉降量为23cm。经路堤施工期间沉降观测（深层标）结果：路堤沉降观测在路堤填筑施工期间，每填一层测定一次，沿路堤中线地面沉降速率每昼夜均小于1.0cm，为缩短路基施工工期创造了条件。

10.4 经济效益和社会效益

粒料桩处治完成，路堤填筑中出现路堤开裂及失稳破坏路段，进行重新处治软基。挖除宕渣、外运，重新对软基处理，重新填筑路堤，其工程量大、工期延误、工程费用增加。采用高压旋喷桩辅以高强土工格室施工工艺直接进行软基加固，取得了良好的经济效益。

同时，高压旋喷桩辅以高强土工格室加固软基施工工艺为相关高速公路建设中软基处理加固方案提供了参考依据，取得了一定的社会效益。

11 应用实例

台州至金华高速公路东段S3合同段，起止桩号K8+000~K11+361，全长3.361km，其中K8+000~K9+165的长1.165km路段为软弱土基。软弱土层地质结构主要分布为：上部厚度1.1~3.8m为冲海积软塑粉质黏土；下部为海积淤泥，厚度9~12.5m。软土层含水量高、压缩性大、承载力低、固结缓慢，工程地质条件差。

该路段软土地基原设计采用粒料桩加固处理。粒料桩设计桩径60cm；桩距1.2m或1.5m，呈三角形布置；桩深6~12.5m，打穿淤泥层，以含黏性土圆砾为持力层。使用轧制碎石为材料，采用振动沉管（干法）施工成桩。

粒料桩处理完成填筑宕渣路堤，当路堤填筑高度达到3m左右时（设计填筑高度为6m左右），出现路堤开裂及失稳破坏。根据现场开挖检查发现：位于粒料桩上部6m范围内有粒料，而在下部取不到粒料，甚至在距桩身四周50cm的范围内的桩间土位置仍然取不到粒料。看来粒料桩干法施工在饱和、软－流塑状态的淤泥层中很难成桩，无法起到置换、排水、加筋、垫层的作用。所有少数成桩，但先施工的桩受到后施工的桩施工时产生的侧向挤压力作用，桩身倾斜变形严重，不能形成复合地基。且4m以下淤泥层由于施工扰动，力学指标大幅度下降。这些因素是导致出现路堤开裂及失稳破坏的主要原因。

根据现场施工实际情况，结合全线高速公路软基处理工程量大、工期紧、路堤填土高及淤泥力学性能指标差的现状。挖除宕渣、外运、重新对软基处治、重新填筑路堤，其工程量大、工期延误、工程费用增加。经专家多次论证：为确保路基稳定和工后路基沉降满足规范要求，采用高压旋喷桩辅以高强土工格室施工工艺进行软基加固（图11）。

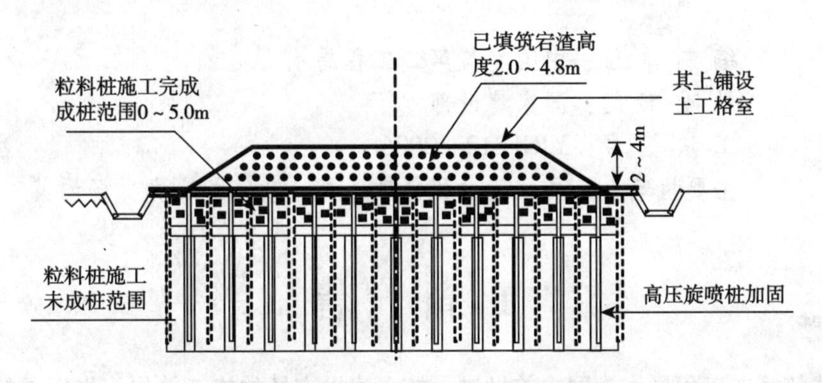

图11　高压旋喷桩加固软基处理结构形式示意图

设计加固内容及要求：高压旋喷桩加固方案。设计桩径为80cm，桩距2.5m，呈正三角形布置，桩深9~12m。要求在现有已填筑3m左右的路堤面上（不卸载）进行施工，打穿宕渣层、淤泥层，以含黏性土圆砾为持力层。加固对象是粒料桩施工后未成桩且被扰动的淤泥软土层。

土工格室技术参数：抗拉强度不小于200MPa；断裂延伸率小于1.5%；节点处结合力大于2kN；网格尺寸：25mm×25mm；格室高度：10cm。共计6000m^{2}施工面积。

现浇钢筋混凝土输水管水压试验工法

编制单位：中国建筑第二工程局
批准部门：国家建设部
工法编号：YJGF312—2006
主要执笔人：吴　荣　程慧敏　李　政　刘　虎　杨均英

1 前　言

中国建筑第二工程局作为国内首批进入核电建设市场的施工单位，先后承接了广东大亚湾核电站和岭澳核电站一期工程，目前在施的岭澳核电站二期工程装机容量为2×1000MW，其汽轮发电机组采用由现浇钢筋混凝土输水管输送来的海水循环冷却。为最终检验现浇钢筋混凝土输水管的工程质量和防水性能，根据设计要求，对钢筋混凝土输水管的每道伸缩缝都要进行一次水压试验。本工法的关键是采用一套简便易行的试验装置来检验现浇钢筋混凝土输水管伸缩缝的不透水性能。

2 工艺特点

2.1　现浇钢筋混凝土输水管水压试验装置设计采用整体式方胶带，利用胶带的弹性，通过可调丝杆的机械顶撑形成一个密封面。

2.2　水压试验装置方胶带为“凹”形，两侧连有梯形密封反边。“凹”形方胶带的外径比输水管的内径小4cm，以适应顶撑过程中产生的变形。

2.3　水压试验装置的骨架由ϕ48钢管、槽钢、可调丝杆组成，通用性强，钢管之间可以用扣件相连。由可调丝杆提供反力，通过对称调节支撑螺栓，达到密封效果。

2.4　在方胶带与管壁之间涂抹硅酮结构胶，利用胶体的流动性、可塑性填充方胶带与管壁之间的空隙，保证密封的效果。

2.5　水压试验装置为分段拼装的连接形式，重量轻，便于安拆。

3 适用范围

本工法适用于各种形状和大小的现浇钢筋混凝土输水管的伸缩缝的水压试验。

4 工艺原理

现浇钢筋混凝土输水管伸缩缝试验压力大，密闭要求高。根据水压试验压力要求，结合输水管的具体情况，经计算确定试压装置的型钢规格、支撑大小、间距。

施工钢筋混凝土输水管，混凝土强度达到要求后，在钢筋混凝土输水管的伸缩缝上安装水压试验装置，将胶带压在伸缩缝上。在橡胶带与管壁之间用硅酮结构胶密封，将整个试压装置撑紧，使橡胶带将密封胶压在管壁上。利用胶体的流动性让其填充细小的缝隙，对称调节骨架的可调丝杆顶紧胶带，保证其密封面压紧、压实。待硅酮结构胶达到强度后，再用100mm×100mm方木和顶托撑在槽钢背面，打开排气阀门，采用管网自来水向现浇钢筋混凝土输水管试压装置内注水。待试压装置内的空气排除后，调节排气阀门，控制出水流量。同时观察压力表读数，直至达到试验标准要求的压力。在规定的试验时间内，检查钢筋混凝土输水管外侧无渗漏即试验合格。图4为水压试验原理图。

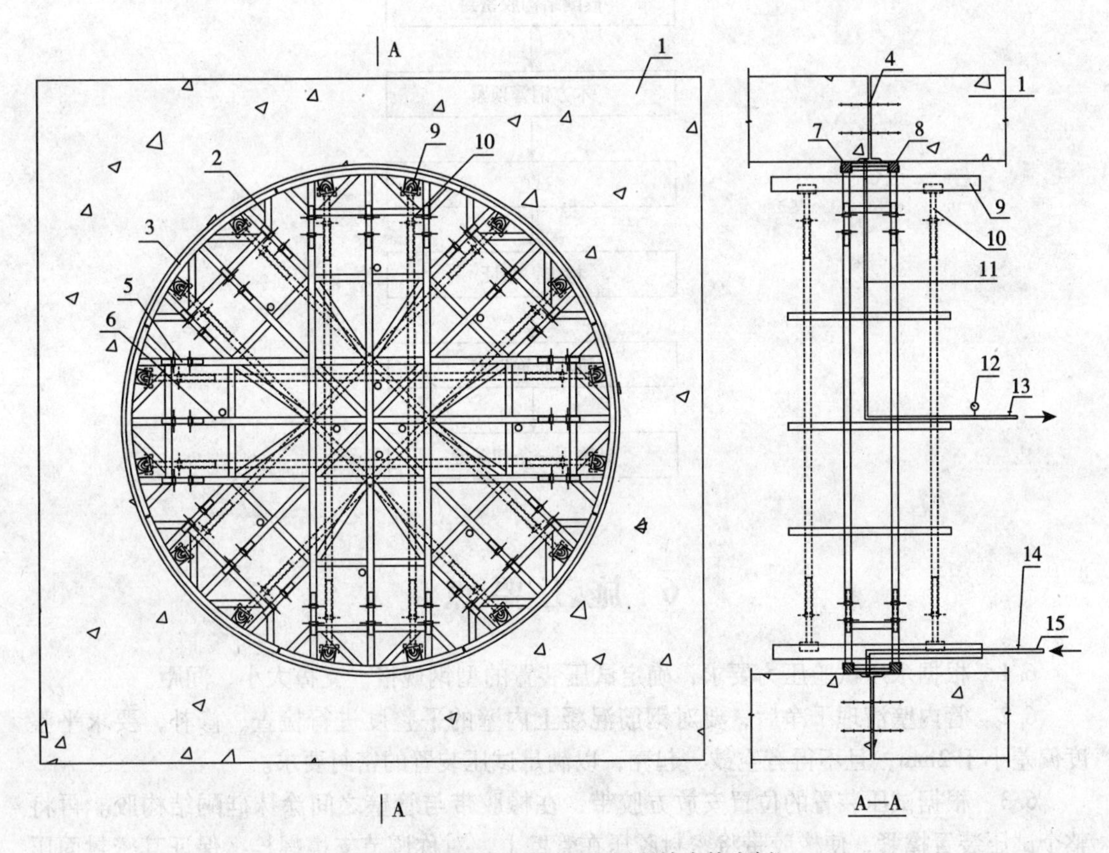

图4 水压试验原理图（以圆形输水管为例）

1—现浇钢筋混凝土输水管；2—试压装置；3—槽钢；4—伸缩缝止水带；
5—可调丝杆；6—钢管；7—方胶带；8—硅酮结构胶；9—木方；10—顶托；
11—排气管；12—压力表；13—排气阀门；14—进水阀门；15—进水管

5 工艺流程

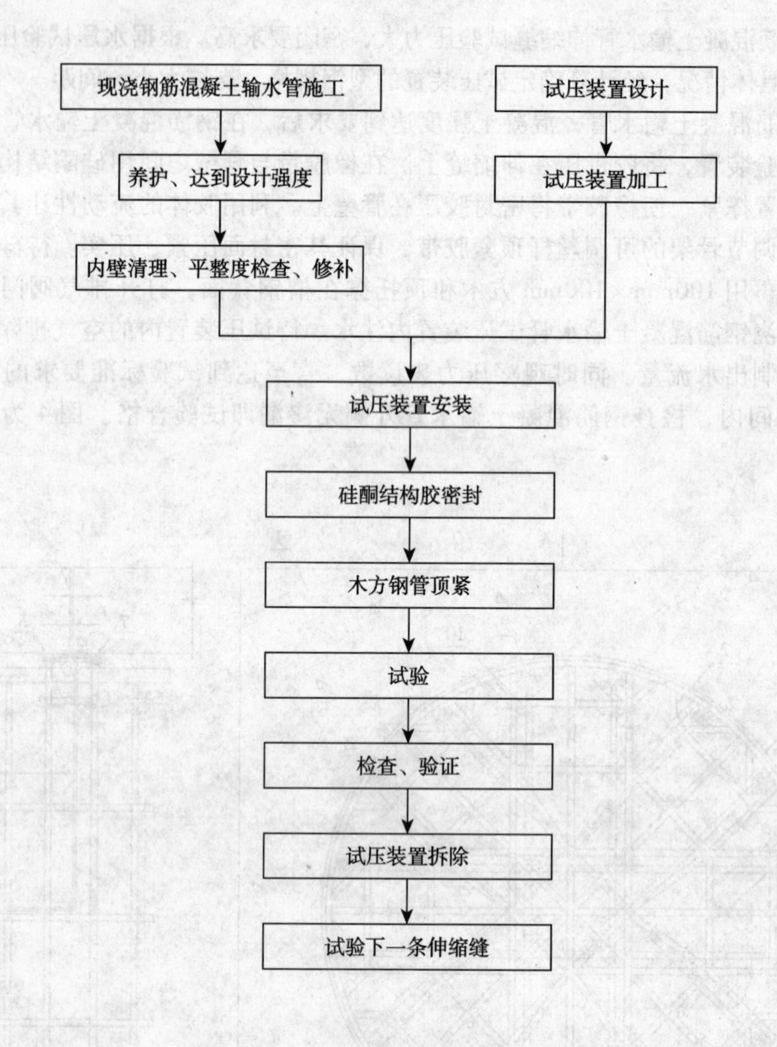

6 施工要点

6.1 根据水压试验压力要求，确定试压装置的型钢规格、支撑大小、间距。

6.2 管内壁清理干净后，要对钢筋混凝土内壁的平整度进行检查、修补，要求平整度偏差小于2mm，且不得有空鼓、起壳，以满足试压装置的密封要求。

6.3 根据试压装置的位置安放方胶带，在橡胶带与管壁之间涂抹硅酮结构胶。再将整个试压装置撑紧，使橡胶带将密封胶压在管壁上，对称调节支撑螺栓，保证其密封面压紧、压实。

6.4 待硅酮结构胶达到强度后（一般3d），再用100mm×100mm木方和顶托撑在槽钢背面。

6.5 试验时先打开排气阀门，采用管网自来水（压力一般为0.5MPa）向试压装置内注水。待试压装置内的空气完全排除后，调节排气阀门，控制出水流量。同时观察压力表读数，直至达到试验标准要求的压力。

6.6 试验压力达到试验标准要求的压力后，检查输水管道外侧有无渗漏现象；若无渗漏，则试验合格；若有渗漏现象，需堵漏后重新试验，直至试验合格。

6.7 试验装置拆除，进行下一段伸缩缝的试验，重复上述步骤第6.2~6.7条。

6.8 通过对输水管所有伸缩缝逐段进行水压试验，证明钢筋混凝土输水管水压试验符合要求，整个水压试验完成。

7 主要机具设备

（1）试压装置：1套。

（2）压力表：1只，1~10kg（计量检测合格后使用）。

（3）阀门：

*DN*25：1只；

*DN*20：1只。

（4）按实际距离配*DN*25UPVC标准水管、接头及软管。

8 劳动力配置

水压试验由专门小组完成，包括试验负责人、工长、记录员及工人，见表8。

劳动力配置 表8

序号	职务	职称	人数（人）	备注
1	试验负责人	工程师	1	
2	工长	工程师	1	整理数据、资料
3	安装负责人	技师	1	
4	安全员	助理工程师	1	
5	QC人员	助理工程师	1	
6	记录员	工人	1	
7	操作员	工人	1	
8	配合人员	工人	6	含管工、电工、杂工

9 质量要求

因本工法水压试验装置密闭要求极高，必须确保制作和安装质量，才能保证水压试验成功进行。

9.1 根据试验管内径设计方胶带外径尺寸，方胶带外围半径偏差范围为-5mm~

+2mm。

9.2 “凹”形方胶带应有足够弹性，与管壁接触一侧平整度偏差要求小于1mm，以便能与混凝土管壁能紧密相贴。

9.3 管内壁应干净，要求平整度偏差小于2mm，且不得有空鼓、起壳，以满足试压装置的密封要求。

9.4 试验顶压装置焊接质量按设计要求检验，确保焊接质量。

9.5 压力计须经有计量资质单位鉴定合格，并在有效期范围内。

10 安全注意事项

因本工法水压试验压力大和在钢筋混凝土输水管道内作业，因此，在施工中除严格执行国家及地方有关安全操作规程外，还应认真贯彻执行下列特殊的安全保证措施：

10.1 水压试验过程中要做好安全防护工作，试验负责人、工长、安全员要密切注意试压情况，发现不正常情况要立即停止试压。

10.2 在钢筋混凝土输水管试压过程中，施工人员进入管内时，必须采取通风措施，穿戴劳动保护用品。

10.3 输水管内照明电压不宜高于36V。

10.4 试压过程中保持设备完好，电器设备必须有接地保护，阀门能正常启闭。

10.5 制定并落实排水措施。

10.6 试压装置及其支撑体系安装时，必须严格执行起重操作规程。

10.7 水压试验时，管道周围临边处均需搭设防护栏杆，防止坠落。

10.8 严禁长时间超压作业。

11 工程实例及效益分析

岭澳核电站二期共有10条现浇钢筋混凝土输水管，每台机组5条，呈上下排列，共设伸缩缝51道。进水管截面为外方内圆形，内径为3.6m。出水管为多边形截面，外轮廓尺寸为5.3m，内孔边长为3.5m，均属于自防水结构，主要依靠混凝土的自身质量来确保其抗渗性和不透水性。根据设计要求，须对钢筋混凝土输水管的伸缩缝进行水压试验，从而达到证明钢筋混凝土输水管是否满足其不透水性的设计要求的目的，进水管的试验压力为管中心处300kPa，排水管的试验压力为管中心处200kPa。每道伸缩缝分别注水，恒压5min，检查伸缩缝处无渗漏为合格。

本工法提供了一种现浇钢筋混凝土输水管分段水压试验的方法，克服现浇钢筋混凝土输水管整段水压试验中结构施工工期紧张、封堵板吊装困难、封堵作业条件差、影响后续工程施工等难题。

常规的现浇钢筋混凝土输水管水压试验方法是整段试验，即在钢筋混凝土输水管端头增加钢筋混凝土凸缘，再在凸缘上钻孔采用膨胀螺栓来紧固封堵钢板，从钢筋混凝土输水管内部进行封堵。采用空压机向具有水位刻度并与钢筋混凝土输水管连通的储水罐中输入压缩空气，逐渐提高储水罐和钢筋混凝土输水管内的水压，以达到试验标准要求的压力；

同时，通过读取储水罐上的水位刻度，根据水位刻度的变化计算水的渗漏损失率。此法需要待整条钢筋混凝土输水管结构施工完、混凝土达到设计强度后才能试验；试验前要加工封堵钢板，由于现浇钢筋混凝土输水管的直径大、试验压力较高，封堵板承受的压力很大，因此，每块封堵板的重量都很大（一般在4t左右），钢筋混凝土输水管周围有其他建筑，吊装需要大型起重设备，并且在钢筋混凝土输水管内部的安装就位无法使用机械设备，只能采用手拉葫芦安装，施工难度较大，封堵作业条件差、费工费时；由于是整段试压，还需要空压机、储水罐等设施，试验成本较大，储水罐等设备属压力容器，设计、检测手续也很严格。

与现有传统技术相比：本工法采用分段进行水压试验方法，解决了整段水压试验封堵困难、作业条件差、周期长等难题，摆脱了土建工期的束缚和常规试验方法困难的影响，施工简单，操作方便，节约了施工成本，优点如下：

11.1 不需要专门的大型安装设备，移动试压装置时，只需人工搬移即可。

11.2 水压试验可以紧随土建施工展开，不占用结构施工工期，不影响后续工程施工。

11.3 工艺简单、可靠、易行。试压装置的制作和安装过程中，安全和质量更易保障。在试压装置安装时，只需用木方、钢管顶撑，工序简明、易于操作，不需要特殊的技术措施。

11.4 试验周期较短。一条伸缩缝平均7d完成试压，包括平整度检查、试压装置安装、胶带密封、顶撑、加压试验等主要工序。

11.5 试压装置拆装方便，可重复利用。

11.6 成本较低。除胶带向厂家定制外，试压装置全部采用焊接结构。所用钢材均可重复使用，用毕悉数收回，亦可完全用于今后类似工程中。而试压装置的安装所需投入极小，只需硅酮结构胶的费用和人工费。不需要大型起重机械、空压机、储水罐，省却大型起重设备、空压机的租赁费用及封堵板、储水罐的设计、加工检测的费用等。

加热炉炉管焊缝无损检测工法

编制单位：中国建筑第八工程局
批准部门：国家建设部
工法编号：YJGF321—2006
主要执笔人：胡斌定　梁　刚　王开红　刘金平

1　前　言

石油化工装置中，加热炉炉管由于工况环境差，外部受火焰直接加热，内部还要承受易燃、易爆危险物的压力影响，因此炉管焊接缺陷的无损检测是加热炉质量安全的重要保障。特别是当炉管的材质为高强度耐热钢，且有集合管的插入式或管座式焊接的角焊缝时，由于炉管材质的可焊性差和恶劣的焊工操作环境，会使炉管焊缝产生延迟裂纹等危害性焊接缺陷。另外，由于焊缝结构的特殊性，需要检测的角焊缝是大厚度差焊缝，使检测时厚薄难兼，而且表面缺陷和内部缺陷的检出不可能同时完成。而且，由于狭窄的空间使检测困难，难以达到标准要求的检测灵敏度。所以，为了对炉管焊缝焊接缺陷进行精确地无损检测，必须采用多种无损检测方法结合使用的检测技术。为此，我们研究提出了传统X－射线源与最新研究应用的硒75（Se^{75}）源相结合进行射线检测，同时灵活应用磁粉检测和渗透检测对加热炉炉管焊缝进行无损检测的标准化施工技术，确保炉管焊接缺陷的检出率。该技术于2007年5月通过了中建总公司组织的由许溶烈、杨嗣信等专家组成的专家委员会的鉴定，鉴定结论为：整体水平达到国内领先水平。

2　工法特点

加热炉炉膛设计多样，结构复杂，其炉管排列的主要形式如图2所示，从图中可看出：加热炉内炉管由于工艺需要，其排列比较紧凑，炉管间距 d 较小（常为150～500mm）。炉管焊缝无损检测时，周围可操作空间很小。X射线检测设备体积庞大，现场检测难度大，不能保证每个焊口的检测比例达到100%，对集合管－炉管角焊缝的检测时，由于X射线机在集合管内部的对焦难度相当大，很难解决照相时透照厚度差的问题，容易造成缺陷漏检，因此X－射线机只能用于部分预制的炉管焊缝的射线检测。

由于大多数加热炉炉管是处于高温低压工况下，因此壁厚不大，一般在6～25mm之间，依据《承压设备无损检测》JB/T4730.2—2005和《金属熔化焊焊接接头射线照相》GB/T3323—2005标准，使用铱192源不能满足检测灵敏度要求。而硒75（Se^{75}）源能量范围为0.066～0.401MeV，由9条能谱线构成，平均能量为0.206MeV，相当于200kV的

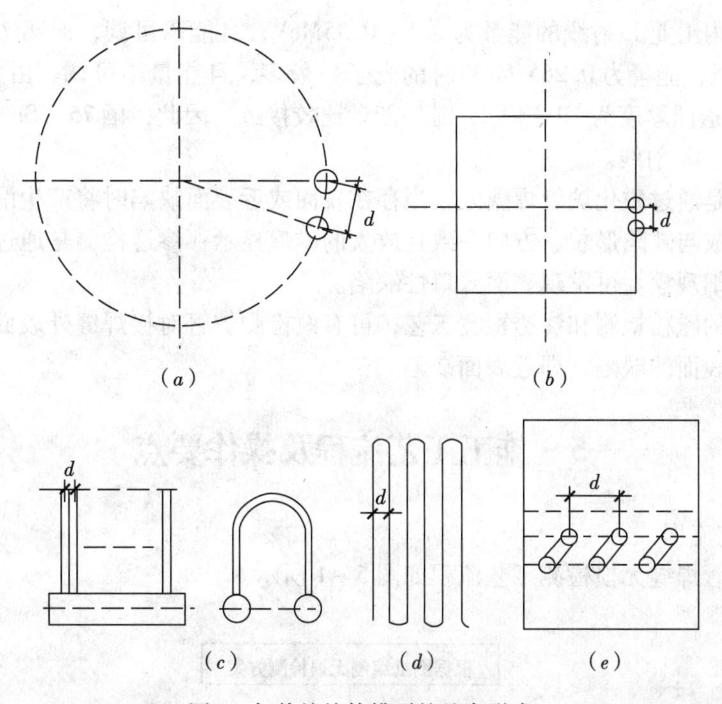

图2　加热炉炉管排列的基本形式

(*a*) 圆炉辐射段炉管分布简图；(*b*) 方炉辐射段炉管分布简图；(*c*) 方炉辐射段炉管分布简图；(有集合管) (*d*) 炉排侧面图；(*e*) 对流段炉管侧面视图

X射线机，并且在保证检测灵敏度的情况下，可进行大厚度差透照。因此，本工法选用X射线与硒75（Se^{75}）源结合使用的检测技术既能克服透照位置障碍的难题，又能达到标准灵敏度要求。

另外，由于射线检测对表面较小裂纹的检出率较低，故本工法灵活增加渗透检测和磁粉检测，以确保对焊接缺陷的检出率。

3　适用范围

本工法适用于化工装置中加热炉炉管对接焊缝、集合管内径大于600mm的炉管－集合管角焊缝（含辐射段、对流段及连接配管焊口）的无损检测。

4　工艺原理

射线检测的原理是利用射线能穿透物质并在物质中被衰减吸收，物质中有缺陷时，缺陷部位对射线衰减不一样，测量其变化，就可以探测物质内有无缺陷存在，由于胶片对射线具有感光作用，利用胶片这一特性就可以记录射线能量的变化，以反映物质的内部缺陷。

X射线和硒75（Se^{75}）源γ射线都是电磁波，本质没有区别，只是X射线是连续谱，硒75（Se^{75}）源γ射线是线状谱，两者能量不同。

目前，国内工业X射线的能量为0.1～0.35MeV，且能量可调，而硒75（Se^{75}）具有9根主要能谱线，能量为0.265 MeV时的光子数最多，且能量不可调。由于硒75（Se^{75}）源和X射线当透照厚度为10～40mm时的能量比较接近，因此，硒75（Se^{75}）源γ射线照相灵敏度不低于X射线。

磁粉检测是通过磁化炉管焊缝区，当存在表面或近表面缺陷时将产生漏磁场，漏磁场吸附磁粉，形成与缺陷形貌、方向一致且放大的磁痕显示；渗透检测是通过表面开口缺陷和显像剂的毛细现象，可发现表面开口性缺陷。

选择优化的磁粉检测和渗透检测工艺，可有效检测炉管对接焊缝外表面、炉管－集合管角焊缝内外表面的缺陷，即近表面缺陷。

5　施工工艺流程及操作要点

5.1　工艺流程

加热炉炉管焊缝无损检测工艺流程如图5－1所示。

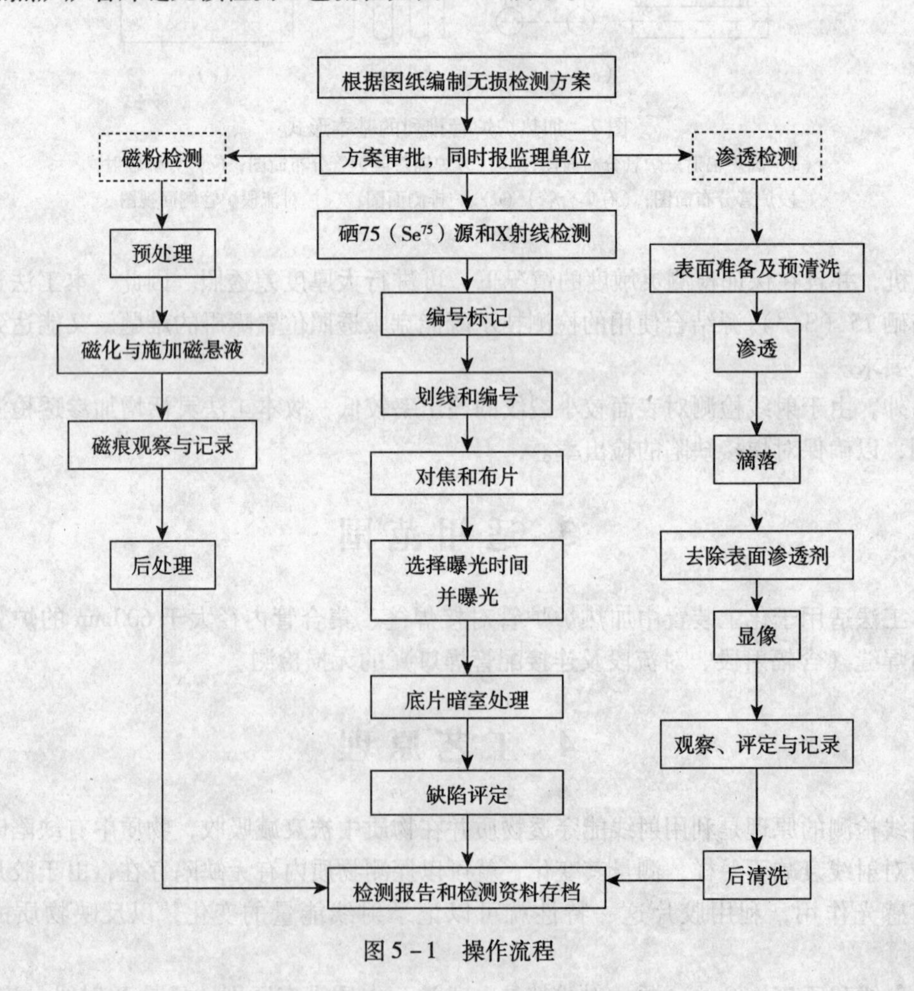

图5－1　操作流程

5.2　射线检测与磁粉检测

由于高强度耐热钢炉管焊接容易产生延迟裂纹，一般焊后要立即进行热处理，因此射线检测要安排在热处理后进行，磁粉检测与渗透检测又要安排在射线检测之后进行。炉管对接焊缝适合采用磁粉检测，集合管内外表面的检测适合采用渗透检测。

5.3 硒 75（Se^{75}）源 γ 射线检测操作要点

5.3.1 像质计及放置位置

所用像质计的材质必须与被检工件的材质相同或相近。外径大于 100mm 的环向焊缝，采用《承压设备无损检测》JB/T4730.2—2005 中规定的通用线性像质计。外径小于或等于 100mm 的小径管焊缝，除了选用通用线性像质计外，也可选用《承压设备无损检测》JB/T4730.2—2005 附录 F 规定的专用像质计。

像质计可放置在胶片一侧的工件表面上，应附加“F”标记，以示区别。像质计灵敏度值的选择要符合《承压设备无损检测》JB/T4730.2—2005 的规定。双壁双影透照时，如选用专用像质计，金属丝垂直横跨焊缝表面正中；如选用通用线性像质计，则将显示的线编号对准定位中心标记处。

5.3.2 射线检测方法及条件

（1）外径大于 100mm 的炉管对接环缝，采用双壁单影法透照，每道焊口的最少拍片数量 N 及相应的一次透照长度按表 5 执行。管径大于 406mm 的管口焊缝，拍片数量根据胶片尺寸决定。

透照张数和一次透照长度 **表 5**

管外径（mm）	108	114	133	159	168	219
透照张数（张）	6	6	6	6	6	6
一次透照长度（mm）	49	52	70	84	88	115

（2）外径小于或等于 100mm 的炉管对接环缝，采用双壁双影透照法，透照焦距一般为 600 ~ 800mm。射线束的方向应能满足上、下焊缝的影像在底片上呈椭圆显示。每道管口的透照次数应不少于 2 次，即至少应在互相垂直的两个方向透照一次。椭圆显示射线偏离如图 5-2 所示，射线源焦点偏离焊缝边缘的距离 S 由式（5-1）给出。

$$S=(b+g)L_1/L_2 \qquad (5-1)$$

式中 b——焊缝宽度；

g——焊缝影像椭圆开口间距（焊缝影像椭圆开口间距应以一个焊缝宽度左右为宜）；

L_1——焦点至管口上表面的距离；

L_2——管口上表面至胶片的距离。

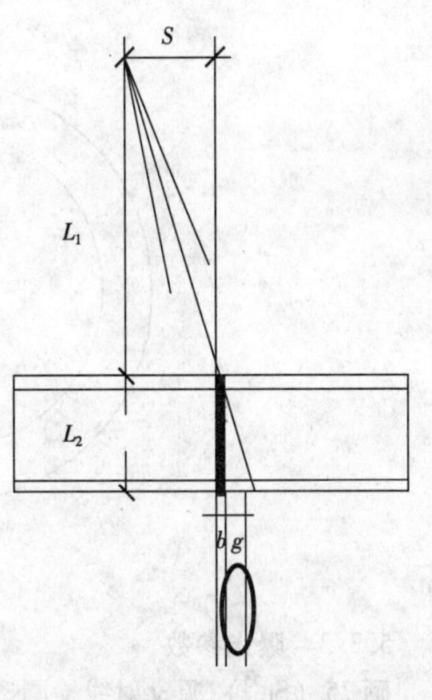

图 5-2 椭圆显示射线偏离示意图

（3）炉管-集合管角焊缝的射线检测最为复杂，它分插入式和管座式两种角焊缝。当集合管内径大于 600mm 时，此工法优先采用单壁单影透照技术。

（4）插入式角焊缝采用硒 75（Se^{75}）源内置式单壁单影周向透照技术，如图 5-3所示。

为了获得较佳的照相质量，主射线束要避开炉管内表面与集合管内表面的交点 B 直接到达角焊缝外表面炉管侧熔合线 A 上，则焦距最小值可由式（5-2）和式（5-3）求得。在实际检测中，焦距选择 f_1 和 f_2 中较大值即可。

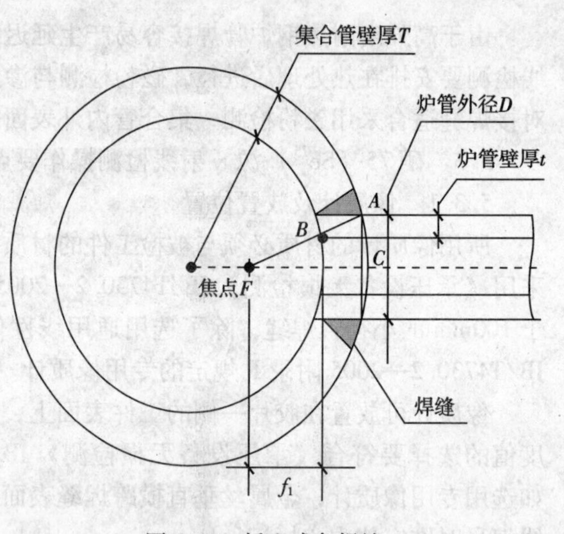

图 5-3　插入式角焊缝

$$f_1 \geqslant (r/t-1)T \tag{5-2}$$

式中　T——集合管壁厚；

r——半径，$r=D/2$（D 为炉管外径）；

t——炉管壁厚。

同时，焦距还要满足几何不清晰度要求和 AB 级检测技术要求：

$$f_2 \geqslant 10dT^{2/3} \tag{5-3}$$

式中　d——硒 75（Se^{75}）源焦点直径；

T——集合管壁厚。

将硒 75（Se^{75}）源放置在炉管中心轴线上，可实现一次曝光。胶片不易过长，否则影响布片效果。

（5）管座式角焊缝采用硒 75（Se^{75}）源内置式单壁单影周向透照技术，该方法的焦距 f 为炉管外半径，焦点 F 在焊缝平面内，一次完成曝光，如图 5-4 所示。

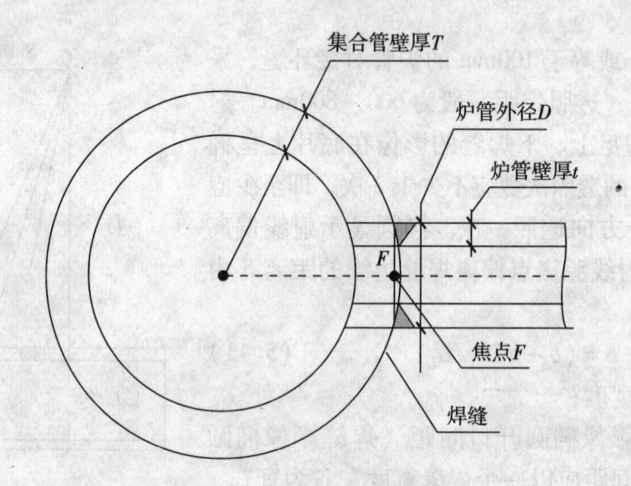

图 5-4　管座式角焊缝

5.3.3　曝光参数

硒 75（Se^{75}）源 γ 射线检测透照时，使用 γ 射线检测透照计算尺确定曝光时间，也可使用胶片厂提供的硒 75（Se^{75}）源曝光量与厚度关系曲线进行选择。

5.3.4　探伤操作

（1）暗室装片：根据所用胶片规格在暗室切片，装入暗袋，操作前要检查暗室、安全灯、片袋是否安全可靠，应保持暗袋及增感屏清洁，不得用手触及胶片及增感屏的铅箔部位。

（2）画线：根据每次透照的有效（底片）长度，在工件上画出透照中心线及搭接标记位置线。

（3）布片：工件上应放置下列标记：

①定位标记：中心标记、搭接标记，也可以使用探伤部位编号兼作搭接标记。

②识别标记：包括工件编号、焊缝编号、部位编号、焊工代号、透照日期，返修片还应有返修标记：R_1、R_2……（1、2……代表返修次数）；扩探片应有扩探标记“K”。

上述标记应放置在工件的适当位置，距离焊缝边缘的距离不小于5mm，搭接标记中心透照时，放置于胶片侧。

（4）底片固定：用磁铁或胶带将暗袋固定在透照部位。

（5）对焦：根据确定的几何条件，将硒75（Se^{75}）源γ射线探伤机的曝光头固定在焦点位置，尽量使源与焦点相吻合，以减小透照厚度差。检测输源管是否完好，检测探伤机各连接部位的可靠性。

（6）散射线的屏蔽：为防止散射线的影响，应用厚度不小于2mm的铅板屏蔽背散射；为检查背散射防护是否合格，应在暗袋背面贴附一个“B”字标记。当底片上较黑背景上出现“B”字较淡影像时，说明背散射防护不够，应予重新透照。

（7）曝光：根据现场空间和确定的曝光参数及选择的曝光源和探伤设备的操作规程进行曝光操作，曝光时应注意操作人员和其他人员的安全防护。

（8）探伤标记：探伤部位应打印永久性探伤标记，其内容包括：定位标记、焊缝编号、部位编号。不适宜打钢印的工件，可用油漆、记号笔等进行标注，并在检测部位图上标注探伤位置。

（9）暗室处理：显影－停显－定影－水洗－干燥。

（10）底片评定：底片由具有RTII级资格的人员评定，另由其他II级或III级资格人员进行复评。初评和复评人员均应在评片记录上签字。

5.4　磁粉检测操作要点

本工法中，磁粉检测只检测炉管对接焊缝，优先采用连续法、非荧光磁粉、磁轭法，操作要点如下：

5.4.1　预处理

打磨焊缝及热影响区的表面飞溅物，适当修理表面不规则形状，但焊缝高度不得低于母材，为了提高对比度，焊缝及热影响区表面需涂敷一层薄而均匀的白色反差增强剂，干燥后进行下一步工序。

5.4.2　磁化及施加磁悬液

先用磁悬液润湿焊缝表面，在通电磁化的同时浇磁悬液，停止浇磁悬液后再通电数次，通电时间为1～3s。停止施加磁悬液至少1s后，待磁痕形成并滞留下来后方可停止通电，再进行磁痕观察和记录。

5.4.3　观察和记录

观察应在磁痕形成后立即进行，磁痕的评定应在可见光下进行，焊缝表面可见光照度不小于1000lx。

缺陷磁痕的显示记录采用照相方法，同时应用草图标示。

5.4.4　后处理

用溶剂清除表面反差剂即可。

5.5　渗透检测操作要点

集合管角焊缝外表面不太平整，内表面溶剂清洗时空气污染太重，对操作者的健康不利，且存在延迟裂纹的可能性比较大。因此，本工法适合采用水洗型着色检测方法，操作要点如下。

5.5.1　表面准备

用砂轮机打磨焊缝表面至露出金属光泽，特别注意熔合线与热影响区的打磨，要圆滑过渡。

5.5.2　预清洗

外表面可以用喷灌清洗剂直接清洗，内表面只能用干净不脱毛的抹布醮上溶剂进行清洗（控制大量挥发对人的影响），去除表面油污。

5.5.3　渗透

在焊缝内外表面刷涂水洗型着色渗透剂（内表面不得喷涂），保证焊缝及热影响区完全被渗透剂覆盖，并在整个渗透时间内保持润湿状态，渗透温度为10～50℃，渗透时间不少于10min。

5.5.4　去除

外表面可用喷壶装水直接清洗，喷壶压力不大，但要考虑喷水方向与检测面的夹角以30°为宜，水温为10～40℃，内表面只能用干净不脱毛的抹布醮上水依次擦洗。

5.5.5　干燥

自然干燥，有条件时可采用热风干燥，但干燥温度不得大于50℃，干燥时间为5～10min。

5.5.6　显像

采用溶剂悬浮式显像剂，外表面直接将显像剂喷涂到焊缝表面，内表面要将显像剂刷涂到焊缝表面。显像剂在使用前要充分搅拌均匀，显像剂施加要薄而均匀，不可在同一地点反复多次施加。显像时间不少于7min。

5.5.7　观察与评定

观察应在显像后7～60min内进行，焊缝外表面白光照度不得小于1000lx，内表面由于条件所限，但白光照度不得小于500lx，辨认细小缺陷可用5～10倍放大镜进行观察。

5.5.8　记录

缺陷的显示记录采用照相方法，同时应用草图进行标示。

6　材料与设备

6.1　胶片：应使用锅炉压力容器安全监察机关监制认可的胶片。X射线应使用天津III型、利维那胶片，或性能符合要求的其他胶片。Se^{75}源使用T_2或T_2以上的胶片。

6.2　增感屏：增感屏的选用应符合表6的要求。

增感屏的选用　　**表6**

射线种类	增感屏材料	前屏厚度	后屏厚度
Se^{75}	铅　箔	0.1～0.2mm	0.1～0.2mm

6.3　磁粉：选用非荧光黑色磁膏。

6.4　渗透剂：选用水洗型着色渗透剂。

6.5　显像剂：选用溶剂悬浮式显像剂。

6.6　探伤仪器：便携式X－射线机、Se^{75}源γ探伤机、磁粉探伤机。

6.7　观片灯：观片灯的亮度应不小于100000cd/m²，且观察的漫射光亮度应可调。底片评定范围内的黑度$D \leqslant 2.5$时，透过底片亮度不小于30 cd/m²；当$D > 2.5$时，透过底片亮度不小于10 cd/m²。

6.8　密度计和标准密度计：采用数字式黑白密度计，密度计读数误差不大于0.05，并且至少每6个月校验一次，使用经国家标准计量局检定合格的标准密度片，标准密度片的检定周期为二年。

7　质量控制

7.1　探伤方法与探伤时机

无损检测方法的选择应根据图纸或检测委托单的要求进行，并符合有关标准、规范和施工技术文件的要求。

有延迟裂纹倾向的材质，应在焊接完成24h以后进行无损检测操作。

7.2　人员控制

无损检测人员应按《特种设备无损检测人员考核与监督管理规则》考核合格，并取得相应检测方法和技术等级的检测人员担任。Ⅰ级人员应在Ⅱ级或Ⅲ级人员的指导下进行相应检测方法的探伤操作和记录。Ⅱ级或Ⅲ级人员有权对检测结果进行评定，并经技术负责人授权后签发检测报告。探伤人员的视力应每年检查一次，校正视力不小于1.0。从事表面探伤的人员不得有色盲，评片人员还应能判别出距离为400mm处的高为0.5mm，间距为0.5mm的一组印刷字母。

7.3　焊缝表面质量

射线探伤时，焊缝及热影响区内应清除飞溅、焊疤、焊渣，焊缝表面的不规则状态不应影响焊缝质量的评定；否则，应进行修整。

表面检测时，焊缝表面的焊纹应打磨圆滑，热影响区和熔合线处必须打磨见金属光泽。

被检工件的表面质量应由委托单位的质量检查人员检验合格并在检测委托单上签字认可。探伤人员操作前应对工件的表面质量进行核查。当表面质量不符合探伤要求时，应在委托单上注明原因，退回委托单位进行表面修整，直至符合探伤要求。

7.4　底片质量

射线检测质量等级为AB级。小径管底片的黑度可以为1.5～4.0，大口径底片的黑度为2.0～4.0。像质计摆放要正确，显示的像质计最小线径应符合探伤验收标准的规定。标记齐全且不覆盖焊缝，在有效评定区范围内不得有影响底片评定的划伤、水迹、脱膜、污斑等；否则，应重新拍片。

7.5 检测执行标准射线检测执行《承压设备无损检测》JB/T4730—2005或《金属熔化焊焊接接头射线照相》GB/T3323—2005；表面检测执行《承压设备无损检测》JB/T4730—2005标准。

8 安全措施

8.1 进入施工现场的检测人员必须经过安全教育，并遵守有关安全管理规定。

8.2 进入施工现场必须正确佩戴安全帽，高空作业应系好安全带，并应检查脚手架及跳板是否牢固，防止高空坠落事故。

8.3 进入炉膛内部作业时必须使用安全电压照明，配备通风设备，保证良好通风，内表面渗透检测时采用刷涂的方法以减少挥发量，同时要带防毒面具，并有专人监护。

8.4 根据工作需求并通过安全检测，来确定管理区安全距离。

8.5 划定安全警戒区后，应在控制区域设置足够的路障或警戒绳索，并设置醒目的警示标志，夜间应设置红灯作为警戒标志，严禁未经允许的人员进入。

8.6 在许可的检测工作时间、地点以及控制区域范围内进行检测。

8.7 在开始检测之前和在检测过程中，安全员应检查并保证控制区域内无任何人员。

8.8 只有经过培训且持有无损检测资格证的工作人员才能操作射线装置。

8.9 在射线工作时，必须配备射线报警器或辐射计量的仪器进行检测。

8.10 辐射量检测仪必须按规定进行周期校准，并将出具的校准报告存档。

8.11 探伤人员应按规定配备个人剂量仪，以检测个人的累计吸收剂量，并利用现场条件做好个人安全卫生工作。

9 环保措施

9.1 在检测工作中，控制区和管理区域边缘地带的辐射量必须作检测记录。

9.2 暗室中的废显影液和废定影液必须指定由具有回收资质的单位进行回收，并做好回收记录。

9.3 渗透检测现场要及时清理，固体废弃物要放入现场指定的回收桶内。

10 效益分析

10.1 经济效益

（1）2002～2003年，江苏金桐7.2万t/年表面活性剂工程F－101、F－301、F501等加热炉炉管对接焊缝无损检测，我单位采用该工法直接创造经济效益18万元。

（2）2004年，东营海科常压炉、减压炉炉管对接焊缝无损检测，我单位采用该工法直接创造经济效益 10 万元。

（3）2001 年，南京烷基苯 F501、F301 炉采用此工法对炉管焊缝进行射线检测和着色检测，直接创造经济效益 12 万元。

10.2　社会效益

采用此工法对加热炉进行检测，可以确保对炉管对接焊缝和支管连续角焊缝进行 100% 射线检测和 100% 着色检测。避免因漏检给加热炉的正常运行带来隐患，确保国家财产和人民生命健康不受到侵害。

11　应用实例

11.1　2002～2003 年，江苏金桐 7.2 万 t/年表面活性剂工程 F－101、F－301、F501 等加热炉采用此工法对炉管对接焊缝进行射线检测和着色检测。

11.2　2004 年，东营海科常压炉、减压炉采用此工法对炉管对接焊缝进行射线检测和着色检测。

11.3　2001 年，南京烷基苯 F501、F301 炉采用此工法对炉管对接焊缝进行射线检测和着色检测。

火电厂超高大直径烟囱钛钢内筒气顶倒装施工工法

编 制 单 位：中国建筑第七工程局
批 准 部 门：国家建设部
工 法 编 号：YJGF329—2006
主要执笔人：焦海亮　靳卫东　王五奇　卢春亭　黄延铮

1 前　言

1.1 近年来，随着国家新的能源产业政策的出台和国家节能减排工作力度的加大，随着火电建设项目向大型、高效、环保方向的发展，随着湿法烟气脱硫净化工艺在火电厂建设中的应用日益广泛，超高、大直径、钛钢内筒烟囱因其具有突出的抗腐蚀、耐高温及耐磨性能而在电厂项目中越来越多地得到推广、应用，同时对钢内筒的加工制作、焊接、安装工艺也提出了更高的要求。

1.2 2006年9月，中国建筑第七工程局安装工程公司承建了南阳天益发电有限公司2×600MW超临界燃煤火电机组项目210m/8m烟囱钛钢内筒工程，针对该工程工期紧、质量要求高、技术难度大等特点及首次承接该型工程的不利因素，我单位成立课题小组研究开发了“火电厂超高大直径烟囱钛钢内筒气顶倒装施工技术”，成功解决了施工中诸多难题，取得了良好的经济和社会效益。2007年6月，该技术经河南省科技厅鉴定、审核，被确认为河南省科学技术成果。为了使超高大直径烟囱钛钢内筒的施工工艺更趋规范化、标准化，我单位在工程实践的基础上经过不断研究、探索，编制了本工法。

2 特　点

本工法先进行内筒顶端段组装将其转化为顶升工具的一部分与封头、密封装置等组成类似活塞的密闭容器，以压缩空气为顶升动力，通过控制输入密闭容器的气体参数实现内筒顶升，顺序为先顶后底，组拼、顶升、保温平台设置在约12m标高处相对固定的工作平台。工艺流程合理且程序化、工效高，工程质量和施工安全容易控制，施工成本较低，适用范围广。

3 适用范围

本工法适用于各类新建、扩建、改建100m以上烟囱钛钢内筒的施工。

4 工艺原理

本工法工艺原理是先进行支撑梁、升降平台等措施性装置的设计及制作安装，再安装止晃平台和钢爬梯，然后采用气顶倒装法进行钢内筒施工。气顶倒装法原理是先在基础工作平台上用常规吊装工具把内筒顶端段组装到一定高度，装上专用的上封盖、内密封底座等施工附件，使该顶端段转化为顶升工具的一部分，这样钢筒顶端段和内密封底座就构成了一组相对密闭、可伸缩的活塞气缸筒。然后输入一定参数的压缩空气，其作用在上封盖的压强产生向上的顶升力，克服筒段等自重和磨擦力，筒段上移。当筒段底口超过后续筒节的高度后，控制进气量，使筒段稳定，把已准备好的后续筒片合围成整圈筒节，焊固此筒节的纵缝，再适量放气使上筒段徐徐下降与它对接，焊固横缝，这样上筒段被接长了一节。然后再进气顶升，不断重复，直至筒体达到设计高度，最后拆除上封头和密封内底座等施工附件，钢筒体便组装完成，可以交给后续工序施工，顶升原理见图4。

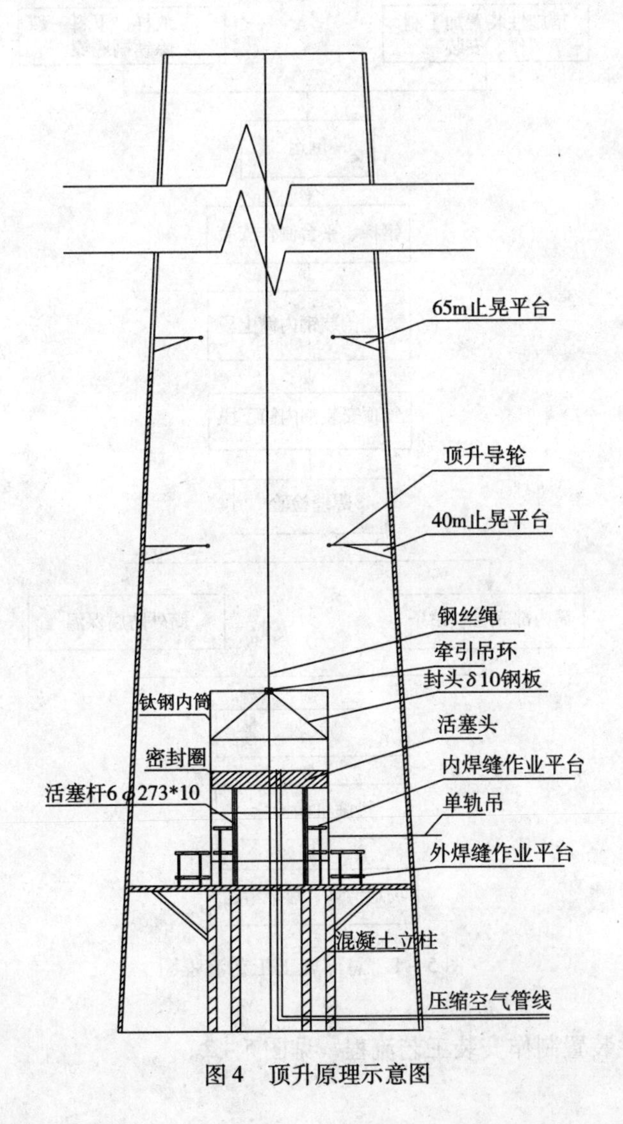

图4　顶升原理示意图

5 施工工艺流程及操作要点

5.1 施工工艺流程

5.1.1 总体施工工艺流程，见图5－1。

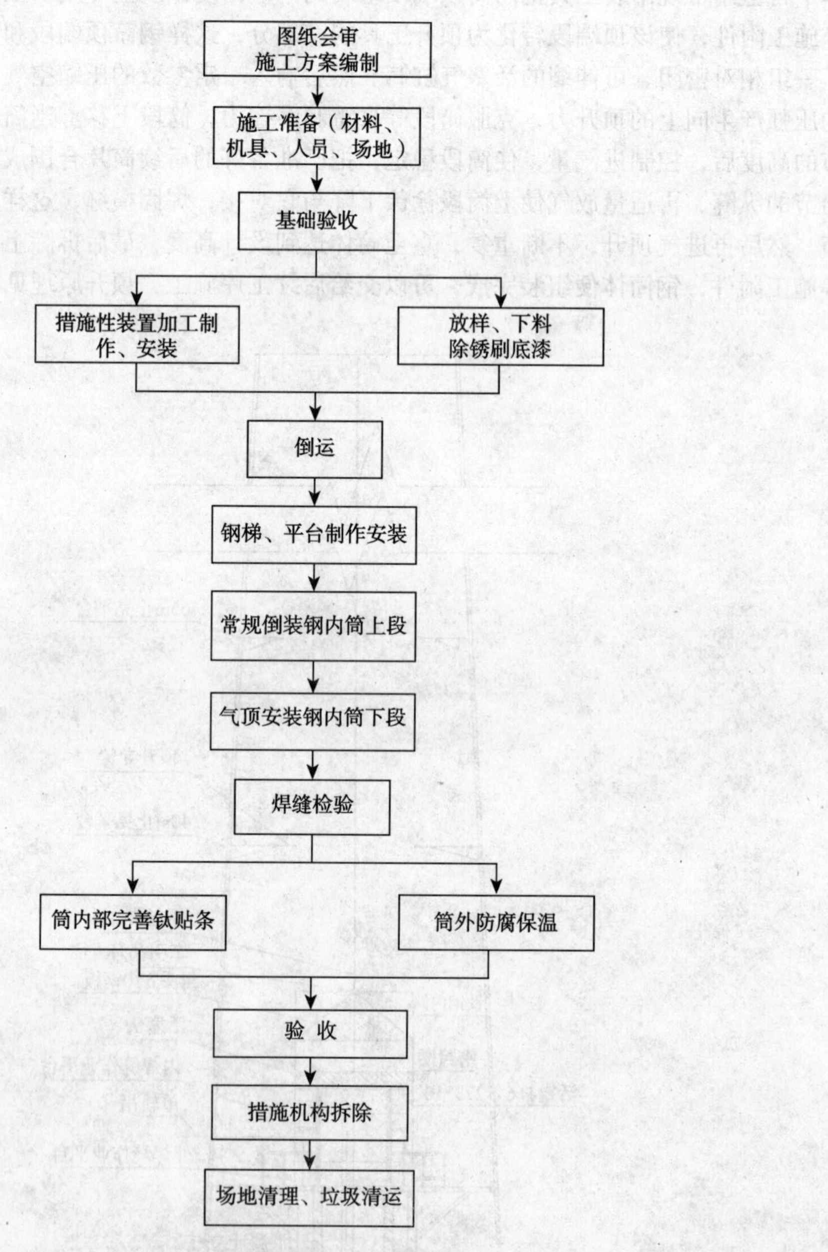

图5－1 总体施工工艺流程图

5.1.2 措施性装置制作安装工艺流程，见图5－2。

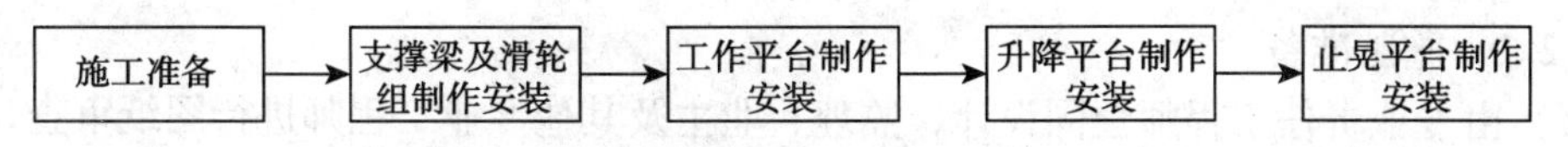

图5－2　措施性装置制作安装工艺流程图

5.1.3　钛钢内筒加工制作工艺流程，见图5－3。

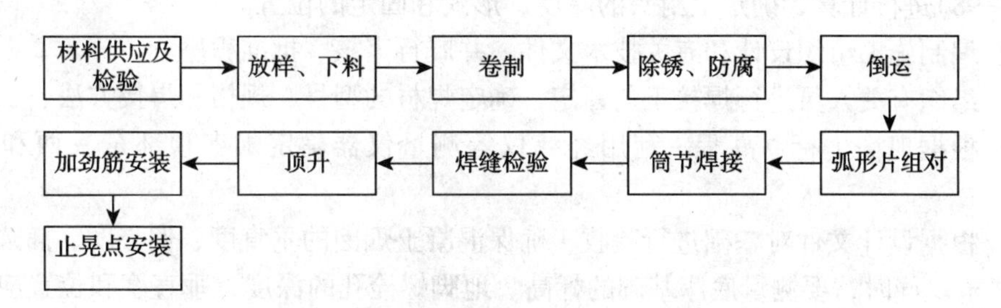

图5－3　钛钢内筒加工制作工艺流程图

5.1.4　钛钢内筒焊接工艺流程，见图5－4。

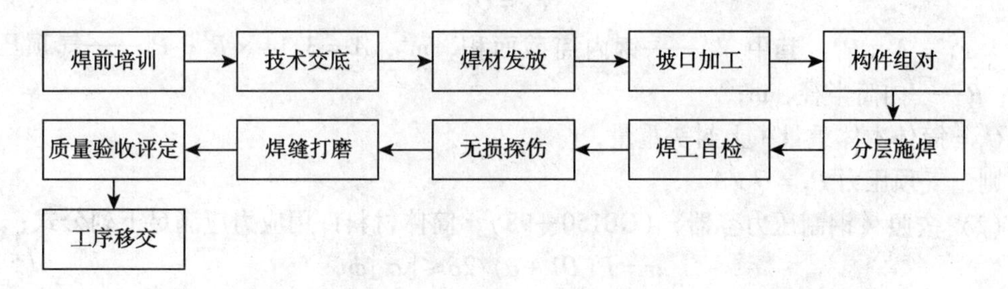

图5－4　钛钢内筒焊接工艺流程图

5.1.5　顶升工艺流程，见图5－5。

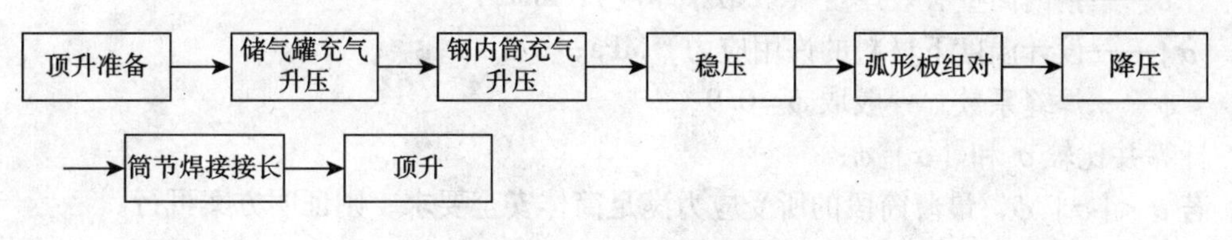

图5－5　顶升工艺流程图

5.1.6　防腐绝热施工工艺流程，见图5－6。

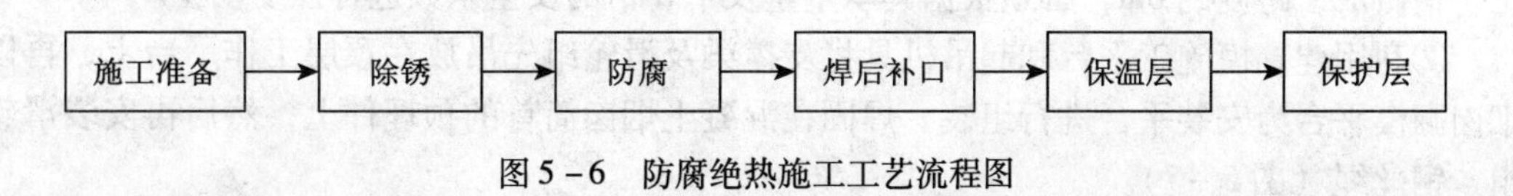

图5－6　防腐绝热施工工艺流程图

5.2　操作要点

5.2.1　施工准备

（1）由专业责任工程师会同设计、监理、业主及其他专业工程师进行图纸审查，先行确认图纸的准确性。

（2）根据进场钢板的尺寸绘制筒体钢板的排版图，确定各节的高度和顶升重量。

（3）计算气顶所需压强，列出表格，根据所需最高压强按《钢制压力容器》（GB150—98）进行计算，确定上封头的厚度、形式和固定的位置。

（4）编制施工组织设计和有关技术文件，并履行审核、批准程序。

（5）组织有关人员进行焊接工艺评定，确定焊材的型号、规格和焊接方法、工艺。

（6）根据现场坐标、高程，利用经纬仪等测量仪器确定烟囱顶部东－西和南－北轴线。

（7）根据设计文件对基础进行验收，确保混凝土烟囱的垂直度、偏心度、椭圆度应符合设计要求。同时，要测量底座基础的标高、地脚螺栓孔的深度、垂直度和位置应符合设计要求。

5.2.2　气顶压力计算及校核

（1）气顶压力须满足下列公式：

$$F_1 = Q_1 \tag{5-1}$$

式中　$F_1 = A \times P_1$，其中，A——钢内筒截面积，m^2，$A = 3.14 \times R^2$；P_1——气顶压力，MPa；R——内筒半径，m；

Q_1 = 筒体本体重量 + 上封头重量，t。

则：气顶压力 $P_1 = Q_1/A$

（2）按照《钢制压力容器》（GB150—98），筒体材料许用应力应满足下列公式：

$$\sigma = P(D1 + \delta)/2\delta \leqslant [\sigma]\phi \tag{5-2}$$

式中　σ——设计温度下的计算应力，MPa；

P——设计压力，MPa；

D_1——钢内筒直径，mm；

δ——钢内筒壁有效厚度（取最小厚度），mm；

$[\sigma]$——设计温度下材料的许用应力，MPa；

ϕ——焊缝系数，一般取 $\phi = 0.9$；

计算并比较 σ 和 $[\sigma]\ \phi$；

若 $\sigma < [\sigma]\ \phi$，最薄筒段的所受应力满足筒体安全要求，则证明方案可行。

5.2.3　措施性装置的设计和制作安装

（1）支撑梁及滑轮组安装

①支撑梁主要用于升降平台、牵引内筒时滑轮组的起吊支撑点，一般支撑梁由32号工字钢做成，跨度约6m，必须根据其承重量及1.5倍的安全系数进行强度校验。

②利用建翻模施工平台和起吊机具将支撑梁及滑轮组先吊放在顶层工作平台上，再以烟囱翻模平台为安装平台进行组装。焊固在混凝土烟囱筒首的预埋件上，然后再安装滑轮组、钢丝绳（图5－7）。

（2）顶升工作平台制作安装

①由于烟囱内筒标高12m以下为钢筋混凝土结构，在12m标高处混凝土内筒顶搭设5

层作业平台（图5－8），分别进行材料转运及组对、点焊、焊接、焊保温钉、保温作业，每层间距2.2m。

图5－7　12m标高处混凝土内筒顶

图5－8　流水作业平台

②先搭脚手架，用卷扬机把材料吊上平台，用16号工字钢在内筒高12m处的外径焊接24根作为主梁，用ϕ108钢管打45°斜撑，用角钢L50×5作为辅梁焊2圈，并焊加强筋。上铺厚度为6mm的花纹钢板，四周用钢管ϕ32焊成保护栏，并加围护安全网。

③平台制作完成后，另在组对平台上安装1台约2t的卷扬机，以备后用。

（3）升降平台制作安装和使用

①升降平台主要用于平台扶梯的安装，一般为网式反撑活动钢平台，分为两层，上层安放机具及待装工件（图5－9）。

②用卷扬机把材料吊上12m平台，用2根角钢L125×10对焊成截面为“T”形作为主梁，拼焊成井字架，分上下两层（距离900mm），中间用直撑、斜撑连接。四角焊上厚度为6mm的花纹钢板，再在上层铺上木板，周边焊保护栏。由于混凝土筒上小下大，故平台应在适合的空间范围内作径向变幅。平台最大自重限制在3～4t为宜，以增加其平衡稳定。

③通过滑轮组、支承梁、钢丝绳、卷

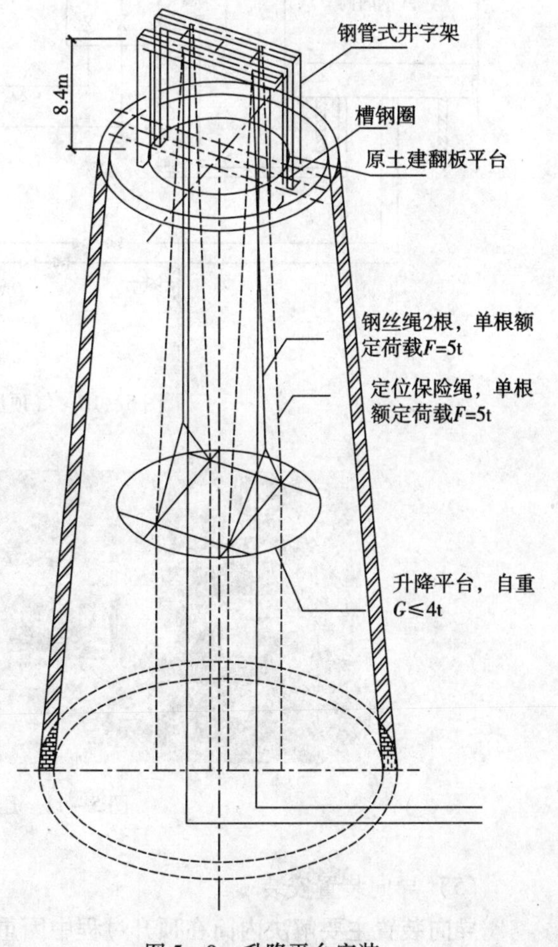

图5－9　升降平台安装

扬机能从 12～205m 上、下垂直升降移动。升降过程中还有四根带有自锁机构的钢丝绳起保险和导向作用。当升降平台上升到设计标高后，还有 4 台 3t 的捯链悬挂钢丝绳用以定位和微调。单台卷扬机及钢丝绳应确保 5 倍以上的安全系数，同时升降平台底部及周围都是全封闭式安全网围护。

④在制作升降平台期间，利用 12m 平台上的卷扬机起吊、定位安装钢爬梯立柱，并组焊钢爬梯。

（4）压缩空气系统

气源装置由空压机、储气罐、空气管线及控制阀门组成。空压机要求一用一备共两台，一般工作压力 0.7MPa，流量 6m³/min，储气罐为 10m³ 即能满足要求，保证为顶升提供稳定、可靠的气源。供气管路排放观察都是一用一备双套（图 5－10、图 5－11）。

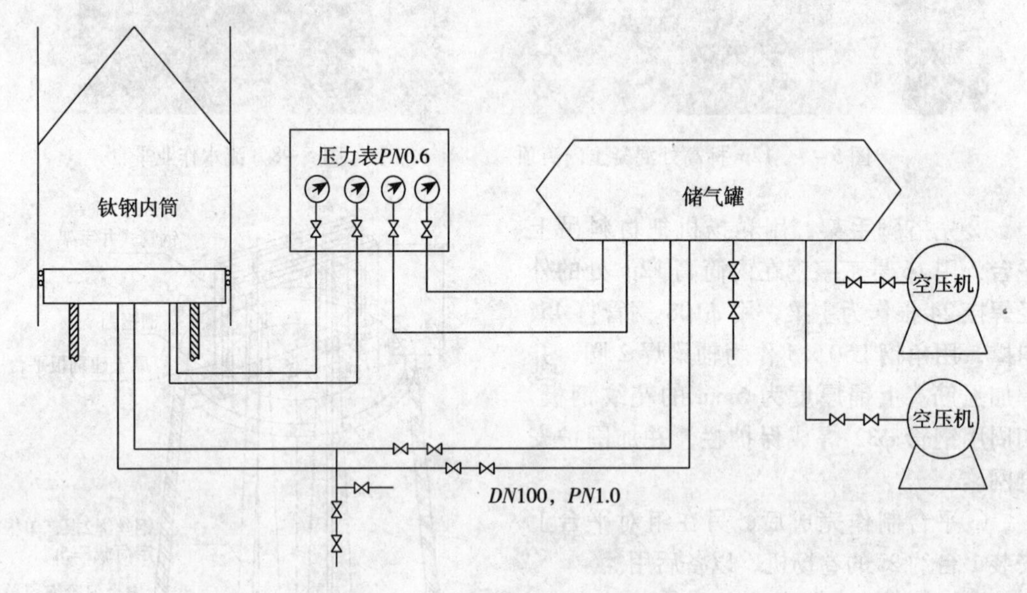

图 5－10　气顶压缩空气系统图

图 5－11　压缩空气系统

（5）导向装置安装

导向装置主要解决内筒在顶升过程中因重心不稳、产生偏差进而出现歪斜的现象。主要由导轮和导轮架组成，一般导轮由 $\phi300$ 橡胶轮胎做成，位置略大于钢内筒外径（约

5mm)。导轮径向位置通过丝杆调节。分别设置在活塞头和40m止晃平台层，每层均布四个，方向和止晃点一致。考虑到烟囱加劲肋施工方便，在40m止晃平台上组焊烟囱加强肋、加强圈（图5－12）。

图5－12 导向装置

（6）活塞装置的设计及安装

①本技术顶升内筒的活塞装置安装固定在12m工作平台上，主要由活塞头、活塞杆、密封装置和支撑机构等组成（图5－13）。

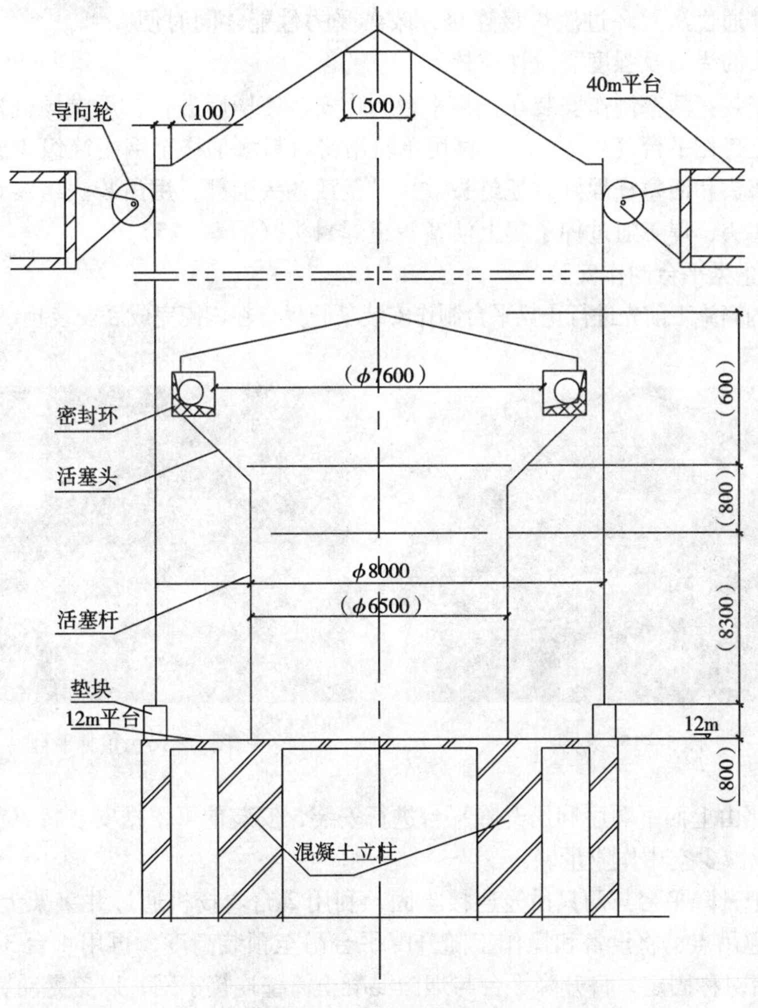

图5－13 活塞装置示意

②活塞头：外径略小于内筒内径，高度约为14m，主要为钢圆筒式结构，经设计计算，其强度能够满足内筒压力而不致变形。活塞头总承重能力约580t。

③密封装置：是保证气顶成功的关键设备，同活塞头实际为一整体结构，即迷宫式密封加上耐磨橡胶圈。所用材料与结构耐磨性和密封性必须符合要求，由我单位与专业厂商

图 5－14　密封装置

共同研制。其密封环头部制作椭圆度控制在5mm内，周长误差控制在3mm内。密封圈安装平台（即活塞头）应垂直，其偏差不应大于3mm，密封圈外边波纹度不大于2mm（图5－14）。

④活塞杆及其支承结构：活塞杆实质是支撑活塞头，并提供足够的空间满足在活塞头以下进行内筒组对、调整和内外焊接的要求。活塞杆坐落在12m平台的两个立柱上。经验算，其强度满足承载要求。钢圆筒活塞杆详细设计应由设计认可。

⑤封头：一般做成圆锥状，并在锥头内部加焊 $\phi 500$ 密封板，锥头外部焊接吊环，用于卷扬机导向及牵引提升。封头与钢内筒上下节对接处通过法兰环过渡焊接连接，改善受力性能，同时便于拆卸。封头的受力及强度需设计校核。

⑥制作安装：活塞制作安装在止晃平台制作安装完毕后进行，用卷扬机把材料通过烟道口垂直吊至工作平台（12m）上，再用单轨吊将材料水平移至钢内筒组焊施工处。采用倒装法将活塞头和活塞杆焊好，把封头散片吊至活塞头上部，用吊装法组装钢内筒，使其高度超过活塞头，焊工通过梯子爬上活塞头组焊封头（图5－15）。

5.2.4　止晃平台制作安装

（1）钢内筒施工前先进行止晃平台制作安装（止晃点在内筒完成后安装）（图5－16）。

图 5－15　封头

图 5－16　止晃平台

（2）按照由上而下顺序利用升降平台进行安装，安装前可根据安装特点在地面组对成小拼单元，以减少空中作业量。

（3）先把升降平台与两只吊笼连接牢固，利用2台卷扬机通过井字架上的4根1.5m 16号槽钢作起吊点，将设备和操作工随升降平台吊至预装高度，再用4台3t的捯链悬挂钢丝绳将平台对称固定，将升降平台与烟囱混凝土筒壁连接牢固，以免晃动。

（4）松下吊笼，将地面预拼装好的止晃平台单元吊放到固定的升降操作平台上层，然后进行止晃平台安装组焊。同时将同层的烟囱内直爬钢梯安装好，并将每层止晃平台的止晃构件安放在同层平台上，待钢内筒安装完成后安装。

（5）平台定位要准确，测量校核无误后，进行导向位置的安装。

5.2.5　升降平台的拆除

在止晃平台安装完毕后，将升降平台降至12m平台上，解体拆除。

5.2.6 地脚螺栓及底板安装

（1）地脚螺栓安装：清理好栓孔，将加工好的地脚螺栓临时固定，复测标高、垂直度均合格后，用设计的高强度无收缩浆料进行灌浆到一定高度。

（2）钢内筒底板安装：地脚螺栓首次灌浆后，将制作好的法兰底座进行临时安装完全定位，支模进行二次灌浆。待浆干后，将法兰底座按地脚螺栓定位，并拧紧螺帽，转入钢内筒的组对焊接。

5.2.7 钛钢板放样、下料

（1）材料验收

材料进场后应由材料部门进行验收合格后方能使用。主要材料必须附有合格证和材质证明文件并与材料上的标记相一致。

（2）样板制作

样板由具有一定刚度的材料制作，但不能太重。一般用厚1～1.5mm镀锌薄钢板制作。样板应经过检验符合规范要求后，才能使用。

（3）放样下料

内筒的下料必须在施工前绘制排板图，排板图应综合考虑焊缝的位置、焊缝之间的距离、焊缝同加劲肋之间的距离等因素，满足设计文件的要求。板材加工允许偏差见表5。

钛钢复合板允许偏差 表5

测量项目	允许偏差（mm）	测量项目	允许偏差（mm）
板　宽	±1	直线度	≤2
板　长	±1.5	坡　口	45°±5°
对角线	≤2		

下料后必须有班组检查员复核并做下料记录表，在钢板的角端用钢印和油漆做出位号标号。

连接板必须按照实物进行1∶1放样下料。

5.2.8 钛钢板卷制

（1）机具准备

①内筒卷制使用三辊轴压式卷板机，卷板机规格应满足需要（一般2200mm×20mm）。为了制作方便，卷板机布置在操作坑内，坑四壁用砖砌成，水泥砂浆抹面，坑底设置集水坑，放置ϕ50污水泵，防止坑内集水。

②构件的吊装采用5t龙门吊。在吊装过程中，应采取措施保护材料表面免受伤害。

（2）胎具制作

由于三辊卷板机不能对板头进行有效卷压而形成所需的弧度，必须使用胎具对板头进行压头。胎具采用δ22钢板按照所需弧度在卷板机上压制而成。

（3）压头卷圆

①利用三棍卷板机进行压头和卷圆，卷制成弦长1.5m的内卡样板检查曲率，其间隙应小于等于3mm。

②钛板必须防止污染，卷制时应采用有效措施以防损坏，比如采用牛皮纸或橡胶板进行隔离。

③卷制后应按位号依次立式安放，便于除锈刷漆及以后安装吊运。

5.2.9 钛钢板转运、组对

（1）将气顶用的措施材料运进钢内筒基础上，依次安装活塞杆、活塞头并将拼好的封头放在活塞上，安装好进、排气管线及控制阀门。

（2）运输及组对：防腐好的内筒单片钛钢板通过5t行车吊运至烟囱门口处预设轨道下，再用2t单轨吊通过轨道运进烟囱内预定位置，进行拼节组对。

5.2.10 钢筒体顶端常规吊装

钢筒体顶端段的吊装，是利用支撑梁及40t滑轮组，从上而下逐节拼装组对焊接至14m，检查14m段的钢内筒的垂直度、定位尺寸、偏心度并调整到合格尺寸后，再准确定位安装活塞在设计位置，最后在设计位置安装封头。将活塞筒内无用的物件全部经底板的临时人孔清除打扫干净，并将吊装用的滑轮组拆移到封头顶部，作牵引气顶用。

5.2.11 钢内筒气顶顶升

（1）把后续节的弧形筒片运入，以四片为一节，将它们合围在初始顶端段的外圈。把相邻筒片间的四条纵缝中的三条施焊完毕，留下最后一条纵缝。在此间距的两侧适当位置上分别焊上两对钢板制的素具眼板，用两只5t的手拉葫芦把相邻的两板收紧。

（2）启动空压机，使储气罐内充气并达到该罐所许可达到的气压。

（3）检查筒体的周围，清除可能影响顶升的障碍物。

（4）打开通向筒体的进气阀，在严密的监视与控制下，使顶端段徐徐上升。

（5）当顶端段顶升到高度已超过合围在外圈的后续筒片上约50~200mm时，关闭进气阀，稳定住顶端段的位置。

（6）把两只手拉葫芦同步收紧，使后续筒节的最后一条长纵缝靠拢，并组对焊固，拆除手拉葫芦，割去素具眼板，打磨光滑。

（7）徐徐打开排气阀，使顶端段缓缓下降，使它与后续节靠拢，最后组焊两者的对接环缝。

（8）根据设计要求对焊缝进行检验。

（9）重复第（1）~（8）项过程，使第2个后续节接上。由于已组装筒段的接长而使筒体自重增加，气顶所需气体压强也逐步提高。当储气罐压力无法满足此压强时，再用空压机增压，通常只开动一台空压机，第二台为备用。

（10）当后续筒节逐节组焊上升到设计的筒体高度时，气顶结束。

5.2.12 钢内筒焊接

（1）焊接施工条件

①焊接工艺评定已制订。

②施工前，由技术人员依照本作业指导书向全体焊接人员进行技术交底，明确本项目的焊接技术要求和验收标准。

③焊接材料合格证件齐全，已报审。

④焊接机具完好，检查计量仪器具的标定，并在有效期内，检查安全设施符合施工要求。

⑤钛材焊接为独立区域，搭设一独立钛材施工棚，确保施焊环境洁净、无烟尘。

（2）焊前准备

①焊前仔细清理焊口，基板坡口表面及坡口内外每侧10~15mm范围内的油、漆、锈、水渍等污物必须清理干净，并打磨至露出金属光泽；钛材焊接前，焊接坡口及两侧25mm内用机械方法除去表面氧化膜，施焊前用丙酮或乙醇清洗脱脂。

②基板对接坡口应内壁齐平，错口值不应超过壁厚的10%且不大于1mm。

③为了避免先后施焊的影响，焊缝间相互关系尺寸应符合图5-17的要求。

④焊接组装的待焊工件应垫置牢固，以防止在焊接过程中产生变形或附加应力。

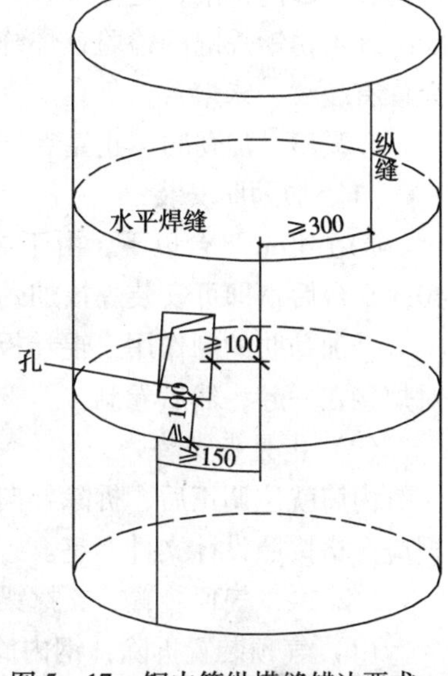

图5-17　钢内筒纵横缝错边要求

（3）焊接注意事项

①钛钢复合板焊接基板时，在碳钢板面焊接须在背面加衬垫，在钛板面焊接时在焊道两侧约5cm处用可防火耐高温的材料铺设，防止焊接飞溅到钛板面，根部焊道完成后反面清根。

②环焊缝必须在该焊缝上下两侧的纵焊缝全部完成后进行。焊接环焊缝时2名焊工保持位置对称，采取分段跳焊法每段长度为400mm，各焊工要求步调一致，方向一致。各层焊缝的接头应相互错开。

③复合钢板纵、环缝焊接及吊点环梁施工焊接时，应控制层间温度不超过400℃。钛焊接采用钨极氩弧焊。

④钛材定位焊接，应清除表面氧化色（只允许银白色和金黄色）。在钛板层不得焊接临时固定件，一条焊缝应一次焊完。

⑤钛贴条组对时严格控制间隙。钛板与钛贴条焊缝两侧清理干净。钛贴条点焊时焊点尽量小，焊接环境应做到无尘、防风（图5-18）。焊接时，环境温度控制在5℃以上。

图5-18　钛贴条焊接图

（4）焊接质量要求及检验

①碳钢焊缝的检验及返修：碳钢焊缝外观检验，按《钢结构工程施工质量验收规范》GB50205中二级焊缝检验，焊缝成型良好，焊缝过渡圆滑，焊波均匀，焊缝宽度匀直；焊缝表面不允许有裂纹、气孔、夹渣、未熔合等缺陷，咬边深度小于0.5mm，连续长度小于100mm，且不大于焊缝全长的10%；焊角高度应满足图纸设计要求，对接缝要求全熔透，焊缝余高允许偏差1.5±1.0mm，焊缝凹面值小于0.5mm，焊缝错边不超过1mm。

②钛焊缝的检验：钛材焊缝表面咬边不应超过板厚8%，连续长度不大于100mm，焊缝两侧咬边的总长不应大于焊缝长度的10%；钛焊缝和热影响区在焊接完工后颜色应为银白色或金黄色（致密）；焊缝同一部位返修不宜超过两次。如超过两次，返修前应经制造

单位技术部门批准，返修次数、部位和返修情况应记入质量记录中。

③不锈钢焊缝的检验：焊缝成型良好，过渡圆滑，焊波均匀，焊宽匀直，焊缝表面不允许有裂纹、未熔合、气孔、夹渣等缺陷。

5.2.13　加劲肋、止晃点安装

（1）加劲肋安装

①在40m平台以下，由于导向装置的限位，暂时不能安装加劲肋。当内筒顶升超过40m平台后，即可安装焊接加劲肋。构件的运输由活动平台完成。

②加劲肋的制作用三辊卷板机完成。槽钢和工字钢压头后可直接卷制，角钢则需要成对焊接在一起，然后卷制。

（2）止晃点安装

内筒就位调正后，拆除导向装置，在每层平台上进行止晃点的安装。止晃点的各项数据应严格按照设计文件调整。

5.2.14　气顶装置、支撑梁拆除

（1）气顶装置拆除：钢内筒组对焊接完工后，焊工通过烟道口将圆筒状活塞杆割一个洞，由活塞杆内壁爬梯爬至活塞头上部，将活塞头、活塞杆割成碎片，用手动葫芦吊至活塞杆底部的木板上。钢内筒筒首封头拆除，则由操作工利用爬梯爬至筒首，将封头割成碎片用地面卷扬机及筒顶的横梁为吊点吊放到活塞底部。全部碎片由单轨吊卷扬机输送至地面。

（2）支撑梁可以利用搭设扒杆拆除。

5.2.15　导流板安装

根据设计下料、放样，吊运至工作平台经烟道进口进入内筒焊接、组拼。

5.2.16　防腐保温

（1）卷制完的圆弧板存放场地按照设计要求进行外防腐处理，一般刷耐高温涂料，总厚度80μm左右。待油漆层干透后，运进烟囱内组装、焊接、顶升。钢内筒内侧导流板以下筒壁部分的油漆同钢内筒外侧面。

（2）外保温一般采用超细玻璃棉保温隔热层，与筒身制作安装同步进行，以降低施工难度，确保施工质量，应注意采取措施以免碰损（图5－19）。

图5－19　筒身外保温做法

5.2.17　工作平台拆除

（1）利用40m平台作为起吊支点，制作移动平台，割断保护栏，再依次卸下底板、辅梁、斜撑和主梁，用卷扬机吊下钢材。

5.2.18　施工过程监测

（1）烟囱基础沉降观测：烟囱基础设有沉降观测点，在烟囱内、外筒施工阶段，按规定要进行多次沉降观测，发现异常应分析原因。

（2）提升支承平台变形观测及节点检查：在顶升过程中，对支撑梁设置了变形观测点，用水平仪定期进行观测，验证钢梁挠度弹性恢复情况。

（3）导向装置和内筒中心度检查：在顶升过程中应对导向装置和内筒中心度进行严密监控，尤其通过各层平台时，都必须进行检查。重量增加达到一定的重量以后，也必须增加检查频次。发现异常情况应立即采取临时安全措施，分析原因，确认排除故障后方可继续提升。

（4）压缩空气系统运行监测：运行操作人员负责压缩空气系统运行的日常监测。

（5）卷板弧度控制措施：使用三辊卷板机，由于不能有效对板头进行卷压，有可能使构件卷制后在接头处弧度达不到设计要求。因此，在卷制前必须制作相应弧度的胎具。制作胎具用的钢板应大于2倍被卷钢板，使用胎具预先将每块钢板两端压头，然后进行卷制，即可保证整圆弧度一致，达到设计要求。

（6）内筒顶升垂直度的控制：

①保证每圈内筒在组对时间隙一致，不会出现两面不平行的情况。

②14m以上40m以下的内筒顶升，其垂直度主要依靠卷扬机牵引封头，同时在筒体密封头部与第一层平台之间按对角方向斜拉布置四个捯链。一旦顶升过程发生倾斜，可以通过收拉对应方向的捯链将筒体垂直度校正过来。

③筒体超过40m，其垂直度主要依靠导向装置进行导引和纠正，同时在筒体底部与12m平台之间也按对角方向斜拉布置4个捯链，对筒体的倾斜及偏移进行校正。

④筒体超过65m，由于两层导向装置的限位，内筒基本上不会再倾斜；同时，仍可以通过底部的4个捯链进行限位和纠偏。

（7）超顶事故的预防和控制：由于存在摩擦，筒内气压可能超过自重所需压力太多而上升过快，从而失去控制。对此的控制办法是采用底部布置的4个捯链来进行限位，并且在每层组对焊接完毕后均要在内侧焊接3~4个限位钢板，使内筒不致上升太快失去控制而脱离密封底座。

（8）焊接质量的控制：

①合理组织焊接顺序。施焊时按照先焊纵缝后焊环缝、先焊外缝后焊内缝的顺序施工。

②保证正面焊接质量。控制线能量在要求范围之内，反面清根深度适中，以及环缝用卡具防止角变形。

6　材料与设备

材料与设备见表6。

主要材料与设备表 **表6**

序号	材料名称	参考规格	参考数量	用途	备注
1	空缩系统	$6m^3$，0.7MPa	1套	顶升内筒	空压机一备一用
2	氩弧焊机	200－400型	3台	焊钛膜用	
3	交直流焊机	400型	10台	焊接碳钢板	
4	气割工具		6套		
5	单轨吊	2t	2台	水平运输	
6	龙门吊	5t	1台	现场配置	
7	配电柜		5个		
8	钢丝绳	$\phi14 \sim \phi18$	4500m	吊装用	
9	钢丝绳	$\phi40$	300m	吊装捆扎用	
10	汽车吊	20t	1辆	制作场用	
11	五芯电缆	$16 \sim 50mm^2$	600m	总控制电源	
12	卷扬机单筒	2t	2台	吊装、保温用	
13	卷扬机单筒	10t	1台	吊装用	
14	卷扬机双筒	5t	2台	吊装用	
15	滑轮	$2 \times 10t$	4台	吊装用	
16	滑轮	$1 \times 5t$	30个	吊装转向用	
17	导轮	$\phi200$	40个		
18	卸扣	$5 \sim 30t$	50只		
19	捯链	$2 \sim 5t$	15只		
20	平板车	5t	1台		
21	磁力钻	$\phi22$	1台		
22	磨光机	$\phi100 \sim \phi150$	8台		
23	三辊卷板机	20×2200（mm）	1台	内筒卷制	
24	压力机	YT－500t	1台	加劲肋的顶弯	
25	等离子切割机	KLG－60	1台	不锈钢材料下料坡口	
26	炭弧气刨		1台	焊缝清根	
27	轴流风机		1台	通风	
28	工作平台		1项		措施性装置
29	升降平台		1项		措施性装置
30	顶升活塞装置		1项		措施性装置
31	轧制钛—钢复合板		610t		
32	Q235B钢材		160t		平台等
33	保温		$5100m^2$		

7 质量控制

7.1 标准、规范

本工法主要遵照执行以下国家标准、规范：

《烟囱工程施工及验收规范》GBJ78—85

《烟囱设计规范》GB50051—2002

《钛－钢复合板》GB/T8547—2006

《钛和钛合金牌号和化学成分》GB/T3620.1

《钛和钛合金板材》GB/T3621—2007

《碳素结构钢》GB700—2006

《钛制焊接容器》JB/T4745—2002

《钢制压力容器》GB150—1998

《钢结构工程施工质量验收规范》GB50205—2001

《火电施工质量检验及评定标准》焊接工程篇

《电力建设安全工作规程》建筑工程篇 DL5009.1—2002

《气焊、手工电弧焊及气体保护焊焊缝坡口的基本形式与尺寸》GB985—88 等

7.2 质量要求

钢内筒分段安装质量标准：

（1）对口错边量小于等于 1mm；

（2）相邻两段的纵焊缝错开大于 150mm；

（3）筒体中心偏差小于等于 $H/2000$ 且小于等于 30mm；

（4）筒体直线度小于等于 1mm；

（5）表面平整度小于等于 1.5mm。

7.3 控制措施

7.3.1 卷板弧度控制措施

使用三辊卷板机，由于不能有效对板头进行卷压，有可能使构件卷制后在接头处弧度达不到设计要求。因此，在卷制前必须制作相应弧度的胎具。制作胎具用的钢板应大于 2 倍被卷钢板，使用胎具预先将每块钢板两端压头，然后进行卷制，即可保证整圆弧度一致，达到设计要求。

7.3.2 内筒顶升垂直度的控制

（1）保证每圈内筒在组对时间隙一致，不会出现两面不平行的情况。

（2）14m 以上 40m 以下的内筒顶升，其垂直度主要依靠卷扬机牵引封头，同时在筒体密封头部与第一层平台之间按对角方向斜拉布置 4 个捯链。一旦顶升过程发生倾斜，可以通过收拉对应方向的捯链将筒体垂直度校正过来。

（3）筒体超过 40m，其垂直度主要依靠导向装置进行导引和纠正。同时在筒体底部与 12m 平台之间也按对角方向斜拉布置 4 个捯链，对筒体的倾斜及偏移进行校正。

（4）筒体超过 65m，由于两层导向装置的限位，内筒基本上不会再倾斜；同时，仍可以通过底部的 4 个捯链进行限位和纠偏。

7.3.3　超顶事故的预防和控制

由于存在摩擦，筒内气压可能超过自重所需压力太多而上升过快，从而失去控制。对此的控制办法是采用底部布置的四个捯链来进行限位，并且在每层组对焊接完毕后均要在内侧焊接3~4个限位钢板，使内筒不致上升太快，失去控制而脱离密封底座。

7.3.4　焊接质量的控制

（1）合理组织焊接顺序。施焊时按照先焊纵缝后焊环缝、先焊外缝后焊内缝的顺序施工。

（2）保证正面焊接质量。控制线能量在要求范围之内，反面清根深度适中，以及环缝用卡具防止角变形。

8　安全措施

8.1　组织管理措施

8.1.1　建立健全有系统、分层次的安全生产保证体系和安全监督体系，成立由项目经理为首的"安全生产管理委员会"，组织领导施工现场的安全生产管理工作。

8.1.2　项目部设专职安全员，各作业队和班组设兼职安全员，根据作业人员情况成立2~3人的现场安全纠察队，开展日常安全生产检查工作。

8.1.3　项目部、各施工单位、作业班组逐级签订安全生产责任状，使安全生产工作责任到人，层层负责。

8.2　技术管理措施

8.2.1　各分部分项工程施工前，逐级对作业队、班组有针对性地进行全面、详细的安全技术交底，双方保存签字确认的安全技术交底记录。

8.2.2　全体职工必须熟悉本工种安全技术操作规程，掌握本工种操作技能，对变换工种的工人实施新工种的安全技术教育，并及时做好记录。

8.2.3　对操作人员的安全要求是：没有安全技术措施，不经安全交底不准作业；没有有效的安全措施不准作业；发现事故隐患未及时排除不准作业；不按规定使用安全劳动保护用品的不准作业；非特殊作业人员不准从事特种作业；机械、电器设备安全防护装置不齐全不准作业；对机械、设备、工具的性能不熟悉不准作业；新工人不经培训或培训考试不合格，不准上岗作业。

8.2.4　建立机械设备、临电设施和各类脚手架工程设置完成后的验收制度。未经过验收和验收不合格的严禁使用。

8.2.5　成立以专业监控单位为主的监控部门，编制完善的监控方案，对焊接、拼装、拖运等实施全程监控，及时发现安全隐患，及时采取措施消除。

8.3　行为控制措施

8.3.1　进入施工现场的人员必须按规定正确佩戴安全帽，并系下颌带。

8.3.2　凡从事2m高以上无法采用可靠防护设施的高处作业人员必须系安全带。

8.3.3　现场所有焊工、电工、起重工、吊车司机须是自有职工或长期合同工，所有特殊工种人员必须持证上岗。

8.3.4　施工人员上岗前由安全部门负责组织安全生产教育。

8.4 安全防护措施

8.4.1 各类施工脚手架严格按照脚手架安全技术防护标准和支搭规范搭设，统一采用绿色密目网防护。脚手架钢管应符合要求。

8.4.2 脚手架必须按结构拉结牢固，拉结点垂直距离不得超过4m，水平距离不得超过6m。

8.4.3 操作面必须满铺脚手板。操作面外侧应设两道护身栏杆和一道挡脚板或设一道护身栏杆，立挂安全网。

8.4.4 夜间施工必须有足够的照明，并应有专职电工值班。

8.4.5 立体交叉作业时，层间搭设严密牢固的隔离层，要注意高空落物伤人。

8.4.6 定期检查机具的运行情况，责任到人，对限位、卷扬机、钢丝绳、保险绳等重要部位要尤为重视，经常检查。

8.4.7 顶部钢梁上安装临时避雷针，且和烟囱永久避雷针连接。

8.4.8 施工现场设置足够和适用的灭火器及其他消防设施。

8.4.9 钢内筒顶升时，烟道口必须派专人监护，禁止非施工人员进入。

8.5 临时用电管理措施

8.5.1 建立现场临时用电检查制度。

8.5.2 临时配电线路必须按规范架设，架空线必须采用绝缘导线，不得采用塑胶软线，不得成束架空敷设，也不得沿地面明敷设。

8.5.3 施工现场临时用电工程必须采用TN－S系统，设置专用的保护零线，使用五芯电缆配电系统，采用"三级配电，两级保护"；同时，开关箱必须装设漏电保护器，实行"一机、一闸、一漏电保护"。

8.5.4 总配电箱、分电箱、现场照明、线路敷设等，必须符合国家标准的规定。

8.5.5 各类施工机械、电动机具必须要有良好的接地保护装置，皮线无破损，操作应按规定进行。

8.5.6 集体宿舍严禁乱拉电线、乱用电炉和取暖设备。

8.5.7 电焊机应单独设开关。电焊机外壳应做接零或接地保护。

8.6 施工机械管理措施

8.6.1 制定机械操作规程，严格按章操作，特别是起重、卷制机械设备。

8.6.2 氧气瓶不得暴晒、倒置、平放使用，瓶口处禁止沾油。氧气瓶和乙炔瓶工作间距符合要求。

8.6.3 及时对机械设备进行保养，确保状态良好。

8.6.4 卷扬机上的钢丝绳应排列整齐，如发现重叠或斜绕时，应停机重新排列。严禁在转动中用手、脚去拉踩钢丝绳。作业中任何人不得跨越正在作业的卷扬机钢丝绳，绳道两侧设安全围栏。

8.7 防火管理措施

8.7.1 加强施工现场的防火管理，杜绝火灾事故的发生是干好该工程的关键环节。在施工前必须制定切实可行的防火管理措施。

8.7.2 严格执行《消防安全管理条例》的规定，建立健全防火责任制，职责明确，防火安全制度、安全器材齐全。

8.7.3　建立动用明火审批制度，按规定划分级别，审批手续完善，并有监护措施。

8.7.4　重点防范部位明确，防火奖惩、火灾事故、消防器材管理记录齐全。

8.7.5　施工平面布置、施工方法和施工技术方案必须符合消防安全要求。

8.7.6　保温施工时，保温材料应规范堆放，并保持与焊接作业场地安全距离。

8.7.7　油漆间以及宿舍、办公室等按规定设灭火器、配砂箱。

8.7.8　建立安全检查、考评制度，实行安全一票否决制。

8.8　通风排烟安全措施

为了排除钢内筒与底座之间焊接过程中产生的烟气，防止焊接人员发生中毒，在标高12m的落灰平台边缘预留2个600mm×800mm的洞口，1个洞口安装1台轴流风机，将密闭空间内产生的焊接烟气抽排出去，使新鲜空气补充进来；另一个洞口作为施工人员的进出通道。

8.9　纠偏止晃冒顶安全措施

顶升过程中，筒体因重心偏上、头重脚轻，会发生竖向垂直度偏斜，筒体的安全稳定性出现问题，解决措施是：

（1）在筒体底部设置倾斜标尺；

（2）在筒体底部设置对称的4个捯链，控制倾斜和提升速度，防止冒顶。

9　环保措施

9.1　编制环境保护实施计划。

9.2　对现场施工人员进行环境保护教育。

9.3　正确处理垃圾收集、清运：

9.3.1　尽量减少施工垃圾的产生。

9.3.2　产生的垃圾在施工区内集中存放，并及时运往指定垃圾场。

9.3.3　设置废弃物、可回收废弃物箱，分类存放。

9.3.4　集中回收处置办公活动废弃物。

9.3.5　现场生活垃圾堆放在垃圾箱内，不得随意乱放。

9.4　减少污水、污油排放：

9.4.1　在生产、生活区域内设置排水沟，将生活污水、场地雨水排至指定排水沟，不随意排放。

9.4.2　机械设备运行时应防止油污泄漏，污染环境。

9.4.3　工地临时厕所指定专人清理，在夏季定期喷洒防蝇、灭蝇药，避免其污染环境，传播疾病。

9.5　降低噪声：

9.5.1　合理安排施工活动，或采用降噪措施、新工艺、新方法等方式，减少噪声发生对环境的影响。夜间尽量不进行影响居民休息的有噪声作业。

9.5.2　施工机械操作人员负责按要求对机械进行维护和保养，确保其性能良好，严禁使用国家已明令禁止使用或已报废的施工机械。

9.5.3　尽量减少重物抛掷，重锤敲打，采取合理的防变形措施，减少因矫正变形采取的机械作业。

9.6 减少粉尘污染：

9.6.1 在推、装、运输颗粒、粉状材料时，轻拿轻放，以减少扬尘，并采取遮盖措施，防止沿途遗撒、扬尘，必要时洒水湿润。

9.6.2 车辆不带泥砂出施工现场，以减少对周围环境污染。施工区域道路上定期洒水降尘。

9.6.3 除锈作业宜封闭进行，作业人员应配备防护措施。

9.7 减少有害气体排放：

9.7.1 禁止在施工现场焚烧油毡、橡胶、塑料、垃圾等，防止产生有害、有毒气体。

9.7.2 施工用危险品坚决贯彻集中管理和专人管理原则，防止失控。

9.7.3 选择工况好的施工机械进场施工，确保其尾气排放满足当地环保部门要求。

9.8 控制有毒、有害废弃物：

9.8.1 加强现场油漆、涂料等化学物品采购、运输、储存及使用各环节的管理，不得随意丢弃、抛撒。

9.8.2 对用于探伤、计量、培训等工作中用的放射源加强管理，制定专门的措施，确保环境不被污染。

10 效益分析

10.1 经济效益

南阳天益发电有限责任公司2×600MW超临界燃煤火电机组项目烟囱、卸煤沟和汽车衡等建筑工程烟囱钛钢内筒由我单位负责具体实施，总造价约3450万元（其中甲供主材约2600万元），钛钢内筒施工采用了该技术，优质、高效、低耗地完成了钢内筒的施工。直接经济效益为：节约成本1082530元，其中节约人工费99953元、材料费94237元、机械费276955元，技术措施费358385元，工期费用187000元，其他66000元，总成本降低率约3.14%，实现利润1581450元，产值利润率约18.61%，取得了较好的经济效益。

10.2 社会效益

通过该技术在上述工程中的成功实践，树立了良好的企业形象，为该工程项目的早日投产见效、促进当地经济发展作出了积极贡献，受到了当地政府和建设单位的高度赞扬，赢得了较大的社会信誉，社会效益显著。

10.3 节能与环保

由于本工法采用气顶施工，流水作业，效率高，缩短了工期。相对其他施工方案，减少机械投入总功率约4.6%，节能环保效果明显。

10.4 本工法符合国家关于节能工程的有关要求，有利于推进可再生能源与建筑结合配套技术研发、集成和规模化应用。

11 工程实例

11.1 我单位承建的南阳天益发电有限公司2×600MW超临界燃煤火电机组项目烟囱

钛钢内筒，总高210m，分为钢筋混凝土结构外筒体和钢结构内筒体两层，内外筒体之间设置钢梯平台及止晃平台等。内筒体12m以下为钢筋混凝土筒体结构，承受整个烟囱内筒重量，12m以上为钛钢复合板结构，内直径ϕ8000mm，由δ15（12）+1.2mm钛钢复合板（BR2）经手工电弧焊和钨极气体保护焊焊接而成，整个钢结构总重约800t。钢内筒保温采用超细玻璃棉毡，钢丝网保护，筒首外露部分采用不锈钢板保护。

11.2　该工程2006年11月开工，采用本工法成功解决了诸多施工难题，圆满实现了各项工程建设目标，整体质量优良，经总结形成了一套成熟的施工工艺，锻炼培养了一批技术人才和作业队伍，为以后同类工程施工积累了成功的经验。取得了良好的经济、社会效益，环保节能，具有良好的推广价值和发展前景。

11.3　通过工程实践发现，该技术在顶升作业的自动化集中控制方面还有进一步改进、提高的余地。

穹顶桅杆轨道内整体提升、旋转就位施工工法

编制单位：中国建筑第三工程局
批准部门：国家建设部
工法编号：YJGF166—2006
主要执笔人：张　琨　徐　坤　高勇刚

1 前　言

随着国民经济的蓬勃发展，许多超高层建筑屋顶造型出于外观或避雷的考虑，设计越来越新颖，这也给施工提出了新的难度。南京国际金融大厦工程共53层，屋顶为拱形穹顶，由12根等分圆周的弧形梁组成，弧形梁跨度16.8m。穹顶上部为桅杆，桅杆高度19m，通过米字状的底座上均分圆周的六块连接板与穹顶上的箱形环梁连接。主体钢结构采用内爬式塔吊（H3/36B）进行安装，穹顶安装完成后受主体结构内缩塔吊无法附着的影响，塔吊自由高度无法达到安装桅杆的高度要求。在此情况下，项目部采用了设置轨道内提升的办法进行安装桅杆。通过中建三局建设工程股份钢结构公司在南京国际金融中心工程上的实践，充分证明了对于此类结构采用设置轨道内提升的办法来进行安装桅杆，既安全、可靠又便捷、经济。

2 工艺特点

2.1　整个桅杆安装过程不使用塔吊，采用捯链进行提升，将工作化繁为简，大大地降低了成本。

2.2　设定轨道进行内部整体提升倒装，施工全过程在穹顶内部进行操作，无需进行操作防护，既降低成本，又提高了操作的安全性。

2.3　通过在桅杆底座上方和下方的两个平行面上各设置一道卡环，形成桅杆提升的轨道，上下卡环的中心连线与桅杆中心线重合，桅杆在轨道内稳定地笔直提升，轨道提升系统具有毫米级的微调功能，能轻易实现高空垂直度定位，并利用经纬仪进行垂直度复核。

2.4　利用在桅杆底部增加配重来调整桅杆重心，且通过增长的配重保障桅杆始终在固定轨道内提升，避免桅杆提升过程中出现倾覆的危险。

2.5　使用杠杆原理，在增加的配重端进行旋转、校正操作，将高空作业转化为地面作业，操作方便灵活，安全性好，可靠性高，使用性广，通用性强。

3 适用范围

本工法适用于高空建筑中顶部有穹顶和桅杆的结构。

4 工艺原理

穹顶桅杆轨道内整体提升旋转就位施工法，是通过设定轨道对桅杆提升进行限位，通过增加配重调整桅杆重心，使桅杆在轨道限位和重心调整的双保险下，通过提升装置对桅杆进行整体一次性提升的先进施工方法。该工法采用杠杆原理在配重底端进行校正、旋转就位，实现高空作业向地面作业转化，是将工作化繁为简、变高危作业为安全性作业的高精度先进施工方法（图4－1、图4－2）。

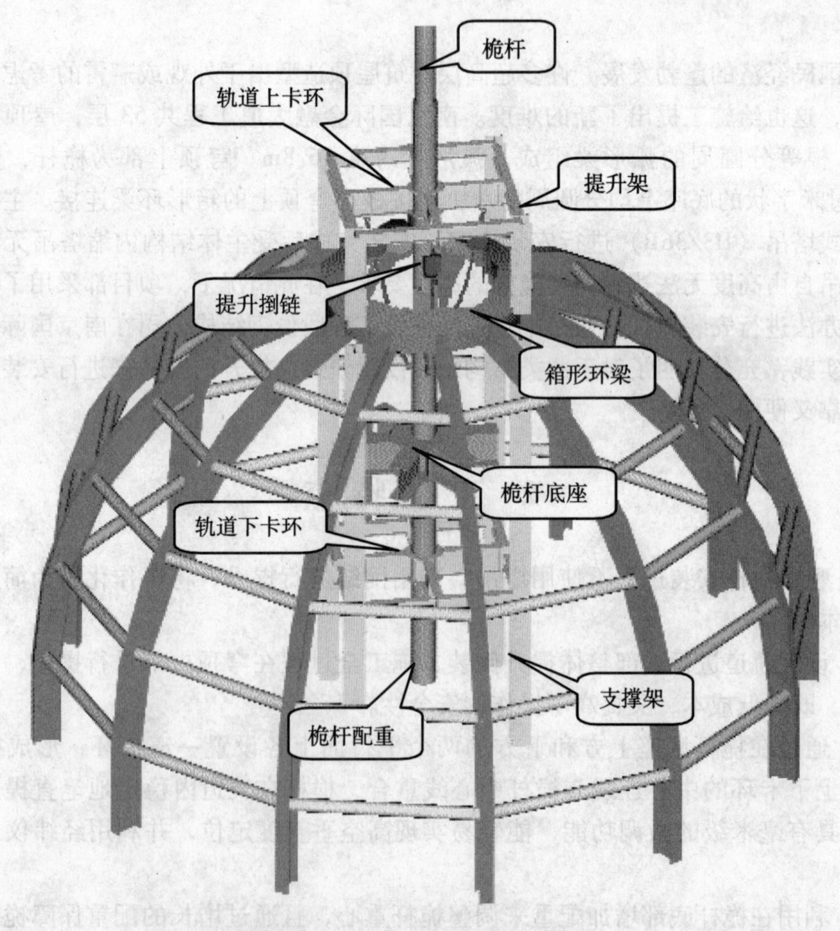

图4－1　桅杆轨道内提升示意图

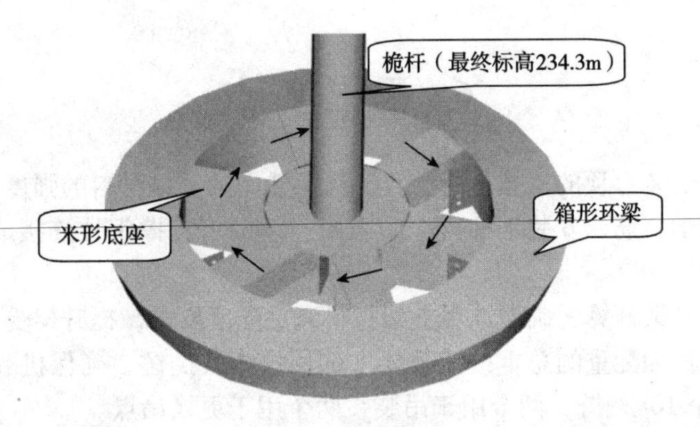

图4－2　桅杆旋转就位示意图

5　工艺流程

工艺流程如图5所示。

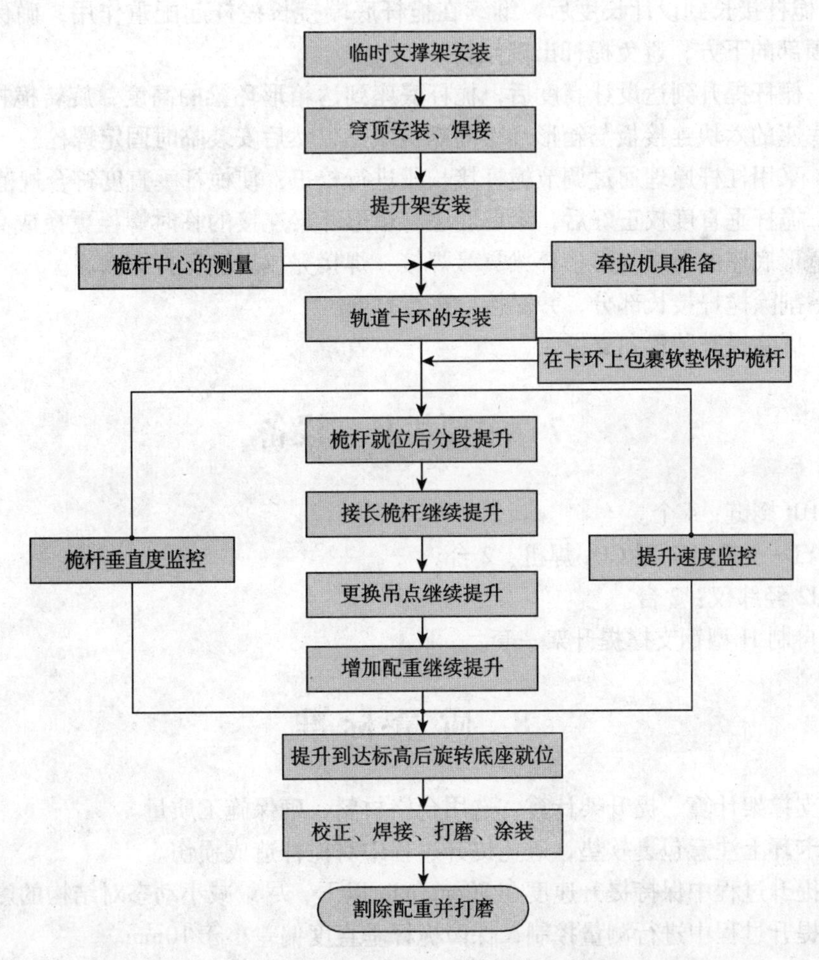

图5　桅杆轨道内提升旋转就位流程图

6 施工要点

6.1 对用于安装穹顶的支撑进行计算，确保选用的支撑材料的强度满足要求。

6.2 进行化学植筋，安装钢柱支撑，采用连续梁将支撑钢柱连接成框架，保证支撑柱的整体稳定性。

6.3 进行提升架计算，确保选用支架材料满足强度要求，提升架受力按活荷载计算。

6.4 根据桅杆加配重的总重按活载要求选用挂索及捯链，确保机具强度满足吊装要求，提升共需 4 个 10t 捯链，两个用于吊装，两个用于更换吊点。

6.5 检查捯链和索具，确保捯链、索具完好，并满足吊装的受力要求。

6.6 进行测量放线，将桅杆中心往上投影，在桅杆底座的上方和下方安装卡环。卡环中心连线与桅杆中心线重合，并在卡环上包裹软垫，保护桅杆杆身。

6.7 对桅杆进行合理分段，选择合理的吊点，提升过程中倒吊拼接。

6.8 桅杆提升到一定高度更换吊点，接长桅杆继续提升，提升过程中进行桅杆垂直度和提升速度监控，确保桅杆笔直、匀速缓慢上提。

6.9 桅杆接长到设计长度后，继续在桅杆底端接长桅杆起配重作用，确保桅杆重心处于穹顶顶部的下方，避免桅杆出现倾斜。

6.10 桅杆提升到达设计高度后，桅杆底座到达箱形环梁的高度，旋转桅杆底座，使龟形桅杆底座的六块连接板与箱形环梁的靠板紧贴，然后安装临时固定螺栓。

6.11 采用杠杆原理通过调节桅杆接长段进行校正，使桅杆垂直度符合规范要求。

6.12 桅杆垂直度校正好后，米形底座与箱形环梁连接的临时螺栓更换成高强螺栓并拧紧，将龟形底座的翼缘与形形环梁翼缘焊接，焊接完成后进行打磨涂漆。

6.13 割除桅杆接长部分，并对接口进行打磨。

6.14 拆除提升装置和支撑。

7 主要机具、设备

7.1 10t 捯链：4 个。

7.2 YD—600KH1 型 CO_2 焊机：2 台。

7.3 J2 经纬仪：2 台。

7.4 自制 H 型钢支撑提升架一套。

8 质量标准

8.1 支撑架计算、提升架计算，选用合格材料，确保施工质量。

8.2 卡环上注意包裹软垫，避免提升过程中对桅杆造成损伤。

8.3 提升过程中保持提升速度在 30cm/min 以下，尽量减小动态对结构的影响。

8.4 提升过程中进行测量控制，保障桅杆垂直度偏差小于 10mm。

8.5 保障桅杆拼接节点处及桅杆与穹顶焊接位置的焊缝达到强度要求，避免桅杆提升过程中出现倾斜而产生侧向力损伤焊缝。

8.6 提升过程中对于油漆损伤的部位及时补油漆。

9 安全注意事项

采用本工法施工尽管是在内部进行操作，但毕竟属于高空作业，且一般情况桅杆悬挑长度很大，容易导致倾覆，所以施工过程中尚需注意以下几个方面：

（1）桅杆提升后的最终高度高于塔吊起重臂高度，为避免在桅杆提升过程中塔吊起重臂与桅杆碰撞，在桅杆提升前拆除塔吊。

（2）注意支撑底部埋件的化学植筋计算，避免穹顶安装时产生的侧向力对植筋拉拔而导致支撑倾覆。

（3）注意支撑的刚度计算，避免穹顶安装时产生的侧向力导致支撑弯曲。

（4）注意提升装置的计算，确保提升装置的强度能满足桅杆在增加配重重量所产生的动荷载要求。

（5）注意选择足够刚度的卡环，确保桅杆在提升过程中出现倾斜而产生的侧向力对卡环有所破坏。

（6）取较大的安全系数来计算选用捯链，确保使用两个捯链进行提升而能达到强度要求。

（7）注意选择足够强度的钢丝绳作为提升挂索，并在提升前注意对钢丝绳及捯链进行检查，确保钢丝绳及捯链符合施工要求。

（8）注意确保在穹顶内部搭设的提升操作平台有足够的强度，要按照活荷载进行考虑。

（9）提升过程中要注意控制提升的速度，避免桅杆在提升过程中晃动而对结构产生影响。

（10）选择小风天气（三级以下）进行提升，避免摆动过大造成垂直度控制困难。

（11）必须等桅杆焊接牢固焊缝达到强度要求后才能割除配重，避免过早割除配重而导致桅杆倾倒。

10 工程实例及效益分析

南京国际金融中心工程穹顶桅杆吊装，采用了内提升倒吊法进行施工，现在工程已顺利完工，施工过程如图10－1～图10－2所示。由于采用了内提升倒吊法进行施工，大大提高该部分施工的安全性，减少了设备投入和安防投入，同时在缩短工期上也取得了明显的效果。

（1）如桅杆采用塔吊进行吊装，由于楼层结构收缩，作业空间狭小，而且施工处于高空，需要搭设大量的脚手架进行操作，会因此增加成本。采用内提升法进行施工，仅需要投入捯链及搭设支撑架。

（2）如桅杆采用塔吊进行吊装，作业空间狭小，在穹顶的位置进行桅杆校正拉缆风绳角度极小，不便于校正。

（3）桅杆采用塔吊吊装解钩及割除吊耳，都必须攀爬到桅杆顶部进行，安全无法保障。而采用内提升法，吊装点在桅杆杆身，可以在桅杆提升过程中更换吊装点时割除吊耳，既安全又便于作业。

（4）南京国际金融中心主楼结构收缩幅度较大，塔吊在施工完成主楼后如继续爬升，附着十分困难。而塔吊原高度无法达到吊装桅杆的要求，采用内提升施工方法问题迎刃而解，且方便、经济。

图 10－1

图 10－2

橡胶轮胎生产线成套设备安装工法

编 制 单 位：中国建筑第四工程局
批 准 单 位：国家建设部
工 法 编 号：YJGF341—2006
主要执笔人：虢明跃　刘　虹　左　波　李方波　蒋华雄　袁盛凌

1 前　言

橡胶轮胎随着我国汽车工业的高速发展而具有广阔的市场。目前，橡胶轮胎生产企业在我国增长迅速，而橡胶轮胎生产的核心设备大多数是国外的进口设备，其设备安装是橡胶生产线的核心。我公司通过在厦门正新橡胶轮胎厂的一期、二期、三期工程，厦门正新海燕轮胎厂、厦门正新实业轮胎厂、昆山建达轮胎厂、天津大丰轮胎厂、贵州橡胶轮胎厂等工程的成套设备安装，积累了非常实用、经济且先进的施工经验，多个工程获得了省、部级优质工程奖；同时，形成了采用多种吊装方式、设备精确的调整手段等工艺的成套设备安装工法。由于该方法在使用过程中能有效地节约成本、提高生产效率，且技术先进，深得业主的信赖，取得了良好的社会和经济效益。

2 工法特点

本工法包括整套橡胶轮胎生产线成套设备安装施工技术。其中主要有密炼机安装、压延机安装、成型机安装、硫化机等设备的安装工艺。

本工法主要有以下特点：

2.1　操作性强

本工法详细叙述了橡胶生产设备的施工方法及要点，可操作性强，对施工有极大的指导作用。

2.2　确保质量

采用本工法施工，提高施工质量。特别是详细地解析了成套设备的精度测量方法，进一步确保了安装质量。

2.3　节约成本

根据橡胶厂房的现场条件，采用多种吊装方法，大大节约了大型吊装设备费用。

2.4　安全性高

本工法的组装吊装方法，简单易行，方便操作，安全性高。

3 适用范围

本工法适用于橡胶轮胎生产线成套设备安装，对今后的同类工程具有很好的参考价值。

4 工艺原理

橡胶轮胎生产线设备的安装工艺复杂，主要有生胶、碳黑系统、电子秤、密炼系统、开炼系统、冷却系统、压延系统、成型系统、硫化系统、检测系统等，其设备安装的工艺原理主要是吊装和设备安装的精平调整。

4.1 设备吊装：橡胶轮胎厂设备安装时其厂房结构及所有共用设施（通风、空调、电气、管道）均已完成后，才能安装设备。因受厂房高度等条件的限制和影响，吊装作业既无法采用与设备相匹配的大型吊车一次就位，也不可能采用桅杆进行吊装。在实际施工中，我们采用叉车配合小型吊车及地老虎车、千斤顶等多种吊装方法，结合实际情况进行吊装及运输，开发了一套低空间厂房设备吊装及运输的施工技术，既能安全有效地将设备吊装就位，又能大大地节约大型吊车费用。

4.2 设备精平：橡胶轮胎厂设备中密炼机、开炼机、压延机、成型机及硫化机体积大、重量重、安装精度要求高，采用高精度水准仪、百分表等检测仪器仪表进行检测调整。调整中依照顺序进行流水调校，直至达到规定要求为止。

5 施工工艺流程及操作要点

5.1 施工工艺流程

5.1.1 设备安装施工工艺流程

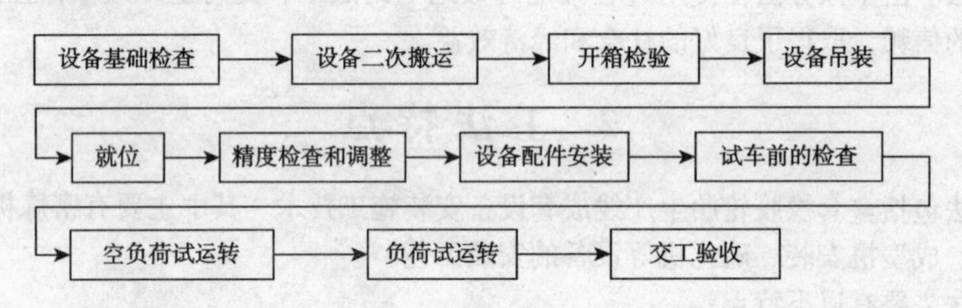

5.1.2 密炼机安装施工工艺流程

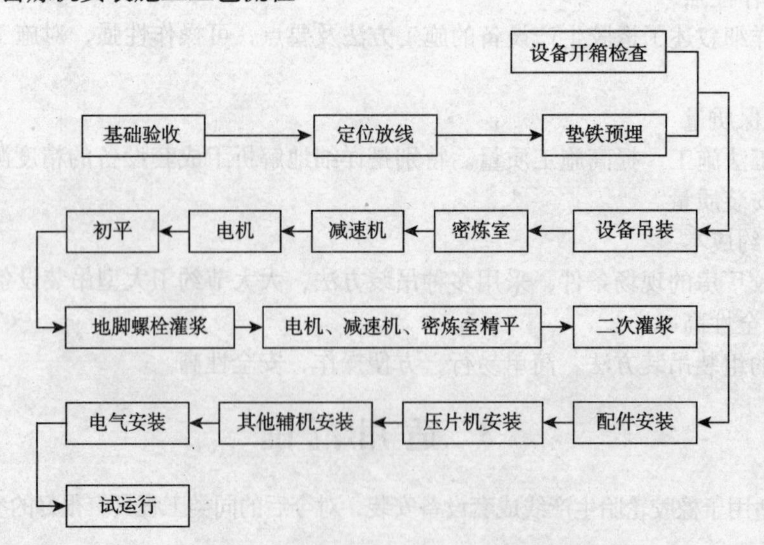

5.1.3　开炼机安装施工工艺流程

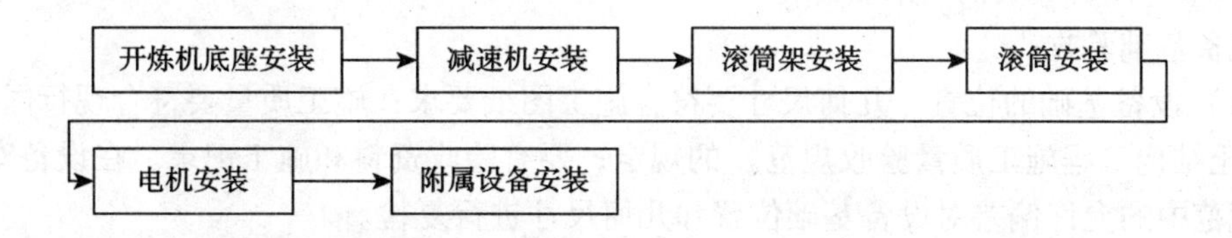

5.1.4　双螺杆挤出压片机安装施工工艺流程

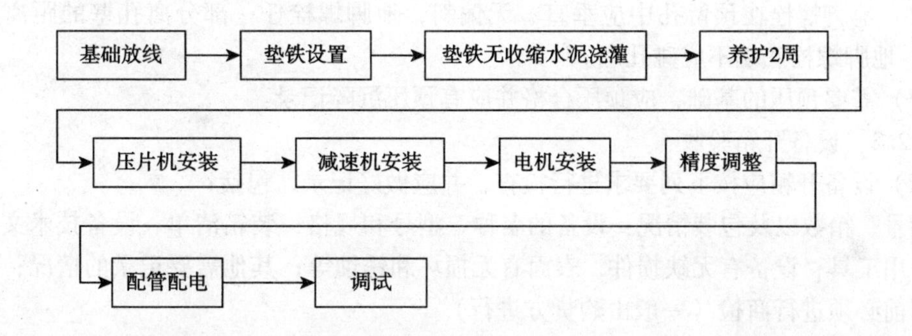

5.1.5　压延机安装施工工艺流程

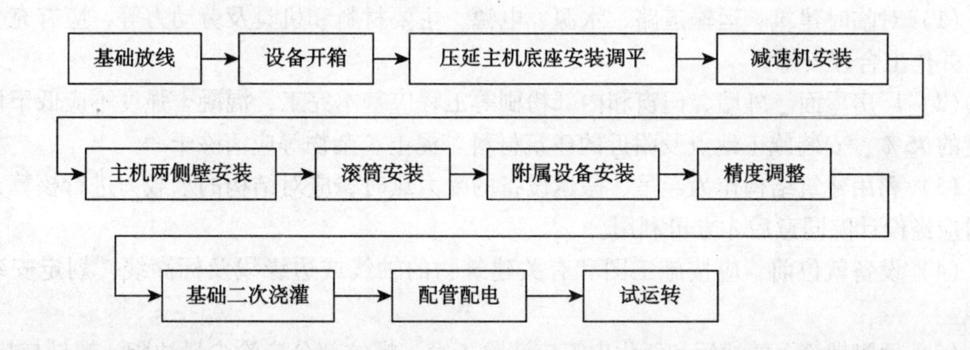

5.1.6　成型机安装施工工艺流程

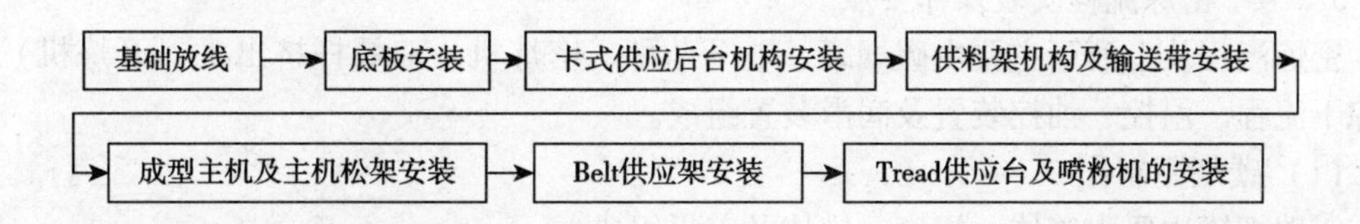

5.1.7　硫化机安装施工工艺流程

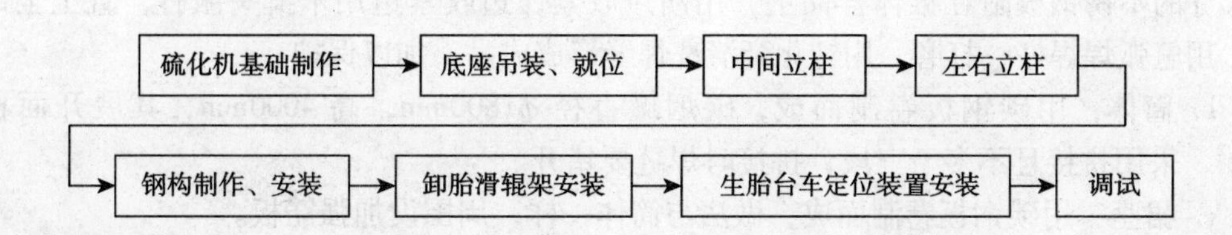

5.2　操作要点

5.2.1　设备安装前的准备工作

设备基础验收：

(1) 设备基础的位置、几何尺寸要符合施工图纸要求；施工质量要符合现行国家标准《混凝土结构工程施工质量验收规范》的规定；要有验收资料和施工记录。在设备安装前，应按规范中的允许偏差对设备基础位置和几何尺寸进行复检。

(2) 设备基础表面和地脚螺栓预留孔中的油污、碎石、泥土、积水等均应清除干净，放置垫铁部位的表面应平整。

(3) 地脚螺栓在预留孔中应垂直、无偏斜，地脚螺栓任一部分离孔壁的距离应大于15mm，地脚螺栓底端不应碰孔底。

(4) 需要预压的基础，应预压合格并应有预压沉降记录。

5.2.2　设备开箱验收

(1) 设备开箱应按下列要求进行检查，并应做好记录，包括：

箱号、箱数以及包装情况：设备的名称、型号和规格；装箱清单、设备技术文件、资料及专用工具；设备有无缺损件，表面有无损坏和锈蚀等；其他需要记录的情况；进口设备开箱前必须进行商检（一般由购货方进行）。

(2) 设备及其零、部件和专用工具，均应妥善保管，不得变形、损坏、锈蚀、遗失。

5.2.3　设备安装前应具备的条件

(1) 对临时建筑、运输道路、水源、电源、主要材料和机具及劳动力等，应有充分准备，并作出合理安排。

(2) 厂房屋面、外墙、门窗和内部粉刷等工程应基本完工，混凝土强度不应低于设计强度的75%；安装施工地点及附近的建筑材料、泥土、杂物等应清除干净。

(3) 利用建筑结构作为起吊、搬运设备的受力点时，应对结构的承载力进行核算，必要时应经设计院同意后才方可利用。

(4) 设备就位前，应按施工图和有关建筑物的轴线或边缘线及标高线，划定安装基础线。

(5) 地脚螺栓上的油污和氧化皮等应清除干净，螺纹部分应涂少量油脂；螺母与垫圈、垫圈与设备底座间的接触均应紧密；拧紧螺母，露出的长度宜为螺栓直径的1/3～2/3。

5.2.4　密炼流程安装操作要点

密炼流程从上而下主要由碳烟罐、电子药秤、密炼机、双螺杆挤出机（开炼机）、胶片晾干流程、温控、油控装置及润滑装置组成。

(1) 碳烟罐制作

①碳烟罐主要由筒体、裙座、锥体及盖板组成。

a. 锥体：由不锈钢板制作，制作前用油毡制作一个样品，将油毡放出锥体尺寸，把下好尺寸的不锈钢板附在锥体样品上，用葫芦收紧，边收紧边用木榔头敲打，直至全部合拢，用氩弧焊焊好、打磨，用钝化膏清洗焊缝形成成品，加以保护。

b. 筒体：用碳钢板卷制而成，碳烟罐直径 ϕ1800mm，高 4000mm，其展开面积约23m^2，采用拼接且不多于三段，拼接时焊缝要错开。

c. 裙座：用碳钢板卷制而成，做法与筒体一样，周围设加强筋板。

d. 盖板：按尺寸制作。

e. 其他附属零、部件制作：吊耳、敲击器、碳烟检测孔等。

筒体、裙座、盖板三部分加工后，内外面喷砂除锈，达到 Sa2.5 级，经验收合格后喷涂无机锌粉底漆及银灰面漆，形成成品加以保护。

②碳烟罐安装：先将裙座安装在设计位置上，不锈钢锥体通过法兰用螺栓与裙座连接起来，使用现场行吊或制作门字架将碳烟罐吊放到裙座上，法兰螺栓连接。就位后，用吊线坠法校正垂直度，其设计误差为 6mm，而实际测得误差为 2mm。验收合格后，用无收缩水泥对裙座与地面缝隙进行二次浇灌。

（2）电子药秤

此流程采用英国 Chronos 电子药秤，按设计图先加工电子药秤支架并固定，将电子药秤安放在支架上调平，其配套的八根溜管分别与八个碳烟罐底部连接。溜管与碳烟罐底部不得强制性连接。

（3）密炼机

主要由密炼室、减速机、电机组成。

①基础放线：根据施工图用经纬仪放出密炼机的纵、横中心线，基础坐标位置（纵横轴线）允许偏差 ±1mm，基础各不同平面标高允许偏差 0 ~ −20mm。

②基础平垫铁安装：用水准仪测量平垫的标高，平垫标高精度 ±0.5mm，用框式水平仪调整平垫的水平度，其水平精度误差小于 0.04mm/m。验收合格后，用无收缩水泥灌浆，养护 2 周才可进行设备吊装就位工作。

③设备吊装：密炼室重约 21t，减速机重约 15t，电机重约 11t，均安装在 5m 夹层，采用 25t 吊车吊装。因设备基础高出夹层 1.1m，离夹层边缘 3m，吊装场地狭窄，密炼室不能直接吊放在基础上，需二次就位。吊装前用枕木垫高，枕木上放厚壁滚筒，两者高度应与基础高度相同或略高。用吊车将密炼室先吊放在滚筒上，利用现场建筑物固定 10t 葫芦，葫芦慢慢收紧，将密炼室移至基础上方，用 2 台 20t 千斤顶配合，将滚筒移走。减速机、电机吊装就位方法同上。

④设备对中：将密炼室、减速机、电机中心与基础纵、横中心线对齐，其误差 ±0.5mm。

⑤精度调整：首先调整减速机，借助现场建筑物，用 2 个 20t 螺旋千斤顶前后、左右调整减速机，使减速机纵、横中心线与基础中心线完全重合。将框式水平仪在减速机标准面上进行调整，精度符合要求后，以减速机的标高为基准，分别调整密炼室与电机的精度。重点检查项目和结果见表 5 − 1。精度确认合格后，对基础进行二次浇灌，待基础强度达到要求时，安装上顶栓。精度调整的同时，可进行钢平台及管路制作安装。

重点检查项目和结果 **表 5 −1**

项　目	精度要求（mm）	检查结果（mm）
减速机整机水平度	≤0.1	0.05
电机与减速机轴同心度	≤0.05	0.02
电机与减速机轴平行度	≤0.05	0.03
减速机与主机同心度	≤0.075	0.05
减速机与主机平行度	≤0.1	0.06

⑥测量工具：千分表、框式水平仪、游标卡尺、内径千分尺。

⑦调试：a. 条件：管路、电源，钢平台已全部完成。

b. 调试步骤：

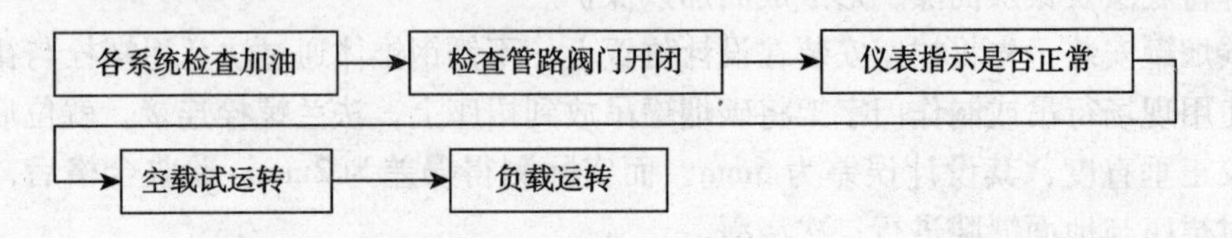

试运转过程中，设备运行应平稳。

5.2.5　开炼机安装操作要点

开炼机主要由底座、减速机、滚筒、滚筒架、电机及附属设备组成。

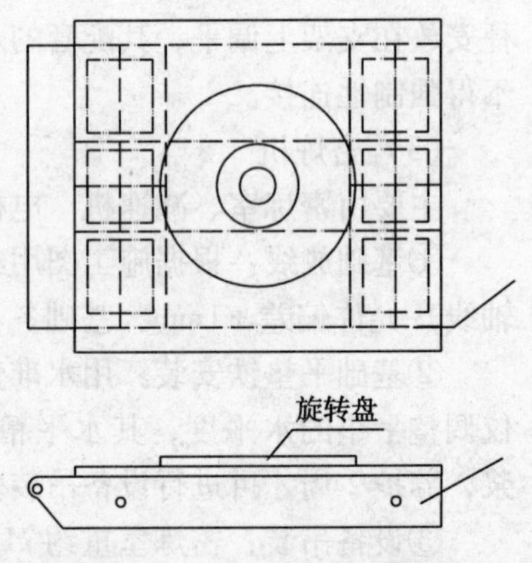

图 5－1　地老虎（会旋转）

（1）根据施工图，用经纬仪放出基础纵、横中心线。

（2）开炼机组装就位：采用设备预组装整体滑移法。因施工场地狭窄，一般不能在原有基础上进行组装，可以在基础外部吊装、组装、整体搬运（总重量50t）至安装基础上。安装顺序见第5.1.3条开炼机安装施工工艺流程图，用8t叉车将开炼机底座放置地面上，30t汽车吊车将减速机吊放在底座上，依次安装滚筒架、滚筒、电机及附属设备。组装完成后，整个重量达50t左右，用叉车及挂式千斤顶将整个开炼机顶起来，底座前面中间部位放置一个自制的会旋转的地老虎，如图5－1所示。

底座后面两脚部位各放置一个固定的自制地老虎，如图5－2所示。

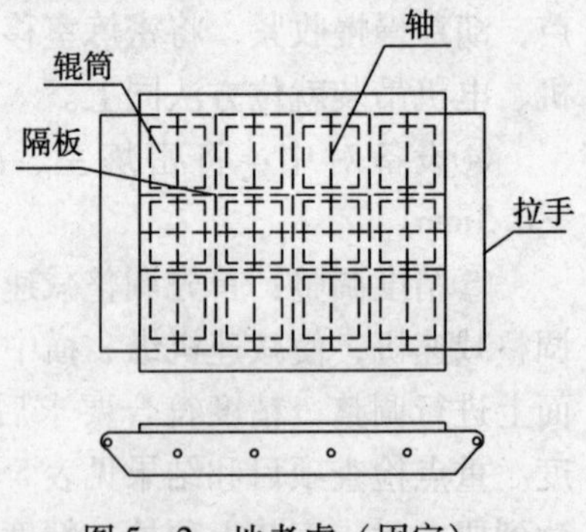

图 5－2　地老虎（固定）

待就绪后，叉车推动前进的过程中，前面的地老虎在施工人员控制下，随时调整方向，直至开炼机就位，用2台30t液压千斤顶及周围建筑物结构，前后、左右调整底座，使底座纵、横中心线与基础中心线完全重合。

（3）精度调整：

①用水准仪测量其底座基准面，调整底座标高；

②用框式水平仪及平尺调整滚筒架的水平度、平行度，其纵横水平精度为0.04/1000；

③用两块千分表调整减速机与电机的同轴度与平行度，其同轴度误差为0.05/1000。

5.2.6　双螺杆挤出压片机安装操作要点

（1）从密炼室基础预留孔吊线坠，确定压片机中心点，结合施工图，用经纬仪放出基础纵、横中心线及其他定位尺寸。

（2）平垫设置：用化学药剂螺栓固定平垫，用水准仪测出其中的一块平垫标高，用两个框式水平仪调整平垫纵、横向水平度，其水平误差为0.04/1000。以此平垫为基准，用两个框式水平仪及3m平尺按顺序调整余下平垫的水平度。

(3) 所有平垫精度调整好后，订做木盒，对平垫基础进行灌浆并洒水养护2周。

(4) 设备就位：因为施工场地狭窄，无法在原有基础上进行组装，只能在外部组装，设备下方放置厚壁滚筒，用手动葫芦将设备拖运至安装基础上，用千斤顶将设备顶起来，移走滚筒，放下设备。

(5) 精度调整：用框式水平仪调整其水平度，其水平误差小于等于0.04/1000。电机与挤出机距离太远，采用杠杆辅助测定方法，加工一个标准杠杆，一端固定在电机联轴器上，另一端架千分表，对其精度进行调整，其同心度同轴度误差小于等于0.04/1000。如图5-3所示。

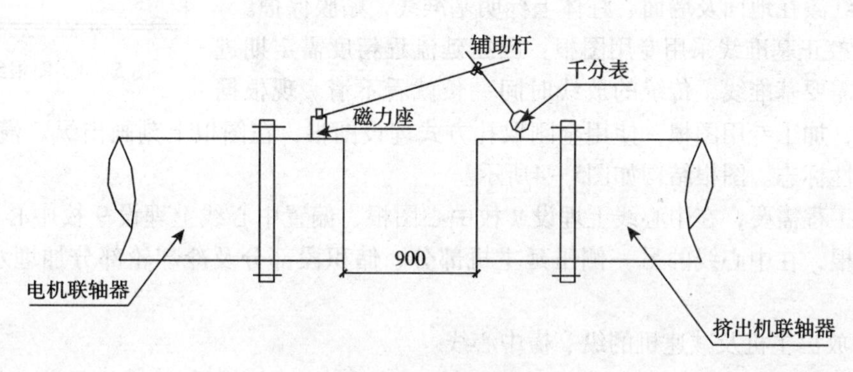

图5-3 精度调整

(6) 挤出机与压片机联轴器同轴度与平行度用百分表测量，其同轴度误差小于等于0.04/1000，平行度误差小于等于0.1/1000。重点检查项目及结果见表5-2。

重点检查项目和结果（mm） 表5-2

项 目	精度要求	检查结果
减速机输入轴与压片机用电机同轴度	≤0.05	0.02
减速机输入轴与压片机用电机平行度	≤0.05	0.02
压片机下辊输入轴与减速机下输出轴同轴度	≤0.05	0.04
压片机下辊输入轴与减速机下输出轴平行度	≤0.05	0.04

(7) 调试：①先空载试运转，后负载运行；②试运转过程中，设备运行应平稳。

5.2.7 胶片冷却流程操作要点

相对而言，胶片冷却流程安装要容易些，先放出其纵、横中心线，将设备吊放到基础上，中心对好，按顺序依次组装，难点是其垂直输送段的安装（从1F至2F），采用叉车提升法。因安装预留孔尺寸为2100mm×2100mm，垂直输送段尺寸为1200mm×1200mm，吊车无法吊装，只能采取两台叉车共同提升，一台叉车在1F提，一台叉车在2F提，两台叉车要不停地换位、拴吊带，直至设备就位为止。

5.2.8 压延机安装操作要点

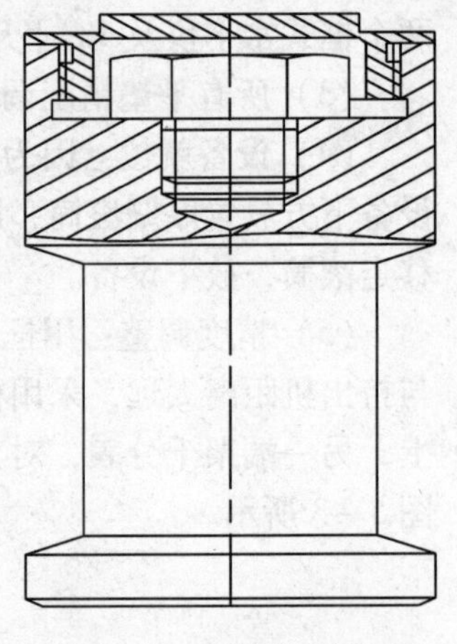

图5－4　图根结构

（1）安装前，会同相关人员共同开箱进行设备的清点查验工作。依照设备到货清单核对设备及配件名称、数量、有无破损等情况，并做记录备查。对已开箱但尚未安装的设备应做好防护。

（2）基础养护期满后，可进行放线工作。使用高精度经纬仪及水准仪复核基础位置之高度尺寸，确定出最高位置点作为后续安装调整的基准，同时再利用高精度经纬仪再次定出后续设备安装用流程的中心线位置，偏置中心线位置，压延主机Ⓧ轴及Ⓨ轴位置。

使用红漆在地面及墙面、柱体上标明基准线，贴膜保护。

（3）校正基准线采用专用图根：因压延流程精度需定期进行校对，需要基准线，传统的放线时间一长就看不清。现根据实际情况，加工专用图根，使用金刚取孔方式埋设图根，在图根上刻画出纵、横中心线，作为永久性标志。图根结构如图5－4所示。

根据工程需要，在中心线上埋设9枚中心图根，偏置中心线上埋设9枚中心图根及4枚水平图根，在中心线的另一侧压延主机部分、储积段部分及冷却轮部分加埋水平图根4枚。

（4）放出主机及减速机的纵、横中心线。

（5）设备吊装：用25t吊车将减速机吊放在基础上，再进行压延主机吊装。将主机底座吊放在基础上，对准纵横中心线、校正水平度，其水平误差控制在0.04/1000内。水平精度确认后，安装压延机两侧壁，每侧壁重达20t，且形状不规则，吊装前必须先确定其重心位置，采用25t吊车和8t吊车配合吊装。吊车起吊时，叉车推动主机朝前移动，吊车边提升，叉车边往前推，直到侧壁完全直立起来。转动吊臂，将主机侧壁吊放到压延机底座一侧上，锁紧螺栓；按同样的方法，吊装第二块侧壁。两块侧壁就位后，安装配套钢构，挂好自带葫芦，吊装压延机滚筒。

（6）精度调整：侧壁垂直度用经纬仪调整，垂直度误差控制在0.04/1000内；滚筒水平度用框式水平仪调整，水平误差控制在0.04/1000内。

（7）精度验收合格后，对基础进行二次灌浆，基础施工采用无收缩水泥坐浆法，其水泥、砂、小石子、水应按要求比例拌合，无收缩水泥坐浆采用木模法固定。基础施工中基础表面均不得有油污及其他异物，拌合水泥过程中不得有其他异物混入。

（8）整个流程各部分设备（钢丝纱筒架系统、上胶后钢带帘纱卷取及垫布放出单元除外）基础安装高度调整采用平垫铁加斜垫铁方式进行，其每一组的水平精度及各组互相间的高度均应采用框式水平仪、高精度经纬仪、水准仪及平尺（3m、4m长各一把）进行测量。其测量值应做记录并会同相关人员复核确认无误后，点焊固定斜垫铁。

①采用地脚螺栓固定的应先行将地脚螺栓放置孔位中，再将设备吊装就位。而采用药剂螺栓固定的设备则可直接吊装就位。

②设备吊装就位前，应清除和洗净设备安装表面的油脂、污垢及粘附的杂质。

③设备吊装就位后，应依照厂家提供的安装精度要求使用高精度经纬仪、水准仪及框式水平仪进行精度调整，并做好记录，再进行二次浇灌或打药剂螺栓。

④二次浇灌及药剂螺栓凝固时间到后，才可用正规工具将所有固定螺栓锁紧，并要求再次使用高精度经纬仪、水准仪及框式水平仪进行精度复核，做好记录。

5.2.9　附属设备安装的操作要点

（1）依照图纸就位固定温控系统、油压单元等附属设备。

（2）安装固定流程电控箱及操作箱等电器设备。

（3）依照提供的图面安装开炼机间、开炼机与压延主机间输送机。

（4）水、汽、风、电、油的配管配线工作。

5.2.10　成型机安装的操作要点

（1）成型机是轮胎生产线核心工艺，技术保密，部件多，精度高。依据施工图放出机台中心线。

（2）画出机台中心偏置线及图根位置，进行中心图根的预埋。

（3）进行成型机机座所有底板（含主机底座、后台底座、轨迹、输送带底板、台车底板等）预埋工作。

（4）对机座底板的各点逐一用水准仪进行标高精度检测，保证精度：安装底板的上表面标高精度为±0.5mm。

（5）进行成型机机座所有底板（含主机底座、后台底座、轨迹、输送带底板、台车底板等）混凝土浇灌，基础养护工作（主机底板养护时间7d；后台底座用轨迹养护时间5d；输送带底板、台车底板养护时间3d）。

（6）卡式供应后台机构的安装就位、调整、配管、配线工作。

（7）供料架机构及输送带的安装就位、调整、配管、配线工作。

（8）成型主机及主机构架安装就位、调整、配管、配线工作。

（9）Belt供应架、Tread供应台及喷粉机的安装就位、调整、配管、配线工作。

（10）设备组装后，进行安装精度调整及检测。

①布圈成型主轴、一次成型主轴、一次成型机尾主轴的平行度安装精度：

a. 对布圈成型主轴、一次成型主轴、一次成型机尾主轴的水平距离、垂直距离进行调整检验；

b. 在水平方向和垂直方向都引一条偏置线作为基准线，取7个点作为基准点；

c. 分别利用水准仪、线坠、钢板尺检测7个基准点位置上的水平、垂直方向的数据，其允许最大偏差为±0.5mm。

②布圈成型筒主轴的径向跳动安装精度：

a. 对布圈成型筒主轴的径向跳动进行调整检验；

b. 用百分表检测，将表座固定在机台机座上，表架在主轴上，用手转动主轴每转90°读取数据，测定部位允许最大偏差为0.5mm。

③布圈成型机底压轮的平行度安装精度：

a. 测量主轴中心线与辊压轮最靠近布圈筒的导向杆中心线的平行度，可采用横向、纵向引偏置线为基准，用水准仪、线坠、钢板尺测出基准处（选两处）的横纵偏差值，允许最大偏差为±0.5mm；

b. 辊压轮分开至一定的位置后，以布圈成型筒中心线为基准，利用线坠、钢板尺测量中心线至辊压轮内侧的距离，允许最大偏差为±0.6mm。

④布圈成型机供料架的平行度安装精度：

a. 先在供料架第一根辊上平均取六点；

b. 利用水准仪、线坠、钢板尺先引横、纵两向的偏置线；

c. 用水准仪、线坠、钢板尺测出各点的横、纵偏差值，布圈成型机供料架辊筒与布圈成型筒两轴的水平、垂直距离允许最大偏差为±0.5mm。

⑤一次成型机主轴的径向跳动安装精度：

a. 对主轴的径向跳动及成型筒与尾座的同心度进行调整检验；

b. 利用百分表，将表座固定在主轴的固定轴上，将表头架在主轴的转轴上；

c. 将转轴每转90°的读数读取并记录；

d. 其径向跳动、同心度允许最大偏差为±0.5mm。

⑥一次成型机主轴的成型筒与尾座的同心度安装精度：

a. 先将成型筒的轴与尾座的距离调至50mm；

b. 利用百分表，将表座固定在成型筒轴上；

c. 将转轴每转90°的读数读取并记录。

⑦一次成型机主轴与底压轮的平行度、中心线安装精度：

a. 将压轮气缸后退到底；

b. 利用线坠、钢板尺测量压轮的转轴中心至成型筒中心线偏差，允许最大偏差为±0.6mm；

c. 利用水准仪、线坠、钢板尺测量基准处（选两处）的水平及垂直距离，允许最大偏差为±0.5mm。

⑧一次成型机成型筒与供料架的平行度安装精度：

a. 先在供料架第一辊上取两点；

b. 利用水准仪、线坠、钢板尺先检测供料架第一辊的轴线与成型筒轴线水平及垂直距离的偏差，水平、垂直距离允许最大偏差为±0.6mm；

c. 测量主向同布圈成型筒与供料架的平行度检测相同。

⑨一次成型机钢丝设定环的径向、轴向跳动安装精度：

a. 进行径向、轴向跳动精度调整；

b. 将专用校具安装在钢丝设定环上；

c. 将钢丝环移至离成型筒100～150mm处；

d. 让成型筒膨胀；

e. 将百分表固定在成型筒上，用百分表分别打专用校具的外圆及端面；

f. 左右两边径向跳动允许最大偏差为±0.8mm；

g. 左右两边轴向跳动允许最大偏差为±0.6mm。

⑩携带圈与布圈成型筒、一次成型筒之间行走的安装精度：

a. 检查携带圈轨道相对一次成型筒、相对布圈成型筒中心线的平行度，方法以利用水准、线坠、钢板尺引偏置线测横向纵向；

b. 利用线坠、钢板尺检查携带圈处于一次成型筒、布圈成型筒的位置时，携带圈的中心线与一次成型筒、布圈成型筒中心线的偏差；

c. 两轴的水平、垂直距离，允许最大偏差为±0.5mm；

d. 一次成型筒上的中心偏离量，允许最大偏差为 ±0.5mm；

e. 布圈成型筒上的中心偏离量，允许最大偏差为 ±0.5mm。

⑪携带圈与布圈成型筒、一次成型筒之间同心度安装精度：

a. 先将成型筒膨胀，携带圈收缩；

b. 用百分表固定在成型筒上，以每转 90°角度读取数据；

c. 对携带圈与布圈成型筒进行同心度校准，允许最大偏差 0.8mm；

d. 对携带圈与一次成型筒进行同心度校准，允许最大偏差 0.8mm。

⑫二次携带圈相对钢带成型筒、充气成型鼓的同心度安装精度：

a. 将携带圈上的安全杆圈拆除；

b. 将携带圈移至两个充气整型鼓之间并使携带圈的纵向中心线与两个充气整型鼓之间的中心线（机台上有刻线）重合；

c. 利用百分表测量携带圈的外圆与端面，分别以每转 90°角度读取数据；

d. 将携带圈收缩后，利用百分表去测量 6 片夹持片中心点的外圆与端面，每转 90°角度读取数据；

e. 将携带圈移至钢带成型鼓处，并使两者中心线重合，再重复以上第 c、d 项的工作步骤；

f. 相对钢带成型筒（携带圈框体）、相对钢带成型筒（携带圈连接片）、相对成型充气鼓（携带圈框体）、相对成型充气鼓（携带圈连接片）的径向进行调整校准，其测定部位允许最大偏差 1.0mm；

g. 携带成型筒（携带圈框体）、相对钢带成型筒（携带圈连接片）、相对成型充气鼓（携带圈框体）、相对成型充气鼓（携带圈连接片）的轴向进行调整校准，其测定部位允许最大偏差 0.6mm。

⑬二次成型机的主要安装精度调整：

成型机精度调整主要有：主轴的径向跳动、水平度；充气整型鼓的径向、轴向跳动；充气成型鼓相对中心的偏差；钢带成型筒的水平度；钢带成型筒的径向、轴向跳动；胎面胶辊压轮相对充气整型鼓中心偏移；钢带辊压轮相对钢带成型筒中心偏移；充气整型鼓中心到钢带成型筒中心距离；基准面到钢带成型筒中心距离；主轴与携带圈轨道的平行度等主要精度的检验。

a. 将水平仪放于主轴处，检查轴的水平度；

b. 再用百分表架于主轴处，检测主轴的径向跳动；

c. 用百分表检测左右气囊充气座的径向跳动与轴向偏摆；

d. 利用线坠、钢板尺检查左右气囊充气座与中心线的偏移（在左右气囊充气扩张后测量）；

e. 用水平仪检查钢带成型鼓的轴向水平度；

f. 再用百分表去检查钢带成型鼓径向跳动与轴向偏摆；

g. 利用线坠、钢板尺检查钢带成型鼓的中心与两辊压轮中心线的偏差；

h. 利用线坠、钢板尺检查左右气囊充气座之间的中心线与两辊压轮中心线的偏差；

i. 利用水平仪检测成型机主轴与携带圈滑轨的平行度；

j. 利用线坠、钢板尺检查基准面到钢带成型鼓中心线的距离；

k. 利用线坠、钢板尺检查钢带成型鼓至左右气囊充气座中心线的距离。

⑭成型机安装完成后，应对设备机座、支撑柱及所有底板再次进行浇筑混凝土并养护。

⑮机台设备组装完成后，即可进行对所有机台设备的气动管路、油压系统、电气线路等配管配线及桥架的连接制作、控制的装配、复查、注油工作。

⑯电控室平台、防护栏的安装。

⑰精度检测经双方确认后，并将所有检测数据记录归档。

⑱调试。

5.2.11 硫化机安装操作要点

硫化机主要功能是对生胎进行加硫，增强其强度及耐磨性能，一般安装在硫化沟中，其整个的工艺流程见第5.1.7条流化机安装施工工艺流程。

（1）根据施工图尺寸用经纬仪放出硫化机的纵、横中心线。

（2）硫化机基础制作前，依据加工图尺寸对基础铁件尺寸进行复核并做好记录。

（3）依硫化机底座尺寸确定孔的位置并钻孔，用压缩空气将孔里的灰尘吹扫干净，用化学药剂螺栓固定基础钢板。

（4）基础地脚螺栓相对位置调整采用模具固定法：硫化机每个基础由三块底板组成，其相对位置按常规方法很难确定。现用四根方管制作四个模具，精度调整时先用模具固定螺栓孔位，见图5-5。

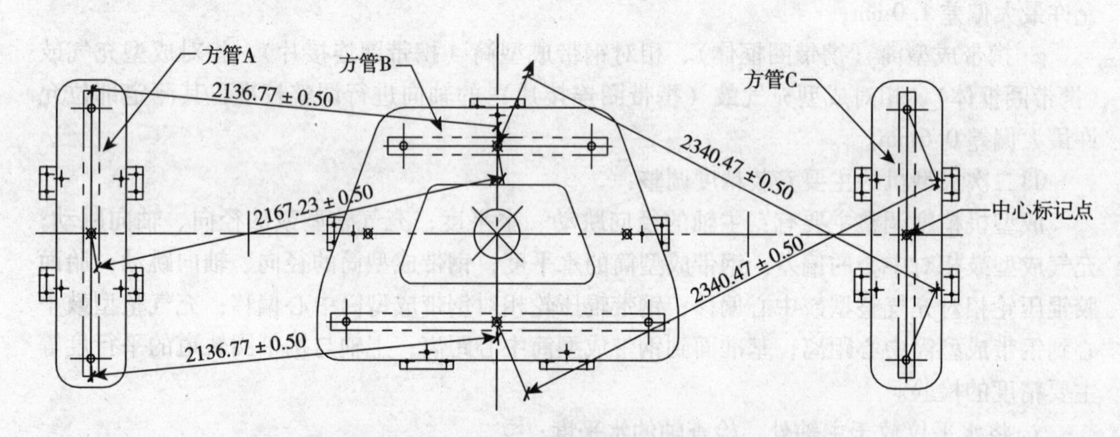

图5-5 三菱硫化机地脚螺栓检测方法及尺寸示意

三块底板相对位置确定后再调整其水平度，采用平尺和框式水平仪调整基础钢板的水平度，其表面水平度精度小于等于0.04mm/m；

（5）基础钢板表面水平度精度验收合格后，即进行基础的浇灌、养护，养护期为两周。

（6）养护期满后，可进行硫化机的吊装及组装工作，每台硫化机机架重22t，厂房空间高度净高只有8m，采用1台30t吊车即可。吊装时，须有专人统一指挥，吊装过程中硫化机机架须始终保持平衡。

（7）安装硫化机机架前，基础钢板表面必须用柴油清洗干净。

（8）硫化机机架应保证如下精度：

①硫化机机架单个的上表面水平度精度为小于等于0.10mm/m；

②要求机台与机台之间的间距误差不得超过±2mm，机台与机台之间的水平高差不能超过±2mm；

③机台间横向偏差不能超过±2mm（应使用经纬仪进行校准）；

④机台的校准精度，需经相关技术人员确认，并将数据记录精度记录表内，当作安装的原始资料保存。

（9）机台固定完成后，安装热工阀组件，阀组件位置的确定根据铜管长度来定。

（10）阀组件安装完，依次安装硫化机中间立柱、左右模、两边立柱、横梁。

（11）电控箱的就位也是依现有铜管尺寸来定。

（12）各部件及附属件组装前必须用柴油将装配表面的防锈油及杂物清洗干净，以保证装配精度。

（13）机台组装完成后即可进行热工管路、控制管路及油压管路的配管工作。

5.2.12　检测车间设备安装

检测车间是轮胎生产的最后一道工序，它主要由气泡检出机、动静平衡机、均一性、X光照射装置组成。它主要是检查轮胎是否存在缺陷，如气泡、裂纹等。合格品入库，不合格品作为废品处理，检测设备安装较简单，直接安装调平即可。

5.3　劳动力组织

施工时根据工程量大小和工期要求，按实际情况配备作业班组。所需工种主要有钳工、电工、焊工、起重工、管工、辅工等，见表5－3。

劳动力组织　　　　表5－3

序　号	工　种	人　数
1	钳　工	10
2	电　工	12
3	焊　工	8
4	起重工	3
5	管　工	15
6	辅　工	20

6　材料与机具设备

6.1　安装工程在施工中采用的主要辅料有：设备基础二次灌浆的无收缩水泥，设备基础垫铁、钢板、管材、棉纱、纱布、清洗剂、酸洗剂、钝化剂、润滑剂、连接螺栓、膨胀螺栓、钢构表面油漆。

6.2　采用的主要机具设备见表6。

机具设备表 **表6**

序 号	设备机具名称	单 位	数 量	型 号
1	汽车吊	台	各1	16~25t
2	叉 车	台	2	8t
3	交流电焊机	台	6	300~500型
4	直流电焊机	台	3	500型
5	砂轮切割机	台	2	400型
6	水准仪	台	1	
7	经纬仪	台	1	
8	框式水平仪	台	2	2/1000
9	游标卡尺	台	1	
10	内径千分尺	台	1	
11	平 尺	把	各1	1~3m
12	千分表	个	2	
13	螺旋千斤顶	台	各4	10~20t
14	齿条千斤顶	台	2	32t
15	液压车	台	各1	3~5t
16	手动葫芦	台	各1	2~5t

7 质量控制

7.1 工程质量控制标准

各专业施工均按设计说明和设备厂家的技术文件要求进行，通常情况下执行下列验收规范和质量验评标准：

《机械设备安装工程施工及验收通用规范》GB50231—98

《建筑工程施工质量验收统一标准》GB50300—2002

《工业金属管道工程施工及验收规范》GB50235—97

《钢结构工程施工质量验收规范》GB50205—2001

7.2 工程质量保证措施

（1）严格执行ISO9001—2000标准的质量管理体系；

（2）明确项目部和各级管理人员的质量职责和质量管理的各项规定；

（3）严格执行质量责任追查制度；

（4）把住原材料和设备进场的质量检验关；

（5）确保施工机具和检测器具的有效性；

（6）对施工管理人员和作业层人员严格执行上岗证制度；

（7）严格执行施工规范、规程、标准及相关的法律、法规；

(8) 严格执行三级质量检验制度；

(9) 坚持施工全过程的质量监控；

(10) 事前编制可行的施工方案，并做好对作业层的书面质量技术交底；

(11) 尊重业主和服从监理的监督检查；

(12) 事前做好质量通病的防治，发现质量问题及时整改，不留隐患。

8 安全措施

施工中除严格遵守建筑工程安全技术规范外，还要注意以下几点：

8.1 进场人员要进行三级教育，必须严格遵守安全操作规程进行施工；

8.2 严格、合理地使用好“三宝”（安全帽、安全带、安全网）。

8.3 吊装前应对索具严格检查，确认符合规范要求后方可使用。

8.4 对土建所有的预留洞孔，必须要加防护措施。

8.5 厂房内严禁吸烟、动火，违章罚款；如需动火，必须开动火证，有专人监护。

8.6 每日施工现场必须清扫干净，禁止零部件、机具任意摆放。

8.7 使用临时电源，必须有专业电工进行操作，不得私自乱接电线。

8.8 严禁酒后上岗作业，严禁赤膊上班，严禁穿拖鞋上班。

8.9 机具、设备不得带病工作，日常维护、保养要坚持做好。

8.10 严禁冒险指挥，违章作业，对不听劝阻者，勒令其停工处理，让不安全因素消灭在萌芽状态。

8.11 吊装作业时，应对周围环境进行检查，画出安全区域，无关人员不得进入。

8.12 吊装时作业人员必须坚守岗位，统一信号，统一指挥。

8.13 吊装过程中，重物下和受力绳索周围，人员不得逗留。

8.14 对安装和吊装过程中的环境因素和危险源进行识别后，确定出重要的环境因素和重大的危险源再编制有针对性的管理方案。

9 环保措施

9.1 成立对应的施工环境卫生管理机构，在工程施工过程中严格遵守国家和地方政府下发的有关环境保护的法律、法规和规章，加强对施工燃油、施工材料、设备、废水、生产、生活垃圾、弃渣、危险废弃物的控制和治理，遵守有关防火及废弃物处理的规章制度。做好交通环境疏导，认真接受交通管理，充分满足便民要求，随时接受相关单位的监督检查。

9.2 将施工场地和作业限制在工程建设允许的范围内，合理布置、规范围挡、做到标牌清楚、齐全，各种标识醒目，施工现场整洁文明。

9.3 对施工中可能影响到的各种公共设施制定可靠的防止损坏和移位的实施措施，加强实施中的监测、应对和验证，同时将相关方案和要求向全体施工人员详细交底。

9.4 设立专用排水沟、集水坑、对污水进行集中，认真做好无害化处理，从根本上防止施工污水的乱流。

9.5　定期清运弃渣及其他施工垃圾，工程材料运输过程中要有防散落与沿途防污染措施，废水排放除按环境卫生指标进行处理达标外，并按当地环保要求的指定地点排放。弃渣及其他工程废弃物按指定的地点和方案进行合理堆放和处治。

9.6　优先选用先进的环保机械，采取设立隔声墙、隔声罩等消声措施降低施工噪声到允许值以下，同时尽可能避免夜间施工。

9.7　对施工场地道路进行硬化，并在晴天经常对施工通行道路洒水，防止尘土飞扬，污染周围环境。

10　效益分析

整套钢丝子午轮胎安装施工技术在采用时，保证了安装工程质量，同时产生良好的经济效益。例如：在密炼机安装时，制定合理的施工方案，安装就位一次合格，提高工效。在压延主机安装时，对主机两侧壁重心位置的确定，吊装顺利进行，一次就位，节约机械台班；在成型机安装时，工序合理，组织得当，保证精度；在硫化机安装时，成排吊装，充分发挥吊车工效。

每台（套）设备节约费用见表10。

设备安装节约费用表（单位：万元）　　**表10**

序号	设备名称	常规安装成本价	采用本工法安装成本价	每台降低成本差价
1	密炼机	4.8	3.1	1.7
2	开炼机	3.6	2.2	1.4
3	挤出机	3.8	2.6	1.2
4	压延机	12	7.8	4.2
5	成型机	6.4	3.9	2.5
6	硫化机	1.6	0.95	0.65

11　应用实例

将橡胶轮胎生产线成套设备安装施工技术应用在厦门正新橡胶轮胎厂Ⅰ期、Ⅱ期、Ⅲ期工程，厦门正新海燕轮胎厂、厦门正新实业内胎厂、昆山建大轮胎厂、天津大丰轮胎厂和贵州轮胎厂120万套子午胎生产线等工程，经试车运行，符合验收要求，达到了设计要求的性能指标，其中厦门正新海燕轮胎厂获中建总公司优质工程和中建杯奖及十佳效益项目奖、贵州轮胎厂120万套子午胎生产线荣获贵州省优质工程称号。

实践证明，采取此成套设备安装施工技术，施工质量好，速度快，施工安全，并取得了较好的经济效益和企业的社会效益。

双曲线冷却塔塔机软附着施工工法

编 制 单 位：中国建筑第二工程局
批 准 单 位：国家建设部
工 法 编 号：YJGF338—2006
主要执笔人：黄泽森　吴殿昌　姜　宏　唐兴林　张巧芬

1 前　言

作为火电厂的重要配套设施—双曲线冷却塔在火电厂的施工建设中处于关键环节。由于冷却塔是薄壁结构，且形状不规则，因而给现场起重设备的使用及拆卸工作带来了困难。另一方面，为了适应更大发电机组的要求，冷却塔的高度越来越高（100m 以上），直径越来越大，因而更增加了起重设备的使用、维护及拆卸工作难度。从目前工程实践的情况来看，为了节约建设成本，一般都采用在冷却塔中部安装塔机的布置方案。当塔机高度超过独立高度需要安装附着装置时，对塔机附着方式的选取以及制定相应的附着方案是目前施工实践中的一个技术难点。目前，塔机的附着形式一般为刚性附着，附着装置的制作采用普通碳素结构钢。但这种刚性附着方式在附着撑杆超长的特殊情况下，难以满足施工要求：一是制作、运输成本高，使用单位难以承受；二是安装难度较大，危险系数高。因此，对于安装在结构物内部（如：火力发电厂的大直径双曲线冷却塔）的内置式塔机，当附着撑杆超长时，必须选择更加合理的附着方式。在大直径、超高双曲线冷却塔施工中，能有效控制塔机扭转力矩的软附着方案与刚性硬附着方案相比，其在撑杆允许长度、制作成本、安装及拆卸简便等方面的优势十分明显，是今后发展的方向。

2 工艺特点

2.1　塔机内置于建筑物内部，增加了塔机的有效覆盖范围，仅用一台塔机就能旋转覆盖冷却塔每个施工点，减少了塔机的使用数量，节约了施工成本。

2.2　生产制作工艺简单，生产周期短，运输方便，使用成本低廉。

2.3　与刚性附着比较，软附着装置适用的跨度大，距离远，也便于选择和布置附着点。

2.4　软附着利用钢丝绳将塔机固定于冷却塔筒壁上，具有安装及拆卸过程快捷、操作简便、安全可靠等特点。

2.5　所用材料为附着框架、钢丝绳、绳夹、绳扣等，具有选用材料及标准件广泛等特点。

2.6　软附着装置能保证塔机的正常使用和安全。

3　适用范围

本工法配合超过独立设计高度的塔机使用，具有杆式刚性附着塔机的功能，适用于双曲线冷却塔等大型筒体结构及高大多边形框架建筑的施工。

4　工艺原理

借助于塔机软附着设置的抗倾翻钢丝绳、抗正向和逆向扭矩钢丝绳传递的拉力，通过各个方向的力平衡达到固定塔身、抵抗塔机水平冲击力和双向扭转力矩的作用；预埋墙板分为四组，对称分布在塔身对角线方向的冷却塔内壁上，每组预埋墙板又按一定的间距设置四个预埋点，分散了薄壁冷却塔的集中受力。同时，利用钢丝绳柔软的特点，起到保护薄壁建筑物的作用。

5　工艺流程

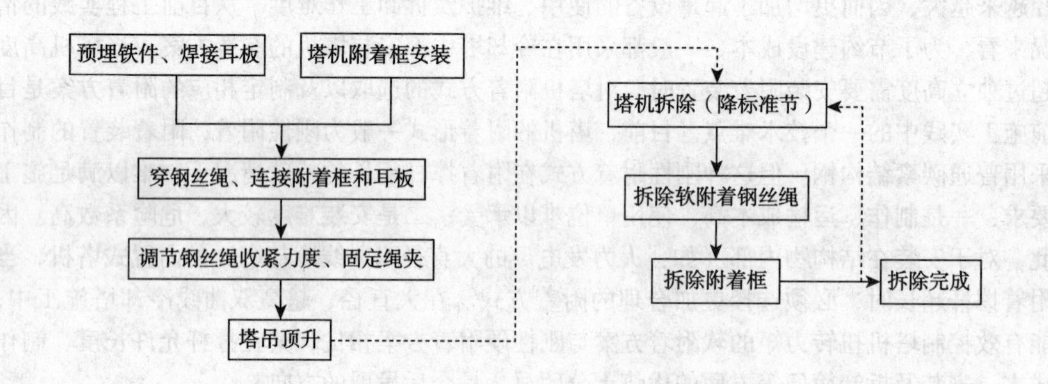

6　施工要点和方法

6.1　选择适用于本工程施工的塔机。塔机的独立高度、最大附着高度、最大吊重量、起重臂长度应适用于本工程施工需要。

6.2　选择适合的塔机安装位置。塔机起重臂应旋转覆盖建筑物每个施工点。

6.3　在塔机软附着框架的标准节下方1m和冷却塔四处预埋墙板下方1m处分别搭建操作平台及安全栏杆，保证操作人员施工安全。

6.3　塔机软附着框架的总体结构尺寸与刚性附着情形不变，但连接耳板由原来的每方双耳变为四角单耳，以适应索具卸扣的安装要求。与塔身相连的卸扣型号、与预埋墙板相连的卸扣型号、连接钢丝绳应有足够的安全系数。

6.4　预埋铁件是主要受力点，其高度、位置等必须准确无误；耳板与预埋铁件的焊接必须牢固。

6.5 在每套软附着装置中，根据受力特点不同，分设多组连接钢丝绳。

6.5.1 抗倾翻钢丝绳：以塔身为回转中心，径向布置，均布于塔身四角，每角以四倍率方式穿绕1条钢丝绳，总共4条径向绳。

6.5.2 抗正向和逆向扭矩钢丝绳：以塔身为回转中心，切向布置，均布于塔身四角，每角以二倍率方式对称穿绕2条钢丝绳，分别抵抗正向扭矩和逆向扭矩，总共8条切向绳。

6.6 预埋墙板分为四组，对称分布在塔身对角线方向的冷却塔内壁上。每组预埋墙板又按1.5m×1.5m的间距设置四个预埋点，通过索具卸扣与径向、切向绳相连接。预埋墙板必须与冷却塔筒壁钢筋网联网，确保焊接牢固，高度、位置必须准确。

6.7 严格按照“软附着装置施工现场作业指导书”来安装和拆卸每套软附着装置，保证软附着上方标准节数量不大于8节。

6.7.1 安装前后都必须校正塔身垂直度，使其不大于4/1000；

6.7.2 按规定的顺序分别穿绕每条钢丝绳；

6.7.3 收紧钢丝绳必须采用180°对称收紧的方法。用塔机起升吊钩或2t手动葫芦收紧每根钢丝绳，使其达到规定的设计预紧张力，并保证每条钢丝绳的受力均匀；

6.7.4 固定每条钢丝绳的绳夹数量应不少于4颗。

7 主要机具设备计划

塔机一台；焊机一台；2t手动葫芦一个；软附着框架、钢丝绳、绳夹、绳扣、扳手等若干。

8 人员配置

根据塔机软附着安装或拆卸时工作量大小，人员配置应当合理。特别注意安全监控人员必须到位，负责全过程安全监督；技术负责人负责全过程的施工技术指导和保证施工质量。

塔机软附着安装或拆卸人员配置见表8。

劳动组织 表8

序号	工种	人数	工作内容
1	技术负责人	1人	技术交底、技术指导、施工质量
2	安全员	1人	施工全过程安全监控
3	工长	1人	负责安全、施工质量、工作安排、指挥协调
4	操作人员	6人	负责附着架及钢丝绳安装及拆除
5	焊工	1人	负责预埋件安装焊接及耳板焊接
6	电工	1人	施工用电管理

续表

序 号	工 种	人 数	工作内容
7	塔机司机	1人	操作塔吊配合钢丝绳及附着架安装
8	塔机指挥	2人	负责地面和高空作业指挥

9 安全保证措施

本工法属高空特种作业，施工过程中除严格遵守国家和地方有关安全规范外，还应当严格贯彻以下安全保证措施：

9.1 冷却塔内部施工现场必须有技术、安全人员监护，并用绳拉出安全警戒区，安排专人值守，严禁非作业人员进入作业警戒区域内。

9.2 当风力超过4级时严禁升（降）塔作业；若遇雷电、暴雨、浓雾、沙尘暴等天气应立即停止全部作业。

9.3 操作前，必须在安装附着框架处的塔机标准节位置搭设操作平台，按规范要求设置跳板及栏杆，保证操作人员施工安全。

9.4 操作人员必须选用通过安全考核的专业人员进行，并持证上岗。高空作业人员必须配置速差保护器及专用工具包。

9.5 软附着安装完成后，必须保证塔机四角钢丝绳受力均匀，塔身侧向垂直度不大于4/1000，塔身标准节无扭转现象发生。

9.6 每一道软附着安装或拆除完成后，最上面一道附着上方标准节总数量不得大于8节。

9.7 拆除时必须自上而下拆除每道附着，且与塔机标准节拆卸同时进行。

10 工程实例及经济效益分析

10.1 国电小龙潭发电厂淋水面积4500m^{2}的冷却塔高度均为105m，冷却塔均采用了软附着塔机进行吊装施工，现工程已顺利完成，塔机及软附着均顺利拆除。由于采用了软附着塔机，本工程在经济效益、节约工期、提高技术水平等方面均取得了明显效果。

10.2 软附着安装及拆除工艺简单，操作时间短，穿插于正常施工过程中，不影响塔机使用时间。

10.3 软附着工艺用料简单、操作简便，与传统的刚性附着相比，成本上可大大节约。同时降低了高空作业风险，更有效地确保了安全生产。

10.4 采用软附着塔机与传统硬附着塔机可节约资金177.73万元。对比分析见表10（以施工105m高度冷却塔所需120m高50m臂长的QTZ63塔机为例）。

软、硬附着费用对比表　　表 10

比较项目	软附着	硬附着	节约资金
塔机数量	1 台（安装在塔中心）56.6 万元	3 台（冷却塔外侧呈 120°分布各一台）169.8 万元	113.2 万元
附着	主要需钢丝绳 10000m，附着框 6 个，价值和约 8.5 万元	主要需附着 6×3 道（型钢 72t），附着框 18 个，价值约 54 万元	45.5 万元
安装	需高空作业人员 6 名，作业点位于塔机标准节设计高度上面所搭设平台处和冷却塔筒体施工作业面包括穿绕钢丝绳和调节收紧。 安装时间为每道附着半天，6 道附着共计工时费 0.18 万元	需高空作业人员 8 名和焊工 1 名，作业点位于塔吊标准节设计高度上面所搭设平台处和冷却塔筒体施工作业面，无法调节塔身垂直度（必须事前测量计算好长度） 安装时间为每道附着 2.5d，18 道附着共计工时费 4.05 万元	3.87 万元
拆除	作业点位于标准节设计高度上平面所搭设平台上，解开钢丝绳卡即可 拆除时间为每道附着 2h，6 道附着共计工时费 0.09 万元	每道附着均需要气割拆除，由于在外筒壁上作业，无操作面，拆卸非常困难，安全隐患极大。 拆除时间为每道附着 2.5d，18 道附着共计工时费 4.05 万元	3.96 万元
塔机使用	塔吊司机 2 名，指挥 4 名；仅对一台塔机进行维修和保养。工程按 8 个月计算，工人工资共计 5.6 万元	塔吊司机 6 名，指挥 12 名；须对 3 台塔机进行维修和保养。工程按 8 个月计算，工人工资共计 16.8 万元	11.2 万元
合计节约资金			177.73 万元

附录I　1991~2006年度中国建筑工程总公司级工法名录

序号	工法编号	工法名称	完成单位
1	GF/201003—91	小流水段施工工法	中建一局
2	GF/203006—91	超高层钢结构超厚钢板现场焊接工法	中建三局
3	GF/203007—91	超高层筒中筒结构内外整体液压滑模工法	中建三局
4	GF/200000—91	中建总公司建筑工程防水施工工法	总公司科技部
5	GF/201002—92	框架滑模与网架顶升同步施工工法	中建一局
6	GF/201003—92	补偿收缩混凝土钢性防水工法	中建一局
7	GF/201004—92	松卡式大顶施工倒锥壳水塔工法	中建一局
8	GF/201005—92	大型同步电动机安装工法	中建一局
9	GF/201006—92	大中型油浸式变压器安装工法	中建一局
10	GF/201007—92	变配电设备安装工法	中建一局
11	GF/202010—92	特细砂碾压混凝土筑坝工法	中建二局
12	GF/202012—92	中粗砂振冲挤密工法	中建二局
13	GF/202013—92	钢筋气压焊接工法	中建二局
14	GF/202014—92	钢网架整体顶升工法	中建二局
15	GF/202015—92	飞机场场道施工工法	中建二局
16	GF/203016—92	240m/7m套桶式钢烟囱内提外滑同步施工工法	中建三局
17	GF/203019—92	筒中筒钢筋混凝土电视塔滑模工法	中建三局
18	GF/203020—92	水平环形大仓角后张有粘结钢绞线预应力施工工法	中建三局
19	GF/207021—92	瓷砖、面砖拉贴工法	中建七局
20	GF/201003—94	水平辐射井降水工法	中建一局
21	GF/201004—94	预制后张预应力屋面梁工法	中建一局
22	GF/201005—94	水平钢筋窄间隙电弧焊接工法	中建一局
23	GF/201006—94	水暖工程小流水段施工工法	中建一局
24	GF/201007—94	钢筋电渣压力焊工法	中建一局
25	GF/202008—94	网架高空组装滑移工法	中建二局
26	GF/202010—94	电梯安装及调试工法	中建二局
27	GF/203012—94	无靴端夯扩散注桩工法	中建三局
28	GF/203014—94	钢筋混凝土电视塔塔楼钢结构吊装工法	中建三局

续表

序号	工法编号	工法名称	完成单位
29	GF/205016—94	高层建筑施工外爬引脚手架升降工法	中建五局
30	GF/206017—94	滑框倒模工艺施工工法	中建六局
31	GF/206018—94	预制水磨石板地面空铺施工工法	中建六局
32	GF/206019—94	长距离预应力钢筋混凝土输水管道安装工法	中建六局
33	GF206020—94	烟囱电动升模工法	中建六局
34	GF/206021—94	双曲线冷却塔建造工法	中建六局
35	GF/206022—94	真空预压加固地基工法	中建六局
36	GF/206023—94	强夯加固地基工法	中建六局
37	GF/206024—94	振冲法处理地基工法	中建六局
38	GF/208025—94	Ir－射线全景曝光工法	中建八局
39	GF/201001—96	超高压聚合反应器安装工法	中建一局
40	GF/201002—96	整体预应力板墙结构施工工法	中建一局
41	GF/201003—96	聚苯板外保温施工工法	中建一局
42	GF/201004—96	刚架护坡桩工法	中建一局
43	GF/201005—96	外墙面砖镶贴工法	中建一局
44	GF/201006—96	连续梁群锚高强钢绞线预应力施工工法	中建一局
45	GF/201007—96	超高层往复式压缩机安装工法	中建一局
46	GF/202008—96	抽气凝气式气轮发电机组安装工法	中建二局
47	GF/202009—96	高性能混凝搅拌浇筑工法	中建二局
48	GF/203010—96	超大面积、大吨位、墙、柱、密肋梁整体液压滑模工法	中建三局
49	GF/203011—96	水玻璃面酸陶粒混凝土施工工法	中建三局
50	GF/203012—96	室内人造冰场施工工法	中建三局
51	GF/203013—96	软土地基深基坑大型地下室施工系列工法	中建三局
52	GF/203014—96	二元结构地层深井降水工法	中建三局
53	GF/205015—96	电视塔钢结构三元桅杆安装工法	中建五局
54	GF/205016—96	电场贮灰坝排渗反滤工法	中建五局
55	GF/206017—96	LF_2 铝镁合金料仓半自动熔化极氩弧焊接工法	中建六局
56	GF/206018—96	中型油浸式电力变压器安装工法	中建六局
57	GF/206019—96	塔类设备机械化整体偏吊工法	中建六局
58	GF/206020—96	大跨度球面网壳施工工法	中建六局
59	GF/206021—96	深井（大口井）井点降水工法	中建六局
60	GF/206022—96	全套管钻孔灌注桩施工工法	中建六局
61	GF/206023—96	超深泥浆护壁灌桩施工工法	中建六局
62	GF/207024—96	圆形逆流冷却塔安装工法	中建七局

续表

序号	工法编号	工法名称	完成单位
63	GF/208025—96	大型预应力混凝土蛋形消化池施工工法	中建八局
64	GF/208026—96	外墙爬模内墙大模板施工工法	中建八局
65	GF/208027—96	无粘结预应力变截面平板施工工法	中建八局
66	GF/208028—96	烷基苯装置加热炉制造和安装工法	中建八局
67	GF/208029—96	可调基础梁施工工法	中建八局
68	GF/201001—98	带花岗石饰面层的预制混凝土外墙板（GPC板）生产工法	中建一局
69	GF/201002—98	转动设备无应力配管工法	中建一局
70	GF/201003—98	软土地区大面积鱼塘段高速公路路基工法	中建一局
71	GF/201004—98	长螺旋钻孔压灌混凝土成桩工法	中建一局
72	GF/201005—98	水泥混凝土路面摊铺工法	中建一局
73	GF/201006—98	平锚喷网护坡工法	中建一局
74	GF/202007—98	“半潜驳浮箱”施工工法	中建二局
75	GF/202008—98	烟囱钢内筒液压钢吊带整体提升施工工法	中建二局
76	GF/202009—98	烟囱钢内筒接力提升倒装倒拔施工工法	中建二局
77	GF/202010—98	粉煤灰筑坝工法	中建二局
78	GF/202011—98	循环流化床锅炉安装工法	中建二局
79	GF/202012—98	超高层建筑重型设备换索接力吊装工法	中建二局
80	GF/202013—98	高速电梯安装及调试工法	中建二局
81	GF/203015—98	高层建筑大吨位、长行程千斤顶液压爬生模板施工工法	中建二局
82	GF/203015—98	高空钢结构跨越层平移施工工法	中建三局
83	GF/203016—98	厚大混凝土整板结构转换层施工工法	中建三局
84	GF/203017—98	大体积混凝土温度微机自动监测工法	中建三局
85	GF/203018—98	大跨度曲线空间结构滑移工法	中建三局
86	GF/205019—98	小吨位千斤顶筒仓滑模超高度空滑施工工法	中建五局
87	GF/206020—98	群体筒仓滑模液压整体提升施工工法	中建六局
88	GF/206021—98	大直径超深入岩扩孔钻孔灌注桩施工工法	中建六局
89	GF/206022—98	中小型发电厂调试工法	中建六局
90	GF/207023—98	中小型电站安装工法	中建七局
91	GF/207024—98	带肋钢筋直螺纹套筒连接工法	中建七局
92	GF/208025—98	大型筒仓钢屋盖吊装工法	中建八局
93	GF/208026—98	外墙挂砖施工工法	中建承包公司
94	GF/201001—2000	钢－混凝土组合悬挂式钢结构预埋钢柱安装工法	中建一局
95	GF/201002—2000	中小型低压湿式螺旋升降贮气柜水槽顶升倒装及塔体安装工法	中建一局
96	GF/201003—2000	耐磨混凝土地面施工工法	中建一局

续表

序号	工法编号	工法名称	完成单位
97	GF/201004—2000	整体液压爬升模板施工工法	中建一局
98	GF/201005—2000	集群千斤顶提升钢桅杆工法	中建一局
99	GF/201006—2000	钢弦石膏板隔墙施工工法	中建一局
100	GF/201007—2000	抗浮锚桩施工工法	中建一局
101	GF/201008—2000	建筑物加固改造修复施工系列工法	中建一局
102	GF/202009—2000	民用机场候机楼弱电安装工法	中建二局
103	GF/202010—2000	600kW 风力发电机安装施工工法	中建二局
104	GF/202011—2000	半逆作法施工工法	中建二局
105	GF/202012—2000	高耸尖塔桅杆螺纹杆液压倒装提升工法	中建二局
106	GF/202013—2000	SK 新型金属涂料施工工法	中建二局
107	GF/203014—2000	钢管混凝土顶升浇筑施工工法	中建三局
108	GF/203015—2000	超平整机械一次性磨光地面工法	中建三局
109	GF/203016—2000	外墙大模板和整体提升式脚手架综合施工工法	中建三局
110	GF/205017—2000	ABG 摊铺机摊铺水稳层工法	中建五局
111	GF/206018—2000	钢管混凝土柱无粘结预应力框架梁施工工法	中建六局
112	GF/207019—2000	钢筋混凝土支撑爆破拆除施工工法	中建七局
113	GF/208020—2000	高精度测量放线工法	中建八局
114	GF/208021—2000	公路路面二灰土底基层施工工法	中建八局
115	GF/208022—2000	穹拱式钢屋架安装工法	中建八局
116	GF/201001—2002	十万级洁净室隔墙转角带翼连接件施工工法	中建一局
117	GF/201002—2002	天然石材背栓式通风幕墙施工工法	中建一局
118	GF/202003—2002	大跨度 T 形梁预制工法	中建二局
119	GF/202004—2002	杂填石区风动潜孔锤引孔打桩成孔工法	中建二局
120	GF/202005—2002	塔吊空中解体拆除工法	中建二局
121	GF/203006—2002	大跨度空间桁架组合钢屋盖安装工法	中建三局
122	GF/203007—2002	高抛、免振自密实钢管混凝土浇筑工法	中建三局
123	GF/203008—2002	超长无缝混凝土非预应力施工工法	中建三局
124	GF/203009—2002	地辐射采暖施工工法	中建三局
125	GF/203010—2002	大跨度屋盖钢结构胎架滑移安装工法	中建三局
126	GF/203011—2002	高层建筑 GPS 测量基准传递工法	中建三局
127	GF/204012—2002	C60 高强山砂混凝土施工工法	中建四局
128	GF/206013—2002	紫铜管连接焊接工法	中建六局 中建八局
129	GF/206014—2002	多功能爬架施工工法	中建六局

续表

序号	工法编号	工法名称	完成单位
130	GF/207015—2002	污水处理厂氧化沟法水处理工艺设备安装工法	中建七局
131	GF/208016—2002	鼓式碎浆机安装工法	中建八局
132	GF/208017—2002	箱框结构顶进施工工法	中建八局
133	GF/208018—2002	大跨度现浇混凝土空心（GBF 高强薄壁管）楼板施工工法	中建八局 中建六局
134	GF/209001—2004	Gr60 低合金高强度结构钢焊接施工工法	中建国际
135	GF/206002—2004	GQ 塑合中空内模水泥墙施工工法	中建六局
136	GF/206003—2004	欧式外檐 GRC 线条安装工法	中建六局
137	GF/205004—2004	多层面超大面积钢筋混凝土地面无缝施工工法	中建五局
138	GF/202005—2004	烟囱翻模施工工法	中建二局
139	GF/203006—2004	大面积钢屋盖多吊点、非对称整体提升工法	中建三局
140	GF/208007—2004	体育场环向超长钢筋混凝土结构施工工法	中建八局
141	GF/203008—2004	清水饰面混凝土施工工法	中建三局
142	GF/202009—2004	大跨度变截面箱形钢筋混凝土拱施工工法	中建二局
143	GF/210010—2004	短线法箱梁预制工艺	中海集团
144	GF/201011—2004	污水处理成套设备安装工法	中建一局
145	GF/206012—2004	拉索体系玻璃幕墙安装施工工法	中建六局
146	GF/201013—2004	混凝土外墙钢丝聚苯板外保温施工工法	中建一局
147	GF/208014—2004	体育场变截面 Y 形悬挑大斜梁	中建八局
148	GF/206015—2004	小型混凝土装饰砌块砌筑施工工法	中建六局
149	GF/209017—2004	深基坑坡顶塔吊基础微桩联合土钉加固施工工法	中建国际
150	GF/208018—2004	大口径沉井施工工法	中建八局
151	GF/209019—2004	压力分散型抗浮锚杆施工工法	中建国际
152	GF/207020—2004	虹吸式雨水系统工法	中建七局
153	GF/208021—2004	污水处理厂 AAO 工艺调试技术施工工法	中建八局
154	GF/210022—2004	二恶英污染土非直接热力解吸法处理技术工法	中海集团
155	GF/202023—2004	医院工程医用流体系统安装工程施工工法	中建二局
156	YJGF143—2006	大面积大坡度屋面玻璃瓦施工工法	中建三局
157	YJGF158—2006	虹吸式屋面雨水排水系统施工工法	中建七局
158	YJGF161—2006	钢结构支撑体系同步等距卸载工法	中建一局
159	YJGF162—2006	空间钢结构三维节点快速定位测量施工工法	中建一局
160	YJGF166—2006	穹顶桅杆整体提升施工工法	中建三局
161	YJGF173—2006	大直径高预拉值非标高强螺栓预应力张拉施工工法	中建国际
162	YJGF174—2006	超长曲面混凝土墙体无缝整浇施工工法	中建五局

续表

序号	工法编号	工法名称	完成单位
163	YJGF175—2006	超薄、超大面积钢筋混凝土预应力整体水池底板施工工法	中建六局
164	YJGF179—2006	大悬臂双预应力劲性钢筋混凝土大梁施工工法	中建七局
165	YJGF191—2006	电动同步爬架倒模施工工法	中建二局
166	YJGF215—2006	大型深水沉井采用自制空气吸泥机下沉施工工法	中建二局
167	YJGF217—2006	小半径曲线段盾构始发施工工法	中建一局
168	YJGF233—2006	机场停机坪混凝土道面施工工法	中建八局
169	YJGF242—2006	桥梁悬臂浇筑无主桁架体内斜拉挂篮施工工法	中建七局
170	YJGF292—2006	自钻式锚杆在砂卵石地层深基坑施工工法	中建一局
171	YJGF296—2006	城市深孔爆破施工工法	中建海外
172	YJGF301—2006	水冲法（内冲外排）辅助静压桩沉桩施工工法	中建七局
173	YJGF302—2006	高压旋喷桩辅以高强土格室加固路基施工工法	中建七局
174	YJGF312—2006	现浇钢筋混凝土输水管水压试验工法	中建二局
175	YJGF321—2006	加热炉炉管焊缝无损检测工法	中建八局
176	YJGF329—2006	火电厂超高大直径烟囱钛钢内筒气顶倒装施工工法	中建七局
177	YJGF338—2006	双曲线冷却塔塔机软附着施工工法	中建二局
178	YJGF341—2006	橡胶轮胎生产线成套设备安装工法	中建四局

附录Ⅱ　1991～2006年度中国建筑工程总公司国家级工法名录

序号	工法编号	工法名称	完成单位
1	YJGF—12—91	整体预应力板柱工法	中建一局
2	YJGF—25—91	电视发射塔细桅杆整体液压顶升同步安装天线与喷漆饰工法	中建三局
3	YJGF—23—91	无架液压爬模工法	中建一局
4	YJGF—37—91	15万立方米低压湿式螺旋升降贮气柜槽浮排充水正装及塔体安装工法	中建一局
5	YJGF—38—91	高层钢结构超厚钢板现场焊接工法	中建三局
6	YJGF—13—92	深孔预裂爆破工法	中建二局
7	YJGF—14—92	多排挤压深孔爆破工法	中建二局
8	YJGF—23—92	中断级配沥青混凝土及滤层工法	中建二局
9	YJGF—29—92	超长竖向张有粘结钢绞线预应力施工工法	中建三局
10	YJGF—38—92	钢筋气压焊工法	中建一局
11	YJGF—50—92	电视塔塔楼倒锥面超高空玻璃幕墙安装工法	中建三局
12	YJGF—61—92	球形储罐现场组焊工法	中建八局
13	YJGF—18—94	SQD－90－35松卡式大吨位千斤顶筒仓滑模工法	中建一局
14	YJGF—19—94	高耸筒式钢筋混凝土构筑物滑模平台整体拆除工法	中建二局
15	YJGF—26—94	城市集中供热管网管道内壁冲洗工法	中建二局
16	YJGF—27—94	自升式塔吊架设钢塔工法	中建五局
17	YJGF—30—94	大型储罐倒装施工液压提升工法	中建一局
18	YJGF—35—94	工业纯铝罐半自动MIC焊工法	中建八局
19	YJGF—06—96	刚架护坡桩工法	中建一局
20	YJGF—14—96	大型预应力混凝土蛋形消化池施工工法	中建八局
21	YJGF—17—96	大面积楼板与墙柱梁液压滑模工法	中建三局
22	YJGF—21—96	大跨度环面网架结构施工工法	中建六局
23	YJGF—03—98	大直径超深入岩扩孔钻孔灌注桩施工工法	中建六局
24	YJGF—11—98	带肋钢筋直径螺纹套筒连接工法	中建七局
25	YJGF—25—98	“半潜驳浮箱”施工工法	中建二局
26	YJGF—34—98	大跨度曲线空间结构滑移工法	中建三局
27	YJGF—35—98	高空钢结构跨越层平移施工工法	中建三局
28	YJGF—38—98	带花岗石饰面层的预制混凝土外墙板（GPC板）施工工法	中建一局

续表

序号	工法编号	工法名称	完成单位
29	YJGF—36—2000	钢管混凝土柱无粘结预应力框架梁施工工法	中建六局
30	YJGF—38—2000	建筑物加固改造修复施工系列工法	中建一局
31	YJGF—43—2000	钢弦石膏板隔墙施工工法	中建一局
32	YJGF—46—2000	钢管混凝土顶升浇筑施工工法	中建三局
33	YJGF—48—2000	民用机场候机楼弱电安装工法	中建二局
34	YJGF04—2002	杂填石区风动潜孔锤引孔打桩成孔工法	中建二局
35	YJGF31—2002	50m 后张预应力 T 形梁现场预制工法	中建二局
36	YJGF41—2002	多功能爬架施工工法	中建六局
37	YJGF48—2002	大跨度屋盖钢结构胎架滑移工法	中建三局
38	YJGF50—2002	大跨度空间桁架组合钢屋盖安装工法	中建三局
39	YJGF03—2004	压力分散型抗浮锚杆施工工法	中建国际
40	YJGF35—2004	基于 GPS 实时监控水下抛石施工工法	中建八局
41	YJGF65—2004	面积钢屋盖多吊点、非对称整体提升工法	中建三局
42	YJGF66—2004	大跨度箱形变截面钢筋混凝土拱施工工法	中建二局
43	YJGF69—2004	体育场环向超长钢筋混凝土结构施工工法	中建八局
44	YJGF70—2004	多层面超大面积钢筋混凝土地面无缝施工工法	中建五局
45	YJGF74—2004	防静电水磨石地面施工工法	中建七局
46	YJGF80—2004	建筑橡胶隔震支座施工工法	中建七局
47	YJGF84—2004	清水饰面混凝土施工工法	中建三局
48	YJGF89—2004	混凝土外墙钢丝聚苯板外保温施工工法	中建一局
49	YJGF005—2006	预制混凝土装饰挂板施工工法	中建一局
50	YJGF007—2006	超薄石材与玻璃复合发光墙施工工法	中建二局
51	YJGF019—2006	超长预应力系梁施工工法	中建八局
52	YJGF036—2006	外围结构花格框架后浇节点施工工法	中建一局
53	YJGF037—2006	大流态高保塑混凝土施工工法	中建三局
54	YJGF040—2006	高强人工砂混凝土施工工法	中建四局
55	YJGF058—200	透水性沥青路面施工工法	中建八局
56	YJGF115—2006	高强异形节点厚钢板现场超长斜立焊施工工法	中建三局
57	YYJGF124—2006	双向倾斜大直径高强预应力锚栓安装工法	中建三局
58	YJGF126—2006	制麦塔工程成套施工工法	中建六局
59	YJGF128—2006	大型储罐内置悬挂平台正装法施工工法	中建八局
60	YJGF21—96(升级版)	大跨度球面网架结构施工工法	中建六局
61	YJGF14—96(升级版)	蛋形消化池施工工法	中建八局
62	YJGF03—98(升级版)	大直径超深入岩钻孔扩底灌注桩施工工法	中建六局

续表

序号	工法编号	工法名称	完成单位
63	YJGF120—2006	SQD 型液压牵引设备整体连续平移石化装置施工工法	中建一局
64	YJGF124—2006	双向倾斜大直径高强预应力锚栓安装工法	中建三局
65	YJGF038—2006	激光整平机铺筑钢纤维混凝土耐磨地坪施工工法	中建一局
66	YJGF004—2006	后切式背栓连接干挂石材幕墙施工工法	中建七局

附录Ⅲ 1991~2006年度国家级工法名录

序号	工法编号	工法名称	完成单位
1	YJGF—01—91	地下连续墙施工多头钻机工法	上海宝钢冶金建设公司
2	YJGF—02—91	锚杆静力压桩工法	冶金部建筑研究总院
3	YJGF—03—91	三重管喷射注浆工法	冶金部建筑研究总院 北京京冶地基基础技术公司
4	YJGF—04—91	桩墙合一半逆法工法	北京市第一建筑工程公司
5	YJGF—05—91	建筑工程逆作工法	天津市第六建筑工程公司
6	YJGF—06—91	强夯法处理地基工程施工工法	山西省机械放工公司
7	YJGF—07—91	立井混合作业工法	江苏省煤炭基建公司
8	YJGF—08—91	高密度大量土石方填筑工法	铁道部第一工程局
9	YJGF—09—91	隧道与地铁浅埋暗挖工法	铁道部隧道工程局
10	YJGF—10—91	隧道及地下工程“眼镜法”工法	铁道部第十六工程局
11	YJGF—11—91	自行车场跑道层工法	北京市第一城市建设工程公司
12	YJGF—12—91	整体预应力板柱结构工法	中国建筑第一工程局
13	YJGF—13—91	大开间板式楼的大模板工法	北京市建筑工程总公司
14	YJGF—14—91	预制薄板叠合楼板工法	北京市第二建筑工程公司
15	YJGF—15—91	无粘结预应力混凝土梁板结构工法	北京市建筑工程总公司
16	YJGF—16—91	早拆组合模板工法	北京市第二建筑工程公司
17	YJGF—17—91	高层建筑结构泵送混凝土工法	上海市第四建筑工程公司
18	YJGF—18—91	高层建筑剪力墙结构液压滑升模板工法	天津市第一建筑工程公司
19	YJGF—19—91	高层建筑滑框倒模工法	天津市第四建筑工程公司
20	YJGF—20—91	爬升模板工法	上海市第四建筑工程公司
21	YJGF—21—91	高层建筑施工“滑一浇一”工法	上海市第七建筑工程公司
22	YJGF—22—91	高层建筑施工整体爬模工法	上海市第六住宅建筑工程公司
23	YJGF—23—91	无架液压爬模工法	中国建筑第一工程局
24	YJGF—24—91	大跨度、大吨位网壳（架）高空滑移施工工法	北京市机械施工公司
25	YJGF—25—91	电视发射塔钢桅杆整体液压顶升同步安装天线与喷漆装饰工法	中国建筑第三工程局
26	YJGF—26—91	穿心式千斤顶提升倒锥形水塔水柜工法	有色金属总公司第五建设公司
27	YJGF—27—91	大型高炉中心串罐无料钟炉顶装料设备安装工法	上海宝钢冶金建设公司

续表

序号	工法编号	工法名称	完成单位
28	YJGF—28—91	大型拱顶贮藏气倒装工法	中国华学工程第三建设公司 中国化学工程第六建设公司
29	YJGF—29—91	桅杆扳吊设备工法	中国化学工程第四建设公司
30	YJGF—30—91	倾斜单抱杆偏心提吊大型设备工法	中国化学工程第十一建筑公司
31	YJGF—31—91	水平滑移倒装组合整体吊装再生器工法	中石化第四建设公司
32	YJGF—32—91	双桅杆滑移法整体组合吊装工法	中石化燕山建筑安装公司
33	YJGF—33—91	全结构耐腐蚀玻璃钢设备制造与安装工法	有色金属总公司第五建设公司
34	YJGF—34—91	龙门桅杆单吊点提吊重型设备工法	上海市工业设备安装公司
35	YJGF—35—91	球形贮罐安装工法	上海市工业设备安装公司
36	YJGF—36—91	大型等径钢制高耸筒体结构（烟囱、排气筒气顶倒装工法）	浙江省工业设备安装公司气顶
37	YJGF—37—91	15 万 m^3 低压湿式螺旋升降贮气框水槽浮排充水正装及塔体安装工法	中国建筑第一工程局
38	YJGF—38—91	高层钢结构超厚钢板现场焊接工法	中国建筑第三工程局
39	YJGF—39—91	X20CrMoV121 无缝钢管焊接工法	中国化学工程第十一建设公司
40	YJGF—40—91	蒙乃尔合金焊接工法	中国化学工程第十一建设公司
41	YJGF—41—91	总体分散综合控制 TDCS－3000 工法	中国化学工程第十四建设公司
42	YJGF—01—92	软土地基深层搅拌加固工法	冶金部建筑研究总院
43	YJGF—02—92	预应力土层锚杆工法	冶金部建筑研究总院 上海宝钢二十冶分指挥部
44	YJGF—03—92	锥头式振动挤密砂桩地基加固工法	铁道部第十七工程局
45	YJGF—04—92	QZ－1500 型工程潜水钻机钻孔桩施工工法	铁道建筑研究设计院 铁道部第十五工程局
46	YJGF—05—92	套管扩底灌注桩施工工法	山东省机械施工公司
47	YJGF—06—92	射水地下成墙施工工法	江苏省水利勘测设计院勘测部队 江苏省水利勘测设计基础工程处
48	YJGF—07—92	射流器轻型井点降水工法	河北省唐山市第一建筑工程公司
49	YJGF—08—92	空气幕下沉沉井工法	铁道部大桥工程局
50	YJGF—09—92	地下连续墙液压抓斗工法	上海市隧道工程公司
51	YJGF—10—92	钻吸排土沉井工法	上海市隧道工程公司
52	YJGF—11—92	软土地基分层注浆工法	上海市隧道工程公司
53	YJGF—12—92	粉体喷射搅拌加固软土地基工法	上海市隧道工程公司
54	YJGF—13—92	深孔预裂爆破工法	中国建筑第二工程局
55	YJGF—14—92	多排微差挤压深孔爆破工程	中国建筑第二工程局

续表

序号	工法编号	工法名称	完成单位
56	YJGF—15—92	大跨度隧道全断面开挖施工工法	铁道部隧道工程局
57	YJGF—16—92	掺 STC 黏稠剂半湿式喷射混凝土工法	铁道部第十八工程局
58	YJGF—17—92	长距离钢管顶进工法	上海市基础工程公司
59	YJGF—18—92	泥水加压平衡顶管工法	上海市第二市政工程公司
60	YJGF—19—92	水底隧道取（排）水口垂直顶升工法	上海市隧道工程公司
61	YJGF—20—92	网格式盾构水力机械出土隧道掘进工法	上海市隧道工程公司
62	YJGF—21—92	土压平衡盾构工法	上海市隧道工程公司
63	YJGF—22—92	UEA 补偿收缩混凝土防水工法	北京市第五建筑工程公司
64	YJGF—23—92	中断级配沥青混凝土反滤层工法	中国建筑第二工程局机械施工公司
65	YJGF—24—92	无粘结预应力用于水池施工工法	山东省泰安市第一建筑安装工程公司
66	YJGF—25—92	隧道及地下工程防水堵漏工法	上海市隧道工程公司
67	YJGF—26—92	高层建筑一级泵送混凝土工法	广东省建筑工程总公司 广东省第四建筑工程公司 华南理工大学建筑工程系
68	YJGF—27—92	钢筋混凝土框架预制梁、板现浇柱工法	广西区第一建筑工程公司
69	YJGF—28—92	高强泵送商品混凝土制备工法	上海市建筑工程材料公司
70	YJGF—29—92	超长竖向后张有粘结钢绞线预应力施工工法	中国建筑第三工程公司
71	YJGF—30—92	混凝土结构环氧树脂注浆补强工法	中国有色金属工业第十五冶金建设公司
72	YJGF—31—92	筒壳网架工法	中国化学工程第十二建设公司
73	YJGF—32—92	架体式斜爬模工法	上海市第三建筑工程公司
74	YJGF—33—92	刚框胶合板组合式半隧道模施工工法	中国铁道建筑总公司北京工程公司
75	YJGF—34—92	附着式三角架倒模施工工法	河北省第四建筑工程公司
76	YJGF—35—92	钢筋冷挤压连接工法	冶金部建筑研究总院
77	YJGF—36—92	套管式轴向挤压钢筋接头工法	北京市建筑工程研究所
78	YJGF—37—92	锥螺纹钢筋接头工法	北京市建筑工程研究所
79	YJGF—38—92	钢筋气压焊工法	中国建筑第一工程局
80	YJGF—39—92	饰面石板干挂工法	广州市第六建筑工程公司
81	YJGF—40—92	用管蕊内振近牵引式拉模成型机生产预应力混凝土多孔板工法	陕西省第四建筑工程公司
82	YJGF—41—92	斜拉式挂篮悬臂灌筑箱形连续梁工法	铁道部第三工程局
83	YJGF—42—92	10 万 m^3 浮顶油罐内脚手架正装工法	大庆石油管理局油田建设公司
84	YJGF—43—92	5 万 m^3 浮顶油罐水浮正装自动焊工法	中国石油化工第三建设公司
85	YJGF—44—92	1 万 m^3 高强钢球型储罐安装工法	中国石油天然气第一建设公司
86	YJGF—45—92	卧式氨合成塔安装工法	四川化工总厂建筑安装公司

续表

序号	工法编号	工法名称	完成单位
87	YJGF—46—92	大型塔设备双机滑行抬吊工法	南京化学工业（集团）公司建设公司
88	YJGF—47—92	龙门架吊装煅烧炉工法	中国化学工程第十三建设公司
89	YJGF—48—92	无刚架火炬多独立吊点整体吊装工法	河北省安装工程公司
90	YJGF—49—92	火炬吊推工法	中国石油化工第二建设公司
91	YJGF—50—92	电视发射塔塔楼倒锥面超高安玻璃幕墙安装工法	上海市工业设备安装公司
92	YJGF—51—92	离心式压缩机组装工法	河北省安装工程公司
93	YJGF—52—92	横管式煤气初冷器制作安装工法	中国建筑第三工程局
94	YJGF—53—92	玻璃熔窑拱顶施工工法	河南省工业设备安装工程公司
95	YJGF—54—92	焦炉炉体砌筑工法	上海宝钢五冶分指挥部
96	YJGF—55—92	球罐整体热处理工法	中国化学工程第三建筑公司 中国化学工程第十三建筑公司 南京化学工业（集团）公司建设公司
97	YJGF—56—92	钢质管道聚乙烯、硬质聚氨脂泡沫塑料一次成型防腐保温预制工法	胜利石油管理局建一公司
98	YJGF—57—92	炼石催化“两器”、“三管”改造工法	中国石油化第四建设公司
99	YJGF—58—92	大型贮罐自然硫化橡胶衬里工法	中国化学工程第二建设公司 南京化学工业（集团）公司建设公司
100	YJGF—59—92	衬胶防腐蚀施工工法	上海宝钢二十冶分指挥部
101	YJGF—60—92	水工钢闸门热喷锌（铝）防腐蚀工法	江苏省三河闸钢结构防腐公司
102	YJGF—61—92	球形储罐现场组焊（SAW）工法	中国建筑第八工程局工业设备安装公司
103	YJGF—62—92	SRT－Ⅱ裂解炉对流室炉管的焊接工法	北京燕山石油化工公司建筑安装公司
104	YJGF—63—92	钢管对接等离子填丝自动焊工法	大庆石油管理局
105	YJGF—64—92	钢管对接双气流脉冲熔化极气体保护焊工法	大庆石油管理局建设材料公司
106	YJGF—65—92	铝镁合金手工钨极双面同步氩弧焊工法	中国化学工程第六建设公司
107	YJGF—66—92	尿素极双相不锈钢焊接工法	中国化学工程第七建设公司
108	YJGF—67—92	光缆施工接续工法	中国铁路通信信号上海工程公司
109	YJGF—01—94	真空预压加固软土地基工法	交通部第一航务工程局
110	YJGF—02—94	软工地基双液注浆工法	上海隧道工程股份有限公司
111	YJGF—03—94	地下连续墙围护地铁车站逆筑工法	上海隧道工程股份有限公司 上海市第二建筑工程公司
112	YJGF—04—94	局部气压反铲式掘进机顶管工法	上海隧道工程股份有限公司
113	YJGF—05—94	锚拉钢桩帷幕止水支护组合体系工法	天津市第二建筑工程公司
114	YJGF—06—94	双壁钢围堰制造、浮运、下沉工法	铁道部大桥工程局
115	YJGF—07—94	滩海低桩承台逆施筑岛工法	铁道部第十八工程局

续表

序号	工法编号	工法名称	完成单位
116	YJGF—08—94	岩溶隧道劈裂注浆固结流塑黏土和管棚支护开挖工法	铁道部第五工程局
117	YJGF—09—94	隧道施工降尘净毒综合治理工法	铁道部第十八工程局
118	YJGF—10—94	洞外大间隔等微差爆破工法	铁道部第十七工程局 铁道部建设研究设计院
119	YJGF—11—94	DTS 顶推设备架设大跨度钢桁梁工法	铁道部第二十工程局 铁道建设研究设计院 中国铁道建筑总公司
120	YJGF—12—94	48m 铁路预应力混凝土连续箱梁多点顶推架设工法	铁道部第十三工程局
121	YJGF—13—94	双层吊索架安装大跨度钢梁工法	铁道部大桥工程局
122	YJGF—14—94	基础大体积混凝土工法	上海市第三建设发展总公司
123	YJGF—15—94	带肋钢筋套筒冷压连接工法	上海市第一建设工程公司
124	YJGF—16—94	整体升降模板脚手架工法	上海市第五建设工程公司
125	YJGF—17—94	中小型钢筋混凝土烟囱电动挂模工法	四川省第四建设工程公司
126	YJGF—18—94	SQD－90－35 型松卡式大吨位千斤顶筒仓滑模工法	中国建筑第一工程局
127	YJGF—19—94	高耸筒式钢筋混凝土构筑物滑模平台整体拆除工法	中国建筑第一工程局
128	YJGF—20—94	预应力混凝土先张梁流动制梁工法	铁道部第三工程局
129	YJGF—21—94	预应力钢筋混凝土双曲马鞍形壳板施工工法	柳州铁路局工程局
130	YJGF—22—94	高速环形道路面施工工法	铁道部第十一工程局
131	YJGF—23—94	机械喷涂抹灰工法	天津市第一建筑工程公司 天津市第三建筑工程公司
132	YJGF—24—94	通风空调工程风管无法兰连接施工工法	北京市城市建设工程安装公司
133	YJGF—25—94	管子与管板“胀、焊、胀”连接工法	四川省工业设备安装公司
134	YJGF—26—94	城市集中供热管网管道内壁冲洗工法	中国建筑第二工程局
135	YJGF—27—94	自升式塔吊架设钢塔工法	中国建筑第五工程局
136	YJGF—28—94	分体动臂桅杆吊装工法	广东省石油化工建设公司 中国化学工程第九建设公司 中国化学工程第十三建设公司
137	YJGF—29—94	大跨度三铰拱钢结构吊装工法	中国有色金属工业第十五冶金建设公司
138	YJGF—30—94	大型储罐倒装施工液压提升工法	中国建筑第一工程局
139	YJGF—31—94	15 万 m^3 气柜安装工法	中国石化第四建设公司
140	YJGF—32—94	现代化大型轧机安装工法	上海宝钢二十冶分指挥部
141	YJGF—33—94	大型转炉本体安装工法	上海宝钢冶金建设公司

续表

序号	工法编号	工法名称	完成单位
142	YJGF—34—94	钢制容器内喷涂铜-镍耐蚀层工法	兰州炼油化工安装公司
143	YJGF—35—94	工业钝铝储罐半自动 MIG 焊工法	中国建筑第八工程局
144	YJGF—36—94	铱-192γ 射线透照工业管道焊缝工法	中国化学工程第七建设公司 中国化学工程第九建设公司 中国化学工程第十二建设公司
145	YJGF—37—94	光电综合缆接续工法	中国铁路通信信号上海工程公司
146	YJGF01—96	水泥粉煤灰碎石桩（CFG 桩）加固地基工法	中国建筑科学研究院
147	YJGF02—96	高层建筑深厚软土地多层地下室结构施工逆作工法	上海市第二建筑工程公司
148	YJGF03—96	深基坑环梁护壁工法	天津市第一建筑工程公司
149	YJGF04—96	深基坑钢筋混凝土圆形梁内支撑工法	上海市住乐建设发展总公司 上海市第五建筑工程公司
150	YJGF05—96	大型基坑结构中心岛工法	上海市第四建筑工程公司
151	YJGF06—96	刚架护坡桩工法	中国建筑第一工程局
152	YJGF07—96	深水多层岩溶地区冲击钻孔成桩工法	铁道部第十六工程局
153	YJGF08—96	海滨钻孔灌注桩施工用钢平台建造工法	济南市机械化施工公司
154	YJGF09—96	深水取水塔施工工法	铁道部第十三工程局
155	YJGF10—96	深孔松动控制爆破工法	铁道建筑研究设计院 铁道部第十一工程局
156	YJGF11—96	平顶直墙超浅埋暗挖工法	北京城建地铁地基工程公司 北京城建设计研究院 北京城建（集团）二公司
157	YJGF12—96	钢筋混凝土构件螺旋箍施工工法	福州市第三建筑工程公司
158	YJGF13—96	万吨装配式环向绕丝蓄水池施工工法	铁道部第十七工程局
159	YJGF14—96	大型预应力混凝土蛋型消化池施工工法	中国建筑第八工程局
160	YJGF15—96	液压整体提升大模工法	上海市第七建筑工程公司
161	YJGF16—96	排毒塔内井架提架倒模施工工法	河北省第四建筑工程公司
162	YJGF17—96	大面积楼板与墙柱梁液压滑升工法	中国建筑第三工程局
163	YJGF18—96	MZ 门架式早拆模板工法	北京市建筑工程研究院
164	YJGF19—96	多机自动控制整体提升工法	上海市机械施工公司
165	YJGF20—96	多台液压千斤顶同步提升工法	北京市机械施工公司
166	YJGF21—96	大跨度环面网架结构施工工法	中国建筑第六工程局
167	YJGF22—96	悬挑式螺栓球节点钢网架吊装工法	四川省建筑机械化工程公司
168	YJGF23—96	预应力混凝土斜拉桥索式长挂篮施工工法	上海市第一市政工程公司

续表

序号	工法编号	工法名称	完成单位
169	YJGF24—96	菱形挂篮悬臂灌注箱梁工法	铁道部第十七工程局 铁道建筑研究设计院
170	YJGF25—96	ZQJ-23/56 移动支架造桥机架桥工法	铁道部第十三工程局 铁道建筑研究设计院
171	YJGF26—96	下承式钢管拱肋公路跨铁路桥双向转体施工工法	郑州铁路工程总公司
172	YJGF27—96	悬索桥主缆 PWS 架设工法	铁道部大桥工程局
173	YJGF28—96	高层建筑空调工程系统调试工法	上海市工业设备安装公司
174	YJGF29—96	半管容器制作工法	河北省安装工程公司
175	YJGF30—96	聚丙烯管道制作安装工法	河南省第五建筑安装工程公司
176	YJGF31—96	不锈钢管道焊接工法	中国化学工程第十六建设公司
177	YJGF32—96	应用双面埋弧自动焊工艺焊接大型容器工法	吉林化学工业公司建设公司
178	YJGF33—96	LT-50 低温钢球罐焊接工法	中国石化第十建设公司
179	YJGF34—96	高钼不锈钢复合钢板焊接施工工法	兰州炼油化工安装公司
180	YJGF35—96	长输管道半自动下向焊接流水作业工法	新疆石油管理局油田建设公司
181	YJGF36—96	管道不停输带压开孔封堵施工工法	辽河石油勘探局勘察设计研究院
182	YJGF37—96	钛管道手工氩弧焊接工法	中国化学工程第十四建设公司 四川川化集团建筑安装公司
183	YJGF38—96	水平钢筋窄间隙焊接工法	解放军总后勤部工程总队
184	YJGF39—96	超高层建筑电缆垂直敷设工法	广东省工业设备安装公司
185	YJGF40—96	大型焦炉机械设备安装工法	上海宝钢五冶分指挥部
186	YJGF41—96	干熄焦设备安装工法	上海宝钢五冶分指挥部
187	YJGF42—96	特大型高炉炉底碳砖施工工法	上海宝钢冶金建设公司
188	YJGF43—96	高炉钟阀式炉顶设备安装工法	上海宝钢冶金建设公司
189	YJGF44—96	炼钢 RH 真空脱气炉窑砌筑与维修工法	上海宝钢冶金建设公司
190	YJGF45—96	稀油密封型煤气柜结构安装施工工法	中国第三冶金建设公司
191	YJGF46—96	立式储罐 ZXZ 内防腐机械化施工工法	华北石油管理局第二油田建设公司
192	YJGF47—96	煤焦油瓷漆管道机械化防腐工法	中国石油天然气管道第二工程公司
193	YJGF48—96	大型塔器分段倒装整体吊装就位工法	中国石化第四建设公司
194	YJGF49—96	高基础硫酸静电除尘器安装工法	南京化学工业（集团）公司建设公司
195	YJGF50—96	电气化铁路接触网一次到位施工工法	铁道部电气化工程局
196	YJGF01—98	石灰土底基层工法	天津第一市政公路工程有限公司
197	YJGF02—98	泥水加压平衡盾构工法	上海隧道工程股份有限公司
198	YJGF03—98	大直径超深入岩钻孔扩底灌注桩施工工法	中国建筑第六工程局
199	YJGF04—98	灌注桩后压浆（PPG）工法	中国建筑科学研究院

续表

序号	工法编号	工法名称	完成单位
200	YJGF05—98	静压沉管夯扩灌注桩工法	福州市第二基础工程公司
201	YJGF06—98	框架式锚杆挡墙施工工法	铁道部第十三工程局
202	YJGF07—98	地下室逆作法施工工法	广州市第四建筑工程有限公司
203	YJGF08—98	加筋水泥土地下连续墙工法	上海隧道工程股份有限公司
204	YJGF09—98	水下铺设大口径管道施工工法	铁道部第四工程局
205	YJGF10—98	供水工程取水岸斗及自流管线沉放施工工法	铁道部第十三工程局
206	YJGF11—98	“半潜驳浮箱”施工工法	中国建筑第二工程局
207	YJGF12—98	沙漠公路砂基施工工法	长庆石油勘探局筑路工程总公司 中原石油勘测局建筑集团公司
208	YJGF13—98	汽车试验场混凝土双曲路面施工工法	铁道部第四工程局
209	YJGF14—98	袋装填充土筑坝工法	上海宝钢冶金建设公司
210	YJGF15—98	大跨度悬索桥施工系列工法	中铁二局集团有限公司
211	YJGF16—98	斜拉桥预应力混凝土短平台复合型牵索挂篮工法	铁道部大桥工程局
212	YJGF17—98	刚性索斜拉桥水平转体施工工法	铁道部第一工程局
213	YJGF18—98	拱桥劲性钢骨架有平衡重转体工法	铁道部第十一工程局
214	YJGF19—98	在高墩上修建V形支撑施工工法	铁道部第十八工程局
215	YJGF20—98	大跨度钢管混凝土拱桥主拱肋竖向转体合拢工法	铁道部第十六工程局
216	YJGF21—98	大吨位移动塔架缆索吊架设拱桥工法	铁道部第十七工程局
217	YJGF22—98	大跨径连续拱桥七节段无支架吊装工法	四川公路桥梁建设集团有限公司大桥分公司
218	YJGF23—98	洞室松动控制爆破工法	铁道建筑研究设计院
219	YJGF24—98	竖向钢筋电渣压力焊接工法	中国新兴建设开发总公司
220	YJGF25—98	带肋钢筋直螺纹套筒连接工法	中国建筑第七工程局第三建筑公司 闽候县建筑机械厂
221	YJGF26—98	镦粗直螺纹钢筋连接工法	中国建筑科学研究院
222	YJGF27—98	高耸钢筋混凝土筒体结构无井架电动升模施工工法	浙江省第二建筑工程公司
223	YJGF28—98	玻璃钢圆柱模板工法	河南省第一建筑工程公司
224	YJGF29—98	钢筋混凝土框架节点模板工法	广东开平建安集团耀南建筑工程有限公司
225	YJGF30—98	DMCL整体电动升降脚手架工法	上海市第八建筑有限公司
226	YJGF31—98	钢与混凝土组合楼盖施工工法	天津一建建筑工程有限公司
227	YJGF32—98	水下不分散混凝土施工工法	天津第三市政公路工程有限公司 中国水利水电科学研究院
228	YJGF33—98	高耸特大钢构架分段倒装工法	中国石化第三建设公司

续表

序号	工法编号	工法名称	完成单位
229	YJGF34—98	大跨度曲线空间结构滑移工法	中国建筑第三工程局
230	YJGF35—98	高空钢结构跨越层平移法施工工法	中国建筑第三工程局
231	YJGF36—98	三联板多吊点滑移法吊装工法	福建省工业设备安装有限公司
232	YJGF37—98	外墙石材干式固定施工工法	北京中铁建筑工程公司
233	YJGF38—98	带花岗石饰面层的预制混凝土外墙板（GPC 板）生产与安装工法	中国建筑第一工程局第四建筑公司
234	YJGF39—98	高层建筑钢筋混凝土与舒乐板复合外墙一次成型施工工法	威海建设（集团）股份有限公司
235	YJGF40—98	ZL 复合硅酸盐聚苯颗粒保温浆料外墙内保温工法	北京建工集团总公司 北京振利高新技术公司
236	YJGF41—98	饰面石板短槽干挂工法	中国新兴建设开发总公司
237	YJGF42—98	建筑物整体移位施工工法	福建省建筑科学研究院
238	YJGF43—98	室外埋地硬聚氯乙烯排水管道工程工法	天津市市政工程研究院 天津第二市政公路工程有限公司
239	YJGF44—98	超高空承载索吊运设备工法	上海市工业设备安装公司
240	YJGF45—98	客运索道钢索架设工法	泰安建筑工程公司
241	YJGF46—98	120m 火炬液压提升倒装工法	中国化学工程第三建设公司
242	YJGF47—98	大型储罐水浮加内脚手架正装工法	中国石油天然气管道第二工程公司
243	YJGF48—98	大型低温常压 LPG 储罐现场安装工法	中国化学工程深圳公司
244	YJGF49—98	双层低温贮罐正装施工工法	中国石化第二建设公司
246	YJGF50—98	干式储气罐充气顶升正装工法	福建省工业设备安装有限公司
247	YJGF51—98	长输管道机械化施工工法	中国石油天然气管道第二工程公司
248	YJGF52—98	钢质管道内涂层液体涂料补口机补口工法	胜利石油管理局工程建设一公司
249	YJGF53—98	大型斜轨型步进式钢板坯加热炉斜轨安装工法	上海宝钢冶金建设公司
250	YJGF54—98	300t 转炉氧枪铜－钢焊接及修复工法	上海宝钢冶金建设公司
251	YJGF55—98	大型硅砖热风炉烘炉及保压检漏工法	上海宝钢冶金建设公司
252	YJGF56—98	顶烧转化炉安装工法	中国石化第四建设公司
253	YJGF57—98	大型板坯连铸机安装工法	上海十三冶金建设有限公司
254	YJGF58—98	钢椭球水塔水箱爆炸成形施工工法	铁道部第四工程局
255	YJGF59—98	锆及锆合金管道焊接工法	中国化学工程第六建设公司
256	YJGF60—98	大型钢钢制球形储罐 Ir192γ 射线全景曝光无损检测工法	中国石油天然气第一建设公司
257	YJGF61—98	衬钛压力容器的检验与修复工法	上海宝钢冶金建设公司
258	YJGF62—98	110kV/10kV 变电所调试工法	中国第二十冶金建设公司

续表

序号	工法编号	工法名称	完成单位
259	YJGF01—2000	刚性接头地下连续墙施工工法	上海市机械施工公司
260	YJGF02—2000	地下连续墙预制钢筋混凝土榫式接头施工工法	中国第二十冶金建设公司
261	YJGF03—2000	深基坑环梁支扩和部分地下工程逆作施工工法	天津一建建筑工程有限公司
262	YJGF04—2000	多层地下室逆作法施工工法	广东省基础工程公司
263	YJGF05—2000	条形基础盖挖逆作施工工法	中铁隧道局集团有限公司
264	YJGF06—2000	岩锚梁施工工法	中铁第十六工程局
265	YJGF07—2000	基坑土钉墙支护施工工法	山西建筑工程（集团）总公司建筑工程研究所
266	YJGF08—2000	桩柱支承法修建浅埋暗挖大跨度地铁车站工法	中铁第十六工程局
267	YJGF09—2000	柱基础整体托换与地下加层施工工法	北京城建七建设工程有限公司
268	YJGF10—2000	可变式支盘扩底柱施工工法	山西金石基础支盘桩工程有限公司
269	YJGF11—2000	CFZ－1500 型冲击反循环钻机孔桩施工工法	中铁第十五工程局
270	YJGF12—2000	TB880E 型隧道掘进机（TBM）施工工法	中铁第十八工程局
271	YJGF13—2000	饱和动水砂层 TSS 管固砂堵水注浆工法	中铁遂道局集团有限公司
272	YJGF14—2000	DK 式土压平衡顶管工法	上海市第二市政工程有限公司
273	YJGF15—2000	土压平衡式矩形顶管顶进工法	上海遂道工程股份有限公司
274	YJGF16—2000	聚丙烯纤维混凝土超长结构抗裂防渗施工工法	浙江中成建工集团有限公司
275	YJGF17—2000	水底电（光）缆敷设施工工法	上海市基础工程公司
276	YJGF18—2000	深基坑开挖监测工法	广东省基础工程公司
277	YJGF19—2000	城市地下工程微振爆破工法	中铁隧道局集团有限公司
278	YJGF20—2000	城市高架轨道交通新型整体轨下基础施工工法	上铁路建设（集团）有限公司
279	YJGF21—2000	立井机械化快速施工工法	中煤第五建设公司第三工程处
280	YJGF22—2000	煤矿井下螺纹旋煤仓施工工法	中煤第一建设公司
281	YJGF23—2000	悬索桥混凝土加劲箱梁架设工法	中铁大桥局集团有限公司
282	YJGF24—2000	40m 铁路箱梁整孔制造、架设施工工法	中铁一局集团有限公司
283	YJGF25—2000	地铁浮置板减振道床施工工法	中铁四局集团有限公司
284	YJGF26—2000	大跨度联合梁跨越电气化铁路编组场施工工法	中铁第十七工程局
285	YJGF27—2000	铁路 48m 简支结合梁施工工法	中铁第十三工程局
286	YJGF28—2000	大跨连续刚构桥墩梁结合部施工工法	中铁第十六工程局
287	YJGF29—2000	混凝土小型砌块配筋砌体建筑工法	上海市住乐建设发展总公司
288	YJGF30—2000	预拌砂浆制备工法	上海住总混凝土有限公司 上海建工材料工程有限公司
289	YJGF31—2000	C80 级耐蚀泵送混凝土施工工法	中铁第十八工程局
290	YJGF32—2000	钢管柱 C80 高性能混凝土施工工法	广东省第一建筑工程公司

续表

序号	工法编号	工法名称	完成单位
291	YJGF33—2000	混凝土施工缝 SEM 弥合防水砂浆施工工法	中铁第二十工程局
292	YJGF34—2000	钢筋剥肋滚压直螺纹连接工法	中国建筑科学研究院建筑机械化研究分院
293	YJGF35—2000	复合预应力混凝土框架倒扁梁楼板施工工法	北京城建七建设工程有限公司
294	YJGF36—2000	钢管混凝土柱无粘结预应力框架梁施工工法	中国建筑第六工程局
295	YJGF37—2000	圆形构筑物无粘结预应力混凝土施工工法	山西省第一建筑工程公司
296	YJGF38—2000	建筑物加固改造施工工法	中国建筑一局（集团）有限公司
297	YJGF39—2000	板式转换层混凝土厚板施工工法	通州市建筑安装工程总公司
298	YJGF40—2000	碳纤维片修复补强混凝土结构工法	北京特希达科技有限公司
			冶金工业部建筑研究总院
299	YJGF41—2000	ZL 胶粉聚苯颗粒保温材料外保温施工工法	北京建工集团责任有限公司
			北京振利高新技术公司
300	YJGF42—2000	倒置式保温防水屋面施工工法	浙江省长城建设集团股份有限公司
301	YJGF43—2000	钢弦石膏板隔墙施工工法	中国建筑一局（集团）有限公司
302	YJGF44—2000	TLC 插卡型模板早拆体系工法	北京建工集团第三建筑工程公司
			北京市泰利城建筑技术发展中心
303	YJGF45—2000	大直径多联体筒仓滑模施工工法	中铁十二局集团有限公司
304	YJGF46—2000	钢管混凝土顶升浇筑施工工法	中国建筑第三工程局
305	YJGF47—2000	塔吊组立输电铁塔施工工法	上海市第五建筑有限公司
306	YJGF48—2000	民用机场候机楼弱电安装工法	中国建筑第二工程局
307	YJGF49—2000	现代化大型电炉施工工法	中国第二十冶金建设公司
308	YJGF50—2000	连续退火炉安装工法	中国第二十冶金建设公司
309	YJGF51—2000	双门式桅杆滑移法吊装千吨级反应器工法	中国石化集团第十建设公司
310	YJGF52—2000	气动夯管锤穿越施工工法	中国石油天然气管道第二工程公司
311	YJGF53—2000	大型管道悬索跨越施工工法	中国石油天然气管道第一工程公司
312	YJGF54—2000	电子工程用抛光不锈钢管线施工工法	中油吉林化建工程股份有限公司
313	YJGF55—2000	下喷式焦炉砌筑工法	山西省第五建筑工程公司
314	YJGF56—2000	大型顶底复吹转炉内衬耐材砌筑工法	上海宝钢冶金建设公司
315	YJGF57—2000	电气化铁路既有线扩堑石方控制爆破安全快速施工工法	铁建筑研究设计院
			中铁第十七工程局
316	YJGF58—2000	利用自动调整器进行汽轮机调试工法	中国石化集团第五建设公司
317	YJGF59—2000	塔器焊缝承载状态现场电热法局部热得理工法	中国石油天然气第一建设公司
318	YJGF60—2000	铁路信号电缆地下接续工法	中铁电气化局集团有限公司
319	YJGF61—2000	200km 时速电气化铁路接触网施工工法	中铁电气化局集团有限公司

续表

序号	工法编号	工法名称	完成单位
320	YJGF01—2002	大型箱形基础混凝土施工工法	中国第二十冶金建设公司
321	YJGF02—2002	静态泥浆护壁、旋挖式钻孔灌注桩施工工法	山西省机械施工公司
322	YJGF03—2002	桩锤冲孔夯扩挤密桩施工工法	中铁三局集团有限公司
323	YJGF04—2002	杂填石区风动潜孔锤引孔打桩成孔工法	中国建筑第二工程局
324	YJGF05—2002	采用ZK－1018型扩底钻具施工扩底桩工法	铁道建筑研究设计院
325	YJGF06—2002	静压浅层地基施工工法	山东省机械施工公司
326	YJGF07—2002	盾构姿态自动测量工法	上海市第二市政工程有限公司
327	YJGF08—2002	复合型土压平衡盾构掘进工法	上海隧道工程股份有限公司
328	YJGF09—2002	沉管隧道桩基囊袋注浆施工工法	上海隧道工程股份有限公司
329	YJGF10—2002	沉管隧道混凝土管段制作裂缝控制工法	上海隧道工程股份有限公司
330	YJGF11—2002	隧道水平旋喷预支护施工工法	中铁二十局集团有限公司
331	YJGF12—2002	中隔墙法穿越既有线软岩双线铁路隧道施工工法	中铁四局集团有限公司
332	YJGF13—2002	铁路车站三线大跨度软弱围岩隧道施工工法	中铁隧道集团有限公司
333	YJGF14—2002	敞开式硬岩掘进机在软弱围岩铁路隧道施工工法	中铁隧道集团有限公司
334	YJGF15—2002	高海拔高寒隧道防冻胀施工工法	中铁十六局集团有限公司
335	YJGF16—2002	石方路堑洞室加预裂一次成型综合爆破工法	中铁三局集团有限公司
336	YJGF17—2002	开采煤层工作面覆岩离层注浆减沉施工工法	唐山开滦建设（集团）有限责任公司
337	YJGF18—2002	预制节段混凝土桥梁逐跨拼装施工工法	上海耿耿市政工程有限公司 上海市第一市政工程有限公司
338	YJGF19—2002	高墩大跨度连续悬灌梁施工工法	中铁十七局集团第三工程有限公司
339	YJGF20—2002	大跨度刚构－连续组合弯梁桥施工工法	中铁十一局集团有限公司
340	YJGF21—2002	大跨度可调试无支墩钢拱架施工混凝土拱桥工法	中铁十七局集团有限公司
341	YJGF22—2002	大距离索鞍横移缆索吊架设拱桥工法	中铁十七局集团有限公司
342	YJGF23—2002	TCM60铺轨机铺设长钢轨工法	中铁三局集团有限公司
343	YJGF24—2002	桥上长枕埋入式无碴轨道施工工法	中铁三局集团有限公司
344	YJGF25—2002	板式无碴轨道CA砂浆施工工法	中铁十一局集团有限公司
345	YJGF26—2002	弹性整体道床施工工法	中铁隧道集团有限公司 中铁十八局集团有限公司
346	YJGF27—2002	大吨位箱梁的运输和架设工法	中铁十七局集团有限公司
347	YJGF28—2002	YZ40/1500下行式移动模架造机造桥工法	路桥集团第二公司工程局
348	YJGF29—2002	JQ600型下导梁轮轨式架桥机架设20m、24m后张法预应力混凝土箱梁（双线）工法	中铁大桥局集团有限公司
349	YJGF30—2002	MZ32型移动模架造桥机原位整孔制造预应力混凝土箱梁施工工法	中铁大桥局集团有限公司
350	YJGF31—2002	50m后张预应力T形梁现场预制工法	中国建筑第二工程局

续表

序号	工法编号	工法名称	完成单位
351	YJGF32—2002	双圈环绕无粘结预应力混凝土衬砌施工工法	中国水利水电第十四工程局
352	YJGF33—2002	高空现浇 21 ~ 24m 跨先张法预应力拱板施工工法	江都市第二建设工程有限公司
353	YJGF34—2002	长线台座先张桥梁板和重级制吊车梁施工工法	山西建筑工程（集团）总公司
354	YJGF35—2002	碾压混凝土地坪施工工法	中国第一冶金建设公司
355	YJGF36—2002	水泥基渗透结晶型防水涂料工法	河南省第一建筑工程有限责任公司
356	YJGF37—2002	硫铝酸盐水泥粘结注浆施工工法	淮南国能建设工程有限责任公司
357	YJGF38—2002	坡屋面现浇混凝土施工工法	福建六建建工集团公司
358	YJGF39—2002	无应力插接式铝板屋面工程施工工法	中国新兴建设开发总公司
359	YJGF40—2002	薄壁芯管现浇混凝土空心楼盖施工工法	湖南省第六工程公司
360	YJGF41—2002	多功能爬架施工工法	中国建筑第六工程局第二建筑工程公司
361	YJGF42—2002	高桥墩顶杆外置式液压提升平台爬模施工工法	中铁十一局集团有限公司
362	YJGF43—2002	电控附着式升降脚手架与模板一体化成套技术施工工法	北京市建筑工程研究院
363	YJGF44—2002	滚轧直螺纹钢筋接头施工工法	北京市建筑工程研究院
364	YJGF45—2002	HRB400 级钢筋电渣压力焊施工工法	山西四建集团有限公司
365	YJGF46—2002	现浇混凝土曲面斜筒体结构施工工法	北京建工集团有限责任公司总承包部
366	YJGF47—2002	大型仿古建筑混凝土结构构架施工工法	山西省第一建筑工程公司
367	YJGF48—2002	大跨度屋盖钢结构胎架滑移工法	中国建筑第三工程局
368	YJGF49—2002	ALC 板内隔断非承重墙安装工法	南通市新华建筑安装工程有限公司
369	YJGF50—2002	大跨度空间桁架组合钢屋盖安装工法	中国建筑第三工程局
370	YJGF51—2002	夹屋橡胶垫隔震屋施工工法	山西省第五建筑工程公司
371	YJGF52—2002	预埋塑胶块法预留拉结筋施工工法	北京城建七建设工程有限公司
372	YJGF53—2002	高舒适度低能耗建筑天棚低温辐射采暖制冷系统施工工法	北京建工集团有限责任公司 总承包二部
373	YJGF54—2002	低温辐射采暖地板施工工法	山西四建集团有限公司
374	YJGF55—2002	高舒适度低能耗建筑干挂饰面砖幕墙聚苯复合外墙外保温施工工法	中铁建工集团工程有限公司 北京建工集团有限责任公司 总承包二部
375	YJGF56—2002	X70 钢级大口径弯管制作工法	中油吉林化建工程股份有限公司
376	YJGF57—2002	M900 自升塔式起重机安装拆除工法	上海宝冶建设有限公司
377	YJGF58—2002	汽轮发电机组地脚螺栓直埋与锚固板定位施工工法	湖南省第四工程公司
378	YJGF59—2002	细长圆型金属贮罐气顶倒装施工工法	湖南省建筑施工技术研究所 湖南省工业设备安装公司

续表

序号	工法编号	工法名称	完成单位
379	YJGF60—2002	薄壁连体法兰矩形风管施工工法	上海市安装工程有限公司
380	YJGF61—2002	炼焦炉基础顶板埋管施工工法	山西五峰建设发展有限公司
381	YJGF62—2002	送电线路带电跨越架线施工工法	江苏省送变电公司
382	YJGF63—2002	ABB 数字式直流传动装置调试工法	中国第十七冶金建设公司
383	YJGF64—2002	酸洗－冷连轧机联合机组自动化系统调试工法	中国第二十冶金建设公司
384	YJGF65—2002	现代化大型步进式加热炉施工工法	中国第二十冶金建设公司
385	YJGF66—2002	卧式往复压缩机活塞与十字头间垂直同心度检测调整工法	中国石化集团第二建设公司
386	YJGF67—2002	霍戈文式热风炉炉顶砌筑工法	中国第一冶金建设公司
387	YJGF68—2002	大型阳极预焙电解槽制作工法	中国第九冶金建设公司
388	YJGF69—2002	预焙阳极电解槽施工工法	山西省工业设备安装公司
389	YJGF70—2002	浅海油田海底管道浮拖法施工工法	胜利油田胜利石油化工建设有限责任公司
390	YJGF71—2002	大型水平定向钻穿越施工工法	中国石油天然气管道第三工程公司 中国石化集团江汉石油管理局 油田建设工程公司
391	YJGF72—2002	焊接 H 型钢结构建筑制作安装工法	中铁四局集团有限公司
392	YJGF73—2002	管道环焊缝相控阵全自动超声波检测工法	中国石油天然气管理第一工程公司
393	YJGF74—2002	管道爬行器 X 射线检测工法	中国石油天然气第一建设公司
394	YJGF75—2002	长输管道全位置自动焊接工法	中国石油天然气管道第三工程公司
395	YJGF76—2002	新建铁路基地长钢轨接触焊焊接工法	中国铁道建筑总公司国内工程部
396	YJGF77—2002	超大型耐热钢焦炭塔组焊工法	中国石化集团第三建设公司
397	YJGF78—2002	钢质管道固定/撬装 3PE 外防腐作业工法	中油管道防腐工程有限责任公司
398	YJGF79—2002	钢质弯管环氧粉末机械化连续外防腐作业工法	中国石油天然气管道科学研究院
399	YJGF80—2002	液压、润滑管道在线酸洗、油冲洗施工工法	中国第十三冶金建设公司
400	YJGF81—2002	城市轨道交通 ATC 系统数字轨道电路调试工法	中国铁路通信信号集团公司 济南工程分公司
401	YJGF82—2002	高速公路硅芯管道通信缆气吹敷设工法	中国公路工程咨询监理总公司
402	YJGF83—2002	ZP. W1－18 型 18 信息无绝缘移频自动闭塞系统调试工法	中铁电气化局集团有限公司
403	YJGF01—2004	铁路桥桩基托换施工工法	中铁十五局集团有限公司
404	YJGF02—2004	特大吨位桩基托换施工工法	中铁隧道集团有限公司
405	YJGF03—2004	压力分散型抗浮锚杆施工工法	中国京冶建设工程承包公司 中国建筑工程总公司国内业务部
406	YJGF04—2004	等厚掘搅水泥土防渗墙施工工法	江苏弘盛建设工程集团有限公司
407	YJGF05—2004	深厚覆盖层（含巨漂）高喷防渗墙施工工法	中国水利水电第七工程局成都水电建设工程有限公司

续表

序号	工法编号	工法名称	完成单位
408	YJGF06—2004	导洞施工防护隔离桩墙施工工法	中铁隧道集团有限公司
409	YJGF07—2004	地下室薄型滤水层防排水施工工法	上海市第四建筑有限公司
410	YJGF08—2004	多年冻土区钻孔灌注桩施工工法	中铁十六局集团有限公司
411	YJGF09—2004	后植入钢筋笼灌注桩成桩施工工法	北京市机械施工公司
412	YJGF10—2004	船坞坞壁组合箱型钢板桩施工工法	上海市第七建筑有限公司
413	YJGF11—2004	高喷插芯组合桩施工工法	天津市华正岩土工程有限公司
414	YJGF12—2004	地铁车站单跨军用梁盖挖顺筑施工工法	中铁四局集团有限公司
415	YJGF13—2004	浅埋暗挖地下框架结构多导洞施工工法	中铁十六局集团有限公司
416	YJGF14—2004	穿越城市主干道浅埋暗挖平顶直墙矩形双跨结构施工技术及应用施工工法	北京建工路桥工程建设有限责任公司
417	YJGF15—2004	三拱两柱结构暗挖中洞施工工法	中铁三局集团有限公司
418	YJGF16—2004	复合盾构施工系列工法	中铁隧道集团有限公司
419	YJGF17—2004	盾构隧道双层路面的上层道路施工工法	上海市第二市政工程有限公司
420	YJGF18—2004	双圆土压平衡盾构施工工法	上海隧道工程股份有限公司
421	YJGF19—2004	土压平衡顶管施工工法	北京市政建设集团有限责任公司 北京市市政工程研究院
422	YJGF20—2004	偏心多轴多刀盘式矩形顶管顶进工法	上海隧道工程股份有限公司
423	YJGF21—2004	软土层水平冻结法连接通道施工工法	上海隧道工程股份有限公司
424	YJGF22—2004	多年冻土隧道施工工法	中铁二十局集团有限公司
425	YJGF23—2004	悬索桥复合式隧道锚碇施工工法	路桥华南工程有限公司
426	YJGF24—2004	高压富水深埋充填型岩溶隧道施工工法	中铁隧道集团有限公司
427	YJGF25—2004	高等级公路双连拱隧道施工工法	中铁十七局集团第三工程有限公司
428	YJGF26—2004	超小净距并行隧道施工工法	中铁一局集团有限公司 中铁七局集团第三工程有限公司
429	YJGF27—2004	大断面隧道钻爆法快速施工工法	中铁十二局集团有限公司
430	YJGF28—2004	节能环保水压爆破工法	铁道建筑研究设计院
431	YJGF29—2004	建基物基底水平预裂爆破施工工法	中国核工业华兴建设公司
432	YJGF30—2004	双壁钢围堰无导向船下沉施工工法	中铁十二局集团有限公司
433	YJGF31—2004	预制结构的水上浮运沉放施工工法	上海隧道工程股份有限公司
434	YJGF32—2004	水下模袋混凝土基础施工工法	上海隧道工程股份有限公司
435	YJGF33—2004	大直径圆形混凝土结构滑模沉井施工工法	长治市建筑工程总公司
436	YJGF34—2004	地下裸岩水封式储气库修建工法	中铁隧道集团有限公司
437	YJGF35—2004	基于 GPS 实时监控水下抛石施工工法	中国建筑第八工程局第三建筑公司
438	YJGF36—2004	船闸闸室墙移动龙门整体大钢模施工工法	淮阴水利建设集团有限公司

续表

序号	工法编号	工法名称	完成单位
439	YJGF37—2004	SBS 改性沥青混凝土路面施工工法	路桥集团第一公路工程局
440	YJGF38—2004	沥青玛琋脂碎石混合料(SMA)路面面层施工工法	天津第二市政公路工程有限公司 深圳市市政工程总公司 路桥集团第二公路工程局
441	YJGF39—2004	沥青路面现场热再生工法	上海浦东路桥建设股份有限公司
442	YJGF40—2004	F1 赛道沥青路面施工工法	上海市第一市政工程有限公司 上海建设机场道路工程有限公司
443	YJGF41—2004	F1 赛车场赛道软基处理综合技术系列工法	中铁四局集团有限公司
444	YJGF42—2004	热熔标线水线放样施工工法	北京华纬交通工程公司
445	YJGF43—2004	提速道岔用混凝土岔枕长线生产施工工法	中铁八局集团有限公司
446	YJGF44—2004	长轨排法一次铺设整体道床无缝线路施工工法	中铁三局集团有限公司
447	YJGF45—2004	新建 200km/h 以上有碴轨道机械作业组整道施工工法	中铁二十二局集团有限公司
448	YJGF46—2004	跨座式单轨 PC 轨道梁架设工法	中铁十一局集团有限公司
449	YJGF47—2004	跨座式倒 T 形 PC 轨道梁现场制造工法	中铁三局集团有限公司
450	YJGF48—2004	先张法折线配筋预应力混凝土简支梁预制工法	中铁一局集团有限公司
451	YJGF49—2004	空间预应力索桥结构制索及调索工法	中铁十一局集团有限公司
452	YJGF50—2004	磁悬浮轨道梁精密调位施工工法	中铁十六局集团有限公司
453	YJGF51—2004	自锚式钢桁梁悬索桥施工工法	中铁十二局集团有限公司
454	YJGF52—2004	悬索桥主缆索股架设工法	路桥华南工程有限公司
455	YJGF53—2004	斜拉桥主梁活动支架施工工法	中铁大桥局集团有限公司
456	YJGF54—2004	斜拉桥索道管安装施工工法	天津城建集团有限公司
457	YJGF55—2004	大跨度滑动模板支架系统施工工法	天津第一市政公路工程有限公司
458	YJGF56—2004	多跨连续钢管系杆拱桥施工工法	中铁十三局集团有限公司
459	YJGF57—2004	钢管拱桥单铰万吨转体施工工法	中铁大桥局集团有限公司
460	YJGF58—2004	大跨径钢管混凝土拱桥无支架吊装斜拉扣挂工法	四川路桥建设股份有限公司
461	YJGF59—2004	箱形拱桥无平衡重双箱对称同步转体施工工法	四川公路桥梁建设集团有限公司
462	YJGF60—2004	用贝雷架做移动模架分段浇筑箱型连续梁工法	中铁二十二局集团有限公司
463	YJGF61—2004	客运专线后张法预应力混凝土箱梁预制施工工法	中铁十二局集团有限公司
464	YJGF62—2004	大跨度预弯组合梁施工工法	中铁三局集团有限公司
465	YJGF63—2004	旧桥改造之桥梁同步顶升施工工法	天津城建集团有限公司工程总承包公司
466	YJGF64—2004	空间扭曲变截面箱型钢梁制作工法	天津六建建筑工程有限公司
467	YJGF65—2004	大面积钢屋盖多吊点、非对称整体提升工法	深圳建升和钢结构建筑安装工程有限公司

续表

序号	工法编号	工法名称	完成单位
468	YJGF66—2004	大跨度箱形变截面钢筋混凝土拱施工工法	中国建筑二局第三建筑公司
469	YJGF67—2004	钢管混凝土柱与混凝土钢筋环梁组合框架节点施工工法	山西省第一建筑工程公司
470	YJGF68—2004	骨架式膜结构施工工法	浙江省建工集团有限责任公司
471	YJGF69—2004	体育场馆环向超长钢筋混凝土结构施工工法	中国建筑第八工程局
472	YJGF70—2004	多层面超大面积钢筋混凝土地面无缝施工工法	中国建筑第五工程局第三建筑安装公司
473	YJGF71—2004	超长超厚一次连续浇筑大体积无微膨胀剂混凝土裂缝控制技术施工工法	北京建工集团有限责任公司总承包二部
474	YJGF72—2004	无粘结预应力智能控制张拉施工工法	中铁十二局集团建筑安装工程有限公司
475	YJGF73—2004	核电站安全壳预应力施工工法	中国核工业华兴建设公司
476	YJGF74—2004	防静电水磨石地面施工工法	中国建筑第七工程局
477	YJGF75—2004	软土地基大面积承重耐磨地面施工工法	天津三建建筑工程有限公司
478	YJGF76—2004	大面积混凝土地面机械化一次性施工工法	中国第十三冶金建设公司 秦皇岛市三信建筑安装工程有限公司
479	YJGF77—2004	低温辐射电热膜施工工法	山西建筑工程（集团）总公司总承包部
480	YJGF78—2004	超高层钢结构建筑大型液压爬架施工工法	北京建工集团有限责任公司总承包二部
481	YJGF79—2004	平板玻璃钢圆柱模板施工工法	北京城建二建设工程有限公司 中国华西企业有限公司
482	YJGF80—2004	建筑橡胶隔震支座施工工法	中国建筑第七工程局第三建筑公司
483	YJGF81—2004	压型铝板屋面施工工法	东亚联合控股（集团）有限公司 上海市第二建筑有限公司
484	YJGF82—2004	超大面积大型蜂窝铝板吊顶、挑檐施工工法	北京市建筑工程装饰公司
485	YJGF83—2004	隐胶缝蜂窝铝板幕墙施工工法	中铁建工集团有限公司
486	YJGF84—2004	清水饰面混凝土施工工法	中国建筑第三工程局
487	YJGF85—2004	GRC外墙装饰构件施工工法	山西省第三建筑工程公司
488	YJGF86—2004	大面积木质幕墙施工工法	北京市建筑工程装饰公司
489	YJGF87—2004	大、厚、重艺术浮雕石材干挂工法	福建六建建工集团公司
490	YJGF88—2004	聚苯保温板与混凝土现浇复合外墙施工工法	浙江舜杰建筑集团股份有限公司 江苏省华建建设股份有限公司北京分公司
491	YJGF89—2004	混凝土外墙钢丝聚苯板外保温施工工法	中国建筑第一工程局第二建筑公司 中铁建设集团有限公司 中铁十七局集团建筑工程有限公司
492	YJGF90—2004	500kV大跨越工程特殊立塔及架线施工工法	安徽送变电工程公司
493	YJGF91—2004	超大型龙门起重机整体提升安装施工工法	江苏天目建设集团有限公司

续表

序号	工法编号	工法名称	完成单位
494	YJGF92—2004	DBQ3000 型门座塔式起重机安装（拆除）工法	中国第一冶金建设公司
495	YJGF93—2004	特大型轧机机架吊装工法	上海宝冶建设有限公司
496	YJGF94—2004	碳素焙烧炉砌筑工程施工工法	山西省工业设备安装公司
497	YJGF95—2004	$3000m^3$ 以上特大型高炉炉体砌筑工法	上海宝冶建设有限公司
498	YJGF96—2004	20 万立方米多边形稀油密封（曼式）煤气柜施工工法	马鞍山钢铁股份有限公司修建工程公司
499	YJGF97—2004	乙烯装置 10 万吨/年乙烯裂解炉安装施工工法	中国石化集团第十建设公司
500	YJGF98—2004	滩海油田大型平台整体浮装就位施工工法	胜利油田胜利石油化工建设有限公司
501	YJGF99—2004	柔性接口离心铸铁排水管安装工法	山西省第三建筑工程公司 中铁建工集团有限公司 山西四建集团有限公司
502	YJGF100—2004	无檩条结构组合压型钢板制作工法	上海宝冶建设有限公司
503	YJGF101—2004	利用移动组装式电阻炉对非标准设备退火施工工法	太原钢铁（集团）建设有限公司
504	YJGF102—2004	燃气式罩式退火炉安装工法	中国第二十冶金建设公司
505	YJGF103—2004	特大型高炉冷却壁在线快速更换工法	上海宝冶建设有限公司
506	YJGF104—2004	带水大开挖成沟、控制负浮力牵引法管道穿越大江、大河施工工法	管道局石油天然气管道第四工程公司
507	YJGF105—2004	盾构隧道 $\phi1016mm$ 管道安装工法	大庆油田建设集团
508	YJGF106—2004	长输管道真空干燥施工工法	管道局石油天然气管道第四工程公司
509	YJGF107—2004	大口径长输管道清管试压工法	中国石油天然气管道第三工程公司
510	YJGF108—2004	超高压输气站场工艺管道爆破吹扫、气压试验施工工法	北京城建亚泰建设工程有限公司
511	YJGF109—2004	大口径管道内喷涂施工工法	中油管道防腐工程有限责任公司
512	YJGF110—2004	大型机组油系统冲洗工法	中国石化集团第五建设公司
513	YJGF111—2004	大中型球罐无中心柱现场组装工法	中国化学工程第十三建设公司 中国石油天然气第一建设公司
514	YJGF112—2004	大型立式圆筒形压力容器现场整体内燃法热处理工法	中国石油天然气第一建设公司
515	YJGF113—2004	N6/Q235A 镍/钢复合板焊接工法	中国化学工程第六建设公司
516	YJGF114—2004	不锈复合钢板焊接操作工法	太原钢铁（集团）建设有限公司
517	YJGF115—2004	GSM－R 天馈系统安装调试工法	中铁四局集团有限公司
518	YJGF116—2004	驼峰自动化信号施工工法	中铁八局集团电务工程有限公司
519	YJGF117—2004	铁路数字调度通信系统调试工法	中铁八局集团电务工程有限公司
520	YJGF118—2004	ZPW－2000A 无绝缘自动闭塞设备安装及调试工法	中国铁路通信信号集团公司天津工程分公司

续表

序号	工法编号	工法名称	完成单位
521	YJGF119—2004	接触网全补偿弹性链型悬挂施工工法	中铁电气化局集团有限公司
522	YJGF120—2004	SEI 列控联锁一体化系统设备安装、调试工法	中铁电气化局集团有限公司
523	YJGF001—2006	喷涂硬泡聚氨酯面砖饰面外墙外保温施工工法	1. 北京振利建筑工程有限责任公司 2. 浙江宝业建设集团有限公司 3. 中天建设集团有限公司
524	YJGF002—2006	现浇混凝土有网聚苯板复合胶粉聚苯颗粒面砖饰面外墙外保温施工工法	北京振利建筑工程有限责任公司
525	YJGF003—2006	保温节能无缝双层板块外墙施工工法	1. 苏州第一建筑集团有限公司 2. 苏州市华丽美登装饰装潢有限公司
526	YJGF004—2006	背栓式干挂石材幕墙施工工法	1. 山西建筑工程（集团）总公司 2. 中国新兴建设开发总公司 3. 中国建筑第七工程局
527	YJGF005—2006	预制混凝土装饰挂板施工工法	1. 中建一局建设发展公司 2. 北京中建建筑科学技术研究院 3. 中建一局华江建设有限公司 4. 中铁建工集团有限公司
528	YJGF006—2006	大面积青铜装饰板施工工法	北京建工集团有限责任公司总承包部
529	YJGF007—2006	超薄石材与玻璃复合发光墙施工工法	1. 中国建筑二局第三建筑公司 2. 中国建筑第二工程局第二建筑公司 3. 江河幕墙公司
530	YJGF008—2006	大面积连续曲面铝条板吊顶施工工法	北京市建筑工程装饰有限公司
531	YJGF009—2006	现浇清水混凝土看台板施工工法	北京城建五建设工程有限公司
532	YJGF010—2006	GKP 外墙外保温（聚苯板聚合物砂浆增强网做法）面砖饰面施工工法	北京住总集团有限责任公司
533	YJGF011—2006	PRC 轻质复合隔墙板施工工法	1. 北京城建集团有限责任公司 2. 北京艾格科技有限公司 3. 北京翔宇新型建材有限公司
534	YJGF012—2006	轻质防火隔热浆料复合外保温体系施工工法	1. 北京六建集团公司 2. 北京振利高新技术有限公司 3. 中国建筑科学研究院建筑防火研究所
535	YJGF013—2006	聚氨酯硬泡体屋面防水保温系统施工工法	1. 上海市房地产科学研究院 2. 上海克络蒂涂料有限公司 3. 龙信建设集团有限公司
536	YJGF014—2006	大型钢结构整体提升与滑移施工工法	中国机械工业建设总公司
537	YJGF015—2006	双向张弦钢屋架滑移与张拉施工工法	1. 北京城建集团有限责任公司

续表

序号	工法编号	工法名称	完成单位
			2. 北京市建筑工程研究院 3. 浙江精工钢结构有限公司
538	YJGF016—2006	大跨度马鞍型空间钢结构支撑卸载工法	北京城建集团有限责任公司
539	YJGF017—2006	网壳结构折叠展开式整体提升施工工法	1. 浙江大学空间结构研究中心 2. 浙江东南网架股份有限公司
540	YJGF018—2006	大跨度拱形钢结构安装施工工法	河北建设集团有限公司
541	YJGF019—2006	超长预应力系梁施工工法	1. 中国建筑第八工程局第三建筑公司 2. 南京东大现代预应力工程有限责任公司 3. 江苏邗建集团有限公司
542	YJGF020—2006	环形预应力梁施工工法	上海市第七建筑有限公司
543	YJGF021—2006	预制预应力混凝土装配整体式框架结构梁柱键槽节点施工工法	南京大地建设集团有限责任公司
544	YJGF022—2006	型钢混凝土结构施工工法	1. 北京城建五建设工程有限公司 2. 北京城建四建设工程有限责任公司 3. 莱西市建筑总公司
545	YJGF023—2006	超高层竖向钢筋混凝土筒中筒结构与水平钢梁组合楼板结构分离施工工法	北京城建集团有限责任公司
546	YJGF024—2006	超高层钢结构复杂空间坐标测量定位工法	中铁建设集团有限公司
547	YJGF025—2006	现浇混凝土斜柱施工工法	1. 北京建工集团有限责任公司总承包部 2. 北京建工一建工程建设有限公司 3. 北京城建集团有限责任公司
548	YJGF026—2006	高位大悬挑转换厚板施工工法	1. 南通建工集团股份有限公司 2. 山河建设集团有限公司 3. 江苏中兴建设有限公司重庆分公司 4. 甘肃第七建设集团股份有限公司
549	YJGF027—2006	大跨度网壳（架）外扩拼装－拔杆接力转换整体提升施工工法	中国新兴建设开发总公司
550	YJGF028—2006	钢柱支撑式整体自升钢平台脚手模板系统施工工法	上海市第一建筑有限公司
551	YJGF029—2006	冷却塔电动爬模施工工法	1. 中建三局第二建设公司 2. 上海电力建筑工程公司
552	YJGF030—2006	高层建筑利用整体升降脚手架提升 G－70 外墙大模板施工工法	上海市第四建筑有限公司
553	YJGF031—2006	渐变扭坡组合钢模板施工工法	北京市建筑工程研究院

续表

序号	工法编号	工法名称	完成单位
554	YJGF032—2006	先置内爬式塔吊施工工法	江苏省苏中建设集团股份有限公司
555	YJGF033—2006	宽截面梁“V”形模板支撑系统施工工法	福建省九龙建设集团有限公司
556	YJGF034—2006	节能型开放式双层石材坡屋面施工工法	1. 苏州第一建筑集团有限公司 2. 苏州市华丽美登装饰装潢有限公司
557	YJGF035—2006	高层、超高层弧形立面整体提升脚手架施工工法	上海市第二建筑有限公司
558	YJGF036—2006	外围结构花格框架后浇节点施工工法	1. 中国建筑第一工程局第五建筑公司 2. 中国建筑第一工程局第二建筑公司 3. 中国建筑第一工程局第三建筑公司
559	YJGF037—2006	大流态高保塑混凝土施工工法	中建三局建设工程股份公司 商品混凝土公司
560	YJGF038—2006	激光整平机铺筑钢纤维混凝土耐磨地坪施工工法	1. 中国建筑一局(集团)有限公司 2. 江苏南通二建集团有限公司
561	YJGF039—2006	双层 BDF 空心管芯模空心楼板施工工法	北京城建建设工程有限公司
562	YJGF040—2006	高强人工砂混凝土施工工法	中国建筑第四工程局
563	YJGF041—2006	浅埋地铁单拱双柱双侧洞法暗挖车站施工工法	1. 北京市政建设集团有限责任公司 2. 北京城建设计研究总院有限责任公司 3. 北京勤业测绘科技有限公司 4. 中铁十二局集团第二工程有限公司
564	YJGF042—2006	深立井井筒冻结工法	中煤第一建设公司
565	YJGF043—2006	深厚表土层冻结井高强高性能混凝土井壁施工工法	中煤第三建设（集团）有限责任公司
566	YJGF044—2006	高水压小断面（$\phi2\sim\phi4.2m$）水下隧道复杂地层泥水加压盾构施工工法	中铁隧道集团有限公司
567	YJGF045—2006	城市淤泥地层地下过街道浅埋暗挖工法	中铁隧道集团有限公司
568	YJGF046—2006	三重管双高压旋喷施工工法	上海隧道工程股份有限公司
569	YJGF047—2006	海工工程 GPS 远距离打桩定位工法	中交第三航务工程局有限公司
570	YJGF048—2006	动载条件下双套拱桩基托换施工工法	中铁十四局集团有限公司
571	YJGF049—2006	富水砂质粉土地层地铁车站深基坑开挖与支撑施工工法	中铁十七局集团公司
572	YJGF050—2006	软土地层大断面管幕—箱涵推进工法	1. 上海市第二市政工程有限公司 2. 上海城建（集团）公司
573	YJGF051—2006	坐底式半潜驳出运沉箱工法	中交第一航务工程局有限公司
574	YJGF052—2006	模袋固化土海上围埝堤心施工工法	1. 中交第一航务工程局有限公司 2. 中交天津港湾工程研究院有限公司
575	YJGF053—2006	箱筒形基础结构气浮拖运与负压下沉工法	中交第一航务工程局有限公司
576	YJGF054—2006	海上桥梁承台与承台防撞设施一体化施工工法	路桥集团国际建设股份有限公司

续表

序号	工法编号	工法名称	完成单位
577	YJGF055—2006	水下多孔空心方块安放工法	中交第三航务工程局有限公司
578	YJGF056—2006	护底软体排铺设工法	中交第三航务工程局有限公司
579	YJGF057—2006	环氧沥青混凝土钢桥面铺装施工工法	1. 山东省路桥集团有限公司 2. 北京城建亚泰建设工程有限公司
580	YJGF058—2006	多空隙排水降噪沥青路面工法	1. 上海浦东路桥建设股份有限公司 2. 中国建筑第八工程局 3. 北京市政建设集团有限责任公司 4. 北京市市政工程研究院 5. 北京市市政工程管理处 6. 中交第二公路工程局有限公司
581	YJGF059—2006	青藏铁路低温早强耐久混凝土施工工法	中铁一局集团有限公司
582	YJGF060—2006	高原高寒地区草皮移植回铺施工工法	1. 中铁十九局集团有限公司 2. 中铁五局（集团）有限公司
583	YJGF061—2006	中承式及下承式拱桥吊杆更换工法	1. 上海同吉建筑工程设计有限公司 2. 上海同吉预应力工程有限公司 3. 同济大学
584	YJGF062—2006	预应力混凝土连续箱梁节段短线匹配法预制、架桥机悬拼施工工法	1. 江苏省苏通大桥建设指挥部 2. 中交第二航务工程局有限公司 3. 中铁大桥局股份有限公司 4. 广州市建筑机械施工有限公司 5. 中铁十七局集团第六工程有限公司
585	YJGF063—2006	超大型钢吊箱水上整体拼装下放施工工法	1. 江苏省苏通大桥建设指挥部 2. 中交第二公路工程局有限公司
586	YJGF064—2006	高含冰量多年冻土区路堑施工工法	中铁十六局集团有限公司
587	YJGF065—2006	柔性台座预制拼装顶推施工工法	中铁十四局集团有限公司
588	YJGF066—2006	矮塔斜拉桥斜拉索施工工法	中铁十二局集团第四工程有限公司
589	YJGF067—2006	中等跨度连续梁造桥机架设连续弯箱梁施工工法	1. 铁道第五勘察设计院 2. 北京中铁建北方路桥工程有限公司
590	YJGF068—2006	多跨连续拱桥双索跨缆索吊装施工工法	广西壮族自治区公路桥梁工程总公司
591	YJGF069—2006	斜拉桥索塔钢锚箱安装施工工法	1. 中交第二航务工程局有限公司 2. 江苏省苏通大桥建设指挥部
592	YJGF070—2006	钢拱桥卧拼竖提转体施工工法	路桥集团国际建设股份有限公司
593	YJGF071—2006	50m/1430t 预应力混凝土箱梁整孔预制、运输、架设施工工法	中铁二局集团有限公司

续表

序号	工法编号	工法名称	完成单位
594	YJGF072—2006	青藏铁路机械铺轨施工工法	1. 中铁一局集团有限公司 2. 中铁二十二局集团有限公司
595	YJGF073—2006	70m后张法预应力混凝土箱梁现场预制工法	1. 中铁大桥局股份有限公司 2. 上海市第二市政工程有限公司 3. 上海城建（集团）公司
596	YJGF074—2006	宽级配砾石土心墙堆石坝施工工法	中国水利水电第七工程局
597	YJGF075—2006	碾压混凝土仓面施工工法	1. 中国水利水电第七工程局 2. 中国葛洲坝集团股份有限公司
598	YJGF076—2006	岩壁吊车梁岩台（双向控爆法）开挖施工工法	1. 中国水利水电第十四工程局 2. 中国水利水电第六工程局 3. 中国水利水电第十二工程局
599	YJGF077—2006	岩壁吊车梁混凝土施工工法	1. 中国水利水电第十四工程局 2. 中国水利水电第六工程局 3. 中国水利水电第十二工程局
600	YJGF078—2006	双聚能预裂与光面爆破综合技术施工工法	中国水利水电第八工程局
601	YJGF079—2006	碾压混凝土筑坝中变态混凝土施工工法	1. 中国水利水电第十一工程局 2. 中国葛洲坝集团股份有限公司 3. 中国水利水电第八工程局 4. 中国水利水电第四工程局
602	YJGF080—2006	混凝土面板堆石坝挤压式边墙固坡施工工法	1. 中国水利水电第十五工程局 2. 中国葛洲坝集团股份有限公司 3. 中国水利水电第五工程局
603	YJGF081—2006	斜井变径滑模混凝土衬砌施工工法	中国水利水电第十四工程局
604	YJGF082—2006	拱坝坝肩槽开挖施工工法	1. 中国水利水电第四工程局 2. 中国水利水电第八工程局
605	YJGF083—2006	不良地质条件下开敞式大型调压井开挖施工工法	中国水利水电第五工程局
606	YJGF084—2006	孔口封闭水泥灌浆施工工法	1. 中国水电基础局有限公司 2. 葛洲坝集团基础工程有限公司 3. 中国水利水电第八工程局
607	YJGF085—2006	混凝土防渗（地连墙）“铣削法”槽孔建造工法	中国水利水电建设集团公司
608	YJGF086—2006	混凝土防渗墙墙下帷幕灌浆预埋灌浆管工法	1. 中国水利水电建设集团公司 2. 葛洲坝集团基础工程有限公司
609	YJGF087—2006	斜井导井阿里玛克爬罐施工工法	1. 中国水利水电第三工程局 2. 中国水利水电第一工程局

续表

序号	工法编号	工法名称	完成单位
610	YJGF088—2006	翻转模板施工工法	1. 葛洲坝集团第二工程有限公司 2. 中国水利水电第八工程局 3. 中国水利水电第十一工程局 4. 葛洲坝集团第五工程有限公司
611	YJGF089—2006	混凝土面板堆石坝面板施工工法	1. 中国葛洲坝集团股份有限公司 2. 中国水利水电第十二工程局
612	YJGF090—2006	碾压式沥青混凝土防渗面板施工工法	1. 葛洲坝集团三峡实业有限公司 2. 葛洲坝集团第二工程有限公司
613	YJGF091—2006	混凝土结构地下室抗裂防渗工法	青岛建设集团公司
614	YJGF092—2006	“一明两暗”盆式开挖施工工法	上海市第七建筑有限公司
615	YJGF093—2006	逆作法条件下的劲性钢柱施工工法	上海市第二建筑有限公司
616	YJGF094—2006	建筑工程地下室钢结构逆作法施工工法	广东省第一建筑工程有限公司
617	YJGF095—2006	地下室膨润土防水毯施工工法	1. 通州建总集团有限公司 2. 上海市第四建筑有限公司
618	YJGF096—2006	隧道施工中乳化炸药泵送装填工法	中铁三局集团有限公司
619	YJGF097—2006	预制钢筋混凝土排水检查井施工工法	1. 北京市政建设集团有限责任公司 2. 北京市市政工程研究院 3. 北京欣金宇砼制品有限公司
620	YJGF098—2006	采用大直径钢筋混凝土圆环桁架内支撑基坑施工工法	浙江中成建工集团有限公司
621	YJGF099—2006	深基坑钢筋混凝土内支撑微差控制爆破拆除施工工法	江苏三兴建工集团有限公司
622	YJGF100—2006	控制加载爆炸挤淤置换施工工法	中交第四航务工程局有限公司
623	YJGF101—2006	复合土钉墙施工工法	1. 江苏南通六建建设集团有限公司 2. 湖南省第五工程公司 3. 江苏省苏中建设集团股份有限公司
624	YJGF102—2006	压浆混凝土湿法施工工法	中交第一航务工程局有限公司
625	YJGF103—2006	桥梁工程超长、超大直径钻孔灌注桩施工工法	1. 中交第二航务工程局有限公司 2. 中铁十四局集团有限公司
626	YJGF104—2006	基坑支护型横隔式预应力混凝土管桩制作施工工法	华丰建设股份有限公司
627	YJGF105—2006	湿陷性黄土地基强夯处理工法	1. 陕西建工集团总公司 2. 陕西省建筑科学研究院
628	YJGF106—2006	城市地铁机电设备安装施工工法	1. 中国机械工业建设总公司 2. 中国机械工业机械化施工公司

续表

序号	工法编号	工法名称	完成单位
629	YJGF107—2006	地源热泵供暖空调施工工法	1. 山西省第二建筑工程公司 2. 南京建工集团有限公司 3. 上海市第二建筑有限公司 4. 上海市安装工程有限公司
630	YJGF108—2006	炼钢厂转炉汽化烟道（余热锅炉）制作工法	上海宝冶建设有限公司
631	YJGF109—2006	“斜井穿越法”黄土塬管道施工工法	中国石油天然气管道局第一工程分公司
632	YJGF110—2006	滩海铺管船铺设海底管线施工工法	胜利油田胜利石油化工建设有限责任公司
633	YJGF111—2006	大直径引水压力钢管整体卷制工法	中国水利水电第四工程局
634	YJGF112—2006	特大型 PCCP 安装施工工法	1. 中国水利水电第十一工程局 2. 中国水利水电第三工程局 3. 北京韩建集团有限公司 4. 葛洲坝集团第八工程有限公司
635	YJGF113—2006	工艺管道工厂化预制工法	浙江省开元安装集团有限公司
636	YJGF114—2006	中小口径管道内防腐施工工法	河北华北石油工程建设有限公司
637	YJGF115—2006	高强异形节点厚钢板现场超长斜立焊施工工法	1. 中建三局建设工程股份有限公司 2. 中国建筑工程总公司
638	YJGF116—2006	压力钢管全方位自动焊接工法	葛洲坝集团机电建设有限公司
639	YJGF117—2006	13 万吨/年裂解炉模块化施工工法	1. 中国石油天然气第六建设公司 2. 中油吉林化建工程股份有限公司
640	YJGF118—2006	火炬（塔架）散装工法	中国化学工程第四建设公司
641	YJGF119—2006	大型双盘式浮顶储罐外脚手架正装施工工法	1. 中国石化集团宁波工程有限公司 2. 中国石化集团第二建设公司
642	YJGF120—2006	液压牵引平移石化设施施工工法 SQD 型液压牵引设备整体连续平移石化装置施工工法	1. 中国石化集团第十建设公司 2. 中国建筑工程总公司
643	YJGF121—2006	大型空分制氧站装置安装工法	浙江省开元安装集团有限公司
644	YJGF122—2006	700MW 水轮发电机组安装工法	葛洲坝集团机电建设有限公司
645	YJGF123—2006	汽轮发电机基座施工工法	河南省第二建筑工程有限责任公司
646	YJGF124—2006	双向倾斜大直径高强预应力锚栓安装工法	中建三局建设工程股份有限公司
647	YJGF125—2006	LPG 地下液化气库竖井安装施工工法	1. 中国机械工业建设总公司 2. 中国机械工业机械化施工公司
648	YJGF126—2006	制麦塔工程成套施工工法	中国建筑第六工程局
649	YJGF127—2006	高塔大吨位缆索起重机滑移施工工法	中铁十三局集团有限公司

续表

序号	工法编号	工法名称	完成单位
650	YJGF128—2006	大型储罐内置悬挂平台正装法施工工法	中建八局工业设备安装有限责任公司
651	YJGF129—2006	大型液压系统“一步法”安装工法	上海宝冶建设有限公司
652	YJGF130—2006	卷帘密封型干式储气柜结构安装施工工法	中冶东北建设有限公司
653	YJGF131—2006	7.63m焦炉砌筑工法	1. 中冶成工建设有限公司 2. 中国第一冶金建设有限责任公司 3. 中国第十七冶金建设有限公司
654	YJGF132—2006	薄板坯连铸安装工法	中冶京唐建设有限公司
655	YJGF133—2006	大型高炉透平压缩机安装工法	北京首钢建设集团有限公司
656	YJGF134—2006	循环流化床锅炉安装工法	1. 江苏华能建设工程集团有限公司 2. 江苏省聚峰建设集团有限公司 3. 江苏武进建筑安装工程有限公司
657	YJGF135—2006	特大型井架竖立工法	中煤第三建设（集团）有限责任公司